Gregor Etzelmüller, Thomas Fuchs, Christian Tewes (Hrsg.)

Verkörperung – Eine neue interdisziplinäre Anthropologie

Verkörperung – Eine neue interdisziplinäre Anthropologie

Herausgegeben von
Gregor Etzelmüller, Thomas Fuchs und Christian Tewes

DE GRUYTER

ISBN 978-3-11-052793-3
e-ISBN (PDF) 978-3-11-052862-6
e-ISBN (EPUB) 978-3-11-052824-4

Library of Congress Cataloging-in-Publication Data
A CIP catalog record for this book has been applied for at the Library of Congress.

Bibliografische Information der Deutschen Nationalbibliothek
Die Deutsche Nationalbibliothek verzeichnet diese Publikation in der Deutschen Nationalbibliografie; detaillierte bibliografische Daten sind im Internet über
http://dnb.dnb.de abrufbar.

Druck und Bindung: CPI books GmbH, Leck
♾ Gedruckt auf säurefreiem Papier
Printed in Germany

www.degruyter.com

Vorwort

Der vorliegende Band präsentiert zentrale Ergebnisse des 2013 begonnenen Forschungsprojekts „Verkörperung als Paradigma einer evolutionären Kulturanthropologie", das am interdisziplinären Marsilius-Kolleg der Universität Heidelberg angesiedelt ist.

Alle Beiträge wurden in der Projektgruppe intensiv diskutiert. Die Autorinnen und Autoren verfassten zunächst drei- bis fünfseitige Skizzen, die dann unter Berücksichtigung der Diskussion zu den vorliegenden Beiträgen ausgearbeitet wurden. Auch diese Endfassungen wurden nochmals in der Projektgruppe ausführlich erörtert.

Zeitweise oder durchgehend an der Projektgruppe beteiligt waren Vertreter verschiedenster Fächer: Thomas Holstein (Biologie), Stefanie Höhl (Entwicklungspsychologie), Grit Schwarzkopf (Germanistik), Andreas Draguhn und Hannah Monyer (Neurobiologie), Miriam Haidle (Paläoanthropologie), Thiemo Breyer, Stefano Micali, Magnus Schlette und Christian Tewes (Philosophie), Thomas Fuchs (Psychiatrie/Philosophie), Katja Mombaur (Robotik), Gerd Albert (Soziologie), Matthias Baum, Gregor Etzelmüller, Alexander Massmann, Klaus Tanner und Michael Welker (Theologie).

Die Projektidee, ausgehend von der Verkörperung des Menschen zu den Grundzügen einer neuen interdisziplinären Anthropologie zu gelangen, wurde auf vier Studientagen mit eingeladenen Gästen spezifiziert, namentlich den Philosophen Prof. Dr. Joachim Fischer (Dresden), Prof. Dr. Matthias Jung (Koblenz), Prof. Dr. Peter McLaughlin (Heidelberg) und dem Biologen und Philosophen PD Dr. Georg Töpfer (Berlin). Wir danken diesen vier Kollegen für den intensiven Austausch über Fragen, die sich aus unserem Konzept der Verkörperung als Kern einer evolutionären Anthropologie ergaben. Im Januar 2015 diskutierte die Projektgruppe auf einer Klausur im Kloster Schöntal ihren Ansatz zudem mit den Direktoren und Fellows des Marsilius-Kollegs.

Im Dezember 2014 organisierte die Projektgruppe ein Symposium zum Thema „Embodiment in Evolution and Culture", auf dem 17 herausragende Wissenschaftler (Mediziner, Neurologen, Pädagogen, Paläoanthropologen, Philosophen und Theologen) aus England, Italien, den USA und Deutschland die Frage erörterten, wie Kommunikation und Gehirnentwicklung, Leib und Sprache, Werkzeuggebrauch und Hominisation, Verkörperung und Transzendenz miteinander verschränkt sind und sich wechselseitig prägen. Dabei stellte sich gegen den Versuch einer vollständigen Naturalisierung eine Einsicht heraus, die auch den vorliegenden Band prägt: Wer den Menschen als symbolgebrauchendes Wesen verstehen will, bedarf der interdisziplinären Bezugnahmen natur- und geisteswissenschaftlicher Anthropologien.

Da der Heidelberger „Arztphilosoph“ Viktor von Weizsäcker nachweislich in die Vorgeschichte des Verkörperungsparadigmas gehört, wurde schließlich 2014 in Kooperation mit der Viktor-von-Weizsäcker-Gesellschaft eine Arbeitsgruppe „Gestaltkreis und Verkörperung“ gegründet. Im Kontext dieser Arbeitsgruppe sind die Beiträge von Rainer M.-E. Jacobi, dem Vorsitzenden der Gesellschaft, und Stefan Rieger entstanden. Martin Dornberg und Wolfgang Tschacher, die dem Heidelberger Projekt aufgrund vielfältiger Arbeitszusammenhänge nahe stehen, konnten ebenfalls für einen Beitrag gewonnen werden.

Den Direktoren des Heidelberger Marsilius-Kollegs, Prof. Dr. Thomas Rausch und Prof. Dr. Bernd Schneidmüller, danken wir für die Aufnahme unserer Arbeitsgruppe in das Marsilius-Programm und die engagierte Unterstützung. Der Geschäftsführer des Kollegs, Tobias Just, hat dabei stets ermöglicht, was möglich war – und manchmal auch mehr, wofür wir ihm herzlich danken.

Bei der Korrektur der Manuskripte und der Erstellung der Druckvorlage haben uns Janine Buse, Mailin Hebell, Corinna Klodt, Jennifer Adams-Massmann, Damian Peikert, Tilman Rivinius, Daniel Vespermann, Nhan Gia Vo, Amelie Weiden und Katharina Willms maßgeblich geholfen, wofür ihnen großer Dank gebührt.

Schließlich danken wir dem Verlag de Gruyter, namentlich Herrn Christoph Schirmer, für sein engagiertes Interesse an diesem Buch und die stets gute Zusammenarbeit.

Heidelberg/Osnabrück
im Januar 2017 Gregor Etzelmüller, Thomas Fuchs und Christian Tewes

Inhalt

Gregor Etzelmüller, Thomas Fuchs und Christian Tewes

Einleitung: Verkörperung als Paradigma einer neuen Anthropologie

1 Neuzeitliche Anthropologie als interdisziplinäres Projekt

Anthropologie ist „eine ganz und gar neuzeitliche"[1] und als solche eine interdisziplinäre Angelegenheit. Das belegt schon das Werk des Philosophen, Anatomen und Theologen Magnus Hundt (1449–1519), in dessen Titel *Antropologium de hominis dignitate, natura et proprietatibus* 1501 erstmals der Begriff Anthropologie begegnet.

Die Anthropologie konstituiert sich in der Neuzeit als eigene Fragerichtung, indem sie sich von der klassischen Metaphysik emanzipiert. Sie stellt sich der Frage, wie der Mensch zu bestimmen sei, „wenn nicht (mehr) durch Metaphysik"[2]. Weil dem Menschen sein Ort im Kosmos nicht mehr vorgegeben ist, muss er seine Rolle selbst finden und gestalten. Programmatisch spricht in Pico della Mirandolas *Über die Würde des Menschen* der Schöpfer der Welt zum Menschen:

> Wir haben dir keinen festen Wohnsitz gegeben, Adam, kein eigenes Aussehen noch irgendeine besondere Gabe, damit du den Wohnsitz, das Aussehen und die Gaben, die du dir selbst aussersiehst, entsprechend deinem Wunsch und Entschluss habest und besitzest. Die Natur der übrigen Geschöpfe ist fest bestimmt und wird innerhalb von uns vorgeschriebener Gesetze begrenzt. Du sollst dir deine ohne jede Einschränkung und Enge nach deinem Ermessen, dem ich dich anvertraut habe, selber bestimmen.[3]

Hier klingen 1496 Grundthemen moderner Anthropologie an: „Der Mensch ist der erste *Freigelassene* der Schöpfung; er stehet aufrecht. Die Waage des Guten und des Bösen, des Falschen und Wahren hängt an ihm: er kann forschen, er soll wählen", wird Johann Gottfried Herder (1744–1803) knapp dreihundert Jahre später ausführen.[4] Dass der Mensch das nicht festgestellte Tier sei, wird ausgehend von Friedrich Nietzsche zu einer Grundaussage der philosophischen Anthropologie des 20. Jahrhunderts.

---

1 Marquard 1982, 122–144.
2 Marquard 1971, 363.
3 Pico della Mirandola 1990, 5f.
4 Herder 1989, 145f.

DOI 10.1515/9783110528626-001

Das moderne Nachdenken über den Menschen vollzieht sich in einer spezifischen Spannungslage. Einerseits konstituiert sich die Anthropologie als eigenständige Disziplin im 17. Jahrhundert in der Abkehr von Theologie und Metaphysik und der Zuwendung zur Empirie.[5] Der Mensch wird nicht mehr von seiner Funktion im Kosmos her verstanden, sondern dem Reich der Natur zugerechnet, welches sich, so der klassisch neuzeitliche Anspruch, rein kausal-mechanistisch beschreiben lässt. Andererseits hatte bereits die mittelalterliche Philosophie das eigenständige moralische Sein (*ens morale*) des Menschen betont, das in der Neuzeit für die Begründung der Freiheit und Würde des Menschen maßgebliche Bedeutung erlangt.[6] Freiheit und Würde werden damit zum zentralen Bestandteil der Definition der menschlichen Person, lassen sich aber nicht aus der nun immer stärker mechanisch verstandenen Natur ableiten.[7] Das daraus folgende Spannungsverhältnis lässt sich ideengeschichtlich bis in die zeitgenössischen Anthropologiediskurse nachweisen.

Das Programm einer rein mechanisch verstandenen Natur und seine Übertragung auf den menschlichen Körper hat insbesondere René Descartes (1596–1650) begründet: In seiner *Beschreibung des menschlichen Körpers* will Descartes „die ganze Maschine unseres Körpers" auf eine solche Weise erklären,

> dass wir nicht *mehr* Anlass zu der Annahme haben, dass es unsere Seele ist, welche in ihr die Bewegung hervorruft, die nach unserer Erfahrung nicht durch unseren Willen gelenkt werden, als Anlass anzunehmen, dass es in einer Uhr eine Seele gibt, welche die Stunden anzeigt[8].

Leibliche Prozesse seien seelenlose Prozesse und deshalb wie alle körperlichen Prozesse mechanistisch zu beschreiben. Folgerichtig erschließt sich einer solchen Sichtweise der Körper nur noch als „Gliedermaschine"[9]; er hat keinen Anteil mehr an der Subjektivität. Damit ist der Grund gelegt für eine konsequent seelenlose, im neuzeitlichen Sinne naturwissenschaftliche Physiologie.[10] Die Maschine wird zum Modell, nach dem auch Lebendiges verstanden wird, und das bedeutet zugleich: Bewegung ist immer von außen bewirkt. Selbstbewegung im spontanen oder aktiven Sinn ist ausgeschlossen. An die Stelle der Autonomie des Lebewesens tritt der Automatismus seines Körpers.

---

5 Bayertz 2012, 162.
6 Kobusch 1997, 27.
7 Schmidinger 2005, 9.
8 Descartes 1967, 141.
9 Descartes 2009, 5.
10 Fuchs 1992, 115.

Diese Mechanisierung des Menschen gerät jedoch in Konflikt mit der seit der Neuzeit ebenfalls betonten Würde des Menschen. Wir stoßen hier auf eine Spannung, die dem Bündnis der Aufklärung mit den Naturwissenschaften von Anfang an inhärent gewesen ist: „So nützlich die Naturwissenschaften als Waffe der Metaphysik- und Religionskritik waren, so unwillkommen waren ihre Rückwirkungen hinsichtlich der Ausarbeitung einer der menschlichen Würde angemessenen Anthropologie."[11] Erst mit dieser Differenz ist jene Problemkonstellation bezeichnet, die um 1800 zur Herausbildung einer philosophischen Anthropologie führt. Sie konstituiert sich in der doppelten Abkehr einerseits von der klassischen Metaphysik, andererseits von der neuzeitlich-mathematischen Naturwissenschaft.[12]

Das klassische Dokument dieser zweifachen Abwendung stellt Immanuel Kants *Anthropologie in pragmatischer Hinsicht* (1798) dar. Kants Anspruch war es, mit seiner Vorlesung die „Anthropologie [...] zu einer ordentlichen akademischen Disziplin zu machen"[13]. Dass sie frei von metaphysischen Voraussetzungen allein durch Beobachtung und in diesem Sinne empirisch gewonnen werden müsse, war für Kant bereits selbstverständlich; es sei dazu wichtig, „sich Menschenkenntnis erworben [zu] haben"[14], auf „Reisen" zu gehen[15], „Weltgeschichte, Biographien, ja Schauspiele und Romane" zu studieren[16]. Wer den Menschen verstehen will, der muss ihn genau beobachten.[17]

Doch drängender als die Abgrenzung gegen die Metaphysik war für Kant die Abgrenzung von einer rein naturwissenschaftlichen Sicht des Menschen. Dazu unterscheidet Kant zwei Formen von Anthropologie:

---

11 Bayertz 2012, 179.

12 So zurecht Marquard 1982, 124.

13 So in einem Brief von 1773 an Marcus Herz (Kant 2000, 304).

14 Kant 1798/1964, 400/BA VIII.

15 Kant 1798/1964, 400/BA VII.

16 Kant 1798/1964, 401/BA XI.

17 Die Lösung der Anthropologie aus dem Rahmen der Metaphysik lässt sich bei Kant sogar textgeschichtlich nachweisen. In seinen Metaphysik-Vorlesungen legte Kant als Lehrbuch die Metaphysik von Alexander Gottlieb Baumgarten zugrunde, die auch eine empirische Psychologie enthält. Im Wintersemester 1765/66 kündigt Kant an, dass „er die empirische Psychologie [anders als Baumgarten] vor den übrigen Teilen der Metaphysik [also auch vor der Kosmologie] abhandeln werde" (Kant 1798/2000, 304). Diese vorgezogene Behandlung der empirischen Psychologie bildet das Anfangsstadium der Entwicklung einer eigenständigen Vorlesung über Baumgartens „Psychologia empirica". Im Wintersemester 1772/73 gibt Kant dann Baumgartens Psychologie als Grundlage seiner Vorlesung auf und trägt erstmals Anthropologie vor. Die Anthropologie hat sich aus der Metaphysik gelöst – und konsequent der Empirie zugewandt.

> Eine Lehre von der Kenntnis des Menschen, systematisch abgefasst (Anthropologie), kann es entweder in physiologischer oder in pragmatischer Hinsicht sein. – Die physiologische Menschenkenntnis geht auf die Erforschung dessen, was die Natur aus dem Menschen macht, die pragmatische auf das, was er, als freihandelndes Wesen, aus sich selber macht, oder machen kann und soll.[18]

Wir erkennen hier erneut das Spannungsverhältnis, das für die sich herausbildende Anthropologie charakteristisch ist: Die naturwissenschaftliche Anthropologie arbeitet mit dem Prinzip der Kausalität und kennt deshalb die Freiheit des Menschen nicht,[19] während die philosophische Anthropologie genau von dieser Freiheit ausgeht.

Kant behauptet nun das Recht der zweiten Perspektive gegenüber der ersten – es geht ihm um den empirischen Menschen, der weder rein Natur noch rein Geist ist, sondern beseelte, sich selbst bestimmende Natur. „Die Summe der pragmatischen Anthropologie in Ansehung der Bestimmung des Menschen [...] ist folgende. Der Mensch ist durch seine Vernunft bestimmt, in einer Gesellschaft mit Menschen zu sein, und in ihr sich durch Kunst und Wissenschaft zu kultivieren, zu zivilisieren und zu moralisieren."[20] Zwar greift Kant zur Erkenntnis des Menschen als beseelter Natur auch naturwissenschaftliche Einsichten auf. Doch insgesamt erscheinen ihm diese in pragmatischer Hinsicht als weitgehend bedeutungslos, da der Mensch „die Gehirnnerven und Fasern nicht kennt, noch sich auf die Handhabung derselben zu seiner Absicht versteht"[21].

Kants Unterscheidung zwischen physiologischer und pragmatischer Anthropologie bereitet einerseits die weitgehende wechselseitige Isolierung naturwissenschaftlicher und philosophischer Anthropologie vor, welche die anthropologische Forschung der Moderne prägen wird. So wie sich Kant nicht für „die subtile Art, wie die Organe des Körpers mit den Gedanken in Verbindung stehen", interessiert,[22] so die naturwissenschaftliche Anthropologie meist nicht für die Philosophie des Geistes. So wurde bei „dem ersten deutschen Anthropologentreffen 1861 ausdrücklich jede philosophische Betrachtung über den Menschen ausgeschlossen"[23]. 1888 definiert Paul Topinard: „Die Anthropologie ist die Naturgeschichte des Menschen als Monographie in dem Sinne eines Zoologen, der ein Thier studiert."[24]

---

18 Kant 1798/1964, 399/BA IV.
19 Kant 1781/1956, 500/A 549 f./B 577 f.
20 Kant 1798/1964, 678/A 321/B 319.
21 Kant 1798/1964, 399/BA V.
22 Kant 2000, 304: Brief an Herz von 1773.
23 Schoberth 2006, 53.
24 Zitiert nach Hoßfeld 2005, 34.

Andererseits setzt Kants Unterscheidung von naturwissenschaftlicher und pragmatischer Anthropologie nicht einfach den Dualismus von Natur und Geist fort. Seine Anthropologie thematisiert den Menschen nicht als reine Vernunft, sondern als beseelte Natur.[25] Weil sie auf Menschenkenntnis zielt, transzendiert sie die Unterscheidung von Natur und Geist.[26] Über Kant hinaus wäre dann anthropologisch nicht nur zu fragen, „was die Natur aus dem Menschen macht", oder was der Mensch „aus sich selber machen kann und soll", sondern umfassender: Wie die Natur aus dem Menschen ein freihandelndes Wesen macht, das sich selbst bestimmen kann und soll? Oder anders ausgedrückt: Wie entsteht eigentlich im Reich der Natur ein Reich der Freiheit?

2 Verkörperung als Ausgangspunkt einer interdisziplinären Anthropologie

Die eingespielten Dualismen zwischen natur- und geisteswissenschaftlicher Erforschung des Menschen zu überwinden, war das erklärte Ziel des Anfang 2013 gegründeten Heidelberger Forschungsverbunds „Anthropologie und Ethik". Schon bei den ersten Treffen wurde deutlich: Will man zwischen geistes- und naturwissenschaftlichen Anthropologien Brücken bauen, dann gelingt das nur, wenn die zugleich subjektiv-leibliche wie organisch-körperliche Verfasstheit des Menschen in den Blick kommt, also seine Verkörperung. Der für die neuzeitliche Anthropologie charakteristische Ausgang von der Empirie bleibt also methodisch bestimmend: Die Anthropologie geht aus vom Lebensvollzug und der Beobachtung eines lebendigen Organismus in seiner Umwelt. Wenn es eine Differenz des Menschen zu einer hochkomplexen Maschine gibt, dann muss sie sich auch auf wissenschaftlicher Ebene demonstrieren lassen.

---

25 Nach der späten Vorlesungsnachschrift von Johann Ephraim Reichel hat Kant ausgeführt: „Anthropologie ist nicht Psychologie ohnerachtet es Baumgarten glaubt. Psychologie sieth nur die Seele; Anthropologie ist aber wenn ich den Menschen so betrachte wie ich ihn vor mir beseelt sehe." (zitiert nach Sturm 2009, 190).

26 Entsprechend lässt sich Kants Kritik der Urteilskraft mit ihren präzisen Ausführungen zum Organismus als Überwindung des Natur-Geist-Dualismus lesen. Doch haben diese Ausführungen bei Kant allein den Status einer regulativen Idee. Erst wenn man sie realistisch liest, bilden sie eine Brücke zum gegenwärtigen Verkörperungsparadigma (dazu Thompson 2007, 129–140: „The Kantian connection"). „We cannot explain organisms mechanistically because their organized forms are contingent, not necessary [...]. Whereas a machine can be explained by analyzing it into its parts, to explain an organism we need to grasp it as a unified whole that reciprocally determines the form and combination of every one of its parts" (Thompson 2007, 132, 136).

Geisteswissenschaftler, die den gegenwärtigen Naturalismus beklagen, müssen eingestehen, dass in der Moderne geradezu ein anthropologischer Mentalismus gepflegt worden ist und der Mensch oftmals nur noch als Geist oder als Selbstbewusstsein wahrgenommen wurde. Demgegenüber nötigen die Naturwissenschaften zurecht dazu, in der Anthropologie nicht bei einem körperlos verstandenen Geist und auch nicht einfach bei der Differenz von Geist und Körper anzusetzen, sondern beim lebendigen Organismus als Leib in seiner Umwelt.[27]

Diese Bezugnahme auf basale leibliche Vorgänge legt aber nicht einfach eine Reduktion mentaler Vorgänge auf physiologische Ereignisse nahe, wie sie im zeitgenössischen Physikalismus der Philosophie des Geistes häufig vertreten wird. Diese Schlussfolgerung wäre vorschnell. Vielmehr führt eine grundlegende Beschreibung leiblicher Vollzüge zu folgenden Differenzierungen, die Merleau-Ponty eindrucksvoll bestimmt hat:

> Wenn meine rechte Hand meine linke berührt, empfinde ich sie als ein „physisches Ding“, aber im selben Augenblick tritt, wenn ich will, ein außerordentliches Ereignis ein: Auch meine linke Hand beginnt meine rechte Hand zu empfinden, das Ding verändert sich, *es wird Leib, es empfindet.* Das physische Ding belebt sich – oder genauer, es bleibt was es war, das Ereignis bereichert es nicht, aber eine erkundende Kraft legt sich auf es oder bewohnt es. Ich berühre mich also berührend, mein Leib vollzieht „eine Art Reflexion“.[28]

Dieser phänomenologische Befund, der sich aus der leiblichen Erfahrung der Ersten-Person-Perspektive erschließt, stellt auch für die Naturwissenschaften eine Herausforderung dar. Ein „physisches Ding“ wie meine linke Hand, die von der rechten berührt wird, ist gleichzeitig auch Teil *meines empfindenden* Leibes als Organismus. Meine Hand lässt sich einerseits als Teil meines Körpers in Raum und Zeit lokalisieren. Andererseits ist die Hand aber auch ein Teil des gesamten empfindenden Leibes; sie ist nicht einfach nur ein physischer Gegenstand in raumzeitlicher Relation zu anderen Gegenständen. Der gesamte Mensch ist sich deshalb bereits auf basal leiblicher Ebene immer schon als beseelte Natur, d. h. in seiner körperlich-leiblichen Verschränkung erschlossen. Um diese Verschränkung bewusst zu halten, reden wir im Folgenden insbesondere dort, wo die Körperlichkeit des Leibes betont werden soll, im Anschluss an Bernhard Waldenfels auch vom „Leibkörper“.[29]

---

27 Entsprechend setzt auch Hans Jonas an, um die für die Anthropologie zentralen Elemente wie *Selbstbewegung* und *Autonomie* neu zu begründen (Jonas 1994).

28 Merleau-Ponty 2007, 243.

29 Waldenfels 2004, 128.

Die präreflexive Erlebnisdimension des Leibes lässt sich weitergehend bestimmen. So handelt es sich bei der von Merleau-Ponty beschriebenen leiblichen Selbstberührung keinesfalls um einen anonymen Vorgang. Er spricht in diesem Zusammenhang deshalb von „meiner rechten Hand“, was nicht einfach der sprachlichen Beschreibung des Vorgangs geschuldet ist, sondern bedeutet, dass der Leib sich bereits auf präreflexiver Ebene in seinen Vollzügen unausdrücklich als ein Subjekt erfährt.[30] Entsprechend werden auch Gegenstände, Plätze oder Mitmenschen in der leiblichen Wahrnehmung immer nur perspektivisch in Relation zum eigenen Leib zugänglich. Diese Bestimmung des Wahrnehmungsgehaltes steht einer physikalistischen Konzeption von Objektivität diametral gegenüber, aus der das Subjekt und dessen Erlebnishorizont prinzipiell eliminiert werden können.[31]

Zudem kommt dem leiblichen Ich, wie Merleau-Ponty andeutet, eine Kraft zu, die sich bereits auf der sensomotorischen Ebene in seiner volitionalen Bewegungsfähigkeit manifestiert. Diese erschöpft sich nicht in abstrakten Bewegungsmöglichkeiten, sondern enthält vielfältige „kinästhetische Melodien“, die der Leib bereits internalisiert hat. Mit diesem Ausdruck sind dynamische Bewegungsmuster wie das Schreiben des eigenen Namens, das Fahren eines Fahrrads oder das Werfen eines Balles gemeint, die auf erlernten, habitualisierten Invarianzen beruhen[32] und sich in unterschiedlichsten Situationen aktivieren lassen. Sie gliedern sich mühelos in den Dienst unserer vielfältigen Intentionen ein und tragen so maßgeblich zur Realisierung komplexer Handlungen bei. Demgemäß ist der Leib als System habitualisierter Bewegungsmuster oder kinästhetischer Melodien eine unverzichtbare Grundlage des alltäglichen Lebensvollzugs – etwa, wenn wir uns durch eine überfüllte Fußgängerzone bewegen und dabei nicht nur zu unserem Ziel gelangen, sondern uns gleichzeitig auf ein Gespräch konzentrieren können. Müssten wir uns bewusst-reflexiv den Weg erschließen, ließe die Konzentration auf das Gespräch unweigerlich nach. Entsprechend ermöglicht uns unser habitualisierter Leib, ein Glas Wasser relativ schnell zum Mund zu führen, ohne etwas zu verschütten – viel rascher, als wir in der Lage wären, die angemessene Bewegungskurve bewusst vorauszuplanen.

In solchen Beobachtungen manifestiert sich eine Verbindung von Leiblichkeit und Intentionalität, die Merleau-Ponty als „intentionalen Bogen“ bezeichnet hat. Die Realisierung habitualisierter Bewegungsmuster ist immer schon in einen zeitlichen Horizont eingebunden, Vergangenheit und Zukunft in konkreten

30 Thompson 2011, 128.
31 Nagel 1986, 14 f.
32 Sheets-Johnstone 2012, 49.

Handlungskontexten verknüpft. Es sieht nicht nur ganz anders aus bzw. entspricht nicht nur ganz anderen kinästhetischen Melodien, wenn jemand ein Glas nimmt, um daraus zu trinken, oder es ergreift, um es aus Wut gegen eine Wand zu werfen, sondern ist auch mit ganz anderen Sinndimensionen verbunden.[33]

Darüber hinaus zeigt sich, dass dem Leib vielfältige Lernprozesse eingeschrieben sind – und damit Individualität: Menschen entwickeln ganz unterschiedliche kinästhetische Stile, bestimmte körperliche Handlungen zu vollziehen, weshalb wir jemanden auch an seinem bloßen Gang erkennen können.[34] Insofern lässt sich zwischen Leib und Geist nur theoretisch unterscheiden: Es ist nicht mein Körper, der lernt, aber auch nicht ein von ihm abgetrennter Geist, sondern das *inkorporierte Subjekt* auf unterschiedlichen Konstitutions- und Bewusstheitsstufen des Leibkörpers. Der Leib führt uns oftmals scheinbar wie ein *Autopilot* durch das Leben, aber es wäre verfehlt, diese präreflexiven Vollzüge vollständig vom Bewusstsein abzutrennen und lediglich subpersonal zu deuten.[35]

Der Ansatz beim Leibkörper als lebendigem Organismus stellt sowohl für die Geistes- als auch für die Naturwissenschaften eine Herausforderung dar: Die Geisteswissenschaften werden herausgefordert wahrzunehmen, dass der Geist sich immer schon als verkörperter vorfindet. Die Naturwissenschaften werden hingegen herausgefordert, den Körper als einen lebendigen zu verstehen, der durch Intentionen, Erfahrungen, Erinnerungen und Lernprozesse geprägt ist – und dem in diesem Sinne Subjektivität eingeschrieben ist.

Um diese doppelte Herausforderung im Titel festzuhalten, haben wir nicht den Körper als Ausgangspunkt einer interdisziplinären Anthropologie gewählt, sondern die *Verkörperung* als kontinuierlichen *Prozess* der Vermittlung von Natur und Geist im Leibkörper. Inwiefern sich aus diesen verkörperungstheoretischen Gesichtspunkten ein neuartiger Forschungsansatz auch für die Anthropologie ergibt, ist das Thema des folgenden Abschnitts.

3 Embodiment – Verkörperung. Ein erkenntnisgenerierendes Paradigma

Der Begriff Embodiment (Verkörperung) bezeichnet ein grundlegendes Konzept der neueren Kognitionswissenschaft, demzufolge Bewusstsein die Funktion und Aktivität eines *lebendigen Organismus* in seiner systemischen Gesamtheit darstellt

33 Merleau-Ponty 1945/1974, 164.
34 Fuchs 2006, 2012.
35 Sutton/McIlwain/Christensen/Geeves 2011.

und auf dessen fortwährender *sensomotorischer Interaktion* mit der Umwelt beruht. Diese Auffassung steht in Opposition zum klassischen Kognitivismus und seinen funktionalistisch-computationalen Theorien: Sie betrachten Bewusstsein als eine interne Repräsentation der Außenwelt durch ein informationsverarbeitendes Biosystem, d. h. das Gehirn. Prinzipiell könnte es daher auch von einem „Gehirn-im-Tank" *(brain in a vat)* produziert werden, solange dieses mit geeigneten Außenreizen gespeist wird. Verkörperungstheoretiker argumentieren dagegen, dass nur ein beweglicher und kontinuierlich die Rückmeldungen seiner Aktivität aus der Umwelt verarbeitender Organismus die hinreichende Voraussetzung für eine geordnete Hirntätigkeit bildet,[36] wobei der Organismus nicht einfach nur einen vorgegebenen Informationsinput verarbeitet, sondern die Daten selbst mitkonstituiert. Kurz: Ohne Körper kein Bewusstsein.

Ein zentrales Konzept des Verkörperungsparadigmas ist die Theorie der verkörperten *Wahrnehmung*. Wahrnehmung ist kein Prozess der Abbildung sensorischer Stimuli auf ein inneres Modell der Welt, sondern beruht auf einer fortlaufenden sensomotorischen Interaktion eines eigenbeweglichen und handelnden Wesens mit seiner Umwelt.[37] Was ein Lebewesen wahrnimmt, ist abhängig von seiner Bewegung, und umgekehrt. Das gilt für die Bewegungen der Hand, die ein Objekt ertastet, ebenso wie für das Abtasten von Gegenständen mit dem Blick. Wahrnehmung ist daher kein bloßer Innenzustand des Gehirns, sondern eine geschickte Aktivität, welche die Veränderungen der sensorischen Reize zur Eigenbewegung des Organismus fortlaufend in Beziehung setzt.

Das Verkörperungsparadigma ist keineswegs auf fachspezifische Probleme der Kognitionswissenschaften beschränkt. Seit seiner Begründung durch das wegweisende Werk *The embodied mind* von Francisco Varela, Evan Thompson und Eleanor Rosch haben sich Verkörperungskonzepte auch in der Psychologie, der Psychiatrie, in den Kulturwissenschaften, insbesondere der Ethnologie, in der Theologie, der Philosophie des Geistes und der philosophischen Anthropologie ausgebreitet. Vorläufer dieser Konzepte finden sich sowohl in der theoretischen Biologie, besonders im „Funktionskreis" und der „Umweltlehre" Jakob von Uexkülls (1920), als auch in der Psychosomatik, vor allem in der „Gestaltkreis"-Konzeption Viktor von Weizsäckers (1940).[38] Weitere Grundlagen liefert die phi-

---

36 Cosmelli/Thompson 2010.

37 Noë 2004.

38 Dass Viktor von Weizsäckers Gestaltkreislehre in die Vorgeschichte des Verkörperungsparadigmas gehört, lässt sich textkritisch nachweisen: Fransico Varela, Evan Thompson und Eleanor Rosch beziehen sich in *The embodied mind* von 1992 nachhaltig auf Maurice Merleau-Pontys Frühwerk *Die Struktur menschlichen Verhaltens*. In ihrem Schlusskapitel zitieren sie einen längeren Abschnitt aus diesem Werk, ohne kenntlich zu machen, dass Merleau-Ponty sich hier seinerseits

losophische Biologie von Hans Jonas (1966) ebenso wie die Leibphänomenologie von Merleau-Ponty (1945) oder Hermann Schmitz (1965).

Wie aus diesen Traditionen ebenso wie aus dem letzten Abschnitt hervorgeht, hat eine Theorie der Verkörperung zwei Aspekte in ihrer Zusammengehörigkeit zu erforschen: Sie ist eine Theorie des *gelebten Leibes* (entsprechend der subjektiven Erfahrung) ebenso wie des *lebendigen Körpers* bzw. des Organismus. Sie sucht die *Perspektive der 1. Person* (des erlebenden und leiblichen Subjekts) mit der *Perspektive der 3. Person* (des Beobachters) auf das jeweilige Organismus-Umwelt-System zu vermitteln und bedient sich dazu phänomenologischer ebenso wie systemtheoretischer Ansätze.[39] „Leben" wird einerseits als „In-der-Welt-Sein" eines leiblichen Subjekts aufgefasst, andererseits als Beziehung eines sich selbst reproduzierenden Organismus zu seiner spezifischen Umwelt. Insofern zielt das Paradigma der Verkörperung letztlich auf eine nicht-dualistische, aber zugleich nicht-reduktionistische Anthropologie. Sie basiert auf dem Gedanken einer grundlegenden Kontinuität von „Leben" und „Geist".[40]

Eine Weiterführung des Verkörperungsparadigmas besteht im Konzept des *Enaktivismus*, gleichfalls von Varela, Thompson und Rosch in *The embodied mind* eingeführt. Die Grundthese des Enaktivismus lautet: Der lebendige Organismus bringt aktiv seine Welt hervor und nimmt sie nicht nur passiv wahr. Er *repräsentiert* die Umwelt nicht, sondern er *interagiert* mit ihr, und im Zuge dieser Interaktionen konstituiert sich die artspezifisch erlebte Welt eines Lebewesens. Dabei erweitert der Enaktivismus das Explanandum einer Theorie des Geistes über einfache mentale Zustände (intentionale Zustände und Qualia) hinaus und schließt Phänomene wie wertenden Umweltbezug, Emotionen, Spontaneität und Handlung mit ein. Der Begriff des rein „Mentalen" wird damit fragwürdig. Stattdessen fordert der Enaktivismus, Elemente einer umfassenden Theorie des Organismus in das Explanans aufzunehmen: Der Organismus wird als ein autopoietisches System aufgefasst, das zu seiner fortwährenden Selbstreproduktion einer aktiven und zugleich adaptiven Umweltbeziehung bedarf. In diesen autopoietischen Prozess ist auch das Bewusstseinsleben einbezogen: Bewusstsein ist kein irgendwo im Organismus lokalisierbares Geschehen, kein internes Weltmodell, sondern das Integral der gesamten Organismus-Umwelt-Interaktion zu einem gegebenen Zeitpunkt.

---

auf Viktor von Weizsäcker bezieht und diesen zitiert. Die Zitate Viktor von Weizsäckers wurden erst nachgewiesen in der deutschen Übersetzung von Markus Wild; siehe Varela/Thompson/Rosch 2013, 320.

39 Fuchs 2012b.

40 Thompson 2007.

Besondere Relevanz für eine interdisziplinäre Anthropologie gewinnt das enaktive Verkörperungsparadigma im Hinblick auf Kulturprozesse. Jedes Erleben und Handeln findet seinen Niederschlag im plastischen Gedächtnis des Organismus (ermöglicht durch die neuronale Plastizität), und aus dieser Verkörperung, d. h. Sedimentierung des Erlebens im Körper, resultiert umgekehrt ein fortwährend modifiziertes Erleben und Tun.[41] Aus konkreten Erfahrungen bildet sich durch Wiederholung nach und nach eine organisch verankerte „Erfahrenheit", etwa eine veränderte Reaktionsbereitschaft, eine erworbene Gewohnheit oder eine bestimmte Fähigkeit. Das heißt, unser Organismus, unsere Sinne und unsere Bewegungsformen bilden sich an der Welt heraus, und diese Welt ist vor allem eine soziale und kulturelle Welt. „Die Tiere werden durch ihre Organe belehrt, sagten die Alten; ich setze hinzu: die Menschen gleichfalls, sie haben jedoch den Vorzug, ihre Organe wieder zu belehren", schreibt Goethe 1832 an Humboldt.[42] Sie gestalten also selbst ihr organisches Sein und damit ihre Fähigkeiten ebenso wie ihren Habitus. Die traditionelle Entgegensetzung von Natur und Kultur mit ihrer *Zweischichten-Anthropologie* von Animalität und Rationalität lässt sich damit zunehmend ersetzen durch eine Anthropologie der „verkörperten Intersubjektivität". Wie die Kultur- und Naturevolution des Menschen seit den Anfängen der Hominisation in Wechselwirkung miteinander stehen, so lassen sich in der Ontogenese Reifungsvorgänge und Prozesse der verkörperten Sozialisation nicht voneinander trennen.

Schon die elementare Formung des Menschen in seinem ersten Lebensjahr vollzieht sich im Austausch mit anderen und insofern kulturell. „So steht bereits im ersten Lebensjahre das Leben des Menschenkindes unter dem Gesetz des ‚Geschichtlichen', in einer Zeit, wo der Mensch als echtes Säugetier noch unter den reinsten naturgesetzlichen Verhältnissen im Dunkel des Mutterschoßes sich ausformen müsste."[43] Doch auch scheinbar rein somatische Prozesse „wie Aufrichtung, Formung der Wirbelsäule und des Beckens" vollziehen sich im Umgang mit der sozialen Umwelt, durch „eigene Akte des Strebens, Lernens und Nachahmens".[44] Die somatische „Langsamkeit" der menschlichen Entwicklung öffnet diese für soziale und psychische Prägungen und bringt gerade so den Menschen als ein Wesen hervor, in dessen Entwicklung Natur und Kultur, Körper und Psyche unlösbar wechselseitig aufeinander einwirken.[45]

---

41 Fuchs 2012, 156 f.
42 Goethe 1976, 480.
43 Portmann 1944, 79; auch 81.
44 Portmann 1944, 125, 70.
45 Portmann, 1944, 102; Etzelmüller 2016, 214.

Diesen von Adolf Portmann beschriebenen Prozessen entspricht die gegenwärtige Einsicht in die Plastizität des menschlichen Gehirns: Das menschliche Gehirn ist das anpassungsfähigste Organ, das wir kennen. Alle unsere Erfahrungen, Wahrnehmungen und Interaktionen mit der Umwelt formen zeitlebens die neuronalen Strukturen. Der Mensch erweist sich in einem neuen Sinn als *zóon politikón* – als ein Lebewesen, das bis in die neuronalen Strukturen seines Organismus hinein durch seine Sozialität geformt wird.

Von Bedeutung ist dabei, dass die sozialen Prozesse sogar bis in die evolutionären Prozesse zurückwirken, wie man anhand der Evolution des menschlichen Auges verdeutlichen kann. Die beim Menschen besonders ausdifferenzierte Fähigkeit, mit anderen Artgenossen als intentionalen Akteuren kooperieren zu können, hat zur Voraussetzung, dass Kleinkinder dem Blick von Erwachsenen folgen können.[46] Diese Fähigkeit ist zwar auch bei nicht-humanen Primaten vorhanden,[47] beim Menschen jedoch durch evolutionäre Veränderungen weiterentwickelt. Insbesondere die Herausbildung der weißen Sklera des menschlichen Auges erleichtert es, den Blicken anderer zu folgen.[48] Das menschliche Auge ist freilich nicht nur anders geformt, sondern weist im Vergleich zur überwiegenden Kopfbewegung von nicht-humanen Primaten auch eine viel höhere Beweglichkeit bei der Blickverfolgung auf.[49] Seine Bewegungsfunktion ist also in die gesamte Dynamik des kinästhetischen Systems anders eingegliedert, als dies bei nicht-humanen Primaten der Fall ist.

Ob die Fähigkeit der Blickverfolgung ihre zentrale Ursache in der Verbesserung und Ermöglichung sozialer Interaktionen hat oder durch andere Faktoren kodeterminiert war, ist zwar noch nicht vollständig geklärt. Aber es ist plausibel anzunehmen, dass die Ausbildung soziokultureller Fähigkeiten wie die der intentionalen Kooperation zumindest einen positiven Selektionsdruck auf die weitere organische Unterstützung und Ausdifferenzierung dieser Fähigkeit ausgeübt hat. Die Evolution bringt körperliche Formen hervor, die neue Formen von Intersubjektivität ermöglichen und deshalb positiv selektiert werden.

Diese Wechselbeziehung lässt sich unter Bezugnahme auf das Konzept der *Nischenkonstruktion* weiter erklären. Organismen passen sich an ihre Umwelt an, gestalten die Umwelt aber auch für ihre eigenen Zwecke um. Sie konstituieren in

---

46 Tomasello/Carpenter/Call/Behne/Moll 2005, 679. Brooks und Meltzoff gehen aufgrund eigener und fremder Studien zur Kleinkindforschung davon aus, dass das Blickverfolgen mit zehn oder elf Monaten auftritt. Vorher sei die Orientierung auf andere Körperbewegungen wie Kopfdrehungen zurückzuführen (Brooks/Meltzoff 2014, 157).

47 Bräuer/Call/Tomasello 2005, 148.

48 Kobayashi/Kohshima 2001, 419.

49 Kobayashi/Kohshima 2001, 434.

diesem Sinne ihre eigenen ökologischen Nischen mit, was in der Folge Rückwirkungen für gegenwärtige oder nachfolgende Artgenossen hat, da sich die Selektionsbedingungen verändern.[50] Diese Zusammenhänge lassen sich auch auf die *kulturelle Nischenbildung* übertragen.[51] Für die Überlegungen zur Evolution des menschlichen Auges impliziert dies, dass die morphologischen Veränderungen zur Entstehung neuer sozio-kultureller Interaktionsformen, also kultureller Nischen, beigetragen haben, die nun ihrerseits die Stabilisierung und weitere Ausdifferenzierung genau dieser morphologischen Eigenschaften des visuellen Systems gefördert haben.

Eine sachangemessene Beschreibung der menschlichen Lebensform muss deshalb zugleich die „evolutionäre Kontinuität", in der diese Lebensform steht, als auch deren „Differenzholismus" wahrnehmen.[52] Einerseits existiert eine eindeutig nachweisbare evolutionäre Kontinuität aller Lebensformen, die eine integrativ arbeitende Anthropologie zu berücksichtigen hat, soll sie nicht von vornherein ihren Forschungsgegenstand verfehlen. Andererseits gibt es so fundamentale Veränderungen im Zuge der evolutionären Entstehung der menschlichen Lebensform, dass es gerechtfertigt ist, von einer im Blick auf das Ganze neuen Lebensform zu sprechen.[53]

Der Mensch ist nicht deshalb von anderen Spezies unterschieden, weil er über einzelne neuartige Module oder zusätzliche Fähigkeiten verfügt. Vielmehr kommt es evolutionär zu einer umfassenden Umgestaltung der humanen Lebensform und Lebenswelt. Der enaktiv-verkörperungstheoretische Ansatz sucht, ausgehend vom Konzept autonomer Systeme, die Veränderungen einzelner Eigenschaften ebenso wie die gesamte funktionale Neuorganisation aus der Neuausrichtung der Organismus-Umwelt-Beziehungen und der innerartlichen Beziehungen zu begreifen.[54] Beide werden auf der Grundlage der Enkulturation des Menschen umgestaltet, wie zum Beispiel durch Werkzeuggebrauch oder die Erfindung von Sprache und Schriftkultur.

In diesem Sinne steht das menschliche Auge einerseits in einer starken evolutionären Kontinuität zu den Augen nicht-humaner Primaten. Auch andere Spezies wie Bonobos oder Schimpansen verfügen in unterschiedlichem Maße über die Fähigkeit, den Blicken von Artgenossen, aber auch anderen Tieren, zu folgen.[55] Andererseits sind zumindest bestimmte Aspekte des menschlichen Auges und

---

50 Sterelny 2010, 470.
51 Laland/Odling-Smee/Feldman 2000.
52 Jung 2009, 370.
53 Jung 2009, 1.
54 Campbell 2009, 466.
55 Kano/Call 2014, 141.

seiner Funktionen sowohl Resultat als auch Voraussetzung emergenter, sozialbasierter Interaktionsformen. Das menschliche Auge fungiert so auch als Komponente der evolutionär entstandenen humanen Lebensform. Gerade für seine enkulturierten und habitualisierten Bewegungsmuster gilt dies in hohem Maße, denn sie sind durch die Wahrnehmung symbolisch geprägter Ausdrucksgestalten „top-down“ mitbestimmt (so wird z. B. eine Schrift in einer sonst neutralen Umgebung immer salient sein, das heißt, sofort den Blick auf sich ziehen). Sensomotorische Ansätze, die zum Beispiel die neuronalen Grundlagen derartiger Bewegungsmuster untersuchen, *müssen* deshalb die kulturellen Rahmenbedingungen und Ausdrucksgestalten berücksichtigen, weil sie den Bewegungen, die aus der Wechselwirkung zwischen Mensch und kulturellen Kontexten resultieren, selbst „eingeschrieben“ sind.

Die Verschränkung naturaler und sozial-kultureller Prozesse fordert unseres Erachtens eine neue Anthropologie. Es gilt die starre theoretische und forschungspraktische Gegenüberstellung von natürlichen und kulturellen Prozessen zu überwinden. Phylogenese und Ontogenese, das menschliche Gehirn und das Körpergedächtnis des Menschen, aber auch die Evolution der Form des menschlichen Auges lassen erkennen, dass der Leibkörper das Produkt einer Verschränkung von biologischen und soziokulturellen Prozessen ist. Deshalb bedarf es zur Erforschung des menschlichen Organismus in seiner Umwelt der Zusammenarbeit unterschiedlicher (und zwar sowohl natur- als auch geisteswissenschaftlicher) Forschungsdisziplinen.

Das Verkörperungsparadigma verfügt über verschiedene methodische Ansätze, die Verschränkung naturaler und sozial-kultureller Lebensformen nichtreduktionistisch zu beschreiben und zum Ausgangspunkt einer neuen Anthropologie zu machen. Diese ist geprägt durch die Integration und die wechselseitige explanatorische Bezugnahme unterschiedlicher Perspektiven auf den Menschen, besonders der erstpersonalen, lebensweltlichen und der drittpersonalen, naturwissenschaftlichen Perspektive. Zudem sensibilisiert das Verkörperungsparadigma (und insbesondere der Enaktivismus) für das zirkuläre, kausal-funktionale Zusammenwirken von Top-down- und Bottom-up-Prozessen, die zur Emergenz neuer systemisch-verkörperter Einheiten führen.[56] Der Mensch ist nicht allein aus seinen kleinsten Bauteilen her zu verstehen, sondern auch aus den umfassenden Kontexten, in denen er lebt. Eine interdisziplinäre Anthropologie, die das Verkörperungsphänomen ins Zentrum stellt, erhellt nicht nur die Kontinuität und Diskontinuität humaner und nicht-humaner Lebensformen, sondern erschließt methodisch differenziert den Differenz*holismus*. Sie beantwortet im interdiszi-

56 Di Paolo 2009.

plinären Austausch von Top-down- und Bottom-up-Perspektiven, was es heißt, Mensch zu sein. Die im Folgenden dargestellten Beiträge dieses Bandes zeigen, wie ganz unterschiedliche Forschungsdisziplinen unter Bezugnahme auf das Verkörperungsparadigma zu zentralen Fragestellungen der Anthropologie einen Beitrag leisten können.

4 Zu den Beiträgen dieses Bandes

Die folgenden Beiträge sind fast sämtlich im Rahmen des Heidelberger Marsilius-Projektes „Verkörperung als Paradigma einer evolutionären Kulturanthropologie" (2012–17) erarbeitet worden.[57]

Das erste Kapitel „Entwicklung – Sprache – Denken" konkretisiert, wie die Theorie der verkörperten Kognition hilft, menschliche Entwicklung, einschließlich der Entwicklung von Sprache und Denken, besser zu verstehen.

Stefanie Höhl zeigt in ihrem Beitrag „Frühkindliches Lernen in sozialen Interaktionen. Welche Rolle spielt Verkörperung?", welche Bedeutung der Verkörperung in frühkindlichen Entwicklungs- und Lernprozessen zukommt. Sie bezieht sich auf unterschiedliche theoretische Ansätze der sozialkognitiven Entwicklungspsychologie und setzt sie mit den Ergebnissen der empirischen Forschung in Verbindung, die aufzeigen, wie bedeutsam soziale Interaktionen von Geburt an für Säuglinge sind. Eine wesentliche Voraussetzung für Interaktionen ist die Wahrnehmung anderer Menschen als Akteure. Welche Merkmale notwendig sind, damit Säuglinge Wahrnehmungsmuster als sich selbst bewegende Agenten erleben und sich auf diese auch als natürliche „Lehrer" beziehen können, ist das zentrale Thema im ersten Teil des Beitrages. Höhl zeigt die enorme Bedeutung des *Imitationslernens*, aber auch der wechselseitigen *motorisch-emotionalen Affektabstimmung* zwischen Säuglingen und ihren Bezugspersonen für die soziale Entwicklung auf. Frühkindliche Entwicklung vollzieht sich in Formen verkörperter Intersubjektivität. Dass diese These keinesfalls unumstritten ist, verdeutlicht Höhl anhand der Theorie der *natural pedagogy*, die davon ausgeht, dass beim frühkindlichen Imitationslernen andere Personen durch „neutrale Reize" ersetzt werden könnten. Auch wenn weitere Forschungen nötig sind, um hier ein abschließendes Urteil zu fällen, weist Höhl darauf hin, dass die gegenwärtig vor-

57 Im Kontext des Heidelberger Verkörperungsprojektes sind auch entstanden: Etzelmüller/Tewes 2016, Etzelmüller/Weissenrieder 2016, Durt/Fuchs/Tewes 2017 und Schlette/ Fuchs/Kirchner 2017.

liegenden Daten dafürsprechen, dass die „Qualitäten sozialer Interaktionen das Lernen in der frühen Entwicklung" maßgeblich prägen.

Der daran anschließende Beitrag „Verkörpertes Wissen – verkörpertes Gedächtnis" von Thomas Fuchs erläutert, wie sich die beschriebenen motorisch-emotionalen Affektabstimmungen zwischen Säuglingen und Bezugspersonen und die dabei erworbenen Fähigkeiten als *verkörpertes Wissen* näher bestimmen lassen. Gegenüber dem klassischen kognitivistischen Ansatz, der den Geist als entkörpertes System von Repräsentationen und Prädikationen auffasst – und dementsprechend auch eine „Theory of Mind" zur Erklärung des genannten Phänomens heranzieht –, argumentiert Fuchs für ein leiblich fundiertes *implizites Wissen*. Um diesen Wissenstypus weiter zu bestimmen, bezieht er sich neben leibphänomenologischen Ansätzen auch auf den Enaktivismus als einen der derzeitig wichtigsten verkörperungstheoretischen Ansätze in den Kognitionswissenschaften. Letzterer betont in Übereinstimmung mit dem amerikanischen Pragmatismus die kreisförmige Verschränkung von Wahrnehmen und Handeln, ebenso wie deren situierte Einbindung in den lebensweltlichen Kontext. Diese Verschränkung hat „auch Konsequenzen für die Frage, welche Art von Wissen die grundlegendere ist – *knowing that* oder *knowing how*". In Anlehnung an diese berühmte Unterscheidung Gilbert Ryles wird das *knowing how* als eine Form des impliziten Wissens mit dem Leibgedächtnis und seinen Habitualisierungen in Verbindung gebracht. So erlernen wir zum Beispiel Tänze durch wiederholte Übungen, bis sie zu neuen Bewegungsmustern synthetisiert werden. Auch andere Formen des habitualisierten Wissens werden durch wiederkehrende Lebensvollzüge erworben. Fuchs zeigt, dass dieses Leibgedächtnis eine zentrale Grundlage in den frühkindlichen Beziehungserfahrungen hat, die er über den Begriff des „zwischenleiblichen Gedächtnisses" näher bestimmt.

Dass der Verkörperungsansatz für die phylo- und ontogenetische Überquerung des Sprachrubikons eine zentrale explanatorische Bedeutung hat, ist die leitende Idee im Beitrag von Christian Tewes „Direkte Wahrnehmung, Expressivität und Imitation. Die Rolle der verkörperten Kognition in der Entstehung symbolischer Sprache". In der Kognitionspsychologie werden sehr häufig die in der Grice'schen Sprecherbedeutung vorausgesetzten Fähigkeiten für den Erwerb symbolischer Kommunikation als Erklärungsziel für die phylo- und ontogenetische Emergenz von symbolischer Sprache angegeben. Tewes bezieht sich in seinem Aufsatz auf zwischenleibliche direkte Wahrnehmungen, expressive Formen der Kommunikation und Imitation, die er als notwendige Grundlagen – so die zentrale These des Aufsatzes – für die Emergenz symbolischer Sprache auszuweisen sucht. Dies geschieht in Abgrenzung sowohl zum gängigen signalbasierten Kommunikationsmodell als auch zum Inferenzmodell der Sprachentstehung mit Blick auf leibliche Ausdrucksformen im Tierreich. Als Beispiel dienen die

Alarmrufe bei Affen, aber auch von Erdmännchen, die nach Tewes bereits eine protoreferentielle und protosemantische Dimension aufweisen. Darin erschöpfen sich die expressiven Kommunikationsformen als Vorläufer symbolischer Sprache jedoch keineswegs. So steht im letzten Teil des Beitrags schließlich die Imitationsfähigkeit als leiblich-kognitive Expressivität in ihrer Stufenfolge der Entwicklung im Vordergrund der Betrachtung. Tewes argumentiert, dass die in der Forschung vertretene Auffassung zutrifft, dass mimetisch-imitativen Handlungen eine zentrale Erklärungsfunktion für die evolutionäre Überquerung des „Sprachrubikons" zukommt. Aber anders als Michael Tomasello, Merlin Donald oder auch Jordan Zlatev vertritt er die Auffassung, dass die Imitationsfähigkeit in den Kontext einer Theorie der direkten zwischenleiblichen Wahrnehmung und expressiven Kommunikationstheorie integriert werden muss. Die Bedeutsamkeit mimetischer Handlungen, die Höhl für frühkindliche Lernprozesse aufzeigt, wird in diesem Zusammenhang auch als Basis für den Spracherwerb (Realisierung der Grice'schen Sprecherbedeutung) weiter ausdifferenziert.

Matthias Baum untersucht in seinem Beitrag „Leib und Leiblichkeit bei Gadamer" schließlich den Bezug des Verkörperungsparadigmas zur Thematisierung des Leibes im Spätwerk Hans-Georg Gadamers. Obwohl Gadamer bei der Ausarbeitung der Hermeneutik in seinem Hauptwerk *Wahrheit und Methode* weder den natürlichen Umwelt- noch den natürlichen Körperbedingungen Beachtung schenkt, identifiziert Baum zwischen der Hermeneutik Gadamers und insbesondere dem enaktiven Verkörperungsansatz zentrale Überschneidungspunkte. Zum einen beziehen sich Varela und Thompson dezidiert auf die philosophische Hermeneutik Martin Heideggers und die seines Schüles Gadamer, zum anderen betonen sowohl das Verkörperungsparadigma als auch Gadamer die Bedeutung der lebensweltlichen Verankerung des Wissens (embedded cognition). Baum zeigt auf, dass sich in Gadamers Spätwerk auch explizite Ausführungen zum Leib finden. Dabei ist es die Krankheit, die nach Gadamer erst auf die sonst verborgenen Dimensionen der Leiblichkeit aufmerksam macht. Erst auf dieser (methodischen) Grundlage gelingt es, auch die Gesundheit des Leibes genauer in den Blick zu bekommen. Um den Begriff der Gesundheit zu erfassen, sind die Konzepte des Gleichgewichts und der Rhythmik im ganzheitlichen Verhältnis zum beruflichen und familiären Umfeld wichtig. Der Unterschied von körperlicher und leiblicher Gesundheit spielt diesbezüglich ebenfalls eine signifikante Rolle. Für das ärztliche Handeln ist diese Unterscheidung zentral, aber auch mit einer Schwierigkeit verbunden, die im Wesen der verborgenen Dimension des Leibes liegt: „Während der Körper als objektiv fassbare Größe dem naturwissenschaftlichen Zugriff durch Experiment und Messung also unmittelbar offensteht, bleibt die Leiblichkeit als eine nicht messbare materiell-geistige Mischgröße zunächst verborgen." Der Ausdruck „materiell-geistige Mischgröße" verweist auf das oben genannte besondere Gleichgewicht des Leibes, das im Krankheitsfall gestört ist. Worin dieses besondere innere Gleichgewicht, die Harmonie des Leibes, eigentlich nach Gadamer besteht, wird von Baum im letzten Teil des Textes einer abschließenden Untersuchung unterzogen.

Das zweite Kapitel „Die Einheit von Wahrnehmung und Bewegung“ thematisiert, wie Wahrnehmung und Bewegung immer schon ineinander verwoben sind und damit jeden Dualismus vorab unterlaufen.

Katja Mombaur zeigt in ihrem Beitrag „Wie viel Intelligenz steckt in der Mechanik unseres Körpers? Passiv-dynamische Roboter, menschliche Bewegungsstudien, mathematische Modelle und Kleists Marionettentheater“, wie viel Intelligenz aus Sicht der Robotik und Biomechanik bereits in natürlichen Bewegungen einfacher Systeme ohne Sensorik und Motorik nachweisbar ist. Forschungen mit passiv-dynamischen Robotern zeigen, dass allein aufgrund der besonderen Abstimmung ihrer mechanischen Eigenschaften und der daraus resultierenden energetischen Effizienz erstaunlich dynamische Bewegungsformationen ausschließlich durch Gravitationskraft als Antrieb (zum Beispiel durch das Hinunterlaufen auf einer schiefen Ebene) erreicht werden können. Im ersten Teil des Beitrages stehen zunächst die Bewegungen anthropomorpher Systeme in der Robotik und Biomechanik aufgrund der erwähnten intelligenten energetischen Nutzung im Vordergrund. Mombaur argumentiert, dass der Mensch sowohl phylo- als auch ontogenetisch derartige bionische Prinzipien zur Optimierung seines Bewegungsablaufes in seinen Körper integriert hat. Im zweiten Teil wird aufgezeigt und erläutert, welche Rolle mathematische Modelle für die Erforschung solcher Bewegungsformationen haben. Im letzten Teil der Arbeit bezieht Mombaur ihre Ausführungen auf Kleists Essay „Über das Marionettentheater“ bzw. auf die dort gemachten Aussagen zur besonderen Grazie der Bewegungen von rein mechanisch betriebenen Marionettenpuppen. Vergleichend wird dabei überprüft, wie sich die Ausführungen über die Marionettenbewegungen im Essay zu den Einsichten und Forschungsresultaten der modernen Robotik und Bionik verhalten. Mombaur zeigt – eine im Blick sowohl auf die verkörperte Kognition als auch die Anthropologie insgesamt bedeutende Einsicht –, dass die Art, wie die Mechanik des Körpers genutzt wird, einen Rückschluss auch auf kognitive Zustände des Systems insgesamt zulässt. „Eine Ausnutzung der Mechanik, also eine Verlagerung der Intelligenz von der aktiven Bewegungsregelung in die Mechanik, führt außerdem zu einer deutlich erhöhten Effizienz und Stabilität von Bewegungen.“ Wie sich organismisch-leibliche Bewegungen von rein mechanischen zugleich unterscheiden, ist ein zentrales Leitthema der nachfolgenden Beiträge des Kapitels.

Der Beitrag von Rainer-M. E. Jacobi „Die Einheit von Wahrnehmen und Bewegen bei Viktor von Weizsäcker. Anmerkungen zur Ideengeschichte der Philosophie der Verkörperung“ fokussiert auf die Einheit von Wahrnehmung und Bewegung aus einer ideengeschichtlichen Perspektivierung des Verkörperungsparadigmas. Jacobi rekonstruiert zunächst, wie der Heidelberger Neurologe Viktor von Weizsäcker aufgrund seiner Forschungstätigkeit als Arzt zu einer Neubestimmung des Verhältnisses von Wahrnehmung und Bewegung kommt, indem er fundamental zwischen der Bewegung lebendiger und derjenigen unbelebter Körper unterscheidet. Lebendigkeit ist die *differentia specifica* des Biologischen. Die Bewegungen lebendiger Körper unterscheiden sich von denjenigen unbelebter Körper dadurch, „dass im Falle belebter Körper die Ordnungen von deren Bewegung ‚im Wesen des Gegenstandes selbst gründen‘ – also nicht als apriorische Kategorien, wie Raum, Zeit oder Kausalität, zur Verfügung stehen“. Wahrnehmung wird in von Weizsäckers Gestaltkreistheorie im Kontext der Selbst- oder Eigenbewegung des Organismus bestimmt. Bewegungen lassen Wahrnehmungen erscheinen, was wiederum zur Vergegenwärtigung der Bewegungen führt und umgekehrt.

Im zweiten Teil seines Beitrags führt Jacobi aus, wie die Theorie des Gestaltkreises nicht nur zu einer Revision der Konzepte von Wahrnehmung und Bewegung führt, sondern auch zu einer Revision zentraler metaphysischer Grundbegriffe. *Raum*, *Zeit*, *Sein*, *Nicht-Sein* und *Werden* sind nach von Weizsäcker als organische Bewegungen im Bedeutungshorizont der Gestaltkreistheorie neu zu konzeptualisieren und bleiben von der Einsicht in die Einheit von Bewegung und Wahrnehmung keinesfalls unberührt. In den letzten beiden Abschnitten der Arbeit werden diese Aspekte im Hinblick sowohl auf die medizinische Anthropologie als auch die Philosophie der Verkörperung weiter ausdifferenziert und durch Rückgriff auf das Phänomen der Bipersonalität spezifiziert. Auf der Grundlage der Erkenntnis, dass beim Bewegungsvollzug das Objekt (die Bewegung) nicht vom Subjekt der Bewegung zu trennen ist, werden die besondere Verschränkung zwischenmenschlicher Interaktionen und die Entstehung eines Dritten herausgestellt. Der Beitrag schließt wie schon derjenige Mombaurs mit einer Betrachtung zu Kleists Aufsatz zum Marionettentheater. Die Vollkommenheit der mechanischen Marionettenbewegung wird in diesem Kontext als Verlust des bewegten Körpers gedeutet.

Der Beitrag „Alterität, Experiment, Inkarnation. Zur Medienanthropologie der Bipersonalität“ von Stefan Rieger bezieht sich ebenfalls auf Viktor von Weizsäckers Gestaltkreistheorie und stellt dessen Konzept der Bipersonalität in den Kontext medienanthropologischer Überlegungen. Um zu verdeutlichen, worin die eigentliche Besonderheit und Leistung des Konzepts der Bipersonalität überhaupt besteht, führt Rieger aus, dass dasjenige, was in der Psychologie und Neurowissenschaft am Menschen erforscht wurde, am einzelnen individuierten Körper angesetzt hat. Die Physiologie als Leitwissenschaft des 19. Jahrhunderts hat die

Bewegungsformen des Körpers quasi atomistisch untersucht und zu diesem Zweck Medien wie das Kymographion oder analoge Verfahren zur Ton- und Bewegungsaufzeichnung entwickelt. Gegenüber dieser anthropologisch-medientheoretischen Engführung bzw. Abtrennung des Organismus von seiner Umwelt betont von Weizsäcker in seinen Forschungen die Verklammerung der psychologischen Motorik mit der Dynamik der Außenwelt. Dies kann experimentell am Umgang des Menschen zum Beispiel mit Pendeln oder Werkzeugen aufgezeigt werden, woraus ganz eigene Formen der Bewegungsdynamik hervorgehen. Mit dem Konzept der Bipersonalität wird diese systemische Dynamik schließlich auch auf unterschiedliche Interaktionen von Personen bezogen. Rieger betont, dass bei paradigmatischen Tätigkeiten der Bipersonalität wie der gemeinsamen Handhabung einer Baumsäge gängige Deutungsmuster der Sozialtheorien dem Verhältnis von *alter* und *ego* nicht gerecht werden. In solchen Tätigkeiten sind Umschichtungen dieses Verhältnisses sichtbar, die zu einer Revision des Subjektbegriffs und einer neuen Theorie der Alterität Anlass geben.

Das dritte Kapitel „Evolution und Menschheitsentwicklung" widmet sich der Frage, inwiefern die Theorie der verkörperten Wahrnehmung dazu beitragen kann, Evolution und Entwicklung kultureller Fähigkeiten des Menschen präziser zu erfassen. Eine interdisziplinäre Anthropologie, die vom menschlichen Körper ausgeht, könnte der vielfach beobachteten und beklagten Tendenz zum Auseinanderdriften von evolutionärer und historischer Anthropologie entgegenwirken. Die ersten beiden Beiträge dieses Kapitels nehmen deshalb die Urgeschichte des modernen Menschen als Umschlagstelle von natürlicher und kultureller Evolution in den Blick. Dabei gehen beide Beiträge über die Analyse von Werkzeugherstellung, die oftmals im Zentrum steht, hinaus und fragen nach den Voraussetzungen sozialer und ästhetischer Weltbezüge. Aus der Sicht eines Mediziners greift Martin Dornberg – auch im Blick auf gegenwärtige Skype-Performances – die Verhältnisbestimmung von Intersubjektivität und Ästhetik auf. Alexander Maßmann weitet schließlich die interdisziplinären Perspektiven, indem er unter Rückgriff auf den Enaktivismus und Kritik an diesem biologische Evolutionslehre und theologische Schöpfungslehre miteinander ins Gespräch bringt.

In ihrem Beitrag „Menschwerdung, Verkörperung und Empathie. Perspektiven im Schnittfeld von Anthropologie und Paläolitharchäologie" wenden sich Shumon T. Hussain und Thiemo Breyer den Ontologien steinzeitlicher Lebenswelten und paläolithischer Wildbeutergruppen zu. Diese erweisen sich als relationistisch strukturiert, wobei sich der Empathieraum auch auf nicht-menschliche Entitäten erstreckt. Indem die Verfasser so die anthropologische Perspektive erweitern, „erweist sich unser moderner szientistischer Weltzugang mit seiner Trennung zwischen Subjekt und Objekt [...] weitgehend als Spezialfall". Dichotomisierungen wie diejenigen von Mensch und Tier, Mensch und Ding oder Belebtem und Unbelebtem werden in dieser erweiterten Perspektive relativiert. Was der Moderne an der These des verkörperten und ausgedehnten Geistes (embodied and extended mind) so befremdlich anmutet, erscheint vor dem Hintergrund der von Hussain und Breyer rekonstruierten Lebenswelten als Normalzustand. Menschen erleben sich als „Teil eines intentionalen Gesamtzusammenhanges", in dem nicht nur nicht-menschliche Lebewesen, sondern auch Landschaften über „Eigendynamik und Agentivität" verfügen.

So kommt es nach Hussain und Breyer sowohl in gegenwärtigen Jäger-Sammler-Gesellschaften als auch, wie die beachtenswerten Funde von der Schwäbischen Alb zeigen, im eurasischen Jungpaläolithikum zu einer „Verschränkung von Kognition, Materialität und Mensch-Tier-Beziehung". Der moderne Mensch ist zu dem geworden, was er ist, weil er nicht nur durch seinen Leib, sondern im leiblichen Umgang mit Tieren zu denken gelernt hat. Der Mensch hat sich gleichsam immer schon die komplexen kognitiven Fähigkeiten, die die aktuelle Verhaltens- und Kognitionswissenschaft vielen Tieren zuschreibt, zunutze gemacht.

Die Autoren sensibilisieren abschließend für die Problematik der modernen Unterscheidung von belebt und unbelebt, indem sie über die Schnittstellen, Grenzen und Bezüge von Mensch und Fluss sowie Mensch und Höhle reflektieren. Flüsse motivieren Menschen zum „Denken und Mitbewegen mit Flüssen" und die Höhlenkunst „ist eine in den Höhlenkörper eingebettete Praxis (embedded art), die die Grenzen beider Bereiche (Höhle und Artefakt) verschwimmen" und die essentialistische Trennung von toter Höhle und lebendigen Tieren unangemessen erscheinen lässt. Die Interaktion von Höhle und Mensch ist dem menschlichen Kunstschaffen vorgängig.

Die von Hussain und Breyer aufgeworfene Frage nach der Interaktionseinheit von Material und Mensch greifen Miriam Noël Haidle, Duilio Garofoli, Sebastian Scheiffele und Regine Elisabeth Stolarczyk in ihrem Beitrag „Die Entstehung einer Figurine? Material Engagement und verkörperte Kognition als Ausgangspunkt einer Entwicklungsgeschichte symbolischen Verhaltens" anhand eines spezifischen Fundes, der Figurine von Berekhat Ram, auf. Vor ca. 280.000 Jahren bemerkte ein menschliches Individuum auf den Golan-Höhen einen Brocken vulkanischer Schlacke, der – zumindest unserem modernen, an Figurensehen gewöhnten Geist – grob an eine menschliche Frau mit Kopf, Armen, Brüsten, Bauch und Rücken erinnert. Das Individuum nahm den Stein, ritzte mit einem Steingerät natürliche Vertiefungen entlang der ‚Nackenlinie' und der ‚Arme' nach und hob damit die Ähnlichkeit hervor.

Der Beitrag vergleicht mit Hilfe von Kognigrammen verschiedene Rekonstruktionen des Ablaufs von Wahrnehmungen und Handlungen, die zum Ergebnis der Figurine von Berekhat Ram geführt haben könnten. Dabei zeigt sich:

> Die Wahrnehmung der figurativen Ähnlichkeit war wahrscheinlich keine initiale, sondern eine den Prozess begleitende Neuerung. Die Verstärkung einer von den physischen Eigenschaften des Steins und von den Merkmalen eines weiblichen Körpers natürlich vorgegebenen ikonischen Basis als Funktion des Modifikationsprozesses entwickelte sich wahrscheinlich ebenfalls lediglich als eine Folge von material engagement.

Das Material bringt den Hominiden dazu, bestimmte Handlungsmuster zu favorisieren – und während seiner Handlung zu erkunden, was er tut. Kulturelle Entwicklung setzt also die Einbettung des menschlichen Körpers in seine Umgebung voraus. Damit die im Umgang mit dem Material entdeckten Fähigkeiten kulturell innovativ wirken, bedarf es der intersubjektiven Resonanz, die das manipulierte Schlackestück von den Golanhöhen (soweit gegenwärtig erkennbar) nicht gefunden hat.

Die Figurine von Brekhat Ram

> zeigt den typischen Fall von Performanzen, die sich in der ontogenetisch-individuellen Dimension entwickeln, ohne auf die Gruppenebene transferiert zu werden oder irgendeinen historisch-sozialen Einfluss zu nehmen. Solche Fälle treten täglich auf, sind aber selten im archäologischen Befund sichtbar.

Die Figurine zeigt eine durch das Material selbst hervorgerufene Möglichkeit des Menschen, die damals aber noch nicht kulturelle Wirklichkeit geworden ist.

Der im Beitrag von Haidle et al. angedeuteten Spannung zwischen einer gelingenden Interaktion von Material und Hominiden, aus der etwas Neues entsteht, und ihrer ausbleibenden kulturellen Rezeption geht Martin Dornberg in seinem Beitrag „Mitgeteilte und parasitäre Emergenz. Zwei Modelle verkörpernder Evolution“ nach: Es gibt in der Evolution nicht nur, wie das Verkörperungsparadigma weithin und zurecht, aber einseitig betont, „Emergenz- und Rückkopplungslogiken“, sondern „auch Un- und Zufälle, Neben- und Gegeneinander, Verderben [und] Tod“. Dornberg schlägt deshalb vor, Evolution als Zusammenspiel von sich mitteilender und parasitärer Emergenz zu verstehen. Im Interesse einer interdisziplinären Anthropologie bringt er dabei Überlegungen von Michel Serres mit Theorien des Biologen und Umweltforschers Jakob von Uexküll ins Gespräch.

Auch Dornberg würdigt zunächst die Leistungskraft des Leibes, sowohl im Blick auf das Vermögen des Einzelnen als auch die Herausbildung von Zwischenleiblichkeit.

> Die Erfahrungen des Leibes, im Körpergedächtnis verankert, legen sich über die Umgebung wie ein unsichtbares Netz, das uns zu den Dingen und Menschen in Beziehung bringt. [...] Bevor ich reflektiere, was ich gestisch oder sprachlich mitteile, stiftet mein Leib immer schon ein Miteinander-Sein.

Durch unseren Leib sind wir immer schon beim anderen – und insofern in einer Sphäre der „Zwischenleiblichkeit", die Emergenz und Rückkopplung ermöglicht. Da die Zwischenleiblichkeit sich nicht auf Menschen und Belebtes beschränkt (vgl. die Beiträge von Hussain und Breyer sowie Haidle et al. in diesem Band), ermögliche sie „Koevolutionen zwischen Lebewesen und ihrer unbelebten und belebten Umwelt".

Um einer höheren Realistik willen betont Dornberg als Mediziner aber, dass die Erfahrungen von Passung und Konsistenz durch die dem Leib ebenso eingeschriebenen „Aspekte von Störung, Verlust, Dehiszenz/Riss und Trauma" konterkariert werden. Doch auch zwischenleibliche Prozesse profitieren immer wieder von diesen Aspekten, von Störungen und Unterbrechungen, wie am Phänomen des Verhältnisses von Sprache und Lyrik deutlich wird. Verkörperte Evolution vollzieht sich nach Dornberg im risikobehafteten Zusammenspiel von zwischenleiblicher Emergenz und parasitärer Störung. Der Leib ist nicht nur in seiner Leistungskraft, sondern auch in seiner Verletzlichkeit wahrzunehmen, wobei auch die Verletzlichkeit dem Leben dienen kann, aber nicht muss.

In seinem das Kapitel abschließenden Beitrag „Auf der Grenze. Ein Dialog zwischen Evan Thompsons Enaktivismus und der theologischen Lehre von der Schöpfung" greift Alexander Maßmann die von Dornberg herausgearbeiteten Aspekte des Bedrohlichen auf, stellt sie in den Dialog mit dem Enaktivismus und denkt sie theologisch weiter:

> Das geschöpfliche Leben hängt einerseits davon ab, dass die Grenze zwischen Ordnung und Chaos nicht kollabiert, andererseits wird sie gerade nicht als rigide dargestellt. Trotz der Trennung bleibt der eine Bereich auf den anderen angewiesen, auch wenn es dabei zu zerstörerischen Wirkungen kommen kann.

Im Anschluss an Viktor von Weizsäckers Auslegung der biblischen Schöpfungserzählung weist Maßmann darauf hin, dass Gott nach dieser Erzählung eine Welt schafft, der die Fähigkeit gegeben ist, sich selbst zu steuern und zu erzeugen. So lassen sich Verbindungen zwischen der biblischen Schöpfungserzählung und dem Paradigma einer enaktiven Evolution, in deren Zentrum der autopoietische Organismus steht, ziehen.

Gegenüber einer einseitigen Betonung der Aktivität des Organismus, die Maßmann bei Evan Thompson zumindest dort erkennt, wo dieser den Organismus allein als „Subjekt der Evolution" betrachtet, sei dem Organismus aber „Aktivität und Passivität" zuzusprechen. Konsequent müssten deshalb auch mechanistische Faktoren in der Evolution in Rechnung gestellt werden. So

> können Gene Umfang, Bedingungen und Eigenart beeinflussen, mit der sich Umwelteinflüsse auf den Organismus auswirken. Wenn der Einfluss der Gene auf den Phänotyp jedoch über die Flexibilität von Regulatorgenen hinausgeht, zugleich jedoch Auswirkungen hat, die keineswegs stets adaptiv sind, liegt ein entscheidender Beitrag der Selektion zur Phylogenese nahe, in dem der Organismus keineswegs nur, aber durchaus auch passiv zu denken ist.

Biologie und Theologie bewahren gemeinsam die Einsicht, dass der enaktive Organismus, das Geschöpf, in eine Ordnung eingebettet ist, die an der Grenze zum Chaos existiert.

Das abschließende Kapitel „Verkörperung und Anthropologie" erkundet, was sich in disziplinären Anthropologien, aber auch in deren interdisziplinärem Austausch verändert, wenn die in den bisherigen Kapiteln entfaltete Verkörperung des Menschen radikal ernst genommen wird.

In seinem Beitrag „Inkarnierte Geschöpfe. Theologische Anstöße zu einer Anthropologie der Verkörperung" zeigt Gregor Etzelmüller, wie die Theologische Anthropologie mit der *embodied cognitive science* und der Philosophie der Verkörperung Gesprächspartner gewinnt, die ihr helfen, grundlegende Einsichten der biblischen Anthropologie zu rekonstruieren. Die sachliche Nähe von Theologie und Verkörperungsparadigma gründet dabei im Ereignis der Inkarnation, weil die Fleischwerdung des Gottessohnes die fleischliche Verfasstheit des Menschen radikal herausstellt. Nach Etzelmüller bezeichnet „Fleisch" biblisch verstanden „die animalische Materialität des ganzen Menschen, der aber als solcher Subjektivität eingeschrieben ist". Die Recht verstandene Inkarnation bewahrt dabei zugleich vor einem geläufigen Verkörperungsmissverständnis: Verkörperung meint nicht, dass etwas zunächst Körperloses sekundär verkörpert wird, sondern die Verkörperung ist das Primäre. Genau das gilt aber auch von der Inkarnation, in der sich Gott als immer schon in Jesus Christus verkörpert darstellt.

Kritisch ist in den aktuellen Verkörperungsdiskurs die theologische Rede von der Sünde einzubringen: Gerade aufgrund der verkörperten Tendenz, den anderen nachzuahmen (Michael Tomassello), besteht die Gefahr, dass der Mensch stets genau das begehrt, was ein anderer begehrt (René Girard).

> Was die besonderen Kulturfähigkeiten des Menschen begründet, begründet zugleich die kontinuierliche Gefährdung aller menschlichen Kulturformen (einschließlich des Rechts und der Religion) zu Agenten der Gewalt zu werden.

Auffälligerweise setzen die biblischen Überlieferungen dem verkörperten Kommunikationszusammenhang der Sünde keinen leiblosen Geist entgegen, sondern denken auch die als Neuschöpfung gefasste Reorganisation des evolutionär Gewordenen als leiblich initiierte Transformationsprozesse sozialer Ordnung. Der Geist der heilsamen Transformation der Welt zugunsten von Gerechtigkeit,

Barmherzigkeit und Wahrheitserkenntnis wird in der Konkretheit der leiblichen Interaktion, etwa beim Abendmahl, erfahren. Die Bedeutung des Leibes für die Transformation gesellschaftlicher Prozesse zeigt sich schließlich darin, dass im Abendmahl Menschen von dem im gekreuzigten Christus verkörperten Leiden Gottes an dieser Welt leiblich affiziert werden und dadurch eine neue Perspektive auf ihre Umwelt gewinnen. Die leiblich vermittelte Anteilhabe an Gottes Leiden an der Welt schafft – mit Paulus gesprochen – eine Traurigkeit, die Umkehr wirkt. Ein Abglanz dieser Traurigkeit lässt sich in jenem leiblich-affektiven „Betroffensein von sozialen Missständen" erkennen, das auch noch in der Spätmoderne am Beginn sozialer Transformationsprozesse steht.

In seinem Beitrag „Verkörperte Kommunikation – eine theoretische Grundlage für Psychotherapie" lotet Wolfgang Tschacher die Möglichkeit aus, inwiefern die „Metatheorie der Verkörperung von Kognition und Kommunikation" in der Lage ist, „die Einseitigkeiten der behavioristischen und kognitivistischen Ansätze [in der Psychologie] zu vermeiden und sie um die in beiden Ansätzen fehlenden Phänomenbereiche zu ergänzen". Während die Kritik am Behaviorismus bereits historisch ist, gilt es gegen den Kognitivismus mit seiner einseitigen Betonung des Kognitiven und seiner Abspaltung des Denkens von der Körperlichkeit die körperliche und d. h. immer auch emotionale Seite des Menschen neu wahrzunehmen. Diese Einsicht ist für das Gelingen von Psychotherapie entscheidend, da Kommunikation nicht als Austausch von Informationen, sondern empirisch darstellbar „als eine Form von Synchronie zwischen den Interaktanten, also als ein Phänomen der Selbstorganisation" verstanden werden muss. In der Tat lässt sich grade auch in Therapiesystemen ein entsprechender Synchronisierungs- und damit „Ordnungseffekt" beobachten, der „positiv mit dem Erfolg der jeweiligen Therapie korreliert". Neuere Forschungen diskutierend hält Tschacher fest:

> In der sozialen, also auch der therapeutischen Interaktion entsteht eine neue, sozial geteilte Realität durch Selbstorganisation, nicht durch das Verschicken und Empfangen von Nachrichten. Diese soziale Selbstorganisation wird erfahrbar (und wissenschaftlich zugänglich) als Synchronie auf verschiedenen Ebenen. Solche Synchronien sind nicht linear kontrollier- und manipulierbar, eine indirekte Einflussnahme scheint aber möglich durch die Beeinflussung der Randbedingungen (in der Synergetik: Kontrollparameter) der Interaktion. Um diese Aspekte in der derzeitigen empirischen Psychotherapieforschung zu würdigen und die Verkörperung von Kognition und Kommunikation zu berücksichtigen, ist eine Erweiterung des derzeitigen Kanons der Wirkfaktoren um verkörperte Wirkfaktoren erforderlich.

Der kognitivistische Reduktionismus prägt nicht nur die gegenwärtige Psychologie, sondern auch die Neurologie und belastet den an sich wünschenswerten Dialog von Neurowissenschaften und Pädagogik. Diese These vertritt der Neurobiologe Andreas Draguhn in seinem Beitrag „Die Relevanz des Biologischen:

Verkörperung als Leitmotiv eines Dialogs zwischen Neurowissenschaft und Pädagogik". Anstatt biologisch vom lebendigen Organismus auszugehen, kommt es in der Neuro-Biologie (!) zu einer Unterdrückung des Organischen.

> Neurobiologische Ansätze implizieren in vieler Hinsicht das Idealbild eines körperlosen, der Naturbedingtheit weitgehend enthobenen Gehirns. Diese Tendenz wird durch die Anwendung informationstheoretischer Ansätze und computationaler Metaphorik gefördert, ohne dass diese sprachlichen und inhaltlichen Traditionen in Fachkreisen kritisch hinterfragt würden.

Die Neurowissenschaften sind durch die lange Tradition der „Entkörperlichung des Geistigen" geprägt, die sie durch Wiederholung stützen. Demgegenüber muss die Erkenntnis wiedergewonnen werden, „dass das Gehirn ein Organ ist". Gegenüber reduktionistischen Erklärungsversuchen würde dann wieder einsichtig,

> dass Lebensvollzüge wie Sehen, Bewegen, Nachdenken oder Fühlen nicht in der Algorithmik einzelner Netzwerke aufgehen, sondern hoch integrierte Handlungen darstellen, bei denen Sensorik und Motorik, Motivation und Aufmerksamkeit, Angeborenes und Erlerntes, physikalische Optik, erlernte soziale Regeln und Vieles mehr zusammenspielen.

Doch auch die Pädagogik ist durch eine Vernachlässigung des Organischen charakterisiert, die Draguhn auf die historische Tendenz der Pädagogik zurückführt, das biologische wilde Kind zu domestizieren. Pointiert fragt Draguhn: „Würde pädagogische oder didaktische Forschung bemerken, wenn unterschiedliche Lernerfolge von Schülern schlicht mit dem Eiweißgehalt der Nahrung korrelieren?", wobei die Frage zugleich signalisiert, dass die Pädagogik durchaus von der Neurobiologie lernen könnte. Dazu wäre es aber notwendig, dass die Neurobiologie ihre Erkenntnisse aus reduzierten Modellen nicht mit dem Anspruch vorträgt, komplexe Lernsituationen vollständig erklärt zu haben. Denn das Verständnis realer Lernsituationen kann „durchaus von Versuchen in reduzierten Modellsystemen profitieren". Die Neurobiologie erklärt entwicklungsbiologische und biologische Randbedingungen des Lernprozesses, die auch die Pädagogik wahrnehmen sollte, etwa Effekte unterschiedlicher Ernährung, chronobiologische Einflüsse sowie die hormonelle Modulation von Verhalten und Kognition. Ganz auf der Linie des in diesem Band entfalteten Verkörperungsansatzes weisen zudem mehrere fachdidaktische Ansätze darauf hin, „dass sensomotorische Rückkopplungsschleifen gezielt als Lernverstärker eingesetzt werden können". Weil Lernen ein verkörperter Prozess ist, sollten Neurobiologie und Pädagogik den Organismus (auch in seiner inter-individuellen und interkulturellen Varianz) gemeinsam erkunden.

Der abschließende Beitrag „Kann man ‚schreckliche menschliche Leidenschaften' sehen? Der Ausdruck der Wahrnehmung und die anthropologische Aussagekraft der Kunst" von Magnus Schlette wendet sich ausgehend von einem konkreten Kunstwerk, dem *Nachtcafé* von Vincent van Gogh, der Frage zu, was die unlösbare Verschränkung von Geist, Leib und Welt in der Wahrnehmung für das Wirklichkeitsverständnis des Menschen bedeutet. Die lebensweltliche Erfahrung, dass wir ein Bild als stimmig wahrnehmen, obwohl bzw. gerade weil es die die bloße Nachahmung zugunsten der „Artikulation einer Wahrnehmung" transzendiert, zeigt,

> dass es grundsätzlich möglich ist, etwas zu sehen, was nicht dinglich vorhanden ist und was man folglich auch nicht in einem räumlichen Koordinatensystem exakt lokalisieren kann. [...] Durch die Möglichkeit der ästhetischen Perspektivenübernahme öffnen sich die Augen des Betrachters auf eine nicht auf Vorfindlichkeiten reduzierbare Wirklichkeit.

Die ästhetische Erfahrung verdeutlicht so exemplarisch, dass ein Verständnis von Kognition als interner Repräsentation dem Phänomen der Wahrnehmung nicht angemessen ist. Wahrnehmung und Welt sind in nicht-linearer Kausalität miteinander verschränkt. Wahrnehmung ist – mit Maurice Merleau-Ponty formuliert – das Erfassen eines im Sinnlichen gegebenen Sinnes. Ein gespenstischer Ort muss nicht zwangsläufig durch die Angst zu einem solchen werden, sondern kann diese Angst durch seine Eigenart auch bewirken. So verdeutlicht van Goghs Nachtcafé: „Es gibt Böses in der Welt, nicht nur in den Köpfen." Zugleich aber ist Wahrnehmung kein passives Erfassen, sondern als sinnhervorbringend zu verstehen. Wahrnehmung ist in die Welt eingebettet und bringt sie zugleich hervor, sie ist – wie gegen den internen Repräsentationalismus zu betonen ist – *embedded* und *enactive*. Eben deshalb verfehlen wir die Wirklichkeit, wenn wir meinen, sie allein aus der Perspektive der dritten Person beschreiben zu können. Ohne diese Perspektive aufzugeben, gilt es, sie in Verbindung zu setzen mit der Perspektive der ersten Person, in der sich Wahrnehmung und Welt verschränken, und der Perspektive der zweiten Person, die durch ihre Artikulation von Wahrnehmung unsere Wahrnehmung prägt und bildet.

Literatur

Bayertz, Kurt (2012): *Der aufrechte Gang. Eine Geschichte des anthropologischen Denkens*, München.

Brooks, Rechele/Andrew N. Meltzoff (2014): „Gaze following: A mechanism for building social connections between infants and adults", in: M. Mikulincer/P. R. Shaver (Hgg.), *Mechanisms of social connection: From brain to group*, Washington/DC, 167–183.

Bräuer, Juliane/Josep Call/Michael Tomasello (2005): „All great ape species follow gaze to distant locations and around barriers“, in: *Journal of Comparative Psychology* 119 (2): 145–154.

Campbell, Richard (2009): „A process-based model for an interactive ontology“, in: *Synthese* 166: 453–477.

Cosmelli, Diego/Evan Thompson (2010): „Embodiment or envatment? Reflections on the bodily basis of consciousness“, in: J. Stewart/O. Gapenne/E. Di Paolo (Hgg.), *Enaction: Towards a new paradigm for cognitive science*, Cambridge/MA, 361–385.

Descartes, René (1967): „Beschreibung des menschlichen Körpers“, in: R. Descartes, *Über den Menschen (1632) sowie Beschreibung des menschlichen Körpers (1648)*, Heidelberg, 137–190.

Descartes, René (2009): *Meditationen (1641)*, Hamburg.

Di Paolo, Ezequiel A. (2009): „Extended life“, in: *Topoi* 28: 9–21.

Durt, Christoph/Fuchs, Thomas/Tewes, Christian (Hgg.) (2017): *Embodiment, enaction, and culture: Investigating the constitution of the shared world*, Cambridge/MA.

Etzelmüller, Gregor (2016): „The lived body as the tipping point between an evolutionary and a historical anthropology“, in: G. Etzelmüller/C. Tewes (Hgg.), *Embodiment in evolution and culture*, Tübingen, 205–225.

Etzelmüller, Gregor/Christian Tewes (Hgg.) (2016): *Embodiment in evolution and culture*, Tübingen.

Etzelmüller, Gregor/Annette Weissenrieder (Hgg.) (2016): *Verkörperung als Paradigma theologischer Anthropologie*, TBT 172, Berlin/Boston.

Fuchs, Thomas (1992): *Die Mechanisierung des Herzens. Harvey und Descartes – Der vitale und der mechanische Aspekt des Kreislaufs*, Frankfurt am Main.

Fuchs, Thomas (2006): „Gibt es eine leibliche Persönlichkeitsstruktur? Ein phänomenologisch-psychodynamischer Ansatz“, in: *Psychodynamische Psychotherapie* 5: 109–117.

Fuchs, Thomas (2012[4]): *Das Gehirn – ein Beziehungsorgan. Eine phänomenologisch-ökologische Konzeption*, Stuttgart.

Fuchs, Thomas (2012b): „The phenomenology of body memory“, in: S. C. Koch/T. Fuchs/M. Summa/C. Müller (Hgg.), *Body memory, metaphor and movement*, Amsterdam, 9–22.

Goethe, Johann Wolfgang von (1976): *Goethes Briefe*, Band 4, Hamburg.

Herder, Johann Gottfried (1989): *Ideen zur Philosophie der Geschichte der Menschheit*, Johann Gottfried Herder Werke Band 6, hg. v. M. Bollacher, Frankfurt am Main.

Hoßfeld, Uwe (2005): *Geschichte der biologischen Anthropologie in Deutschland. Von den Anfängen bis in die Nachkriegszeit*, Wissenschaftskultur um 1900, Stuttgart.

Jonas, Hans (1994): *Das Prinzip Leben. Ansätze zu einer philosophischen Biologie* [1966], Frankfurt am Main.

Jung, Matthias (2009): *Der bewusste Ausdruck. Anthropologie der Artikulation*, Berlin/New York.

Kano, Fumihiro/Josep Call (2014): „Cross-species variation in gaze following and conspecific preference among great apes, human infants and adults“, in: *Animal Behaviour* 91: 137–150.

Kant, Immanuel (1956): *Kritik der reinen Vernunft* [1781], Werke II, Darmstadt.

Kant, Immanuel (1964): „Anthropologie in pragmatischer Hinsicht [1798]“, in: I. Kant, *Schriften zur Anthropologie, Geschichtsphilosophie, Politik und Pädagogik*, Werke VI, Darmstadt, 395 – 690.

Immanuel Kant (2000), *Anthropologie in pragmatischer Hinsicht* [1798], Hamburg.

Kobayashi, Hiromi/Shiro Kohshima (2001): „Unique morphology of the human eye and its adaptive meaning: Comparative studies on external morphology of the primate eye“, in: *Journal of Human Evolution* 40: 419 – 435.

Kobusch, Theo (1997): *Die Entdeckung der Person. Metaphysik der Freiheit und modernes Menschenbild*, Darmstadt.

Laland, Kevin N./John Odling-Smee/Marc W. Feldman (2000): „Niche construction, biological evolution, and cultural change“, in: *Behavioral and Brain Sciences* 23: 131 – 175.

Marquard, Odo (1971): „Art. Anthropologie“, in: J. Ritter/K. Gründer/G. Gabriel (Hgg.), *Historisches Wörterbuch der Philosophie, Bd. 1*, Basel/Darmstadt, 362 – 374.

Marquard, Odo (1982): „Zur Geschichte des philosophischen Begriffs ‚Anthropologie‘ seit dem Ende des 18. Jahrhunderts“, in: O. Marquard, *Schwierigkeiten mit der Geschichtsphilosophie*, Frankfurt am Main, 122 – 144.

Merleau-Ponty, Maurice (1974): *Phänomenologie der Wahrnehmung* [1945], aus dem Französischen übersetzt und eingeführt durch eine Vorrede von R. Boehm, Berlin.

Merleau-Ponty, Maurice (1976): *Die Struktur des Verhaltens* [1942], Berlin/New York.

Merleau-Ponty, Maurice (2007): *Zeichen*, auf der Grundlage der Übersetzung von B. Schmitz, H. W. Arndt und B. Waldenfels, Hamburg.

Nagel, Thomas (1986): *The view from nowhere*, Oxford/New York/Toronto.

Noë, Alva (2004): *Action in perception*, Cambridge/MA.

O’Regan, J. Kevin/Alva Noë (2001): „A sensorimotor account of vision and visual consciousness“, in: *Behavioral and Brain Sciences* 24 (5): 939 – 973.

Pannenberg, Wolfhart (1983): *Anthropologie in theologischer Perspektive*, Göttingen.

Pico della Mirandola, Giovanni (1990): *De hominis dignitate*, lateinisch/deutsch, hg. und eingeleitet v. A. Buck, übers. v. N. Baumgarten, Hamburg.

Portmann, Adolf (1944): *Biologische Fragmente. Zu einer Lehre vom Menschen*, Basel.

Schlette, Magnus, Fuchs, Thomas, Kirchner, Anna Maria (Hgg.) (2017): *Anthropologie der Wahrnehmung*, Heidelberg.

Schmidinger, Heinrich (2005): „Das Wesen des Menschen liegt in seiner Freiheit – Zur Geschichte einer Definition“, in: H. Schmidinger/C. Sedmak (Hgg.), *Der Mensch – ein freies Wesen?*, Darmstadt, 7 – 16.

Schmitz, Hermann (1965): *System der Philosophie. Band. II. 1. Teil: Der Leib*, Bonn.

Schoberth, Wolfgang (2006): *Einführung in die theologische Anthropologie*, Darmstadt.

Sheets-Johnstone, Maxine (2012): „Kinesthetic memory: Further critical reflections and constructive analyses“, in: S. C. Koch/T. Fuchs/M. Summa/C. Müller (Hgg.), *Body memory, metaphor and movement*, Amsterdam, 44 – 71.

Sterelny, Kim (2010): „Minds: Extended or scaffolded“, in: *Phenomenology and the Cognitive Sciences* 9: 465 – 481.

Sturm, Thomas (2009): *Kant und die Wissenschaften vom Menschen*, Paderborn.

Sutton, John/Doris McIlwain/Wayne Christensen/Andrew Geeves (2011): „Applying intelligence to the reflexes: Embodied skills and habits between Dreyfus and Descartes“, in: *Journal of the British Society for Phenomenology* 42 (1): 78 – 102.

Tomasello, Michael/Malinda Carpenter/Josep Call/Tanya Behne/Henrike Moll (2005): „Understanding and sharing intentions: The origins of cultural cognition", in: *Behavioral and Brain Sciences* 28: 675 – 691.
Thompson, Evan (2007): *Mind in life: Biology, phenomenology, and the sciences of mind*, Cambridge/MA.
Thompson, Evan (2011): „Sensomotorische Subjektivität und die enaktive Annäherung an Erfahrung", in: C. Tewes/K. Vieweg (Hgg.), *Natur und Geist. Über ihre evolutionäre Verhältnisbestimmung*, Berlin, 125 – 145.
Varela, Francisco J./Evan Thompson/Eleanor Rosch (1992): *The embodied mind. Cognitive science and human experience*, Cambridge/MA.
Varela, Francisco J./Evan Thompson/Eleanor Rosch (2013): „Enaktivismus – verkörperte Kognition", in: J. Fingerhut/R. Hufendiek/M. Wild (Hgg.), *Philosophie der Verkörperung. Grundlagentexte zu einer aktuellen Debatte*, Berlin, 293 – 327.
von Weizsäcker, Viktor (1997): „Der Gestaltkreis. Theorie der Einheit von Wahrnehmen und Bewegen" [1940], in: V. von Weizsäcker, *Gesammelte Schriften* 4, Frankfurt/M., 77 – 337.
von Uexküll, Jakob Johan (1920): *Theoretische Biologie*, Berlin.
Waldenfels, Bernhard (2004): *Phänomenologie der Aufmerksamkeit*, Frankfurt am Main.

1 Entwicklung – Sprache – Denken

Stefanie Höhl

Frühkindliches Lernen in sozialen Interaktionen

Welche Rolle spielt Verkörperung?

Abstract: Infants and young children learn most efficiently through direct social interactions. In this paper, I address why social interactions represent such important learning opportunities in early childhood and what role embodiment may play for early social learning. Based on empirical findings, I explicate when and how infants begin identifying other people as humans, intentional agents, and potential teachers. Contingency in teacher-learner interactions is identified as a central aspect of successful social learning. This may be due to the effects of contingent feedback on children's motivation. In addition to examining healthy development, I discuss development in children with autism spectrum disorder, which is characterized by deficient social learning.

Soziale Interaktionen stellen schon früh in der menschlichen Entwicklung wichtige Lernsituationen dar. Säuglinge lernen von ihren Bezugspersonen viel über die Welt und nicht zuletzt auch über Personen, über Handlungen und Absichten. Beobachtungslernen und instruiertes Lernen sind in vielerlei Hinsicht effektiver als selbstständiges Lernen. Da bedeutsame Informationen hervorgehoben werden, können irrelevante Reize leichter ausgeblendet werden. Soziales Lernen ist zudem schneller und weniger gefährlich als selbstständiges Lernen durch *trial-and-error*. Die experimentelle Säuglingsforschung hat gezeigt, dass direkte soziale Interaktionen schon früh in der Entwicklung einen besonders günstigen Einfluss auf das Lernen haben. Eine Studie zur Unterscheidung von Sprachlauten soll hier beispielhaft genannt werden:

In der Studie von Kuhl, Tsao und Liu interagierten neun Monate alte amerikanische Babys über vier Wochen mehrmals mit Muttersprachlern in Mandarin.[1] Die Muttersprachler zeigten ihnen Bücher und Spielzeuge und verwendeten dabei die typische „Ammensprache" mit übertriebener Betonung und Sprachmelodie. Eine Kontrollgruppe interagierte im gleichen Zeitraum mit Muttersprachlern auf Englisch. Nach dem Training, im Alter von zehn Monaten, wurde die Fähigkeit der Kinder getestet, Phoneme in Mandarin zu unterscheiden, die im Englischen nicht

1 Kuhl/Tsao/Liu 2003.

DOI 10.1515/9783110528626-002

als unterschiedliche Sprachlaute existieren. Säuglinge verlieren in diesem Alter normalerweise die Fähigkeit, Laute ihnen fremder Sprachen zu diskriminieren.[2] Wie erwartet gelang es den Kindern der Kontrollgruppe nicht, die Phoneme zu unterscheiden. Dagegen zeigten zehn Monate alte Babys, die mit chinesischen Muttersprachlern interagiert hatten, eine ähnliche Diskriminationsleistung in Mandarin wie gleichaltrige chinesische Säuglinge. Daraufhin wurden zwei weitere Gruppen getestet, die den gleichen sprachlichen Input in Mandarin bekamen wie die Experimentalgruppe, allerdings in Form von Video- oder Tonbandaufzeichnungen. Im späteren Test zeigten sie wie die Kontrollgruppe keine Hinweise darauf, dass sie Sprachlaute auf Mandarin besser unterscheiden können als Kinder, die nie Mandarin gehört hatten.[3] Dieser Befund wirft mehrere wichtige Fragen auf. Was ist es, das soziale Interaktionen für das Lernen so bedeutsam macht? Lassen sich Unterschiede in der Lernleistung im sozialen Kontext im Vergleich zu anderen Situationen durch quantitative Unterschiede in der Aufmerksamkeit erklären oder gibt es bedeutsame qualitative Unterschiede?

Ich werde diskutieren, welche Bedeutung die Anwesenheit und Interaktion anderer Menschen, insbesondere unter Berücksichtigung der Verkörperung, für das Lernen in der frühen Entwicklung hat. Dabei werde ich auf mehrere theoretische Ansätze der sozial-kognitiven Entwicklungspsychologie Bezug nehmen. Die im Folgenden zusammengefasste experimentelle Forschung zeigt, dass schon Neugeborene ihre Aufmerksamkeit in besonderem Maße auf Menschen richten und von Anfang an auf soziale Interaktionen eingestellt sind. Ich erörtere, welche Attribute erforderlich sind, damit Säuglinge einen Stimulus als intentional handelnden Agenten wahrnehmen, und wodurch aus einem Agenten in der direkten Interaktion ein potentieller „Lehrer" wird. Schließlich diskutiere ich die Relevanz von Kontingenz als zentralem Merkmal sozialer Interaktionen sowie die damit einhergehende Affektabstimmung und vermutlich erhöhte Motivation für das Lernen. Ich werde argumentieren, dass die verkörperte Interaktion mit anderen Menschen, zu der schon früh in der Entwicklung die Imitation gehört, einen besonderen Lernkontext darstellt, in welchem relevante Inhalte und Handlungen effektiver gelernt werden können als durch passive Beobachtung oder in nicht sozialen Kontexten. Neben der normalen Entwicklung werde ich auch die Entwicklung bei Autismus-Spektrum-Störungen berücksichtigen. Autismus-Spektrum-Störungen sind vor allem durch qualitativ verändertes Sozialverhalten und Schwierigkeiten in der Kommunikation gekennzeichnet, die zum Teil bereits im

2 Best/McRoberts 2003.
3 Kuhl/Tsao/Liu 2003.

zweiten Lebensjahr festgestellt werden können.[4] Die Sprachentwicklung sowie das soziale Lernen sind bei Betroffenen nachhaltig beeinträchtigt. Am Beispiel von Menschen mit Autismus-Spektrum-Störungen wird daher eindrücklich erkennbar, welche Probleme entstehen, wenn Interaktionen mit anderen Menschen nicht die normalen Auswirkungen auf das Lernen und das Hineinwachsen in soziale und kulturelle Kontexte haben.

1 Menschen entdecken

Bereits wenige Stunden alte Säuglinge folgen Gesichtern mit ihren Blicken, während sie das Interesse für ähnlich komplexe Reize, die nicht einem Gesicht ähneln, viel schneller verlieren.[5] Gesichter, die mit dem Kind Augenkontakt aufnehmen, werden deutlich länger angeschaut als Gesichter, die den Blick abwenden oder die Augen geschlossen haben.[6] Auch sind lächelnde Gesichter interessanter als ängstliche.[7] Neugeborene reagieren zudem besonders auf Sprachlaute, insbesondere die Stimme und Sprache der Mutter, die sie bereits aus der Zeit im Mutterleib kennen.[8] Babys richten also ihre Aufmerksamkeit ab der Geburt in besonderem Maße auf andere Menschen. Dies ist vor allem dann der Fall, wenn diese Personen die Bereitschaft signalisieren, mit dem Baby zu interagieren, beispielsweise durch Blickkontakt, Lächeln und Ansprache.

Tatsächlich sind Neugeborene nicht nur passiv in der Lage, Kontaktangebote wahrzunehmen. Sie können in rudimentärer Form auch bereits aktiv in eine gegenseitige Interaktion mit anderen treten. Bereits Stunden nach der Geburt imitieren Babys einfache mimische Gesten.[9] Beispielsweise öffnen sie den Mund oder strecken die Zunge heraus, wenn es ihnen wiederholt von einer Person in ihrem Gesichtsfeld vorgemacht wird. Auch die Finger- und Handbewegungen Neugeborener unterscheiden sich sowohl quantitativ als auch qualitativ in Reaktion auf sich selbst bewegende Objekte im Vergleich zu Personen, die ihnen Objekte reichen.[10]

---

4 Wetherby/Woods/Allen/Cleary/Dickinson/Lord 2004; American Psychiatric Association 2013.
5 Goren/Sarty/Wu 1975; Johnson/Dziurawiec/Ellis/Morton 1991.
6 Batki/Baron-Cohen/Wheelwright/Connellan/Ahluwalia 2000; Farroni/Csibra/Simion/Johnson 2002.
7 Farroni/Csibra/Simion/Johnson 2007.
8 Mehler/Christophe 1994.
9 Meltzoff/Moore 1977; siehe jedoch Oostenbroek/Suddendorf/Nielsen/Redshaw/Kennedy-Costantini/Davis/Clark/Slaughter 2016.
10 Rönnqvist/von Hofsten 1994.

Neugeborene richten ihre Aufmerksamkeit also auf Menschen, die sich ihnen zuwenden, und reagieren auf diese Versuche zur Kontaktaufnahme im Rahmen ihrer eigenen motorischen Möglichkeiten. Die Anwesenheit und Zuwendung einer Person hat somit einen Einfluss auf die körperliche Aktivität des neugeborenen Babys. Soziale Interaktion ist insofern von Anfang an ein verkörpertes Phänomen.

Möglicherweise beruht die frühe Fähigkeit zur Imitation auf der Aktivität sogenannter Spiegelneurone, die sowohl bei der Beobachtung einer Handlung als auch beim Ausführen einer Handlung aktiv sind.[11] Allerdings ist momentan ungeklärt, ob solche Neurone beim Neugeborenen existieren. Elektrophysiologische Studien mit neun und 14 Monate alten Säuglingen haben gezeigt, dass Babys in diesem Alter überlappende Aktivierungen des motorischen Systems zeigen, sowohl wenn sie einfache Handlungen ausführen (Greifen, Knöpfe drücken) als auch wenn sie die gleichen Handlungen bei anderen beobachten.[12] Es kann daher zumindest nicht ausgeschlossen werden, dass auch Neugeborene über ein funktionierendes Spiegelneuronensystem verfügen. Allerdings haben Säuglinge im Alter von neun Monaten in der Regel schon beträchtliche motorische Erfahrungen gemacht und konnten auch die getesteten Handlungen bei anderen Menschen schon häufig beobachten. Neurophysiologische Studien mit jüngeren Kindern sind daher notwendig.

Unabhängig vom neuronalen Korrelat der Neugeborenenimitation wurde vorgeschlagen, dass Säuglinge eine Äquivalenz zwischen sich selbst und anderen Menschen wahrnehmen, die es ihnen erlaubt, die Handlungen anderer als eigene Handlungsmöglichkeiten wahrzunehmen, nachzuahmen und schließlich zu interpretieren.[13] Laut Meltzoff und Decety lernen Säuglinge durch eigene Erfahrungen nach und nach Bezüge zwischen ihren eigenen Handlungen und mentalen Erlebnissen (z.B. Intentionen) herzustellen.[14] Durch die wahrgenommene Äquivalenz zwischen eigenen Handlungen und den Handlungen anderer sind schließlich auch Rückschlüsse auf deren mentalen Erlebnisse und Zustände möglich.[15] Demnach wäre die frühe Fähigkeit zur Imitation einer der Grundbausteine für die Entwicklung der *theory of mind*, also der Fähigkeit, die mentalen Zustände und Erlebnisse anderer Personen nachzuvollziehen.

Ab dem Alter von etwa zwei Monaten zeigen Säuglinge auf Angebote zur Kontaktaufnahme hin eine Reihe emotionaler Reaktionen, die darauf schließen lassen, dass sie sich bewusst sind, im Fokus der Aufmerksamkeit einer anderen

11 Di Pellegrino/Fadiga/Fogassi/Gallese/Rizzolatti 1992.
12 Marshall/Meltzoff 2011.
13 Meltzoff 2007.
14 Meltzoff/Decety 2003.
15 Meltzoff/Decety 2003.

Person zu stehen.[16] Beispielsweise zeigen Babys in Reaktion auf wiederholte Kontaktaufnahme durch vertraute Personen oft typische Anzeichen von Schüchternheit.[17] Sie lächeln dann, wenden dabei Blick und Kopf zur Seite und heben die Arme vor das Gesicht. Außerdem lächeln sie mehr, wenn ein Erwachsener mit ihnen Augenkontakt aufnimmt, als wenn er stattdessen ihre Ohren fokussiert.[18] Mit etwa vier Monaten versuchen Babys dann gezielt, die Aufmerksamkeit von Erwachsenen auf sich zu ziehen, beispielsweise durch Lautieren und „Rufen".[19] Diese Befunde zeigen deutlich, dass sehr junge Säuglinge nicht nur mit ihrer motorischen Aktivität auf Kontaktangebote von Erwachsenen reagieren, sondern auch emotionale und somit physiologische Reaktionen zeigen. Indem sie das Lächeln von ihnen zugewandten Personen erwidern, stimmen sie ihren Affekt auf den des Interaktionspartners ab, was ebenso wie die Imitation einen wichtigen Aspekt verkörperter Interaktion über die ganze Lebensspanne hinweg darstellt.[20]

2 Wer oder was ist ein Agent?

Neugeborene nehmen also die Anwesenheit anderer Menschen wahr und reagieren sowohl motorisch als auch physiologisch-emotional auf deren Kontaktangebote. In den ersten Lebensmonaten nach der Geburt lernen Säuglinge dann die Ziele intentional handelnder Agenten zu erkennen bzw. aus ihren Handlungen vorherzusagen.[21] Gemäß Meltzoff und Decety ist das möglich, weil Säuglinge zunächst ihre eigenen Handlungen mit mentalen Zuständen verknüpfen und dann auf andere Personen generalisieren, die ähnliche Handlungen durchführen und denen daher ähnliche mentale Zustände, z. B. Wünsche und Intentionen, zugeschrieben werden („*like me*").[22]

Dafür ist es zunächst notwendig, zwischen intentionalen Agenten und anderen sich bewegenden Stimuli zu unterscheiden. Bereits Neugeborene schauen länger auf Darstellungen einer biologischen Bewegung als einer zufälligen oder mechanischen Bewegung, wenn ihnen *point-light-displays* gezeigt werden, die lediglich die Bewegungsinformation durch dynamische Lichtpunkte darstellen.[23]

---

16 Reddy 2003.
17 Reddy 2000.
18 Muir/Hains 1999.
19 Reddy 1999.
20 Decety/Meyer 2008.
21 Reid/Hoehl/Grigutsch/Groendahl/Parise/Striano 2009; Woodward 1998.
22 Meltzoff/Decety 2003.
23 Bardi/Regolin/Simion 2011.

Biologische Bewegung ist unter anderem durch leichte Unregelmäßigkeit im Bewegungspfad und der Geschwindigkeit sowie durch plötzliche Richtungswechsel gekennzeichnet. Außerdem ist biologische Bewegung selbstinitiiert, also nicht sichtbar von außen angestoßen. Wenn ein pelziges Tierspielzeug sich gleichzeitig mit einem an es gehefteten Ball in dieser Weise bewegt, wird die Bewegung von sieben Monate alten Babys dem Tier zugesprochen und nicht dem Ball.[24] In diesem Alter haben Säuglinge also bereits Erwartungen darüber entwickelt, welche Art von Stimulus sich von selbst biologisch bewegt (in Wirklichkeit war ein Motor im Ball der Auslöser der biologisch erscheinenden Bewegung). Säuglinge können in diesem Alter zwar schon Menschen von anderen Tieren unterscheiden[25], bestimmte psychologische Eigenschaften werden aber anscheinend auch Tieren zugeschrieben, sofern sie gesichtsähnliche Features haben.[26]

Mit sechs Monaten assoziieren Babys die Handlungen eines Agenten mit Handlungszielen.[27] In einem klassischen Experiment sahen die Säuglinge, wie eine Hand wiederholt nach einem von zwei Spielzeugen griff. Im Testdurchgang waren die Positionen der Objekte vertauscht und die Hand griff entweder zur gleichen Stelle wie zuvor, und somit zum anderen Spielzeug, oder zur anderen Seite und somit zum gleichen Spielzeug. Die Kinder waren überrascht, wenn die Hand das neue Spielzeug ergriff, aber nicht, wenn sich die Hand zur anderen Seite bewegte, um dort das gewohnte Spielzeug zu greifen. Dieser Versuch zeigt, dass Kinder sich bereits mit sechs Monaten für Handlungsziele interessieren und diese mit der Handlung einer Person verknüpfen. Inwiefern spielt Verkörperung hier eine Rolle?

Ein wichtiger Befund ist, dass Säuglinge nicht über den Wechsel im Ziel der Handlung überrascht sind, wenn sich ein Stab anstatt einer Hand zu den Spielzeugen bewegt.[28] Einem unbelebten Objekt werden also kein Ziel bzw. zugrundeliegende Intentionen zugesprochen. Zu diesem Ergebnis passt auch die Beobachtung, dass 18 Monate alte Kleinkinder eine beobachtete unvollständige Handlung nur dann zu Ende führen, wenn die Handlung von einem Menschen vorgemacht wurde, aber nicht wenn von einem mechanischen Apparat, dem offenbar kein Handlungsziel über die beobachtete Bewegung hinaus zugeschrieben wird.[29]

---

24 Pauen/Träuble 2009.
25 Marinovic/Hoehl/Pauen 2014.
26 Pauen/Träuble 2009.
27 Woodward 1998.
28 Woodward 1998.
29 Meltzoff 1995.

Zudem spielen die eigenen Handlungserfahrungen der Kinder eine Rolle für ihr Handlungsverständnis. Drei Monate alte Babys, die noch nicht selbstständig gezielt greifen können, sind interessanterweise nicht überrascht, wenn eine Hand unerwartet ihr Ziel ändert. In einer neueren Studie wurden daher die Handlungserfahrungen der Kinder experimentell manipuliert.[30] Den dreimonatigen Babys wurden vor dem Test Handschuhe mit Klettapplikationen angezogen, an denen Spielzeuge hängen blieben, wodurch die Erfahrung des Greifens simuliert werden sollte. Nach diesem „Training" waren auch drei Monate alte Babys überrascht, wenn die Hand im Testdurchgang das Ziel änderte. Durch diese Studie wird deutlich, dass eigene körperliche Erfahrungen und Empfindungen beeinflussen, wie Säuglinge andere Menschen wahrnehmen und deren Handlungen interpretieren. Im Sinne des „*like me*"-Mechanismus könnte die eigene Erfahrung des Greifens es den Kindern ermöglicht haben, das Handlungsziel einer greifenden Person nachzuvollziehen.

Auch bei Erwachsenen haben eigene Handlungserfahrungen einen Einfluss darauf, wie die Handlungen anderer Personen wahrgenommen werden. In einer Studie von Casile und Giese lernten erwachsene Probanden eine ungewöhnliche Art, Ober- und Unterkörper während des Laufens zu koordinieren.[31] Wichtig ist, dass dieses Training allein durch sensomotorisches und verbales Feedback geleitet stattfand und den Teilnehmern die Augen verbunden wurden. Sie erhielten also keine visuellen Informationen über den neu gelernten Bewegungsablauf. Dennoch konnten sie nach dem Training den gelernten Bewegungsablauf visuell anhand von *point-light-displays* besser erkennen als in einem Test vor dem Training. Die visuelle Verarbeitung profitierte also von der motorischen Erfahrung. Auch langfristig beeinflussen eigene motorische Erfahrungen, wie die Handlungen anderer Menschen wahrgenommen werden.[32] Calvo-Merino und Kollegen präsentierten ausgebildeten Capoeira- und Balletttänzern Videos von Tanzdarbietungen und maßen ihre Gehirnaktivitäten mittels funktionaler Kernspintomographie. Motorische Areale, die zum menschlichen Spiegelneuronensystem gezählt werden, waren bei den ausgebildeten Tänzern dann besonders aktiv, wenn sie Darbietungen aus dem Bereich ihrer jeweiligen Expertise sahen.

Diese Befunde sind auch in Hinblick auf die soziale Entwicklung interessant. Säuglinge machen motorische Erfahrungen bereits bevor sie visuellen Input erhalten. Schon im Mutterleib führen sie Bewegungen durch. Möglicherweise erleichtert diese Vorerfahrung mit dem eigenen sensomotorischen System Säug-

30 Sommerville/Woodward/Needham 2005.

31 Casile/Giese 2006.

32 Calvo-Merino/Glaser/Grezes/Passingham/Haggard 2005.

lingen die Wahrnehmung von Handlungen und Bewegungen anderer Menschen nach der Geburt. Babys sind direkt nach der Geburt in der Lage, mimische Gesten zu imitieren, die sie noch nie zuvor bei anderen Menschen oder sich selbst gesehen haben.[33] Es ist anzunehmen, dass sie diese Bewegungen (z. B. den Mund öffnen, die Zunge herausstrecken) aber bereits im Mutterleib ausgeführt haben und daher bei der visuellen Verarbeitung der Modellhandlungen auf ihre früheren motorischen und propriozeptiven Erfahrungen zurückgreifen können. Dies könnte ihnen die Identifikation anderer Menschen als Agenten im Sinne eines „*like me*"-Mechanismus erleichtern und eine erfahrungsbasierte Grundlage für die oben genannten „angeborenen" Aufmerksamkeitsbias für Gesichter bilden.[34]

Bei Personen mit Autismus-Spektrum-Störungen wurden wiederholt Schwierigkeiten bei der Imitation[35] und auch eine reduzierte Aktivität des Spiegelneuronensystems festgestellt.[36] Wenn gesunde Kinder die ersten Schritte einer bekannten Handlungssequenz beobachten, aktivieren sie bei sich selbst Muskeln, die später in der Sequenz benötigt werden. So aktivieren Kinder beispielsweise ihre Mundmuskulatur, wenn sie beobachten, dass jemand nach etwas zum Essen greift. Dieses „prädiktive Spiegeln" fehlt bei Kindern mit Autismus.[37] Damit könnte zusammenhängen, dass Kinder und Erwachsene mit Autismus Schwierigkeiten haben, beobachtete Handlungssequenzen zu imitieren.[38] Wenn die Hypothese von Meltzoff und Decety[39] zutrifft, sollten frühe Schwierigkeiten beim *matching* eigener Handlungen mit denen anderer Personen zudem die Entwicklung der *theory of mind* erschweren, die bei Autismus-Spektrum-Störungen bekanntermaßen maßgeblich beeinträchtigt ist.[40]

3 Wer ist ein Lehrer?

Wodurch wird nun aus einem Agenten, für dessen Handlungen und Ziele sich ein Baby interessiert, eine Person, von der es lernt? Laut der Theorie der *natural pedagogy* hat sich in der menschlichen Phylogenese ein Kommunikationssystem

33 Meltzoff/Moore 1977.
34 Pitti/Kuniyoshi/Quoy/Gaussier 2013; Sugita 2009.
35 Williams/Whiten/Suddendorf/Perrett 2001.
36 Dapretto/Davies/Pfeifer/Scott/Sigman/Bookheimer/Iacoboni 2006; Williams/Waiter/Gilchrist/Perrett/Murray/Whiten 2006.
37 Cattaneo/Fabbri-Destro/Boria/Pieraccini/Monti/Cossu/Rizzolatti 2007.
38 Williams/Whiten/Suddendorf/Perrett 2001.
39 Meltzoff/Decety 2003.
40 Baron-Cohen 1995.

herausgebildet, das es Säuglingen bereits vor dem Erwerb der Sprachfähigkeit ermöglicht, kulturell relevante Informationen von anderen Menschen zu lernen.[41] Dazu gehören ostensive Signale wie Blickkontakt, zum Verhalten des Kindes kontingentes Verhalten und Ammensprache. Nimmt ein Säugling diese Signale als auf ihn gerichtet war, bildet er demnach die Erwartung, dass darauffolgende Informationen generalisierbares, kulturelles Wissen darstellen, das auch in anderen Kontexten und für andere Personen gilt. Beispielsweise nehmen Säuglinge emotionale Ausdrücke, die auf ihnen unbekannte Objekte gerichtet sind, zunächst einmal als Hinweise auf die persönlichen Präferenzen einer Person wahr. Signalisiert die Person dem Baby jedoch durch ostensive Hinweise, dass die Information allgemeingültig ist, ist es überrascht, wenn eine andere Person später die Valenz des gleichen Objekts anders bewertet.[42] Es wird also von der emotionalen Reaktion einer Person auf andere generalisiert, auch wenn die zweite Person die Reaktion der ersten Person gar nicht gesehen hatte. Dies spricht dafür, dass Babys Informationen, die ihnen in einem ostensiven Kontext vermittelt wurden, als allgemeingültig interpretieren.

Zahlreiche Studien haben den Einfluss ostensiver Signale auf das Lernverhalten von Säuglingen belegt. Neben der oben genannten emotionalen Valenz unbekannter Objekte lernen Säuglinge mit Hilfe ostensiver Signale unter anderem auch die Aufbewahrungsorte von Objekten[43] sowie neue Objekthandlungen durch Imitation[44]. Es gibt zudem erste Hinweise darauf, dass ostensive Signale bei Babys Muster von Gehirnaktivität auslösen, die sich qualitativ von der Gehirnaktivität in Situationen unterscheiden, in denen keine ostensive Kommunikation stattfindet.[45] Hierbei könnte es sich um die neuronale Signatur eines „rezeptiven Zustands" beim Kind handeln, der das Lernen neuer semantischer Inhalte begünstigt. Kinder mit Autismus-Spektrum-Störungen scheinen dagegen deutlich weniger sensitiv für ostensive Signale wie Blickkontakt und Ammensprache zu sein.[46] Southgate und Kollegen nehmen daher an, dass Schwierigkeiten beim Verständnis der kommunikativen Absichten anderer Menschen ein grundlegendes Problem bei Autismus-Spektrum-Störungen darstellen, wodurch Imitation und soziales Lernen stark beeinträchtigt werden.[47]

---

41 Csibra/Gergely 2011.
42 Egyed/Kiraly/Gergely 2013; Gergely/Egyed/Kiraly 2007.
43 Topal/Gergely/Miklosi/Erdohegyi/Csibra 2008.
44 Kiraly/Csibra/Gergely 2013.
45 Hoehl/Michel/Reid/Parise/Striano 2014; Parise/Csibra 2013.
46 Kuhl/Coffey-Corina/Padden/Dawson 2005; Senju/Yaguchi/Tojo/Hasegawa 2003.
47 Southgate/Gergely/Csibra 2008.

Obwohl ostensive Signale im Alltag in aller Regel von Menschen ausgehen, werden diese in der Theorie der *natural pedagogy* als unabhängig von der Person des „Senders" oder „Lehrers" angesehen. In einer Studie wurden acht Monate alten Babys mittels Eye Tracker bewegliche Objekte gezeigt, die an Teekessel erinnerten und durch eine lange „Nase" eine eindeutige Ausrichtung hatten.[48] Wenn ein „Teekessel" auf das Blickverhalten des Säuglings mit Bewegung reagierte, erhöhte dies die Wahrscheinlichkeit, dass der Säuglinge in einer späteren Testphase der Ausrichtung des Objektes mit dem eigenen Blick folgte. Die Autoren schließen daraus, dass Säuglinge grundsätzlich für ostensive Signale sensitiv sind, völlig unabhängig davon wer oder was sie sendet. Die persönliche Beziehung zum potentiellen Lehrer spiele dabei ebenso wenig eine Rolle wie dessen Angehörigkeit zur menschlichen Spezies. In der genannten Studie von Deligianni und Kollegen wurde allerdings keine Lernleistung der Kinder erfasst. Das Ergebnis lässt streng genommen lediglich darauf schließen, dass Säuglinge eher auf ein Objekt reagieren, wenn dieses zuvor auf sie reagiert hatte. Dadurch entsteht eine Art rudimentäre Interaktion zwischen Kind und Objekt, aber es bleibt offen, inwiefern die Auswirkungen dieser Interaktion in Hinblick auf den Affekt und das Lernverhalten des Kindes tatsächlich denen einer sozialen Interaktion entsprechen. Nichtsdestoweniger scheint es lohnend, sich die zeitliche und emotionale Kontingenz als besonderes Merkmal zwischenmenschlicher Interaktionen im nächsten Abschnitt genauer anzuschauen.

4 Kontingenz als Merkmal sozialer Interaktionen

Zwischenmenschliche Interaktionen sind durch charakteristische Muster zeitlicher und emotionaler Kontingenz gekennzeichnet. Zwischen Babys und ihren Bezugspersonen lassen sich schon wenige Monate nach der Geburt sogenannte Protokonversationen beobachten. Kind und Bezugsperson wechseln sich dabei gegenseitig mit Lautierungen und mimischen Gesten ab, ganz ähnlich wie Erwachsene bei einer sprachlichen Konversation. Bereits mit drei Monaten sind diese Protokonversationen bidirektional, gehen also in gleichem Maße vom Kind aus wie von der Bezugsperson.[49]

Säuglinge im Alter von eineinhalb bis zwei Monaten haben bereits Erwartungen darüber ausgebildet, wie der Austausch in sozialen Interaktionen nor-

48 Deligianni/Senju/Györgi/Csibra 2011.
49 Cohn/Tronick 1988.

malerweise stattfindet.[50] Im sogenannten *still face* Paradigma interagiert zunächst eine erwachsene Person mit dem Säugling. Nach einer kurzen Phase normaler Interaktion hält der Erwachsene inne und verharrt mit einem neutralen Gesichtsausdruck. In der darauffolgenden dritten Versuchsphase wird die normale Interaktion wiederaufgenommen. Im Vergleich zu den Phasen natürlicher Interaktion reagieren die Kinder in der *still face* Phase typischerweise mit weniger positivem oder sogar negativem Affekt und wenden den Blick häufig vom Interaktionspartner ab.[51]

Natürliche Interaktionen zeichnen sich allerdings nicht durch perfekte Kontingenz aus, sondern durch gelegentliche Diskrepanz im Affekt und der Blickkoordination zwischen beiden Interaktionspartnern. Daher betrachten einige Forscher*innen gerade die Fähigkeit, diese Diskrepanzen zu überwinden und die Interaktion zu „reparieren", als zentral für die Entwicklung einer gesunden Bindung zwischen Kind und Bezugsperson.[52] Bis zum Alter von drei Monaten scheinen Säuglinge vorwiegend an perfekten Kontingenzen interessiert zu sein, die sie in erster Linie durch ihre eigene motorische Aktivität erzeugen, was ihnen helfen könnte, ein erstes Schema des eigenen Körpers und seiner motorischen Möglichkeiten zu entwickeln.[53] Ab dem Alter von drei Monaten interessieren sich Babys dann mehr für imperfekte Kontingenzen wie sie in sozialen Interaktionen vorkommen. So lächeln drei Monate alte Babys am meisten in einer normalen sozialen Interaktion im Vergleich zu einer nicht kontingenten Interaktion oder einer beinahe perfekt kontingenten Interaktion, in der sie vom Erwachsenen imitiert werden.[54] Kinder mit Autismus-Spektrum-Störungen bevorzugen hingegen perfekte Kontingenzen gegenüber sozialen Interaktionen.[55] Dies könnte dazu beitragen, dass die Betroffenen schon früh in der Entwicklung soziale Interaktionen meiden und Beschäftigungen suchen, in denen sie perfekte Kontingenzen erleben, beispielsweise im Umgang mit elektronischen Spielzeugen und Medien.

Die Bedeutung von interaktionaler und emotionaler Kontingenz für die Entwicklung einer Beziehung zwischen Kind und Bezugsperson ist empirisch belegt.[56] Gergely argumentiert, dass die Präferenz perfekter Kontingenzen früh in der Entwicklung zu einer Fokussierung auf den eigenen Körper und die Konsequenzen eigener motorischer Aktivität führt. Das Kind erlebe sich selbst zum ersten Mal als

---

50 Bertin/Striano 2006; Tronick/Als/Adamson/Wise/Brazelton 1978.
51 Tronick/Als/Adamson/Wise/Brazelton 1978.
52 Tronick/Reck 2009.
53 Gergely 2000.
54 Striano/Henning/Stahl 2005.
55 Gergely 2000.
56 Beebe/Steele 2013.

kausal wirksamen Agenten. Mit etwa drei Monaten wechselt der Aufmerksamkeitsfokus auf imperfekte, also soziale Kontingenzen. In der sozialen Interaktion führen die Affektabstimmung sowie die Koordination von Blicksignalen und Vokalisationen mit der Bezugsperson laut Gergely dazu, dass sich das Kind als selbstwirksam erlebt und sich darüber bewusst wird, ein gewisses Maß an Kontrolle über seine soziale Umwelt auszuüben.[57]

Darüber hinaus scheint Kontingenz in sozialen Interaktionen sich auch auf das frühe Lernen auszuwirken. Oben wurde bereits erwähnt, dass Säuglinge kontingenten Stimuli eher mit dem Blick folgen.[58] Es ist jedoch unklar, ob dadurch ihr Lernen über Umweltreize tatsächlich beeinflusst wird, sofern es sich nicht um einen menschlichen Agenten handelt. In einer Studie zum sozialen Referenzieren in Reaktion auf einen neuen und ambivalenten Reiz zeigte sich, dass Einjährige sich eher in Richtung eines kontingenten Interaktionspartner orientieren im Vergleich zu einer Person, die mit unnatürlich langer Latenz auf die Äußerungen des Kindes reagiert.[59] Dies deutet darauf hin, dass Kinder auch eher von einem kontingenten Partner über die emotionale Valenz unbekannter Dinge lernen.

Bei Goldstein, King und West wurden die Reaktionen der Bezugsperson auf das Lautieren ihrer acht Monate alten Babys manipuliert.[60] Reagierte die entsprechend instruierte Bezugsperson kontingent auf die Lautäußerungen des Kindes durch Lächeln und physischen Kontakt, zeigte das Kind in der Folge komplexere und reifere Lautäußerungen. Dies war nicht der Fall, wenn die Bezugsperson die gleichen Verhaltensweisen ohne zeitlichen Zusammenhang mit den Äußerungen des Kindes zeigte. Die Autor*innen vermuten, dass frühe Vokalisationen erst dann zu einer Kommunikationsform werden, wenn das Kind durch die Reaktionen der Menschen in seiner Umgebung deren instrumentellen Wert erkennt. Kuhl vermutet daher auch eine wichtige Rolle der Kontingenz für die Entwicklung der Sprachperzeption.[61] Ein Mechanismus, über den sich die Wahrnehmung von Kontingenz in sozialen Interaktionen auf das Lernen auswirken könnte, ist die möglicherweise erhöhte Motivation, die im folgenden Abschnitt näher behandelt wird.

---

57 Gergely 2000.
58 Deligianni/Senju/Gergely/Csibra 2011; Johnson/Slaughter/Carey 1998.
59 Striano/Vaish/Henning 2006.
60 Goldstein/King/West 2003.
61 Kuhl 2007.

5 Die Rolle von Emotionen und Motivation in frühen sozialen Interaktionen

Bereits sehr junge Säuglinge sind in sozialen Interaktionen emotional involviert. Im zweiten Monat nach der Geburt verändern sich die Reaktionen des Säuglings auf die Bezugsperson qualitativ von neutraler Aufmerksamkeit hin zu emotionalen, meist positiven Reaktionen, die durch Lächeln und Gurrlaute gekennzeichnet sind.[62] Gleichzeitig nehmen neutrale Ausdrücke der Bezugsperson in der Interaktion mit dem Säugling ab und die positive Hinwendung zum Kind mit Lächeln und Ammensprache nimmt zu. In diesem Alter tritt zum ersten Mal in der ontogenetischen Entwicklung das „soziale Lächeln" in Reaktion auf andere Menschen auf, während zuvor hauptsächlich endogenes Lächeln während des Schlafs gezeigt wird. Im dritten Monat werden Säuglinge dann motorisch aktiver und zeigen positive Erregung sowie aktive Hinwendung zur Bezugsperson. Im Versuch, dyadische Interaktionen zu initiieren, zeigt sich, dass junge Säuglinge grundsätzlich motiviert sind, mit anderen Menschen zu interagieren.[63] Dabei spielt vermutlich eine Rolle, dass Babys es als positiv empfinden, Kontrolle über ihre Umgebung auszuüben, wie es in kontingenten sozialen Interaktionen der Fall ist.[64]

Ab dem Ende des ersten Lebensjahres initiieren Säuglinge zudem triadische Interaktionen durch deklarative Zeigegesten.[65] In triadischen Interaktionen beziehen sich beide Interaktionspartner gemeinsam auf ein externes Objekt, ein Ereignis oder eine dritte Person. Wenn sich beide Interaktionspartner über den gemeinsamen Aufmerksamkeitsfokus bewusst sind, spricht man von geteilter Aufmerksamkeit.[66] Im Unterschied zu imperativen Zeigegesten, mit denen der Interaktionspartner dazu gebracht werden soll, etwas zu tun, ist die grundlegende Motivation deklarativer Zeigegesten der Wunsch, eine Erfahrung mit anderen Personen zu teilen.[67] Den Kindern geht es dabei nicht darum, eine unspezifische positive Reaktion des Erwachsenen zu evozieren. Einjährige wiederholen ihre Zeigegesten, wenn Erwachsene diese falsch interpretieren und ihre Aufmerksamkeit auf das falsche Ziel lenken, auch wenn die Erwachsenen auf das falsche

62 Lavelli/Fogel 2005.
63 Reddy 1999.
64 Gergely 2000.
65 Liszkowski/Carpenter/Henning/Striano/Tomasello 2004; Tomasello/Carpenter/Liszkowski 2007.
66 Carpenter/Nagell/Tomasello 1998.
67 Liszkowski/Carpenter/Tomasello 2007.

Ziel bereits mit großer Freude reagieren.[68] Kinder sind also anscheinend intrinsisch motiviert, Erfahrungen mit anderen Menschen zu teilen.[69]

Für die hohe Motivation von Kindern, von anderen Menschen zu lernen, spricht auch das Phänomen der Imitation offensichtlich nicht funktionaler Handlungen („Überimitation"), das etwa ab einem Alter von drei Jahren beobachtet werden kann.[70] Wenn eine andere Person dem Kind beispielsweise vormacht, wie eine Belohnung aus einem Behälter genommen werden kann, imitiert es nicht nur Handlungen, die zur Zielerreichung notwendig sind, sondern auch Handlungen, die ganz offensichtlich keine kausale Relevanz haben. Im Gegensatz dazu führen Schimpansen nur die kausal relevanten Handlungen aus, wenn der Behälter und seine Funktionsweise transparent sind.[71] Kinder dagegen imitieren die offenbar nicht funktionalen Handlungen sogar dann, wenn sie sich unbeobachtet fühlen und dazu ermutigt werden, sich die Belohnung so heraus zu holen, wie sie es möchten. Besonders deutlich zeigte sich die Motivation der Kinder, eine Handlung genauso auszuführen, wie es ihnen zuvor gezeigt wurde, in einer Studie von Lyons, Damrosch, Lin, Macris und Keil.[72] In diesem Versuch wurde ein Wettkampf simuliert, in dem die Kinder grundsätzlich verloren, wenn sie eine vorher gezeigte überflüssige Handlung imitierten. Statt diese Handlungen nun einfach wegzulassen und sich auf direktem Weg die Belohnung zu holen, führten viele Kinder die überflüssigen Handlungen nun schneller aus! Über einige Versuchsdurchgänge hinweg zeigten die Kinder zwar tendenziell weniger der nicht funktionalen Handlungen, sie ließen sie aber nicht ganz weg, obwohl sie dadurch die eigentliche Belohnung der Handlung an ihren „Gegenspieler" verloren.

Es ist hinlänglich belegt, dass Motivation dem Lernen neuer Informationen förderlich ist.[73] Wenn Menschen an etwas interessiert sind, fällt es ihnen leichter, sich damit zu befassen und es sich zu merken. Auch in der eingangs erwähnten Studie von Kuhl waren Kinder in der sozialen Bedingung mit einer live interagierenden Person vor den Trainingssitzungen sichtlich freudig erregt.[74] Dies war bei den Kindern, denen lediglich Video- oder Tonbandaufzeichnungen präsentiert

---

68 Tomasello/Carpenter/Liszkowski 2007.

69 Tomasello/Carpenter 2007.

70 Hoehl/Zettersten/Schleihauf/Grätz/Pauen 2014; Horner/Whiten 2005; Kenward/Karlsson/Persson 2011; Lyons/Young/Keil 2007; Nielsen/Tomaselli 2010.

71 Horner/Whiten 2005.

72 Lyons/Damrosch/Lin/Macris/Keil 2011.

73 Kang/Hsu/Krajbich/Loewenstein/McClure/Wang/Camerer 2009.

74 Kuhl/Tsao/Liu 2003.

wurden, nicht der Fall.[75] Es ist anzunehmen, dass die erhöhte Motivation der Kinder in der direkten sozialen Interaktion ihr Lernen unterstützt hat.

Kinder mit Autismus-Spektrum-Störungen scheinen hingegen schon früh in der Entwicklung weniger an sozialer Interaktion interessiert zu sein als neurotypische Kinder.[76] Bereits im ersten und zweiten Lebensjahr vermeiden betroffene Kinder Augenkontakt und reagieren weniger auf emotionale Ausdrücke anderer Menschen.[77] Wie oben bereits erwähnt, bevorzugen Kinder mit Autismus-Spektrum-Störungen perfekte Kontingenzen gegenüber den nicht perfekten Kontingenzen, die für soziale Interaktionen typisch sind.[78] Dawson und Kollegen nehmen an, dass frühe Defizite in der Motivation, mit anderen zu interagieren und soziale Interaktionen als belohnend zu empfinden, zu einer verminderten Aufmerksamkeit für soziale Informationen und einer gestörten Sprachentwicklung führen.[79] Dadurch könnten schon früh wichtige Lerngelegenheiten verpasst und sowohl soziale als auch kognitive Defizite im Entwicklungsverlauf kumuliert werden.

6 Verkörperung in der zwischenmenschlichen Interaktion als zentrales Merkmal sozialer Lernsituationen

Die Anwesenheit einer Person hat, wenn sie direkt mit dem Säugling kommuniziert, einen Einfluss auf die körperliche Aktivität sowie die Imitations- und Lernbereitschaft von Säuglingen. Ostensive Hinweisreize, die dem Kind den direkten Kontakt signalisieren, scheinen insbesondere das Lernen generalisierbaren kulturellen Wissens zu begünstigen. Die Theorie der *natural pedagogy* geht dabei davon aus, dass diese Signale unabhängig von der Art des „Senders“ wirksam sind und auch von nicht-menschlichen Agenten ausgehen können.[80] Dabei wird vernachlässigt, dass Verkörperung in sozialen Interaktionen eine wichtige Rolle spielt. Auf Gegenseitigkeit beruhende Interaktion besteht von Geburt an auch aus gegenseitiger Imitation und somit aufeinander abgestimmter körperlicher Aktivität. In Form des *mimicry* erfolgt diese (weitgehend unbewusste) Abstimmung

---

75 Kuhl 2002.
76 Dawson/Webb/McPartland 2005.
77 Adrien/Lenoir/Martineau/Perrot/Hameury/Larmande/Sauvage 1993.
78 Gergely 2001.
79 Dawson/Webb/McPartland 2005.
80 Deligianni/Senju/Györgi/Csibra 2011.

auch bei Erwachsenen.[81] Die Übereinstimmung eigener leiblicher Erfahrungen mit beobachteten Handlungen führt beim Säugling zu einem verbesserten Verständnis der Handlungsziele eines Interaktionspartners und begünstigt so das Imitationslernen über eine bloße Nachahmung der vorgemachten Bewegungen hinaus.[82] Tatsächlich scheint gerade das Imitationslernen für die Transmission kulturellen Wissens (z. B. in Form von Ritualen, die keine offensichtliche Funktion haben müssen) eine bedeutsame Rolle zu spielen.[83] Der Wunsch nach sozialer Zugehörigkeit ist hier ein entscheidender Faktor.[84]

Zudem sind Menschen in sozialen Interaktionen emotional involviert und stimmen ihre Affekte aufeinander ab. Dieser Aspekt zwischenmenschlicher Interaktion hat beim Säugling einen nachgewiesenen Einfluss auf die spätere Bindung zu Bezugspersonen, könnte aber durchaus auch für das Lernen eine Rolle spielen, was in weiteren Studien gezielt untersucht werden sollte.[85] Insofern ist das Kind in sozialen Lernsituationen mehr als ein reiner Beobachter und Lerner. Es ist Teil einer reziproken Interaktion, in der sich beide Kommunikationspartner dynamisch miteinander abstimmen und auf motorischer, affektiver und kognitiver Ebene gegenseitig beeinflussen. Die vorliegenden Daten sprechen dafür, dass diese Qualitäten sozialer Interaktionen das Lernen in der frühen Entwicklung beeinflussen und sich soziales Lernen nicht nur durch (quantitativ) gesteigerte Aufmerksamkeit vom Lernen ohne sozialen Interaktionspartner unterscheidet.

Es herrscht allerdings in vielerlei Hinsicht momentan noch Forschungsbedarf. Beispielsweise wird es interessant sein, die einzelnen Aspekte sozialer Interaktionen in ihrer Wirkung auf das Lernen sowohl kombiniert als auch getrennt voneinander zu betrachten. So könnte der Einfluss von zeitlicher Kontingenz bei Babys auch unabhängig von der Anwesenheit einer Person untersucht werden.[86] Solche Studien werden langfristig helfen zu verstehen, ob soziales Lernen in der frühen Entwicklung tatsächlich von der Anwesenheit einer Person abhängt oder ob einzelne Merkmale eines intentionalen Agenten schon ausreichen, um beim Kind eine Bereitschaft zum Lernen zu induzieren, wie es Vertreter des *natural pedagogy* Ansatzes postulieren.

Auch die Rolle der persönlichen Beziehung zwischen Kind und „Lehrer" ist in diesem Zusammenhang interessant und bisher gerade in der frühen Entwicklung noch wenig untersucht worden. Im *natural pedagogy* Ansatz wird die persönliche

---

81 Chartrand/Bargh 1999.
82 Meltzoff 1995.
83 Horner/Whiten 2005.
84 Nielsen/Blank 2011.
85 Beebe/Steele 2013.
86 Kuhl 2007.

Beziehung zwischen Kind und Interaktionspartner ausgeblendet. Interaktionen mit Bezugspersonen haben jedoch eine besondere Qualität. So wird eine sichere Bindung als Basis für das Explorationsverhalten von Kleinkindern betrachtet.[87] Die Anwesenheit einer Bezugsperson dürfte daher das aktive Suchen nach Lerngelegenheiten und infolgedessen auch das Speichern neuer Informationen bei Babys und Kleinkindern maßgeblich beeinflussen. Beispielsweise gibt es Hinweise darauf, dass neun Monate alte Babys Wörter nur dann referentiell mit Gegenständen assoziieren, wenn sie diese von ihrer eigenen Bezugsperson hören.[88] Da Säuglingsforscher*innen mit kognitionspsychologischem Hintergrund und Bindungsforscher*innen traditionell nur wenig überlappende Forschungsprogramme haben, ist in dieser Hinsicht bisher erstaunlich wenig geforscht worden.

Bei Autismus-Spektrum-Störungen sind Defizite in der Sensitivität für bzw. der Nutzung von allen diskutierten Merkmalen sozialer Interaktionen festgestellt worden (siehe Tabelle 1). Dabei ist noch unklar, ob die Ursache der Störung in Besonderheiten bei der Wahrnehmung und Reaktion auf einzelne Aspekte sozialer Interaktionen zu finden ist, wie von verschiedenen Autoren jeweils für einen der diskutierten Aspekte postuliert wird. Wahrscheinlicher erscheint, dass die dokumentierten Schwierigkeiten im intentionalen Verständnis und sozialen Lernen bei Autismus-Spektrum-Störungen im Zusammenspiel der verschiedenen Faktoren zustande kommen. Betroffene Personen erleben soziale Interaktionen in ihrem vielfältigen Einfluss auf beide Interaktionspartner offenbar anders als Menschen ohne Autismus und empfinden sie als grundsätzlich weniger belohnend. Dies dürfte sich auf das soziale Lernen sowohl in Hinblick auf die Wahrnehmung und Nutzung sozialer Hinweisreize als auch auf motivationale Aspekte nachteilig auswirken.

Tabelle 1

Merkmale sozialer Interaktionen	Einflüsse auf das (vorsprachliche) Lernen in der frühen Entwicklung	Besonderheiten bei Autismus-Spektrum-Störungen
Motorisches Spiegeln	Imitationslernen Andere Menschen werden als intentionale Agenten „*like me*" erkannt Eigene Handlungserfahrungen (z. B. Greifen) fördern das Intentionsverständnis	Schwierigkeiten bei der Imitation Reduzierte Aktivität im Spiegelneuronensystem

87 Ainsworth/Bell 1970.
88 Parise/Csibra 2012.

Tabelle 1 *(Fortsetzung)*

Merkmale sozialer Interaktionen	Einflüsse auf das (vorsprachliche) Lernen in der frühen Entwicklung	Besonderheiten bei Autismus-Spektrum-Störungen
Ostensive Signale	Informationen werden als generisches, semantisches Wissen abgespeichert (z. B. Valenz von Objekten)	Weniger Sensitivität für ostensive Signale Mangelndes Verständnis für kommunikative Absichten
Kontingenz	Bevorzugung von sozialer Kontingenz gegenüber perfekter oder fehlender Kontingenz Wenn Säuglinge nach Informationen suchen, orientieren sie sich eher zu einer kontingent reagierenden Person Kontingente Reaktionen führen zu reiferen Vokalisationen bei Babys	Bevorzugung perfekter Kontingenz gegenüber nicht perfekter, sozialer Kontingenz
Affekt & Motivation	Hohe Motivation und positiver Affekt in sozialen Interaktionen ist dem Lernen vermutlich förderlich	Reduzierte Motivation mit anderen Menschen zu interagieren

Literatur

Adrien, Jean-Louis/Pascal Lenoir/Joelle Martineau/Anne Perrot/Laurence Hameury/Claudine Larmande/Dominique Sauvage (1993): „Blind ratings of early symptoms of autism based upon family home movies", in: *Journal of the American Academy of Child and Adolescent Psychiatry* 32 (3): 617 – 626.

Ainsworth, Mary D./Silvia M. Bell (1970): „Attachment, exploration, and separation: Illustrated by the behavior of one-year-olds in a strange situation", in: *Child Development* 41 (1): 49 – 67.

American Psychiatric Association (2013[5]): *Diagnostic and statistical manual of mental disorders*, Washington, DC.

Bardi, Lara/Lucia Regolin/Francesca Simion (2011): „Biological motion preference in humans at birth: Role of dynamic and configural properties", in: *Developmental Science* 14 (2): 353 – 359.

Baron-Cohen, Simon (1995): *Mindblindness: An essay on autism and theory of mind*, Cambridge, MA.

Batki, Anna/Simon Baron-Cohen/Sally Wheelwright/Jennifer Connellan/Jag Ahluwalia (2000): „Is there an innate gaze module? Evidence from human neonates", in: *Infant Behavior and Development* 23: 223 – 229.

Beebe, Beatrice/Miriam Steele (2013): „How does microanalysis of mother-infant communication inform maternal sensitivity and infant attachment?", in: *Attachment and Human Development* 15 (5 – 6): 583 – 602.

Bertin, Evelin/Tricia Striano (2006): „The still-face response in newborn, 1.5-, and 3-month-old infants", in: *Infant Behavior and Development* 29 (2): 294–297.

Best, Catherine C./Gerald W. McRoberts (2003): „Infant perception of non-native consonant contrasts that adults assimilate in different ways", in: *Language and Speech* 46 (Pt 2–3): 183–216.

Calvo-Merino, Beatrize/Daniel E. Glaser/Julie Grezes/Richard E. Passingham/Patrick Haggard (2005): „Action observation and acquired motor skills: An FMRI study with expert dancers", in: *Cerebral Cortex* 15 (8): 1243–1249.

Carpenter, Malinda/Katherine Nagell/Michael Tomasello (1998): „Social cognition, joint attention, and communicative competence from 9 to 15 months of age", in: *Monographs of the Society for Research in Child Development* 63 (4i-vi): 1–143.

Casile, Antonino/Martin A. Giese (2006): „Nonvisual motor training influences biological motion perception", in: *Current Biology* 16 (1): 69–74.

Cattaneo, Luigi/Maddalena Fabbri-Destro/Sonia Boria/Cinzia Pieraccini/Annalisa Monti/Giuseppe Cossu/Giacomo Rizzolatti (2007): „Impairment of actions chains in autism and its possible role in intention understanding", in: *Proceedings of the National Academy of Science USA* 104 (45): 17825–17830.

Chartrand, Tanya L./John A. Bargh (1999): „The chameleon effect: The perception-behavior link and social interaction", in: *Journal of Personality and Social Psychology* 76 (6): 893–910.

Cohn, Jeffrey F./Edward Z. Tronick (1988): „Mother-infant face-to-face interaction: Influence is bidirectional and unrelated to periodic cycles in either partner's behavior", in: *Developmental Psychology* 24 (3): 386–392.

Csibra, Gergely/György Gergely (2011): „Natural pedagogy as evolutionary adaptation", in: *Philosophical Transactions of the Royal Society London B: Biological Science* 366 (1567): 1149–1157.

Dapretto, Mirella/Mari S. Davies/Jennifer H. Pfeifer/Ashley A. Scott/Marian Sigman/Susan Y. Bookheimer/Marco Iacoboni (2006): „Understanding emotions in others: Mirror neuron dysfunction in children with autism spectrum disorders", in: *Nature Neuroscience* 9 (1): 28–30.

Dawson, Geraldine/Sara J. Webb/James McPartland (2005): „Understanding the nature of face processing impairment in autism: Insights from behavioral and electrophysiological studies", in: *Developmental Neuropsychology* 27 (3): 403–424.

Decety, Jean/Meghan Meyer (2008): „From emotion resonance to empathic understanding: A social developmental neuroscience account", in: *Developmental Psychopathology* 20 (4): 1053–1080.

Deligianni, Fani/Atsushi Senju/György Gergely/Gergely Csibra (2011): „Automated gaze-contingent objects elicit orientation following in 8-month-old infants", in: *Developmental Psychology* 47 (6): 1499–1503.

Di Pellegrino, Giuseppe/Luciano Fadiga/Leonardo Fogassi/Vittorio Gallese/Giacomo Rizzolatti (1992): „Understanding motor events: A neurophysiological study", in: *Experimental Brain Research* 91 (1): 176–180.

Egyed, Katalin/Ildikó Kiraly/György Gergely (2013): „Communicating shared knowledge in infancy", in: *Psychological Science* 24 (7): 1348–1353.

Farroni, Teresa/Gergely Csibra/Francesca Simion/Mark H. Johnson (2002): „Eye contact detection in humans from birth", in: *Proceedings of the National Academy of Sciences USA* 99 (14): 9602–9605.

Farroni, Teresa/Enrica Menon/Silvia Rigato/Mark H. Johnson (2007): „The perception of facial expressions in newborns", in: *European Journal of Developmental Psychology* 4: 2–13.

Gergely, György (2000): „Reapproaching Mahler: New perspectives on normal autism, symbiosis, splitting and libidinal object constancy from cognitive developmental theory", in: *Journal of the American Psychoanalytic Association* 48 (4): 1197–1228.

Gergely, György (2001): „The obscure object of desire: ‚Nearly, but clearly not, like me': Contingency preference in normal children versus children with autism", in: *Bulletin of the Menninger Clinic* 65 (3): 411–426.

Gergely, György/Kata Egyed/Ildikó Kiraly (2007): „On pedagogy", in: *Developmental Science* 10 (1): 139–146.

Goldstein, Michael H./Andrew P. King/Meredith J. West (2003): „Social interaction shapes babbling: Testing parallels between birdsong and speech", in: *Proceedings of the National Academy of Science USA* 100 (13): 8030–8035.

Goren, Carolyn C./Merrill Sarty/Paul Y. Wu (1975): „Visual following and pattern discrimination of face-like stimuli by newborn infants", in: *Pediatrics* 56 (4): 544–549.

Hoehl, Stefanie/Christine Michel/Vincent M. Reid/Eugenio Parise/Tricia Striano (2014): „Eye contact during live social interaction modulates infants' oscillatory brain activity", in: *Society for Neuroscience* 9 (3): 300–308.

Hoehl, Stefanie/Martin Zettersten/Hanna Schleihauf/Sabine Grätz/Sabina Pauen (2014): „The role of social interaction and pedagogical cues for eliciting and reducing overimitation in preschoolers", in: *Journal of Experimental Child Psychology* 122: 122–133.

Horner, Victoria/Andrew Whiten (2005): „Causal knowledge and imitation/emulation switching in chimpanzees (Pan troglodytes) and children (Homo sapiens)", in: *Animal Cognition* 8 (3): 164–181.

Johnson, Mark H./Suzanne Dziurawiec/Hadyn Ellis/John Morton (1991): „Newborns' preferential tracking of face-like stimuli and its subsequent decline", in: *Cognition* 40 (1–2): 1–19.

Johnson, Susan C./Virginia Slaughter/Susan Carey (1998): „Whose gaze will infants follow? The elicitation of gaze following in 12-month-olds", in: *Developmental Science* 1 (2): 233–238.

Kang, Min Jeong/Ming Hsu/Ian M. Krajbich/George Loewenstein/Samuel M. McClure/Joseph T. Wang/Colin F. Camerer (2009): „The wick in the candle of learning: Epistemic curiosity activates reward circuitry and enhances memory", in: *Psychological Science* 20 (8): 963–973.

Kenward, Ben/Markus Karlsson/Joanna Persson (2011): „Over-imitation is better explained by norm learning than by distorted causal learning", in: *Proceedings of the Royal Society B: Biological Sciences* 278 (1709): 1239–1246.

Kiraly, Ildikó/Gergely Csibra/György Gergely (2013): „Beyond rational imitation: Learning arbitrary means actions from communicative demonstrations", in: *Journal of Experimental Child Psychology* 116 (2): 471–86.

Kuhl, Patricia K. (2007): „Is speech learning ‚gated' by the social brain?", in: *Developmental Science* 10 (1): 110–120.

Kuhl, Patricia K./Sharon Coffey-Corina/Denise Padden/Geraldine Dawson (2005): „Links between social and linguistic processing of speech in preschool children with autism: Behavioral and electrophysiological measures", in: *Developmental Science* 8 (1): F1–F12.

Kuhl, Patricia K./Feng-Ming Tsao/Huei-Mei Liu (2003): „Foreign-language experience in infancy: Effects of short-term exposure and social interaction on phonetic learning“, in: *Proceedings of the National Academy of Sciences USA* 100 (15): 9096–9101.
Lavelli, Manuela/Alan Fogel (2005): „Developmental changes in the relationship between the infant's attention and emotion during early face-to-face communication: The 2-month transition“, in: *Developmental Psychology* 41 (1): 265–280.
Liszkowski, Ulf/Malinda Carpenter/Anne Henning/Tricia Striano/Michael Tomasello (2004): „Twelve-month-olds point to share attention and interest“, in: *Developmental Science* 7 (3): 297–307.
Liszkowski, Ulf/Malinda Carpenter/Michael Tomasello (2007): „Reference and attitude in infant pointing“, in: *Journal of Child Language* 34 (1): 1–20.
Lyons, Derek E./Diana H. Damrosch/Jennifer K. Lin/Deanna M. Macris/Frank C. Keil (2011): „The scope and limits of overimitation in the transmission of artefact culture“, in: *Philosophical Transactions of the Royal Society London B: Biological Science* 366 (1567): 1158–1167.
Lyons, Derek E./Andrew G. Young/Frank C. Keil (2007): „The hidden structure of overimitation“, in: *Proceedings of the National Academy of Sciences of the United States of America* 104 (50): 19751–19756.
Marinovic, Vesna/Stefanie Hoehl/Sabina Pauen (2014): „Neural correlates of human-animal distinction: An ERP-study on early categorical differentiation with 4- and 7-month-old infants and adults“, in: *Neuropsychologia* 60: 60–76.
Marshall, Peter J./Andrew N. Meltzoff (2011): „Neural mirroring systems: Exploring the EEG mu rhythm in human infancy“, in: *Developmental Cognitive Neuroscience* 1 (2): 110–123.
Mehler, Jacques/Anne Christophe (1994): „Language in the infant's mind“, in: *Philosophical Transactions of the Royal Society London B: Biological Science* 346 (1315): 13–20.
Meltzoff, Andrew N. (1995): „Understanding the intentions of others: Re-enactment of intended acts by 18-month-old children“, in: *Developmental Psychology* 31: 838–850.
Meltzoff, Andrew N. (2007): „‚Like me': A foundation for social cognition“, in: *Developmental Science* 10 (1): 126–134.
Meltzoff, Andrew N./Jean Decety (2003): „What imitation tells us about social cognition: A rapprochement between developmental psychology and cognitive neuroscience“, in: *Philosophical Transactions of the Royal Society of London B: Biological Sciences* 358 (1431): 491–500.
Meltzoff, Andrew N./M. Keith Moore (1977): „Imitation of facial and manual gestures by human neonates“, in: *Science* 198 (4312): 75–78.
Muir, Darwin/Sylvia Hains (1999): „Young infants' perception of adult intentionality“, in: Philippe Rochat (Hg.), *Early Social Cognition*, Mahwa, NJ, 155–187.
Nielsen, Mark/Cornelia Blank (2011): „Imitation in young children: When who gets copied is more important than what gets copied“, in: *Developmental Psychology* 47 (4): 1050–1053.
Nielsen, Mark/Keyan Tomaselli (2010): „Overimitation in Kalahari Bushman children and the origins of human cultural cognition“, in: *Psychological Science* 21 (5): 729–736.
Oostenbroek, Janine/Thomas Suddendorf/Mark Nielsen/Jonathan Redshaw/Siobhan Kennedy-Costantini/Jacqueline Davis/Sally Clark/Virginia Slaughter (2016): „Comprehensive longitudinal study challenges the existence of neonatal imitation in humans“, in: *Current Biology* 26 (10): 1334–1338.

Parise, Eugenio/Gergely Csibra (2012): „Electrophysiological evidence for the understanding of maternal speech by 9-month-old infants“, in: *Psychological Science* 23 (7): 728–733.
Parise, Eugenio/Gergely Csibra (2013): „Neural responses to multimodal ostensive signals in 5-month-old infants“, in: *PLoS One* 8: e72360.
Pauen, Sabina/Birgit Träuble (2009): „How 7-month-olds interpret ambiguous motion events: Category-based reasoning in infancy“, in: *Cognitive Psychology* 59 (3): 275–295.
Pitti, Alexandre/Yasuo Kuniyoshi/Mathias Quoy/Philippe Gaussier (2013): „Modeling the minimal newborn's intersubjective mind: The visuotopic-somatotopic alignment hypothesis in the superior colliculus“, in: *PLoS One* 8 (7): e69474.
Reddy, Vasudevi (1999): „Pre-linguistic communication“, in: M. Barrett (Hg.), *Language Development*, Hove, UK, 25–50.
Reddy, Vasudevi (2000): „Coyness in early infancy“, in: *Developmental Science* 3 (2): 186–192.
Reddy, Vasudevi (2003): „On being the object of attention: Implications for self-other consciousness“, in: *Trends in Cognitive Sciences* 7 (9): 397–402.
Reid, Vincent M./Stefanie Hoehl/Maren Grigutsch/Anna Groendahl/Eugenio Parise/Tricia Striano (2009): „The neural correlates of infant and adult goal prediction: Evidence for semantic processing systems“, in: *Developmental Psychology* 45 (3): 620–629.
Rönnqvist, Louise/Claes von Hofsten (1994): „Neonatal finger and arm movements as determined by a social and an object context“, in: *Early Development and Parenting* 3: 81–94.
Senju, Atsushi/Kiyoshi Yaguchi/Yoshikuni Tojo/Toshikazu Hasegawa (2003): „Eye contact does not facilitate detection in children with autism“, in: *Cognition* 89 (1): B43–51.
Sommerville, Jessica A./Amanda L. Woodward/Amy Needham (2005): „Action experience alters 3-month-old infants' perception of others' actions“, in: *Cognition* 96 (1): B1–11.
Southgate, Victoria/György Gergely/Gergely Csibra (2008): „Does the mirror neuron system and its impairment explain human imitation and autism?“, in: Jaime A. Pineda (Hg.), *The Role of Mirroring Processes in Social Cognition*, New York, 331–354.
Striano, Tricia/Anne Henning/Daniel Stahl (2005): „Sensitivity to social contingencies between 1 and 3 months of age“, in: *Developmental Science* 8 (6): 509–518.
Striano, Tricia/Amrisha Vaish/Anne Henning (2006): „Selective looking by 12-month-olds to a temporally contingent partner“, in: *Interaction Studies* 7: 233–250.
Sugita, Yoichi (2009): „Innate face processing“, in: *Current Opinion in Neurobiology* 19 (1): 39–44.
Tomasello, Michael/Malinda Carpenter (2007): „Shared intentionality“, in: *Developmental Science* 10 (1): 121–125.
Tomasello, Michael/Malinda Carpenter/Ulf Liszkowski (2007): „A new look at infant pointing“, in: *Child Development* 78 (3): 705–722.
Topal, József/György Gergely/Ádám Miklosi/Ágnes Erdohegyi/Gergely Csibra (2008): „Infants' perseverative search errors are induced by pragmatic misinterpretation“, in: *Science* 321 (5897): 1831–1834.
Tronick, Edward/Heidelise Als/Lauren Adamson/Susan Wise/T. Berry Brazelton (1978): „The infant's response to entrapment between contradictory messages in face-to-face interaction“, in: *Journal of the American Academy for Child Psychiatry* 17 (1): 1–13.
Tronick, Edward/Corinna Reck (2009): „Infants of depressed mothers“, in: *Harvard Reviews in Psychiatry* 17 (2): 147–156.

Wetherby, Amy M./Juliann Woods/Lori Allen/Julie Cleary/Holly Dickinson/Catherine Lord (2004): „Early indicators of autism spectrum disorders in the second year of life“, in: *Journal of Autism and Developmental Disorders* 34 (5): 473–493.

Williams, Justin H./Gordon D. Waiter/Anne Gilchrist/David I. Perrett/Alison Murray/Andrew Whiten (2006): „Neural mechanisms of imitation and ‚mirror neuron' functioning in autistic spectrum disorder“, in: *Neuropsychologia* 44 (4): 610–621.

Williams, Justin H./Andrew Whiten/Thomas Suddendorf/David I. Perrett (2001): „Imitation, mirror neurons and autism“, in: *Neuroscience and Biobehavioral Reviews* 25 (4): 287–295.

Woodward, Amanda L. (1998): „Infants selectively encode the goal object of an actor's reach“, in: *Cognition* 69 (1): 1–34.

Thomas Fuchs

Verkörpertes Wissen – verkörpertes Gedächtnis

Abstract: The distinction between representational and embodied knowledge (knowing that versus knowing how) has been gaining new significance through the investigation of implicit memory. This kind of memory is formed as an organism and its environment interact over time: Recurring patterns of interaction are sedimented in the form of sensorimotor as well as affect-motor schemes. We may speak of an implicit "body memory" that underlies our habits and skills, connecting body and environment through cycles of perception and action. This embodied knowledge is actualized in appropriate situations or through overarching volitional acts, without necessarily being made explicit.

In this article I analyze the structure of embodied knowledge by taking the example of learning social skills through dyadic interactions in early childhood. I argue that the non-representational, enactive knowledge acquired in these interactions is the basis of intercorporeality and empathy. Explicit or propositional forms of knowing others ("Theory of Mind") are derived from later steps of development; they are not sufficient on their own to explain interactive and empathic human capacities. This is also borne out by a psychopathological example, namely, infantile autism where primary empathy is lacking due to disturbances of intercorporeality.

Einleitung

Gilbert Ryles bekannte Gegenüberstellung zweier fundamentaler Formen des Wissens, *knowing that* und *knowing how*[1], lässt sich zurückverfolgen bis zu Aristoteles' Unterscheidung in der *Nikomachischen Ethik* zwischen *epistêmê*, dem theoretischen oder wissenschaftlichen Wissen, und *technê*, dem praktischen Wissen, der Geschicklichkeit und Kunstfertigkeit. Bertrand Russell hat dafür die Begriffe *knowledge by description* (Beschreibungswissen) und *knowledge by acquaintance* (Vertrautheitswissen) vorgeschlagen: Das eine wird durch propositionale Verständigung *über* Gegenstände erworben, etwa durch Unterweisung

1 Ryle 1949.

DOI 10.1515/9783110528626-003

oder Belehrung, das andere hingegen durch den direkten leiblichen Umgang *mit* Gegenständen oder Situationen.[2]

Eine lange und noch immer anhaltende Debatte gilt der Frage, ob diese beiden Typen des Wissens gänzlich verschiedenen Kategorien angehören, oder ob eine Form auf der anderen basiert, und wenn ja, welche die grundlegende ist.[3] Sicher wird man Übergänge in beiderlei Richtung finden können: Genaue Beschreibung vermag den Umgang mit Gegenständen anzuleiten, bis er in Gewohnheit und Vertrautheit übergeht, während umgekehrt das praktische Wissen auf einem Gebiet vielfach auch die besseren Beschreibungen erlaubt. Wenn es sich allerdings so verhält, dass wir in unserem intuitiven Umgang mit Situationen „immer mehr wissen als wir zu sagen wissen“[4], also nie vollständig beschreiben könnten, wie man etwa einen Tango tanzt oder woran man den „verschmitzten“ Ausdruck in einem Gesicht erkennt, dann lässt sich dieses implizite Wissen prinzipiell nicht vollständig in symbolisch-deklaratives Wissen überführen.

Zudem wird bei einem Blick auf die Entwicklungspsychologie rasch deutlich, dass unsere alltägliche Beziehung zur Welt auf einer fundamentalen Vertrautheit und Geschicklichkeit beruht, die bereits in der frühen Kindheit erworben wird, also noch vor der Entwicklung symbolisch-verbal vermittelten Wissens. Schon am Ende des ersten Lebensjahres sind Babys zu hochdifferenzierten Interaktionen mit Personen und Gegenständen in der Lage, die zweifellos die Kriterien von Vertrautheitswissen erfüllen – ich komme darauf zurück. Gleichwohl dominieren in den gegenwärtigen Kognitions- und Sozialwissenschaften Konzepte, die von einer grundsätzlich propositionalen, symbolvermittelten und repräsentationalen Struktur unseres Erkennens und Wissens ausgehen. Ob es sich um die Frage handelt, wie wir die Welt im Allgemeinen erkennen, oder wie wir den sozialen Anderen wahrnehmen und verstehen – diese Konzepte setzen bereits in ihren Fragestellungen einen distanzierten Beobachter voraus, der die Welt nicht durch praktische Interaktion, Engagement und Teilnahme erfährt, sondern durch Beschreibung, Modellierung oder Nachkonstruktion. Wissen zu erwerben bedeutet demnach, eine Repräsentation oder ein Modell eines Gegenstandes oder einer anderen Person („Theory of Mind“) zu bilden, um auf dieser Basis zielgerichtet zu handeln. Geist und Bewusstsein gelten dann als System von internen, d.h. im Gehirn lokalisierbaren Modellen, Repräsentationen und Algorithmen, die die

---

2 Russell 1910.

3 Ryle selbst argumentiert ebenso wie Dreyfus (1972) dafür, dass sich *knowing how* als Aktualisierung von Fähigkeiten, also komplexen verkörperten Dispositionen, nicht in propositionale Aussagen übersetzen lässt, während etwa Stanley (2011) die intellektualistische Gegenposition vertritt: „Knowing how to do something is the same as knowing a fact“ (VII).

4 Polanyi 1985.

Voraussage von Veränderungen in der Außenwelt erlauben. Auf diese Weise freilich bleiben der Wissende und das Gewusste oder Kognition und Welt prinzipiell voneinander getrennt.

Zwei miteinander verwandte Ansätze stellen dieses klassisch-kognitivistische Paradigma heute in Frage, nämlich das Konzept der *embodied and enactive cognition* auf der einen Seite und die *Phänomenologie des Leibes* auf der anderen Seite. Beide suchen den Dualismus von repräsentationalem Geist und externer Welt zu überwinden, indem sie Lebewesen und Umwelt oder Subjekt und Welt als komplementäre Momente einer Einheit auffassen, die durch verkörperte Praxis vermittelt ist.[5] Dem enaktiven Paradigma zufolge sind Wahrnehmung und Bewegung kreisförmig miteinander verknüpft: Eine Oberfläche zu fühlen erfordert aktives Abtasten mit der Hand, einen Gegenstand zu sehen das Hinsehen und Abtasten mit dem Blick.[6] Zugleich ruft jede Wahrnehmung auch immer schon Handlungsmöglichkeiten auf, das heißt, die Dinge sind uns zugänglich, handhabbar („zuhanden" in Heideggers Terminologie), stehen also in Beziehung zu unserem beweglichen Körper.[7] In diesen Funktionskreisen von Wahrnehmen und Handeln aber lassen sich Innen und Außen nicht länger voneinander trennen.

Die Phänomenologie ihrerseits betrachtet Bewusstsein nicht als psychische Innenwelt, sondern als *Zur-Welt-Sein* durch das Medium des Leibes, d. h. als die intentionale und praktische Gerichtetheit des verkörperten Subjekts auf Gegenstände und Situationen, in denen es sich vorfindet.[8] Leiblichkeit ist die ursprüngliche Form der Subjektivität, sie ist aber zugleich Räumlichkeit, Situiertheit, Gerichtetheit auf einen Horizont von Möglichkeiten, die sich dem Leib in der Welt bieten. Damit entfällt aber die Grundvoraussetzung des Repräsentationalismus. Denn Repräsentationen stehen „für etwas", wovon sie selbst getrennt sein müssen. Wenn sich nun die Welt für uns überhaupt erst in der fortwährenden Interaktion mit ihr konstituiert, wenn wir also immer schon leiblich-handelnd in der Welt sind, dann gibt es kein getrenntes „Inneres" mehr, welches das „Äußere" abbilden, nachkonstruieren oder re-präsentieren könnte. In einem fortwährenden interaktiven Kreisprozess kann kein Segment „für ein anderes" stehen, also es repräsentieren. Damit sind nicht Repräsentationen *innerhalb* des bewussten Erlebens ausgeschlossen – etwa Erinnerungen, Vorstellungen, also Vergegenwärtigungen von abwesenden Dingen –, wohl aber die abgekoppelte Konzeption von Bewusstsein selbst als interner Repräsentation oder Modellierung der Welt.

---

5 Varela/Thompson/Rosch 1991; siehe auch Thompson 2007.

6 O'Regan/Noë 2001.

7 Gibson 1979.

8 Merleau-Ponty 1966.

Das hat auch Konsequenzen für die Frage, welche Art von Wissen die grundlegendere ist – *knowing that* oder *knowing how.* Wenn uns Gegenstände primär durch unsere verkörperte Interaktion mit ihnen gegeben oder „zuhanden" sind, wenn die Welt uns somit durch das Medium des Leibes immer schon erschlossen ist, dann erscheint das repräsentationale Wissen erst später auf der Bühne. Es wird nämlich gerade dann erforderlich, wenn die fortlaufende, präreflexive Interaktion mit der Welt oder mit anderen *gestört oder unterbrochen* wird. Um Heideggers Beispiel zu verwenden: Wenn der Hammer zerbricht, also seine Zuhandenheit einbüßt, dann ist er „nur noch da", nur noch „vorhanden" und wird zu einem *Problem*, das eine Lösung erfordert. Ebenso: Wenn die primäre, empathische, zwischenleibliche Kommunikation mit anderen eine Irritation oder Störung erleidet, dann werden sie uns als nicht ohne weiteres durchschaubare Eigenwesen bewusst. Erst in solchen Situationen der Brechung tritt die Reflexion auf den Plan. Wir beginnen über die Gegenstände oder die anderen Personen zu reflektieren, wir fragen nach möglichen Erklärungen, Ursachen, Mechanismen, kurz: Wir suchen nach *Wissen über sie*, statt uns einfach auf unser Vertrautheitswissen *(knowledge by acquaintance)* zu verlassen. Diese Irritation und der Versuch, die damit entstandene Beunruhigung wieder zu überwinden, können als ein Ursprung von *epistêmê* oder Wissenschaft überhaupt gesehen werden.

Die Unterscheidung zwischen *knowing that* and *knowing how* hat nun durch die Erforschung des *impliziten Gedächtnisses* eine neue Bedeutung gewonnen. Dieses Gedächtnis bildet sich im Verlauf von Interaktionen zwischen Organismus und Umwelt, indem sich wiederkehrende Interaktionsmuster in sensomotorischen Schemata und entsprechenden körperlichen Dispositionen niederschlagen. Man kann auch von einem impliziten *Leibgedächtnis* sprechen, das unseren alltäglichen Gewohnheiten und Fähigkeiten zugrunde liegt, ohne dass es explizit gemacht werden muss.[9] Dieses verkörperte Gedächtnis wird aktualisiert durch geeignete Situationen oder auch durch übergeordnete Willensakte. Es verbindet dann Körper und Umwelt durch Funktionskreise von Wahrnehmung und Handlung, die auf früheren Erfahrungen beruhen.

Im Folgenden werde ich zunächst das Konzept des verkörperten Wissens noch weiter entwickeln, um es dann mit dem Begriff des Leibgedächtnisses zu verknüpfen und so seine genetische Dimension zu beleuchten. Anschließend werde ich die Entwicklung des verkörperten Wissens anhand des Erwerbs *sozialer Fähigkeiten* im Verlauf dyadischer Interaktionen in der frühen Kindheit erörtern. Ich vertrete dabei die These, dass das nicht-repräsentationale, verkörperte Wissen, das in diesen Interaktionen erworben wird, die Basis der Zwischenleiblichkeit und

---

9 Fuchs 2008; 2012; 2017a.

Empathie darstellt. Explizites oder propositionales Wissen über den anderen leitet sich erst von späteren Stadien der kindlichen Entwicklung ab (Perspektivenübernahme, „Theory of Mind"); es ist jedoch nicht geeignet, die basalen empathischen Fähigkeiten des Menschen oder das *knowing how* der zwischenleiblichen Kommunikation zu erklären.

1 Verkörpertes Wissen

Was ist nun verkörpertes Wissen? – Nach Ryle besteht *knowing that* in einem informationsbasierten Wissen, das man erfragen und in propositionaler Sprache mitteilen kann. Im Gegensatz dazu bezieht sich *knowing how* auf ein übungs- und erfahrungsbasiertes Wissen oder Können (z. B. wie man ein Fahrrad fährt, wie man einen Walzer tanzt), das sich nicht vollständig in einem System von Tatsachenaussagen wiedergeben lässt.[10] Es enthält Dispositionen für gestalterfassende Wahrnehmungen oder einheitliche Handlungsbögen, die ohne gezielte Aufmerksamkeit im selbsttätigen leiblichen Vollzug aktualisiert werden.

Freilich besteht zwischen beiden Wissenssystemen, wie bereits erwähnt, keine strikte Trennung. *Knowing that* und *knowing how* tragen vielfach gemeinsam zu sachgemäßem und intelligentem Verhalten bei, wie man etwa am Beispiel eines erfahrenen Chirurgen erkennen kann[11]: Sein Expertenwissen stellt ihm höherstufige Kenntnisse und Strategien zur Verfügung, die ihrerseits durch sein praktisches, verkörpertes *know-how* realisiert werden. So kann eine Operation häufig zunächst einem weitgehend routinemäßigen, impliziten Vorgehen folgen, in dem die Geschicklichkeit des Operateurs in Verbindung mit seiner ständig begleitenden Aufmerksamkeit einen flüssigen Vollzug erlaubt, oft auch verbunden mit dem

---

10 Es ist leicht zu erkennen, dass der geübte Tänzer oder Tennisspieler nur sehr grob angeben könnte, wie er die jeweils passende Drehung ausführt oder den Ball beim Return geschickt gegen die Laufrichtung des Gegners platziert. Dies gilt jedoch auch für die objektive, z. B. neurophysiologische Beschreibung des Vorgangs: Wie Dreyfus (2002) gezeigt hat, ist es etwa im Fall des Tennisspiels unmöglich, den fortlaufenden Abgleich zwischen der Wahrnehmung des ankommenden Balls, der Eigenbewegung des Spielers und der gleichzeitigen Bewegung des Gegners einem Bewegungsprogramm im Gehirn des Spielers zuzuschreiben. Es handelt sich vielmehr um ein dynamisches Gesamtsystem aus drei Körpern, innerhalb dessen der Spieler die „gute Gestalt" oder die „optimale Passung" des Returns zu realisieren sucht. Dieser komplex rückgekoppelte Prozess lässt sich nicht in Wenn-dann-Regeln oder Bewegungsalgorithmen vorwegnehmen. Da *knowing how* im Prinzip immer auf solchen systemischen Interaktionen basiert, ist es auch aus der 3. Person-Perspektive nicht vollständig in *knowing that* transformierbar.

11 Ryle 1949, 49.

buchstäblichen „flow"-Erleben des gekonnten Handelns.[12] Tritt nun aber ein unvorhergesehenes Ereignis auf wie eine plötzliche Blutung, so wird der Chirurg einerseits ohne Überlegung Sofortmaßnahmen treffen (rasches Abpressen des Gefäßes, Anweisungen an sein Team u. a.), andererseits zugleich versuchen festzustellen, um welches Gefäß es sich handelt (Arterie oder Vene, zu erhaltendes oder nicht zu erhaltendes Gefäß o. ä.), und danach, seinem expliziten Wissen folgend, das weitere Vorgehen ausrichten (Abklemmen, Nähen oder Resezieren), das nun wiederum im impliziten Modus realisiert wird. Folglich wirken im geschickten Vollzug *bottom-up-* und *top-down*-Prozesse oder impliziter und expliziter Modus zusammen und beeinflussen einander wechselseitig.[13]

Der klassische kognitivistische Ansatz hat jedoch keinen Begriff des *knowing how* – stattdessen fasst er den Geist als ein entkörpertes System von Repräsentationen, Programmen und Prädiktionen auf, die von der verkörperten Handlung selbst getrennt bleiben. Das Standardmodell der Informationsverarbeitung hat eine „*sense–think–act*"-Struktur[14]: Zuerst repräsentiert der Geist auf der Basis von Reizverarbeitung die Situation („sense"), dann berechnet er das geeignete Verhalten („think") und gibt schließlich den entsprechenden Bewegungsbefehl an den Körper aus („act"). Kognition und Aktion verlaufen damit in klar voneinander getrennten Stadien, nämlich Input, interner Berechnungsprozess und Output.

Dieses Modell löst freilich die Einheit des Handelns auf, in dem der Leib in fortlaufenden Feedback-Schleifen mit der Umwelt interagiert. In verkörperten Handlungen bleibt zumeist weder Raum noch Zeit für separate Zielrepräsentationen, die dann die erforderliche Bewegung auslösen könnten. Stattdessen wirken leibliche Fertigkeiten und Bewegungen mit Relevanzen und Antworten der Umwelt in einem dynamischen Prozess ständiger Rückkoppelung und Feinabstimmung zusammen. In diesem Prozess gibt es keinen getrennten Geist, der den Körper auf der Basis von Überlegungen oder Berechnungen dirigiert. So beschreibt Merleau-Ponty in seiner *Phänomenologie der Wahrnehmung* das *knowing how* des Schreibmaschineschreibens folgendermaßen:

> Man kann Schreibmaschine schreiben können ohne anzugeben zu wissen, wo sich auf der Klaviatur die Buchstaben befinden, aus denen man die Worte zusammensetzt. Maschineschreiben können heißt nicht, die Stelle jedes Buchstaben auf der Klaviatur kennen, noch auch für jeden einen bedingten Reflex sich angeeignet haben, der sich beim Hinblicken auf ihn auslöste. Was aber ist die Gewohnheit dann, wenn sie weder eine Kenntnis noch ein Automatismus ist? Ein Wissen, das in den Händen ist, das der leiblichen Betätigung zur Verfügung steht, ohne sich in eine objektive Bezeichnung übertragen zu lassen. Man weiß, wo

12 Csikszentmihalyi 1991.

13 Sehr instruktiv ist hierzu Sutton/McIlwain/Christensen/Geeves 2011.

14 Pfeifer/Scheier 1999; siehe auch Pfeifer/Bongard 2007.

> sich die Buchstaben auf der Klaviatur finden, wie wir wissen, wo sich ein jedes unserer Glieder befindet, im Wissen einer Vertrautheit, die uns nicht eine objektive Stelle im Raum gibt.[15]

Dieses Wissen ist nicht repräsentational, aber auch nicht subpersonal, also nur in neuronal realisierten kognitiven Systemen zu finden. Es wird vielmehr aktualisiert durch den lebendigen, subjektiven Leib, der ich schließlich selbst als Maschinenschreibender *bin*. „Das Bewusstsein ist ursprünglich nicht ein ‚ich denke zu' [...], sondern ein ‚ich kann'", wie Merleau-Ponty schreibt.[16] „Ich kann" meint dabei keine bewusste Steuerung der Körperbewegungen, sondern ein präreflexives, protentionales Bewusstsein der jeweils nächsten Eigenbewegungen, das jede Handlung begleitet. Es ist gewissermaßen über den Leib ausgebreitet, nämlich in Form des sensomotorischen, räumlichen Körperschemas, das nach Merleau-Ponty immer zugleich als zeitliches Aktionsschema zu begreifen ist, als das „Zur-Welt-Sein des Leibes".[17] Durch seine Gewohnheiten und Fähigkeiten antizipiert – oder besser *impliziert* – der Leib potenzielle Handlungen: Er ist bereit, in einer Weise zu agieren, die sowohl durch seine erworbenen Dispositionen als auch durch die Relevanzen und Möglichkeiten der gegenwärtigen Situation beeinflusst wird. Je geübter und geschickter seine Aktionen, desto weniger sind wir ihrer bewusst, wie William James es ausgedrückt hat: „Consciousness deserts all processes where it can no longer be of use".[18] Kurz, der Leib ist selbst das Subjekt, das „zu handeln weiß". Das begleitende Bewusstsein kann sich dann auf übergeordnete Intentionen richten, etwa den Text, den es auf der Tastatur zu schreiben gilt.

15 Merleau-Ponty 1966, 174.

16 Merleau-Ponty 1966, 166.

17 Merleau-Ponty 1966, 125f. – Gallagher begreift das Körperschema – im Gegensatz zum expliziten *Körperbild*, also der visuellen Wahrnehmung bzw. Vorstellung des eigenen Körpers – als „a system of sensory-motor processes that constantly regulate posture and movement-processes that function without reflective awareness or the necessity of perceptual monitoring" (2005, 37f.). Es nimmt damit eine bedeutsame Zwischenstellung zwischen subpersonalen Prozessen einerseits und bewusster Bewegungsplanung anderseits ein. Auch wenn sich seine neuronalen Korrelate u.a. im Parietalhirn lokalisieren lassen, erlaubt das Körperschema doch eine implizite, präreflexive Orientierung und Bewegung im leiblichen Positions- und Aktionsraum, die dem verkörperten Subjekt selbst bzw. seinem *knowing how* zugehört. Vertraute Bewegungsmuster werden sowohl vorweggenommen („vorweggespürt") als auch mit der jeweiligen Situation verknüpft und dabei kinästhetisch erfahren.

18 James 1890/1950, 496.

2 Implizites und explizites Wissen

Wie bereits angedeutet, lässt sich verkörpertes Wissen mit Michael Polanyi auch als *stillschweigendes* oder *implizites* Wissen *(tacit knowledge)* auffassen. Wenn man einen Tango tanzt und die Glieder sich dabei von selbst koordinieren, wenn man den Ausdruck von Ärger in einem Gesicht mit einem Blick wahrnimmt oder wenn ein erfahrener Psychiater auf der Basis des Gesamteindrucks eines Patienten intuitiv eine Diagnose stellt, dann ist dabei jedes Mal mehr Wissen involviert als man auszusagen vermag. Ein wesentlicher Grund hierfür liegt darin, dass die Formen des *knowing how* auf intermodalen und sensomotorischen Gestalteinheiten basieren, dass sie also verschiedene Sinnesmodalitäten, dynamische Verlaufsmuster des Wahrgenommenen und leibliche Eigenbewegungen zu einer einheitlichen Erfahrung integrieren, wie dies etwa beim Tangotanzen offensichtlich wird – denken wir an den typischen Schwung und Rhythmus einer Bewegungsfigur und ihre musikalische Grundierung. Die sprachliche Artikulation vermag hingegen immer nur *einzelne Komponenten* aus diesem unabgrenzbar-mannigfaltigen Knäuel holistischer Erfahrung zu explizieren, sie damit in einen allgemeinen begrifflichen Zusammenhang einzuordnen und der Kommunikation verfügbar zu machen – freilich um den Preis, dadurch gerade die Unmittelbarkeit und Einheit der intuitiven Erfahrung preiszugeben.

Unsere primäre Erfahrung besteht also in holistischen Eindrücken von Ausdrucks-, Wahrnehmungs- und Bewegungsgestalten, und wie bei einem Gesichtsausdruck lassen sich deren Einzelmomente nur sekundär und nie vollständig explizieren. Wie Matthias Jung ausführt, setzt sich das qualitative Erleben von Situationen eben nicht zusammen „aus fertig verpackten Bedeutungen, die nur darauf warten ausgewickelt zu werden [...]. Die Explikation des Impliziten *erzeugt* überhaupt erst abgrenzbare Sinnbestandteile, indem sie Prägnanz schafft, selektiv hervorhebt und semantische Beziehungen herstellt".[19] Nur die *poetische* Sprache ist in der Lage, ganzheitliche Eindrücke zu evozieren; dies gelingt ihr durch Rhythmisierung, vielsagenden Wortgebrauch („Über allen Gipfeln ist Ruh...") und nicht zuletzt aufgrund des selbstreferentiellen Rahmens des Kunstwerks. Ein Gedicht bezieht sich nicht denotativ auf eine vorgegebene Realität wie die gewöhnliche Rede, sondern stellt ein eigenständiges Ganzes mit interner Verweisungsstruktur dar. Freilich ist der von ihm evozierte Eindruck seinerseits wieder eine nicht vollständig in propositionale Sprache transformierbare Erfahrung.

---

19 Jung 2014, 76 f.

Die explizierende Auflösung des Impliziten in Einzelelemente läuft immer auch Gefahr, das ursprüngliche Phänomen zu verlieren. Beispiele dafür sind zahlreich: Ein wahrgenommener Gesichtsausdruck geht verloren, wenn man auf einzelne Details des Gesichtes achtet. Konzentriert man sich zu sehr auf einen bestimmten Körperteil, fungiert er nicht mehr als Träger der impliziten Fähigkeit. Ein Pianist, der während einer Passage auf seine einzelnen Finger achtet, wird daher leicht einen Fehler machen, und ein geübter Tänzer wird leicht lächerlich wirken, wenn er seine Beine gezielt zu bewegen beginnt, wie dies der Anfänger noch tut. Besonders eindrucksvoll sind die zahlreichen Phänomene der „Hyperreflexivität" in der Psychopathologie.[20] So kommt es in der Schizophrenie häufig zu einer „pathologischen Explikation", nämlich zu einem gravierenden Verlust verkörperten Wissens, der mit einer Fragmentierung holistischer Wahrnehmungen zugunsten einzelner Details einhergeht:

> Ich muss mir die Dinge im Kopf zusammensetzen. Wenn ich meine Uhr anschaue, sehe ich die Uhr, das Uhrband, das Zifferblatt, die Zeiger usw., und dann muss ich das zu einem Ganzen zusammensetzen.[21]

> Alles ist wie zerstückelt, und man muss ein Bild daraus machen, wie ein Foto, das in Teile zerrissen ist und wieder zusammengesetzt wird. Wenn ich mich bewege, dann ist es wieder ein neues Bild, das ich zusammensetzen muss.[22]

Ein schizophrener Patient Minkowskis war nicht länger in der Lage zu lesen, denn

> er blieb an dem einzelnen Wort oder Buchstaben hängen und achtete nicht mehr auf die Bedeutung des Satzes. Er untersuchte, ob alle ‚i'‘s auch i-Punkte hatten, ob die Akzente richtig gesetzt waren, und ob alle Buchstaben die gleiche Form hatten.[23]

Ebenso zersetzen sich in der Schizophrenie häufig die vertrauten Handlungseinheiten, mit der Folge einer ständigen, hyperreflexiven Beobachtung des alltäglichen Lebensvollzugs:

> Wenn ich etwas tun will wie etwa Wasser trinken, dann muss ich das im Detail durchgehen – einen Becher finden, hinübergehen, den Hahn aufdrehen, den Becher auffüllen, trinken.[24]

---

20 Vgl. Fuchs 2011.
21 Chapman 1966, 229.
22 McGhie/Chapman 1961, 106.
23 Minkowski/Targowla/Ziadeh 2001, 273.
24 Chapman 1966, 239.

> Zeitweise konnte ich keinen Handgriff mehr machen, ohne darüber nachzudenken, wie ich das mache.[25]

Diese pathologischen Phänomene belegen erneut, dass die implizite Struktur des verkörperten Wissens auf holistischen Wahrnehmungs- und Handlungsvollzügen beruht, die sich nicht durch explizite Rekonstruktion ersetzen lassen. Der Leib fungiert als Medium unserer Beziehung zur Welt, gerade indem er selbst in den Hintergrund des Bewusstseins tritt. Eine Rückwendung der Aufmerksamkeit auf den leiblichen Vollzug hingegen tendiert dazu, die raumzeitlichen Gestalteinheiten aufzulösen, in denen er besteht.

3 Das Leibgedächtnis

Das implizite Wissen oder *knowing how* ist keine angeborene Fähigkeit des Leibes, sondern es entwickelt und verändert sich über die gesamte Lebensspanne hinweg. Der Erwerb von leiblichen Fähigkeiten und Gewohnheiten wird in der Gedächtnispsychologie unter dem Begriff des „impliziten" oder „prozeduralen" Gedächtnisses beschrieben,[26] für den ich den umfassenderen Begriff des *Leibgedächtnisses* verwende.[27]

Das Leibgedächtnis lässt sich als die Gesamtheit etablierter Praktiken und Fähigkeiten definieren, die uns durch das Medium des Leibes zur Verfügung steht, ohne dass wir uns dazu an frühere Erfahrungen erinnern müssen. Durch Wiederholungen und Übungen haben sich Gewohnheiten gebildet, die von selbst aktiviert werden. Eingeübte Bewegungssequenzen haben sich inkorporiert und sind uns „in Fleisch und Blut übergegangen", etwa der aufrechte Gang, das Sprechen oder Schreiben, der Gebrauch von Instrumenten wie der eines Fahrrades, einer Schreibmaschine oder eines Klaviers. Dieses verkörperte Gedächtnis, das im Prinzip bereits von Maine de Biran (1799) und Henri Bergson (1896) beschrieben wurde,[28] repräsentiert oder vergegenwärtigt die Vergangenheit nicht, sondern es reinszeniert sie im fortwährenden Lebensvollzug. Dabei verweisen alle Fähigkeiten, die im Laufe des Lebens erworben werden, immer auf ein ursprüngliches Vermögen des leiblichen Subjekts, auf ein grundlegendes „ich kann".[29]

---

25 Aus einem phänomenologischen Interview mit einem schizophrenen Patienten (T. F.).
26 Schacter 1987; 1999.
27 Fuchs 2008; 2012; 2017a.
28 De Biran 1799/1953; Bergson 1896/2007.
29 Husserl 1952, 253.

Auf zweierlei Weisen werden leibliche Habitualitäten und Fähigkeiten erworben: Auf der einen Seite können wir einzelne Elemente der Wahrnehmung oder Bewegung durch gezieltes Üben synthetisieren. Was wir zunächst nur einzeln wahrnehmen oder ausführen, wird nach und nach integriert und verkörpert sich als eine neue Fähigkeit. So haben wir in der Schule gelernt, einzelne Buchstaben zu erkennen und zu verknüpfen, bis wir schließlich ganze Worte und Sätze lesen konnten. Oder wir haben gelernt, Tango zu tanzen, indem wir einzelne Bewegungen verknüpften, bis der Leib sie zu einem übergeordneten Fluss von Rhythmus, Dynamik und Bewegung integriert hatte. Dabei haben sich „kinästhetische Melodien" gebildet, wie Maxine Sheets-Johnstone sie in Anlehnung an Alexander Luria nennt, also empfundene und implizit vorweggenommene zeitliche Bewegungsgestalten des Leibes, die in geeigneten Situationen als Ganze aktualisiert werden.[30] Freilich beruhen auch diese expliziten Lernprozesse auf schon vorausgesetzten Gestalteinheiten (z. B. das gehörte Wort, der leibliche Bewegungsschwung), in welche die explizit erlernten Elemente eingegliedert werden.

Auf der anderen Seite erwerben wir viele Gewohnheiten und Fähigkeiten auch implizit oder unbemerkt durch „*learning by doing*", also durch wiederholte Ausübung, sei es im Umgang mit Gegenständen oder durch Interaktion mit anderen. Die grundlegenden Fähigkeiten, die die Welt für uns erschließen und auf denen unser alltäglicher Lebensvollzug beruht, haben sich auf diese Weise bereits in den ersten beiden Lebensjahren in unserem Leibgedächtnis niedergeschlagen, in der Regel ohne jegliche explizite Unterweisung. Dies gilt insbesondere für einen Typus des Gedächtnisses, dem wir die Fähigkeit des leiblichen Umgangs mit anderen verdanken und den ich *zwischenleibliches Gedächtnis* nenne.[31] Im Folgenden werde ich dessen frühe Entwicklung näher betrachten.

4 Zwischenleibliches Gedächtnis

Die entwicklungspsychologische Forschung hat gezeigt, dass bereits Neugeborene in der Lage sind, einfache Formen des Gesichtsausdrucks anderer zu imitieren, wie etwa Stirnrunzeln, Mundöffnen, Zunge zeigen etc., später auch emotionale Ausdrucksformen wie Lächeln oder Überraschung.[32] Sie verfügen also über ein an-

30 Sheets-Johnstone 2012; Luria 1973.

31 Fuchs 2012.

32 Meltzoff/Moore 1977; 1989. Eine größere longitudinale Studie hat diese Ergebnisse inzwischen in Frage gestellt; vgl. Oostenbroek/Suddendorf/Nielsen/Redshaw/Kennedy-Constantini/Davis/Clark/Slaughter 2016. Unabhängig von der Frage, ob Imitationsfähigkeiten angeboren sind oder

geborenes intermodales Körperschema, das ihnen erlaubt, die gesehene Mimik in eine eigene entsprechende Bewegung umzusetzen; das heißt, der fremde und der eigene Leib werden von vorneherein als verwandt erfahren. Auf diese Weise lernen Babys bereits in den ersten Lebensmonaten, Gefühle wie Freude, Trauer oder Überraschung in den Haltungen, Bewegungen, Ausdrucksgesten oder Stimmintonationen anderer zu erkennen.[33] Das beruht darauf, dass verschiedene Sinnesmodalitäten und Leibempfindungen eine gemeinsame Kinematik aufweisen und so den gleichen Affekt ausdrücken können, was sich am besten in *musikalischen* Qualitäten wiedergeben lässt (‚crescendo'/‚decrescendo', ‚accelerando'/ ‚ritardando', fließend, weich, explosiv etc.) – Daniel Stern spricht auch von „Vitalitätsaffekten"[34]. Das eigenleiblich empfundene Gefühl etwa der Freude und ihre sichtbaren Ausdrucksbewegungen haben eine analoge intermodale Dynamik oder „kinästhetische Melodie", und dies ist die Basis für die Wahrnehmung der Gefühlszustände anderer von frühester Kindheit an.

Affektivität ist damit primär kein innerer oder individueller Zustand, sondern ein dyadisches Erleben von Mutter und Kind, vermittelt durch Ausdruck und leibliche Resonanz in subtilen, gestisch-mimisch-vokalen Interaktionen. Bereits 6–8 Wochen nach der Geburt zeigen sich auch „Proto-Konversationen", also abwechselnde Vokalisierungen und Gesten,[35] insgesamt eine fein abgestimmte Koordination von Bewegungen und Ausdruckssignalen, die sich mit einem gemeinsamen Tanz vergleichen lässt. Diese Phänomene von „zwischenleiblicher Resonanz"[36] und „Affektabstimmung"[37] erzeugen übergreifende emotionale Zustände: Der Affekt von Freude und Begeisterung, der etwa beim gemeinsamen Spiel von Mutter und Kind auftaucht, lässt sich nicht zwischen beiden aufteilen, sondern entsteht aus der gemeinsamen sozialen Situation. Das heißt, Gefühle sind primär eingebettet in *Zwischenleiblichkeit* und *Interaffektivität.*

Diese frühe Kommunikation schlägt sich nun beim Kind in bestimmten Verhaltensmustern und -erwartungen nieder. Man kann auch von *interaktiven Schemata* sprechen, die gleichermaßen sensorisch, motorisch und emotional organisiert sind – *schemes-of-being-with* oder *interacting-with*[38], etwa „wie-Mama-mich-stillt", „wie-Papa-mich-schaukelt" usw. So entwickelt sich schon im ersten Le-

---

nicht, ist ihre Bedeutung für die frühe Intersubjektivität und die mit ihr verbundenen Lernprozesse jedoch unbestritten.

33 Hobson 2005, 39 ff.

34 Stern 1985.

35 Trevarthen 1979.

36 Fuchs/De Jaegher 2009.

37 Stern 1985.

38 Beebe/Lachmann/Jaffe 1997; siehe auch Stern 1985.

bensjahr das, was Stern *implizites Beziehungswissen* nennt[39]: ein unbewusst wirksames oder intuitives Wissen davon, wie man mit anderen umgeht – wie man mit ihnen Vergnügen hat, Freude ausdrückt, Aufmerksamkeit erregt, Ablehnung vermeidet, abgebrochenen Kontakt wiederherstellt usw. Es ist ein zeitlich organisiertes, gewissermaßen „musikalisches" Gedächtnis für die Rhythmik, die Dynamik und die „Untertöne", die in der Interaktion mit anderen mitschwingen, und damit zugleich ein interaffektives Gedächtnis für die Vitalitätskonturen und die Gefühle, die sich in ihnen ausdrücken. Lange vor der verbal-symbolvermittelten Kommunikation entwickeln Kinder also ein primäres Verständnis für andere, nämlich im gemeinsamen Umgang, dessen wiederkehrende Formen in ihr zwischenleibliches Gedächtnis eingehen.

Bereits in den ersten Lebensmonaten zeigen Babys ein Gedächtnis für gemeinsame Interaktionen; sie lernen rasch, auf welche emotionalen Ausdrucksformen die Eltern antworten, und erwarten bestimmte Reaktionen. Das lässt sich eindrucksvoll durch das „Still face"-Experiment demonstrieren[40]: Die Mutter wird dabei aufgefordert, während des Spielens mit ihrem Kind plötzlich eine starre Mimik anzunehmen und für ca. zwei Minuten vollkommen unbeweglich zu verharren. Bereits 2–3 Monate alte Babys reagieren darauf mit deutlicher Irritation und Beunruhigung – die erwartete Resonanz der Mutter bleibt aus – und versuchen mit allen Mitteln, durch Gesten und Vokalisierungen, die Aufmerksamkeit der Mutter zu gewinnen und die vertraute Form des Kontakts wieder herzustellen. Dabei lassen sich zwei Gruppen von Kindern differenzieren[41]: Kinder von sensitiven und lebhaften Müttern bleiben auch in der Still-face-Situation aktiv und vertrauen darauf, ihre Mütter auf diese Weise wieder in Kontakt zu bringen. Kinder von zurückgenommenen oder resonanzarmen Müttern (etwa aufgrund einer postpartalen Depression) resignieren hingegen rasch, sie bleiben passiv und ziehen sich auf sich selbst zurück. Mit anderen Worten, sie haben nicht gelernt, durch ihr Verhalten eine gemeinsame Interaktion mit anderen zu induzieren, und zeigen später signifikant häufiger eine reduzierte Bindungsfähigkeit. Diese Forschungsergebnisse belegen, dass das zwischenleibliche Gedächtnis sich bereits in der frühen Kindheit entwickelt, aber nachhaltige Auswirkungen auf die Beziehungsgestaltung im späteren Leben hat, die weitgehend unbewusst bleiben.[42]

---

39 Stern 1998.

40 Weinberg/Tronick 1996.

41 Field 1984.

42 Amini/Lewis/Lannon/Louie/Baumbacher/McGuinness/Schiff 1996.

5 Verkörperte Empathie und ihre Störung im Autismus

Das zwischenleibliche Gedächtnis ist nun auch die Basis für eine primäre Form der Empathie: Implizites Beziehungswissen vermittelt eine intuitive Erfahrung des emotionalen Zustands des anderen. In zwischenleiblichen Interaktionen nehmen wir den anderen nicht „hinter" seinen Handlungen wahr, sondern er äußert und zeigt seine Gefühle und Intentionen in seinem Verhalten. In der Wahrnehmung seiner Ausdrucksbewegungen und der in den gemeinsamen Kontext eingebetteten Handlungen „sieht man bereits ihre Bedeutung. Dazu bedarf es keiner Schlussfolgerung auf einen verborgenen Bestand von mentalen Zuständen".[43] Darüber hinaus wird auch der eigene Leib in sozialen Interaktionen vom anderen affiziert, nämlich in Form von meist unbemerkten Empfindungen, Spannungen, Bewegungstendenzen, die dessen Verhalten typischerweise auslöst – etwa wenn sein Zorn eine empfundene Beklemmung oder Rückzugstendenz hervorruft. Diese „leibliche Resonanz" ist Teil des verkörperten Wissens, das uns erlaubt, den Zustand des anderen zu verstehen.

Im Gegensatz dazu beruhen die gegenwärtig dominierenden Theorien der sozialen Kognition vornehmlich auf repräsentationalistischen Ansätzen: Konzepte wie „Theory of Mind", Mentalisierung oder „mind reading"[44] gehen von einer grundsätzlichen Unzugänglichkeit des anderen aus, dessen verborgene mentale Zustände, Intentionen oder Gefühle aus seinem äußeren Verhalten nur indirekt erschlossen werden können. Die soziale Wahrnehmung wäre damit auf Beobachtungen, Schlussfolgerungen und „knowing that" gegründet, auch wenn dies nicht immer in propositionalen Begriffen ausgedrückt würde.

Doch unsere primären und alltäglichen Begegnungen mit anderen sind keine Beobachtungen aus der 3. Person-Perspektive, sondern verkörperte Interaktionen in der 2. Person-Perspektive. Dabei nutzen wir gewöhnlich keine imaginativen Modelle oder Schlussfolgerungen; vielmehr nehmen wir die Intentionen und Emotionen des anderen unmittelbar in seinem Ausdrucksverhalten wahr. Sicher nutzen wir manchmal auch explizite Verfahren, um uns den inneren Zustand des anderen vorzustellen oder auf ihn zu schließen. Dies geschieht insbesondere, wenn eine Irritation, ein Missverständnis oder eine Störung auftritt und wir uns fragen, warum der andere dieses oder jenes gesagt oder getan hat, was er womöglich denkt oder fühlt etc. Wir können dann auch versuchen, uns in den an-

43 Gallagher/Zahavi 2012, 207; siehe auch Fuchs 2017b.
44 Antonietti/Sempio/Marchetti 2006; siehe auch Goldman 2012.

deren hineinzuversetzen, seine Perspektive übernehmen, über seine Motive nachdenken, nach seinen verborgenen Intentionen forschen etc. Wie zu Beginn ausgeführt, ist *knowing that* besonders dann erforderlich, wenn die fortlaufende, präreflexive Interaktion mit der Welt oder mit anderen gestört ist. Doch dies ist nicht der primäre oder basale Modus des Verstehens, und er wird erst viel später in der Kindheit erworben, nämlich im Verlauf des 3.–5. Lebensjahrs.[45] Die Basis der Intersubjektivität bildet vielmehr das implizite, zwischenleibliche oder Beziehungswissen. Dies lässt sich durch ein anderes psychopathologisches Beispiel illustrieren, nämlich den *Autismus.*

Bekanntlich fehlt es Kindern mit Autismus an den basalen emotionalen Kontakten mit anderen, was zu einer Reihe von sozialen, kommunikativen und kognitiven Defiziten führt. Nach den gegenwärtigen kognitiven Theorien des Autismus geht die Störung auf ein Unvermögen zurück, das „Bewusstsein anderer zu lesen" *(mind-reading)* oder sich vorzustellen, was sie denken oder fühlen. Autistischen Menschen fehle, so die Annahme, eine funktionierende „Theory of Mind" – also der mutmaßliche neuronale oder kognitive Mechanismus, der die Intentionen und Überzeugungen anderer aus ihrem beobachtbaren Verhalten berechnet.[46] In jüngster Zeit ist diese Konzeption jedoch von phänomenologischen Psychiatern und Philosophen zunehmend kritisiert worden; nach ihrer Auffassung liegt das Defizit eher in einem Versagen der frühen Interaktion und Zwischenleiblichkeit begründet.[47] Dies wird durch die Tatsache gestützt, dass viele autistische Symptome wie der Mangel an sozialem Kontakt und Interesse an anderen, Unruhe oder Angst bereits in den ersten Lebensjahren auftreten, d. h. lange vor dem Alter von 4–5 Jahren, in dem Kinder üblicherweise eine „Theory of Mind" erwerben.

Ich habe bereits darauf hingewiesen, dass „knowing how" wesentlich auf Prozessen der Gestaltbildung basiert, die uns erlauben, auf holistische Weise wahrzunehmen und zu handeln, anstatt auf die einzelnen Elemente dieser Vollzüge zu achten. Dies gilt ebenso für die soziale Kognition: Der Ausdruck eines Gesichtes lässt sich nur wahrnehmen, solange wir uns nicht auf einzelne Gesichtszüge oder Details konzentrieren. Nun hat sich gezeigt, dass autistische Kinder gerade Schwierigkeiten haben, eine *perzeptive und situative Kohärenz* herzustellen: Sie fokussieren auf einzelne Details oder Elemente, statt die Gestalt von Dingen wahrzunehmen, und tendieren dazu, Dinge und Ereignisse dekon-

45 Fuchs 2013.
46 Frith 1989; Happé 1995; Baron-Cohen 1995.
47 Gallagher 2004; De Jaegher 2013; Fuchs 2015.

textualisiert zu behandeln, sodass ihnen die besondere Bedeutung der Situation als Ganzer entgeht.[48]

Dementsprechend konnten eye-tracking-Studien nachweisen, dass autistische Kinder auf periphere Gesichtszüge und auf irrelevante Details interaktiver Situationen achten, während sie die relevanten sozialen Hinweisreize übersehen.[49] Dieses Versagen holistischer Kognition hat zwar mitunter auch positive Auswirkungen, wie etwa das besondere Gedächtnis mancher Autisten für isolierte und an sich bedeutungslose Details, es beeinträchtigt jedoch erheblich die Entwicklung des sozialen Verstehens. So beruht die frühe Affektabstimmung mit anderen wesentlich auf der Wahrnehmung emotionaler Signale (Gesten, Gesichtsbewegungen, Vokalisationen) als holistischer Ausdrucksformen, die in wiederkehrende Situationen eingebettet sind. Ebenso setzt das Verstehen der Intentionen anderer voraus, dass man ihre Gesten und Handlungen zum Kontext in Beziehung zu setzen lernt, um so ihre Bedeutung zu erfassen. Schließlich hat sich gezeigt, dass sich die Fähigkeit zur Imitation bei autistischen Kindern erheblich verzögert entwickelt oder sogar gänzlich fehlt, dass sie also die wahrgenommenen Gesten anderer nicht in eigenleibliche Bewegung umsetzen können. Auch dies geht wahrscheinlich auf eine Störung der intermodalen sensomotorischen Integration zurück.[50]

Solche Defizite der Gestaltbildung münden in eine grundlegende Störung der sozialen Wahrnehmung und Interaktion autistischer Kinder bereits im frühen Lebensalter. Sie sind nicht fähig, das implizite Beziehungswissen, die „schemes-of-being-with“ zu erwerben, die sonst in das zwischenleibliche Gedächtnis aufgenommen werden. Was autistischen Kindern fehlt, ist daher nicht ein theoretisches Konzept von „other minds“, sondern ein primäres Empfinden des leiblichen Mit-Seins mit anderen; sie hören gewissermaßen die kinästhetischen und affektiven Melodien nicht, die in der Interaktion mit anderen ständig mitschwingen. Strategien der „Theory of Mind“ und des expliziten Mentalisierens oder Schließens aus sozialen Hinweisreizen werden eher von hochfunktionellen Autisten angewendet, nämlich als Kompensation für die fehlenden Fähigkeiten der primären Zwischenleiblichkeit. So beschreibt Temple Grandin, eine Frau mit Asperger-Syndrom, ihre Probleme mit interpersonalen Beziehungen gegenüber Oliver Sacks folgendermaßen:

> Temple ist zu dem Schluss gekommen, dass es mit einem impliziten Wissen um soziale Konventionen und Regeln zu tun hat, um all die unausgesprochenen kulturellen Präsup-

---

48 Frith 1989.
49 Klin/Jones/Schultz/Volkmar 2003.
50 Smith/Bryson 1994; Hobson/Lee 1999.

> positionen. Dieses implizite Wissen, das jeder normale Mensch sein ganzes Leben hindurch auf der Grundlage von Erfahrungen und Begegnungen mit anderen ansammelt und anderen vermittelt, scheint Temple weitgehend zu fehlen. Sie muss Intentionen und Stimmungen der anderen ‚berechnen', muss versuchen, algorithmisch – explizit – zu machen, was für uns andere zweite Natur ist.[51]

Diese kompensatorischen Strategien erlauben bis zu einem gewissen Grad funktionale Interaktionen mit anderen, doch sie vermögen nicht, das selbstverständliche Mit-anderen-Sein herzustellen, das an die Zwischenleiblichkeit und das implizite Beziehungswissen gebunden ist:

> Jetzt weiß sie, dass es diese sozialen Signale gibt. Sie könne sie mit dem Verstand erschließen, sagt sie, doch selbst wahrnehmen könne sie sie nicht, könne selbst an dieser magischen Kommunikation nicht unmittelbar teilhaben [...]. Intellektuell weiß sie das, und so tut sie ihr Bestes, es zu kompensieren, und verwendet ungeheure intellektuelle Anstrengung und Rechenkapazität auf Dinge, die andere mit gedankenloser Leichtigkeit verstehen. Und genau darum fühlt sie sich so oft ausgeschlossen, als Fremde.[52]

An Grandins Bericht können wir noch einmal erkennen, dass das implizite Beziehungswissen, das durch den Leib und sein zwischenleibliches Gedächtnis vermittelt wird, nicht durch schlussfolgerndes Wissen oder eine „Theory of Mind" ersetzbar ist, oder mit anderen Worten: Wissen durch Vertrautheit *mit den anderen* lässt sich nicht vollständig überführen in propositional strukturiertes Wissen *über sie*.

6 Zusammenfassung und Ausblick

Verkörpertes Wissen ist die Grundlage unserer Vertrautheit mit der Welt ebenso wie mit anderen Menschen. Es ist ein Kennen und zugleich Können, das sich im wahrnehmenden und handelnden Umgang mit Situationen aktualisiert, ohne dass es dazu einer gezielten Aufmerksamkeit oder Erinnerung bedarf. Das Subjekt dieses Wissens ist selbst verkörpert: Es findet diese Kenntnisse und Fertigkeiten nicht in seinem Inneren, sondern nur in seinem praktischen Engagement in der Welt. Repräsentierende, symbolvermittelte Formen des Wissens – *knowing that* – entstehen hingegen durch einen indirekten, sekundären Weltbezug, zu dem der menschliche Geist in der Lage ist, weil er von den Dingen und Situationen Abstand zu nehmen und sie als solche zu vergegenwärtigen vermag. Dies setzt jedoch

51 Sacks 1997, 373.
52 Sacks 1997, 375.

voraus, dass die Welt uns schon vorgängig erschlossen ist durch das Medium des Leibes, der sich von Geburt an mit ihr vertraut gemacht hat. Wir erfahren die Welt primär dadurch, dass unser Leib für sie *transparent* geworden ist; mit anderen Worten, wir erleben die Affektionen und impliziten Tätigkeiten unseres Leibes *als* die Dinge und Situationen unserer Umwelt.

Mit Polanyi[53] lässt sich diese transparente Struktur unserer Erfahrung auch beschreiben als die Beziehung zwischen dem „distalen Pol", d. h. dem thematischen, expliziten oder fokalen Objekt unserer Aufmerksamkeit, und dem „proximalen" oder leiblichen Pol, der sich der Aufmerksamkeit entzieht und nur in einer stillschweigenden oder unthematischen Weise miterfahren wird:

> Our body is the only assembly of things known almost exclusively by relying on our awareness of them for attending to something else [...]. Every time we make sense of the world, we rely on our tacit knowledge of impacts made by the world on our body and the complex responses of our body on these impacts.[54]

Der Leib wird also auf die Welt hin überschritten, „*passé sous silence*",[55] wie Sartre sagt: Immer wenn wir durch eines seiner Organe wahrnehmen oder handeln, entzieht sich dieses Organ selbst unserer Aufmerksamkeit.[56] Gerade als Medium wird der Leib unsichtbar; er verbirgt sich selbst im Erschließen der Welt und bleibt doch der Kern unseres Zur-Welt-Seins. Die Transparenz des Leibes in unserer Erfahrung resultiert aus der Verkörperung des Bewusstseins.

Daher handelt es sich bei der Anwendung verkörperten Wissens oder Könnens auch nicht um ein blindes oder gar subpersonales Geschehen, das wir nur einem (neuro-)physiologischen Prozess zuschreiben könnten. Das im Leibgedächtnis enthaltene Können, etwa Tango zu tanzen, aktualisiert sich, indem man in den vertrauten Rhythmus der Bewegung einschwingt und ihren besonderen Stil vollzieht. Ich selbst bin es, der tanzt, nicht ein von einem Geist befehligter Körperautomat. Das erlaubt es mir, mit begleitender Aufmerksamkeit die leiblichen Vollzüge zu leiten und zu modulieren, gleichsam wie ein Dirigent sein Orchester, ohne sie jedoch erzeugen zu müssen, denn sie geschehen „von selbst".

Verkörpertes Wissen entlastet damit unsere Aufmerksamkeit von einer Überfülle an Details und ermöglicht den unreflektierten Lebensvollzug. Der Leib und die Sinne werden zum Medium, durch das uns die Welt zugänglich und verfügbar wird. Die Aufmerksamkeit kann sich durch die Einzelreize hindurch auf

53 Polanyi 1985.
54 Polanyi 1969, 147 f.
55 Sartre 1962.
56 Leder 1992.

die Gestalt und den Sinn dessen richten, was uns begegnet. Der Wille wird frei, weil die Einzelmomente des Wollens und Handelns in den Hintergrund treten. Es genügt eine anfängliche zielgerichtete Intention, um den vollständigen Handlungsbogen auszulösen. Der Pianist vermag sich durch die Bewegungen der Tasten hindurch auf die Musik selbst zu richten, sich „beim Spielen zuzuhören". Freiheit und Kunst setzen gleichermaßen verkörpertes Wissen voraus.

Die leibliche Vertrautheit mit der Welt ist freilich nicht angeboren, sondern beruht auf einer ursprünglichen Erschließung der Welt, die sich mit einem Begriff der Stoá auch als *Oikeiosis* (griech. *oikos* = Haus, Wohnung), d. h. „Einhausung" oder Beheimatung in der Welt beschreiben lässt.[57] Die *Oikeiosis* vollzieht sich in der frühen Kindheit in leiblichen und zwischenleiblichen Erfahrungen, d. h. sie wird wesentlich durch verkörperte Interaktionen vermittelt, wie ich sie in Grundzügen beschrieben habe. In ihnen erfährt sich der Säugling zugleich als wahr- und angenommen von seinen Bezugspersonen und kann – eingebettet in diese affektive Resonanz – die Fähigkeiten des Umgangs mit Dingen und Situationen erwerben. Die Erschließung der Welt geschieht also primär durch *knowledge by acquaintance*, in gemeinsamer, zwischenleiblicher Praxis. Vertrautheit mit der Welt und Vertrauen in andere sind gleichursprüngliche und nicht voneinander zu trennende Grundlagen der Lebenswelt. Sobald sich repräsentationale Formen des Erkennens und Wissens entwickeln, gewähren sie uns ein erweitertes Verständnis der Welt und eröffnen damit neue Handlungsmöglichkeiten. Sie bleiben jedoch immer angewiesen auf die ursprüngliche Beheimatung in der Welt, die unser Leib schon vollzogen hat, bevor wir dessen gewahr wurden.[58]

Literatur

Amini, Fariborz/Thomas Lewis/Richard Lannon/Alan K Louie/Gordon Baumbacher/Terese McGuinness/Elizabeth Zirker Schiff (1996): „Affect, attachment, memory: Contributions toward psychobiologic integration", in: *Psychiatry* 59: 213–239.

Antonietti, Alessandro/Olga Sempio/Antonella Marchetti (Hgg.) (2006): *Theory of Mind and language in developmental contexts*, New York.

Baron-Cohen, Simon (1995): *Mindblindness: An essay on autism and Theory of Mind*, Cambridge.

Beebe, Beatrice/Frank Lachmann/Joseph Jaffe (1997): „Mother-infant interaction. Structures and presymbolic self- and object representations", in: *Journal of Relational Perspectives* 7: 133–182.

57 Fuchs 2000, 330 ff.; 2016.

58 Für Anregungen und Hinweise zu einer früheren Fassung des Aufsatzes danke ich Juri Fuchs und Christian Tewes.

Bergson, Henri (2007): *Matière et mémoire. Essai sur la relation du corps à l'esprit* [1896], Paris.
Chapman, James (1966): „The early symptoms of schizophrenia", in: *British Journal of Psychiatry* 112: 225 – 251.
Csikszentmihalyi, Mihaly (1991): *Flow: The psychology of optimal experience*, New York.
De Biran, Maine (1953): *Influence de l'habitude sur la faculté de penser* [1799], Paris.
De Jaegher, Hanne (2013): „Embodiment and sense-making in autism", in: *Frontiers in Integrative Neuroscience* 7: Article 15, 1 – 14.
Dreyfus, Hubert L. (1972): *What computers can't do: The limits of artificial intelligence*, New York.
Dreyfus, Hubert L. (2002): „Intelligence without representation: Merleau-Ponty's critique of mental representation", in: *Phenomenology and the Cognitive Sciences* 1: 367 – 383.
Field, Tiffany (1984): „Early interactions between infants and their postpartum depressed mothers", in: *Infant Behavior and Development* 18: 1 – 3.
Frith, Uta (1989): *Autism: Explaining the enigma*, Oxford.
Fuchs, Thomas (2000): *Leib, Raum, Person. Entwurf einer phänomenologischen Anthropologie*, Stuttgart.
Fuchs, Thomas (2008): „Das Gedächtnis des Leibes", in: T. Fuchs, *Leib und Lebenswelt. Neue philosophisch-psychiatrische Essays*, Bern, 37 – 64.
Fuchs, Thomas (2011): „Psychopathologie der Hyperreflexivität", in: *Deutsche Zeitschrift für Philosophie* 59: 565 – 576.
Fuchs, Thomas (2012): „The phenomenology of body memory", in: S. C. Koch/T. Fuchs/M. Summa/C. Müller (Hgg.), *Body memory. Metaphor and movement*, Amsterdam, 9 – 22.
Fuchs, Thomas (2013): „The phenomenology and development of social perspectives", in: *Phenomenology and the Cognitive Sciences* 12: 655 – 683.
Fuchs, Thomas (2015): „Pathologies of intersubjectivity in autism and schizophrenia", in: *Journal of Consciousness Studies* 22: 191 – 214.
Fuchs, Thomas (2016): „Vertrautheit und Vertrauen als Grundlagen der Lebenswelt", in: *Phänomenologische Forschungen* 21: 101 – 118.
Fuchs, Thomas (2017a): „Collective body memories", in: C. Durt/T. Fuchs/C. Tewes (Hgg.), *Embodiment, enaction and culture. Investigating the constitution of the shared world*, Cambridge/MA, 333 – 352.
Fuchs, Thomas (2017b): „Levels of empathy: Primary, extended, and reiterated empathy", in: V. Lux/S. Weigel (Hgg.), *Empathy*, Basingstoke.
Fuchs, Thomas/Hanne De Jaegher (2009): „Enactive intersubjectivity: Participatory sense-making and mutual incorporation", in: *Phenomenology and the Cognitive Sciences* 8: 465 – 486.
Gallagher, Shaun (2004): „Understanding interpersonal problems in autism: Interaction theory as an alternative to Theory of Mind", in: *Philosophy, Psychiatry & Psychology* 11: 199 – 217.
Gallagher, Shaun (2005): *How the body shapes the mind*, Oxford.
Gallagher, Shaun/Dan Zahavi (2012): *The phenomenological mind*, New York.
Gibson, James. J. (1979): *The ecological approach to visual perception*, Boston.
Goldman, Alvin I. (2012): „Theory of mind", in: E. Margolis/R. Samuels/S. Stich (Hgg.), *The Oxford handbook of philosophy of cognitive science*, Oxford, 402 – 424.
Happé, Francesca (1995): *Autism: An introduction to psychological theory.* Cambridge/MA.

Hobson, Peter R. (2005): *The cradle of thought*, Oxford.
Hobson, Peter R./Anthony Lee (1999): „Imitation and identification in autism", in: *Journal of Child Psychology and Psychiatry* 40: 649–659.
Husserl, Edmund (1952): *Ideen zu einer reinen Phänomenologie und phänomenologischen Philosophie. II. Phänomenologische Untersuchungen zur Konstitution*, Husserliana IV, Den Haag.
James, William (1950): The principles of psychology [1890], New York.
Jung, Matthias (2014): *Gewöhnliche Erfahrung*, Tübingen.
Klin, Ami/Warren Jones/Robert Schultz/Fred Volkmar (2003): „The enactive mind, or from actions to cognition: Lessons from autism", in: *Philosophical Transactions of the Royal Society of London* 358: 345–360.
Leder, Drew (1992): *The absent body*, Chicago.
Luria, Alexander R. (1973): *The working brain*, Harmondsworth.
McGhie, Andrew/James Chapman (1961): „Disorders of attention and perception in early schizophrenia", in: *British Journal of Medical Psychology* 34: 103–116.
Meltzoff, Andrew N./M. Keith Moore (1977): „Imitation of facial and manual gestures by human neonates", in: *Science* 198: 74–78.
Meltzoff, Andrew/M. Keith Moore (1989): „Imitation in newborn infants: exploring the range of gestures imitated and the underlying mechanisms", in: *Developmental Psychology* 25: 954–962.
Merleau-Ponty, Maurice (1969): *Phänomenologie der Wahrnehmung*, Berlin.
Minkowski, Eugene/René Targowla/Salaheddine Ziadeh (2001): „A contribution to the study of autism: The interrogative attitude", in: *Philosophy, Psychiatry, and Psychology* 8: 271–278.
Oostenbroek, Janine/Thomas Suddendorf/Mark Nielsen/Jonathan Redshaw/Siobhan Kennedy-Constantini/Jacqueline Davis/Sally Clark/Virginia Slaughter (2016): „Comprehensive longitudinal study challenges the existence of neonatal imitation in humans", in: *Current Biology* 26: 1334–1338.
O'Regan, J. Kevin/Alva Noë (2001): „A sensorimotor account of vision and visual consciousness", in: *Behavioural and Brain Sciences* 24: 939–1011.
Pfeifer, Rolf/Josh Bongard (2007): *How the body shapes the way we think: A new view of intelligence*, Cambridge/MA.
Pfeifer, Rolf/Christian Scheier (1999): *Understanding intelligence*, Cambridge/MA.
Polanyi, Michael (1969): *Knowing and being*, M. Grene (Hg.), Chicago.
Polanyi, Michael (1985): *Implizites Wissen*, Frankfurt am Main.
Russell, Bertrand (1910): „Knowledge by acquaintance and knowledge by description", in: *Proceedings of the Aristotelian Society* 11: 108–128.
Ryle, Gilbert (1949): *The concept of mind*, New York.
Sacks, Oliver (1997): *Eine Anthropologin auf dem Mars. Sieben paradoxe Geschichten*, Reinbek/Hamburg.
Sartre, Jean-Paul (1962): *Das Sein und das Nichts*, Reinbek/Hamburg.
Schacter, Daniel L. (1987): „Implicit memory: History and current status", in: *Journal of Experimental Psychology: Learning, Memory, and Cognition* 13: 501–518.
Schacter, Daniel L. (1999): *Wir sind Erinnerung. Gedächtnis und Persönlichkeit*, Reinbek/Hamburg.

Sheets-Johnstone, Maxine (2012): „Kinaesthetic memory“, in: S. C. Koch/T. Fuchs/M. Summa/C. Müller (Hgg.), *Body memory, metaphor and movement*, Amsterdam, 43–72.
Smith, Isabel M./Susan E. Bryson (1994): „Imitation and action in autism: A critical review“, in: *Psychological Bulletin* 116: 259–273.
Stanley, Jason (2011): *Know how*, New York.
Stern, Daniel N. (1985): *The interpersonal world of the infant*, New York.
Stern, Daniel N. (1998): „The process of therapeutic change involving implicit knowledge: Some implications of developmental observations for adult psychotherapy“, in: *Infant Mental Health Journal* 19: 300–308.
Sutton, John/Doris McIlwain/Wayne Christensen/Andrew Geeves (2011): „Applying intelligence to the reflexes: Embodied skills and habits between Dreyfus and Descartes“, in: *Journal of the British Society for Phenomenology* 42: 78–103.
Thompson, Evan (2007): *Mind in life. Biology, phenomenology, and the sciences of mind*, Cambridge/MA.
Trevarthen, Colwyn (1979): „Communication and cooperation in early infancy: A description of primary intersubjectivity“, in: M. Bullowa (Hg.), *Before speech*, Cambridge, 321–347.
Varela, Francisco J./Evan Thompson/Eleanor Rosch (1991): *The embodied mind. Cognitive science and human experience*, Cambridge/MA.
Weinberg, M. Katherine/Edward Z. Tronick (1996): „Infant affective reactions to the resumption of maternal interaction after still-face“, in: *Child Development* 67: 905–914.

Christian Tewes

Direkte Wahrnehmung, Expressivität und Imitation

Die Rolle der verkörperten Kognition in der Entstehung symbolischer Sprache

Abstract: This essay deals with the question of what a theory of embodied cognition can contribute to the origin of language. In the first part of the paper, I will delineate specific challenges that are involved in the attempt to explain the emergence of symbolic language and competence. To accomplish this, the focus will be on Grice's theory of non-natural linguistic meaning whose evolutionary realization needs a thoroughgoing explanation. In the second part, the theory of direct perception and bodily forms of expression are introduced as significant elements of an embodied theory of language origination. The last part of the paper explicates forms of imitation and their phylo- and ontogenetic self-differentiation. I argue that mimetic capacities have a central function in explaining how the „language Rubicon" could have been crossed. However, the explanatory power of this approach depends on its integration into a theory of direct perception and an expressivist theory of bodily actions.

Einleitung

Welchen Stellenwert die Ausbildung der symbolischen Sprache für die Enkulturation des Menschen hat, ist von kaum zu überschätzender Bedeutung. Sie ermöglicht aufgrund ihrer propositionalen Struktur und Systematizität eine Form des begrifflichen Denkens, das für die Deliberation von Handlungsgründen, die Sensitivität bezüglich rational-moralischer Normen, wie auch für die reflexive Erfassung, Evaluation und Ausbildung des personalen Selbst fundierend ist.[1] Symbolisch basiertes Denken ist somit unmittelbar abhängig von sprachlich-propositionalen Kapazitäten und sowohl für menschliches Denken als auch die humane Bewusstseinsformation insgesamt konstitutiv.[2] Aus der evolutionären Perspektive wird der positive Selektionswert der Sprache bzw. deren Adaptivität u. a. in der weitergehenden Ermöglichung von Erfindungen, handwerklicher Ge-

1 Bermudez 2003.
2 Bickerton 1993; Dennett 1994.

DOI 10.1515/9783110528626-004

schicklichkeit und umfassenden Formen sozialer Koordination gesehen.[3] Doch auch umgekehrt ist anzunehmen, dass die Emergenz und Ausbildung derartiger Sozialformen einen positiven Selektionswert auf die Ausdifferenzierung und Spezialisierung der Sprache selber gehabt hat.[4]

Dieses wechselseitige Bedingungsgefüge verweist darauf, dass die evolutionäre Entstehung von Sprache nicht nur als Ergebnis einer passiven Anpassung des Menschen an die bestehenden Umweltbedingungen aufgefasst werden kann. Vielmehr ist es plausibel wie in der Theorie der Nischenkonstruktion davon auszugehen, dass die Erfindung von symbolischer Sprache zu einer Transformation bzw. weitergehenden Nischenbildung der sozial-biologischen Umwelt des Menschen geführt hat. Dies bedeutet konkret, dass die Emergenz von Sprache ganz neue Veränderungen und symbolbasierte Restrukturierungen der Umwelt ermöglicht, wie auch die intergenerationale Weitergabe von symbolisch strukturiertem Wissen und sozialen Kompetenzen.[5] Zudem hat u. a. Deacon auf die nicht nur tiefgreifenden sozialen sondern auch *biologischen* Veränderungen verwiesen, welche die evolutionäre Emergenz symbolischer Sprache mit sich gebracht hat. Die zunehmende Enzephalisierung der Homo-Linie ist dabei ein wichtiger aber erklärungsbedürftiger Indikator dieser Koevolution.[6] Worin könnten entsprechende Erklärungsansätze für die Zunahme des Hirnvolumens bestehen? Da symbolische Kommunikation in hohem Maße vom Medium der oralen Sprache abhängig war und auch im Zeitalter der Digitalisierung immer noch ist, hat dies deutliche Auswirkungen auf den konkreten Selektionsdruck für die effektive Weiterentwicklung bzw. körperliche Realisierung symbolischer Kommunikation ausgeübt. Deacon nennt hier die phylogenetische Expandierung des *präfrontalen Kortex*, welche funktional mit der sensomotorischen Koordination von Atmung und Lautbildung, der Fähigkeit zur automatisierten Phonemanalyse oder auch der gesamten Ausbildung des Vokaltrakts und veränderten Lage des Kehlkopfes verbunden ist.[7]

Dies deutet an, dass auch die Entstehung symbolischer Kultur auf bedeutenden leiblichen Veränderungen beruht und neue nach sich zieht. Dieser Aufsatz beschäftigt sich deshalb mit der Frage, was die Theorie der verkörperten Kognition auf der Grundlage dieser Erkenntnis zur Erklärung der evolutionären Entstehung der Sprache beitragen kann. Um hier einer Antwort näher zu kommen, wird im ersten Teil zunächst ausgeführt, worin die besondere Herausforderung besteht, die

---

3 Dennett 1994.

4 Deacon 1997.

5 Sterelny 2010, 470, 478.

6 Donald 1991, 139.

7 Deacon 1997, 352f.

evolutionären Grundlagen der symbolischen Sprache aufzuklären. Dabei wird der Fokus auf Grices Theorie der nicht-natürlichen linguistischen Bedeutung liegen. Im zweiten Teil werden als Ergänzung zu gängigen Kommunikationsmodellen sowohl die Theorie der direkten Wahrnehmungen als auch leiblicher Ausdrucksformen im Tierreich exemplarisch als wichtige Elemente für eine verkörperte Theorie der Sprachentstehung ausgewiesen. Im letzten Teil steht schließlich die Imitationsfähigkeit in ihrer phylo- und ontogenetischen Ausdifferenzierung im Vordergrund der Betrachtung. Es wird dafür argumentiert, dass die Auffassung zutrifft, dass mimetisch-imitativen Handlungen eine weitere zentrale Erklärungsfunktion für die evolutionäre Überquerung des „Sprachrubikons" zukommt. Sie entfalten ihre explanatorische Kraft für die Evolution symbolischer Sprache aber nur dann vollständig, so die These des Aufsatzes, wenn sie in eine Theorie der direkten Wahrnehmung und Expressivität von Handlungen eingebunden werden.

1 Die Überquerung des „Sprachrubikons" als explanatorische Herausforderung

Worin besteht überhaupt die besondere Herausforderung, die Entstehung symbolischer Sprache zu erklären? Um diese Herausforderung abschätzen zu können, ist es notwendig, die besonderen kognitiven Voraussetzungen für die symbolische Sprachkompetenz genauer herauszuarbeiten. Ein erster wichtiger Hinweis, worin die Explananda bestehen könnten, findet sich in Zlatevs Hinweis, dass Sprache eine soziale Institution für den Austausch *kommunikativer Bedeutungen* ist.[8] Um zu explizieren, wofür „kommunikative Bedeutung" in diesem Zusammenhang steht, wird in der Verhaltensforschung und evolutionären Psychologie sehr häufig auf Grices Theorie der *nicht-natürlichen linguistischen Bedeutung* verwiesen. Deren Wurzeln verortet Grice in der „Sprecherbedeutung".[9] Nach einer aufwendigen Analyse der Grice'schen Werke durch Neale ist darunter zu verstehen, dass ein Zeichen *x* dann eine Bedeutung hat, wenn es mit einer Intention produziert wird/wurde, welche folgenden Inhalt aufweist:

(1) *S* äußert *x* mit der Intention, dass *H* aktiv den Gedanken erwägt, dass *p*.

(2) *S* äußert *x* mit der Intention, dass *H* bemerkt, dass *S* darauf abzielt, dass *H* aktiv den Gedanken erwägt, dass *p*.

8 Zlatev 2006, 243.

9 Grice 1957.

(3) *S* intendiert nicht, dass *H* über die Intention von *S* in (1) und (2) getäuscht wird.[10]

Es ist nicht das Ziel des vorliegenden Aufsatzes, die vielfältigen Grice'schen Revisionen früherer Fassungen der Sprecherbedeutung und die Einwände der Kritiker, die in diese Fortentwicklungen eingeflossen sind, an dieser Stelle zu rekonstruieren und zu analysieren.[11] Zum Beispiel geht die ausdrückliche Nennung der ausgeschlossenen Täuschung als Bestandteil der Intention in (3) auf Einwände zurück, die sich aus der Möglichkeit indirekter bzw. nicht vollständig offener Kommunikationsformen ergeben. Bei solchen Handlungen werden Bedeutungen zwar intentional vermittelt, ohne dass aber die Handlung selber diese Bedeutung zum Ausdruck bringt.[12]

Im Vordergrund steht demgegenüber die Frage, wie die vielfältigen kognitiven Voraussetzungen für die Realisierung derartiger Sprecherbedeutungen emergieren konnten[13]. Worin bestehen diese Voraussetzungen? Kommunikative Interaktionen im Grice'schen Sinne basieren bei den Interaktionspartnern auf dem Besitz von (a) Begriffen von Überzeugungen, Wünschen und Intentionen. Denn nur unter dieser Voraussetzung kann ein Akteur oder Sprecher wie in (2) einen Sprechakt vollziehen, der darauf abzielt, dass die Intention der Äußerung (aktiv den Gedanken, dass *p*, zu erwägen) selber dem Kommunikationspartner bewusst wird. Daneben implizieren die Kriterien von (1) bis (3) auch (b) vielfältige Inferenzmuster im Hinblick auf teleologische Handlungssequenzen, die sich Akteure in derartigen Sprecherhandlungen wechselseitig zuschreiben, wenn es sich um gelingende Kommunikation handelt. Ist dies korrekt, dann müssen Akteure für die Generierung und das Verstehen von Sprecherbedeutungen ebenfalls in der Lage sein, (c) Metarepräsentationen höherer Ordnung zu bilden.[14]

---

10 Neale 1992, 550 („p" steht hier für einen propositionalen Gehalt. Dies verdeutlicht folgendes Beispiel: „Hans glaubt, dass es regnet (dass p)".

11 Siehe dazu Neales umfassende Ausführungen zu diesem Punkt (1992, 544 ff.).

12 Der ursprünglich von Grice verwendete dritte Satz lässt sich ohne seine speziellen technischen Notationen wie folgt analysieren: *S* intendiert, dass *H* zumindest zum Teil die Überzeugung *p* dadurch gewinnt, dass *H* die ursprüngliche Intention von *S* realisiert.

13 Es wird gleichfalls nicht die Frage behandelt, ob die Fundierung kommunikativer Bedeutung in der Sprecherbedeutung eine unzulässige Verkürzung darstellt. Die Klärung dieser Frage ist für den vorliegenden Aufsatz deshalb nicht zentral, weil selber unter der Voraussetzung, dass die Sprecherbedeutung für die Fundierung einer umfassenden Bedeutungstheorie nicht zureichend ist, immer noch davon ausgegangen werden kann, dass sie zumindest basale Merkmale der Sprachkompetenz für die Sprachentstehung und den Spracherwerb „auf den Begriff" bringt.

14 Moore 2015, 2.

Für die Auffassung, dass diese oder ähnliche repräsentationale Kapazitäten beim Verstehen einer Sprecherintention tatsächlich eine wichtige Rolle spielen, haben zum Beispiel Tomasello et al. auf der Grundlage vielfältiger Studien mit Kindern argumentiert.[15] Ist die Interpretation der empirischen Studien zutreffend, verdeutlicht dies, dass der vollständig entfaltete Spracherwerb *auch* auf Voraussetzungen wie einer „Theorie des Geistes" basiert. Damit wird die Fähigkeit bezeichnet, anderen Personen mentale Zustände wie Überzeugungen und Wünsche und ein Wissen um ihre inferenziellen Rollen in sozialen Kontexten zuschreiben zu können.[16] Allerdings sind diese Interpretationen durchaus umstritten. So gibt es einerseits konkrete Vorschläge, Zeigegesten bei Säuglingen oder Affen *ohne* die Annahme nicht sichtbarer Entitäten, wie die Zuschreibung von Überzeugungen und Wünschen, und die Fähigkeit zum Gedankenlesen (mind reading) zu deuten.[17] Andererseits wird sogar in neueren Theorien wie dem *Radikalen Enaktivismus* dafür argumentiert, dass auf die Zuschreibung aller mentalen Gehalte wie Begriffe oder Repräsentationen gegenüber Wesen verzichtet werden sollte („basic minds"), die noch nicht über symbolisch-propositionale Sprache verfügen.[18]

Doch ganz unabhängig von der Klärung dieser grundlegenden Interpretationsfragen ist schnell einsehbar, dass ein derartiges Zuschreibungs- oder Interpretationsvermögen wie bei der Sprecherbedeutung als *alleinige* Grundlage des intersubjektiven Verstehens keinesfalls ausreichen kann und zur Aufklärung zur Überquerung des Sprachrubikons ungeeignet ist. Dies hat mehrere Gründe. Der erste beruht auf der Feststellung, dass die Grice'sche Sprecherbedeutung viel zu voraussetzungsreich ist, um die Emergenz symbolischer Sprache zu erklären. Denn die komplexe kompositionale Struktur der Sätze von (1) bis (3), ihr propositionaler Charakter und die für ihr Verständnis relevanten kognitiven Fähigkeiten ersetzen lediglich ein aufklärungsbedürftiges Rätsel durch ein weiteres. Für die Überschreitung des Sprachrubikons ist dann zu erklären, wie die Struktur der Sprecherbedeutung und die kognitiven Fähigkeiten zu ihrer Meisterung auf evolutionärer Grundlage entstehen konnten.[19] Überdies separiert die Grice'sche Sprecherbedeutung die sprachlichen Interaktionen vollständig von den leiblichen Vollzugsformen, die für soziale Interaktionen und ihre Entwicklung insgesamt zentral sind. Erste Ansätze im Rahmen der verkörperten Kognitionsforschung sind hier durchaus vielversprechend, welche die besondere zeitliche Koordination und Musterbildung sozialer dynamischer Interaktionen als Grundlage für derartige

15 Tomasello/Carpenter/Liskowski 2007, 715.
16 Sperber/Origgi 2010, 131.
17 Gómez 2007, 733.
18 Hutto/Myin 2013.
19 Bar-On 2013, 343.

Verständigungsprozesse herausarbeiten.[20] Zudem wird neben leiblichen Vollzugsformen auch die Wahrnehmung expressiver Ausdrucksgehalte ausgeblendet, die eine zentrale Bedeutung für die Entstehung symbolischer Kommunikation hat, worauf noch ausführlich eingegangen wird.[21]

Ein letzter wichtiger Punkt betrifft die Perspektive der evolutionären Anthropologie. Zwar ist es sicherlich richtig, dass es vielfältige Vorformen menschlicher Fähigkeiten bereits im Tierreich gibt. Nichtsdestotrotz scheint es nach dem derzeitigen Forschungsstand – vielleicht bis auf die Ausnahme von Schimpansen – keine derartigen kognitiven und kommunikativen Fähigkeiten bei nicht-humanen Primaten zu geben, auf deren Basis das Grice'sche Kriterium der Sprecherbedeutung realisiert werden könnte.[22] Aus diesem Grund ist Merlin Donalds Hinweis von zentraler Bedeutung, dass man weitere Zwischenstufen für die Evolution symbolischer Sprache spezifizieren muss,[23] um die Überquerung des Sprachrubikons besser zu verstehen. Worin könnten derartige Zwischenstufen bestehen?

2 Signalbasierte Kommunikation, Expressivität und direkte Wahrnehmung

Bevor wir uns dieser Frage zuwenden, ist zunächst zu erläutern, ob gegenwärtig vorherrschende Erklärungsmodelle für kommunikative Interaktionen im Tierreich überhaupt über die explanatorischen Ressourcen verfügen, derartige Zwischenstufen bis hin zur Entstehung symbolischer Sprache in den jeweiligen Theorieansatz zu integrieren. Ein wichtiger und lange vorherrschender Ansatz ist das von Origgi und Sperber so gennannte *Kodierungsmodell der Kommunikation.*[24] Dessen

---

20 Dass Theorien der verkörperten Kognition jedoch erst ganz am Anfang sind, einen systematischen Beitrag zur phylo- und ontogenetischen Entstehung symbolischer Sprache zu leisten, macht folgendes Zitat deutlich: „Ontogenetically, we need to explain how the early embodied, highly affective interactions between mothers and infants eventually lead all the way up to the capacity for full-blown adult conversations and the use of symbolic inscriptions with all their intricacies and subtleties [...]. Until now, there is no unified account that can encompass the whole range of social capacities from primary intersubjectivity to the highest reaches of human language and social cognition" (De Jaegher/Di Paolo 2007, 500). Der vorliegende Aufsatz versteht sich als ein Beitrag, diese Entwicklungslinien auf enaktiver Grundlage weitergehend aufzuklären.

21 Gallagher 2008.

22 Bar-On 2013, 345.

23 Donald 1999.

24 Sperber/Wilson 2002; Origgi/Sperber 2000.

zentrale Idee besteht nach Origgi und Sperber darin, dass ein Kode aus einer systematischen Verbindung von Reizen und Reaktionen besteht, den die Kommunikationspartner teilen und welcher seinem Informationsgehalt nach nicht ambig ist. Jeder Stimulustyp ist nach diesem Kommunikationsmodell an einen eindeutigen Reaktionstyp gekoppelt, der sich aufgrund eines Selektionsprozesses für die Produzenten und Konsumenten des Zeichens als evolutionär stabil (vorteilhaft) erwiesen hat. Ein Stimulustyp, der zu einem solchen Kode gehört, hat dann die Funktion, einen entsprechenden Reaktionstyp zu evozieren. Für diese Eigenschaft ist der Stimulus positiv selektioniert worden.[25]

Viele Beispiele, die Ruth Millikan im Rahmen ihres biosemantischen Ansatzes zur evolutionären Entstehung intentionaler Zeichen anführt, können dem Kodierungsmodell zugeordnet werden. So signalisiert das Trommeln des Kaninchens Gefahr oder der berühmte Schwänzeltanz der Bienen zeigt Artgenossen an, in welcher Richtung und Entfernung die Futterquelle liegt.[26] Diese Formen der Kommunikation sind offensichtlich noch weit entfernt von kooperativen Handlungen geteilter und kollektiver Intentionalität und Aufmerksamkeit, die flexible Gesten zur Beeinflussung mentaler Zustände ermöglichen, und nach Tomasello für die phylo- und ontogenetische Entstehung von (propositionaler) Sprache unabdingbar sind.[27]

Das zweite wirkmächtige Modell der Sprache wird als *Inferenzmodell der Kommunikation* oder auch *Relevanzmodell der Kommunikation* bezeichnet und baut stark auf der Grice'schen Sprecherbedeutung auf.[28] Was das Kriterium der „Relevanz" anbelangt, lässt es sich so explizieren, dass Kognition darauf angelegt ist, das Verhältnis von Aufwand und erzielten Wirkungen zu maximieren. Das, was sich für kognitive Prozesse als vorteilhaft erweist, wird nach dieser Auffassung somit einem Maximierungsprozess unterworfen.[29] Welche Kapazitäten es sind, die für einen verbesserten Verstehensprozess einer Maximierung unterworfen werden, deuten folgende Ausführungen von Origgi und Sperber an:

> According to the inferential model, understanding the speaker's meaning is an inferential process that uses as premises on the one hand the fact that the speaker has uttered a given sentence to which the grammar of the language assigns semantic properties, and on the other hand, contextual information.[30]

---

25 Origgi/Sperber, 2000, 127.
26 Millikan 2004, 151.
27 Tomasello/Carpenter/Liskowski 2007.
28 Sperber/Origgi 2010, 125.
29 Allott 2013, 68.
30 Wilson/Sperber 2012, 332.

Was die Realisierung inferenzieller Kommunikation anbelangt, beruht sie offensichtlich ganz analog zur Grice'schen Sprecherbedeutung auf vielfältigen kognitiven Leistungen, wie Metarepräsentationen oder der Zuschreibung von Überzeugungs- und Wunschzuständen, auf deren Basis der Hörer kontextsensitive Ableitungsbeziehungen vornimmt. Dieses Kommunikationsmodell basiert aus kognitionspsychologischer Perspektive zudem auf der Idee, dass alltagspsychologische Zuschreibungen auf „wissenschaftsähnlichen" modellierten deduktiven Ableitungen und Generalisierungen beruhen.[31] Dieser Kerngedanke liegt auch ursprünglich der Theorie-Theorie zugrunde und wird von Philosophen und insbesondere auch von Entwicklungspsychologen vertreten, die ihn auf die kognitive Entwicklung von Kindern übertragen.[32]

Im Inferenzmodell der Kommunikation werden letztendlich lediglich bestimmte Voraussetzungen der Grice'schen Sprecherbedeutung von deren Proponenten aufgegeben, wie die komplexen Voraussetzungen auf Seiten des Hörers, die vielfältig verschachtelten Intentionen des Sprechers zu verstehen.[33] Diese systematische Verbindung zwischen dem Inferenzmodell der Kommunikation und den genannten kognitiven Voraussetzungen unterziehen Origgi und Sperber einer evolutionär diachronen Deutung, wie folgende Passage deutlich macht:

> From a pragmatic perspective, it is quite clear that the language faculty and human languages, with their richness and flaws, are only adaptive in a species that is already capable of naïve psychology and inferential communication. The relatively rapid evolution of languages themselves and their relative heterogeneity within one and the same linguistic community – these two aspects being associated – can only be adequately explained if the function of language in communication is to provide evidence of the speaker's meaning and not to encode it.[34]

Neben der Abgrenzung zum Kodierungsmodell der Kommunikation wird erneut deutlich, inwiefern dieser Ansatz zur Erklärung der Überquerung des Sprachrubikons besonders erläuterungsbedürftig ist. Die evolutionäre Erklärung von Sprache muss im Rahmen des Inferenzmodells der Kommunikation aufzeigen, wie es überhaupt zur Entstehung derjenigen kognitiven Kapazitäten gekommen ist, die symbolische Sprache in dem oben beschriebenen Sinne überhaupt erst ermöglicht haben.

Ruth Millikan hat gegen den in der evolutionären Verhaltensforschung und den Kognitionswissenschaften vorherrschenden Grice'schen Ansatz geltend ge-

---

31 Allott 2013, 68.
32 Goldman 2012, 21.
33 Origgi/Sperber 2000, 156.
34 Sperber/Origgi 2010, 131.

macht, dass die Grundlagen für den menschlichen Spracherwerb und seiner alltäglichen Kommunikation nicht in derartigen inferenziellen Fähigkeiten liegen würde. Als zentrales Explanandum für die evolutionäre Entstehung symbolischer Sprache sind ihrer Auffassung nach gerade nicht die Grice'schen Sprecherintentionen anzusehen. Vielmehr geht sie davon aus, dass das eigentliche Fundament der Kommunikation in der *direkten Wahrnehmung* von Überzeugungen und Wünschen im konkreten Interaktionsprozess liege. Grice'sche Sprecherintentionen seien auch für den Normalfall symbolischer Kommunikation weder die fundierende Grundlage noch der vorherrschende Zustand.[35]

Auch wenn man Millikans Kritik am Inferenzmodell grundsätzlich teilt, ist damit natürlich noch nichts über die Tragfähigkeit ihres eigenen Ansatzes ausgesagt. Das Konzept der direkten Wahrnehmung mentaler Zustände (Überzeugungen und Wünsche) expliziert sie im Rahmen ihres teleosemantischen Modells biologischer Eigenfunktionen. Dies rückt ihren Erklärungsansatz wiederum in die Nähe des Kodierungsmodells der Kommunikation. Wie im nächsten Abschnitt gezeigt werden soll, bedarf es eines verkörperten phänomenologischen Ansatzes für die Explikation „direkter Wahrnehmung", um die Entstehung symbolischer Sprache weiter aufzuklären.

2.1 Präsentationale Wahrnehmungen

Dass es im strengen Sinne einen in der Wahrnehmung *direkten Zugang* zu raumzeitlich proximalen Entitäten gibt, der sich von einem nur indirekten Zugang zu distalen Vorgängen aufgrund sprachlicher Repräsentation oder anderer medialer Übertragungen substantiell unterscheidet, bestreitet Millikan ausdrücklich. Was man sieht, wenn man zum Beispiel den Bildschirm eines Fernsehers betrachtet, hänge vom Fokus der Wahrnehmung ab. Wir können die Aufmerksamkeit auf Präsident Obama richten, der in einer Nachrichtensendung interviewt wird oder auf die Farbverteilung des Fernsehbildes oder gar auf einzelne Pixelanordnungen. Weder das eine noch das andere Wahrnehmungsobjekt zeichne sich aufgrund einer direkten Zugänglichkeit aus und zwar deshalb, weil „[...] alle [Wahrnehmungsobjekte] [...] durch fehlbare neuronale Konstruktionsprozesse entdeckt [werden]".[36] Was die Sinnesorgane erreicht, ist deshalb nach Millikan grundsätzlich nichts anderes als ein bloßes Zeichen und unterscheidet sich deshalb auch nicht essentiell von der Wahrnehmung von Wörtern und Sätzen.

35 Millikan 1984, 67; 2012, 88.
36 Millikan 2012, 90; meine Einfügungen.

Was versteht Millikan jedoch unter „direkter Wahrnehmung", wenn sie letztere ausdrücklich in eine Repräsentationstheorie der Perzeption als Zeichen integriert? Gemeint ist, dass Wahrnehmungen, verstanden als Repräsentationen, nicht in komplexen Ableitungsbeziehungen wie Überzeugungen und Wünschen integriert sind. Während Überzeugungen und Wünsche nur in einem holistischen Bedeutungszusammenhang stehen und ihr Gehalt nicht isoliert spezifizierbar ist (Davidson[37]), funktionieren basale Wahrnehmungen in ihrer Verarbeitung als intentionale Zeichen nach Millikan grundsätzlich anders. Innere Zeichen (neuronale Mechanismen), die zum Beispiel das Verhältnis eines Lichtpunktes zum Auge anzeigen, haben nur eine Aufgabe zu erfüllen, nämlich zum Beispiel eine bestimmte Ausrichtung des Auges oder Kopfes zur Lichtquelle zu evozieren.[38] „Direkt" heißt somit in diesem Zusammenhang dann, dass es sich um einen kausalen Mechanismus handelt, der eine eindeutige und nicht variable Funktion erfüllt und insofern von Überzeugungen und Wünschen strikt abgegrenzt werden muss.

Wichtig ist, dass Millikan das Verstehen sprachlicher Äußerungen ebenfalls als einen derartigen „direkten" Wahrnehmungsvorgang in dem oben ausgeführten Sinne versteht:

> Während einer normalen Unterhaltung ist es nicht die Sprache, die vom Hörer auf direkte Weise wahrgenommen wird, sondern vielmehr die Welt *durch* die Sprachen *hindurch*. Grices Modell der Kommunikation kann zumindest für die gewöhnlichsten Arten der sprachlichen Kommunikation vernachlässigt werden. Eine Sprache zu erlernen ist im Wesentlichen nichts anderes als die Welt durch eine weitere Sinnesmodalität hindurch wahrnehmen zu lernen.[39]

Diese Ausführungen verdeutlichen einerseits, dass Origgis und Sperbers Behauptung zutrifft, dass Millikans teleosemantischer Spracherwerbsansatz tatsächlich einer Spielart des Kodierungsmodells der Kommunikation entspricht.[40] Denn Überzeugungen können nach Millikans Ausführungen durch Sprache vermittelt werden, ohne dass der Hörer über einen Begriff von mentalen Zuständen bzw. eine Theorie des Geistes verfügen muss. Andererseits wird ebenfalls deutlich, wie die Überwindung des Sprachrubikons in Millikans Theorie bewerkstelligt wird. Ihr Ansatz ist allerdings nur plausibel, wenn man den Preis der „doppelten

---

37 Davidson 1984

38 Millikan 2008, 172. Folgendes Zitat verdeutlicht Millikans Zeichentheorie noch einmal besonders eindringlich: „Was die Sinnesorgane erreicht, ist immer ein bloßes Zeichen: Die Eigenschaften der gewöhnlichen Sinneserfahrung stellen die ‚wirkliche Natur' des Wahrgenommenen ebenso wenig dar wie Wörter und Sätze" (Millikan 2012, 91).

39 Millikan 2012, 87.

40 Origgi/Sperber 2000, 149.

Reduktion“, der ihrer Theorie zugrunde liegt, zu zahlen bereit ist. So werden Wahrnehmungen in ihrem Theorieansatz (i) als (intentionale) Zeichen und Konstruktionen des Gehirns verstanden und (ii) basales Sprachverstehen an die derart bestimmte Wahrnehmungskonzeption assimiliert.

Meine These ist, dass Millikan (a) einerseits den Wahrnehmungsbegriff falsch bestimmt und zudem (b) die kognitiven Voraussetzungen des Spracherwerbs falsch einschätzt oder gar nicht erst in den Blick bekommt. Daraus folgt jedoch, dass ihre Theorie nicht über die explanatorischen Ressourcen verfügt, die Überquerung des Sprachrubikons aufzuklären oder hierzu einen wesentlichen Beitrag zu leisten. Betrachten wir zunächst den ersten Gesichtspunkt. Wie Husserl aufgezeigt hat, liegt der Bestimmung der Wahrnehmung als Zeichen ein Kategorienfehler zugrunde. Ein Zeichen bedarf eines fundierten Aktbewusstseins präsentational zugänglicher Wahrnehmungsgehalte und kann nicht selber lediglich auf anderen Zeichen und ihren Verbindungen zueinander basieren. Denn dies würde, wie Husserl selber ausführt, auf einen infiniten Regress hinaus laufen.[41] Wie insbesondere die Untersuchungen im Enaktivismus zur Wahrnehmung ergeben haben, bedeutet dies nicht, dass perzeptuelle Gehalte einfach unabhängig von der Perspektivität und aktiven Auffassungsleistung des Subjekts „gegeben“ sind. Ohne eine Handlungsausführung unmittelbar zu determinieren, sind Perzeptionen in vielfältige Handlungskontexte eingebunden und „fordern“ geradezu zu entsprechenden Handlungen auf. Ohne weitere Bezugnahme auf Husserl hat Alva Noë die Priorität der präsentationalen Zugänglichkeit zur Welt gegenüber den herkömmlichen repräsentationalistischen Theorien in den Kognitionswissenschaften erst kürzlich einer umfassenden Untersuchung unterzogen. Er betont dort die Abhängigkeit der Perzeptionszugänglichkeit von den Fähigkeiten des Akteurs und seinem impliziten Wissen über Handlungszusammenhänge, um einen entsprechenden Zugang zur Realität herzustellen.[42] Dieser handlungstheoretische Ansatz zur Wahrnehmung findet auch in der neurowissenschaftlichen Forschung gewisse Bestätigungen. Wenn wir zum Beispiel ein Werkzeug wie einen Hammer wahrnehmen, werden dabei auch Areale im prämotorischen Kortex aktiviert, was den Handlungszusammenhang von Wahrnehmungen selbst auf der neuronalen Ebene indirekt nachweisbar macht.[43]

Wie ist jedoch im Hinblick auf diese Ausführungen dann der Begriff der „direkten Wahrnehmung“ im Vergleich zu Millikans Ansatz weitergehend zu verstehen? Zunächst ist festzuhalten, dass Gallagher, der das Konzept der direkten

41 Husserl 1900/1993, 423–424.
42 Noë 2012, 32.
43 Rizzolatti/Sinigaglia 2006/2008, 79 ff.

Wahrnehmung im enaktiv-phänomenologischen Rahmen besonders ausgearbeitet hat, mit Millikan die Auffassung teilt, dass die intersubjektive Wahrnehmung expressiver Ausdrucksformen nicht auf einer Theorie des Geistes bzw. komplexen inferenziellen Ableitungen basiert, die zum Beispiel die Annahme simulationstheoretischer Vorgänge notwendig macht.[44] Folgende Passage verdeutlicht jedoch, worin die entscheidende Abweichung neben dem präsentationalen Zugang zur Wirklichkeit im Gegensatz zu Millikans teleosemantischem Wahrnehmungsmodell liegt:

> At a reflective phenomenological level, we may be able to analyze our perceptual experience in terms of its enactive and emotional content. Pre-reflectively, however, that is, as we live through our perceptions, our experience is a richly informed direct grasp of whatever is presented.[45]

Mögen weitergehende Details dieser Ausführungen auch explikationsbedürftig sein, so wird trotzdem deutlich, was Gallaghers enaktiv-phänomenologischen Ansatz auszeichnet. Auf einer präreflexiven Ebene leben wir in unseren Wahrnehmungen und erfassen direkt, was durch sie als *Erfahrungsgehalt* präsentational zugänglich wird. Perzeptionen sind somit weder Zeichen, Repräsentationen oder Konstruktionen des Gehirns, sondern relational erfasste, perspektivisch erfahrene Aspekte der Wirklichkeit. Gallaghers Verweis auf die enaktiven und emotionalen Eigenschaften der Erfahrung – die auf der reflexiven Ebene dann analytisch unterschieden werden können – deutet darauf hin, dass derartige Wahrnehmungen durchaus „reichhaltig" und „klug" sind. Damit ist gemeint, dass insbesondere im Kontext sozialer Interaktionen zwischenleiblich fundierte Wahrnehmungen in sensomotorische Handlungskreisläufe eingebunden sind, die mannigfaltige kognitive Leistungen erklären können, ohne dass *zusätzliche* propositional-inferenzielle oder simulationstheoretische Leistungen auf der personalen oder subpersonalen Ebene angenommen werden müssen.[46] Was dies auf der phänomenologischen Beschreibungsebene bedeutet, machen folgende Ausführungen von Scheler deutlich, auf die sich Gallagher in seinen Überlegungen zum Thema auch immer wieder bezieht:

> Sicher ist es wohl, dass wir im Lächeln die Freude, in den Tränen das Leid und den Schmerz des anderen, in seinem Erröten seine Scham [...] usw. direkt zu haben vermeinen. Wer mir sagt, dass sei aber keine ‚Wahrnehmung', da es keine sein ‚könne', es ‚könne' aber keine sein, da eine Wahrnehmung nur ein ‚Komplex sinnlicher Empfindungen' sei und es für Fremd-

44 Gallagher 2008.
45 Gallagher 2008, 538.
46 Gallagher 2008, 538.

> psychisches keine Empfindung gäbe [...], den bitte ich, sich von so fragwürdigen Theorien doch zum phänomenologischen Tatbestand zurückzulenken."[47]

Diese Beschreibung weist eindrucksvoll darauf hin, dass der menschliche Geist nicht als eine Entität aufgefasst werden darf, deren mental-psychische Zustände lediglich aus der Ersten- oder Dritten-Person-Perspektive zugänglich sind. Neben begrifflichen Problemen, die derartige „Analogieschlusstheorien" des menschlichen Geistes evozieren (wie können wir auf dieser Grundlage jemals sicher sein, dass mentale Fremdzuschreibungen ein *fundamentum in re* haben), werden in solchen Theorien der menschliche Leib und seine Bewegungsformen in seinen lebendigen, fühlenden und expressiven Gestaltungsformationen einfach ausgeblendet. Vielmehr verdeutlichen die Beispiele im Zitat, dass affektive und emotionale Interaktionen sich in einem zwischenleiblichen Resonanzraum konstituieren, in dem eine direkte Wahrnehmung mentaler Zustände aus der Zweiten-Person-Perspektive stattfindet. Zahavi fasst den für uns entscheidenden Punkt in Anlehnung an Cassirer so zusammen, dass das menschliche Bewusstsein, wenn es sich in expressiven Gesten und Verhaltensmanifestationen „externalisiert" oder insbesondere auch in sprachlichen Ausdrucksformen artikuliert, in seiner Selbst-Konkretion einer öffentlichen Wahrnehmung zugänglich wird.[48] Inwiefern können aber die leiblich-expressiven Grundlagen sozialer Interaktionen einen Beitrag zur Erklärung der Überschreitung des Sprachrubikons leisten? Dieser Frage wenden wir uns im Folgenden auf unterschiedlichen Erklärungsebenen zu.

2.2 Expressiv-kommunikatives Verhalten im Tierreich

Dass schon im Tierreich die enaktiv vollzogene *leibliche Expressivität* ein zentraler Bestandteil der tierischen Kommunikation ist, konnte auch in wichtigen Forschungsarbeiten überzeugend herausgearbeitet werden, in denen das Verkörperungsparadigma kein zentraler theoretischer Ausgangspunkt ist. Bereits Millikans eigene Beispiele, wie der Alarmschrei von Vervet-Meerkatzen, deuten darauf hin, dass es präpropositionale und präsymbolische Formen der Interaktion gibt, welche die Erklärungsmöglichkeiten des rein signalbasierten Kodierungsmodells der Kommunikation überschreiten. Was begründet diese Vermutung? Zunächst ist die häufig herausgestellte Beobachtung korrekt, dass das Vokalisierungsrepertoire von Affen bei ihren Alarmrufen sehr beschränkt ist. Wie jedoch die Forschung in

---

47 Scheler 1912/1974, 254.
48 Zahavi 2008, 153.

den letzten Jahren ergeben hat, wäre es falsch, daraus den Schluss zu ziehen, dass diese Rufe völlig (i) unwillentlich bzw. unkontrolliert ablaufen und sich (ii) auf automatische, genetisch fest-fixierte Verhaltensprogramme reduzieren lassen.

Paviane können zum Beispiel auf unterlegene Artgenossen mit einem versöhnlichen Grunzen reagieren, aber tun dies nicht immer. Selbst in hochemotionalen Situationen wie bei einem Aufeinandertreffen mit Feinden stoßen manche Affen einer Spezies viele Alarmrufe aus, andere nur wenige Schreie und manche überhaupt gar keine.[49] Trotz des sehr beschränkten Vokalisationsrepertoires ist zudem eine hohe Kontextsensivität der Rufe möglich. Vervet-Meerkatzen sind zum Beispiel in der Lage, differenzierte Alarmrufe gegenüber Leoparden, Adlern oder Schlangen abzugeben. Diese Rufe dienen dann für die Artgenossen als Auslöser ganz unterschiedlicher Reaktionen: für das Klettern auf Bäume als Antwort für einen Leopardenruf oder als Blick in den Himmel als Reaktion auf einen Ruf, der einen Adler ankündigt.[50] Diese Variabilität ist trotz der basalen, akustisch-fixierten Struktur derartiger Laute trotzdem möglich, weil zumindest die spektrotemporalen Eigenschaften der Vokalisationen modifiziert werden können.[51]

Die Kontextsensitivität und die dadurch ausgelösten unterschiedlichen Verhaltensreaktionen sind dabei keinesfalls nur auf nicht-humane Primaten beschränkt. Auch Erdmännchen verfügen zum Beispiel über differenzierte Alarmrufe, die unterschiedliche Reaktionen bei den Artgenossen auslösen. So ergaben die in einer großangelegten Studien zwischen 1995 und 1999 aufgenommen Alarmrufe von Manser et al. (a) eine Unterscheidung von emotionaler Dringlichkeit (urgency) und (b) die Differenzierung unterschiedlicher Klassen von Feinden. Bezogen auf die Dimension der affektiv-emotionalen Dringlichkeit erwiesen sich die Veränderungen in der akustischen Struktur als klassenübergreifend konsistent, wohingegen die unterschiedlichen referentiellen Prädatorenklassen keine weitergehenden, bedeutsamen und übereinstimmenden Strukturmuster aufwiesen.[52] Die unterschiedlichen Alarmrufe im Hinblick auf die Prädatorenklassen beziehen sich auf Säugetiere, drei unterschiedliche Subspezies von Adlern wie auch Schlangen, die auch wieder mit jeweils unterschiedlichen Verhaltensreaktionen einhergehen. Wichtig ist für unseren Zusammenhang, dass die analytische Unterscheidung von referentiellen und emotional-affektiven Komponenten der Alarmrufe keinesfalls eine reale Trennung dieser Eigenschaften

49 Seyfarth/Cheney 2010, 93.
50 Seyfarth/Cheney 2003, 161.
51 Seyfarth/Cheney 2010, 93.
52 Manser/Seyfarth/Cheney 2002.

in der Kommunikation nahe legt. Hier liegt eine bedeutsame Analogie mit der menschlichen Sprache vor, wie Manser et al. ausführen:

> Results indicate that a dichotomy between 'referential' and 'motivational' communication is as untenable in animal vocalisations as it is in human speech. Rather than considering animal vocalizations as points that lie along a continuum between reference and affect, it is more accurate to regard them as signals that simultaneously encode both.[53]

Neben dieser Analogie wird auch noch auf die zentralen Unterschiede zur menschlichen Sprache einzugehen sein. Was die Punkte (i) und (ii) anbelangt, ist jedoch bereits an dieser Stelle deutlich, dass diese in der Forschung lange gehegten Vermutungen unbegründet sind. Die vielfältigen individuellen (intraspeziesspezifischen) Unterschiede in den Alarmrufen, wie auch die kontextspezifischen Anpassungsleistungen zeigen auf, dass die in (i) unterstellte nichtkontrollierbare bzw. volitional nicht beeinflussbare Vokalisation bei Tieren nicht haltbar ist. Auch die vielfach kolportierte Behauptung (ii), dass Tierlaute starr und genetisch fest fixiert sind, ist aufgrund der obigen Ausführungen mindestens differenzierter zu betrachten. So zeigen die vielfach belegten kontextspezifischen Modifikationen der Vokalisation wie neben den genannten Beispielen gerade auch bei Vögeln auf, dass die natürliche Selektion sicherlich einen vollständig angeborenen Gebrauch von Lauten nicht „favorisieren" kann, weil eine *lernbasierte* flexible Zeichenproduktion im Hinblick auf sich rasch ändernde Umweltbedingungen wesentlich adaptiver ist. Dies spricht natürlich keinesfalls gegen starke genetische Festlegungen in den vokalen Artikulationsmöglichkeiten von Tieren. Aber es wird bereits auf einer rein begrifflichen Ebene deutlich, dass auch bei Tieren der Mechanismus der Lautproduktion genetisch nicht vollständig fest fixiert sein kann. Dies findet auch auf der empirischen Ebene eine weitergehende Bestätigung.

Betrachten wir zu diesem Zweck erneut die Alarmrufe der Vervet-Meerkatzen. In der Konfrontation mit potentiellen Prädatoren erweisen sich die Alarmrufe erwachsener Vervet-Meerkatzen als referentiell hoch selektiv. Leopardenalarmrufe finden nur auf fleischfressende Säugetiere Anwendung, Schlangenrufe werden lediglich aufgrund der Präsenz einer Python produziert usw. Hingegen machen Säuglingsaffen und jugendliche Vervet-Meerkatzen wesentlich mehr referentielle Fehler, so dass sie Alarmrufe abgeben, wenn sie zum Beispiel eine für die eigene Spezies ungefährliche Taube wahrnehmen. Allerdings weisen ihre „Fehlrepräsentationen" nicht-kontingente Muster auf. Der Schlangenalarm wird nur gegenüber Reptilien artikuliert, der Leopardenruf nur aufgrund der Präsenz

53 Manser/Seyfarth/Cheney 2002, 57.

von Säugetieren oder der Adler-Ruf nur gegenüber Vögeln. Dies legt die Interpretation nahe, dass es sich um eine ‚Übergeneralisierung' (zu weite extensionale Anwendung) klassenspezifischer Charakteristika (Intensionen) handelt. Mit zunehmender Erfahrung und entsprechenden Lernprozessen sind die Vervet-Meerkatzen dann jedoch in der Lage, die Relation zwischen den Alarmruf-Typen und den Tierklassen bzw. jeweiligen „Prädatorentoken" besser zu erkennen – und zuzuordnen.[54]

Um die Bedeutung des expressiven Ausdrucksverhaltens für die evolutionäre Überschreitung des Sprachrubikons weitergehend einschätzen zu können, ist es jedoch notwendig, auch mögliche Limitationen expressiv-kommunikativer Interaktionen im Tierreich im Vergleich mit der menschlichen Sprache zu spezifizieren. Dies führt uns zurück zu Grices Theorie der *nicht-natürlichen linguistischen Bedeutung*, deren wesentliches Merkmal gerade darin besteht, mit Äußerungen den mentalen Zustand anderer Akteure verändern zu wollen und außerdem dem Hörer auch zu vermitteln, dass dies das Ziel des Sprechers ist. Die Forschungsergebnisse in diesem Bereich ergeben kein vollkommen eindeutiges Bild. Betrachten wir zunächst einige Aspekte, die auf eine starke Diskontinuität zwischen expressiver Kommunikation im Tierreich im Vergleich zur menschlichen Sprache zu verweisen scheinen.

Trotz der zweifellos vorhandenen expressiven Ausdrucksformen bei nichthumanen Primaten, aber auch bei anderen Tieren wie Vögeln oder Erdmännchen, sind diese zentralen Voraussetzungen menschlicher Sprache und sozialer Interaktion nicht erfüllt. Zahlreiche Beobachtungen und Experimente mit nicht-humanen Primaten wurden unternommen, um herauszufinden, ob die Intention zur Veränderung mentaler Zustände anderer Artgenossen als Auslöser für die Produktion von Vokalisationen dient. Manche Forschungsergebnisse legen ein negatives Resultat nahe. Seyfarth und Cheney veranschaulichen dies an folgendem Beispiel. Wie beschrieben, machen junge Vervet-Meerkatzen häufiger Fehler bei ihren Alarmrufen. Obwohl erwachsene Vervet-Meerkatzen die Fehler offensichtlich registrieren – denn sie reagieren bei einem Fehlalarm nicht mit einem zweiten Warnruf, was sie nur im Falle einer korrekten Referenz tun – versuchen sie nicht, junge Meerkatzen zu korrigieren oder einen Lerneffekt (richtige Zuordnung) zu verstärken. Der zweite Alarmruf folgt unter den entsprechenden Umständen unabhängig davon, ob der erste Alarmruf von einer jungen Meerkatze ausging oder nicht.[55] Daraus folgt nicht, dass Vervet-Meerkatzen überhaupt kein Verständnis von den Sprecherabsichten ihrer Artgenossen haben; doch diese Ergebnisse legen

54 Seyfarth/Cheney 2010, 94.
55 Seyfarth/Cheney 2003, 158 f.

zumindest nahe, dass in diesen Fällen weder die zielgerichtete Veränderung mentaler Zustände noch die Vermittlung der Information, dass dies die Sprecherabsicht ist, das Ziel des zweiten Alarmrufes ist.

Neuere Forschungsergebnisse ergeben jedoch ein differenzierteres Bild. Zunächst ist festzuhalten, dass die direkte Wahrnehmung mentaler Zustände durchaus auch hier eine wichtige Rolle spielt, wie das oben skizzierte Beispiel der Erdmännchen zeigt. Die Wahrnehmung affektiv-emotionaler Dringlichkeiten kann durchaus einer direkten Wahrnehmung unterliegen, bei der aber keine inferenziellen Zuschreibungen zu nicht direkt sichtbar-manifesten (bewussten) oder rein dispositionalen Überzeugungen mit involviert sein müssen.[56]

Zudem ist Tomasellos Feststellung umstritten, dass Menschenaffen überhaupt keine Form der *geteilten Aufmerksamkeit* aufbauen und gemeinsame Ziele verfolgen.[57] So geht Tomasello zwar davon aus, dass Großaffen verstehen, was andere Mitglieder der Spezies sehen und auch der Blickrichtung anderer Individuen folgen können, um zu sehen, was sie selber sehen. Sie würden jedoch nicht versuchen, mit anderen Akteuren eine Form der *geteilten Aufmerksamkeit* aufzubauen und gemeinsame Ziele verfolgen. Was somit grundsätzlich fehlt, ist seiner Auffassung nach ein wechselseitiges Engagement zwischen „Ich" und „Du". In Anlehnung an Stephen Darwall gibt Tomasello drei Kriterien an, die diese besondere Form der zweitpersonalen sozialen Teilnahme und dualen Struktur geteilter gemeinsamer Kooperationen besonders auszeichnen. Der Akteur (i) partizipiert direkt an sozialen Handlungen und beobachtet sie nicht nur von außen, (ii) die dyadische Beziehung zwischen den Akteuren ist nicht einfach eine Beziehung, die in einem größeren Gruppenverband stattfindet und (iii) besteht nach Darwall die Essenz einer derartigen zweitpersonalen Handlungsbeteiligung in einer wechselseitigen Anerkennung der Akteure untereinander.[58] Es braucht kaum erwähnt zu werden, dass diese drei Kriterien, anders als bei Tomasello, in einer Theorie der verkörperten Kognition und direkten Wahrnehmung fundiert sein müssen, wenn

---

56 Gómez 1994, 75. Gómez schreibt zu diesem Punkt: „The concept of attention contact also allows us to understand how organisms presumably devoid of metarepresentational abilities, such as human infants and anthropoids, can nevertheless engage in intentional communication. They do not need to understand their partners' ideas and intentions by means of second- or higher-order representations. All they need is to represent overt phenomena such as gaze direction, eye contact, facial expressions, etc." (1994, 75). Gómez selber ist somit kein Vertreter einer Theorie der direkten Wahrnehmung. Aber es ist deutlich, dass, wenn man den von ihm beschriebenen *Aufmerksamkeitskontakt* von seinen nicht weiter begründeten repräsentationalistischen Hintergrundannahmen abtrennt, diesen als Beleg für direkte Wahrnehmungen von expressiven Ausdrucksleistungen im Tiereicht heranziehen kann.

57 Tomasello 2014, 47.

58 Tomasello 2014, 48; Darwall 2006.

die Aporien einer durchgängig repräsentationalistischen Theorie der Wahrnehmung wie bei Millikan vermieden werden sollen.

Wie im nächsten Abschnitt zu sehen sein wird, ist die Entwicklung einer derartigen Kooperationsfähigkeit, wie sie von den Bedingungen (i) bis (iii) beschrieben werden, mit der Herausbildung sozialer kognitiver Fähigkeiten verbunden, die für die evolutionäre Entstehung der Sprecherbedeutung im Sinne Grices unabdingbar ist. Doch ist Tomasellos empirische These umstritten oder wenigstens differenzierungsbedürftig, dass Großaffen grundsätzlich nicht über derartige gemeinsam verfolgte Ziele und geteilte Aufmerksamkeit verfügen.

So haben neuere Forschungen gezeigt, dass Schimpansen ihre Alarmrufe in Abhängigkeit davon variieren, ob Artgenossen bereits relevante Informationen über die drohende Gefahr besitzen. Wie eine Studie von Crockford et al. gezeigt hat, variieren Schimpansen ihre Alarmrufe beim Auftauche einer Schlange (bzw. einem Schlangenmodell im Experiment) nicht nur in Abhängigkeit von ihrer jeweiligen vorhergehenden Bekanntschaft mit Schlangen, sondern in Abhängigkeit von dem Wissen, dass sie Artgenossen über die drohende Gefahr jeweils zuschreiben:

> Model estimates showed that, for Receiver Information, subjects were less likely to call with increasing information available to receivers about the specificity of the danger. As shown in our first analysis, subjects called most if receivers had no exposure to the snake. They called less if receivers had heard alert hoos, and they called least if receivers had seen the snake model, suggesting that they took into account how much information receivers had about the type and position of the danger.[59]

Diese deutliche Abstufung von Alarmrufen in Abhängigkeit davon, ob Artgenossen bereits einen Alarmruf gehört haben oder die Schlange selber gesehen haben, legt bei aller Interpretationsabhängkeit derartiger Experimente die vorsichtige Vermutung nahe, dass Tomasellos „Diskontinuitätstheorem" nicht vollständig zutrifft. Eine weitergehende prosziale Motivation, andere Artgenossen zu informieren, wird in der Forschung deshalb aufgrund solcher experimentellen Befunde Schimpansen durchaus zugesprochen.[60] Zumindest Vorstufen gemeinsamer Zielsetzungen und das inferenzielle Wissen um die mentalen Zustände von Artgenossen liegen somit zum Beispiel bei Schimpansen vor, ohne dass damit alle Kriterien von (i) bis (iii) für das Engamenet zwischen „Ich" und „Du" als erfüllt angesehen werden müssen (wie insbesondere iii).

59 Crockford/Wittig/Mundry/Zuberbühler 2012, 144.
60 Schel/Townsend/Machanda/Zuberbühler/Slocombe 2013, 8 f.

Warum ist jedoch expressives Ausdrucksverhalten für die Sprachevolution von so großer Bedeutung? Bar-On hat in einem bedeuteten Artikel zu diesem Gesichtspunkt die Frage folgendermaßen zu beantworten gesucht: (a) Derartige Formen expressiver Kommunikation finden sich bereits in der Natur, (b) lassen sich nicht einfach auf das Kodierungsmodell der Kommunikation reduzieren, (c) setzen noch keine vollständigen Propositionen oder Grice'sche Intentionen, wie gerade ausgeführt, voraus und (d) verfügen bereits über *protosemantische* und *protopragmatische* Elemente.[61] Was (b) anbelangt, hatten wir bereits gesehen, dass insbesondere Millikans zeichentheoretisches Kodierungsmodell von Wahrnehmung und Sprache einerseits aporetischer Natur ist (Wahrnehmung als reine Konstruktion des Gehirns) und andererseits der Besonderheit direkter Wahrnehmung aus der Zweiten-Person-Perspektive für die Evolution sozialer Kognition und Sprache keinerlei Funktion für die Emergenz von Sprachfähigkeit zuschreiben kann. Demgegenüber arbeitet Bar-On die Besonderheit expressiver Kommunikation einleuchtend heraus und verdeutlicht mit ihren Ausführungen auch die Anschlussfähigkeit ihrer Expressionstheorie an die enaktiv-phänomenologische Konzeption der verkörperten direkten Wahrnehmung:

> On this Hypothesis, it's not the kind of information conveyed through expressive signals, or their complexity *qua* signaling *vehicles*, that render expressive communication special; rather, it's the special character of the *acts* that issue in expressive signals, as well as the character of their *uptake* by receivers. EC maintains that expressive behavior is naturally designed to convey information by *openly revealing states of mind* of expressers *and eliciting appropriate, active responses* on the part of receivers who directly recognize those states—their presence, intentional object, degree, behavioral profile, etc.[62]

Die Besonderheit expressiver Kommunikation besteht somit darin, dass auf der *Grundlage expressiver Akte* ein Informationsaustausch stattfindet und derartige Akte Zustände des Geistes „offen enthüllen" („*openly revealing states of mind*") und vom Rezipienten „direkt wahrgenommen werden" („directly recognize those states"). Diese Ausführungen ergeben nur unter der Voraussetzung Sinn, dass Bar-On letztendlich eine Version der Theorie der verkörperten direkten Wahrnehmung teilt, weil sie andernfalls den expressiven Kommunikationsvorgang letztendlich doch in ein Kodierungs- oder Inferenzmodell der Kommunikation (reduzierend) integrieren müsste.

Wichtig ist in diesem Zusammenhang erneut der Hinweis von Seyfarth und Cheney, dass die referentiellen und affektiven Dimensionen zum Beispiel der

---

61 Bar-On 2013, 354.

62 Bar-On 2013, 360 („EC bedeutet „Expressive Communication").

Alarmrufe der Vervet-Meerkatzen zwar unterschieden werden können, aber für den Kommunikationsvorgang faktisch koinzidieren. Expressive Signale lenken die Aufmerksamkeit auf den psychischen Zustand des Produzenten (höchste Angst und Gefahr) und gleichzeitig auf die sich nähernde Entität, den Prädator.[63] Es ist zwar korrekt, wie oben ausgeführt, dass die besonders von Tomasello beschriebene Form der zweitpersonalen Kooperation in solchen Fällen nicht erfüllt ist. Expressive Laute werden nicht bewusst intentional produziert und es gibt auch nicht das Bestreben, aufgrund der direkten Wahrnehmung mentaler Zustände anderer Akteure diese Zustände *als solche* aktiv zu verändern. Deshalb erfüllen sie auch (c), also setzen noch nicht die komplexen Fähigkeiten voraus, die für die Grice'sche Kommunikation notwendig sind. Aber sie bilden einen notwendigen evolutionären Zwischenschritt, auf dessen Grundlage sich überhaupt erst eine Theorie des Geistes, eine zweitpersonale soziale Teilnahme oder eben auch propositionale Einstellungen entwickeln konnten.

Dies führt uns zu Bar-Ons weitergehender Behauptung (d), dass expressive Laute bereits einen protosemantischen und protopragmatischen Gehalt aufweisen. Die oben ausgewiesenen Forschungsergebnisse bestätigen diese Annahme. Denn sie zeigen auf, dass zum Beispiel Erdmännchen in der Lage sind, mit ihren Alarmrufen auf unterschiedliche Klassen von Prädatoren zu referieren. Bar-On spricht aufgrund der „affektiven Dringlichkeitsdimension" den expressiven Signalen auch eine protoprädikative Dimension im Sinne von „Adler ist nahe" zu, obwohl den entsprechenden Lauten sicherlich eine kompositionale Struktur, wie sie nicht-natürliche Sprachen auszeichnet, fehlt.[64] Dass es eine pragmatische Dimension gibt, wurde bereits dahingehend erläutert, dass Alarmrufe ganz unterschiedliche Verhaltensweisen, wie Klettern oder gemeinsam vor einem Feind davonzulaufen, auslösen können.[65]

Wie Bar-On aufgezeigt hat, verkörpern derartige expressive Signale bereits eine erste Form intersubjektiver Akteurschaft. Denn ein Akteur, der aufgrund seines Verhaltens seine Emotionen ausdrückt, demonstriert dadurch auch seine gegenwärtigen Verhaltensdispositionen und vermittelt dem Artgenossen im gemeinsam geteilten Resonanzraum auch gleichzeitig, *wie* etwas zu tun ist und *um was* es sich dabei handelt.[66] Zwei wichtige Aspekte sind dabei im Hinblick auf die „explanatorische Überquerung" des Sprachrubikons festzuhalten. Aufgrund (a) der Herausbildung eines vokalen Repertoires, das einer willentlichen Steuerung

63 Bar-On 2013, 356.
64 Bar-On 2013, 358 f.
65 Seyfarth/Cheney 2003, 160 f.
66 Bar-On 2013, 358.

und Kontrolle unterworfen werden kann, zeichnet sich bereits ab, dass expressives Verhalten protolinguistische Merkmale besitzt und dass gleichzeitig (b) derartige Formen zwischenleiblicher Kommunikation noch nicht auf den kognitiven Voraussetzungen des rational-inferenziellen Vermögens der Grice'schen Sprecherintention basieren.[67] Wichtig ist in diesem Zusammenhang auch noch einmal der Hinweis, dass eine gewisse willentliche Steuerung der Lautproduktion möglich ist und auch Lernprozesse für den Erwerb der korrekten Lautanwendung durchlaufen werden müssen. Dies zeigt auf, dass es sich bei der evolutionären Entwicklung expressiver Signale tatsächlich um einen in mannigfaltiger Hinsicht wichtigen Zwischenschritt handelt, der für die Emergenz Grice'scher Intentionen und Sprecherbedeutungen im kulturellen Raum fundierend ist.

3 Mimetische Handlungen und ihre leibliche Realisierung

Die Produktion expressiver Signale, die als leibliche Manifestation mental-psychischer Zustände einer direkten Wahrnehmung offen zugänglich sind, beinhalten bei nicht-humanen Primaten, aber auch weiteren Säugetieren und Vögeln einen wichtigen evolutionären Zwischenschritt zur Überschreitung des Sprachrubikons. Doch die beschriebenen Limitationen verdeutlichen, dass vielfältige weitergehende Fähigkeiten und leibliche Voraussetzungen evolvieren mussten, bevor die kognitiven Fähigkeiten, welche Grice'sche Sprecherbedeutungen voraussetzen, tatsächlich im Zuge der Evolution entstehen konnten. Merlin Donald hat in dieser Hinsicht die besondere Rolle mimetischer Kapazitäten in seinen Schriften zu den evolutionären Ursprüngen des menschlichen Geistes herausgearbeitet. ‚Mimesis' wird von Donald in diesem Zusammenhang so definiert, dass es die bewusste Erzeugung und Erfindung intentionaler Repräsentationen mit umfasst. Diese Fähigkeit ist mit einer fundamentalen *Extension expressiver Ausdrucksmöglichkeiten* verbunden, wie folgende Beschreibung verdeutlicht:

> Mimesis can incorporate a wide variety of actions and modalities to its purpose. Tones of voice, facial expressions, eye movements, manual signs and gestures, postural attitudes, patterned whole-body movements of various sorts, and long sequence of these elements can express many aspects of the perceived world.[68]

67 Bar-On 2013, 368.
68 Donald 1991, 169.

Für unseren thematischen Zusammenhang im Hinblick auf die evolutionäre Entstehung von Sprache sind die von Donald beschriebenen mimetischen Kapazitäten deshalb zentral, weil sie einerseits der Entstehung von Sprache vorausgehen. Andererseits basieren sie aber auch auf den im letzten Abschnitt näher beschriebenen Fähigkeiten zur Produktion und Rezeption expressiver Laute und den damit verbundenen Gehalten.[69] Wie Donald in dem Zitat ausführt, handelt es sich bei der Mimesis um eine supramodale Fähigkeit. Eine Abfolge von Ereignissen kann mit Händen, Füßen, der Stimme, dem Gesichtsausdruck oder einer Kombination all dieser Elemente dargestellt werden. Bereits evolvierte Fähigkeiten zur expressiven Kommunikation, wie sie am Beispiel der Alarmrufe vorgestellt wurden, können dabei in umfassendere mimetische Vollzüge eingebunden werden.

Aufgrund einer Verbesserung der sensomotorischen Kontrolle konnte so nach Donald eine neue Fähigkeit des metaphorisch-repräsentationalen Handelns hervorgebracht werden, in dem der ganze Körper als Kommunikationsmittel fungiert.[70]

Donald möchte mit seiner Theorie einer mimetischen präverbalen kulturellen Periode, die nach seiner Auffassung mit dem Homo erectus begonnen haben soll, insgesamt auch aufzeigen, dass propositionale Sprache bereits aus logischen Gründen nicht ohne mimetische, intentional-expressive Kapazitäten entstehen konnte. Vergegenwärtigt man sich erneut das Grice'sche Sprechermodell, dann wird in der Tat deutlich, dass die Annahme höchst plausibel ist, dass ein derartig komplexes und schnelles Kommunikationssystem nur unter der Voraussetzung evolvieren konnte, dass bereits einfachere Kommunikationsmittel bzw. kommunikative Umwelten existierten. Unter der zusätzlichen Annahme eines entsprechenden Selektionsdrucks ist die Evolution propositionaler Sprache dann zumindest nachvollziehbar.[71]

Die mimetischen Fähigkeiten erfüllen nach Donald jedoch genau diesen evolutionären Zwischenschritt und zwar aufgrund von Eigenschaften, die er folgendermaßen erläutert: (a) *Intentionalität:* Mimesis ist intentional, da eine mimetische Handlung Ereignisse repräsentiert und die Referenz vom Erzeuger und Interpreten verstanden wird. (b) *Generativität:* mimetische Repräsentationen erfordern die Fähigkeit, die eigenen sensomotorischen Handlungen in einzelne Elemente zerlegen zu können, wie auch deren Rekombination, um essentielle

---

69 Zu dieser Kontinuitätslinie führt Donald selber aus: „The preexisting emotional expressions of hominids, including laughter, extended grief, and other special facial, vocal and manual expressions, formed an important foundation for mimetic expressions" (1998, 63).

70 Donald 2004/2011, 54.

71 Donald 1998, 62.

Merkmale eines Ereignisses reproduzieren zu können. (c) *Autocueing:* die Produktion solcher Handlungen erfolgt spontan und kann bewusst initiiert werden; (d) *Kommunikativität:* mimetische Akte sind öffentlich und können grundsätzlich für kommunikative Zwecke genutzt werden.[72]

Gegen Donalds Ansatz, die mimetischen Kapazitäten als „Missing Link" zur Überwindung des Sprachrubikons zu bestimmen, sind in der Forschung unterschiedliche Einwände erhoben worden. So ist zum Beispiel Laakso sicherlich zuzustimmen, dass nicht klar erkennbar ist, was Donalds mimetische Akte eigentlich von propositionaler Sprache unterscheidet, wenn bei ihnen lediglich die Dimension der Phonetisierung zu fehlen scheint.[73] Wie berechtigt diese Frage ist, wird insbesondere im Vergleich mit der Gebärdensprache deutlich. Denn sie besitzt zweifellos die von (a) bis (d) angegebenen Charakteristika. Dies zeigt auf, dass es in Donalds theoretischem Ansatz an entsprechenden Abgrenzungskriterien mangelt. Damit ist auch das zusätzliche Problem verbunden, dass die repräsentationalen Eigenschaften mimetischer Handlungen schon derartig viele mentale Kapazitäten voraussetzen, dass nicht mehr klar ist, welche weitergehenden kognitiven Fähigkeiten eigentlich noch zur Evolution der Sprache erforderlich sein könnten. Überdies scheint der Übergang vom Affen bzw. unserem gemeinsamen Vorfahren bis zur Entstehung des Homo erectus eine zweite Erklärungslücke zu generieren. Denn hier stellt sich die weitere Frage, wie es überhaupt zur Emergenz mimetischer Handlungen kommen konnte.[74]

Es ist im Rahmen dieses Aufsatzes nicht möglich und auch nicht das Ziel, diesen wichtigen Fragen in allen ihren Verästelungen im Hinblick auf Donalds Überlegungen zur Entstehung des „hybriden Geistes" (Mensch) nachzugehen. So führt Donald den evolutionären Übergang zu den mimetischen Fähigkeiten zum Beispiel auf eine veränderte motorische Kontrolle und den bewussten Zugriff (Autocueing) auf Gedächtnisinhalte zurück.[75] Wie diese Kapazitäten evolvieren konnten, wird dabei unter anderem in vergleichenden Analysen zwischen dem kognitiven Vermögen von Menschen und Affen und ihren hirnphysiologischen Unterschieden untersucht.[76]

Entscheidend ist aus meiner Sicht an Donalds Ausführungen, dass seine Untersuchungen das große Potential aufzeigen, wie mimetisch-imitative Fähigkeiten einen systematischen Beitrag zur Erforschung der evolutionären Sprachentstehung leisten können. Dabei zeichnen sich auf der Grundlage des Verkör-

72 Donald 1991, 171 ff.
73 Laakso 1993.
74 Zlatev/Persson/Gärdenfors 2005, 5.
75 Donald 2004/2011.
76 Donald 2001, 137 ff., 164 ff.

perungsparadigmas überdies wichtige explanatorische Verbindungslinien ab. Denn aufgrund der bisherigen Ausführungen ist es naheliegend, eine weitere Antwort auf den Vorwurf der „zweiten Erklärungslücke" in den im letzten Abschnitt besprochenen expressiven Signalen von nicht-humanen Primaten, Säugetieren und Vögeln zu suchen. Dort lassen sich bereits basale Fähigkeiten nachweisen – wie das volitionale Abrufen protosemantischer Gehalte bei Alarmrufen und ihre Abhängigkeit von Lernprozessen –, die sich in den mimetischen Handlungen dann weiter ausdifferenzieren. Wie eine gegenüber Donalds Ansatz stärkere begriffliche Explikation und Differenzierung der Mimesis-Konzeption im Rahmen des Verkörperungsparadigmas möglich ist, haben Zlatev et al. aufgezeigt. Ihr Ansatz soll zunächst exemplarisch erörtert werden, um die Bedeutung der Imitation für die phylo- und ontogenetische Sprachentstehung in ihren Stufenfolgen aufzuzeigen.

3.1 Stufen der körperlichen Mimesis und ihre leibliche Realisierung

Zlatev et al. haben unter anderem in Anlehnung an Gallaghers Unterscheidung von *Körperschema* und *Körperbild* einen besonderen Fokus auf die hierarchischen Stufen mimetischer Imitationen vorzunehmen versucht.[77] Unter „Körperschema" versteht Gallagher ein System sensomotorischer Kapazitäten, die ohne Bewusstsein und die Notwendigkeit perzeptueller Beobachtung bzw. Kontrolle operativ sind.[78] Mit „Körperbild" ist hingegen ein System von Wahrnehmungen, Einstellungen und Überzeugungen gemeint, die sich auf den eigenen Körper beziehen. Die Bezugnahme auf diese Unterscheidung ist für die Explikation der mimetischen Entwicklungsstufen deshalb so wichtig, weil Zlatev et al. davon ausgehen und argumentieren, dass körperliche Mimesis ein fundamental intersubjektives Vermögen ist. Dessen ursprüngliches phylogenetisches Auftreten habe einen Selektionsdruck zur Ausbildung immer feinkörnigerer Fähigkeiten für das intersubjektive Verstehen nach sich gezogen.[79]

Die von Zlatev et al. differenzierten Stufen mimetisch-imitativer Interaktionen ergeben sich aus der Arbeitsdefinition der Autoren für die vollständig entfaltete „körperliche Mimesis", die genau dann vorliegt, wenn die nachfolgenden Kriterien von 1 bis 4 erfüllt sind:

---

77 Zlatev/Persson/Gärdenfors 2005, 13 f.
78 Gallagher 2005, 24.
79 Zlatev/Persson/Gärdenfors 2005, 14.

(1) Sie beinhaltet auf der basalsten Stufe eine crossmodale Zuordnung (Integration) zwischen Propriozeptionen (kinästhetischen Wahrnehmung) und Exteriozeptionen.
(2) Sie wird realisiert aufgrund körperlicher Bewegungen, die grundsätzlich einer bewussten Kontrolle unterliegen können.
(3) Der Körper und seine Bewegungen korrespondieren entweder indexikalisch oder ikonisch einem Objekt, einer Handlung, einem Ereignis oder Szenario, aber werden gleichzeitig durch das handelnde Subjekt von letzteren unterschieden, was ihnen eine repräsentationale Funktion verleiht.
(4) Das Subjekt intendiert, dass sein mimetischer Akt für eine bestimmte Handlung steht und intendiert auch, dass der Rezipient sich dieser Tatsache bewusst ist.

Eine Handlung ist dann keine körperlich-mimetische Handlung, wenn:
(5) Sie vollständig konventionell ist (aufgrund eines wechselseitigen Wissens der beteiligten Kommunikationspartner) und eine kompositionelle Struktur aufweist, die sich in bedeutungsvolle einzelne Teile segmentieren lässt, die systematisch aufeinander verweisen, so dass die symbolische Ebene erreicht ist.[80]

Aufgrund der vorangegangenen Ausführungen ist deutlich, dass die unter (5) angegebenen Abgrenzungskriterien eine überzeugende Antwort auf die Kritik an Donalds fehlender Differenzierung der mimetischen Akte enthalten. Gebärdensprachen sind aufgrund des Kriteriums als post-mimetische Handlungen zu bewerten, die voll ausgebildeten, nicht-natürlichen propositionalen Sprachen entsprechen. Überraschend ist, dass die *expressive Dimension* der mimetischen Akte keinen Eingang in die Definition findet. Sie kann jedoch leicht ergänzt werden, wobei dann die interessante Frage darin besteht, ob sie nicht bereits in (1) enthalten sein müsste. Gallagher hat darauf verwiesen, dass selbst bei neonatalen Imitationen, auf die noch einzugehen sein wird, von expressiven Handlungen gesprochen werden muss, wenn die *Initiierung* und *Durchführung* entsprechender Bewegungen nicht vollständig auf die subpersonalen Mechanismen des Körperschemas reduzierbar ist, wobei Gallagher nicht davon ausgeht, dass eine derartige Reduktion tatsächlich möglich (gerechtfertigt) ist.[81]

80 Zlatev/Persson/Gärdenfors 2005, 5. Es handelt sich um meine eigene, leicht gekürzte Übersetzung des Textes.
81 Gallagher 2005, 129.

Wie auch schon bei Donald ist es auffällig, dass auch Zlatev et al. vollständig entfalteten mimetischen Akten eine repräsentationale Funktion in (3) zuschreiben. Dieser Punkt ist deshalb besonders erwähnenswert, weil zum Beispiel die Vertreter des *radikalen Enaktivismus*, wie schon erwähnt, insistieren, dass Repräsentationen erst auf der Ebene der propositionalen Sprache evolvieren.[82] Neben dem Problem, dass diese Annahme die explanatorische Überquerung des Sprachrubikons mindestens erschwert, wenn nicht gar unmöglich macht, scheint sie auch in der Sache nicht gerechtfertigt zu sein, wie folgende Ausführungen Zlatevs an anderer Stelle verdeutlichen:

> This [mimesis] allowed our ancestors to use their bodies to perform elaborated actions that others are observed to be doing (imitation), to represent external events for the purpose of communication or thought (pantomime, gesture) and to rehearse a given skill by matching performance to an imagined goal. These are all capabilities which distinguished hominids from the common ape-human ancestor, but which precede language and are thus not dependent on it.[83]

Es muss betont werden, dass Zlatev keine repräsentationalistische Theorie des Geistes vertritt. Die Bezugnahme auf die Wahrnehmung in (1) kann sicherlich als Integrationsfunktion *direkter* Propriozeptions- und Exteriozeptionsleistungen interpretiert werden. Versteht man die Ausführungen im Zitat so, dass die beschriebenen mimetischen Vollzüge auf den genannten Wahrnehmungstypen basieren, erscheint die Verwendung des Repräsentationsbegriffs an dieser Stelle höchst plausibel zu sein. Dass zum Beispiel leibliche Imitationen *mögliche* oder *vergangene* Ereignissen und Szenarien *re*-präsentieren können, ist kaum von der Hand zu weisen und für die vollständige Konstitution eines personalen Selbst (deklarativ-autobiographisches Gedächtnis) unabdingbar.[84] Daran ändert auch Alva Noës Auffassung nichts, dass ein Gedanke oder eine Vorstellung einer anderen Person *X*, die sich gerade in einer anderen Stadt als ich selber befindet, für mich immer noch eine perzeptuelle Präsenz hat, auch wenn sie nur ganz schwach ausgeprägt sei.[85] Im Moment ihrer Abwesenheit ist *X* eben *nicht* perzeptuell prä-

---

82 Hutto/Myin 2013, 13.

83 Zlatev 2007, 263 (die Einfügung in der eckigen Klammer stammt von mir).

84 Es hängt bei der Frage nach der repräsentationalen Funktion von Sprache und mimetischen Akten natürlich fast alles davon ab, was man grundsätzlich unter Repräsentation versteht. Zlatev verweist im Rahmen seines Ansatzes darauf, dass die sinnvolle Verwendung des Repräsentationsbegriffs keinesfalls voraussetzt, dass Repräsentationen sich auf eine Geist-unabhängige Welt beziehen. Erforderlich ist lediglich die Annahme, dass sie sich auf Sachverhalte in der Welt beziehen und wahr oder auch falsch sein können (Zlatev 2007, 250).

85 Noë 2012, 34.

sent, auch wenn (a) die Vorstellung oder der Gedanke von *X selber* einen präsentationalen Charakter für den Akteur hat und (b) in einer früheren perzeptuellen Präsenz von *X* fundiert ist. Bezogen auf den Aktinhalt der Wahrnehmung *re*präsentiert die Vorstellung oder der Gedanke als Bewusstseinsvorgang *Y* die Person *X*, und zwar derart, dass dieser Gedanke sich auf die Person bezieht, ohne dass die Person gleichzeitig anwesend ist.

Was nun das Kriterium (4) anbelangt, wird mit ihm eine zentrale kognitive und bireferentielle Voraussetzung für die Grice'sche Sprecherbedeutung expliziert. Wenn nachgewiesen werden kann, dass die genannten Kriterien tatsächlich in transparenter Weise eine systematische Stufenfolge bis hin zu ihrer vollständigen Realisierung durchlaufen, ist einsichtig, inwiefern die Explikation mimetischer Akte einen wichtigen Beitrag zur Erklärung der Sprachentstehung leisten kann. Wie lassen sich nun aufgrund der angegeben Komponenten entsprechende Stufenfolgen mimetisch-imitativer Fähigkeiten zuordnen?

Eine erste „proto-mimetische Imitationsstufe" bestimmen Zlatev et al. im Hinblick auf die berühmten neonatalen Imitationen, die in den letzten Jahrzehnten insbesondere von Meltzoff und Moore vielfältigen Untersuchungen und Interpretationen unterzogen worden sind.[86] Besonders bekannt geworden sind diesbezüglich Experimente, die nachweisen sollen, dass bereits zwei bis drei Wochen alte Säuglinge in der Lage sind, das Herausstrecken der Zunge, das sie eine Zeitlang bei Erwachsenen beobachtet haben, nachzuahmen.[87] Bereits in einer sehr frühen Studie wurden entsprechende Fähigkeiten auch für weitere faziale Gesten wie das Öffnen des Mundes, das Vorstrecken der Lippen, aber auch für sequentielle Fingerbewegungen vermeintlich aufgezeigt.[88] Spektakulär für die Interpretation der Forschungsresultate war zudem, dass in einer wesentlich später durchgeführten Mikroanalyse bereits bei sechs Wochen alten Säuglingen Korrektur- und Lerneffekte aufzutreten schienen,[89] wie zum Beispiel bei der Imitation der lateral herausgestreckten Zunge.[90]

Bereits Trevarthen und Aitken verwiesen allerdings in ihren umfassenden Studien zur Entwicklung der Intersubjektivität bei Kleinkindern auf die artifiziellen Umstände (Laborsituation), welche diese Imitationsreaktionen auslösen. Was imitative Responsivität von Säuglingen im Strom der intersubjektiven All-

86 Meltzoff/Moore 1977; Meltzoff/Moore 1983; Meltzoff 1988; Meltzoff/Moore 1997.

87 Meltzoff/Moore 1977, 75 ff.

88 Meltzoff/Moore 1977, 75.

89 Meltzoff und Moore führen zu den Lernprozessen an anderer Stelle aus, dass es sich dabei keinesfalls um „trial" und „error" Abfolgen handeln würde, sondern um einen geordneten, konstruktiven Lernprozess (Meltzoff/Moore 1997, 186 f.).

90 Meltzoff/Moore 1994.

tagssituation auszeichne, sei vielmehr ihre Einbindung in affirmatives, akzeptierendes oder auch kommentierendes Verhalten.[91] Trotzdem zeigen auch nach ihrer Auffassung diese künstlich hergestellten Imitationsreaktionen – insbesondere auch im Hinblick auf die erwähnten Lernprozesse – einen zentralen Aspekt auf, der gerade auch in der Kleinkind- und Primatenforschung von Tomasello immer wieder herausgestellt wird:

> This appears to indicate that, even at this stage, imitation is part of a motivation specialised for purposeful negotiation and learning of new arbitrary social habits and conventions in the form of behaviours that have been isolated and given emphasis in the stream of engagement.[92]

Neu durchgeführte Längsschnittstudien haben allerdings starke Zweifel geschürt, ob die von Meltzoff und Moore behaupteten neonatalen Imitationen überhaupt in dieser Form existieren. In den nachträglichen Experimenten konnten die behaupteten neonatalen Effekte, wie das imitative Herausstrecken der Zunge, bei Neugeborenen nicht bestätig werden.[93] Die besondere frühkindliche Neigung zur Imitation kann deshalb nicht anhand dieser Studien nachgewiesen werden. Dies verdeutlicht, dass es sich bei den von Zlatev systematisch unterschiedenen Stufen möglicherweise um Stufenfolgen handelt, deren phylo-und ontogenetische Realisierung noch andere Übergänge oder auch Grundlagen hat. Das spricht methodologisch nicht gegen den Versuch, überhaupt erst einmal derartige Stufenfolgen systematisch abzugrenzen. Allerdings zeigen die neueren Forschungsresultate zur Validität der neonatalen Imitationen auf, dass es sich bei den modelltheoretisch differenzierten Stufen zunächst nur um ein heuristisches Modell handelt, deren faktische onto- und phylogenetische Entfaltung empirisch weiter zu erforschen ist.

Die Bestimmungen der weiteren Phasen bei Zlatev et al. sind unter anderem stark von den verhaltenspsychologischen Forschungen Tomasellos inspiriert. Für die zweite Stufe der „dyadischen mimetischen Imitationen“ verweisen Tomasello et al. auf die Entwicklung von Protokonversationen, die sich dadurch auszeichnen, dass sich Akteure im gegenseitigen Blickwechsel in die Auge schauen (mutual gazing) und Emotionen durch unterschiedliche Verhaltensweisen zum Ausdruck bringen.[94] So haben vielfältige Studien aufgezeigt, dass Mütter

91 Trevarthen/Aitken 2001, 7.
92 Trevarthen/Aitken 2001, 8.
93 Oostenbroek/Suddendorf/Nielsen/Redshaw/Kennedy-Costantini/Davis/Clark/Slaughter 2016, 1337.
94 Tomasello/Carpenter/Call/Behne/Moll, 162.

und Säuglinge im Alter von zwei Monaten – während sie im Blickkontakt stehen und sich jeweils zuhören – ihre Gefühle und Interessen wechselseitig in rhythmischen Mustern regulieren. Dies involviert den expressiven Austausch multimodaler Signale, wie auch die Imitation von vokalen, fazialen und gestischen Ausdruckgestalten.[95] Ermöglichen die dyadisch-mimetischen Interaktionen erste Formen der Protokonversation, beginnen Säuglinge um den neunten bis zwölften Monat, andere Personen als zielorientierte Akteure zu verstehen.[96] Zlatev et al. führen für den graduellen Übergang zur Entwicklung dieser Fähigkeit als nächste Stufe die „triadisch-mimetischen Imitationen" ein. Zur Realisierung dieser Stufe steht die Entwicklung von Formen der *geteilten Aufmerksamkeit* und *Intentionen* im Vordergrund. Säuglinge sind ab dem genannten Zeitraum in der Lage, sich mit Erwachsenen über die Koordinierung des Blickes bei ganz unterschiedlichen Tätigkeiten auf Objekte zu beziehen. Ab dem zwölften bis zum fünfzehnten Monat gewinnen diese Interaktionen noch einmal eine neue Qualität, denn die Aktivität des Kindes steigert sich bei den triadischen Interaktionen merklich und mündet schließlich in den Beginn des Spracherwerbs (um den dreizehnten oder vierzehnten Monat), der auch auf gemeinsamen triadischen Tätigkeiten beruht.[97]

Welche Rolle spielt für den Übergang zu dieser neuen Stufe die Imitation? Insbesondere das Imitationslernen ist an der Entwicklung dieser neuen Fähigkeiten beteiligt, da das Kleinkind anders als in der dyadischen Imitationsphase lernt, intentionale Handlungen der Erwachsenen gegenüber äußeren Gegenständen zu reproduzieren.[98] Der Erwerb dieser Fähigkeit ist nach Tomasello deshalb von so außerordentlicher Bedeutung, weil sie dem Kleinkind ermöglicht, an der kulturellen Welt in einer ganz neuen Form zu partizipieren. Um diese neue Partizipationsmöglichkeit richtig einschätzen zu können, ist hervorzuheben, dass Menschen ihre Umwelt für die folgenden Generationen in besonderer Form modifizieren. Die Erfindung und stetige kulturelle Weitergabe des Werkzeuggebrauchs, von neuen Technologien, Bildern, mathematischen Zeichen wie auch die Entwicklung symbolischer Sprache erfordert in besonderem Maße die Übertragung derartiger Expertisen auf die nachfolgenden Generationen. Kim Sterelny führt zur phylogenetischen Entwicklung und Modifizierung derartiger kultureller Nischen aus:

> In the early stages of this evolutionary transition, children acquired parental skills as a side effect of the parental exercise of those skills. These early skills, I suspect, were important but

95 Trevarthen/Aitken 2001, 59.
96 Tomasello/Carpenter/Call/Behne/Moll, 162.
97 Tomasello/Carpenter/Call/Behne/Moll, 165.
98 Tomasello 1999, 81.

> not very complex. Likely examples are those skills involved in the production of the simplest flake-and-cobble stone technology, a simple and ancient technology that already shows an advance on chimpanzee skill levels […].[99]

Die kulturellen Nischen als spezifisch humane Umwelten legen in hohem Maße fest, in welche sozialen Praktiken Kinder zunächst eingebettet sind, welche Verhaltensweisen sie adaptieren und in welchen pragmatischen Verweisungszugängen physische Objekte für sie verfügbar sind. Zur Aneignung derartiger Fähigkeiten, wie die von Sterelny beschriebene frühe Steinwerkzeugtechnologie, sind kulturelle Lernstrategien wichtig, bei denen imitatives Lernen und das damit einhergehende sich ausdifferenzierende Verständnis von intentionalen Handlungen eine herausragende Funktion hat. Tomasello kontrastiert ein solches Lernverhalten gegenüber dem „Emulationslernen", das sich in der Beobachtung von Tätigkeiten darauf konzentriert, wie sich ein Gegenstand manipulieren lässt. Das „Imitationslernen" bezieht sich hingegen darauf, etwas über intentionale Handlungen im Sinne ihrer *Zweck-Mittel-Struktur* zu erfahren, was somit für das weiterführende Verständnis von Erwachsenen als zielgerichteten Akteuren und ihrer Handlungspläne konstitutiv ist. So führten Carpenter et al. in Anlehnung an Meltzoffs Untersuchungen Experimente durch, bei denen dreizehn Monate alte Kinder viel häufiger Handlungen nachahmten, die vom Erwachsenen intendiert waren als solche, die rein zufällig zustande zu kommen schienen. Dies verdeutlicht, dass Kinder bereits in einem sehr frühen Alter intentionale von nicht intentionalen Handlungen (zufällige Körperbewegungen) unterscheiden konnten.[100]

Bevor der Übergang zur post-mimetischen Stufe in einem kurzen Exkurs zur gestischen Kommunikation erläutert wird, ist noch einmal die grundsätzliche Bedeutung herauszustellen, die neben Donald gerade auch Tomasello dem imitationsbasierten Lernen für die kulturelle Evolution zuspricht. Kulturelle Traditionen sind nicht nur in der Lage, einmal hervorgebrachte Fähigkeiten, Erfindungen und Werkzeuge zu bewahren, sondern auch Innovationen, die zu Veränderungen führen, zu akkumulieren. Dies nennt Tomasello auch den „Wagenhebereffekt", weil einmal erreichte Neuerungen zum Beispiel beim Werkzeuggebrauch mit ihrem Erfinder nicht einfach wieder aussterben. Diese Form der kumulativen kulturellen Evolution hängt nach Tomasello neben den Innovationen gerade auch vom Imitationslernen ab.[101] Neben der Übernahme von neuen Erfindungen wie zum Beispiel dem effektiven Jagen mit einer Waffe ermöglicht das

99 Sterelny 2010, 470.
100 Carpenter/Akhtar/Tomasello 1998, 316.
101 Tomasello 1999, 39.

triadisch-mimetische Imitationslernen dann eine Verständigung und Koordination über gemeinsam geteilte Ziele und längerfristige Handlungspläne. Auch die evolutionäre Entwicklung (Erfindung) und kulturell-evolutionäre Stabilisierung symbolischer Sprache wird auf dieser Grundlage nachvollziehbar. Das alleine kann jedoch sicherlich nicht die evolutionäre Entstehung der humanen kumulativen kulturellen Evolution erklären. Entgegen Tomasellos früherer Ansicht, und immer noch umstritten, sind nämlich aufgrund neuer Forschungsresultate auch Menschenaffen in gewissen Grenzen in der Lage, intentionale Handlungen und die mit ihnen verbundenen Ziele zu verstehen.[102] Was mindestens noch hinzukommen muss, ist die besondere Motivation, Gefühle, Erfahrungen und Handlungen zu teilen und für gemeinsames kooperatives und nicht nur kompetitives Verhalten zu nutzen, wobei Tomasello in diesem Zusammenhang von einer „phylogenetischen Hypothese" spricht. Diese besondere Motivation ist jedoch eine Eigenschaft, die bereits ontogenetisch in einem sehr frühen Alter beim Menschen in der zwischenleiblichen Kommunikation wirksam ist und bei Affen eben keine besondere Ausprägung hat. Doch auch hier gibt es experimentelle Befunde, dass gemeinsames kooperatives Verhalten in nicht-kompetitiven Situationen auch schon bei Schimpansen auftritt.[103]

3.2 Gestische Kommunikation und der Übergang zur post-mimetischen Kommunikation

Eine besondere Form des Verhaltens, das an der Sprachentwicklung maßgeblich beteiligt ist und expressives wie auch mimetisches Verhalten mit umfasst, findet sich in der gestischen Kommunikation. Dass es eine enge Verbindung zwischen Gesten und gesprochener Sprache geben muss, wird deutlich, wenn man bedenkt, dass Gesten nicht einfach nur motorische Bewegungen sind, sondern in vielfältigen kommunikativen Interaktionen als expressive Bedeutungsträger auftreten.[104] Wie der berühmte Gestenforscher David McNeill in Mikroanalysen herausgefunden hat, besteht zwischen Gesten und phonetisch realisierter Sprache eine sehr enge, nicht-redundante Ko-Expressivität und Synchronizität. Sie bringen gemeinsam Gedanken oder Emotionen in ihrer jeweils eigenen Modalität zum Ausdruck. McNeill spricht in dieser Beziehung auch von „ko-expressiven Symbolen".[105]

---

102 Tomasello/Carpenter/Call/Behne/Moll, 168.
103 Warneken/Hare/Melis/Hanus/Tomasello, 1415.
104 Gallagher 2005, 122.
105 McNeill 2005, 22.

Wird zum Beispiel ein Ereignis sprachlich erläutert, existieren vielfältige Aspekte von Gesten wie das Öffnen der Hand oder das Greifen eines Objektes, die sich auf Aspekte des beschriebenen Ereignisses beziehen, die auf der rein propositionalen Ebene nicht zum Ausdruck gebracht werden, aber sich inhaltlich wechselseitig in ihren konkreten Beschreibungsfunktionen ergänzen. Die Gesten fungieren auf dieser Stufe der Ko-Referentialität nach McNeill als Symbole, obwohl sie selber ikonisch sind, also aufgrund einer Ähnlichkeitsfunktion referieren.[106] Aufgrund der von Zlatev et al. entwickelten Arbeitsdefinition zu mimetischen Handlungen ist im Hinblick auf das Abgrenzungskriterium (5) nicht vollständig klar, ob diese Gesten tatsächlich den Status von Symbolen haben, da sie in diesem Zusammenhang zwar eine starke Systematizität aufweisen, aber anders als (ikonische) Gesten in Gebärdensprachen nicht rein konventioneller Natur sind. Doch dies ist vielleicht nur eine Frage der definitorischen Abgrenzung. Denn man wird sicherlich sagen können, dass sich ikonische Gesten aufgrund ihres besonderen Zusammenhangs zur symbolisch gesprochenen Sprache im Übergangsbereich zu post-mimetischen Kommunikationshandlungen befinden.

Im Rahmen dieses Aufsatzes ist nun die Frage interessant, was Gesten zur evolutionären Entstehung von Sprache beigetragen haben, wenn man sieht, dass sie auch für die aktuell realisierte Verbalsprache in ihrer ko-expressiven und ko-referentiellen Rolle unabdingbar sind. Wie schon ausgeführt, steht die gestische Kommunikation mit der verbalsprachlichen Kommunikation in einer dichten symbiotischen Beziehung. Damit ist jedoch noch nichts darüber gesagt, ob gestische Kommunikation phylogenetisch als Vorläufer symbolisch-sprachlicher Kommunikation fungiert hat oder nicht.[107] Die Auffassung in der Literatur ist in dieser Frage kontrovers und es bedürfte einer ganz eigenen Untersuchung, die Stärken und Schwächen der unterschiedlichen Hypothesen auszuwerten und ihre Plausibilität zu beurteilen.[108] Doch es lässt sich immerhin so viel sicher sagen, dass Gesten an der Transformation zu post-mimetischen Zeichen und der evolutionären Veränderung des menschlichen Geistes beteiligt gewesen sind.

Wie stark bereits der Gebrauch von *Zeigegesten* (pointing) an der Ausdifferenzierung einer kognitiven Infrastruktur beteiligt ist, die für die Realisierung von Grice'schen Sprecherintentionen notwendig ist, hat eine von Moll et al. durch-

106 McNeill 2005, 39.

107 Donald 1991, 220.

108 Deacon geht zum Beispiel davon aus, dass verbale und gestische Kommunikation zusammen als Teil des gesamten sprachlichen Apparates des Menschen gemeinsam evolviert sind, wohingegen Donald und Tomasello meinen, dass Gesten eine notwendige Vorstufe zur evolutionären Emergenz verbalsprachlicher Symbole gewesen sind (Donald 1991, 220 ff.; Deacon 1997, 355 f.; Tomasello 2014, 68).

geführte Studie aufgezeigt. Achtzehn Monate alte Kinder spielten gemeinsam mit einem Erwachsenen mit einer Trommel. Betrat nun ein weiterer Erwachsener den Raum und zeigte aufgeregt auf die Trommel, dann war für die Kinder scheinbar klar, dass er lediglich seine Begeisterung über die Trommel zum Ausdruck bringen wollte. Zeigte hingegen der mit dem Kind spielende Erwachsene in derselben Weise auf die Trommel, suchte das Kind nach neuen Aspekten an dem Spielgerät, die es möglicherweise noch nicht bemerkt hatte. Diese Unterscheidung zwischen neuen und geteilten Informationen benutzten die Kinder auch in ihrer eigenen Produktion von Zeigegesten.[109] Tomasello deutet diese Befunde so, dass derartige Interaktionen bereits Repräsentationen, Inferenzen und Selbst-Beobachtungen involvieren und damit auch gleichzeitig verankert (sozialisiert) werden.[110]

Es muss erwähnt werden, dass solche kognitive Zuschreibungen in der Forschung nicht durchgehend geteilt werden. Zum Beispiel wendet sich Gómez ausdrücklich gegen eine derartig „reiche" Interpretation der Befunde und bietet stattdessen eine eigene sparsame Theorie der frühen Zeigegesten bei Kindern an, bei der auf die Annahme (Interpretation) von Repräsentationen und einem Verständnis mentaler Prozesse von anderen Akteuren verzichtet wird.[111] Dazu ist zu sagen, dass es sicherlich methodisch vollkommen einsichtig ist, dass in jedem Einzelfall geprüft werden muss, ob die mentalen Zuschreibungen nicht wesentlich ökonomischer durch einfachere Annahmen und Lernmechanismen erklärt werden können. Doch auch bei Gómez zeigt sich zumindest implizit die in den Kognitionswissenschaften vielfach vorherrschende Tendenz, Bewusstseinsprozesse auf vollständig subpersonale Mechanismen reduzieren zu wollen. Sieht man jedoch in den detaillierten Studien zum Beispiel von Trevarthen zum Imitationslernen, welche planvollen und zielgerichteten Prozesse und auch Gedächtnisleistungen schon bei derartig basalen Prozessen involviert sind, dann scheint die Annahme, dass dies alles völlig unbewusst ablaufen soll, auf *ad hoc Annahmen* zu beruhen, die einem reduktionistischen Naturalismus geschuldet sind.

109 Moll/Koring/Carpenter/Tomasello 2006, 420.

110 Tomasello 2014, 56.

111 Gómez 2007, 730. Konkret führt Gómez zu diesem Punkt aus: „[As] targets and agents need not be simultaneously perceived in order to project targets from behaviors like gaze, one can remember and predict the intentional availability of targets for others (e. g., whether they will or not be able to find an object hidden in their absence). The ability to calculate relations of ‚intentional availability' between agents and objects does not require a representational understanding of other minds [...]". Leider beantwortet Gómez nicht die sich aufdrängende Frage, wer oder was denn die Berechnung zwischen Akteur und Objekt im Sinne der „intentionalen Verfügbarkeit" durchführt. Doch die Antwort liegt auf der Hand. Es kann in diesem Zusammenhang nur ein subpersonaler Mechanismus sein, der für die Berechnung dieser Relationen in Frage kommt.

Was für Tomasello letztendlich die Grundvoraussetzung für die evolutionäre Emergenz propositionaler Sprache im Grice'schen Sinne erfüllt, ist die Kombination von Zeigegesten mit ikonischen Gesten. Letztere werden von ihm wie pantomimische Vollzüge als symbolische Vorgänge gedeutet, die neben ihrer besonderen sozialen Perspektivenübernahme auch schon eine quasi-propositionale Struktur aufweisen.[112] Dass diese Prozesse bis hin zur Entstehung der Sprache nur in einer engen Koevolution mit neuronalen sensomotorischen Kreisläufen haben evolvieren können, ist mittlerweile gut belegt und soll hier an dieser Stelle nur angedeutet und nicht mehr expliziert werden.[113] Entscheidend ist für unseren thematischen Zusammenhang vielmehr, dass auch Tomasellos Ausführungen zur gestischen Kommunikation nahe legen, dass sie eine bedeutende Funktion für den evolutionären Übergang zur post-mimetischen, symbolischen Kommunikation inne hat.

4 Fazit

Wie in der Einleitung näher ausgeführt wurde, bestand das vorrangige Ziel dieses Beitrages darin, an einigen exemplarischen Aspekten aufzuzeigen, dass und wie eine Theorie der verkörperten Kognition einen explanatorischen Beitrag zur evolutionären Überquerung des „Sprachrubikons" liefern kann. Als begrifflicher Ausgangspunkt der Untersuchung diente die Grice'sche Sprecherintention. Ihre Explikation in der Forschung förderte vielfältige kognitive Voraussetzungen zutage, die zur Realisierung nicht-natürlicher linguistischer Bedeutungen erfüllt sein müssen. Die Untersuchungen zu den Alarmrufen bei unterschiedliche Tierarten oder auch die Stufenfolgen der Imitation zeigten auf, dass deren evolutionäre Emergenz bereits wesentliche Fähigkeiten einschließt, die zur Realisierung derartiger Sprecherintentionen notwendig sind. So basieren schon expressive Signale auf einer Form intersubjektiver Akteurschaft, die es Artgenossen ermöglicht, emotionale und protosemantische Verhaltendispositionen im gemeinsam geteilten Resonanzraum zu vermitteln und auch intentional auszutauschen. Die onto- und phylogenetische Entwicklung mimetisch-imitativer Fähigkeiten erwies sich zudem für die Konstitution triadischer Interaktionen als basal. Auch für diese Formen sozialer Interaktionen sind direkte Wahrnehmungen fundierend, weil Imitationen, Gesten und Vokalisierungen als expressive Ausdrucksgestalten aus der Zweiten-Person-Perspektive perzeptuell zugänglich sind und auf dieser

112 Tomasello 2014, 70 f.
113 Pulvermüller/Fadiga 2010.

Grundlage ihre weiteren evolutionären Ausdifferenzierungen in sozialen Interaktionen erfahren können.

Insgesamt machte die vorliegende Untersuchung deutlich, dass die symbolische Sprache auf leiblich-bewussten Voraussetzungen beruht, von denen sie auch nach ihrer Entstehung nicht einfach ablösbar ist. Dies zeigte sich gerade auch an der systemischen Integration von (propositionaler) Verbalsprache und Gesten. Noch im klassischen computationalen Ansatz der künstliche Intelligenzforschung wurde die Erforschung von Sprache und Kognition von ihren konkreten leiblichen Grundlagen fast vollständig entkoppelt oder auf das Gehirn als eine vermeintlich symbolverarbeitende Maschine beschränkt. Auch bei der Postulierung einer rein funktional verstandenen „Language of Thought" im Sinne Fodors blieben die vielfältigen expressiv-leiblichen Prozesse unberücksichtigt, welche für die Konstitution einer derartigen „mentalesischen" Sprache die Voraussetzung bilden würden.

Doch warum sollte man davon ausgehen, dass auch die Realisierung der Grice'schen Sprecherbedeutung selber durch gesamtleibliche Vollzüge konstituiert ist? Ein Einwand könnte hier zum Beispiel lauten, dass zwar leibliche Vollzugsformen wie die skizzierten Stufenfolgen der Imitation phylo- und ontogenetisch *fundierend* für die Emergenz symbolisch-propositionaler Kompetenz sind, aber es durchaus denkbar ist, dass symbolisch-propositionale Systeme nicht notwendig in expressiv-leibliche Interaktionsformen eingebunden sein müssen.

Eine umfassende Antwort auf diesen Einwand würde eine eingehende Auseinandersetzung mit dem Funktionalismus erforderlich machen. Zu dieser anhaltenden Debatte zwischen dem verkörperungstheoretischen Ansatz und der funktionalistischen Auffassung der Kognition habe ich an anderer Stelle einige Gesichtspunkte ausgeführt.[114] Im Rahmen dieses Aufsatzes muss die Bemerkung genügen, dass symbolisch-propositionale Kompetenz zwar zu einem veränderten Mensch-Weltverhältnis führt, jedoch als *Metamorphose* des expressiven Ausdruckverhaltens zu verstehen ist und nicht als dessen Aufhebung, wie Norbert Meuter in Anlehnung an Ernst Cassirer zu diesem Punkt ausgeführt hat.[115] Wie dieser Gesichtspunkt weiter begründet werden kann, deutet sich bereits bei den kurzen Ausführungen zu postmimetischen Kommunikationsformen an, wenn McNeill in seinen Forschungen zur Relation von Gesten und phonetisch realisierter Sprache eine sehr enge, nicht-redundante Ko-Expressivität und Synchronizität nachweist.

114 Vgl. Tewes 2016.
115 Meuter 2006, 171 f.

Doch kehren wir zur zentralen These dieses Beitrages zurück, dass vielfältige präverbale leibliche Ausdruckformen einen zentralen Erklärungsbeitrag zur Realisierung und Konstitution der Grice'schen Sprecherbedeutung leisten können. Was die Detailfragen dieser Konstitutionsleistungen anbelangt, sind viele Aspekte in der Forschung umstritten und bedürfen weiterer Ausarbeitungen. So muss ein zentraler Aspekt dieses Beitrages, dass direkte Wahrnehmungen auch schon für die Kommunikation im Tierreich eine wichtige Rolle spielen, weitergehend untersucht und expliziert werden. Es wäre überdies ein Missverständnis, zu denken, dass der hier verfolgte explanatorische Ansatz eine lückenlose Rekonstruktion der phylogenetischen Sprachentstehung in Aussicht stellen würde. Vielmehr geht es darum, die Voraussetzungen der leiblichen Realisierung symbolischer Sprache und Sprachfähigkeit unter einer systematischen Perspektive weiter aufzuklären, die erfüllt sein mussten, damit symbolische Sprache überhaupt im Zuge der kulturellen Evolution emergieren konnte.

Literatur

Allott, Nicholas (2013): „Relevance theory", in: A. Capone/F. Lo Piparo/M. Carapezza (Hgg.), *Perspectives on pragmatics and philosophy*, Berlin/New York, 57–98.

Bar-On, Dorit (2013): „Origins of meaning: Must we go ‚Gricean'?", in: *Mind & Language* 28: 342–237.

Bermudez, José L. (2003): *Thinking without words*, Oxford.

Bickerton, Derek (1993): „Putting cognitive carts before linguistic horses", in: *Behavioral and Brain Sciences* 16: 749–750.

Carpenter, Malinda/Nameera Akhtar/Michael Tomasello (1998): „Fourteen through 18-month-old infants differentially imitate intentional and accidental actions", in: *Infant Behavior and Development* 21: 315–330.

Crockford, Catherine/Roman M. Wittig/Roger Mundry/Klaus Zuberbühler (2012): „Wild chimpanzees inform ignorant group members of danger", in: *Current Biology* 22: 142–146.

Davidson, Donald (1984): „On the very idea of a conceptual scheme", in: D. Davidson, *Inquiries into truth and interpretation*, Oxford, 183–198

Deacon, Terrence W. (1997): *The symbolic species: The co-evolution of language and the brain*, New York.

Dennett, Daniel (1994): „The role of language in intelligence", in: J. Khalfa (Hg.), *The Darwin college lectures*, Cambridge.

Donald, Merlin (1991): *Origins of the modern mind: Three stages in the evolution of culture and cognition*, Cambridge, MA.

Donald, Merlin (1998): „Mimesis and the executive suite: missing links in language evolution", in: J. R. Hurford/M. Studdert-Kennedy/C. Knight (Hgg.), *Approaches to the evolution of language: Social and cognitive bases*, Cambridge, 44–67.

Donald, Merlin (1999): „Preconditions for the evolution of protolanguages“, in: M. Corballis/S. E. G. Lea (Hgg.), *The descent of mind: Psychological perspectives of hominid evolution*, Oxford, 138–154.

Donald, Merlin (2001): *A mind so rare: The evolution of human consciousness*, New York/London.

Donald, Merlin (2011): „Die Definition der menschlichen Natur“ [2004], in: C. Tewes/K. Vieweg (Hgg), *Natur und Geist. Über ihre evolutionäre Verhältnisbestimmung*, Berlin, 47–65.

Gallagher, Shaun (2005): *How the body shapes the mind*, Oxford.

Gallagher, Shaun (2008): „Direct Perception in the intersubjective context“, in: *Consciousness and Cognition* 17: 535–543.

Goldman, Alvin I. (2012): „Theory of mind“, in:A. I. Goldman, *Joint ventures, mindreading, mirroring, and embodied cognition*, Oxford, 19–44.

Gómez, Juan-Carlos (1994): „Mutual awareness in primate communication: A Gricean approach“, in: S. Taylor Parker/R. W. Mitchell/M. L. Boccia (Hgg.), *Self-awareness in animals and humans: Developmental perspectives*, Cambridge/New York/Melbourne, 61–80.

Gómez, Juan-Carlos (2007): „Pointing behaviors in apes and human infants: A balanced interpretation“, in: *Child Development* 78: 729–734.

Grice, Paul (1957): „Meaning“, in: *The philosophical review* 66: 377–388.

Husserl, Edmund (1993): *Logische Untersuchungen. Untersuchungen zur Phänomenologie und Theorie der Erkenntnis* II/1 [1900], Tübingen.

Hutto, Daniel D./Erik Myin (2013): *Radicalizing enactivism: Basic minds without content*, Cambridge MA/London.

Laakso, Aarre (1993): „Language equals mimesis plus speech: Commentary to Donald: Origins of Mind“, in: *Behavioral and Brain Sciences* 14: 765–766.

Manser, Marta B./Robert M. Seyfarth/Dorothy L. Cheney (2002): „Suricate alarm calls signal predator class and urgency“, in: *TRENDS in Cognitive Sciences* 6: 55–57.

McNeill, David (2005): *Gesture and thought*, Chicago/London.

Meltzoff, Andrew N. (1988): „Infant imitation after a 1-week delay: Long-term memory for novel acts and multiple stimuli“, in: *Developmental Psychology* 24: 470–476.

Meltzoff, Andrew N./M. Keith Moore (1977): „Imitation of facial and manual gestures by human neonates“, in: *Science, New Series* 198 (4312): 75–78.

Meltzoff, Andrew N./M. Keith Moore (1983): „Newborn infants imitate adult facial gestures“, in: *Child Development* 54: 702–809.

Meltzoff, Andrew N./M. Keith Moore (1994): „Imitation, memory, and the representation of persons“, in: *Infant Behavior and Development* 17: 83–99.

Meltzoff, Andrew N./M. Keith Moore (1997): „Explaining facial imitation: A theoretical model“, in: *Early Development and Parenting* 6: 179–192.nd

Meuter, Norbert (2006): *Anthropologie des Ausdrucks. Die Expressivität des Menschen zwischen Natur und Kultur*, München.

Millikan, Ruth G. (1984): *Language, thought and other biological categories: New foundations for realism*, Cambridge.

Millikan, Ruth G. (2008): *Die Vielfalt der Bedeutung. Zeichen, Ziele und ihre Verwandtschaft*, Frankfurt am Main.

Millikan, Ruth G. (2012): „Spracherwerb“, in: *Biosemantik*, Frankfurt am Main, 85–115.

Moll, Henrike/Cornelia Koring/Malinda Carpenter/Michael Tomasello (2006): „Infants determine others' focus of attention by pragmatics and exclusion", in: *Journal of Cognition and Development* 7(3): 411–430.N
Moore, Richard (2015): „Gricean communication and cognitive development", in: *Philosophical Quarterly.* (Online unter: http://www.researchgate.net/publication/275831508_Gricean_Communication_and_Cognitive_Development, DOI: 10.13140/RG.2.1.1875.6000, 1–32; abgerufen am: 16. Oktober 2015).
Neale, Stephen (1992): „Paul Grice and the philosophy of language", in: *Linguistics and Philosophy* 15: 509–559.
Noë, Alva (2012): *Varieties of Presence*, Cambridge, MA/London.
Origgi, Gloria/Dan Sperber (2000): „Evolution, communication and the proper function of language: A discussion of Millikan in the light of pragmatics and the psychology of mindreading", in: P. Carruthers/A. Chamberlain (Hgg.), *Evolution and the human mind: Language, modularity and social cognition*, Cambridge, UK, 140–169.
Oostenbroek, Janine/Thomas Suddendorf/Mark Nielsen/Jonathan Redshaw/Siobhan Kennedy-Costantini/Jacqueline Davis/Sally Clark/Virginia Slaughter (2016): „Comprehensive longitudinal study challenges the existence of neonatal imitation in humans", in: *Current Biology* 26(10): 1334–1339.
Pulvermüller, Friedemann/Luciano Fadiga (2010): „Active perception: Sensorimotor circuits as a cortical basis for language", in: *Nature Reviews Neuroscience* 11(5): 351–360.
Rizzolatti, Giacomo/Corrado Sinigaglia (2008): *Mirrors in the brain: How our minds share actions and emotions* [2006], Oxford.
Schel, Anne Marijke/Simon W. Townsend/Zarin Machanda/Klaus Zuberbühler/Katie E. Slocombe (2013): „Chimpanzee alarm call production meets key criteria for intentionality", in: *PLoS ONE* 8(10): 1–11.
Scheler, Max (1974): *Wesen und Form der Sympathie* [1912], Bern/München.
Seyfarth, Robert, N./Dorothy L. Cheney (2003): „Signalers and receivers in animal communication", in: *Annual Review of Psychology* 54:145–73.
Seyfarth, Robert N./Dorothy L. Cheney (2010): „Production, usage, and comprehension in animal vocalizations", in: *Brain & Language* 115: 92–100.
Sperber, Dan/Deidre Wilson (2002): „Pragmatics, modularity and mind-reading", in: *Mind and Language* 17: 3–23.
Sperber, Dan/Gloria Origgi (2010): „A pragmatic perspective on the evolution of language", in: R. K. Larson/V. Déprez/H. Yamakido (Hgg.), *The evolution of human language: Biolinguistic perspectives*, Cambridge, 124–132.
Sterelny, Kim (2010): „Minds: Extended or scaffolded?", in: *Phenomenology and the Cognitive Sciences* 9: 465–481.
Tewes, Christian (2016): „Embodied habitual memory formation: Enacted or extended?", in: G. Etzelmüller/C. Tewes (Hgg.), *Embodiment in evolution and culture,* Tübingen, 31–56.
Tomasello, Michael (1999): *The cultural origins of human cognition*, Cambrige, MA/London.
Tomasello, Michael/Malinda Carpenter/Josep Call/Tanya Behne/Henrike Moll (2011): „Intentionen teilen und verstehen. Die Ursprünge menschlicher Kognition" [2005], in: C. Tewes/K. Vieweg (Hgg.), *Natur und Geist. Über ihre evolutionäre Verhältnisbestimmung*, Berlin, 147–191.

Tomasello, Michael/Malinda Carpenter/Ulf Liskowski (2007): „A new look at infant pointing", in: *Child development* 78 (3): 705–722.
Trevarthen, Colwyn/Kenneth J. Aitken (2001): „Infant intersubjectivity: Research, theory, and clinical application", in: *Journal of Child Psychology and Psychiatry* 42(1): 3–48.
Warneken, Felix/Brian Hare/Alicia P. Melis/Daniel Hanus/Michael Tomasello (2007): „Spontaneous altruism by chimpanzees and young children", in: *PLoS Biol* 5(7): 1414–1420.
Wilson, Deidre/Dan Sperber (2012): *Meaning and relevance*, Cambridge/New York/Melbourne.
Zahavi, Dan (2008): *Subjectivity and selfhood: Investigating the first-person perspective*, Cambridge, MA.
Zlatev, Jordan/Tomas Persson/Peter Gärdenfors (2005): „Bodily mimesis as ‚the missing link' in human cognitive evolution", *Lund University Cognitive Studies* 121 (Online-Artikel), http://www.lucs.lu.se/LUCS/121/LUCS.121.pdf (aufgerufen am 21. Januar 2017).
Zlatev, Jordan (2007): „Embodiment, language, mimesis", in: T. Ziemke/J. Zlatev/R. Frank (Hgg.), *Body language and mind*, Berlin, 241–272.

Matthias Baum

Leib und Leiblichkeit bei Gadamer

Abstract: Current research on the embodiment of cognition has outlined the importance of Gadamer's hermeneutics for the formation of embodiment theory. By situating human cognition within culture, Gadamer has provided an influential background concept for theories of embodied cognition. While Gadamer's contribution is generally considered important, some researchers have claimed its application is limited to cultural hermeneutics, since Gadamer disregards the bodily dimension of cognition. This paper demonstrates why this verdict needs to be partially revised. Since 1970, Gadamer has highlighted the issues of psychosomatics and psychopathology. In his work addressing these issues, Gadamer develops an innovative approach to the subject of embodiment and anticipates some aspects of the contemporary debate about embodied cognition.

Gadamers philosophische Hermeneutik und das Verkörperungskonzept scheinen zwei sehr unterschiedliche Ansätze zu sein. Zeitlich wie sachlich liegen sie weit auseinander: Die moderne Hermeneutik ist ein altehrwürdiger Disziplinbereich, dessen Anfänge bereits in der lutherischen Orthodoxie liegen und der in den Hermeneutiken Schleiermachers, Diltheys und Gadamers seine bedeutendsten Ausdrucksformen gefunden hat. Ihr Gegenstand ist die regelgeleitete Kunst des Ausdruck-Verstehens. Demgegenüber bildet Verkörperung einen jungen Forschungsansatz. Dieser verfolgt das Anliegen, die konstitutionelle Verbundenheit von Körper und Geist als eine Interaktionseinheit herauszustellen. Auf den ersten Blick scheinen Verkörperung und Hermeneutik also nicht viel gemein zu haben.

Doch auch wenn diese beiden Ansätze disparat anmuten, ihre Themenbestände und zentralen Grundannahmen sind in vielem identisch. Führende Vertreter des Verkörperungsparadigmas haben dies auch früh gesehen und bereitwillig eingestanden. Einige spielten gar mit dem Gedanken, ihre Arbeiten unter dem „Hermeneutik-Label" laufen zu lassen. So beabsichtigte beispielsweise Varela, dessen Schriften mittlerweile zu den Klassikern in der Verkörperungsdebatte gehören, seinen mit Thompson entwickelten Forschungsansatz als „hermeneutic approach" vorzustellen.[1]

---

1 Thompson 2010, 444 (dort Anm. 9). Varela und Thompson distanzierten sich wahrscheinlich deshalb vom „Hermeneutik-Label", weil innerhalb der analytischen Philosophie, die der Adressat des Embodiment-Ansatzes war, der Oberbegriff der Hermeneutik spekulativ-idealistische Assoziationen geweckt und damit eine unvoreingenommene Rezeption nur unnötig erschwert hätte.

DOI 10.1515/9783110528626-005

1 Die Hermeneutik Gadamers als Vorläuferkonzept des Verkörperungsansatzes?!

„Hermeneutic approach" bezeichnet bei Varela und Thompson vor allem die Hermeneutik Heideggers und Gadamers, die genau wie der Verkörperungsansatz das Anliegen verfolgt, die Bedeutung von Hintergrundannahmen für das Denken herauszustellen. So schreiben Varela und Thompson, dass die Einsicht in den konstitutiven Beitrag von Hintergrundannahmen für das Denken

> stark von der kontinentaleuropäischen Philosophie zehrt, namentlich der philosophischen Hermeneutik Heideggers und seines Schülers Hans-Georg Gadamer. [...] Viele kontinentaleuropäische Philosophen wollen [...] in ihren Schriften nach wie vor zeigen, wie sehr unser Wissen davon abhängt, daß wir in einer Welt leben, die untrennbar mit unserem Körper, unserer Sprache und unserer Sozialgeschichte – kurz, mit unserer Verkörperung – verbunden ist.[2]

Mark Johnson, auf den sich Varela und Thompson in ihrem Werk auch ausdrücklich beziehen[3], betont die Abhängigkeit des Verkörperungsansatzes von der Hermeneutik Gadamers:

> I have tried to indicate the importance for our understanding of structures of our embodied imagination, which are a chief means by which we ‚have a world' that we can partially comprehend and reason about. [...] This particular formulation of the relevant notion of understanding, as a way of ‚being in' or ‚having' a world, highlights the dynamic, interactive character of understanding (and meaning). Grasping a meaning is an *event* of understanding. [...] The idea that understanding is an event in which one has a world [...] has long been recognized on the Continent, especially in the work of Heidegger and Gadamer. But Anglo-American analytic philosophy has steadfastly resisted this orientation in favor of meaning as a fixed relation between words and the world.[4]

Beide Zitate verdeutlichen die sachliche Verwandtschaft der Verkörperungsdebatte zur Hermeneutik Gadamers. In der Gefolgschaft Heideggers stehend war es Gadamers Anliegen, menschliches Verstehen als ein in geschichtlich-kulturellen Zusammenhängen eingebettetes und aus diesen nicht herauslösbares Geschehen

---

2 Varela/Thompson/Rosch 1992, 207 f. Die Autoren fahren fort: „Wenn wir zugeben, daß man die Kognition ohne *Vorverständnis* nicht angemessen begreifen kann, und daß dieses Vorverständnis nichts anderes ist als unsere körperliche und gesellschaftliche Geschichte, lautet die unausweichliche Schlußfolgerung: Der Erkennende und das Erkannte, der Geist und die Welt, bestimmen einander wechselseitig oder entstehen in gegenseitiger Abhängigkeit" (1992, 209).

3 Varela/Thompson/Rosch 1992, 208.

4 Johnson 1987, 175.

zu bestimmten.[5] Verstehen ist Gadamer zufolge kein isolierter Akt mit klar abgrenzbaren Kategorien, sondern ein vielschichtig verwobenes Geschehen, das vor dem sozial-kulturell geprägten Hintergrund eingestandener und uneingestandener Vorverständnisse erfolgt.[6] Ohne diese geschichtlich gewachsenen Vorverständnisse ist Verstehen schlicht unmöglich.[7]

Die Verkörperungsdebatte hat diesen maßgeblich auch von Gadamer herausgearbeiteten Grundgedanken eines sozial-kulturellen „Eingebettetseins" des Denkens unter dem Stichwort der „situated" oder „embedded" cognition aufgenommen und weiterentwickelt.[8] Die Ansätze, die unter dem Titel der „situated cognition" firmieren, teilen mit Gadamer das Anliegen, die durch die Umwelt gegebenen Rahmenbedingungen als irreduzible Bedingungen menschlicher Kognition herauszustellen.

Das Hauptinteresse der Hermeneutik Gadamers gilt dabei den sozial-kulturellen Rahmenbedingungen und unter diesen vor allem den Formen, die sich durch eine besonders hohe Komplexität auszeichnen, namentlich der Sprache und dem wirkungsgeschichtlichen Bewusstsein, also dem stets implizit vorausgesetzten Verstehenshorizont, der sich durch Geschichts- und Überlieferungstraditionen konstituiert. Dieses Interesse an der Bedeutung von Sprache und Überlieferungstradition für das menschliche Denken wird von der Verkörperungsforschung geteilt.[9] Insofern darf Gadamers Hermeneutik in gewisser Hinsicht tatsächlich als ein Vorläuferkonzept des kontemporären Verkörperungsansatzes, genauer der „situated cognition", gelten, selbst wenn die gegenwärtige

5 Gadamer 2010, 271 f.

6 Gadamer 2010, 305 f.

7 Weder für Gadamer noch für Vertreter des Verkörperungsansatzes bedeutet die sozial-kulturelle Prägung allen Verstehens einen alles beliebig machenden Relativismus. Auch auf dem Boden eines kontextuell geprägten Vorverständnisses ist ein Anspruch auf Objektivität möglich. Die szientistisch-kognitivistische Unterstellung, Objektivität gäbe es nur kontextunabhängig, weisen beide zurück. So bemerkt Johnson: „It has been mistakenly assumed that only a viewpoint that transcends human embodiment, cultural embeddedness, imaginative understanding, and location within historically evolving traditions can guarantee the possibility of objectivity. Against this erroneous claim, I have argued that, at the very least, image-schematic structures and their metaphorical projections have a shared, public character which gives them a central role in the objectivity of meaning" (Johnson 1987, 175). Auch Gadamer argumentiert in dieser Richtung, wenn er anerkennt, dass auch im standortgebundenen kontextuellen Verstehen Wahrheit erfahren werden kann, weil kein Standort absolut ist: „Es macht die geschichtliche Bewegtheit des menschlichen Daseins aus, daß es keine schlechthinnige Standortgebundenheit besitzt und daher auch niemals einen wahrhaft geschlossenen Horizont" (Gadamer 2010, 309).

8 Gallagher 2009. Vgl. zur Einführung in die „situated cognition" Fingerhut/Hufendiek/Wild 2013, 73–78.

9 Zwaan/Kaschak 2009; Spivey/Richardson 2009.

Verkörperungsforschung Gadamer in manchem analytisch vertieft und sachlich erweitert hat.

Analytisch vertieft hat der Verkörperungsansatz das Verständnis von Sprache, indem er deren Funktion und Genese deutlich kleinschrittiger und detaillierter darlegt, als Gadamer dies mit den Mitteln der Forschung seiner Zeit vermochte.[10] Daneben ist der Verkörperungsansatz disziplinär sehr breit aufgestellt und kann durch die Aufnahme von neusten Ergebnissen aus Hirnforschung, Psychopathologie, Psychologie der frühen Kindheit und Linguistik seine Annahmen mit empirischen Belegen stützen.

Sachlich erweitert hat die Verkörperungsforschung die Phänomenbereiche der für die menschliche Kognition relevanten Rahmenbedingungen. Während für Gadamer vornehmlich die kulturellen Hochformen von Interesse waren, stellt der Verkörperungsansatz die grundsätzliche Bedeutung basaler non-verbaler Alltagspraktiken wie Werkzeuggebrauch oder sozialer Verhaltenskodizes heraus. Zudem – und hier liegt wohl das Proprium des Verkörperungsansatzes – rücken neben die *kulturellen* die *natürlichen* Rahmenbedingungen menschlicher Kognition in den Fokus der Forschung. Der Verkörperungsansatz konzentriert sich dabei maßgeblich auf zwei Bereiche der *natürlichen* Rahmenbedingungen menschlicher Kognition: Umwelt- und Körperbedingungen. Unter Ersterem werden beispielsweise die schlechte Sicht im Urwald oder die strenge Kälte in Nordeuropa, unter Letzterem der aufrechte Gang oder die zur Lautdiversität befähigende Lage des Kehlkopfes behandelt.

In Gadamers Hermeneutik, die er in seinem Hauptwerk *Wahrheit und Methode* vorstellt, finden weder die natürlichen Umwelt- noch die natürlichen Körperbedingungen Beachtung. Dies mag überraschen, da Gadamer neben der sozial-

---

10 Insbesondere im Hinblick auf das Erlernen von Sprache, das Gadamer für gleichursprünglich mit dem Erlernen von lebensweltlichen Kategorien hält, haben die Vertreter des Verkörperungsparadigmas Gadamer korrigiert. Zwar sieht auch Gadamer, dass es bei Tieren durchaus einen nicht-sprachlichen Umgang mit der Umwelt und ihren Kategorien gibt. Gadamer setzt tierischen *Umwelt*umgang jedoch scharf von dem *Welt*umgang ab, der allein dem Menschen qua Sprache vorbehalten ist. So konstatiert Gadamer: „Die Sprache ist nicht nur eine der Ausstattungen, die dem Menschen, der in der Welt ist, zukommt, sondern auf ihr beruht, und in ihr stellt sich dar, daß die Menschen überhaupt *Welt* haben. Für den Menschen ist die Welt als Welt da, wie sie für kein Lebendiges sonst Dasein hat, das auf der Welt ist. Dies Dasein der Welt aber ist sprachlich verfaßt" (Gadamer 2010, 446 f.). Auch wenn wohl kein Verkörperungsforscher leugnen würde, dass zwischen Mensch und Tier eine sehr große Differenz besteht, die maßgeblich durch die Sprache ausgemacht ist, so hat die Embodimentforschung – nicht zuletzt durch die Aufnahme der evolutionären Anthropologie – die strikte Unterscheidung von tierischer Umwelt und menschlicher Welt aufgeweicht. Auch die Erforschung der frühkindlichen Entwicklung hat gezeigt, dass lebensweltliche Kategorien lange vor jedem Sprachverstehen erworben werden.

kulturellen „Eingebettetheit“ des Denkens vor allem auch die Affektdimension des Verstehens durchaus klar gesehen und erörtert hat.[11] So misst er etwa dem Gefühl eine entscheidende Rolle im Verstehen von Kunst, Geschichte, Religion und Sprache bei. Körper, Leib und Leiblichkeit bleiben aber unberücksichtigt.

Retrospektiv erkennt Gadamer auch an, den natürlichen Rahmenbedingungen des Verstehens nicht die Aufmerksamkeit gewidmet zu haben, die diese verdient hätten. So gesteht Gadamer in einem Festvortrag anlässlich der Verleihung des Dr. Margrit Egnér-Preises selbstkritisch ein, die Themen Leib und Leiblichkeit sträflich vernachlässigt und eine geradezu leibvergessene Hermeneutik entworfen zu haben.[12] Und tatsächlich vollzieht Gadamer in seinem (häufig nicht beachteten) Spätwerk noch einmal eine Selbstkorrektur: Ab den 70er Jahren nimmt Gadamer das Thema der Leiblichkeit in mehreren Aufsätzen auf.

Ich möchte im Folgenden zu zeigen versuchen, dass Gadamers Beitrag zum Verkörperungsparadigma über die bloße Einsicht in die sozial-kulturelle „Situiertheit“ oder „Eingebettetheit“ des menschlichen Verstehens hinausgeht. Die Entfaltung des Themas der Leibes- und der Leiblichkeit in seinem Spätwerk belegt – so meine These –, dass zwischen Gadamer und dem Verkörperungsparadigma nicht bloß hinsichtlich der Frage nach der „Eingebettetheit“ des Verstehens eine sachliche Nähe besteht, sondern auch hinsichtlich der Frage nach der konstitutiven Bedeutung der leiblichen Rahmenbedingungen für das Menschsein.

Die genannten Aufsätze hat Gadamer in einem Sammelband unter dem Titel *Über die Verborgenheit der Gesundheit* veröffentlicht. Dieser Titel lässt bereits erahnen, dass Gadamer seinen denkerischen Ausgang von dem Phänomen der Gesundheit nimmt. Doch genau genommen ist es gar nicht die Gesundheit, sondern gerade deren Mangel: die Krankheit, die Gadamer zufolge die Bedeutung von Leib- und Leiblichkeit für das Menschsein erhellt.

2 Die Verborgenheit der Leiblichkeit und deren „Sichtbarwerdung“ in der Krankheit

Dass Gadamer selbst das Thema von Leib- und Leiblichkeit so lange übersehen hat, liegt seinem Dafürhalten nach weniger in einer bloßen Nachlässigkeit seiner Forschung – hat doch beinahe die gesamte philosophische Zunft dieses Thema

11 Gadamer 2010, 24–47; 1993h, 284. „Der Ausdruck ist niemals bloß ein Zeichen, durch das man auf ein Anderes, Inneres zurückgewiesen wird. Im Ausdruck ist das Ausgedrückte selbst da, z. B. in den Zornesfalten der Zorn“ (Gadamer 1993b, 385).
12 Gadamer 1993c, 95.

ausgespart – als vielmehr in der grundsätzlichen Verborgenheit von Leib- und Leiblichkeit selbst. Dem menschlichen Denken wohnt der elementare Drang inne, seine Verhaftung im Körperlichen auszublenden: Die Philosophie steht vor „dem rätselhaften Phänomen des denkenden Bewußtseins [...], das sich von aller Leibgebundenheit und Zeitgebundenheit unabhängig immer weiter ins Unbestimmte hinausdenkend und weiterdenkend verliert“[13]. Auch wenn der Körper in zahlreichen Lebenssituationen thematisch wird, so bleibt er doch in seinen umfassenden Bezügen zum Geist und damit in seiner Leiblichkeit meist unberücksichtigt. Solange das leibliche Leben „funktioniert“, bleibt es für das Denken verborgen. Es verschwindet als natürlich gegebene Selbstverständlichkeit aus dem Bewusstsein. Doch was versteht Gadamer unter dem Begriff der Leiblichkeit?

Der Begriff der Leiblichkeit bezeichnet nicht etwas rein Material-Körperliches, sondern die gesamte Dimension des Lebens:

> Wenn wir das Wort Leib gebrauchen, dann haben wir mit einem nie ganz erloschenen Sprachgefühl eine unmittelbare Assoziation an ‚life‘, an Leben. ‚Leib und Leben‘ ist etwas anderes als das, was man messen kann. Dagegen entzieht sich ‚Körper‘, in dem weiten Bedeutungsumfang des Wortes, dem durchaus nicht, was man durch Objektivierung feststellen und messen kann.[14]

Während der Körper als objektiv fassbare Größe dem naturwissenschaftlichen Zugriff durch Experiment und Messung also unmittelbar offen steht, bleibt die Leiblichkeit als eine nicht messbare materiell-geistige Mischgröße zunächst verborgen.[15] Der Leib als der belebte und erlebte Körper entzieht sich dem direkten Zugriff, zumal der Leib selbst für denjenigen, der seinen Körper als den eigenen Leib erlebt, im alltäglichen Bewusstsein häufig unthematisch bleibt.[16]

---

13 Gadamer 1993c, 97 f.

14 Gadamer 1993a, 169.

15 „Geist – man denke nichts zu Hohes darin – Geist ist auch der Leib, und Geist ist auch das Lebendige, beides ist die Geistigkeit unserer Lebendigkeit, die wir selbst sind“ (Gadamer 1993f., 128).

16 Gadamer ringt um vielfältige Zugänge zu dem Phänomen der Leiblichkeit, was sich etwa in seiner Rezeption des aristotelischen Seelenbegriffs zeigt. Auch wenn dieser obskur und schwer fassbar sei, so stehe er doch für die geistgeladene Lebendigkeit des Körpers als Leiblichkeit und weise einen dualistischen Gegensatz zum Körper zurück: „Da redet man von dem Problem von Leib und Seele. Was Leib ist, glaubt man zu wissen. Was Seele ist, weiß niemand. Was Leib und Seele ist, vielleicht ein Dynamismus? Leib jedenfalls ist Leben, ist das Lebendige; Seele ist das Belebende, und so ist beides im Grund schon so ineinander gespiegelt, daß jeder Versuch der Objektivierung des einen ohne das andere oder des anderen ohne das eine irgendwo in die Lächerlichkeit führt“ (Gadamer 1993f., 126). „Vielleicht behält Aristoteles bis zum heutigen Tage

Erst von dem Phänomen der Krankheit aus glaubt Gadamer die Leiblichkeit umfassender offenlegen zu können. Während sich im Zustand der Gesundheit die leibliche Verfasstheit menschlichen Seins entzieht, wird diese im Zustand der Krankheit offenbar: Der gesunde Leib

> ist nicht etwas, das sich als solches bei der Untersuchung zeigt, sondern etwas, das gerade dadurch ist, daß es sich entzieht. Gesundheit ist uns also nicht ständig bewußt und begleitet uns nicht besorgt wie die Krankheit. Es ist nicht etwas, das uns zur ständigen Selbstbehandlung einlädt oder mahnt. Sie gehört zu dem Wunder der Selbstvergessenheit.[17]

In der Krankheit dagegen kommt die Leiblichkeit des Menschen in den Blick. In dem Verlust der für selbstverständlich erachteten Gesundheit des Leibes kann sichtbar werden, dass die Krankheit die Störung eines komplexen Gefüges von Körper und Geist bedeutet.[18] Dieses produktive „Aufklärungspotential" der Krankheit besteht nach Gadamer vor allem bei psychosomatischen und psychopathologischen Erkrankungen. Jedoch können auch scheinbar „bloß" körperliche Gebrechen dem Kranken Grundsätzliches über sein leiblich verfasstes Leben offenlegen. So kann beispielsweise ein gebrochener Arm schmerzlich offenbar machen, für welche Lebensbezüge ein gesunder Arm konstitutiv ist: Was eine Umarmung bedeutet, wird in seiner ganzen Tragweite erst deutlich, wenn jemand etwa aufgrund eines gebrochenen Arms niemanden mehr umarmen kann.

Der Zustand der Krankheit vermag also den Kranken auf die umfassende Dimension der Leiblichkeit aufmerksam zu machen. Im Anschluss an Viktor von Weizsäcker hält Gadamer die Krankheit deshalb weniger für eine Frage nach der bloßen Therapierbarkeit des Körpers als vielmehr für eine Frage nach der umfassenden Gesundheit des Leibes.[19] In der Krankheit kann deutlich werden, dass der gesunde Leib nicht in der Beschwerdefreiheit des Körpers aufgeht.

---

recht, wenn er sagt, die Seele sei überhaupt nichts anderes als die Lebendigkeit des Leibes, dieses in sich selbst erfüllte Dasein unserer selbst, das er Entelechie nannte" (Gadamer 1993c, 96).

17 Gadamer 1993f.; 126. „Es scheint nach Gadamer so zu sein, dass der Leib in seiner Ungestörtheit unauffällig und nur schwer bewusst zu thematisieren ist" (Langenbach/Koerfer 2006, 197).

18 Gadamer 1993j, 137. Gadamer begreift das Phänomen der Krankheit als sich aufdrängende „Aufständigkeit" des Leibes (Gadamer 1993f, 126).

19 Gadamer 1993c, 102; Weizsäcker 1987.

3 Die Gesundheit des Leibes

Fraglos hat der medizinische Fortschritt erstaunliche Therapiemöglichkeiten hervorgebracht. Doch all die technischen Neuerungen im Gesundheitswesen – so nützlich sie auch sein mögen – bergen nach Gadamer die Gefahr, Menschsein auf den Körper zu reduzieren. Gesundheit bedeutet in der modernen Medizin, dass der Körper normierten Messergebnissen entspricht.[20] Dementsprechend – so lautet Gadamers Vorwurf an ein durch den Glauben an technische Machbarkeit und Verobjektivierung verkürztes Menschenbild – droht die Medizin allein den Körper des zu behandelnden Menschen zu adressieren, dessen Leiblichkeit aber zu übergehen.[21] In der Behandlung besteht die Gefahr, dass der einzelne Kranke, seine Lebensbezüge und seine Lebensgeschichte in der Therapie wenig bis gar nicht in den Blick kommen. Damit aber bleibt das „Aufklärungspotential" der Krankheit ungenutzt. In der Krankheit kann nämlich durchaus sichtbar werden, dass die Gesundheit des Leibes weniger in einer körperlichen Partikulardimension als vielmehr in der Ganzheit der lebensweltlichen Bezüge besteht.

Gadamer ringt darum, das Wesen der Gesundheit näher zu fassen. Gesundheit begreift er als ein Zusammenstimmen des Körpers mit der Umwelt, und zwar sowohl mit der gesellschaftlichen als auch mit der natürlichen Umwelt.[22] Sie ist ein organisches Gleichgewicht, eine Rhythmik oder Harmonie des Lebens, ein Mit-den-Menschen-Sein.[23] Die Gesundheit des Leibes ist für Gadamer gleichbedeutend mit der „Wiedereinführung in den Kreislauf des menschlichen, des familiären, gesellschaftlichen, beruflichen Lebens".[24] Das heißt, der Gesunde ist mit den Aufgaben des Lebens tätig erfüllt.

Diese Bestimmungen der Gesundheit haben eines gemeinsam: Sie zielen allesamt auf die hermeneutische Figur von Teil und Ganzem. Wer die Gesundheit des Leibes verstehen will, muss sie vom Ganzen des Menschseins her denken, das die gesamte Dimension des Geistes mitumfasst. In der Antike – so Gadamer – war noch ein Bewusstsein dieser ganzheitlichen Dimension von Körper und Geist

---

20 „Die Gesundheit läßt sich Standartwerte, die man auf Grund von Durchschnittserfahrungen an den Einzelfall heranträgt, als etwas Ungemäßes nicht aufzwingen" (Gadamer 1993j, 138).

21 Gadamer 1993c, 108. Ähnlich argumentiert gegenwärtig beispielsweise Patrick Heelan (2001).

22 Gadamer 1993a, 166. Wir sind „Partner einer uns alle tragenden Lebenswelt. Und die Aufgabe, die uns allen als Menschen gesetzt ist, heißt, in dieser Lebenswelt unseren Weg zu finden und unsere wirklichen Bedingtheiten anzunehmen" (Gadamer 1993f, 132). Im Hintergrund aller dieser Bestimmungen steht ein holistisches Ganzheitsdenken, demgemäß alle Teile nur in der rechten Zusammenstimmung mit dem Ganzen den ihnen gemäßen Platz einnehmen.

23 Gadamer 1993j, 138, 144f., 147.

24 Gadamer 1993c, 104.

vorherrschend. Durch die Technisierung, Spezialisierung und Methodisierung seit der Moderne werde der Mensch jedoch zunehmend aus dem „Ganze[n] unseres In-der-Welt-Seins“[25] gerissen. In einer von menschlicher Machbarkeit überformten Moderne breche die Einheit des Lebens auseinander und die umfassende Leiblichkeit werde zu einer partikularen Körperlichkeit fragmentiert. Weil der moderne technische Zugriff immer nur Teile einer Sache in den Blick bekomme, sei es heute notwendiger denn je, vom Ganzen her zu denken, sodass der Mensch im Ganzen der Welt einen ihm entsprechenden Platz sowie ein ihm entsprechendes Gleichgewicht finden könne.[26]

Dieses Gleichgewicht ist nicht durch Messtechnik ermittelbar. Gadamer zufolge gibt es neben dem Maß, das man von außen an einen Gegenstand anlegt und mit dem man einen Gegenstand durch technische Hilfsmittel vermessen kann, auch ein „ein natürliches Maß, das die Dinge in sich selbst haben“.[27] Gadamer nimmt damit die platonische Unterscheidung zwischen Metron (μέτρον) und Metrion (μέτριον) auf und deutet sie im Hinblick auf die Gesundheit des Menschen.[28] Gesund ist ein Mensch dann, wenn sich alle seine körperlich-geistigen Lebensbezüge in einem inneren, dem Individuum gemäßen Gleichgewicht befinden. Entscheidend für Gadamer ist dabei, dass jeder Mensch sein eigenes Gleichgewicht, seine eigene Harmonie hat. Nur weil die Untersuchungswerte eines Patienten nicht den behördlich festgelegten Normalwerten, also dem Metron, entsprechen, muss dieser noch lange nicht krank sein. Erst dort, wo das individuelle innere Gleichgewicht von körperlichen und geistigen Bezügen, also das Metrion, gestört ist, ist ein Mensch krank.

Dieses Gleichgewicht hält Gadamer für unverfügbar. Gesundheit ist weder mach- noch herstellbar. Sie ist ein Geschenk, das der menschlichen Herrschaftssphäre entzogen bleibt. Gadamer verdeutlicht das am Beispiel des

---

25 Gadamer 1993c, 98. Fredrik Svenaeus hat überzeugend dargelegt, dass Gadamer sein Verständnis von Gesundheit vor dem Hintergrund des heideggerischen „In-der-Welt-seins“ entwickelt. Für Gadamer bedeute Gesundheit, in der Welt, in die der Einzelne geworfen ist, zuhause sein zu können, während Krankheit das Phänomen bezeichnet, in der eigenen Welt nicht zuhause sein zu können (Svenaeus 2001; Heidegger 2006, § 12).

26 Gadamer 1993j, 145.

27 Gadamer 1993j, 138.

28 Gadamer 1993f, 128f. Im Anschluss an das Webergleichnis, das den Staatsmann dadurch qualifiziert sieht, dass dieser verschiedene Elemente des Menschseins in angemessener Weise zu verweben vermag, unterscheidet Platon zwischen einem bloß relativen und einem absoluten Maß, um zu verdeutlichen, was „angemessen“ bedeutet. Während das relative Maß das Verhältnis einer Sache allein im Vergleich zu anderen Sachen bestimmt, ordnet das absolute Maß einer Sache den ihr gemäßen Platz zu, der immer ein mittig-ausgewogener ist (Platon 2005, 283b–285c).

Schlafs.[29] Obwohl der Schlaf für die Regeneration von Körper- und Geistesfunktionen lebensnotwendig ist, sind Einschlafen und Erwachen nichts, worüber man frei verfügen kann. Sie kommen über einen. Wer versucht, sie durch Medikamente zu erzwingen, der mag auf körperlicher Ebene die Schlaflosigkeit besiegen, wirkliche Ruhe und Erholung, die nur im unverfügbaren Zusammenstimmen von körperlich-geistigen Bezügen möglich sind, wird er damit jedoch nicht finden können.

Die Unverfügbarkeit der Gesundheit gilt nach Gadamer auch in Hinblick auf das ärztliche Tun. Die Wirkungseffekte von Behandlungsmaßnahmen vermag der Arzt nur in begrenztem Maße zu kontrollieren. Neben der Mithilfe des Patienten tragen eine unüberschaubare Vielzahl von Faktoren dazu bei, dass ein Kranker wieder zu einem inneren Gleichgewicht kommen kann. Gadamer argumentiert entlang des schönen Dictums *medicus curat natura sanat*. Der Arzt kann durch Behandlung eine Hilfestellung dabei leisten, dass der Leib wieder ins Gleichgewicht kommt, gesund machen kann er ihn jedoch nicht: „Alles in allem bleibt es eben dabei, daß die eigentliche Leistung eines Arztes nicht ist, etwas zu machen. Er kann gewisse Steuerungsbeiträge zur Gesundheit, zum Gesundwerden beitragen."[30] Liegt dem ärztlichen Selbstverständnis eine solche Auffassung der Gesundheit als einer unverfügbaren Harmonie einer umfassend zu denkenden Leiblichkeit zugrunde, dann kann Gadamer der von ihm vielfältig gescholtenen, auf Messtechnik beruhenden Behandlungspraxis einen Steuerungsbeitrag zur Erhaltung oder Wiederherstellung der Gesundheit zuerkennen.[31]

---

29 Gadamer 1993j, 145.

30 Gadamer 1993j, 141.

31 Auffällig in Gadamers Ausführungen zur Leiblichkeit und Gesundheit ist die organische Färbung der hermeneutischen Figur von Teil und Ganzem. Gadamer beschwört „die Einheit des Seins selbst, [die] [...] das Ganze von den Sternenbewegungen über die Witterungen, über die Wasserbedingungen und die Beschaffenheit der Äcker und Wälder [ist], das die Natur des Menschen in seinem Befinden und in seiner Gefährdung umschließt" (Gadamer 1993j, 147). Er ruft im Rekurs auf Viktor von Weizsäcker das „Geheimnis des ‚Kreises' [an,] [...] das Geheimnis dieses sich selbst erhaltenden Unendlichen, das sich im organischen Leben zeigt" (Gadamer 1993d, 116). Er ermahnt zur Treue mit dem „Kreis des All-Einklangs" als einer „innere[n] Maßhaftigkeit des sich als lebendig verhaltenden Ganzen" (Gadamer 1993f., 129). Dem Leser drängt sich hier die Frage auf, ob diese Wendungen nur pathetischer Ausdruck einer ökologischen Sensibilität sind oder ob sich dahinter eine organische Einheitsmystik verbirgt, die in Deutschland von 1890 an recht verbreitet war (Hau 2000). Selbst wenn man Gadamer eine solche Mystik unterstellt – was naheliegt –, so hat er für diese nur den Anspruch eines Korrektivs erhoben. Angesichts der sich immer weiter fortschreitenden Spezialisierung und Fragmentierung aller Lebens- und Wissensbereiche sei es unumgänglich, die verloren gegangene Einheit des Lebens zumindest als Thema wiederzugewinnen. „So viel ist jedenfalls klar – der Begriff der ‚Ganzheit' ist ein kunstvoller Ausdruck –, der durch seinen Gegenbegriff, die ‚Spezialisierung' notwendig [...] geworden ist"

4 Die Bedeutung der Sprache für die Gesundheit des leiblich verfassten Lebens

Soll der Steuerungsbeitrag, den ärztliches Tun leisten kann, tatsächlich nicht nur der körperlichen, sondern auch der leiblichen Gesundheit dienen, so muss der Arzt neben den körperlichen Bezügen zugleich geistige Lebensbezüge adressieren. Das bedeutet, dass medizinisches Handeln nie allein auf den Körper gerichtet sein darf, sondern den gesamten Menschen in den Blick nehmen muss.[32] Das gilt für den gesamten Bereich der Psychopathologie, aber in abgeschwächtem Sinne selbst für scheinbar rein körperliche Verletzungen wie einen Armbruch. Wäre das ärztliche Tun ausschließlich auf den gebrochenen Arm ausgerichtet und würde den unter dem gebrochenen Arm leidenden Menschen mit seinen Schmerzen und Sorgen vollständig ignorieren, ihm weder durch ein Lächeln noch ein freundliches Wort Wertschätzung erfahren lassen, würde der fachlich tadellos eingegipste Arm zwar auch heilen, dennoch aber würde der Patient sich nicht gut behandelt fühlen. Er würde seine Erwartung enttäuscht finden, dass sich der Arzt um ihn als ganzen Menschen kümmere. Denn was für die impliziten Selbstverständlichkeiten des sozialen Umgangs gilt, das hat für das ärztliche Tun in besonderem Maße Gültigkeit: Wird der Mensch nur als Mittel und nicht immer auch als Zweck angesehen und behandelt, so verletzt man sein Menschsein, weil Teilaspekte des Menschen (Mittel) nie völlig vom Menschsein als Ganzes abstrahiert werden dürfen.[33] Die Gültigkeit dieses Grundsatzes wird vor allem dort deutlich, wo derselbe verletzt wird: Wenn jemand nicht ein Mindestmaß an Wertschätzung erfährt, wird er das als Herabsetzung empfinden, die sein Gleichgewicht der Lebensbezüge durcheinanderbringt.

Den gesamten Menschen zum Gegenstand der Behandlung werden zu lassen, bedeutet dabei nicht, die für den Arzt notwendige professionelle Distanz aufgeben zu müssen. Im Gegenteil: Auch im Rahmen einer professionellen Distanz kann und soll der ganze Mensch zum Adressat der Behandlung werden. Zum Glück nehmen die meisten Ärzte natürlicherweise auch den ganzen Menschen wahr. Doch dieses natürliche Verhalten sieht Gadamer durch Spezialisierung, Rationalisierung, Technisierung und Anonymisierung des medizinischen Betriebes bedroht.[34]

(Gadamer 1993j, 136). Nur im Gegenüber zu isolierten Einzelkenntnissen bedarf es der Rede vom lebendigen Allkreis.

32 Gadamer 1993c, 108.

33 Gadamer 1993g, 168–170.

34 Gadamer 1993a, 164.

Diese Bedrohung kann nach Gadamer nur abgewehrt werden, wenn die Sprache, genauer, das verkörperte[35] Gespräch, eine neue Wertschätzung erfährt.[36] Gespräch ist dabei sehr viel mehr als Informationsvermittlung: „Nicht dies, daß wir da etwas Neues erfahren haben, machte das Gespräch zu einem Gespräch, sondern daß uns im anderen etwas begegnet ist, was uns in unserer eigenen Welterfahrung so noch nicht begegnet war.“[37]

Am Beispiel des ärztlichen Patientengespräches verdeutlicht Gadamer das salutogene Potential des Gesprächs: „[I]m Bereich der Medizin [ist] das Gespräch keine bloße Einleitung und Vorbereitung der Behandlung. Es ist bereits Behandlung und geht in die weitere Behandlung ein, die zur Heilung führen soll.“[38] Das Gespräch hat also nicht nur Bedeutung im Bereich der Diagnostik, für die die im Gespräch gewonnenen Informationen meist unverzichtbar sind. Das Patientengespräch ist auch von größter Relevanz für die leibliche Gesundheit, also die umfassenden Lebensbezüge des Patienten. Gadamer verdeutlicht den Unterschied dieser beiden Gesprächsformen anhand einer Anekdote:

---

35 Sprache ist für Gadamer stets an die lebendige Stimme und den einzelnen Sprecher gebunden. Im Sprechakt, in Riten und in Gesten wird Sprache verkörpert. So wird etwa „im Sprechen des großen Schauspielers auf der Bühne das Wort ‚Fleisch‘“ (Gadamer 1993e, 420). Gadamer verweist auch auf die gestische Kommunikation, die für das Sprechen elementar ist, vgl. Gadamer 1997/98, 30. In *Wahrheit und Methode* entfaltete Gadamer die „Verkörperung“ der Sprache zum einen im Rekurs auf philosophische Traditionen bei Platon, Aristoteles, Plotin u. a., zum anderen im Rekurs auf theologische Traditionen bei Augustin, Thomas von Aquin, Luther, Herder. Bei dieser Entfaltung der Bedeutung der Sprache schreckte Gadamer nicht vor Ontologisierungen zurück, die in der kontemporären Verkörperungsforschung wohl nur schwer anschlussfähig sind. So kommt Gadamer im sprachphilosophischen Teil von *Wahrheit und Methode* zu dem Ergebnis, dass das innere Verbum, der geistige Sinn, sich erst dann voll realisiert, wenn es in der Welt eine äußerlich verlautbare Gestalt erhält. Um die Zusammengehörigkeit von innerem Wort und äußerer Sprache zu verdeutlichen, greift Gadamer sogar die christliche Inkarnationslehre auf (Gadamer 2010, 422 f.). Dass in der Lehre der Inkarnation Gott, das ewige Wort, selbst Fleisch und leibhaftig Mensch wird, bedeutet nicht nur eine „Einkörperung“ des Wortes, also eine kontingente Ausdrucksgestalt eines ewigen Gottes. Inkarnation bedeutet, dass Gott selbst sich an den Leib bindet und ohne Leiblichkeit nicht gedacht werden kann. Gleichwie das ewige göttliche Wort immer auch als leiblich inkarniertes Wort zu begreifen ist, muss auch das innere Wort, also der gemeinte Sinn, immer in Abhängigkeit zum sprachlichen Ausdruck gedacht werden (Oliva 2009, 213). Der innere Sinn kann nur dann Wirklichkeit gewinnen, wenn er sich in einer bestimmten geschichtlich gewordenen Nationalsprache „einkörpert“.

36 Bereits in *Wahrheit und Methode* sah Gadamer die Sprache im Gespräch verkörpert. Er knüpft hier an seine dortigen sprachphilosophischen Ausführungen an (Gadamer 2010, 368 – 494).

37 Gadamer 1993i, 211.

38 Gadamer 1993a, 162.

> Ich kannte einen berühmten Pathologen, der mir eines Tages sagte: ‚Wenn ich krank werde, dann gehe ich zu meinem internistischen Kollegen (der auch ein berühmter Mann war) und lasse mir sagen, was es ist – und dann suche ich mir einen Arzt, der mich behandeln soll.‘[39]

Diagnostik und Behandlung sind im ärztlichen Tun also nicht identisch. Während die Diagnostik auf partikularisierender Fach*theorie* beruht, gründet die Behandlung in der Sensibilität für die holistische *Praxis* des Menschseins.[40] Zwischen beiden eine Brücke zu schlagen, stellt eine Herausforderung der ärztlichen Zunft dar, die zu meistern nur im gelingenden Gespräch möglich ist. Im gelingenden Gespräch

> regen wir wieder den beständigen Ausgleich von Schmerz und Wohlbefinden an und die sich immer wiederholende Erfahrung der Wiederfindung der Balance. [...] Doch gelingt dieses Gespräch eigentlich erst, wenn es fast genauso ist wie das, was wir auch sonst im Zusammenleben kennen, nämlich daß man in ein Gespräch gerät, das eigentlich keiner führt, sondern das uns alle führt.[41]

Im letzten Satz mag man eine mystische Entzogenheit und Unverfügbarkeit des Gespräches heraushören. Und in der Tat, eine solche unterschwellige Mystik findet sich bei Gadamer öfters.[42] Jedoch meint Gadamer hier in erster Linie wohl etwas anderes: Nicht weil dem Gespräch eine verborgene Mystik innewohnt, erfahren sich zwei im Gespräch vertiefte Menschen von der Sprache geführt, sondern weil die Sprache selbst „eine Sedimentation von Erfahrung und Weisheit [ist], die schon in den Worten zu uns spricht."[43] In der Sprache haben sich in Wortbedeutung und Überlieferungsbestand über hunderte von Jahren Erkenntnisse verdichtet, sodass dem Sprecher meist gar nicht mehr klar ist, welche kulturellen Assoziationen im Wortgebrauch mit anklingen. Doch auch und vielleicht sogar gerade in den nicht durchschauten Sinn- und Bedeutungsschichten der Sprache liegt die Möglichkeit, dass ein Gespräch durch diese geleitet und geführt wird. Insofern ist für Gadamer das therapeutische Gespräch auch ein Verweis auf das menschliche Gespräch überhaupt, in dem stets ein kulturelles Erbe geborgen liegt. Von diesem kulturellen Erbe aus, das sich in der Sprache sedimentiert hat, verspricht sich Gadamer die Überwindung der vorherrschenden Leibvergessenheit

---

39 Gadamer 1993a, 174.
40 Gadamer 1993f., 123f.
41 Gadamer 1993a, 172.
42 Gadamer 2010, 16, 33f., 232ff.
43 Gadamer 1993f., 122.

sowie die Wiederentdeckung der zentralen Bedeutung des Gesprächs für die Gesundheit des leiblich verfassten Lebens.[44]

Literatur

Fingerhut, Joerg/Rebekka Hufendiek/Markus Wild (2013): „Einleitung", in: J. Fingerhut/R. Hufendiek/M. Wild (Hgg.), *Philosophie der Verkörperung. Grundlagentexte zu einer aktuellen Debatte*, Berlin/Boston, 9 – 102.

Gadamer, Hans-Georg (1993a): „Behandlung und Gespräch", in: Hans-Georg Gadamer, *Über die Verborgenheit der Gesundheit*, Frankfurt a.M., 159 – 175.

Gadamer, Hans- Georg (1993²b): „Exkurse I-VI", in: Hans-Georg Gadamer, *Hermeneutik II. Wahrheit und Methode. Ergänzungen. Register* [1986], GW 2, Tübingen, 375 – 386.

Gadamer, Hans-Georg (1993c): „Leiberfahrung und Objektivierbarkeit", in: Hans-Georg Gadamer, *Über die Verborgenheit der Gesundheit*, Frankfurt a.M., 95 – 110.

Gadamer, Hans-Georg (1993d): „Zwischen Natur und Kunst", in: Hans-Georg Gadamer, *Über die Verborgenheit der Gesundheit*, Frankfurt a.M., 111 – 120.

Gadamer, Hans-Georg (1993e): „Zur Phänomenologie von Ritual und Sprache", in: Hans-Georg Gadamer, *Ästhetik und Poetik I. Kunst als Aussage*, GW 8, Tübingen, 400 – 440.

Gadamer, Hans-Georg (1993f): „Philosophie und praktische Medizin", in: Hans-Georg Gadamer, *Über die Verborgenheit der Gesundheit*, Frankfurt a.M., 121 – 132.

Gadamer, Hans-Georg (1993²g): „Über die Planung der Zukunft", in: Hans-Georg Gadamer, *Hermeneutik II. Wahrheit und Methode. Ergänzungen. Register* [1986], GW 2, Tübingen, 168 – 170.

Gadamer, Hans-Georg (1993²h): „Rhetorik und Hermeneutik", in: Hans-Georg Gadamer, *Hermeneutik II. Wahrheit und Methode. Ergänzungen. Register* [1986], GW 2, Tübingen, 276 – 291.

Gadamer, Hans-Georg (1993²i): „Die Unfähigkeit zum Gespräch", in: Hans-Georg Gadamer, *Hermeneutik II. Wahrheit und Methode. Ergänzungen. Register* [1986], GW 2, Tübingen, 207 – 215.

Gadamer, Hans-Georg (1993j): „Über die Verborgenheit der Gesundheit", in: Hans-Georg Gadamer, *Über die Verborgenheit der Gesundheit*, Frankfurt a.M., 133 – 148.

Gadamer, Hans-Georg (1997/98): „Die Logik des verbum interius. Hans-Georg Gadamer im Gespräch mit Gudrun Kühne-Bertram und Frithjof Rodi", in: *Dilthey-Jahrbuch für Philosophie und Geschichte der Geisteswissenschaften* 11: 19 – 30.

Gadamer, Hans-Georg (2010⁷): *Wahrheit und Methode. Grundzüge einer philosophischen Hermeneutik* [1960], Tübingen.

Gallagher, Shaun (2009): „Philosophical antecedents of situated cognition", in: P. Robbins/M. Aydede (Hgg.), *Cambridge handbook of situated cognition*, Cambridge, 35 – 51.

Hau, Michael (2000): „The holistic gaze in German medicine: 1890 – 1930", in: *Bulletin of the History of Medicine* 74: 495 – 524.

Heelan, Patrick A. (2001): „The lifeworld and scientific interpretation", in: S. K. Toombs (Hg.), *Handbook of phenomenology and medicine*, Dordrecht, 47 – 66.

44 Gadamer 1993c, 104f.

Heidegger, Martin (2006[15]): *Sein und Zeit* [1927], Tübingen.
Johnson, Mark (1987): *The body in the mind: The bodily basis of meaning, imagination, and reason*, Chicago.
Langenbach, Michael/Armin Koerfer (2006): „Körper, Leib und Leben", in: *Zeitschrift für qualitative Bildungs-, Beratungs- und Sozialforschung* 7: 191–216.
Oliva, Mirela (2009): *Das innere Verbum in Gadamers Hermeneutik*, Tübingen.
Platon (2005[4]): *Politikos*, Werke in acht Bänden. Griechisch und Deutsch. Bd. 6, Darmstadt.
Spivey, Michael/Daniel Richardson (2009): „Language processing embodied and embedded", in: P. Robbins/M. Aydede (Hgg.), *Cambridge handbook of situated cognition*, Cambridge, 382–400.
Svenaeus, Fredrik (2001): „The phenomenology of health and illness", in: S. K. Toombs (Hg.), *Handbook of phenomenology and medicine*, Dordrecht, 87–108.
Thompson, Evan (2010): *Mind in life: Biology, phenomenology, and the sciences of mind*, Cambridge.
Varela, Francisco J./Evan Thompson/Eleanor Rosch (1992): *Der mittlere Weg der Erkenntnis. Die Beziehung von Ich und Welt in der Kognitionswissenschaft – der Brückenschlag zwischen wissenschaftlicher Theorie und menschlicher Erfahrung*, Bern.
Weizsäcker, Viktor von (1987): „Krankengeschichte" [1928], in: Viktor von Weizsäcker, *Gesammelte Schriften* 5, Frankfurt a.M., 48–66.
Zwaan, Rolf A./Michael P. Kaschak (2009): „Language in the brain, body, and world", in: P. Robbins/M. Aydede (Hgg.), *Cambridge handbook of situated cognition*, Cambridge, 368–381.

2 Die Einheit von Wahrnehmung und Bewegung

Katja Mombaur

Wie viel Intelligenz steckt in der Mechanik unseres Körpers?

Passiv-dynamische Roboter, menschliche Bewegungsstudien, mathematische Modelle und Kleists Marionettentheater

Abstract: The human body largely determines how a human interacts with the environment by providing simultaneously both the senses to perceive and the ability to perform actions by moving parts of the body. This article discusses the role of embodiment for movements of humans and other anthropomorphic systems from different perspectives. In contrast to other articles in this book, the focus is not only on the general existence of embodiment but on the specific form of the embodiment, i.e., the detailed mechanical properties of the body and their effect on the nature of its motions. The body not only imposes limitations on the range of motions to be performed but also provides opportunities to reduce the movement control burden of the brain and the nervous system if the mechanical properties of the body are adequately exploited – or as we call it – the intelligence of the mechanics is considered.

The article consists of three parts. The first part discusses the role of intelligent mechanics for generating and controlling the movements of simple and more complex anthropomorphic systems in robotics and biology. In the second part, I describe the mathematical perspective on movement studies using mathematical models, simulation, and optimization in order to gain new insights into embodied movements. In the third part, I take the perspective of literary science focusing on the famous essay „On the Marionette Theater" by Heinrich von Kleist. Its statements about the elegance of the motions of marionettes and the superiority of simple mechanics over complex actuated systems are analyzed in light of the background provided before on mechanics, biomechanics, robotics and mathematics.

Die Bedeutung der sensomotorischen Interaktion des menschlichen Körpers für die Kognition ist in der Verkörperungstheorie in Kognitionswissenschaft und Philosophie weithin anerkannt. Der Mensch erfährt seine Umwelt über die verschiedenen Sinne seines Körpers, deren Messwerte – mit den damit verbundenen Ungenauigkeiten und unvollständigen Informationen – an das Gehirn übermittelt werden. Das Gehirn fungiert auch als zentrale Kontrollinstanz für Bewegungen,

DOI 10.1515/9783110528626-006

indem es über ein komplexes neuronales System Bewegungssignale an die einzelnen Muskeln sendet, die die Segmente des Körpers bewegen. Dabei kann das Gehirn dem Körper allerdings keine beliebigen Bewegungen aufzwingen, sondern ist an die dynamischen Eigenschaften des Körpers gebunden, die die Zusammenhänge zwischen Kräften und Bewegungen definieren und Beschränkungen durch die kinematischen Gelenkgrenzen, die Kraft- und Geschwindigkeitsgrenzen der muskulären Kontraktion sowie die Beschränkungen in den Signalprozessen respektieren müssen. Gleichzeitig bilden die dynamischen Eigenschaften bei geschickter Ausnutzung aber auch ein großes Potential, sodass ein Teil der Bewegungsintelligenz in den Körper verlagert werden kann. Man kann dies als eine Verschränkung von Bewusstsein und Körper interpretieren, die nur funktioniert, wenn beide Teile gut aufeinander abgestimmt ihre Rollen übernehmen.

In diesem Artikel werde ich die Rolle der Verkörperung für die Bewegung des Menschen und anderer anthropomorpher Systeme aus verschiedenen Perspektiven diskutieren. Im Gegensatz zu einigen anderen Artikeln dieses Buches meine ich mit „Verkörperung" nicht allein die Tatsache, dass ein Körper existiert. Vielmehr geht es mir um die Analyse der konkreten Ausprägung des Körpers, also seiner genauen mechanischen Eigenschaften und deren Auswirkungen auf die Natur der Bewegungen. Insbesondere beschäftige ich mich mit der Fragestellung, wie intelligent die Mechanik des Körpers sein kann, d. h. wie eine geschickte Wahl dieser mechanischen Eigenschaften die kognitive Bewegungsregelung entlasten kann.

Der Artikel gliedert sich in drei Teile. Der erste Teil beschreibt die Rolle der intelligenten Mechanik bei Bewegungen einfacher und komplexer anthropomorpher Systeme in der Robotik, der Biomechanik und in den Kognitionswissenschaften. Im zweiten Teil stelle ich die Perspektive der Mathematik dar und erläutere anhand einiger Beispiele, welche Rolle mathematische Modelle bei der Untersuchung der Verkörperung einnehmen können. Im dritten Teil kommen die Literaturwissenschaften ins Spiel: In seinem Essay „Über das Marionettentheater"[1] hat Heinrich von Kleist sich mit verkörperten Bewegungen von Marionetten beschäftigt. Ich analysiere die Aussagen dieses Essays aus mechanischer Perspektive und vor dem Hintergrund der beschriebenen mathematischen Modelle und beschreibe Beziehungen zu den Arbeiten in der Robotik. Die ersten beiden Teile stellen damit eine wesentliche Vorbereitung für den dritten Teil dar.

1 Kleist 1983.

1 Die intelligente Mechanik und ihre Rolle bei einfachen und komplexen Bewegungen in Robotik, Biomechanik und Kognitionswissenschaften

Im ersten Teil dieses Artikels möchte ich zeigen, dass im Falle einer intelligenten Mechanik bereits bei einfachen Systemen natürliche Bewegungen ganz ohne Sensorik und zentrale Steuerungseinheit entstehen können, wie am Beispiel der passiv-dynamischen Roboter erläutert wird. Diese einfachen Systeme stellen einen wichtigen Schritt für das Verständnis der Bewegungen des komplexen menschlichen Bewegungsapparates dar. Ich diskutiere außerdem, dass viele natürliche Bewegungen auf die Optimierung mechanischer Kriterien zurückgeführt werden können. Außerdem kann die Mechanik Einblicke in kognitive und mentale Abläufe bieten: Wie am Ende des Abschnitts erläutert wird, können auch komplexe Vorgänge wie die Erzeugung der emotionalen Körpersprache auf der Basis der mechanischen Eigenschaften der Bewegungen beschrieben werden.

Die bereits in der Einführung des Übersichtsbandes „Philosophie der Verkörperung“[2] genannten passiv-dynamischen Roboter stellen ein hervorragendes Beispiel für mechanische Bewegungsintelligenz dar. Passiv-dynamische Roboter sind relativ simple, rein mechanische zweibeinige Systeme aus mehreren Starrkörpern, die weder über Sensoren, Mikroprozessoren oder Regelsysteme noch über irgendwelche Antriebe wie Motoren verfügen.[3,4] Diese Roboter[5] haben also keinerlei Möglichkeit, ihre Umwelt aktiv wahrzunehmen oder aktiv ihre Bewegungen zu steuern. Sie sind trotzdem in der Lage erstaunlich natürlich schiefe Ebenen hinunterzulaufen, ihrer natürlichen Dynamik folgend und angetrieben lediglich durch die Gravitationskraft. Dabei sind sie energetisch extrem effizient und selbst-stabil. Allerdings setzt dies voraus, dass alle mechanischen Eigenschaften, wie Geometrie des Läufers, Massenverteilung, Steigung der schiefen Ebene etc., in geeigneter Weise aufeinander abgestimmt sind. Passiv-dynamische Roboter haben in der Regel keine vollständig anthropomorphe Gestalt, sondern häufig nur Beine und ggf. einen Zentralkörper. Trotz ihrer Einfachheit zeigt der

---

2 Fingerhut/Hufendiek/Wild 2013.

3 McGeer 1990.

4 Garcia/Chatterjee/Ruina 1998.

5 Die Bezeichnung „Roboter“ ist in diesem Zusammenhang aufgrund der fehlenden Sensorik und Aktuatorik z.T. umstritten; häufig redet man nur von „passive-dynamic walkers“ oder „passive-dynamic walking machines“, auf Deutsch: passiv-dynamische Läufer.

Gang dieser passiv-dynamischen Systeme eine große Ähnlichkeit mit dem menschlichen Gang auf ebenem Untergrund, der ebenfalls durch eine hohe Effizienz und Stabilität gekennzeichnet ist.

Passiv-dynamische Roboter haben in einem Teilgebiet der Robotik seit Ende der 1980er Jahre großes Interesse hervorgerufen. Es gibt aber auch deutlich ältere Spielzeuge passiv-dynamischer Bauweise, z. B. in Form eines Pinguins aus dem Jahr 1938.[6] Als besonders simples Beispiel eines passiv-dynamischen Systems kann auch das einfache Stehaufmännchen herangezogen werden, an dem das Prinzip der intelligenten Mechanik besonders anschaulich erläutert werden kann. Es besteht lediglich aus einem Körper ohne zusätzliche Arme oder Beine, und die Unterseite ist abgerundet, in der Regel in Form einer Halbkugel. Stößt man das Stehaufmännchen an, so richtet es sich automatisch auf, ohne dass irgendeine Auslenkung gemessen oder aktive Maßnahmen gegen die Störung ergriffen werden können. Das Aufrichten ist möglich, da der Schwerpunkt des Stehaufmännchens sehr tief liegt, genau genommen tiefer als der Krümmungsmittelpunkt der Halbkugel, und deshalb automatisch zu rücktreibenden Kräften führt. Bei einem weniger intelligenten Design mit einem höheren Schwerpunkt würde jede Störung automatisch zum Umfallen des Systems führen. Prinzipiell sind die Mechanismen bei den passiv-dynamischen Läufern dieselben, nur dass hier die intelligente Mechanik durch ein komplexeres Zusammenwirken der einzelnen Segmente entsteht.

Unsere früheren Forschungen haben gezeigt, dass die Prinzipien der intelligenten Mechanik und der Eigenschaft der Selbststabilität – also der Stabilität ganz ohne Regelung – auch auf komplexere und sogar aktuierte Systeme ausgeweitet werden können. Es gibt Methoden, wie in Abschnitt 2 dargestellt, die dabei helfen, die in diesem Fall noch deutlich komplexere Abstimmung der mechanischen Parameter durchzuführen.[7] Des Weiteren können nicht nur die mechanischen Eigenschaften des Starrkörpersystems, sondern auch die Eigenschaften des Aktuators – wie im Fall der menschlichen Muskulatur – zur Selbststabilität beitragen.

Den sehr natürlich und flüssig wirkenden Bewegungen der passiv-dynamischen Roboter können wir die deutlich eckigeren und langsameren Bewegungen vieler humanoider Roboter gegenüberstellen. Als humanoide Roboter bezeichnet man Roboter mit einer weithin menschenähnlichen Gestalt, also mit Oberkörper, Kopf, Beinen und Armen. Heutige humanoide Roboter sind technologisch sehr fortgeschritten, aber mechanisch in der Regel wenig intelligent aufgebaut. Anstatt der natürlichen Dynamik des Systems zu folgen und auf diese Weise viel Energie

6 Wilson 1938.

7 Mombaur/Bock/Schlöder/Longman 2005; Mombaur/Longman/Bock/Schlöder 2005.

und Kontrollaufwand zu sparen, führen sie häufig mechanisch weniger zu ihnen passende Bewegungen aus, die den Gesetzmäßigkeiten der natürlichen Dynamik widersprechen. Diese wirken sehr viel „maschineller", also künstlicher und unnatürlicher als die Bewegungen der passiv-dynamischen Roboter. Die Bewegungen können den Robotern nur mit viel Antriebs- und Kontrollaufwand aufgezwungen werden, was wiederum nur durch eine sehr mächtige zentrale Steuereinheit (das Robotergehirn) und ein sehr komplexes Regelsystem möglich ist. Unter anderem dieser hohe Aufwand macht die Roboterbewegungen häufig sehr langsam. Gleichzeitig haben humanoide Roboter aber mit diesem Ansatz den Vorteil der größeren Flexibilität und Vielseitigkeit. Während passiv-dynamische Roboter nur in der Lage sind, eine oder wenige verschiedene Bewegungen auszuführen, können humanoide Roboter dazu programmiert werden, eine ganze Reihe von verschiedenen Bewegungen auszuführen. In den letzten zehn Jahren sind auch zunehmend erweiterte passiv-dynamische Roboter entstanden, die nicht mehr ganz passiv, sondern mit etwas Aktuation und Regelung ausgestattet waren. Diese können zwar auf ebenem Grund laufen und sind immer noch beeindruckend effizient[8], sie sind aber noch längst nicht flexibel. Konzepte der passiv-dynamischen Roboter haben bisher kaum Eingang in die humanoide Robotik gefunden. Von einer erfolgreichen Kombination beider Konzepte, wie sie sicher wünschenswert wäre, ist man in der Roboterpraxis leider noch weit entfernt.

Die intelligente Mechanik spielt auch eine wichtige Rolle bei menschlichen Bewegungen. Trotz ihrer Einfachheit werden passiv-dynamische Roboter auch dafür eingesetzt, mehr über den menschlichen Gang zu erfahren, da es eine Reihe von Ähnlichkeiten gibt, auch wenn menschliches Gehen nicht vollständig ohne Aktuierung und Regelungsschleifen auskommt. Alltägliche menschliche Gehbewegungen bei gemäßigtem Tempo sind ebenfalls relativ effizient und werden mit vergleichsweise geringer Muskelaktivität durchgeführt. Menschliche Gehbewegungen sind auch relativ stabil, und die Regelung von Gehen auf ebenem Untergrund erfolgt auf sehr niedrigem Niveau.

Beim Menschen ist der Unterschied zwischen natürlichen und unnatürlichen Bewegungen leicht beim Erlernen eines schwierigen Bewegungsablaufes zu beobachten: Während am Anfang alles bewusst durch das Gehirn gesteuert wird, laufen die Bewegungen mit Fortschreiten des Lernprozesses immer unbewusster, flüssiger und effizienter ab. In unserem aktuellen EU-Projekt KoroiBot[9] untersu-

8 Collins/Ruina/Tedrake/Wisse 2005; Bhounsule/Cortell/Grewal/Hendriksen/Karssen/Paul/Ruina 2014.
9 EU FP7 ICT Project KoroiBot, 2013–2016.

chen wir menschliche Gangbewegungen in einer Reihe von Situationen (ebener Untergrund, Treppen, schiefe Ebenen, Balken, Geröll, Trittsteine, Wippen etc.) und analysieren, wie viel durch die reine Mechanik geleistet werden kann und wie viel kognitiver Beitrag – am Anfang und nach dem Abschluss des Lernprozesses – notwendig ist. Je komplexer die Laufsituation, desto größer wird der kognitive Anteil und desto geringer der mechanische Anteil an der Bewegungserzeugung sein. Darüber hinaus entwickeln wir in KoroiBot auf der Basis dieser Erkenntnisse Methoden, um auch komplexen humanoiden Robotern die Generierung mechanisch intelligenter und stabiler Bewegungen in ganz unterschiedlichen Laufsituationen zu ermöglichen.

Es ist eine verbreitete Hypothese, dass viele – insbesondere alltägliche – Bewegungen der Menschen und Tiere sich aufgrund der Phylogenese und Epigenese optimal ausgeprägt haben.[10] Diese Aussagen stehen mit grundlegenden Annahmen der Bionik zur Optimalität natürlicher Strukturen und Prozesse (und ihres Vorbildcharakters für die Technik) in Einklang. Im Laufe der Evolution hat sich die menschliche Statur optimal an den zweibeinigen Gang angepasst, aber auch die Ausführung häufig wiederholter Bewegungen ist in der Regel optimal. Die anthropomorphe Struktur ist für die meisten Bewegungsaufgaben hochgradig redundant, d. h. sie würde prinzipiell erlauben, allgemeine Aufgaben wie Gehen und Greifen auf ganz unterschiedliche Weisen durchzuführen. Allerdings erscheinen uns davon nur sehr wenige natürlich und die meisten anderen absolut unglaubhaft oder sogar lächerlich, wie sehr eindrucksvoll von John Cleese in Monty Python's „Ministry of Silly Walks"[11] dargestellt. Die natürlichen Bewegungen können in der Regel auf die Optimierung naheliegender mechanischer Eigenschaften des menschlichen Bewegungssystems, wie eine Minimierung der Energie oder eine Maximierung der Effizienz, zurückgeführt werden. Hierbei optimiert der Mensch nicht bewusst ein solches Kriterium, aber es scheint, als ob die Mechanik die Lernprozesse unbewusst in derartige Optima leitet und das Gehirn und die neuronalen Reflexschleifen auf die entsprechenden Kontrollsignale trainiert. Eine ähnliche Optimierung – wenn auch zum Teil durch bewussteres Training unterstützt – ist bei Bewegungen im Sport zu beobachten. Das verwendete Optimierungskriterium variiert in Abhängigkeit von der Bewegungsaufgabe und besteht häufig aus einer Mischung verschiedener einzelner Optimierungsziele. Eine wichtige Fragestellung, die über die Grenzen verschiedener Bewegungstypen hinausgeht, ist die nach den Gemeinsamkeiten aller natürlichen bzw. menschenähnlichen Bewegungen, die zu einer allgemeingültigen Definition,

---

10 Alexander 1996; Alexander 2006.
11 Monty Python 1970.

z. B. in Form von Komponenten der Zielfunktion, führen könnten. Neben den gemeinsamen Komponenten der Zielfunktionen der Bewegungsklassen gibt es auch sehr individuelle Variationen, die als neue Terme hinzukommen, um den persönlichen Bewegungsstil einer Person oder eine besondere Gemütslage kennzeichnen.

Die Körpersprache eines Menschen verrät mindestens so viel über seinen emotionalen Zustand wie sein Gesichtsausdruck. Bereits Darwin interessierte sich für diese Ausprägung von Emotionen in Mensch und Tier.[12] Die Emotionen des Menschen zeigen sich in charakteristischen Posen, aber auch in einer unbewusst völlig unterschiedlichen Ausführung von dynamischen Bewegungen, wie Laufen, Greifen oder Händeschütteln. In unseren bisherigen Forschungen haben wir untersucht, wie die Mechanik des Körpers durch die verschiedenen Emotionen verändert wird. Auf der Basis von Messungen (Kinematik und EMG) emotional veränderter Laufbewegungen konnten wir nachweisen, dass fröhliche, wütende und neutrale Laufbewegungen durch völlig unterschiedliche Levels an mechanischer Arbeit, Drehmomenteneinsatz oder Bewegungsamplituden gekennzeichnet sind und dass Ober- und Unterkörper unterschiedliche Rollen spielen.[13] Aktuell beschäftigen wir uns mit der Fragestellung, mit welchen charakteristischen mechanischen Größen jede der beobachteten Emotionen eindeutig beschrieben werden kann. Hierbei kann z. B. einfließen, dass Wut zu einer hohen Ko-Kontraktion der Muskeln und damit zu hoher Anspannung und eher verkrampften Bewegungen führt, während freudige Bewegungen durch eine hohe Dynamik und Elastizität geprägt sind. Selbstverständlich können solche rein mechanisch-physiologischen Ansätze keine direkten Informationen über die Entstehung der Emotion enthalten, aber sie könnten dazu dienen, Psychologen Ansätze für Erklärungen zu liefern. Kenntnisse über die durch Emotionen hervorgerufenen mechanischen Eigenschaften des Körpers könnten also eventuell einen Einstieg in die Erforschung tieferer körperlicher, kognitiver und psychischer Prozesse bieten.

12 Darwin 1872.
13 Felis 2015.

2 Modellierung der Verkörperung – die Rolle der Mathematik beim Verständnis mechanischer Bewegungen

Bereits seit dem 19. Jahrhundert interessierte man sich im Detail für die Abläufe verkörperter Bewegungen und versuchte, diese experimentell aufzuzeichnen. Erste Ansätze waren die Serienaufnahmen menschlicher und tierischer Bewegungen, auch „Chronophotographien" genannt, von Eadweard Muybridge[14] und Étienne-Jules Marey[15]. In heutigen Bewegungslaboren werden deutlich präzisere Messtechniken eingesetzt, wie z. B. Infrarotkameras, die Positionen von reflektierenden Markern an vielen Stellen des Körpers aufnehmen können. Außerdem verwendet man kleine Sensoren zur Ermittlung von Beschleunigungen und Drehgeschwindigkeiten an verschiedenen Stellen des Körpers, Kraftmessplatten und Drucksensoren für Bodenreaktionskräfte und Druckverteilungen, oder Elektromyographie zur Aufzeichnung der elektrischen Aktivität der Muskeln.

Trotzdem kann man auf der Basis dieser Messungen in der Regel kein vollständiges Bild menschlicher Bewegungen erhalten. Bessere Einblicke in die Funktionsweise verkörperter Bewegungen und insbesondere die Rolle der intelligenten Mechanik erhält man, wenn man die Messungen mit Modellierungsansätzen aus dem Wissenschaftlichen Rechnen kombiniert, wie wir sie am IWR[16] entwickeln. Unter Modellen verstehen wir in diesem Kontext nicht eine rein qualitative, sondern eine quantitative mathematische Beschreibung von Systemeigenschaften in Form von Gleichungen und Differentialgleichungen. Modelle dienen dazu, Einblicke in innere Abläufe zu liefern, da sie einen Zugriff auf alle Systemgrößen erlauben. Gleichzeitig stellen aber Modelle immer eine Abstraktion der Realität dar und haben deshalb ganz offensichtliche Grenzen. Die Gründe für die Simplifizierung und Modellabweichung sind vielfältig:

1) Absichtliche Reduktion auf wesentliche Eigenschaften: In vielen Fällen ist das Ziel des Modells nicht die vollständige Beschreibung eines realen Systems, sondern die Untersuchung bestimmter Merkmale, die u. U. bereits durch ein sehr viel einfacheres Model völlig zufriedenstellend beschrieben werden können.
2) Rechenaufwand: Je komplexer das Modell, desto länger werden die dafür benötigten Rechenzeiten auf dem Computer, sodass bewusst ein Kompromiss

14 Muybridge 1955.
15 Marey 1901.
16 Interdisziplinäres Zentrum für Wissenschaftliches Rechnen der Universität Heidelberg

zwischen notwendiger Modellkomplexität und vertretbarem Rechenaufwand gesucht wird.

3) Fehlende Information: Dem Modellierer standen die notwendigen Informationen zur Detaillierung des Modells nicht zur Verfügung – entweder aufgrund eines fehlenden interdisziplinären Austausches oder weil auch in der entsprechenden Fachdisziplin die quantitativen Informationen noch nicht vorhanden oder nicht leicht individuell bestimmbar sind.
4) Theoretische Grenze: Einige Aspekte des realen menschlichen Systems, das es zu beschreiben gilt, sind so kompliziert, dass sie prinzipiell nicht modellierbar sind, da ihre Erfassung z. B. ein völliges Verständnis der menschlichen Intelligenz oder der menschlichen Erfahrungswelten implizieren würde. Diese Aspekte können – zumindest nach aktuellem Wissensstand – als unerreichbar für die Modellierung betrachtet werden.

Bei menschlichen Bewegungsmodellen unterscheidet man prinzipiell zwischen Ganzkörpermodellen, die alle an einer Bewegung beteiligten Segmente des Körpers abbilden, und sogenannten Template-Modellen, die nur aus einem – oder zumindest ganz wenigen – Ersatzsegmenten und Ersatzgelenken bestehen. Template-Modelle verwendet man entweder zur Konzentration auf einige wesentliche Größen (s. oben 1) oder zur gezielten Reduktion der Rechenzeit (s. 2).

Unsere Modelle verkörperter Bewegungen basieren auf den folgenden Ansätzen:

- Jeder Körper in der realen Welt muss den Grundgesetzen der Physik gehorchen, die es in den Modellen abzubilden gilt. Wir können die Newtonsche Mechanik[17] nutzen, die im Wesentlichen darstellt, in welchem Zusammenhang angreifende Kräfte und resultierende Beschleunigungen eines Systems stehen. Man kann damit also realistisch beschreiben, wie sich z. B. ein Mensch mit gegebenen Segmentlängen und Massenverteilungen unter gewissen Eingangskräften und Drehmomenten, die durch die Muskeln an den Gelenken wirken, bewegen wird.
- Wir formulieren die im ersten Abschnitt beschriebene Hypothese, dass natürliche Bewegungen aufgrund der Evolution und der individuellen Lernprozesse als (nahezu) optimal angesehen werden können, wobei das optimierte Kriterium je nach Situation und Bewegung variiert. Je nach Problemstellung werden die Optimierungskriterien auf der Basis von Erfahrungen formuliert oder aber anhand von Messwerten geeignet identifiziert.

17 Newton 1687/1999.

Letztere Aufgabenstellung bezeichnet man in der Mathematik als inverse Optimierung oder inverse Optimalsteuerung.
- Kognitive Aspekte wie die Wahrnehmung und Bewertung der Umgebung, der Bewegungsziele, des Abstandes zu anderen Personen oder Hindernissen werden ebenfalls im Modell abgebildet.

Mit Modellen dieser Art und dem Einsatz effizienter mathematischer Optimierungsansätze konnten wir bereits vielfältige Untersuchungen zu natürlichen menschlichen Bewegungen und einer effizienten Ausnutzung der Mechanik durchführen. Diese Studien umfassen u. a.:
- die Erzeugung selbststabiler Bewegungen für passiv-dynamische Roboter und gesteuerte Roboter ohne Feedback durch Auswahl der mechanisch intelligentesten Systemparameter und Bewegungscharakteristiken;[18]
- die Optimierung von Bewegungen humanoider Roboter nach verschiedenen Kriterien, wie Energieverbrauch, Geschwindigkeit oder Schritthöhe, und deren Implementierung auf dem realen Roboter;[19]
- Analyse menschlicher Gehbewegungen auf unterschiedlichem Terrain;[20]
- die Erzeugung natürlicher Bewegungen für verschiedene Sportarten wie Sprinten, Turmspringen, Reckturnen;[21]
- die Wahl des natürlichen Laufpfades von A nach B in der Ebene und die Identifikation der zugrundliegenden Optimierungskriterien;[22]
- die Untersuchung der mechanischen Eigenschaften von Gehbewegungen unter dem Einfluss verschiedener Emotionen,[23] wie bereits im ersten Teil erwähnt;
- vielfältige Studien menschlicher Bewegungen im Bereich der Medizintechnik, um eine bestmögliche mechanische Unterstützung der Bewegungen durch technische Geräte wie Mobilitätsassistenzroboter oder Exoskelette zu erreichen[24].

Eine detaillierte Beschreibung dieser Forschungen würde den Rahmen dieses Artikels sprengen. Ein verbindendes Element aller dieser Arbeiten ist der Einblick in die innere Mechanik der Bewegungen und deren optimaler Einsatz.

18 Mombaur/Bock/Schlöder/Longman 2005; Mombaur/Longman/Bock/Schlöder 2005.
19 Koch/Mombaur/Souères/Stasse 2014.
20 Hu/Mombaur 2016.
21 Schultz/Mombaur 2010; Koschorreck/Mombaur 2009.
22 Mombaur/Truong/Laumond 2010.
23 Felis/Mombaur/Berthoz 2015.
24 Koch/Mombaur 2015; Ho Hoang/Mombaur 2015.

3 Einige Gedanken zu Kleists „Über das Marionettentheater" aus der Sicht der Mechanik, der Robotik und der Biomechanik

Auch in der Erzählung „Über das Marionettentheater"[25] von Heinrich von Kleist aus dem Jahr 1810 spielt die Mechanik eine zentrale Rolle. Ein wesentliches Thema des in vier Teilen in den Berliner Abendblättern erschienenen Textes ist die Intelligenz und Überlegenheit einer simplen Mechanik.

Die Erzählung behandelt ein Zwiegespräch des Erzählers mit einem bekannten Tänzer, C., den er im Marionettentheater einer nicht näher bezeichneten Stadt M. trifft. C. vertritt darin die These, dass die Bewegungen der Puppen des Marionettentheaters durch besondere Grazie und Anmut gekennzeichnet seien und dass dies insbesondere durch die mechanische Entstehung der Bewegungen und das Fehlen von Bewusstsein begründet werden könne. In zwei weiteren Abschnitten beschreibt Kleist noch den Verlust der Anmut eines jungen Mannes durch Einsetzen der Kognition und die unschlagbaren Fechtkünste eines dressierten Bären. Diese sind zwar im Zusammenhang des Essays von Bedeutung, aus mechanischer Sicht allerdings weniger interessant, sodass wir uns hier auf den ersten Teil konzentrieren.

In den Geisteswissenschaften existiert eine Vielzahl von Analysen und Interpretationen dazu, welche versteckte Kritik von Kleist mit dieser Erzählung habe äußern wollen und was dieses Stück über seine Person aussagen könne. Im Gegensatz dazu möchte ich in diesem Abschnitt die Erzählung aus einer ganz anderen Perspektive, nämlich derjenigen der Mechanik, der Robotik und der Biomechanik beleuchten und in Beziehung zu den oben genannten Punkten setzen.

Die einleitende Aussage des Tänzers C. dass „ihm die Pantomimik dieser Puppen viel Vergnügen machte, und [...] daß ein Tänzer, der sich ausbilden wolle, mancherlei von ihnen lernen könne"[26] ist aus Sicht der Mechanik, der Robotik und der Biomechanik durchaus nachzuvollziehen. Ein ganz ähnlicher Ansatz wird im Gebiet der oben vorgestellten passiv-dynamischen Roboter gewählt. Wie die Marionetten sind sie rein mechanische Systeme, ganz ohne Kognition und Aktuatorik, und stellen sehr vereinfachte Exemplare menschlicher Gangsysteme dar. Anhand dieser Gangbewegungen, die aufs Wesentliche reduziert sind, versucht man die essentiellen Funktionsweisen der Mechanik des Ganges zu verstehen, um sie dann auf komplexe Systeme in der Biomechanik – den Gang des Menschen –

25 Kleist 1983.
26 Kleist 1983, 8.

und in der Robotik – den Gang komplexerer Roboter – zu übertragen, also, genau wie C. vorschlägt, von ihnen zu lernen. Im Fall der passiv-dynamischen Roboter geht es zwar nicht um Tanz, sondern um alltäglichere und gleichförmigere Bewegungen, in der Regel um einfaches Gehen, die aber dennoch eine hohe Dynamik aufweisen und deshalb dem Tanz nicht unähnlich sind.

Auch die Bemerkung, dass „einige Bewegungen der Puppen, besonders der kleineren, im Tanz sehr graziös"[27] seien, kann durch Erfahrungen im Bereich der dynamischen Roboter und ihrer Simulationen bestätigt werden. Systeme, die sich natürlich stabil und sehr effizient bewegen, werden in der Regel als elegant, geschmeidig und graziös wahrgenommen. Obwohl aus mathematischer Sicht noch unklar ist, wie man Kriterien wie „graziös" oder „elegant" in Formeln fassen könnte, z. B. um damit diese Eigenschaft für eine Bewegung zu optimieren oder sie aus anderen Gründen objektiv quantitativ zu bewerten, vermuten wir stark, dass Stabilität und Effizienz wichtige Beiträge dazu liefern.

In Kleists Erzählung folgt nun die Erläuterung, dass nicht „jedes Glied [der Puppe] einzeln, während der verschiedenen Momente des Tanzes, von dem Maschinisten gestellt und gezogen würde"[28]. Außerdem führt C. aus: „Jede Bewegung [...] hätte einen Schwerpunkt; es wäre genug, diesen, in dem Innern der Figur, zu regieren; die Glieder, welche nichts als Pendel wären, folgten, ohne irgend ein Zutun, auf eine mechanische Weise von selbst."[29]

Bevor wir dies analysieren, müssen wir uns mit der Frage beschäftigen, von welcher Art Marionetten in diesem Essay genau die Rede ist, da dies eine wichtige Grundlage für das Verständnis der nun folgenden Aussagen ist. Kleist scheint insgesamt von sehr einfachen Marionetten zu sprechen. Die Marionetten, die wir heute – und schon seit einiger Zeit – kennen, werden durch sechs bis neun Fäden, die an einem Bedienkreuz befestigt sind, bewegt (s. z. B. die Marionettenwerkstatt[30]) und es bedarf tatsächlich einiger Übung des Puppenspielers, um dies gut zu machen. Antike Marionetten waren häufig simpler gestaltet. Aus der Beschreibung der Puppen in Kleists Essay ist zu entnehmen, dass es sich um einfacher gesteuerte Puppen mit nur sehr wenigen Fäden handeln muss, die wahrscheinlich im Wesentlichen den Torso als zentralen Körper unterstützen, ähnlich wie bei hängenden Stabmarionetten (vergleiche Abbildung 1). Erst dadurch, dass die Gliedmaßen frei beweglich sind und nicht an eigenen Fäden aktiv von außen bewegt werden, werden die von Kleist beschriebenen Pendelbewegungen möglich. Durch die Bewegung des Zentralkörpers, die der Puppenspieler von außen

27 Kleist 1983, 8.
28 Kleist 1983, 10.
29 Kleist 1983, 10.
30 Marionettenwerkstatt unter: www.marionetten-werkstatt.de (abgerufen: März 2016).

Abb. 1: Das linke Bild zeigt den von Kleist beschriebenen Type der Antiken Marionette, bei der lediglich der Zentralkörper aktiv bewegt wird, häufig durch eine starre Stange, und die Gliedmaßen freien Schwingungen unterworfen sind. Das rechte Bild zeigt im Vergleich dazu den aktuelleren Marionettentyp, bei dem sowohl der Zentralkörper als auch die Gliedmaßen über Fäden bewegt werden können (Bilder: Lucia Mombaur).

durch seine Kraft einbringt, werden auch die anderen Gliedmaßen bewegt, sowohl absolut als auch relativ zueinander. Je unruhiger die Bewegungen des Schwerpunktes sind – in Bezug auf Richtung und Geschwindigkeit –, desto größer sind die Relativbewegungen der Einzelsegmente.

Diese Art der Bewegungserzeugung unterscheidet sich fundamental von der menschlichen Bewegungserzeugung. Im Menschen – sowie auch bei einer Vielzahl der Tierarten – erzeugen die jeweils beteiligten Muskeln interne Drehmomente in den einzelnen Gelenken und bewegen somit jene Freiheitsgrade aktiv, die sich im Fall der Puppen in Kleists Essay nur passiv bewegen können (d. h. das dort herrschende Drehmoment ist immer Null). Der zentrale Körper hingegen, der offensichtlich als einziger bei der Puppe aktiv bewegt wird, ist beim Menschen gerade nicht aktuiert. Aus mechanischer Sicher stellen Menschen und Puppen damit beide sogenannte unteraktuierte Systeme dar, d. h. sie haben weniger Aktuatoren als Freiheitsgrade. Ihre jeweiligen aktiven und passiven Freiheitsgrade verhalten sich aber zueinander genau komplementär bzw. dual.

Tatsächlich kann man aus mechanischer Sicht *nicht* – wie es in diesem Text der Fall ist – vom Schwerpunkt einer *Bewegung* sprechen: Das *System*, in diesem Fall die Puppe, hat einen Schwerpunkt, der allerdings zu jedem Zeitpunkt der Bewegung ein anderer ist. Die Bewegung kann man als Trajektorie[31] des Schwerpunkts darstellen.

Ein kurzer Exkurs zum Thema Schwerpunktberechnung in der Mechanik: Der Gesamt-Schwerpunkt eines mehrgliedrigen Systems (präziser: eines mechanischen Mehrkörpersystems) ergibt sich aus der mit der jeweiligen Masse gewichteten Summe der Schwerpunkte der Einzelsegmente, geteilt durch die Gesamtmasse. Bei anthropomorphen Systemen, also z. B. Menschen, Marionetten und humanoiden Robotern, bedeutet das, dass die Schwerpunkte aller Gliedmaßen – Torso, Kopf, Ober- und Unterschenkel, Füße, Ober- und Unterarme, Hände etc. – zum Gesamtschwerpunkt beitragen. Daraus folgt aber auch, dass der Gesamtschwerpunkt nicht zwangsläufig innerhalb des Körpers liegen muss. Bei vielen Bewegungen, wie z. B. Gehen und Rennen, ist das zwar durch die dominierende Masse des Torsos im Kombination mit den eingenommenen Posen der Fall, bei anderen Bewegungen, bei denen sich die Person sehr verbiegt, wie sehr artistischen Turn- oder Tanzbewegungen, kann der Gesamtschwerpunkt sehr wohl außerhalb der Grenzen des Körpers liegen (vergleiche Abbildung 2). Bei Bewegungen wie z. B. dem Hochsprung im Fosbury-Flop-Stil wird diese Eigenschaft sogar ganz gezielt eingesetzt: Dabei überwinden alle Einzelsegmente nacheinander eine bestimmte Höhe, während die Trajektorie des Gesamtschwerpunktes sich die ganze Zeit tiefer bewegen kann, wodurch Kräfte eingespart werden.

Kleist diskutiert die Bewegungen des Schwerpunktes und der einzelnen Glieder und postuliert, dass diese immer sehr einfachen Gesetzen folgen.[32] Es gibt tatsächlich einige natürliche menschliche Bewegungen, bei denen der Schwerpunkt sehr einfachen Gesetzen folgt. Beispielsweise greifen bei Flugphasen von Sprung- oder Tanzbewegungen außer der Gravitation keine äußeren Kräfte an. Dies führt dazu, dass sich der Schwerpunkt in horizontaler Richtung tatsächlich geradlinig und gleichförmig (d. h. mit konstanter Geschwindigkeit) bewegt, in vertikaler Richtung allerdings durch die Gravitation beschleunigt, sodass insgesamt die Flugbahn des Schwerpunktes eine Parabel ergibt. Im Fall der Puppe ist es natürlich möglich, dieser Wirkung der Gravitation auf den Schwerpunkt eine Kraft am Basiskörper entgegenzusetzen, sodass für Puppen auch ganz geradlinige Bewegungen möglich sind. Dies würde dann aber nicht als natürliche Tanzbewegung empfunden werden, sondern eher dem Bewegungsmodus eines Flug-

---

31 Verlauf der Ortskoordinaten über der Zeit.

32 Kleist 1983, 10.

Abb. 2: Die Bilder zeigen Momentaufnahmen dreier verschiedener dynamischer Bewegungen aus Sport und Tanz und die ungefähre aktuelle Lage des Gesamtschwerpunktes – als grauer Punkt gekennzeichnet. Wie klar zu erkennen ist, liegt der Schwerpunkt im ersten Fall für die gezeigte Pose innerhalb des Körpers, in den beiden anderen Fällen außerhalb (Bilder: Lucia Mombaur).

zeugs oder Zeppelins ähneln als dem eines Menschen. An der Parabelbahn des Schwerpunktes in der Flugphase ändern im Übrigen auch durch Gelenkmomente produzierte innere (Relativ-)Bewegungen nichts.

Bei allgemeineren Bewegungen, bei denen auch externe Kräfte, z. B. durch die Interaktion mit dem Boden oder einem anderen Tänzer, wirken, ist die Bewegung des Schwerpunktes deutlich weniger gleichförmig. Nach Newton[33] ist die externe Kraft in eine Richtung proportional zur Beschleunigung, wobei der Proportionalitätsfaktor die Gesamtmasse ist. Durch Kräfte entgegen der Bewegungsrichtung ergibt sich eine negative Beschleunigung, also eine Abbremsung. Bei externen Kräften mit komplizierteren Verläufen ist auch die Schwerpunktbeschleunigung unregelmäßig, sodass die Schwerpunktbewegung in der Regel gar nicht explizit beschrieben werden kann und für eine Annäherung Funktionen höherer Ordnung notwendig wären. In dem Fall kann ich also Kleists Aussage („Die Linie, die der Schwerpunkt zu beschreiben hat, wäre zwar sehr einfach, und, wie er glaube, in den meisten Fällen, gerad. In Fällen, wo sie krumm sei, scheine das Gesetz ihrer Krümmung wenigstens von der ersten oder höchstens zweiten Ordnung“[34]) aus Sicht der Mechanik nicht ganz zustimmen.

Auch die Aussage, dass „jedesmal, wenn der Schwerpunkt in einer *graden Linie* bewegt wird, die Glieder schon *Kurven* beschrieben“[35], ist mechanisch nicht nachvollziehbar, unabhängig davon ob sie sich auf den Gesamtschwerpunkt oder auf den tatsächlich bewegten Zentralkörper beziehen soll. Während man solche

33 Newton 1687/1999.

34 Kleist 1983, 14.

35 Kleist 1983, 10.

Bewegungen zwar konstruieren kann, gibt es jedoch auch genug Gegenbeispiele. Ein mit konstanter Geschwindigkeit entlang einer geraden Linie bewegter Zentralkörper einer passiven Puppe würde auch zu konstanten Winkeln zwischen den Gliedern und keinerlei Relativbewegung führen. Ein Beispiel für ein System, dessen Schwerpunkt sich geradlinig bewegt, während die Gliedmaßen Kurven beschreiben, ist ein Astronaut in der Schwerelosigkeit des Weltraums, der einen kleinen initialen Stoß, also eine initiale Geschwindigkeit, erhalten hat. Er kann noch so sehr mit seinen Gliedmaßen zappeln – egal ob in schönen Schwingungen oder sehr unruhig –, sein Schwerpunkt wird sich mit konstanter Geschwindigkeit und auf einer Geraden in die Weiten des Alls bewegen. In diesem Fall sind allerdings die Relativbewegungen der Glieder aktiv durch Muskeln gesteuert und entstehen nicht automatisch. Eine Marionette oder andere passive Puppe, die mit einer Initialgeschwindigkeit in die Schwerelosigkeit geschickt wird, würde sich ebenfalls geradlinig und mit genau dieser Schwerpunktgeschwindigkeit bewegen, hätte aber, ideale Gelenke ohne Reibung vorausgesetzt, keinerlei Relativbewegungen an den Gelenken aufzuweisen, sofern diese am Anfang in Ruhe waren. Wenn sie bereits eine relative Inertialgeschwindigkeit hatten, z. B. in der Rotation im Schultergelenk, würden sie diese im idealen Fall einfach unendlich beibehalten, aber es entstünden keine Schwingungen oder kurvigen Bewegungen.

Die nächste Aussage Kleists, dass nämlich bei Marionetten „oft, auf eine bloß zufällige Weise erschüttert, das Ganze schon in eine Art von rhythmische Bewegung käme, die dem Tanz ähnlich wäre“[36], ist aus mechanischer Sicht sehr sinnvoll.

Kleist setzt die Trajektorie des Schwerpunktes mit dem „*Weg der Seele des Tänzers*“[37] gleich und bezweifelt, dass diese „anders gefunden werden könne, als dadurch, daß sich der Maschinist in den Schwerpunkt der Marionette versetzt, d. h. mit andern Worten, *tanzt*“[38]. Tatsächlich kann eine solche Bewegungssteuerung der Puppe durch den Puppenspieler nur dann Erfolg haben, wenn der Puppenspieler intuitiv ein Gespür dafür entwickelt, wie sich seine Manipulation des Zentralkörpers auf die Bewegungen der gesamten Puppe auswirkt. Die Effekte oder Gründe seines Handelns könnte er vermutlich nicht in Worte fassen, er ist aber trotzdem in der Lage, die Handlungen richtig auszuführen.

Außerdem ist in dem Essay von „mechanischen Beinen [...], welche englische Künstler für Unglückliche verfertigen, die ihre Schenkel verloren haben“[39], die

36 Kleist 1983, 10.
37 Kleist 1983, 14.
38 Kleist 1983, 14.
39 Kleist 1983, 16.

Rede. Angeblich können „diese Unglücklichen damit tanzen [...] Was sag ich, tanzen? Der Kreis ihrer Bewegungen ist zwar beschränkt; doch diejenigen, die ihnen zu Gebote stehen, vollziehen sich mit einer Ruhe, Leichtigkeit und Anmut, die jedes denkende Gemüt in Erstaunen setzen."[40]

Vermutlich bezieht sich Kleist damit auf das von James Potts um 1800 entwickelte prothetische Bein, das später nach Lord Uxbridge, dem späteren Earl of Anglesey, der in der Schlacht von Waterloo sein Bein verlor (das ihm nach seiner Verletzung angeblich sofort und ohne Betäubung amputiert wurde), als Anglesey Leg[41] bezeichnet wurde. Es war sicher für die damalige Zeit eine sehr innovative Beinprothese, in der erstmalig die Flexionen von Knie und Fußgelenk über sehnenähnliche Seilzüge gekoppelt wurden. Die Prothese wurde später in Amerika als American Leg weiterentwickelt und enthielt bereits einige Ideen, die noch heute in der Prothetik aktuell sind. Während sie sicher eine beeindruckende technische Leistung zum damaligen Zeitpunkt war, ist doch sehr zu bezweifeln, dass Patienten damit wirklich in der Lage waren zu tanzen. Prothesen, die es ihren Trägern erlauben, sehr dynamische Bewegungen mit variablen Schritten und in wechselnden Umgebungsbedingungen auszuführen, sind noch heute ein sehr aktueller Gegenstand der Forschung. Die ersten, die es meines Wissens geschafft haben, eine wirklich funktionierende Prothese für eine Tänzerin zu erschaffen, waren Hugh Herr und sein Team vom MIT Media Lab im Jahr 2014[42], wie auch sehr eindrucksvoll in einem TED-Talk dargestellt[43], bei dem die besagte Tänzerin ebenfalls auftrat. Die Aussage in Kleists Text kann deshalb eher als eine glänzende Vision für die Zukunft verstanden werden.

Eine wesentliche Aussage dieses Artikels ist es jedoch, „daß auch dieser letzte Bruch von Geist [...] aus den Marionetten entfernt werden, daß ihr Tanz gänzlich ins Reich mechanischer Kräfte hinübergespielt, und vermittelst einer Kurbel [...] hervorgebracht werden könne"[44]. Dies bedeutet, dass ein Tanz rein durch die Mechanik und ganz ohne Kognition als möglich erachtet wird. Während dies sicher eine sehr extreme Sichtweise ist, so enthält sie ansatzweise doch Wahres. Wenn ein Tänzer oder eine Tänzerin eine Tanzbewegung wirklich beherrscht, so findet diese in der Tat mit relativ wenig kognitivem Beitrag statt. Im Laufe des Lernprozesses eines Bewegungsablaufes wird die Kognition von einem sehr hohen Level (aktiv und bewusst Füße auf die richtige Stelle setzen, Arme bewusst be-

---

40 Kleist 1983, 20.

41 Lord Uxbridge's leg, unter: https://en.wikipedia.org/wiki/Lord_Uxbridge's_leg (abgerufen: März 2016).

42 Rouse/Villagaray-Carski/Emerson/Herr 2015.

43 Herr 2014.

44 Kleist 1983, 16.

wegen) auf ein sehr niedriges Level heruntergefahren, indem sich Reflexschleifen zu den einzelnen Bewegungsmustern ausgebildet haben. Es ist auch richtig, dass „zu viel Kognition“ an der falschen Stelle bei Bewegungen störend sein kann – wenn man eine Bewegung einmal beherrscht, läuft sie intuitiv problemlos ab, gerät aber ins Stocken, sobald man darüber nachdenkt. Aber ganz ohne Kognition ist eine Tanzbewegung, die wir als eine solche bezeichnen würden, sicher nicht möglich, insbesondere wenn es um die komplexe Aneinanderreihung der einzelnen Elemente eines Tanzes geht, die eine Choreographie ausmachen. Ganz ohne Kognition sind einfachere Bewegungen, die eine gewisse Wiederholung aufweisen, möglich, wie z. B. Gehen auf ebenem und glattem Untergrund. Hier können wieder die passiv-dynamischen Läufer als Beispiel angeführt werden oder auch aktuierte Laufroboter ohne Regelschleife, die jeweils Systeme völlig ohne Kognition darstellen, aber auch auf einförmige periodische Bewegungen beschränkt sind. Ein sehr schönes Beispiel, welches im Sinne von Kleist zeigt, dass mit einer einzelnen „Kurbel“ Bewegungen eines sehr komplexen Systems hervorgerufen werden können, stellen die „Strandbeests“[45] des niederländischen Künstlers Theo Jansen dar: Es handelt sich dabei um riesige mechanische Strukturen mit sehr komplexen inneren mechanischen Verbindungen, die mit einer Vielzahl von koordiniert agierenden Beinen, allein getrieben durch die „Kurbel des Windes“, am Strand entlanglaufen können. Trotz der unglaublichen Komplexität und der unbestreitbaren Ästhetik ist die Bewegung gleichförmig und würde im Allgemeinen wohl nicht als Tanz definiert werden.

In Kleists Erzählung geht C. sogar noch weiter und behauptet, „daß wenn ihm ein Mechanikus, nach den Forderungen, die er an ihn zu machen dächte, eine Marionette bauen wollte, er vermittelst derselben einen Tanz darstellen würde, den weder er, noch irgend ein anderer geschickter Tänzer seiner Zeit, Vestris selbst nicht ausgenommen, zu erreichen imstande wäre.“[46]

Hier kommt es sicher auf die Kriterien an, die man an die (ästhetische) Qualität eines Tanzes anlegt. In Bezug auf z. B. energetische Effizienz sind Bewegungen der passiv-dynamischen Roboter, der Strandbeests oder auch mancher an einem Faden gesteuerten Marionetten den menschlichen sicher überlegen, in Bezug auf Variabilität und Präzision der Bewegungen oder Stärke des Ausdrucks sicher nicht. Die im Essay aufgezählten Kriterien „Ebenmaß, Beweglichkeit, Leichtigkeit“[47] scheinen abhängig von der Definition erfüllbar[48], sind aber für die

---

45 Theo Jansen, Strandbeest, unter: www.strandbeest.com (abgerufen: März 2016).

46 Kleist 1983, 16.

47 Kleist 1983, 20.

48 Ebenmaß: Bedeutung in dem Zusammenhang ist etwas unklar, falls es Gleichförmigkeit der Bewegung bedeuteten soll, kann dies durch Puppen geleistet werden. Beweglichkeit: Könnte über

qualitative Evaluation eines Tanzes sicher nicht ausreichend und damit anfechtbar. Außerdem ist zu beachten, dass hier auch nur von *einem* hervorragenden Tanz der Puppe die Rede ist: Während es möglich ist, rein mechanische Systeme für eine (oder sehr wenige) ganz bestimmte Bewegungsaufgabe(n) zu perfektionieren, fehlt ihnen in jedem Fall die Flexibilität, auch ganz andere Bewegungen auszuführen, wie dies bei Menschen oder auch bei kognitiver orientierten technischen Systemen der Fall ist. Dies entspricht dem bereits oben diskutierten Unterschied zwischen passiv-dynamischen und humanoiden geregelten Robotern.

Kleist erwähnt außerdem, dass für die ideale Puppe eine „naturgemäßere Anordnung der Schwerpunkte"[49] wichtig sei. Damit hat er in seinen eigenen Worten sehr richtig dargestellt, dass die Lage der Einzelschwerpunkte der Segmente und deren Trägheitsverteilung für die Bewegung eine sehr wichtige Eigenschaft ist und dass eine Puppe, die sich natürlicherweise so bewegen soll wie ein Mensch, diese Eigenschaften des Menschen imitieren sollte.

Als Vorteil, „den diese Puppe vor lebendigen Tänzern voraus haben würde"[50] wird genannt, dass „sie sich niemals *zierte*"[51]. Weiter heißt es: „Ziererei erscheint [...], wenn sich die Seele (vis motrix) in irgend einem andern Punkt befindet, als in dem Schwerpunkt der Bewegung."[52] Als weiterer wichtiger Vorteil der Puppen wird von C. in Kleists Erzählung angeführt, dass sie „*antigrav*"[53] seien, d. h. dass sie sich der Schwerkraft wiedersetzen könnten. Damit kann (hoffentlich) nicht gemeint sein, dass sie sich außerhalb der Wirkung der Schwerkraft bewegen, denn das wäre falsch. Tatsächlich unterliegen die Marionetten genau so der Schwerkraft wie Menschen auch. Aber es besteht über das Eingreifen des Puppenspielers (des Maschinisten) die Möglichkeit, eine der Schwerkraft entgegenwirkende Kraft auf die Puppen auszuüben, also ihr teilweise – was die Bewegung des Schwerpunktes betrifft – entgegenzuwirken. Die Existenz der Schwerkraft ist aber ganz wesentlich, um die oben beschriebenen Pendelbewegungen der Gliedmaßen überhaupt in Gang zu bringen. In der Schwerelosigkeit im Weltraum würde ein Pendel nicht funktionieren, wie oben bereits erwähnt. Es ist auch nicht richtig, dass die Puppen

die Gelenkwinkelbereiche definiert werden, die bei Puppen über die des Menschen hinausgehen können. Leichtigkeit: Wie weiter unten ausgeführt, wirkt bei Puppen die Kraft des Fadens/Stabes gegen die Schwerkraft und verleiht den Bewegungen der Puppen natürlich eine größere Leichtigkeit, als es beim menschlichen Tänzer der Fall ist.

49 Kleist 1983, 20.

50 Kleist 1983, 20.

51 Kleist 1983, 22.

52 Kleist 1983, 22.

53 Kleist 1983, 26.

nichts von der Trägheit der Materie wissen, wie im Text behauptet, denn auch diese ist notwendig, um eine Natürlichkeit der Bewegungen zu erzeugen. An anderer Stelle spricht Kleist ja auch ganz richtig davon, wie wichtig eine richtige Verteilung der Schwerpunkte ist; gemeint ist die Verteilung der Massen. Die Relevanz dieser Eigenschaft haben wir bereits im Abschnitt über passiv-dynamische Roboter diskutiert. Richtig bemerkt Kleist, dass einer menschlichen Tänzerin die Tanzbewegungen deutlich leichter fallen würden, wenn sie 60 Pfund leichter wäre[54]: Entsprechend der Newton'schen Gesetze ergibt sich die Kraft als Produkt aus Masse und Beschleunigung. Dies bedeutet, dass man die Kraft bei gleicher Beschleunigung (also Bewegung) mit demselben Faktor wie die Masse verringern könnte oder aber mit derselben Kraft wie vorher eine um diesen Faktor größere Beschleunigung und damit höhere oder weitere Sprünge oder schnellere Bewegungen erzeugen könnte. Man sollte aber trotzdem nicht allgemein akzeptieren, dass für menschliche Tänzer die Trägheit die „dem Tanze entgegenstrebendste aller Eigenschaften"[55] ist, wie an dieser Stelle behauptet, denn obwohl geringere Trägheit zu größerer Leichtigkeit führt, ist eine natürliche Tanzbewegung ohne Trägheit nicht möglich.

Wie Kleist beschreibt, benötigen die Puppen den Boden nur „um ihn zu *streifen*, und den Schwung der Glieder, durch die augenblickliche Hemmung neu zu *beleben*"[56], d. h. der Puppenspieler, der offensichtlich durch seinen Faden oder seinen Stab nur die Kraft auf den Torso der Puppen beeinflusst, kann kleine Interaktionen von einzelnen Segmenten mit dem Boden, insbesondere über Reibungs- und Normalkräfte, dazu nutzen, Segmente zu Bewegungen anzuregen, zusätzlich zu den ansonsten eingesetzten Schwer- und Trägheitskräften. Weiter wird ausgeführt: „[W]ir brauchen ihn, um darauf zu *ruhen*, und uns von der Anstrengung des Tanzes zu erholen"[57]. Tatsächlich benötigen wir Menschen den Boden aber nicht nur für Ruhephasen, sondern auch als wesentliches Element der Bewegung selber: Die Interaktion mit dem Boden erlaubt es uns, eine der Schwerkraft entgegenwirkende Kraft zu erzeugen, die dafür sorgt, dass wir zum einen nicht durch den Boden hindurchsinken, zum anderen, dass wir unseren Schwerpunkt wieder vom Boden weg, also nach oben, aber auch in horizontaler Richtung beschleunigen können.

Insgesamt werden in diesem Essay die Begriffe Schwerkraft und Trägheit etwas vermischt, was aus mechanischer Sicht nicht präzise ist, aber anschaulich durchaus verständlich, da z. B. eines der großen Ziele beim Ballett – möglichst

---

54 Kleist 1983, 26.
55 Kleist 1983, 26.
56 Kleist 1983, 26.
57 Kleist 1983, 26.

federleicht zu sein oder zumindest so auszusehen – entweder durch eine geringere Masse (Trägheit) oder durch eine geringere Gravitationskonstante (Schwerkraft) erreicht werden könnte.

Zusammenfassend ist zu sagen, dass die Erzählung „Über das Marionettentheater" – trotz einiger Differenzen mit den klassischen Anschauungen der Mechanik – die wesentliche Aussage dieses Artikels zur Bedeutung der intelligenten Mechanik für die Erzeugung und Regelung von Bewegungen unterstreicht.

4 Schlussbemerkungen

Eine zentrale Aussage aller Teile dieses Beitrags ist, dass eine gründliche Beobachtung und Analyse der Mechanik verkörperter Bewegungen ein lohnenswertes Unterfangen ist, aus dem sich viele weiterführende Schlüsse ziehen lassen. Man lernt vom einfachen System für das komplexe System: vom passiv-dynamischen Roboter für Menschen und komplexe Roboter, von der Marionette für den Menschen und von den – immer in irgendeiner Weise vereinfachten – mathematischen Modellen ebenfalls für Menschen und Roboter. Außerdem lässt die Mechanik Schlussfolgerungen auf nicht mechanische, also kognitive Zustände zu.

In den jeweiligen Teilen dieses Beitrages wurde aus verschiedenen Perspektiven beleuchtet, wie wichtig eine Passgenauigkeit der von einem System ausgeführten Bewegungen zu seiner inhärenten Mechanik ist. Ist diese Passung vorhanden, wirken Bewegungen natürlich und flüssig; herrscht hingegen eine große Diskrepanz zwischen der von der Mechanik gewollten und der aufgezwungenen Bewegung, so wirkt diese unnatürlich, künstlich und wie von einer Maschine erzeugt. Ein Ausnutzen der Mechanik, also eine Verlagerung der Intelligenz von der aktiven Bewegungsregelung in die Mechanik, führt außerdem zu einer deutlich erhöhten Effizienz und Stabilität von Bewegungen.

Eine wichtige Schlussfolgerung ist aber auch, dass die Mechanik des Körpers alleine nicht alles leisten kann. Es wurden verschiedene Grenzen einer allein durch die Mechanik getriebenen Bewegung aufgezeigt. Passiv-dynamische Roboter können lediglich auf eine Art gehen und Marionetten, die vom Puppenspieler am Torso geführt werden, aber sonst frei pendeln, können auch nur auf eine eingeschränkte Art tanzen. Von einer ausgezeichneten Bewegung wünscht man sich aber nicht nur, dass sie Effizienz und Stabilität aufweist, sondern auch dass sie vielseitig und wandlungsfähig ist. Ein Tanz wird erst dann interessant, wenn er eine abwechslungsreiche Choreografie mit verschiedenen Figuren und Schritten aufweist, und ein Gang wird erst dann wirklich realitätstauglich, wenn sich die Schrittlängen, -weiten, -höhen und -dauern variabel an verschiedene Umgebungsanforderungen anpassen lassen. Dies ist mit intelligenter Mechanik alleine nicht zu bewältigen. Eine kognitive Komponente ist notwendig, um die Anpassung, d. h. den Lernprozess sowie die Planung und Regelung der Bewegung zu unterstützen. Außerdem ist eine Reaktion auf unvorhergesehene Störungen oder neue Anforderungen unbedingt notwendig. Eine gute Bewegung ist durch beides geprägt – intelligente Mechanik und das richtige Maß an Kognition, das von der jeweiligen Bewegungsaufgabe abhängt und das zumindest dabei unterstützt, zwischen verschiedenen mechanischen Modi hin- und herzuschalten. Dies ist nur möglich durch eine Verschränkung des Bewusstseins und der Kognition auf der einen Seite mit der Verkörperung, also der Mechanik, auf der anderen Seite. Im Fall von biologischen Systemen entsteht diese Verschränkung durch den permanenten Lernprozess und das damit verbundene „Einfühlen" in die Reaktionen des Körpers.

In der Robotik und auch beim Bau technischer Hilfsmittel für menschliche Bewegungen erscheint ebenfalls eine Kombination beider Ansätze als der richtige Weg: Die intelligente Mechanik sollte so weit wie möglich ausgenutzt werden und variable mechanische Komponenten, z. B. zur Einstellung variabler Steifigkeiten, sind von großem Interesse. Diese müssen dann aber kombiniert werden mit intelligenten Ansätzen zur Regelung des Systemverhaltens und zur Behandlung unvorhergesehener Ereignisse und im Fall von Hilfsmitteln für den Menschen über geeignete Schnittstellen mit dem sensomotorischen System des Menschen gekoppelt werden.[58]

Literatur

Alexander, Robert McNeill (1996): *Optima for Animals*, Princeton.

Alexander, Robert McNeill (2006): *Principles of Animal Locomotion*, Princeton.

Bhounsule, Pranav/Jason Cortell/Anoop Grewal/Bram Hendriksen/J. G. Daniël Karssen/Chandana Paul/Andy Ruina (2014): „Low-bandwidth reflex-based control for lower power walking: 65 km on a single battery charge", in: *International Journal of Robotics Research* 33 (10): 1305 – 1321.

Collins, Steve/Andy Ruina/Russ Tedrake/Martijn Wisse (2005): „Efficient bipedal robots based on passive-dynamic walkers", in: *Science* 307 (5712): 1082 – 1085.

Darwin, Charles (1872): *The expression of the emotions in man and animals*, London.

58 Mein Dank gilt den Mitgliedern der Marsilius-Projektgruppe „Verkörperung als Paradigma einer evolutionären Kulturanthropologie", insbesondere Thomas Fuchs und Grit Schwarzkopf, die mich auf Kleists Marionettentheater und die Verwandtschaft zu unseren Forschungen in Robotik und Biomechanik aufmerksam gemacht haben. Außerdem danke ich meiner Tochter Lucia, die die Illustrationen für diesen Artikel angefertigt hat.

Felis, Martin L. (2015): „Modeling and optimal control of emotional aspects in human walking", Dissertation Universität Heidelberg.
Felis, Martin L./Katja Mombaur/Alain Berthoz (2015): „An optimal control approach to reconstruct human gait dynamics from kinematic data", in: IEEE-RAS 15th International Conference on Humanoid Robots, 1044–1051.
Fingerhut, Joerg/Rebekka Hufendiek/Markus Wild (Hgg.) (2013): *Philosophie der Verkörperung: Grundlagentexte zu einer aktuellen Diskussion*, Berlin/Boston.
Garcia, Mariano/Anindya Chatterjee/Andy Ruina (1998): „Speed, efficiency, and stability of small-slope 2-D passive dynamic walking", in: Proceedings of the 1998 IEEE International Conference on Robotics and Automation (3), 2351–2356.
Ho Hoang, Khai-Long/Katja Mombaur (2015): „Optimal design of a physical assistive device to support sit-to-stand motions", in: Proceedings of the 2015 IEEE International Conference on Robotics and Automation, 5891–5897.
Hu, Yue/Katja Mombaur (2016): „Analysis of human leg joints compliance in different walking scenarios with an optimal control approach", in: *IFAC-PapersOnLine* 49–14, 99–106.
Kleist, Heinrich von (1983): *Über das Marionettentheater. Sul teatro di Marionette* (1810), Ausgewählte literarische Welttexte, hg. von K. Brem, Rom.
Koch, Kai Henning/Katja Mombaur (2015): „ExoOpt: A framework for patient cetered design optimization of lower limb exoskelerons", in: Proceedings of the 2015 IEEE International Conference on Rehabilitation Robotics, 113–118.
Koch, Kai Henning/Katja Mombaur/Philippe Souères/Olivier Stasse (2014): „Optimization based exploitation of the ankle elasticity of HRP-2 for overstepping large obstacles", in: Proceedings of the 2014 IEEE-RAS International Conference on Humanoid Robots, 733–740.
Koschorreck, Jens/Katja Mombaur (2009): „Optimization of somersaults and twists in platform diving", in: *Computer Methods in Biomechanics and Biomedical Engineering* 12 (2–1): 157–159.
Marey, Étienne-Jules (1901): „La Chronophotographie et les sports athlétiques", in: *La nature: Revue des sciences et de leurs applications aux arts et à l'industrie* (13. April): 310–315.
McGeer, Tad (1990): „Passive dynamic walking", in: *International Journal of Robotics Research* 9: 62–82.
Mombaur, Katja D./Hans Georg Bock/Johannes P. Schlöder/Richard W. Longman (2005): „Self-stabilizing somersaults", in: *IEEE Transactions on Robotics* 21 (6): 1148–1157.
Mombaur, Katja D./Richard W. Longman/Hans Georg Bock/Johannes P. Schlöder (2005): „Open-loop stable running", in: *Robotica* 23 (1): 21–23.
Mombaur, Katja/Anh Truong/Jean-Paul Laumond (2010): „From human to humanoid locomotion: An inverse optimal control approach", in: *Autonomous Robots* 28 (3): 369–383, online veröffentlicht: 10/2009.
Monty Python (1970): „The Ministry of Silly Walks", in: *Monty Python's Flying Circus* 14.
Muybridge, Eadweard (1955): *The human figure in motion*, New York.
Newton, Isaac (1999): *Philosophiae Naturalis Principia Mathematica* [1687], Berkeley.
Rouse Elliott J./Nathan C. Villagaray-Carski/Robert W. Emerson/Hugh M. Herr (2015): „Design and testing of a bionic dancing prosthesis", in: *PLOS One* 10 (8): e0135148.
Schultz, Gerrit/Katja Mombaur (2010): „Modeling and optimal control of human-like running", in: *IEEE/ASME Transactions on Mechatronics* 15 (5): 783–792, online veröffentlicht: Dezember 2009.

Wilson, John E. (1938): *Walking Toy*, US Patent No. 2140275.

Internetquellen

EU FP7 ICT Project KoroiBot, 2013 – 2016, unter: www.koroibot.eu.
Herr, Hugh (2014): „The new bionics that let us run, climb and dance“, TED talk, March 2014, unter: https://www.ted.com/talks/hugh_herr_the_new_bionics_that_let_us_run_climb_and_dance (abgerufen: März 2016).
Jansen, Theo: Strandbeest, unter: www.strandbeest.com (abgerufen: März 2016).
Lord Uxbridge's leg, unter: https://en.wikipedia.org/wiki/Lord_Uxbridge's_leg (abgerufen: März 2016).
Marionettenwerkstatt, unter: www.marionettenwerkstatt.de (abgerufen: März 2016).

Rainer-M. E. Jacobi

Die Einheit von Wahrnehmen und Bewegen bei Viktor von Weizsäcker

Anmerkungen zur Ideengeschichte der Philosophie der Verkörperung

In memoriam Dieter Janz (1920 – 2016)

Abstract: The Heidelberg neurologist Viktor von Weizsäcker (1886 – 1957) chose to place the sick person at the center of his medical anthropology. This raises the epistemological problem of how we can truly gain knowledge about another person's experience of illness. To do so requires a particular form of contact between the doctor and the sick person. For the source of any such knowledge does not lie solely in the self (*Ich*) of the doctor, but equally in the self of the sick person. This is denoted by the relationship between perceiving and movement, between subject and object, although it makes a difference whether we mean contact with living or dead bodies. Experimental research took place at Heidelberg University between 1920 and 1940 that sought to examine this difference in the relationship between perception and movement. The significance within intellectual history of this research context must be first be taken into account and its impact on the philosophy of embodiment.

This research led to a new understanding of the reality of being alive. In contrast to the classical ontology of inanimate objects, the being of the living always includes a sense of „not yet being" and of „being other", for which two concepts are used: „prolepsis" (Alfred, Prince von Auersperg) and „bipersonality" (Paul Christian). Thus, a long forgotten thought experiment takes on new paradigmatic significance for the fundamental discourse of the modern humanities: namely, the novella „On the Marionette Theater" by Heinrich von Kleist.

Gregor Etzelmüller sei für die freundliche Ermutigung gedankt, einige an anderer Stelle und in anderen Zusammenhängen vorgestellte Überlegungen für den aktuellen Verkörperungsdiskurs fruchtbar werden zu lassen. Ein weiterer Dank gilt der Psychoanalytikerin Petra Christian-Widmaier für die vertrauensvollen Umstände, die es mir möglich machten, in den Nachlass ihres Vaters Paul Christian uneingeschränkten Einblick nehmen zu können.

DOI 10.1515/9783110528626-007

Die anatomischen und physiologischen Einrichtungen können die Leistungen der Organe nicht erklären. Aber sie ermöglichen diese Leistungen. Damit aber haben sie auch die Macht, sie *unmöglich* zu machen. Dies ist überhaupt das Geheimnis unserer körperlichen Verstrickung: wir leben zwar nicht durch den Körper, aber auch nicht ohne ihn. [...]

Bei der Wahrnehmung kommt es darauf an, daß sie uns etwas *zeigt*, bei der Bewegung, daß sie uns zu etwas *führt*. Zeigen und Führen sind aber noch Gegensätze. Das Gezeigte läßt eine Wahl, das Geführte ist gewählt. Das Zeigen führt nicht, das Führen zeigt nicht.

Ist dies richtig, dann dürfen wir erwarten, daß die Bedingungen der Bewegung im Unterschiede zur Wahrnehmung Einschränkungen des *Wollens* sind, so wie die der Wahrnehmung als Einschränkungen des *Erkennens* aufzufassen sind.

Viktor von Weizsäcker[1]

Als „Arzt vor das Forum der Philosophie gerufen", formulierte der Neurologe Viktor von Weizsäcker vor fast einem Jahrhundert eine Reihe von Überlegungen die seinerzeit und leider auch in der bisherigen Rezeption wenig Echo fanden.[2] Man mag sogar den Eindruck gewinnen, als ob er mit seinem Vortrag vor der Deutschen Philosophischen Gesellschaft im Oktober 1928 nicht nur ein zentrales Motiv, sondern zugleich eine bemerkenswerte Folge dessen thematisiert habe, was heute unter dem Begriff „Philosophie der Verkörperung" verhandelt wird. Hierzu muss man wissen, dass Weizsäckers hauptsächliches Bemühen dem Verstehen des kranken Menschen galt. Dieses Bemühen stand von Anbeginn unter einer doppelten Fragestellung. Sie galt sowohl der Art und Form ärztlichen Wissens vom kranken Menschen als auch den Krankheiten des menschlichen Denkens selber.

---

1 Viktor von Weizsäcker wird nach der von Peter Achilles, Dieter Janz, Martin Schrenk und Carl Friedrich von Weizsäcker im Suhrkamp Verlag herausgegebenen Ausgabe der „Gesammelten Schriften" zitiert. Bei diesem Titelzitat handelt es sich um die ersten und letzten Sätze der Einführung in das vierte Kapitel „Die Bedingungen der Bewegung" seines systematischen Hauptwerkes (Weizsäcker 1997b, 239 f.).

2 Weizsäcker 1987b, 221. Die Rede von „fast einem Jahrhundert" gewinnt ihre Berechtigung, wenn man den gedanklichen Kontext des zitierten Vortrags in Rechnung stellt. Dieser reicht, wie noch zu zeigen ist, bis in den Januar 1918 zurück.

Die Rede vom kranken Menschen wird solcherart zu einer vieldeutigen Metapher, sie verbindet ärztliches Interesse mit den Pathologien des Denkens und seiner Geschichte. Auch der genannte Vortrag steht im Zeichen dieser doppelten Perspektive.

So gehe man im Blick auf die Philosophie zunächst davon aus, dass die Wahrheit in der Rangordnung der Werte einen höheren Platz einnehme als die Gesundheit – es scheint dies „beinahe ein a priori einer derartigen Wertordnung zu sein." Und doch könne der „Arzt nicht vergessen, wie oft ihm die Wahrheit im Stande der Verdunkelung, der Verkehrtheit begegnet ist, wenn ihr Gefäß, der Mensch mit seinen Organen, leiblich, seelisch oder geistig abwegig, verkümmert, zerbrochen war." Wenn also irgendwer, so müsse der Arzt der Philosophie „die Frage vorlegen, was denn diese Abhängigkeit, diese Zerbrechlichkeit der Wahrheit erkenntnistheoretisch, was sie metaphysisch zu bedeuten habe." Und ob hierbei „nicht vielmehr das Wesensproblem auftaucht: kann die Krankheit die Wahrheit selbst erreichen – nicht ihr Instrument, nein sie selbst; kann sie erkranken? Und dann die weitere Frage: was ist denn die Wahrheit ohne ihr Instrument, ohne ihr Gefäß?"[3]

Nicht nur von geistigen oder kognitiven Prozessen, die einer Verkörperung bedürfen, ist hier die Rede, sondern die Wahrheit selbst kommt zur Sprache – genauer: deren leibhafte Bindung, die sie auch krank werden lassen kann. Es geht um nicht weniger als das Verhältnis der Wahrheit zu Leib und Leben, um den Zusammenhang unterschiedlicher Wahrheiten mit bestimmten Formen menschlichen Lebens und Sterbens. Für solch weitreichende Folgerungen, wie sie einer zu Ende gedachten Philosophie der Verkörperung entsprechen mögen, braucht es starke Motive. Eines dieser Motive ist die bereits erwähnte Frage nach „Art und Form des ärztlichen Wissens" vom kranken Menschen.[4] Wie also ist es möglich, vom Kranksein eines anderen Menschen wissen zu können? Denn dieses Kranksein ist nicht „etwas, was man erkennen kann", sondern etwas, was „man auch selbst *sein* kann."[5] Erkenntnis bekommt plötzlich einen anderen Status; es erfolgt gleichsam eine Wendung von der Distanz und Allgemeingültigkeit hin zur Teilhabe am Besonderen. Wobei die Rede vom *Selbst-sein-können* unvermittelt die je eigene Körperlichkeit, die konkrete leibliche Existenz anklingen lässt. Weizsäcker verdeutlicht diese besondere Erkenntnissituation, wenn er fragt:

> Was weiß denn der Denkende, der Wahrnehmende von dem, worüber er redet, vom Kranksein, vom Kranken selbst? Weiß er denn nicht gerade von dem nichts, was jenen zu dem

3 Alle Zitate dieses Absatzes finden sich bei Weizsäcker 1987b, 221.

4 Weizsäcker 1987a, 14.

5 Weizsäcker 1987a, 13.

> macht, was er ist: ein anderer als vorher, ein Entrückter in eine fremde Welt. Kann man überhaupt dorthin eindringen?[6]

Diese genuin ärztliche Frage, die der Not des kranken Menschen gilt und damit zur Not des Arztes wird, ist es nun, die Weizsäcker in seinem Vortrag dazu kommen lässt, von der „*Ungültigkeit* der idealistischen Vernunftbegriffe für den Menschen"[7] zu sprechen. Die Lebenswirklichkeit des Menschen, nicht nur des kranken Menschen, zeige immer wieder, dass der Wirkungsbereich der „seelisch-körperlichen Unterwelt ungeheuer viel weiter hineinreicht in unsere vermeinte Bewußtseinsautonomie und daß unsere Wahrheiten allzu oft eben unsere nur biologischen Interessen oder unsere pathologischen Hemmungen zum Ausdruck bringen."[8] Damit und mit der pointiert vorgetragenen „Abwendung von der objektivistischen, kategorialen, idealistischen und überhaupt prinzipiellen Bewußtseinshaltung" gehört Viktor von Weizsäcker in die schon oft beschriebene Umbruchs- und Krisensituation der Jahre zwischen den Weltkriegen.[9] Auch überrascht es nicht, wenn die prominenten Vertreter dieser Grundlagendiskurse, seien es die Physiker Niels Bohr und Werner Heisenberg, die Philosophen Martin Buber und Franz Rosenzweig oder die Theologen Karl Barth und Hans Ehrenberg – um nur diese zu nennen – auf verschiedenste Weise mit ihm in Verbindung standen. Und es mag auch berechtigt sein, Weizsäckers anthropologische Medizin an die Seite der modernen Physik, der Philosophie des Dialogs oder der dialektischen Theologie zu stellen.[10]

Doch unser Interesse an der Ideengeschichte der Philosophie der Verkörperung meint noch etwas Anderes. Es geht um Genese und Aufbau des Weizsäcker'schen Werkes, näherhin um eine hierfür maßgebliche Forschungssituation und schließlich um eine sogenannte „Epochenverwandtschaft"[11]. Denn das zentrale Problem dieser Forschungssituation steht nicht nur in einer langen Tradition des philosophischen Denkens, es ist überdies strukturell eng verwandt mit einem prominenten Gedankenexperiment aus der Zeit um 1800. Unsere These ist nun, dass die *Epochenverwandtschaft dieses Problems* neben dem amerikanischen Pragmatismus und der deutschen bzw. französischen Phänomenologie den tief-

---

6 Weizsäcker 1987b, 222.
7 Weizsäcker 1987b, 229.
8 Weizsäcker 1987b, 232
9 Weizsäcker 1987b, 231.
10 Christian Link hat als erster auf die geistigen Konstellationen hingewiesen, in denen das Werk Viktor von Weizsäckers seinen Ort hat (Link 1978; 2003).
11 Müller-Seidel 1988.

erreichenden ideengeschichtlichen Hintergrund für die Philosophie der Verkörperung abgibt.

Zur Hinführung auf diese Problemgeschichte dient wiederum Weizsäckers Vortrag von 1928. Dies verwundert wenig, wenn man weiß, dass er buchstäblich aus der Mitte jener Forschungssituation kommt. Daher auch die Einladung des Arztes vor das Forum der Philosophie. Noch einmal geht es um die Art und Form des ärztlichen Wissens. Dieses gilt dem kranken Menschen, genauer: dem Kranksein dieses Menschen. Doch gerade dieses Kranksein erschließe sich nicht dem Modus objektivierender Erkenntnis. Was also ist der „Gegenstand" des ärztlichen Wissens und worauf richtet sich sein Handeln? Weizsäcker spricht von einer sehr besonderen Beziehung, in die sich der Arzt mit dem Kranken begibt. Denn er *umfasse* gleichsam „in seiner Idee der Heilhandlung über die objektive Wirkung hinaus auch deren Ermöglichung."[12] Das Wissen und die Handlung des Arztes richten sich nicht allein auf die bloßen Erscheinungen des Krankseins, sondern zunächst und vor allem auf den im Kranksein *verkörperten* Geist. Es ist dieser „Geist", der für die Ermöglichung oder Verhinderung der Heilhandlung steht. Ein solcher Arzt sei dann, wie Weizsäcker sagt, „nicht mehr objektiv zum Kranken, denn er nimmt nicht seine Krankheit zum Gegenstand, sondern sein Ich, also das, was ontologisch gar nicht Objekt ist noch werden kann, sondern eben Subjekt ist."[13] Hinter dieser paradox anmutenden Formulierung verbirgt sich nichts anderes als das zentrale Problem der erwähnten Forschungssituation: nämlich die Frage nach der *Wirklichkeit von Wahrnehmung und Bewegung.* Wobei es einen Unterschied macht, ob es sich um Wahrnehmung und Bewegung belebter oder unbelebter Körper bzw. gesunder oder kranker Menschen handelt. Es geht um den Einfluss, den der Umstand der Lebendigkeit, mehr noch, der einer reflektierten Lebendigkeit auf Wahrnehmung und Bewegung hat.

Auch das Dilemma einer sich naturwissenschaftlich verstehenden Medizin hat genau mit dieser Frage zu tun. Ärztliches Wissen und Handeln gilt dem Umgang mit dem kranken Menschen, also mit belebten Körpern. Die hierfür in Anspruch genommenen Naturwissenschaften hingegen gründen mit ihren Konzepten des Wissens und Handelns auf dem Umgang mit unbelebt und unabhängig vom Beobachter oder Experimentator gedachten Körpern – eben den Objekten. Besonders erhellend für diese Problemlage ist die Geschichte des Reflexbegriffs, sowohl dessen Herausbildung zum klassischen Paradigma neuzeitlicher Biologie

12 Weizsäcker 1987b, 234.

13 Weizsäcker 1987b, 234. Dieser „metaphysische Ort des Arztes", von dem Weizsäcker im Februar 1927 vor der Kölner Kant-Gesellschaft sprach, ist strukturell mit dem verwandt, was Michael Theunissen mit Blick auf die Dialogphilosophie als „negative Ontologie des Zwischen" bezeichnete (Weizsäcker 1987d, 192; Theunissen 1965/1977, 243 ff.).

als auch dessen Revision im Rahmen jener Forschungssituation, von der hier die Rede ist.[14]

Im Umgang mit belebten Körpern gelangen Wahrnehmen und Bewegen in ein eigentümliches Verhältnis zueinander, auch die Rede von Subjekt und Objekt verliert ihre herkömmliche Orientierungskraft, zumal schon deren Trennbarkeit fragwürdig ist. Am anschaulichsten und zugleich schwierigsten wird dies im Umgang von Arzt und Krankem. So ist es weder verwunderlich noch ein Zufall, wenn Weizsäcker in diesem besonderen Umgang nicht nur „eine Art von methodischer Urszene" sieht, sondern zu deren Beschreibung schon sehr früh eine Begriffsprägung verwendet, die ihm dann später im Rückblick auf einen über zwei Jahrzehnte sich erstreckenden Forschungsprozess zur Metapher für die *Einheit von Wahrnehmen und Bewegen* wird.[15] Das Verhältnis von Arzt und Kranken bildet gleichsam die Urzelle einer neuen *biologischen Epistemologie.*

Mit dem Begriff oder Sprachbild vom *Gestaltkreis* verbindet sich eine bemerkenswerte Situation humanwissenschaftlicher Forschung in der ersten Hälfte des 20. Jahrhunderts. Beginnend mit der besonderen Erfahrung des Arztes im Umgang mit dem kranken Menschen wurde auf experimentellem Weg sehr bald deutlich, dass es zur Beschreibung jedes Umgangs eines Individuums mit seiner Umwelt eines zureichenden Verständnisses für die Bedingungen lebendiger Wahrnehmung und Bewegung bedarf. Wobei diese in einem gegenseitigen Verhältnis der Ver- und Beschränkung stehen. Vor allem aber zeigte sich, dass es im Vollzug solchen Umgangs zum Verlust dessen kommt, worin Selbstbestimmung und objektive Erkenntnis gemeinhin ihre Grundlage haben, nämlich des autonomen Subjekts. Mehr noch: Dieser „Verlust" bildet nachgerade eine Bedingung für das Gelingen lebendiger Wahrnehmung und Bewegung überhaupt. Es geht also, wie es im Eingangszitat heißt, bei den Bedingungen der Bewegung um Einschränkungen des *Wollens* und bei denen der Wahrnehmung um Einschränkungen des *Erkennens.*

Die Forschungssituation, wie sie sich unter der Leitung Viktor von Weizsäckers zwischen 1920 und 1940 in der Heidelberger Nervenabteilung etablierte,

---

14 An dieser Stelle sei die verdienstvolle Edition des hierfür einschlägigen wissenschaftshistorischen Klassikers *Die Herausbildung des Reflexbegriffs* von Georges Canguilhem (1955/2008) erwähnt. Canguilhem verweist gleich zu Beginn seiner Studie auf den eigentümlichen Umstand, dass erst Maurice Merleau-Ponty dem ideengeschichtlichen Rang der Heidelberger Forschungen „in der philosophischen Öffentlichkeit ein großes Publikum verschafft" habe (Canguilhem 1955/2008, 10); siehe Merleau-Ponty 1942/1976.

15 Weizsäcker 1987a, 25. Den Begriff „Gestaltkreis" verwendet Weizsäcker erstmals beim Versuch, den metaphysischen Ort des Arztes zu bestimmen (Weizsäcker 1987d, 192 f); zur Systematik dieses Forschungsprozesses Weizsäcker vgl. 1986b.

steht für eine *ideengeschichtliche Zäsur*. Wie an kaum einem anderen Ort der psychophysischen Forschungslandschaft des frühen 20. Jahrhunderts kommt es in den Experimenten und Studien dieser Arbeitsgruppe zur systematischen Destruktion des transzendentalen Subjekts. Ja es scheint gar, als ob sich die erkenntniskritische Situation der Zeit um 1800 wiederholen würde. Die Reflexivität des denkenden Ich trifft auf das Andere ihrer selbst: nämlich auf die Wirklichkeit der je eigenen leiblichen Existenz, wie sie noch vor allem Denken in den Sinnen gewahr wird.[16] Neben die *epistemische* Subjektivität tritt – wie verborgen auch immer – eine *ästhetische* Subjektivität und macht so erst das Ganze des Menschen aus: seinen Geist *und* seine Natur. Freilich, dieses Ganze kommt als solches nicht in den Blick, wohl aber zeigt es sich in der „sinnlich-geistigen Spannungs- und Konfliktstruktur des Menschen" als dem anthropomorphen Grund aller Erkenntnis.[17] Immer dann also, wenn einer der beiden Konfliktpole in Vergessenheit gerät oder verdrängt wird, steht das Ganze des Menschen auf dem Spiel – mit anderen Worten: die *condition humaine*. Die Delegitimierung der Sinnlichkeit des Körpers, wie sie zur Erfolgsgeschichte der klassischen Naturwissenschaft und – nicht zu vergessen – der klassischen Metaphysik gehört, steht daher im Zeichen einer „Spaltung der Vernunft"[18].

Eine gleichermaßen zutreffende wie prägnante Selbstbeschreibung für das ideengeschichtliche Profil der Heidelberger Forschungssituation findet Weizsäcker schon sehr früh in seinen sogenannten „Helmstedter Vorlesungen"[19]. Dort spricht er von der Notwendigkeit einer „Umgestaltung der Metaphysik" und reagiert damit auf „drei metaphysische Irrtümer" der neuzeitlichen Denktradition: „die Lehre von der Identität, die von der Willensfreiheit und die von der Autonomie der menschlichen Person."[20] Das mit den Heidelberger Experimenten

16 Für eine erste Übersicht sei auf die eindringlichen Studien von Manfred Frank verwiesen, hier besonders Frank (2007).

17 Zur Herausbildung der ästhetischen Subjektivität in Opposition zur transzendentalphilosophischen (epistemischen) Subjektivität um 1800 vgl. vor allem Bohrer (1989). Zur „Konfliktstruktur des Menschen" als der zentralen anthropologischen These der Frühromantik vgl. Neumann (1976, 743 ff.).

18 Weizsäcker 1987 f, 163 ff.

19 Weizsäcker 1987c. Diese Schrift ging aus den im Oktober 1925 im Apologetischen Seminar Helmstedt gehaltenen Vorlesungen hervor und hat wohl des Titels wegen nicht die ihr gebührende Aufmerksamkeit gefunden. Als eine „Dialektik der Aufklärung" gehört sie in die Reihe der prominenten Schriften der zwanziger Jahre. Auch der theologische Hintergrund sollte nicht verwundern. Ist es doch die Philosophie der Verkörperung, die den schöpfungstheologischen Ausgang des Weizsäcker'schen Denkens erst verständlich werden lässt (Jacobi 2010; vgl. dazu auch den Beitrag von Alexander Maßmann in diesem Band).

20 Weizsäcker 1987c, 119, 117.

grundgelegte neue Verständnis der *Wirklichkeit des Lebendigen* im Zeichen der Einheit von Wahrnehmen und Bewegen verhilft nicht nur zur Überwindung dieser Irrtümer, es etabliert vielmehr den systematischen Zusammenhang von Medizinischer Anthropologie und Philosophie der Verkörperung. Zum Paradigma dieses Zusammenhangs wird das Konzept der *Bipersonalität*. Erstmals von Weizsäcker in den „Helmstedter Vorlesungen" formuliert, gewinnt es seinen theoretischen und experimentellen Status in den Untersuchungen von Paul Christian und Renate Haas.[21] Nirgends zeigt sich die eingangs erwähnte Verbindung von ärztlichem Interesse und Kritik der Pathologien menschlichen Denkens deutlicher als hier. Die besondere Pointe dieses Forschungsweges liegt nun darin, dass ein lange vergessener Text von Heinrich von Kleist plötzlich zum schlechthin klassischen Denkmodell für eine Medizinische Anthropologie wird, die sich als Philosophie der Verkörperung versteht.[22]

1 Die Heidelberger Nervenabteilung. Denkstil und Denkkollektiv

> Das Denken ist eine kollektive Tätigkeit wie der Chorgesang oder das Gespräch. [...].
>
> Was wir denken und wie wir sehen, hängt vom Denkkollektiv ab, dem wir angehören.
>
> Ludwik Fleck[23]

In seinen „Erinnerungen eines Arztes", die er unter den bezeichnenden Titel *Natur und Geist* stellte, fand Viktor von Weizsäcker zwei eindrucksvolle Formulierungen für den Charakter der gemeinsamen Arbeit in der von ihm geleiteten „Nervenabteilung" der Heidelberger Medizinischen Klinik. So bezeichnet er die Zusammenarbeit mit Johannes Stein in den zwanziger Jahren als einen „jener Fälle, wo

---

21 Weizsäcker 1987c, 71, 114 f; Christian/Haas 1949. Es verdiente eine gesonderte Untersuchung, auf welch beeindruckende Weise diese Studie alle vier Aspekte der Philosophie der Verkörperung enthält, also den ausgedehnten, den eingebetteten, den verkörperten und den enaktiven Geist. Vgl. hierzu Fingerhut/Hufendiek/Wild 2013, 64 ff.

22 Zunächst sei lediglich auf den bezeichnenden Titel „Über die menschliche Bewegung als Einheit von Natur und Geist. Beiträge zur Lehre und Forschung der Leibeserziehung" einer Sammlung einschlägiger Texte in Buytendijk/Christian/Plügge 1963 verwiesen. Bei dem Text von Heinrich von Kleist handelt es sich um dessen 1810 veröffentlichten Aufsatz „Über das Marionettentheater" (Kleist 1990b).

23 Fleck 1935/1983, 81 f.

zum Glück zwei Arbeitsgenossen nicht wissen, wer die Priorität hat" – die Anteile an den gefundenen Erkenntnissen erweisen sich gewissermaßen als „untrennbar".[24] Zu einem besonders anschaulichen Bild für diese eigentümliche wissenschaftssoziologische Situation gelangt er bei Alfred Prinz Auersperg. Hier spricht er davon, dass „aus ihm und mir eine elliptische Einheit sich bildete, die an jeder Stelle von beiden Brennpunkten abhängig war." Mehr noch, die in einer überaus kurzen Zeitspanne von nur zwei Jahren gefundenen Einsichten mochte er nicht „als die innere Konsequenz [...] [seiner] eigenen Entwicklung, sondern nur zugleich als die gleichzeitige Entfaltung des Prinzen Auersperg darstellen."[25] Man mag es als eine glückliche Fügung jener über zwei Jahrzehnte währenden Forschungsarbeit betrachten, dass immer wieder zur rechten Zeit neue Mitarbeiter hinzukamen *und* bisherige wegblieben. Wobei sich, und hier liegt die heuristische Pointe dieses Glücks, nicht nur die intellektuelle Kreativität mit den hinzukommenden Kollegen fortsetzte, sondern es vielmehr zu einer bemerkenswerten *Kontinuität des Denkstils* kam. Und es passt sehr gut zu unserer Rede von der ideengeschichtlichen Zäsur, dass just in diese Zeit auch die ersten Versuche gehören, nach den anthropologischen und soziodynamischen Bedingungen solcher Zäsuren zu fragen. Fast möchte man der Weizsäcker'schen „Nervenabteilung" für diese von Ludwik Fleck begonnenen Untersuchungen einen exemplarischen Rang beimessen.[26] Denn es ist faszinierend zu sehen, wie eine radikale Neuformierung neuro- und psychophysiologischer Forschung, die schließlich in ein neues Verständnis der „*Leben*serscheinungen" mündet,[27] sich über eine nahezu bruchlose Abfolge von Mitarbeitern entfaltet, die, je für sich betrachtet, von sehr unterschiedlicher Art waren.

Mit Johannes Stein erfolgt bereits zu Beginn der zwanziger Jahre durch die Entdeckung der „Schwellenlabilität" der erste Schritt des Abschiedes vom Primat zentralnervöser Regulation.[28] Es kommt etwas in den Blick, was Weizsäcker schon sehr früh im Sinne einer sogenannten „Selbststeuerung" als „Einführung des Form- und Gestaltprinzips" in die Physiologie beschrieb.[29] An diese noch immer dem Vorrang des Sensualismus geschuldeten Anfänge, die gleichwohl ein Auf-

---

24 Weizsäcker 1986a, 59.

25 Weizsäcker 1986a, 75.

26 Erst dank des Hinweises, den Thomas Kuhn im Vorwort seines alsbald zum Klassiker neuerer Wissenschaftsgeschichte gewordenen Werkes *Die Struktur wissenschaftlicher Revolutionen* (1962) gab, kam es zur – zwar immer noch randständigen – Rezeption der Schriften des polnischen Mikrobiologen und Mediziners Ludwik Fleck (1896–1961); vgl. dazu Kuhn 1962/1993, 8.

27 Weizsäcker 1990a, 426.

28 Stein 1923; Weizsäcker 1986a, 59 ff.

29 Weizsäcker 1986a, 58; Weizsäcker 1990b.

bruch waren, schloss sich der erste, in seiner Tragweite kaum absehbare Versuch einer *Verbindung* von Wahrnehmung und Bewegung bei Paul Vogel an. Wobei auch selbst hier noch mit der Frage nach dem Gleichgewichtssinn eine gewisse sensualistische Präferenz einherging.[30] Das „grundsätzlich Neue" war indes, „die psychischen und die somatischen Phänomene unter dem Grundsatz der gegenseitigen Vertretbarkeit beim Zustandekommen einer Leistung zu verstehen."[31] Damit war der empirische Beleg für eine Konzeption oder Denkhaltung erbracht, für die Weizsäcker schon 1927 den Begriff des *Gestaltkreises* prägte.[32] Doch mit dem Weggang von Paul Vogel schien dieser Durchbruch, der die neu gefundene Grundform des *biologischen Aktes* auf dem Wege eines sogenannten „methodischen Trialismus" genauer zu verstehen erlaubte, auf der Strecke zu bleiben.[33]

Nun war es der schon erwähnte Alfred Prinz Auersperg, der nach einem kurzen Studienaufenthalt bei Johannes Stein zur rechten Zeit – also kurz vor dem Weggang Paul Vogels – im Herbst 1933 an Weizsäckers „Nervenabteilung" kam. Auersperg setzte den mit Vogels Schwindelversuchen begonnenen Weg nicht einfach nur fort, sondern erkannte – wie es Herbert Plügge in seinem großartigen Nachruf beschreibt – „sofort die Genialität" des damit verbundenen Gestaltkreiskonzeptes.[34] Denn statt um eine weitere Erforschung der bloßen „Sensibilität" gehe es um die *gelebte* Wirklichkeit der Wahrnehmung selber. Bei deren Beschreibung musste allerdings der „Kompetenzbereich exakt-wissenschaftlicher Denkformen überschritten" werden.[35] Doch es bleibt nicht bei dieser Überschreitung. Insofern der „Tatort des Biologischen ausdrücklich in die Erlebniswirklichkeit" verlegt wird, erweist sich nicht nur die von Paul Vogel aufgezeigte Einheit von Wahrnehmen und Bewegen als schlechthin unhintergehbar, sondern

---

30 Vgl. zum Vorrang des Sensualismus Weizsäcker 1986b, 240; 1997b, 242.

31 Weizsäcker 1986a, 74; vgl. vor allem aber Paul Vogels Habilitationsschrift „Studien über den Schwindel" (1933). Eine besondere Wirkung entfaltet diese neue Einsicht im Rahmen der klinischen Epileptologie, deren heutiger Status sich vor allem dem lebenslangen Engagement von Paul Vogels Schüler Dieter Janz verdankt; vgl. hierzu Jacobi/Claussen/Wolf 2001, sowie Janz 2017, 48 ff., 176 – 209.

32 Weizsäcker 1987d, 181 ff.

33 Mit der Formel vom „methodischen Trialismus" ist der Zusammenhang der drei Variablen bei den sensomotorischen Experimenten gemeint: Reiz, Bewegung und Empfindung. Das empfindende Subjekt wird als konstitutives Element in das experimentelle Design *eingeführt*. Hierin sah Weizsäcker eine „Umbildung der Methode", die nicht nur „an die letzten Grundlagen der klassischen Physiologie [...], sondern der exakten Naturforschung rührte und möglicherweise zu einer Revision oder gar Revolution der Grundbegriffe führen würde" (Weizsäcker 1986a, 76 f.).

34 Plügge 1970, 1. Prinz Auersperg betreffend, sei auf die verdienstvolle Untersuchung von Martin Sack (2005) verwiesen.

35 Auersperg/Sprockhoff 1936, 311.

der epistemologische Status solch elementarer Ordnungen wie Zeit, Raum und Kausalität steht nun seinerseits in Frage.[36] Mit den subtilen und methodologisch neuartigen Untersuchungen Prinz Auerspergs gewinnt das von Weizsäcker formulierte Programm einer *Revision der Grundbegriffe* erst seine eigentliche forschungspraktische Relevanz. Charakteristisch hierfür ist das von Auersperg beschriebene Phänomen der *Prolepsis.*[37] Nimmt man Weizsäckers frühe Überlegungen zu einer von der klassischen Naturwissenschaft grundsätzlich verschiedenen Zeitordnung biologischer Vorgänge hinzu, wird deutlich, dass hier nahezu zeitgleich mit den Forschungen zur modernen Physik (Kopenhagener Deutung der Quantenmechanik) genau jene geistigen Konstellationen des frühen 20. Jahrhunderts in den Blick kommen, von denen schon die Rede war.[38]

Wie in der Philosophie geht es auch in der Biologie, oder, mit Weizsäcker gesprochen, in der Wissenschaft von den *Lebens*erscheinungen, um eine *metaphysische Fragestellung*, nämlich um die Frage nach dem Verhältnis von ontisch und pathisch, in herkömmlicher Terminologie: von Sein und Nicht-Sein. Nirgends deutlicher als am Phänomen der Prolepsis zeigt sich, wie in der Wirklichkeit dessen, was ein biologischer Vorgang „ist", immer schon etwas von dem enthalten ist, was *nicht* oder noch *nicht* „ist".[39] Hierbei ist gleichsam „mitgedacht, dass das Sein nicht ‚ist' und dass, was ‚ist' kein Sein ist."[40] So kann zumindest im Falle biologischer Vorgänge nie nur von einem Sein die Rede sein, eher wohl von einer Art Verbundenheit von Sein *und* Nicht-Sein, wie sie im Begriff des *Werdens* zum Ausdruck kommt.[41] Weizsäckers Programm einer Revision der Grundbegriffe ist daher zugleich eines zur *Umgestaltung der Metaphysik.*

---

36 Weizsäcker 1986a, 78; vgl. auch den ausführlichen Kommentar zu Auersperg bei Weizsäcker 1997b, 291 ff. Zu Weizsäckers Programm der „Revision der Grundbegriffe" siehe Weizsäcker 1986a, 76 f, 100 ff.

37 Auersperg/Sprockhoff 1936, 312; sowie Weizsäcker 1986a, 77 ff. Ausführlich hierzu Sack 2005, 65 ff.

38 Weizsäcker 1998, 384 f., 392 ff.; 1990a, 398 ff. Eine erste Formulierung der sogenannten „Kopenhagener Deutung der Quantenmechanik" erfolgte in dem berühmt gewordenen Como-Vortrag im Jahr 1927 (Bohr 1931b).

39 So verbindet auch schon Martin Heidegger mit eben dieser eigentümlichen Seinsweise des Lebendigen seinen Begriff der *Geschichtlichkeit* – und dies wiederum ist der Kern dessen, was dann später von Prinz Auersperg als *Prolepsis* bestimmt wird. Doch diese, wie es Heidegger nennt, „Erkenntnis des Seinscharakters des menschlichen Daseins selbst" geht wiederum auf den Grafen Paul Yorck von Wartenburg und dessen berühmten Briefwechsel mit Wilhelm Dilthey zurück (Jacobi 2008a, 279 ff.; Derwort 1938, 665 f.).

40 Weizsäcker 1997c, 510.

41 Weizsäcker 1987e, 49 f. Paul Christian wird später diese proleptische Zeitstruktur erneut aufgreifen und, dank der Anregung des Alttestamentlers Gerhard von Rad, hierfür ein Vorbild im hebräischen Zeitverständnis finden (Christian 1963, 98 f.).

Dieser geistes- und problemgeschichtliche Horizont muss in aller Klarheit gesehen werden, soll das für die Ideengeschichte der Philosophie der Verkörperung exemplarische Verhältnis Paul Christians zu Viktor von Weizsäcker zur Sprache kommen. Zunächst ist es erneut der richtige Zeitpunkt, als Paul Christian kurz vor dem Weggang von Prinz Auersperg in die „Nervenabteilung" Weizsäckers kommt. Aber anders als die bisherigen Mitarbeiter war Christian durch sein soeben abgeschlossenes Studium, vor allem durch den Einfluss Ludolf von Krehls, schon „Schüler" Weizsäckers, bevor er zu ihm kam.[42] Bezeichnend hierfür ist sein Interesse an dem, was es mit der von Paul Vogel eingeschlagenen „Richtung auf Vereinigung der sensorischen und der motorischen Seite organischer Tätigkeit" nun näherhin auf sich habe.[43] Begann mit Auersperg der Übergang „von der naturphilosophischen Hypothese zur erkenntniskritischen Grundlagenforschung" und damit die Rehabilitierung biologischer Vorgänge als „Gegenstände" *sui generis*, so rückt bei Paul Christian jene „Richtung auf Vereinigung" auf neue Weise in den Mittelpunkt.[44] Denn spätestens mit der von Vogel beschriebenen Stellvertretung und gegenseitigen Verborgenheit von Sensorik und Motorik stellt sich die Frage nach dem *Wesen der Bewegung*, insbesondere nach dem, was die Bewegung belebter Körper von der unbelebter unterscheidet. Mithin also genau die Frage, mit der die Problemverwandtschaft mit der Zeit um 1800 in den Blick kommt. Aber damit diese Frage ihren zentralen Stellenwert für Christian erlangen und für sein Verhältnis zu Weizsäcker bestimmend werden konnte, bedurfte es einer weiteren glücklichen Fügung im Denkkollektiv der „Nervenabteilung".

Standen selbst Auerspergs Untersuchungen zur Prolepsis noch in der historischen Fluchtlinie sensualistischer Dominanz, so bewegen sich auch Christians Anfänge zunächst im Bereich der Sinneswahrnehmung.[45] Weizsäckers Wunsch indes war es schon beim Weggang Paul Vogels, dass „weitere Untersuchungen nach dem Muster derer über den optokinetischen Schwindel unternommen worden wären."[46] Denn erst hier schien sich ihm der Zugang für einen *neuen Wirklichkeitsbegriff* zu zeigen – genauer: für eine neue Weise des Umgangs mit der

---

42 Siehe hierzu die eindrucksvolle Darstellung in Walter Bräutigam 1994.

43 Weizsäcker 1986a, 79.

44 Weizsäcker 1986a, 89. Vgl. zur Frage nach einer „ihrem Gegenstand angemessenen Weise" der Forschung und der damit verbundenen „Umbildung der Methode" Weizsäcker 1986a 72, 76; sowie die erkenntniskritischen Überlegungen in Weizsäcker 1998, 376 ff.

45 Hierzu sei auf Weizsäckers bemerkenswerte ideengeschichtliche These verwiesen: „Man darf sagen, daß allgemein mit der Verdrängung der moralischen Wissenschaften aus dem Zentrum des Geistes und ihrem Ersatz durch die objektiven Naturwissenschaften eine Vernachlässigung der Probleme des Handelns, damit dann auch eine Einschränkung der Bewegungslehre auf Mechanik eintritt" (Weizsäcker 1997b, 242).

46 Weizsäcker 1986a, 76.

Wirklichkeit des Lebens. Es zeugt von der eigentümlichen Dynamik des Denkkollektivs der „Nervenabteilung", dass es dem Mitarbeiter Auerspergs, dem jungen neurologischen Assistenten Albert Derwort, zufällt, in kongenialer Weiterführung der unveröffentlicht gebliebenen Auersperg'schen Studien zum „Aufbau von Bewegungsakten" einen entscheidenden Beitrag zur Erfüllung des Weizsäcker'schen Wunsches leisten zu können.[47] Mit der von Derwort experimentell begründeten *Regel der konstanten Figurzeit* erfolgt jedoch nicht nur eine Fortführung des Programms zur Revision der Grundbegriffe – nun also ein *biologischer Raumbegriff* in Ergänzung des von Auersperg eingeführten *biologischen Zeitbegriffs* –, sondern es geht um sehr viel mehr.[48]

Auch wenn es in Derworts Arbeit nicht explizit zur Sprache kommt, so führt die von ihm beschriebene „lebendige Bewegung als raumzeitlicher Gestaltungsprozeß" auf eben jenen „neuen Wirklichkeitsbegriff", den Weizsäcker von Vogels Schwindelversuchen her im Blick hatte und dann schließlich in der Habilitationsschrift Paul Christians ausgeführt findet.[49] Besonders deutlich wird dies, wenn unter dem gleichen Titel „Raum, Zeit und Form" die Untersuchungen Derworts einerseits als wesentliches Element in die „Bedingungen der Bewegung" eingehen, wie sie Weizsäcker erstmals systematisch in seiner Schrift *Der Gestaltkreis* formuliert, und andererseits Paul Christian zur nahezu gleichen Zeit in der Einleitung seiner Habilitationsschrift auf die entscheidende Frage nach dem führen, was die Bewegung lebender Körper von der unbelebter unterscheidet.[50]

Als das hinfort gemeinsame Thema von Paul Christian und Viktor von Weizsäcker verdankt sich die Herausbildung dieser Fragestellung in einer für das Denkkollektiv der „Nervenabteilung" bezeichnenden Weise sowohl der von Paul Vogel eingeführten Problemlage als auch ebenso der vom Prinzen Auersperg angeregten Untersuchung Albert Derworts, die wiederum ihrerseits bis auf Johannes Steins Formel von der „sensorischen Bewegung" zurückgeht.[51] So verwundert es nicht, wenn Christian wie Weizsäcker gleichermaßen zu der bedeutsamen Einsicht gelangen, dass im Falle belebter Körper die Ordnungen von deren

47 Derwort 1938, 661; Sack 2005, 82ff.
48 Derwort 1938, 665f.
49 Derwort 1938, 667. Bei Weizsäckers Verweis auf den von Christian „neu aufgerichteten Wirklichkeitsbegriff" (Weizsäcker 1986a, 82f.) springt die Bezugnahme auf Martin Heideggers Vorlesung „Was ist Metaphysik" ins Auge. Es ist diese Freiburger Antrittsvorlesung aus dem Jahr 1929, in der Heidegger jene schon erwähnte „metaphysische Frage" nach dem Verhältnis von Sein und Nicht-Sein explizit entfaltet; beginnend mit der hellsichtigen Feststellung: „Die Wissenschaft will vom Nichts nichts wissen" (Heidegger 1929/1978, 106).
50 Weizsäcker 1997b, 256ff. (Kapitel „Raum, Zeit und Form"); Christian 1940, 151–157 („Problemstellung: Raum, Zeit und Form in der physikalischen und phänomenalen Bewegung").
51 Weizsäcker 1986a, 89.

Bewegung „im Wesen des Gegenstandes selbst gründen" – also nicht als apriorische Kategorien, wie Raum, Zeit oder Kausalität, zur Verfügung stehen.[52] Weizsäcker spricht in diesem Zusammenhang von der „Form" der organischen Bewegung, *in* der ihre „Gesetzmäßigkeit" liege.[53] Diese Form im Sinne des gewünschten Effektes sei es daher auch, die – wie es Derwort formuliert – „vom ersten Augenblick der Bewegung an" und in jedem ihrer Teilakte, den Bewegungsabschluss gleichsam „vorwegnehmend", jeweils Zeit *und* Raum, also Geschwindigkeit *und* Richtung bestimme.[54] Insofern sei das Gelingen einer Bewegung weder zu planen, noch gründe es in einer vorausgehenden Absicht. Vielmehr gilt, „daß nicht nur der motorische Vollzug gar nicht so beschaffen ist, wie er der Absicht entspräche, sondern darüber hinaus so ist, wie er auftragsgemäß gar nicht vollziehbar wäre."[55] Weizsäcker legt großen Wert darauf, dass es für Derwort genau diese *Paradoxie* ist, die keiner weiteren Erklärung bedarf, da sie als solche „das Wesen des Sachverhaltes ausmacht" – also „eine ziemlich scharfe Formulierung der Antilogik des organischen Geschehens" überhaupt enthalte.[56] Denn einerseits komme es mit der Vorwegnahme des Abschlusses zur Wirksamkeit eines Noch-nicht-Seins – gewissermaßen zur „Umkehr der Kausalität" –, andererseits aber zeige sich eine Körperlichkeit, die „von der Idee dessen, was geleistet werden soll, nicht zu trennen" ist.[57]

---

52 Christian 1940, 157. Weizsäcker bringt es auf die prägnante und weitreichende Formel: „Die Welt und ihre Dinge sind nicht in Raum und Zeit, sondern Raum und Zeit sind in der Welt, an den Dingen" – und verweist hierzu auf eine für seine Rede vom neuen Wirklichkeitsbegriff entscheidende Passage bei Martin Heidegger: „*Der Raum ist weder im Subjekt, noch ist die Welt im Raum*. Der Raum ist vielmehr ‚in' der Welt, sofern das für das Dasein konstitutive In-der-Welt-sein Raum erschlossen hat" (Weizsäcker 1997b, 234; Heidegger 1927/1986, 111).

53 Weizsäcker 1997b, 258.

54 Derwort 1938, 667.

55 Derwort 1938, 670. Weizsäcker zitiert diesen zentralen Gedanken, der uns natürlich sofort an Heinrich von Kleist erinnert, sowohl in Weizsäcker 1986a, 90 als auch in Weizsäcker 1997b, 259.

56 Weizsäcker 1986a, 89 f.

57 Genau diese sehr bestimmten Formen der *Zeitlichkeit* und der *Körperlichkeit* machen neben der noch ausstehenden *Alterität* die Dimensionen des erwähnten neuen Wirklichkeitsbegriffes aus und lassen etwas von dem erkennen, was man als *negative Ontologie* der Medizinischen Anthropologie bezeichnen könnte. Vgl. zur zitierten Formel von der „Umkehr der Kausalität" Weizsäcker 1986c, 428 ff. Die hier erwähnte Körperlichkeit meint ein „Leibgeschehen", dass „nicht nur aus Mechanismen, sondern auch aus Verstand und Sinn besteht" (Weizsäcker 1986a, 167) – Paul Christian nennt es später „inkarnierte Subjektivität" (Christian 1960). Unser Zitat stammt aus der eindrucksvollen Beschreibung der Derwort'schen Versuche bei Hartwig Wiedebach (2014, 103). Christians *inkarnierte Subjektivität* wird in Wiedebachs Studie nicht nur als ein psychosomatischer Elementarbefund philosophisch gewürdigt, sondern in Beziehung zu neueren informations-

Doch mit dem Unterschied zwischen der Bewegung belebter und unbelebter Körper, wie er im Begriff der *Antilogik* zum Vorschein kommt, drängt sich zugleich auch dessen prominenteste Darstellung auf: eben jener schon erwähnte späte Text von Heinrich von Kleist. Hubertus Tellenbach hat in seiner schönen Studie zur phänomenologischen Biologie des Prinzen Auersperg nachdrücklich darauf hingewiesen, dass es die bei Heinrich von Kleist verhandelte Frage nach dem „Geheimnis der vollkommenen *Natürlichkeit*" von Grazie und Anmut gewesen sei, die nunmehr als „Idee der Prolepsis in der Luft" gelegen habe.[58] In der Gestalt des von Weizsäcker postulierten neuen Wirklichkeitsbegriffes wird sie die weitere Arbeit Paul Christians bestimmen – mithin auch sein Verhältnis zu Weizsäcker. Insofern hat Paul Christian anders als Johannes Stein, Paul Vogel und Alfred Prinz Auersperg weniger mit der Herausbildung des Gestaltkreiskonzeptes als vielmehr mit dessen Weiterentwicklung zu tun – und zwar gemeinsam mit Albert Derwort.

2 Bipersonalität und Umgestaltung der Metaphysik. Medizinische Anthropologie als eine Philosophie von Verkörperung und Sozialität

> Alle Anthropologie kann nur noch von der ursprünglichen Verbundenheit der Menschen ausgehen, alle Anthropologie muß zuerst eine Ordnungslehre der Gemeinschaft sein; der Einzelmensch ist ontologisch nicht real, er ist eine pure Abstraktion.
>
> Viktor von Weizsäcker[59]

Wollte man die Formel von der „elliptischen Einheit" auch für das Verhältnis zwischen Paul Christian und Viktor von Weizsäcker nutzen, so würde dies am ehesten für das Jahrzehnt von 1939 bis 1949 zutreffen. Im Jahr 1939 beendet Christian seine Habilitationsschrift und Weizsäcker sein „so vielfach irisierendes

---

theoretischen Konzepten (Konnektionismus) gebracht. Eine ausführliche Diskussion hierzu in Jacobi 2016.

58 Tellenbach 1985, 271. Anklänge an Heinrich von Kleist konnte man, wie schon angedeutet, bei Derwort 1938, 670 finden, aber auch schon bei Buytendijk 1931, 32. Explizit ausgeführt wird dieser Bezug dann bei Alfred Prinz Auersperg 1944, 214.

59 Weizsäcker 1987c, 122.

Gebilde“ *Der Gestaltkreis.*[60] Die Nähe Weizsäckers zur entstehenden Habilitationsschrift Christians zeigt sich in dem bemerkenswerten Umstand, dass Weizsäcker bereits am Tag nach Einreichung der Schrift sein Gutachten schreibt. Für diese dann in der Breslauer Zeit von Oktober 1941 bis Januar 1945 fortgesetzte Nähe finden sich in der aus dem Nachlass veröffentlichten sog. „Reisebeschreibung 1945“ eindrucksvolle Belege. So berichtet Weizsäcker von der letzten Besprechung in seinem Breslauer Institut, bei der in den Beiträgen von Christian und Derwort zur „Analyse willkürlicher Bewegungen und deren Feststellung bei verschiedenartigen Widerständen“ das schlechthin zentrale Thema dieser Jahre zur Sprache kam. Aber auch die Beschreibung des Wiedersehens im sächsischen Schkeuditz am 17. Februar 1945 während der lebensgefährlichen „Rückkehr“ von Breslau nach Heidelberg vermittelt etwas von dieser Nähe.[61]

Am deutlichsten indes wird diese besondere Beziehung an anderer, fast etwas verborgener Stelle. Es geht um einen zum Nachteil der Weizsäcker-Rezeption weitgehend unbemerkt gebliebenen Text, nämlich die in Inhalt wie Form recht ungewöhnliche Vorrede zur vierten Auflage des Gestaltkreis-Buches vom Dezember 1948.[62] Neben einer bibliographischen Dokumentation des Arbeitszusammenhangs von Christian und Weizsäcker gibt sie weitreichende Einblicke in die Genese und erkenntniskritische Intention der Denkfigur des Gestaltkreises. Auch der für unsere These paradigmatische Rang der Bewegung und deren Unterschied bei belebten und unbelebten Körpern kommt ausführlich zu Wort. Zumal erst hier, „beim motorischen Umgang mit der Umwelt“ sich gezeigt habe, dass „die Ich-Umwelt-Beziehung das eigentlich zu Untersuchende sei.“ So wird die *Bewegung* „das dringende Anliegen“ für die „Einführung des Subjekts“ – also für genau jene Formel Weizsäckers, die zwar weithin bekannt, aber noch kaum zureichend verstanden ist.[63] Aber selbst die auf Heinrich von Kleist zurückgehende und daher etwas entlegen anmutende Pointe unserer These spielt eine höchst prominente Rolle. Sie markiert gleichsam die mit Paul Christian einsetzende Weiterführung des Gestaltkreiskonzeptes. Denn es sind genau jene beiden Arbeiten Christians, die als kritischer Kommentar zur Parabel vom Marionettentheater und als Beitrag zur Umgestaltung der Metaphysik nicht nur unsere These stützen, sondern für Weizsäcker ein „neues Blatt der Forschung“ aufschlagen.[64] Ihrer präzisen und eindrücklichen Formulierungen wegen sei diese Passage hier vollständig zitiert.

---

60 Weizsäcker 1986a, 80.
61 Weizsäcker 2007, 726, 737 f., 742.
62 Weizsäcker 1997b, 86 – 100; zur Bedeutung dieser Vorrede siehe Jacobi 1997, 98 f.
63 Alle Zitate finden sich bei Weizsäcker 1997b, 89; hierzu siehe vor allem Christian 1952, 94 ff.
64 Weizsäcker 1997b, 90; Christian 1948b; Christian/Haas 1949.

Sie bezieht sich zu Beginn auf Paul Christians Untersuchung „Vom Wertbewußtsein im Tun".

> In der letztgenannten Abhandlung ist das, was man als das statische Mißverständnis des Gestaltkreises bezeichnen kann, vollständig überwunden. Denn hier wird die Beziehungsfähigkeit der Sphäre der Werte mit der Sphäre der Mechanik am Beispiel der Willkürbewegung gezeigt und beschrieben. Damit scheidet die Relation von Psyche und Physis als eine zwischen zwei Substanzen aus der Beschreibung der Wirklichkeit völlig aus. Es ist derselbe Schritt, der mit der Hinwendung zu den pathischen Kategorien begonnen war. Ein neues Blatt der Forschung ist aufgeschlagen.
>
> Das zweite Thema, das erst in der experimentellen Untersuchung der Motorik gleichsam unvermeidlich wurde, ist dann das, daß wir ja nicht nur mit Werkzeugen und Maschinen umgehen, sondern auch mit unseresgleichen. Das ist zwar in der Wahrnehmung auch so; aber die gemeinsame Handarbeit ist ein im technischen Zeitalter so aufdringliches Problem, da auch Industrie, Soziologie, Ökonomie an ihm interessiert sind. Unsere erste Experimentaluntersuchung findet man in P. CHRISTIAN und R. HAAS (1949), Motorische Leistungen im Verband zweier Partner in „Wesen und Formen der Bipersonalität".
>
> Hier wird nicht zum ersten Male mit der Einführung des Subjektes in die Physiologie bemerklich, daß nicht nur die Absonderung der Materialität des Organismus unhaltbar wird, sondern die Beschränkung der Physiologie aufs Allgemeine und Allgemeingültige ins Wanken gerät. Denn nun hat doch jeder Organismus sein eigenes Subjekt. Und während man bei der Sinneswahrnehmung die Hypothese machen kann, daß bei gleicher Organbeschaffenheit auch alle wahrnehmenden Wesen die Dinge gleich empfinden und wahrnehmen (obwohl dies streng genommen unbeweisbar bleibt), ist beim motorischen Umgang zweier Lebewesen direkt zu beweisen, daß ihre Subjekte entweder zu einem einzigen (sozusagen neuen dritten) verschmelzen oder aber (bei Krankheit) getrennt und verschieden bleiben.[65]

Zunächst klingt der bereits vorgestellte neue Wirklichkeitsbegriff an, für den „die Relation von Psyche und Physis als eine zwischen zwei Substanzen" hinfällig wird. Hinzu kommt, wie es Weizsäcker an anderer Stelle sagt, dass es die „Einschränkungen des *Wollens* sind", die zur Bedingung gelingender Bewegung werden.[66] Dies wiederum hat, wie von Prinz Auersperg und Albert Derwort nachgewiesen, mit einer *veränderten Zeitordnung* zu tun. Die Beschreibung und Beurteilung einer Bewegung ist immer erst „das Ergebnis einer rückläufigen Analyse" – *in* ihrem Vollzug allerdings ist sie bereits als ganze enthalten, ohne dass dieses Ganze im Vorhinein gewollt oder gewusst werden könnte.[67] Es macht den *epistemologischen*

---

65 Weizsäcker 1997b, 90.

66 Weizsäcker 1997b, 240.

67 Christian 1948b, 5. So „weiß" man z. B. bereits in dem Moment, in welchem der Ball die Hand verlässt oder die Hand die Schachfigur aufsetzt, ob der Wurf bzw. Zug geglückt ist (11). Insofern gibt es ein „Bewußtsein" vom Wert des Tuns *nicht vor*, sondern frühestens *im* Tun. Genau dies meint die auf den ersten Blick etwas fremd anmutende, aber höchst präzise Titelformulierung dieser Arbeit.

Status organischer Bewegungen aus, dass sie nicht als bestimmbares Objekt vom Subjekt getrennt darstellbar, sondern selber immer auch Subjekt sind. Überdies gibt es eine „eigentümliche Verklammerung der physiologischen Motorik mit der Dynamik der Außenwelt“ von der Art, „daß man keine Grenzpunkte oder Grenzflächen feststellen kann, an denen das Organische aufhört und das äußere Physikalische anfängt.“[68] Im gemeinsamen Umgang kommt es daher bei dessen Gelingen – und nur dann – zum „Verschmelzen“ der beteiligten Subjekte, also gleichsam zu einer Art von *Selbstverlust*.[69]

Damit allerdings verbindet sich eine gleichermaßen weitreichende wie irritierende Konsequenz: Die klassischen Formen der Selbst-Bestimmung des menschlichen Subjekts, also Autonomie, Identität und Willensfreiheit, stehen dann – wie es Viktor von Weizsäcker schon in seinen „Helmstedter Vorlesungen“ ausführte – für „eine physikalische Vorstellung“, die mit „der Wirklichkeit des Menschen nichts zu tun“ hat.[70] Es war ja gerade das bedeutsame Ergebnis der Untersuchungen und Experimente zur Bewegung *belebter* Körper, dass es zur Bedingung von deren Möglichkeit gehört, zwischen Organismus und Umwelt, oder mit anderen Worten, zwischen Selbst und Anderem *nicht* unterscheiden zu können – wodurch einer herkömmlichen Selbst-Bestimmung das Selbst ihrer Bestimmung verloren geht. Aber abgesehen von der Gemeinschaftlichkeit menschlicher Lebensvollzüge, setzt auch jede vermeintliche „*Selbst*bewegung“ schon immer etwas voraus, was jenen (nur gedachten) Formen der Selbst-Bestimmung entgegensteht, nämlich eine *Leiblichkeit* im Sinne „inkarnierter Subjektivität“,

---

68 Weizsäcker 1997b, 89. Hier handelt es sich um die schlechthin zentrale Einsicht der langjährigen Untersuchungen zur sog. „Willkürbewegung“ von Albert Derwort und Paul Christian, die dieser dann in einer ausführlichen Vorlage für die Heidelberger Akademie der Wissenschaften zusammenfassend darstellt (Christian 1948a, 92 f.). Der epistemologische Status der organischen Bewegung gründet in einem Bruch mit der klassischen Ontologie. Mit dem hier von Christian beschriebenen „Grundversuch“ (verschieden stark gedämpfte Pendelschwingungen) erfolgt nach dem Urteil des Philosophen und Medienwissenschaftlers Stefan Rieger gleichsam eine Verlagerung des Kleist'schen Textes „Über das Marionettentheater“ ins neurologische Labor. Es ist diese zunächst überraschende These, die Stefan Rieger – soweit man sehen kann – zur bislang intensivsten Beschäftigung mit Paul Christian überhaupt geführt hat (Rieger 2003, 334, 355 ff., 374; vgl. auch den Beitrag von Stefan Rieger in diesem Band). Viktor von Weizsäcker diskutiert diese Einsicht im Sinne einer „Grenzverschiebung“ bereits in seiner ersten Gestaltkreisstudie und verweist dort auf Niels Bohr, der genau dies als „Charakteristikum der organischen Substanzen hervorgehoben“ habe (Weizsäcker 1997a, 54; Bohr 1931a, 76 f.).

69 Zum „Selbstverlust“ siehe Rieger 2007, 179; 2009, 191 f.

70 Weizsäcker 1987c, 121. Ich danke Christian Tewes für weiterführende Überlegungen, die dazu verhelfen mögen, den polemischen Kern in Weizsäckers Absage an Autonomie, Identität und Willensfreiheit deutlich zu machen, ohne seinen Beitrag zu einem Wandel im Verständnis der Subjektivität zu schmälern.

denn das Selbst der Bewegung steht dieser gerade *nicht* wie ein Subjekt dem Objekt gegenüber.[71]

Neben der Bipersonalitätsstudie von Paul Christian und Renate Haas ist es das Verdienst der beiden aus der gemeinsamen Arbeit mit Albert Derwort hervorgegangenen Untersuchungen, „Die Willkürbewegung im Umgang mit beweglichen Mechanismen" und „Vom Wertbewußtsein im Tun", die von Weizsäcker in seinen „Helmstedter Vorlesungen" geprägte Formel der *Umgestaltung der Metaphysik* in experimentelle Forschungsprogramme einer „theoretischen Neurologie" überführt zu haben.[72] Dennoch gibt es einen Unterschied. Denn erst die Studie zur Bipersonalität leistet mit dem Übergang von einer eher spekulativ gewonnenen Einsicht hin zum neurophysiologischen Experiment zugleich einen Beitrag zu den Grundlagen ärztlicher Praxis. Überdies steht sie mit der Neubestimmung der *Bewegung* im Sinne eines gemeinsam auf ein Ziel gerichteten Tuns und der *Sprache* als eines genuin bipersonalen Geschehens in der Tradition der ideengeschichtlichen Zäsur des frühen 20. Jahrhunderts.[73] Mehr noch, sie überträgt das Charakteristische dieser Zäsur in die Grundlegung einer *neuen Medizin*. In diesem Zusammenhang ist oft von der „anthropologischen Wende" der Philosophie die Rede.[74] Doch mitnichten geht es um eine Übertragung von Philosophie in Medizin. Es geht um den *methodischen Kern* dieser Wende, der sich für Weizsäcker schon sehr früh in einem „sozusagen inspiratorischen Augenblick" aufdrängte und zum eigentlichen Schlüsselerlebnis seines weiteren Denkweges wurde.[75] Die „Helmstedter Vorlesungen" waren es dann, in denen dieser methodische Kern unter einer vorzugsweise therapeutischen und kulturkritischen Maßgabe erstmals

---

71 In seinen „Helmstedter Vorlesungen" sieht Weizsäcker in den herkömmlichen Formen der Selbst-Bestimmung „lediglich eine Denkbestimmung nicht für eine personale, sondern für eine logische Ordnung, die freilich in dem Augenblick den Schein einer ontologischen usurpiert, wo wir die menschliche Person schlechtweg isolieren, als ein isoliertes Atom denken, anstatt mit ihr zu sein" (Weizsäcker 1987c, 121). Zu Paul Christians überaus präziser Rede von „inkarnierter Subjektivität" siehe Christian 1960.

72 Christian 1948a; 1948b. Zum Begriff der „theoretischen Neurologie" siehe Weizsäcker 1986a, 80 ff.

73 Dies zeigt sich besonders deutlich am Beispiel der Sprache für den Fall ihres Gelingens, also im geglückten Gespräch. Auch hier kommt es, wie beim gemeinsamen Verrichten einer Arbeit, zum *Selbstverlust*. Hans-Georg Gadamer spricht von einem „Moment der Selbst-losigkeit", also von der „Vorgängigkeit des ‚Verhältnisses' gegenüber seinen Beziehungsgliedern, dem Ich, das versteht, und dem, was verstanden wird" (Gadamer 1961/1986a, 126). Maßgeblich für den ideengeschichtlichen Kontext der Bipersonalität sind natürlich die frühen Studien von Max Scheler zur Phänomenologie der Sympathie seit 1913 (Scheler 1973) und Karl Löwiths 1928 erschienene Habilitationsschrift zum Individuum in der Rolle des Mitmenschen (Löwith 1981).

74 Eine noch immer mit großem Gewinn zu lesende Übersicht gibt hierzu Buber 1942/1982.

75 Weizsäcker 1986a, 81; hierzu auch Jacobi 2012, 35 ff.

ausführlich zur Sprache kommt. Als eine Wende von logischen zu personalen Ordnungen oder als Vorrang der Beziehung vor deren Gliedern ist von genau dem die Rede, was in der zeitgenössischen Philosophie verhandelt wird: in der Dialogik, Fundamentalontologie oder Existenzphilosophie ebenso wie – nicht zu vergessen – in der französischen Phänomenologie.[76] Zugleich aber ist es auch das, was die Medizinische Anthropologie als eine Philosophie von Verkörperung und Sozialität erscheinen lässt.

3 Das Ontische und das Pathische – oder der Streit um die Marionette

> Der Sündenfall schiebt sich im Werdensprozeß des Menschen zwischen seine paradiesische Existenz und sein Dasein als reflektierendes Wesen und vernichtet, im Austausch gegen die Erkenntnis, die Unschuld. Und mit ihr zwangsläufig die dem Stande der Unschuld spezifisch zugehörige Motorik: die Sicherheit, das Gewachsene, Ungebrochene der Bewegung und ihre selbstverständliche Anmut.
>
> Herbert Plügge[77]

Wie so oft bei Heinrich von Kleist findet sich – fast beiläufig und wie von selbst in den Gang einer anderen Überlegung verwoben – im Brief an seinen alten Freund Otto August Rühle von Lilienstern die Formulierung: „Jede erste Bewegung, alles Unwillkührliche, ist schön; und schief und verschroben Alles, sobald es sich selbst begreift. O der Verstand! Der unglückseelige Verstand!“[78] Dieser Gedanke, der uns an die Paradoxie des ungewollten Gelingens in den Bewegungsversuchen Albert Derworts erinnert, nimmt fast schon die ganze Pointe des wenige Jahre später geschriebenen Textes „Über das Marionettentheater“ vorweg. Damit aber gehört das dort Verhandelte – wie schon angekündigt – nicht nur ins Zentrum der Beziehung von Paul Christian und Viktor von Weizsäcker, sondern zur Ideengeschichte der Philosophie der Verkörperung. Denn mit dieser Paradoxie, oder genauer, mit der Anerkennung dieser Paradoxie als zum Wesen der organischen

76 Hierzu die inzwischen zum Klassiker gewordene große Quellenstudie von Bernhard Waldenfels zur Phänomenologie in Frankreich (1983) und die neueren Beiträge in Waldenfels 2015.

77 Plügge 1947/1967, 57.

78 Kleist 1990a, 362.

Bewegung gehörend, verbindet sich jener Wirklichkeitsbegriff, wie er für Christian und Weizsäcker zu den Grundlagen der Medizinischen Anthropologie gehört.

Dennoch mag es zunächst überraschen, diesen wiederum eher beiläufig in vier Fortsetzungen für die *Berliner Abendblätter* im Dezember 1810 niedergeschriebenen und über ein Jahrhundert nahezu verschollenen Aufsatz in einen solchen Zusammenhang zu stellen. Allerdings muss gesehen werden, dass es die Zeit der großen geistigen Umbrüche zu Beginn des 20. Jahrhunderts war, die nicht nur zur Wiederentdeckung dieses Textes führte, sondern auch Autoren, wie Hölderlin, Kierkegaard und Dostojewski auf neue Weise zu verstehen suchte. Mehr denn je zeigte sich ein existentielles Ungenügen, ein Unbehaustsein des Menschen im Geist seiner Zeit.[79] Es war die große Stunde der literarischen Moderne, die dem Erkenntnisanspruch der wissenschaftlichen Rationalität einen solchen der poetischen Ästhetik entgegenstellte. Gerade das Unvernünftige am Menschen, seine Angst und Sorge, all das, was sich den Ordnungen und Gewissheiten des naturwissenschaftlichen Denkens entzog, fand seinen Ausdruck im Bilderreichtum der poetischen Sprache.[80] Nicht zufällig korrespondieren die großen literarischen Themen wie Schmerz, Liebe und Tod genau den Dimensionen, die für Christian und Weizsäcker das Charakteristische des neuen Wirklichkeitsbegriffes ausmachen: bestimmte Formen der Leiblichkeit (inkarnierte Subjektivität), der Beziehung (Bipersonalität) und der Zeitlichkeit (Prolepsis). Diese Dimensionen sind es auch, die für das Forschungsprogramm der Heidelberger „Nervenabteilung" stehen: für die Revision der Grundbegriffe klassischer Naturwissenschaft und die Umgestaltung der Metaphysik.

Ihr Profil indes gewinnt diese Nähe von Medizinischer und Literarischer Anthropologie noch auf ganz andere Weise. Ähnlich wie man für die literarische Moderne seit den einschlägigen Untersuchungen des Literarhistorikers Walter Müller-Seidel von einer *Epochenverwandtschaft* mit der Zeit um 1800 spricht, kann dies auch für die Medizinische Anthropologie gezeigt werden.[81] Hier geht es, worauf schon hingewiesen wurde, um die Frage nach der Wirklichkeit von Bewegung und Wahrnehmung belebter und unbelebter Körper, die sowohl für die Herausbildung eines neuen Wirklichkeitsbegriffes im frühen 20. Jahrhundert als auch für die Zeit um 1800 zum Paradigma der Bestimmung des Menschen wurde. Es ist das Verdienst des Heidelberger Internisten und Leibphänomenologen Herbert Plügge, diese *andere* Epochenverwandtschaft auf überzeugende Weise

79 Zu dieser Situation vgl. die Selbstdarstellung in Gadamer 1973/1986b, 481 f.

80 Zum Erkenntnisanspruch der Dichtung siehe bereits bei Robert Musil (1918/1978), sowie weiterführend die grundlegende Studie von Wolfgang Riedel (1996). und den Überblick hierzu in Riedel 1996.

81 Müller-Seidel 1988 sowie über den Bereich der Literatur hinaus vgl. Müller-Seidel 1997.

dargestellt zu haben. In einer kleinen, wenig bekannt gewordenen Schrift verfasst Plügge kurz nach dem Ende des Zweiten Weltkrieges unter dem Titel *Grazie und Anmut* einen „biologischen Exkurs“ zum Marionettentheater-Aufsatz von Heinrich von Kleist.[82] Walter Müller-Seidel war es dann, der diesen bemerkenswerten Umstand eines naturwissenschaftlichen Kommentars zu einem der berühmtesten und meistdiskutierten Texte der klassischen Literatur zum Anlass nahm, um eine bis heute maßgebende Sammlung prominenter Beiträge zu diesem Kleist-Text vorzubereiten.[83]

Auch wenn Plügges Exkurs die erste naturwissenschaftliche Stimme im unentwegt anschwellenden Chor der Kommentare sein mag, sein eigentlicher Wert liegt gleichwohl an anderer, eher ideengeschichtlicher Stelle.[84] So geht es weniger um einen Kommentar des literarischen Textes, auch nicht primär um dessen philosophische Implikationen, es geht vielmehr um den Versuch, die dort verhandelte Frage nach dem Unterschied in der Bewegung belebter und unbelebter Körper als eine Frage nach dem *Unterschied von Biologie und Physik* tatsächlich ernst zu nehmen.[85] Herbert Plügge stellt daher – und hier liegt das wirklich Neue dieses Versuchs – die unter den Begriffen der Grazie und Anmut im 18. Jahrhundert geführte Diskussion zum Wesen der menschlichen Bewegung dezidiert in Beziehung zur Gestaltkreistheorie Viktor von Weizsäckers. Aber damit nicht genug, denn es zeigt sich, dass ein Verständnis der Kleist'schen Bewegungsszenarien erst dann gelingt, wenn es im Horizont eben jener Konzepte erfolgt, die in den Untersuchungen der Heidelberger „Nervenabteilung“ als Dimensionen eines neuen Wirklichkeitsbegriffes bestimmt wurden.[86] Eindrucksvoller und überzeu-

82 Plügge 1947/1967.

83 Müller-Seidel 1967.

84 Neben der fast unüberschaubar gewordenen Rezeption in den Geisteswissenschaften gibt es inzwischen auch mancherlei gründliche naturwissenschaftliche Untersuchung, exemplarisch hierfür die von dem Biochemiker Friedrich Cramer angeregte große Studie von Christian-Paul Berger (2000), dort auch ein Vorwort von Friedrich Cramer, IX–XI. Freilich sei hier auch an den eher indirekten Hinweis in der schon öfter erwähnten Untersuchung Albert Derworts (1938) und die expliziten Bezugnahmen durch Frederik J. J. Buytendijk (1931) und Alfred Prinz Auersperg (1944) erinnert.

85 Plügge 1947/1967, 55 f.

86 Hier geht es zunächst um die von Weizsäcker beschriebene „Formbeziehung zwischen einem Organismus und seiner Umgebung“ (Plügge 1947/1967, 61 ff., bes. 65), dann mit Verweis auf Auersperg und Derwort um die Paradoxie des Bewegungsvollzuges in Vorwegnahme von dessen Abschluss (Plügge 1947/1967, 66 ff.) und schließlich um jene von Paul Christian als „inkarnierte Subjektivität“ bezeichnete Einheit von Natur und Geist, die nach Plügge eine „Bestimmung der Anmut als bruchlose Entäußerung der vis motrix (Schwerpunkt) in die Motorik, als direktes Entsprechen von Substanz und Gestus“ ermöglicht (Plügge 1947/1967, 73 f.). Dies wiederum entspricht den drei Dimensionen des neuen Wirklichkeitsbegriffs; in Strenge formuliert: dem *An-*

gender kann eine Epochenverwandtschaft kaum in Erscheinung treten. Der Aufsatz zum Marionettentheater von Heinrich von Kleist steht nun in der Tat im Zentrum dessen, was als Umgestaltung der Metaphysik zur Ideengeschichte der Philosophie der Verkörperung gehört.[87]

Eine nähere Bestimmung dieser Konstellation müsste freilich jetzt erst beginnen – gleichsam unter der Maßgabe, einen der noch immer rätselhaftesten Texte der neueren Literaturgeschichte als einen Grundtext der Medizin im Lichte des Verkörperungsparadigmas zu lesen.[88] Wollte man damit beginnen – so unsere Vermutung –, müsste dies mit einem Aufsatz Paul Christians geschehen, der gewissermaßen eine Art Verbindungsstück bildet zwischen Weizsäckers Schrift *Der Gestaltkreis* und der gemeinsam mit Renate Haas verfassten Studie zur Bipersonalität.[89] Also mit jenem Aufsatz, mit dem „die Beziehungsfähigkeit der Sphäre der Werte mit der Sphäre der Mechanik am Beispiel der Willkürbewegung gezeigt und beschrieben" wird – wobei der damit vollzogene Abschied von einer substanzontologischen Beschreibung dessen, was sich als Psyche und Physis darstellt, dem entspricht, was für Weizsäcker „mit der Hinwendung zu den pathischen Kategorien begonnen war."[90]

Dieser Aufsatz, vielleicht der bedeutendste Paul Christians überhaupt, erscheint ein Jahr nach dem „biologischen Exkurs" von Herbert Plügge und dann nochmals im Jahr 1963 gemeinsam mit Plügges Exkurs zu „Grazie und Anmut" und

---

deren, der *Zeit* und dem *Leib*. Nur am Rande sei erwähnt, dass der Versuch einer „Hermeneutik des Selbst", wie ihn Paul Ricoeur im Sinne einer Abkehr von der cartesianischen „Selbstsetzung des Cogito" entworfen hat, schließlich in eine Bestimmung dieser drei Dimensionen mündet. Ricoeur spricht von einem „Dreifuß der Passivität" und meint damit nichts anderes als eine *pathische Bestimmung des Selbst*, wie sie sich im Gang unserer Überlegungen aus den Untersuchungen der menschlichen Bewegung ergab (Ricoeur 1990/1996, 13 ff., 26 ff., 382 ff.). Aber auch der aktuellen Kleist-Forschung ist die von Weizsäckers Gestaltkreis-Konzept angeregte neuartige Deutung Herbert Plügges und deren Zusammenhang mit dem Verkörperungs-Paradigma nicht entgangen, vgl. dazu Jan Söffner (2014, 136); materialreich und weiterführend der vorzügliche Katalog zum Kleist-Jubiläum von Günter Blamberger und Stefan Iglhaut (2011).

87 Vgl. hierzu auch die Beiträge von Katja Mombaur und Stefan Rieger in diesem Band.

88 Als einen Grundtext kybernetischer Anthropologie hat ihn der Philosoph und Medienwissenschaftler Stefan Rieger gelesen, wodurch eine überaus facettenreiche Interpretation der Bewegungsstudien Paul Christians entstand, die in ihrer Quellenkunde und problemgeschichtlichen Souveränität wohl auf lange Zeit ihresgleichen suchen wird (Rieger 2003, 348–435). Ebenfalls höchst einschlägig die bemerkenswerte Abhandlung von Helmut J. Schneider (1998).

89 Weizsäcker 1997b; Christian/Haas 1949.

90 Weizsäcker 1997b, 90 (beide Zitate).

einer Skizze „Die Anmut“ von Frederik J. J. Buytendijk.[91] Unter dem bezeichnenden Titel *Über die menschliche Bewegung als Einheit von Natur und Geist* bildet diese gemeinsame Publikation den vermutlich frühesten Versuch einer sowohl ideengeschichtlich wie experimentell begründeten Bestimmung zum *epistemologischen Status* der Medizin – und es gibt zu denken, dass dies in Auseinandersetzung mit einem literarischen Text geschieht, der anderthalb Jahrhunderte zurückliegt. Erneut geht es um die Frage nach dem Wesen der menschlichen Bewegung, genauer: nach den Bedingungen für deren Gelingen. Hier nun bezieht sich Paul Christian auf den Text „Über das Marionettentheater“ des Heinrich von Kleist. Er bestreitet diesem, „daß die technisch zweckmäßigste, physikalisch eindeutig bestimmte Bewegung zugleich die schönste, beste, graziöseste wäre.“[92] Ganz im Gegenteil, die Schönheit einer Bewegung, oder besser, deren Gelingen, gründe gerade nicht in der strengen Befolgung eines äußeren Gesetzes, sondern in der „Werterfüllung“, das heißt in der je angemessenen „Wahl“ einer möglichen Durchführung, die gleichwohl zum „Spielraum“ des Gesetzes gehöre.[93] Hiermit kommt erneut jene eigentümliche Paradoxie in den Blick, wie sie zur Antilogik der organischen Bewegung gehört – also die Untrennbarkeit von Organismus und Umwelt, die Wirksamkeit eines Nichtseins und schließlich die „inkarnierte Subjektivität“. Die von Kleist am Beispiel der tanzenden Marionette postulierte Vollkommenheit der Bewegung hat indes weniger mit einer Utopie der Mechanik zu tun – die sie freilich auch ist –, als dass sie sich vielmehr einem radikalen Verlust verdankt, nämlich dem des *belebten Körpers:* Eines Körpers also, dem die Idee der auszuführenden Bewegung je nach Art der äußeren und inneren Situation gleichsam „unbewusst“ innewohnt.[94]

---

91 Paul Christians Aufsatz vom „Wertbewußtsein im Tun“ erschien zunächst im vierten Heft der von Weizsäcker herausgegebenen „Beiträge aus der Allgemeinen Medizin“ (Christian 1948b) und dann in Buytendijk/Christian/Plügge 1963, 21–44.

92 Christian 1948b, 13.

93 Christian 1948b, 13. Der hier von Paul Christian in sprachlich eindrucksvoller Weise vorgestellte nicht-ontische Charakter gelingender menschlicher Bewegung geht vor allem auf seine grundlegende Studie „Die Willkürbewegung im Umgang mit beweglichen Mechanismen“ (1948a) zurück.

94 Für diese eigentümliche Anwesenheit der Idee oder Ordnung der ganzen Bewegung *in* jedem Teil der Bewegung hat wohl Frederik J. J. Buytendijk in Anlehnung an Martin Heideggers Rede vom Gott, der im Tempel anwest, die eindrücklichsten Formulierungen gefunden. Wie sich diese Verfassung des Leibes, im Sinne einer pathischen Subjektivität, als *conditio sine qua non* gelingender Bipersonalität erweist, so kann man zu Recht mit Helmut J. Schneider davon sprechen, dass Kleist mit dem Bild der körperlosen Marionette gleichsam die dunkle Seite der mechanischen Perfektion zeigt: nämlich einen Akt der „Dehumanisierung“ (Schneider 1998, 167; Buytendijk 1951, 466ff.). Petra Christian-Widmaier verdanke ich den glücklichen Umstand, das Handexemplar

Vielleicht aber ist dieser Widerspruch zu Kleist ein nur scheinbarer, insofern er nicht eigentlich dem Autor Kleist gilt, sondern dessen faszinierender Parodie auf ein zeitgenössisches Ideal der Einheit von Natur und Geist, das seinerseits zum Programm einer „ästhetischen Erziehung“ wurde.[95] Doch unabhängig davon: Für uns ist es dieser Widerspruch, dem wir eine genauere Bestimmung des Unterschiedes in der Bewegung belebter und unbelebter Körper verdanken. Denn was das Wesen der organischen Bewegung ausmacht, ist gerade deren *pathischer* Charakter, also ein je spezifischer Spielraum der Unbestimmtheit, der das Gelingen ebenso wie das Scheitern ermöglicht. Mehr noch, die ontisch nicht ausgeschlossene Möglichkeit des Scheiterns wird zur Bedingung der Möglichkeit des Gelingens. Übertragen auf jene neue Medizin, für die der aus dem Studium der menschlichen Bewegung gewonnene Wirklichkeitsbegriff gilt, würde nunmehr *Gesundheit* so viel bedeuten, wie die nicht ausgeschlossene Möglichkeit des Krankwerdenkönnens. Umso wichtiger ist es dann, wie Viktor von Weizsäcker bereits in seinen „Helmstedter Vorlesungen“ betont, den Versuchungen „einer falschen Metaphysik der menschlichen Person“ zu wehren, als diese unweigerlich „auch zu einer falschen Moralphilosophie“ führt.[96]

Literatur

Auersperg, Alfred Prinz (1944): „Dal Biancos Formgesetz der schwunghaft durchgeführten Bewegung. Ein Beitrag zur Theorie der Einheit von Wahrnehmung und Bewegung“, in: *Deutsche Zeitschrift für Nervenheilkunde* 156: 213–222.

dieser Studie aus dem Nachlass ihres Vaters in Kopie vorliegen zu haben; die Anstreichungen und Randnotizen lassen etwas von der Wertschätzung erkennen, die Paul Christian diesem Text entgegenbrachte. Zur Unbewusstheit eines der lebendigen Bewegung innewohnenden Geistes sei nochmals auf die subtile Untersuchung von Hartwig Wiedebach hingewiesen (Wiedebach 2014, bes. 100–125).

95 Man darf wohl vermuten, dass Kleist mit der körperlosen, aber rational kontrollierten Marionette ein „parodierendes Gegenbild“ zur idealistischen Utopie einer qua ästhetischem Willen geschaffenen Einheit von Geist und Natur etablieren wollte. Solche „Überwindung“ des Sündenfalls gelingt in der Tat nur dem unbelebten Körper (Schneider 1998, 157 ff.).

96 Weizsäcker 1987c, 121. Weizsäckers Rede von „einer falschen Metaphysik der menschlichen Person“ und deren moralphilosophische Konsequenz lässt an die neueren Debatten zur medizinischen Ethik denken, insbesondere an die von Jürgen Habermas eingeführte Unterscheidung von „klinischer Einstellung“ und „technischer Herstellung“, die im Rückblick auf unsere Überlegungen eine strukturelle Ähnlichkeit mit dem Unterschied in der Bewegung belebter und unbelebter Körper erkennen lässt; siehe Habermas 2001, 80–83, 118 f; ausführlicher hierzu Jacobi 2008b, 474 ff., 482 f.

Auersperg, Alfred Prinz/Helmut Sprockhoff (1936): „Experimentelle Beiträge zur Frage der Konstanz der Sehdinge und ihrer Fundierung", in: *Pflügers Archiv für die gesamte Physiologie* 236: 301–320.

Berger, Christian-Paul (2000): *Bewegungsbilder. Kleists Marionettentheater zwischen Poesie und Physik*, Paderborn/München.

Blamberger, Günter/Stefan Iglhaut (Hgg.) (2011): *Kleist – Krise und Experiment. Die Doppelausstellung im Kleist-Jahr 2011 Berlin und Frankfurt (Oder)*, Bielefeld.

Bohr, Niels (1931a): „Die Atomtheorie und die Prinzipien der Naturbeschreibung", in: Niels Bohr, *Atomtheorie und Naturbeschreibung. Vier Aufsätze mit einer einleitenden Übersicht*, Berlin, 67–77.

Bohr, Niels (1931b): „Das Quantenpostulat und die neuere Entwicklung der Atomistik", in: Niels Bohr, *Atomtheorie und Naturbeschreibung. Vier Aufsätze mit einer einleitenden Übersicht*, Berlin, 34–59.

Bohrer, Karl Heinz (1989): *Der romantische Brief. Die Entstehung ästhetischer Subjektivität*, Frankfurt am Main.

Bräutigam, Walter (1994): „Zum Leben und Werk von Paul Christian", in: P. Hahn/A. Werner/G. Bergmann/A. Drinkmann/W. Eich/M. Hayden/W. Herzog (Hgg.), *Modell und Methode in der Psychosomatik. Eine Bestandsaufnahme gegenwärtiger psychosomatischer Forschungs- und Arbeitsansätze*, Weinheim, 54–59.

Buber, Martin (1982): *Das Problem des Menschen* [1942], Heidelberg.

Buytendijk, Frederik J. J. (1931): „Kritik der Reflextheorie auf Grund der Erforschung der Verhaltungsweisen beim Tiere", in: *Verhandlungen der Deutschen Gesellschaft für Innere Medizin* 43: 24–33.

Buytendijk, Frederik J. J. (1951): „Zur Phänomenologie der Begegnung", in: *Eranos-Jahrbuch XIX*, Zürich, 431–486.

Buytendijk, Frederik J. J./Paul Christian/Herbert Plügge (1963): *Über die menschliche Bewegung als Einheit von Natur und Geist. Beiträge zur Lehre und Forschung der Leibeserziehung*, Schorndorf.

Canguilhem, Georges (2008): *Die Herausbildung des Reflexbegriffs im 17. und 18. Jahrhundert* [1955], München.

Christian, Paul (1940): „Wirklichkeit und Erscheinung in der Wahrnehmung von Bewegung dargestellt an experimentellen Beispielen", in: *Zeitschrift für Sinnesphysiologie* 68: 151–184.

Christian, Paul (1948a): „Die Willkürbewegung im Umgang mit beweglichen Mechanismen", in: *Sitzungsberichte der Heidelberger Akademie der Wissenschaften. Mathematisch.-naturwissenschaftliche Klasse. Jahrgang 1948. 4. Abhandlung*, Heidelberg, 77–101.

Christian, Paul (1948b): „Vom Wertbewußtsein im Tun. Ein Beitrag zur Psychophysik der Willkürbewegung", in: V. v. Weizsäcker (Hg.), *Beiträge aus der Allgemeinen Medizin*, Heft 4, Stuttgart, 1–20.

Christian, Paul/Renate Haas (1949): *Wesen und Formen der Bipersonalität. Grundlagen für eine medizinische Soziologie*, Stuttgart.

Christian, Paul (1952): *Das Personenverständnis im modernen medizinischen Denken*, Tübingen.

Christian, Paul (1960): „Zur Phänomenologie des leiblichen Daseins", in: *Jahrbuch für Psychologie, Psychotherapie und Medizinische Anthropologie* 7: 2–10.

Christian, Paul (1963): „Die Zeitlichkeit normaler und gestörter biologischer Akte“, in: G. Schaltenbrand (Hg.), *Zeit in nervenärztlicher Sicht*, Stuttgart, 92–99.
Cramer, Friedrich (2000): Vorwort, in: C.-P. Berger (Hg.), Berger, *Bewegungsbilder. Kleists Marionettentheater zwischen Poesie und Physik*, Paderborn/München, IX–XI.
Derwort, Albert (1938): „Untersuchungen über den Zeitablauf figurierter Bewegungen beim Menschen“, in: *Pflügers Archiv für die gesamte Physiologie* 240: 661–675.
Fingerhut, Joerg/Rebekka Hufendiek/Markus Wild (Hgg.) (2013): *Philosophie der Verkörperung. Grundlagentexte zu einer aktuellen Debatte*, Berlin.
Fleck, Ludwik (1983): „Über die wissenschaftliche Beobachtung und die Wahrnehmung im allgemeinen“ [1935], in: Ludwik Fleck, *Erfahrung und Tatsache. Gesammelte Aufsätze*, Frankfurt am Main, 59–83.
Frank, Manfred (2007): *Auswege aus dem Deutschen Idealismus*, Frankfurt am Main.
Gadamer, Hans-Georg (1986a): „Zur Problematik des Selbstverständnisses“ [1961], in: Hans-Georg Gadamer, *Gesammelte Werke* 2, Tübingen, 121–132.
Gadamer, Hans-Georg (1986b): „Selbstdarstellung Hans-Georg Gadamer“ [1973], in: Hans-Georg Gadamer, *Gesammelte Werke* 2, Tübingen, 479–508.
Habermas, Jürgen (2001): *Die Zukunft der menschlichen Natur. Auf dem Weg zu einer liberalen Eugenik?*, Frankfurt am Main.
Heidegger, Martin (1978): „Was ist Metaphysik“ [1929], in: Martin Heidegger, *Wegmarken*, Frankfurt am Main.
Heidegger, Martin (1986): *Sein und Zeit* [1927], Tübingen.
Jacobi, Rainer-M. E. (1997): „Leben im Zwischen. Vorüberlegungen zu einem erkenntniskritischen Verständnis der Gestaltkreislehre Viktor von Weizsäckers“, in: R.-M. E. Jacobi (Hg.), *Zwischen Kultur und Natur. Neue Konturen medizinischen Denkens*, Berlin, 97–118.
Jacobi, Rainer-M. E. (2008a): „Der Tod im Leben. Zum Ethos der Geschichtlichkeit in der pathischen Anthropologie Viktor von Weizsäckers“, in: K. Gahl/P. Achilles/R.-M. E. Jacobi (Hgg.), *Gegenseitigkeit. Grundfragen medizinischer Ethik*, Würzburg, 277–313.
Jacobi, Rainer-M. E. (2008b): „Gegenseitigkeit und Normativität. Eine problemgeschichtliche Skizze zu den Grundfragen medizinischer Ethik“, in: K. Gahl/P. Achilles/R.-M. E. Jacobi (Hgg.), *Gegenseitigkeit. Grundfragen medizinischer Ethik*, Würzburg, 461–492.
Jacobi, Rainer-M. E. (2010): „Montmédy, im Januar 1918. Oder vom Anfang der Medizinischen Anthropologie Viktor von Weizsäckers“, in: H. Wiedebach (Hg.), *„Kreuz der Wirklichkeit“ und „Stern der Erlösung“. Die Glaubensmetaphysik von Eugen Rosenstock-Huessy und Franz Rosenzweig*, Freiburg/München, 255–278.
Jacobi, Rainer-M. E. (2012): „Schmerz und Sprache. Zum Ort der Medizinischen Anthropologie“, in: R.-M. E. Jacobi (Hg.), *Schmerz und Sprache. Zur Medizinischen Anthropologie Viktor von Weizsäckers*, Heidelberg, 17–43.
Jacobi, Rainer-M. E. (2016): „Besprechung zu Hartwig Wiedebach, ‚Pathische Urteilskraft‘, Freiburg/München 2014“, in: *psycho-logik. Jahrbuch für Psychotherapie, Philosophie und Kultur* 11: 238–255.
Jacobi, Rainer-M. E./Peter Claussen/Peter Wolf (Hgg.) (2001): *Die Wahrheit der Begegnung. Anthropologische Perspektiven der Neurologie. Festschrift für Dieter Janz*, Würzburg.
Janz, Dieter (2017): *Nebensachen. Ansichten eines Arztes*, Berlin.

Kleist, Heinrich von (1990a): „Brief an Otto August Rühle von Lilienstern vom 31. August 1806“, in: Heinrich von Kleist, *Sämtliche Werke und Briefe 4*, Frankfurt am Main, 360 – 362.

Kleist, Heinrich von (1990b): „Über das Marionettentheater“ [1810], in: Heinrich von Kleist, *Sämtliche Werke und Briefe 3*, Frankfurt am Main, 555 – 563.

Kuhn, Thomas S. (1993): *Die Struktur wissenschaftlicher Revolutionen* [1962], Frankfurt am Main.

Link, Christian (1978): *Subjektivität und Wahrheit. Die Grundlegung der neuzeitlichen Metaphysik durch Descartes*, Stuttgart.

Link, Christian (2003): „Die Einführung des Subjekts. Ein methodischer Umbruch in Medizin und Theologie“, in: R.-M. E. Jacobi/D. Janz (Hgg.), *Zur Aktualität Viktor von Weizsäckers*, Würzburg, 227 – 245.

Löwith, Karl (1981): „Das Individuum in der Rolle des Mitmenschen“ [1928], in: Karl Löwith, *Sämtliche Schriften 1*, Stuttgart, 9 – 197.

Merleau-Ponty, Maurice (1976): *Die Struktur des Verhaltens* [1942], Berlin/New York.

Müller-Seidel, Walter (1967): „Zum Geleit“, in: H. Sembdner (Hg.), *Kleists Aufsatz über das Marionettentheater. Studien und Interpretationen*, Berlin, 7 – 8.

Müller-Seidel, Walter (1988): „Epochenverwandtschaft. Zum Verhältnis von Moderne und Romantik im deutschen Sprachgebiet“, in: K.-D. Müller/G. Pasternack/W. Segebrecht/L. Stockinger (Hgg.), *Geschichtlichkeit und Aktualität. Festschrift für Hans-Joachim Mähl*, Tübingen, 370 – 392.

Müller-Seidel, Walter (1997): „Wissenschaftskritik. Zur Entstehung der literarischen Moderne und zur Trennung der Kulturen um 1900“, in: C. Jamme (Hg.), *Grundlinien der Vernunftkritik*, Frankfurt am Main, 355 – 420.

Musil, Robert (1978): „Skizze der Erkenntnis des Dichters“ [1918], in: Robert Musil, *Gesammelte Werke 2*, Reinbek bei Hamburg, 1025 – 1030.

Neumann, Gerhard (1976): *Ideenparadiese. Untersuchungen zur Aphoristik von Lichtenberg, Novalis, Friedrich Schlegel und Goethe*, München.

Plügge, Herbert (1967): „Grazie und Anmut. Ein biologischer Exkurs über das Marionettentheater von Heinrich von Kleist“ [1947], in: H. Sembdner (Hg.), *Kleists Aufsatz über das Marionettentheater. Studien und Interpretationen*, Berlin, 54 – 75.

Plügge, Herbert (1970): „In memoriam Alfred Prinz Auersperg“, in: *Der Nervenarzt* 41: 1 – 5.

Ricoeur, Paul (1996): *Das Selbst als ein Anderer* [1990], München.

Riedel, Wolfgang (1996): *„Homo Natura“. Literarische Anthropologie um 1900*, Berlin/New York.

Rieger, Stefan (2003): *Kybernetische Anthropologie. Eine Geschichte der Virtualität*, Frankfurt am Main.

Rieger, Stefan (2007): „Choreographie und Regelung. Bewegungsfiguren nach Kleists ‚Marionettentheater‘“, in: *Kleist Jahrbuch:* 162 – 182.

Rieger, Stefan (2009): „‚Bipersonalität‘. Menschenversuche an den Rändern des Sozialen“, in: B. Griesecke/M. Krause/N. Pethes/K. Sabisch (Hgg.), *Kulturgeschichte des Menschenversuchs im 20. Jahrhundert*, Frankfurt am Main, 181 – 198.

Sack, Martin (2005): *Von der Neuropathologie zur Phänomenologie. Alfred Prinz Auersperg und die Geschichte der Heidelberger Schule*, Würzburg.

Scheler, Max (1973): „Wesen und Formen der Sympathie“ [1913/1922], in: M. S. Frings (Hg.), *Max Scheler. Schriften 7*, Bern/München, 7 – 258.

Schneider, Helmut J. (1998): „Dekonstruktion des hermeneutischen Körpers. Kleists Aufsatz ‚Über das Marionettentheater' und der Diskurs der klassischen Ästhetik", in: *Kleist Jahrbuch:* 153 – 175.

Söffner, Jan (2014): „Lüge – Finte – Fiktion. Die zwei Gesten des fechtenden Bären in Kleists ‚Marionettentheater'", in: H. U. Gumbrecht/F. Knüpling (Hgg.), *Kleist revisited*, München, 135 – 146.

Stein, Johannes (1923): „Die Labilität der Drucksinnschwelle bei Sensibilitätsstörungen", in: *Deutsche Zeitschrift für Nervenheilkunde* 80: 57 – 70.

Tellenbach, Hubertus (1985): „Die psychophysischen Konzeptionen des Prinzen Auersperg", in: *Zeitschrift für klinische Psychologie, Psychopathologie und Psychotherapie* 33: 270 – 278.

Theunissen, Michael (1977): *Der Andere. Studien zur Sozialontologie der Gegenwart* [1965], Berlin/New York.

Vogel, Paul (1933): „Studien über den Schwindel", in: *Sitzungsberichte der Heidelberger Akademie der Wissenschaften. Mathematisch-naturwissenschaftliche Klasse. Jahrgang 1933. 5. Abhandlung*, Berlin.

Waldenfels, Bernhard (1983): *Phänomenologie in Frankreich*, Frankfurt am Main.

Waldenfels, Bernhard (2015): *Sozialität und Alterität. Modi sozialer Erfahrung*, Frankfurt am Main.

Weizsäcker, Viktor von (1986a): „Natur und Geist. Erinnerungen eines Arztes" [1944/1954], in: *Gesammelte Schriften* 1, Frankfurt am Main, 9 – 190.

Weizsäcker, Viktor von (1986b): „Wege psychophysischer Forschung" [1934], in: *Gesammelte Schriften* 6, Frankfurt am Main, 239 – 251.

Weizsäcker, Viktor von (1986c): „Der Widerstand bei der Behandlung von Organkranken. Mit Bemerkungen über Werke von Jean-Paul Sartre" [1949], in: *Gesammelte Schriften* 6, Frankfurt am Main, 427 – 449.

Weizsäcker, Viktor von (1987a): „Der Arzt und der Kranke" [1926], in: *Gesammelte Schriften* 5, Frankfurt am Main, 9 – 26.

Weizsäcker, Viktor von (1987b): „Kranker und Arzt" [1929], in: *Gesammelte Schriften* 5, Frankfurt am Main, 221 – 244.

Weizsäcker, Viktor von (1987c): „Seelenbehandlung und Seelenführung. Nach ihren biologischen und metaphysischen Grundlagen betrachtet" [1926], in: *Gesammelte Schriften* 5, Frankfurt am Main, 67 – 141.

Weizsäcker, Viktor von (1987d): „Über medizinische Anthropologie" [1927], in: *Gesammelte Schriften* 5, Frankfurt am Main, 177 – 194.

Weizsäcker, Viktor von (1987e): „Anonyma" [1946], in: *Gesammelte Schriften* 7, Frankfurt am Main, 41 – 89.

Weizsäcker, Viktor von (1987 f): „Der Begriff der Allgemeinen Medizin" [1947], in: *Gesammelte Schriften* 7, Frankfurt am Main, 135 – 196.

Weizsäcker, Viktor von (1990a): „Einleitung zur Physiologie der Sinne" [1926], in: *Gesammelte Schriften* 3, Frankfurt am Main, 325 – 428.

Weizsäcker, Viktor von (1990b): „Neuere Forschungen und Anschauungen über Reflexe und ihre physiologische Bedeutung" [1922], in: *Gesammelte Schriften* 3, Frankfurt am Main, 177 – 188.

Weizsäcker, Viktor von (1997a): „Der Gestaltkreis, dargestellt als psychophysiologische Analyse des optischen Drehversuchs" [1933], in: *Gesammelte Schriften* 4, Frankfurt am Main, 23 – 61.

Weizsäcker, Viktor von (1997b): „Der Gestaltkreis. Theorie der Einheit von Wahrnehmen und Bewegen“ [1940], in: *Gesammelte Schriften* 4, Frankfurt am Main, 77–337.
Weizsäcker, Viktor von (1997c): „Über die Realität der polyphänen Farben“ [1948], in: *Gesammelte Schriften* 4, Frankfurt am Main, 497–523.
Weizsäcker, Viktor von (1998): „Das Antilogische“ [1923], in: *Gesammelte Schriften* 2, Frankfurt am Main, 368–394.
Weizsäcker, Viktor von (2007): „Reisebeschreibung 1945“, in: *Sinn und Form* 59: 725–763.
Wiedebach, Hartwig (2014): *Pathische Urteilskraft*, Freiburg/München.

Stefan Rieger

Alterität, Experiment, Inkarnation

Zur Medienanthropologie der *Bipersonalität*

Abstract: The article „Alterity, Experiment, Incarnation: Towards a Media Anthropology of Bipersonality" seeks to contribute to the much-discussed topic of discourse on embodiment. Taking a historical perspective, the article focuses on a particular concept closely related to that of the Gestaltkreis developed by the German physician and representative of the so-called medical anthropology (medizinische Anthropologie) Viktor von Weizsäcker and inspired by cybernetics. The term of bipersonality was coined by scholars dealing with the ideas of von Weizsäcker. It made it possible to avoid certain entrenched polarities such as object and subject, body and tool – and in terms of methodology it also avoided the backlash that had developed in the clash of academic cultures (natural sciences vs. cultural studies). With this original contribution (despite its less original experimental background), a new theoretical framework was created which was highly relevant for theoretical thought in the 20th century (for example, in the context of all kinds of systems theory), although it has also been grossly underestimated in terms of the scope of theoretical thought.

> Man hätte demnach organismusähnliche Gebilde zu unterscheiden, deren Teile nur funktionell-ephemer vereinigt sind, und Organismen, die eine statisch-permanente Verknüpfung mit Hilfe des Bindegewebes und der das Ganze umschließenden peripheren Haut, d.h. des Felles oder des Gefieders, aufweisen.[1]

1 Hinführung[2]

Diskurse der Verkörperung sind vielfältig und unterliegen eigenen Konjunkturen.[3] Die Fokussierung auf den Körper skandiert dabei neben allerlei anthropologischen Bezugnahmen nicht zuletzt das Kerngeschäft der Philosophie. Im Fall der Phänomenologie werden daher epochale Binnendifferenzierungen notwendig, um etwa zwischen einer alten und einer neuen Ausrichtung, also zwischen Ver-

1 Bilz 1973, IX.

2 Dieser Text geht auf folgende Vorläuferpublikation zurück: Rieger 2009.

3 Vgl. dazu die dafür einschlägige Arbeit von Breyer 2015.

DOI 10.1515/9783110528626-008

tretern wie Edmund Husserl oder Hermann Schmitz, zu unterscheiden. Eine besondere Brisanz und damit ein weiterer Schub in der Auseinandersetzung um das Konzept der Verkörperung ist dort zu beobachten, wo technische Umwelten und Verfahren zur Disposition stehen und ihrerseits technische Möglichkeiten ins Spiel bringen, die im Modus der Reflexion Veränderungen hervorrufen. Mit dem Begriff der Immersion, wie er im Umfeld virtueller Spiel-, Arbeits- und Lebenswelten Verwendung findet, ist das auf vielfältige Weise geschehen. Das Telos einer Verschmelzung mit der technischen Umwelt wird dort oft bemessen an den Graden einer Natürlichkeit, die als approximativ zu erreichendes Endziel den Fluchtpunkt entsprechender Bestrebungen vorgibt. Dort, wo Verschmelzung mit technischen Umwelten gelingt oder wo deren Gelingen behauptet wird, dort, wo unbeschadet des ontologischen Status Interaktion, Kommunikation und Kollaboration zwischen unterschiedlichen Agenten stattfindet, scheint das Telos umgesetzt – aus Gründen, die so vielfältig wie die Schauplätze ihrer jeweiligen Verhandlung sind.[4]

Doch unbeschadet des technischen Sachverstandes und des Potenzierungsschubs, den diese Entwicklungen gerade durch die Möglichkeiten der Digitalisierung gefunden haben, gibt es auch unter den Bedingungen des Analogen Denkrichtungen, die sich in ähnlicher Weise der Auseinandersetzung mit Aspekten von Verkörperung und Verschmelzung verschrieben haben und die aus sehr eigenen Gründen kaum wahrgenommen werden. Es mag an der hochgradigen Spezialisierung dieser Forschungen liegen, dass solche Phänomene den Eingang in das öffentliche Bewusstsein doch weitgehend verfehlt haben, aber gerade deshalb haben sie es verdient, ins kulturelle Gedächtnis gerufen und dort auch wachgehalten zu werden. Dafür eignet sich weder das Genre der historiographischen Hagiographie noch das der anekdotenseligen Häufung bloßer Kasuistiken. Stattdessen könnte der Fokus dezidiert auf solche Beiträge gerichtet werden, die den Theoriebildungsbemühungen des 20. Jahrhunderts Vorschub geleistet haben und die auf ihre Weise Formen der Alterität denk- und erfahrbar werden ließen. Ein solches Konzept, das die im Titel genannten Begriffe Alterität, Experiment und Inkarnation verbindet und unter dezidiert nicht digitalen Voraussetzungen auf ihre spezifische Medienanthropologie hin befragt, ist im Umfeld der Gestaltkreislehre Viktor von Weizsäckers zu finden.[5] Unter dem Begriff der *Bipersonalität* verdichtet dort Paul Christian, einer seiner Mitarbeiter, Erfahrungen, die sich dezidiert experimentellen Nachstellungen und damit dem Rüstzeug eines naturwissenschaftlichen Zugriffs verdanken.[6]

4 Salisbury/Conti/Barbagli 2004.
5 Zu den dort gewählten Versuchsanordnungen siehe Klinger 1986.
6 Zur Person vgl. Eich 2014.

2 Ummantelte Subjekte

„Ein neues Blatt der Forschung ist aufgeschlagen" – nicht weniger reklamiert der Gestaltkreistheoretiker Viktor von Weizsäcker im Jahre 1948 für eine bestimmte Forschungsrichtung, die unter seiner Ägide in den 40er Jahren des letzten Jahrhunderts an der Heidelberger Universitätsnervenklinik durchgeführt wurde. Ort dieser emphatischen Einschätzung ist die Vorrede zur vierten Auflage seines Hauptwerkes *Der Gestaltkreis. Theorie der Einheit von Wahrnehmen und Bewegen* von 1940. Auf diesem neuen Blatt werden Veränderungen im Experiment sichtbar, deren Gemeinsamkeit in einem scheinbaren Paradox liegt – in dem, was von Weizsäcker die „Wiedereinführung des Subjekts" nennt. Diese Formel schürt in hohem Maße ein Missverständnis, weil sie den Eindruck nahe legt, hinter einen bestimmten Stand bereits erfolgter wissenschaftlicher Ausdifferenzierung wieder zurückzufallen, also eine Position einzunehmen, die sich zwischen medizinischer Anthropologie und naturwissenschaftlich ausgerichteter Physiologie entschieden hat.[7] Dieses Missverständnis hat Methode, ist es doch selbst einer bestimmten Forschungsrichtung geschuldet, zu der die „Wiedereinführung des Subjekts" einen alternativen Zugang darstellt und auch explizit darstellen will.[8] Vor diesem Hintergrund sind bestimmte Neuausrichtungen von Neurologen und Ärzten aus einem entsprechenden Umfeld nicht zufällig, sondern nachgerade symptomatisch. Was sich dabei aufdrängt, ist die Vorstellung einer programmatischen Neuausrichtung des eigenen Tuns.[9] Von Weizsäckers selbstbewusster Einschätzung vom „neu aufgeschlagenen Blatt der Forschung" kann daher eine Auflistung von Arbeiten vorangehen, die seinem Optimismus und einer eigenen Schulenbildung biobibliographisch Gestalt verleihen.[10] Vor allem im Anschluss an den zuletzt von ihm genannten Beitrag wird ein fundamentales Missverständnis bestimmter Menschenwissenschaften und ihre Überwindung in von Weizsäckers Gestaltkreislehre manifest.

Weitere unserer Arbeiten sind folgende:

---

7 Zu den Konsequenzen für die Begriffsbildung vgl. Beer/Bethe/von Uexküll 1980; Brock/von Uexküll 1980.

8 Zu dieser Wiedereinführung des Subjektes, zu den Konsequenzen für die Nomenklatur und zu entsprechenden Vorgaben durch Jakob von Uexküll siehe Weizsäcker 1997b.

9 Von einem der Beteiligten, Herbert Plügge, heißt es ausdrücklich: „Bis 1945 wissenschaftliche Publikationen im Rahmen der konventionellen Neurologie und inneren Medizin. Seitdem fast ausschließlich im phänomenologischen Grenzbereich des Internismus" (Buytendijk/Christian/Plügge 1963, 80).

10 Rieger 2008.

- Derwort (1943), Über die Formen unserer Bewegungen gegen verschiedenartige Widerstände und ihre Bedeutung für die Wahrnehmung von Kräften.
- P. Christian und R. Pax (1943), Wahrnehmung und Gestaltung von Schwingungsvorgängen.
- P. Christian (1948[b]), Die Willkürbewegung im Umgang mit beweglichen Mechanismen.
- Derwort (1948), Zur Psychophysik der handwerklichen Bewegungen bei Gesunden und Hirngeschädigten.
- P. Christian (1948[c]), Vom Wertbewußtsein im Tun. Ein Beitrag zur Psychophysik der Willkürbewegung. In der letztgenannten Abhandlung ist das, was man als das statische Mißverständnis des Gestaltkreises bezeichnen kann, vollständig überwunden. Denn hier wird die Beziehungsfähigkeit der Sphäre der Werte mit der Sphäre der Mechanik am Beispiel der Willkürbewegung gezeigt und beschrieben. Damit scheidet die Relation von Psyche und Physis als eine zwischen zwei Substanzen aus der Beschreibung der Wirklichkeit völlig aus. Es ist derselbe Schritt, der mit der Hinwendung zu den pathischen Kategorien begonnen war. Ein neues Blatt der Forschung ist aufgeschlagen.[11]

Neu an diesem „Blatt“ und seiner Auflösung bestehender Missverständnisse ist vor allem eines: Die maßgebliche Perspektive auf den Einzelkörper wird durch weitere Hinsichten ergänzt. Was die ausdifferenzierte Forschungslandschaft der Moderne am Menschen vorrangig in den Blick genommen hat, was etwa in Psychotechnik und Arbeitswissenschaft, was in Sportdidaktik und Taylorismus, was in Betriebswirtschaftslehre oder Ausdrucksforschung, was in Psychologie und Neurologie, was in der Physiologie der Wahrnehmung und Motorik untersucht und gemessen wurde, es setzte in der Regel an einem individuierten Körper an.[12] Die Karriere dieses Zugriffs und ihrer Kenntnisse ist mit der Karriere von Wissenschaften wie der Physiologie als Leitwissenschaft des 19. Jahrhunderts gleichursprünglich – jener Wissenschaft also, die Bewegungsformen und Verlautbarungen lebender Körper zu ihrem vornehmsten Gegenstand hatte und die jene Apparaturen in die Welt entließ, mittels derer physiologische Äußerungen in ihrem Zeitverlauf allererst zur Anschrift gelangen konnten.[13] Ob das Kymographion oder die analogen Verfahren zur Ton- und Bewegungsaufzeichnung: Die nachmaligen Massenmedien sind als Teil der Physiologie Gegenstand von Geschichtsschreibungen, deren Genealogie in so vermeintlichen Spezialanliegen wie der Körpernachstellung und nicht in der alltäglichen Unterhaltung gründet.[14]

Der Zugriff auf die lebenden Systeme (unter Einbeziehung ihrer Umwelten, genauer noch, der Jeweiligkeit ihrer Umwelten) galt dem einzelnen Lebewesen,

11 Weizsäcker 1997c, 89 f.

12 Anders beim Feldtheoretiker Kurt Lewin (1920).

13 Zu diesem Arsenal für die Analyse motorischer Bewegungen vgl. Weizsäcker 1990.

14 Damit wurde eine alternative Mediengeschichtsschreibung möglich und notwendig; stellvertretend für die Kinematographie siehe Kittler 2003.

also einem jeweiligen Menschen oder Tier. Ob Arbeitsleistungen verbessert oder die berufliche Eignung getestet wurde, ob Seelen radiodurchleuchtet oder Stimmen schallanalysiert wurden, ob der Körper im Spiel oder unter extremer Belastung, in Unterdruckkammern oder auf Hochgebirgstouren vermessen wurde, ist dabei zweitrangig. Bemüht um die Abschottung dieses Körpers, ist eine sonderbare Form seiner Ummantelung die Folge. Masken, wie sie der große Bonner Physiologe Nathan Zuntz (1847–1920) im Rahmen von Höhenforschung und Ermüdungsmessung nicht nur seinem legendären Versuchspferd Balthasar anlegte, sondern eben auch menschlichen Probanden über die Köpfe stülpte, stehen für dieses Bestreben als ikonographisches pars pro toto ein.[15] Das Anliegen ist einfach und stellt daher einen geeigneten Bezugspunkt dar, um von dort aus von Weizsäckers Neuansetzen sowohl in der Theorie als auch in der praktischen Durchführung sichtbar werden zu lassen. Forschern wie Nathan Zuntz, Angelo Mosso und vielen anderen ist es darum zu tun, den Organismus von seiner Umwelt zu isolieren, die Faktoren idealtypisch getrennt voneinander bestimmen und Interaktionen unter Kontrolle halten zu können. Dazu ist eine Abschottung nötig, die nicht zuletzt unter den Auspizien ökonomischer Prozesse stattfindet: Behauptung und Nachweis der energetischen Geschlossenheit in Systemen, wie sie 1840 von Robert Julius Mayer im ersten Hauptsatz der Wärmelehre formuliert wurden, führen zwangsläufig zur Ausformung von bestimmten Experimentalanordnungen, die an den Oberflächen individueller Körper ansetzen. In der Geschlossenheit von Atmung, Ernährung, Belastung, Erschöpfung und nicht zuletzt Arbeit, deren Bedingungen Zuntz vielfältig variiert und die auf realen Einsätzen in den Alpen oder im Fesselballon ebenso zum Tragen kommen wie in simulierten Einsätzen auf eigens dazu erfundenen Laufbändern oder in Druckkammern, sollen die Parameter isoliert beobachtet, gemessen und kontrolliert sowie der Organismus auf ein entsprechendes Prinzip zurückgeführt werden können. Geschlossenheit und Abdichtung werden dabei nicht nur theoretisch behauptet, sondern in Realexperimenten apparativ umgesetzt.

Zuntz bleibt bei aller Detailversessenheit sowohl in der Durchführung wie auch in der Schilderung seiner Versuche das grundsätzliche Interesse an der Einbindung in die theoretische Großwetterlage nicht schuldig. Dazu verweist er expressis verbis auf die Konzepte etwa der Thermodynamik, der Energieerhaltung, und er nennt auch deren wissenschaftlichen Sachwalter bei Namen. Was ihn und andere Forscher interessiert, ist das Auffinden von Äquivalenten, die – wie die „calorische Maschine" oder die Kalorie – Umrechnungen und Vergleichbarkeiten etwa zwischen der Leistung von Maschinen und tierischen und menschlichen

15 Gunga 1989.

Organismen erlauben.[16] Wollte man für die zu verhandelnde Geschlossenheit, die Ummantelung und Umweltisolation Bilder finden, die dann auch eine historische Reihung erlaubten, so würde man mit den Versuchen auf der Stoffwechselwaage beim italienischen Iatrophysiker Santorio in der zweiten Hälfte des 16. Jahrhunderts beginnen, seinen Weg über das Ice-Calorimeter Lavoisiers (und dessen Meerschweinchen) nehmen und mit den Respirationsapparaten bei Nathan Zuntz enden. Was immer diese Apparate so sorgfältig ummanteln, ob Menschen, Meerschweinchen oder Pferde, der Status als vereinzelte Einheit bleibt weitgehend gleich – untersuchbar sind sie in ihrer Abschottung von einer Umwelt.

Das hinderte die am Einzelkörper erhobenen Ergebnisse selbstredend nicht, zu Anwendungen zu gelangen, die das Terrain des Einzelnen verlassen, die kollektiv zu Buche schlagen – etwa als Vorschrift für die Optimierung von Bewegungsabfolgen bei der industriellen Fertigung oder der rationellen Durchformung von Bewegungsabläufen, an Fließbändern, auf Sportplätzen und an anderen Brennpunkten moderner Lebenswelten.[17] Was aber diese sehr avanciert betriebene und entsprechend auch wahrgenommene Verwissenschaftlichung des menschlichen Körpers nicht leistete, auch nicht im Blick hatte, war eine soziale Theorie ihrer Teilelemente, eine soziale Theorie der Kräfteverhältnisse zwischen ihren – isolierten oder isolierbaren – Einheiten. Und genau auf eine solche zielt die von von Weizsäcker angedeutete Innovation ab. Das neue Blatt der Forschung, das damit aufgeschlagen sein soll, ist genau an der Systemstelle situiert, wo im alten Paradigma der Ausschluss, der Abschluss oder die Grenze angesiedelt sind. Für von Weizsäcker und seine Mitarbeiter könnten die Folgen einer solchen Umstellung schwerwiegender nicht sein, betreffen sie doch mit den unterschiedlichen Praktiken des Menschenversuchs zugleich auch den Ort der Verwissenschaftlichung, den Ort also, an dem über die Zugehörigkeit solcher Untersuchungen und ihrer Gegenstände entschieden wird. Innerhalb einer scheinbar ausdifferenzierten Wissenschaftskultur zwischen Natur und Geist wird mit dem „neu aufgeschlagenen Blatt" ein alternativer Aussagemodus eröffnet: Dabei zeigt sich, dass die Ebene des Phänomenalen und die Ebene des rational-technisch Erschließbaren sich nicht länger kategorisch ausschließen müssen, oder anders gesagt, dass Dinge gleichzeitig an unterschiedlichen Ordnungen teilhaben können.

16 Zuntz 1890; 1902.
17 Sarasin/Tanner 1998; Rieger 2001.

3 „Wesen und Formen der Bipersonalität"

Aufgeschlagen wurde das neue Blatt der Forschung nicht zuletzt mit einer Arbeit, die den Titel „Vom Wertbewußtsein im Tun. Ein Beitrag zur Psychophysik der Willkürbewegung" (1948b) trägt. Nur ein Jahr später legt ihr Autor, Paul Christian, nach und unter dem Titel *Wesen und Formen der Bipersonalität* vor, was er im weiteren Verlauf als „Grundlagen für eine medizinische Soziologie" ausweist und womit er disziplinäres Neuland erschließt, das Wissenschaften wie eine Sozialphysiologie als Desiderat der bisherigen Wissenschaftslandschaft erscheinen lässt.[18] Auch die Arbeit zur Bipersonalität führt von Weizsäcker in seiner biobibliographischen Selbstverortung eigens an – unmittelbar nach der Rede vom „neu aufgeschlagenen Forschungsblatt" und mit einer Erweiterung, die ihrerseits signifikanter nicht sein könnte.[19] Was in derlei Experimenten greifbar wird, ist die Grenze zwischen Physik und Biologie.

> Wir beachteten also jetzt die eigentümliche Verklammerung der physiologischen Motorik mit der Dynamik der Außenwelt. Diese Verklammerung ist eine solche, daß man keine Grenzpunkte oder Grenzflächen feststellen kann, an denen das Organische aufhört und das äußere Physikalische anfängt. Im Umgang eines Menschen (oder Tieres) mit Pendel, Reibung, Hammer entstehen trotzdem regelmäßig bestimmte Formen der Bewegungsdynamik, die wir großenteils ununtersucht vorfanden, die aber durch Registrierung zu beschreiben und mechanisch zu analysieren sind.[20]

Wie von Weizsäcker erläutert, gehen Menschen und Tiere nicht in ihren motorischen Verrichtungen mit Gegenständen auf. Vor dem Hintergrund gemeinsam zu vollbringender Tätigkeiten wie etwa der Handarbeit, aber auch in Anordnungen, bei denen Fremd- und Selbstbewegung auf intrikate Weise verschränkt sind, wird stattdessen eine Theorie des Sozialen entwickelt, die mit ausgearbeiteten Sozialtheorien auf den ersten Blick nur wenig zu tun hat. Der Menschenversuch hat es auf einmal nicht mehr nur mit zuhandenen Hämmern und verbesserten Schaufeln, mit Ballwurfmaschinen und Fließbändern, wie es in den klassischen Arbeiten zur Psychotechnik verhandelt wurde, sondern er hat es sowohl mit dem Verhältnis von Selbst- und Fremdbewegung sowie mit den Konsequenzen für die

18 Christian 1949; für diese Ausweitung der Physiologie vgl. Buytendijk 1967.
19 Zur Formel von der Bipersonalität im Anschluss an Kurt Lewin vgl. Ferro 2003; zur Rezeptionsgeschichte von Autoren wie Paul Christian und Alfred Derwort siehe auch Ennenbach 1991.
20 Weizsäcker 1997c, 89.

Wahrnehmung zu tun.[21] Nach den Untersuchungen über die Bewegungsformen im Umgang mit Werkzeugen, Apparaten und Maschinen gelangt von Weizsäcker endlich auch der Umgang des Menschen mit seinesgleichen in den Blick. Damit ist der Weg frei für Begriff und Sache der *Bipersonalität.*

> Das zweite Thema, das erst in der experimentellen Untersuchung der Motorik gleichsam unvermeidlich wurde, ist dann das, daß wir ja nicht nur mit Werkzeugen und Maschinen umgehen, sondern auch mit unseresgleichen. Das ist zwar in der Wahrnehmung auch so; aber die gemeinsame Handarbeit ist ein im technischen Zeitalter so aufdringliches Problem, da auch Industrie, Soziologie, Ökonomie an ihm interessiert sind. Unsere erste Experimentaluntersuchung findet man in P. CHRISTIAN und R. HAAS (1949), Motorische Leistungen im Verband zweier Partner in ‚Wesen und Formen der Bipersonalität'.[22]

Wie im Fall des Umgangs mit Maschinen und Apparaten verlieren auch hier stabile Grenzen von Subjekt und Umwelt zunehmend ihre Geltung. Dieser Befund setzt gängige Vorstellungen von personaler Einheit oder „phänomenale[r] Identität" außer Kraft.[23] Mit großer Finesse werden dazu Anordnungen wie die vielfach variierten Drehexperimente ersonnen, die es erlauben, dieses Außerkraftsetzen systematisch zu betreiben und zu beobachten. Wo sonst vermeintlich mit sich identische Subjekte am Werke waren, macht sich jetzt eine Grauzone von Überläufern breit, die im Verbund gemeinsamen Hantierens und gemeinschaftlich verrichteten Sich-Bewegens unwissentlich zu Verrätern an ihrer eigenen (!) Identität werden. Sie begehen Fahnenflucht an sich selbst, um gerade so ihre höchste Produktivität und systemische Effizienz zu bewahrheiten: Dass diese den Subjekten selbst unzugänglich ist, tut nicht nur keinen Abbruch, sondern wird zu Theorien systemnotwendiger (und nicht nur pathologisch veranschlagter) Selbstverborgenheit ausgearbeitet, die von Weizsäcker für seine Gestaltkreislehre ins Bild von der Drehtür kleidet.

> Jeder Akt ist Wahrnehmen und Bewegen. Aber ich kann im Wahrnehmen die es ermöglichende Bewegung nicht wahrnehmen und kann im Bewegen die es bedingende Wahrnehmung nicht vollziehen. Insofern ist das Bewegen ein Es-nicht-Wahrnehmen und das Wahrnehmen ein Es-nicht-Bewegen. Sie stehen im Verhältnis gegenseitiger Verborgenheit.[24]

---

21 Zu einem Einblick in die avancierten Experimentalaufbauten vgl. Auersperg/Derwort/Schrenck 1960.

22 Weizsäcker 1997c, 90.

23 Wie es bei Buethe (1946) heißt; vgl. dazu Weizsäcker 1997c, 91.

24 Weizsäcker 1997c, 335.

Identität, wie sie maßgeblich in der Moderne allen nur denkbaren Bedrohungsszenarien ausgesetzt ist, tritt unter den Blicknahmen solcher Untersuchungen ausgerechnet als Störfall von Effizienz in Erscheinung. Das Terrain zwischen System und Umwelt gerät zum militärsoziologischen Sperrgebiet: Fahnenflucht oder das Von-der-Stange-Gehen wird zu einer Theorieoption.

> Man könnte auch von Überläufern sprechen. Drückt man sich konkret aus, so heißt das: die Frage, wo mein leiblicher und seelischer Besitz beginne und meine Umwelt aufhöre, ist nicht an Gegebenheiten der Erscheinung abzulesen, sondern sie ist nach der Dynamik der Vorgänge im Gestaltkreis zu beurteilen.[25]

Was die Arbeit von Renate Haas und Paul Christian über *Wesen und Formen der Bipersonalität* aufscheinen lässt, sind somit Positionen des Dritten, die zwischen den vermeintlich fest gefügten Verwissenschaftlichungen von Natur und Geist ihrerseits einen dritten Ort des Aussagens erlauben.[26] Nichts weniger als solche Veränderungen im Aussagesystem der Wissenschaften vom Menschen soll die Arbeit über die Handarbeit „direkt beweisen".

> Hier wird nicht zum ersten Male mit der Einführung des Subjektes in die Physiologie bemerklich, daß nicht nur die Absonderung der Materialität des Organismus unhaltbar wird, sondern die Beschränkungen der Physiologie aufs Allgemeine und Allgemeingültige ins Wanken gerät. Denn nun hat doch jeder Organismus sein eigenes Subjekt. Und während man bei der Sinneswahrnehmung die Hypothese machen kann, daß bei gleicher Organbeschaffenheit auch alle wahrnehmenden Wesen die Dinge gleich empfinden und wahrnehmen (obwohl dies streng genommen unbeweisbar bleibt), ist beim motorischen Umgang zweier Lebewesen direkt zu beweisen, daß ihre Subjekte entweder zu einem einzigen (sozusagen neuen dritten) verschmelzen oder aber (bei Krankheit) getrennt und verschieden bleiben.[27]

Unter den Vorgaben der Bipersonalität sind gängige Begründungen des Menschen als eines Wesens, das in irgendeiner Weise mit sich identisch sein soll, schlicht außer Kraft gesetzt. Eine Ideologie des Selbst wird unterschwellig annulliert. Der Mensch untersteht bestimmten „Betriebsarten" – wie es bei Christian in einer Arbeit über *Die Willkürbewegung im Umgang mit beweglichen Mechanismen* (1948a) heißt, ein Begriff, der bis in die Hochlagen der Philosophischen Anthropologie und namentlich zu Arnold Gehlen gelangen wird. Und diese sind, weil an den Umgang des Menschen mit seinesgleichen geknüpft, eben relativ.[28] Nur im Fall

25 Weizsäcker 1997a, 54.
26 Rieger 2003, 334 ff.
27 Weizsäcker 1997c, 90.
28 Zur Rede von der „Betriebsart" vgl. Christian 1948a; zum nachgerade enthusiastischen Bezug von Gehlen, vgl. Gehlen 1997, 192; zu Gehlens Wissenspolitik vgl. auch Bühler 2004.

eines Misslingens – etwa „bei Krankheit", aber auch in Fällen gezielter Sabotage – bleiben Trennung und Verschiedenheit in ihrem Recht. Wie an Untersuchungen mit gezogenen Schlitten oder anderen in Bewegung gehaltenen Gegenständen (Rührwerk, Hobel u. a.) deutlich wird, konstituiert sich die Objektvorstellung erst im Zugriff und ist nicht vorgängig vorhanden. Das wiederum führt zu Anordnungen, bei denen die Objektzugriffe bei verschiedenen Ausgangsvoraussetzungen untersucht werden, etwa bei Gesunden und Bewegungsgestörten (Parkinson).[29] In wundersamer Verkehrung gängiger Argumentationen werden mangelnde „Grenzverschieblichkeit" und mit ihr ein Beharren auf Identität zu einem Indiz des Pathologischen – und nicht wie sonst üblich zum Nachweis einer wie auch immer kultivierten Normalität. Ausgerechnet der auf den ersten Blick hochgradig spezialistisch wirkende Beitrag „Der Gestaltkreis, dargestellt als psychophysiologische Analyse des optischen Drehversuchs" bringt diese Befundlage auf den Punkt: „Diese Beispiele machen anschaulich, daß die Grenzverschieblichkeit ein Ausdruck der Leistungsmannigfaltigkeit des Organismus ist."[30] Christian und Haas fassen diese Lage und den Stand der Verwissenschaftlichung wie folgt zusammen:

> Die Psychophysik der Willkürbewegung und Wahrnehmung hat sich bisher ausschließlich mit dem Einzelsubjekt beschäftigt und niemals nachgeprüft, ob sich Wesen und Gestaltung der Funktionen anders darstellen, wenn man statt vom isolierten Individuum, einmal von der ‚Wirksozietät' (dem Zusammenwirken mehrerer Personen in Arbeit, Sport, Spiel) ausgeht. Diese Beschränkung der physiologischen Forschung auf das Einzelsubjekt hat vermutlich verhindert, daß es eine selbständige Medizinische Soziologie, Soziopathologie, ferner eine eigene Arbeitspathologie oder Sozialphysiologie [...] gibt.[31]

Beispiele aus der philosophischen Werkzeugkiste und fernab moderner Fertigungstechniken weisen den Weg zu einer neuerlichen Untersuchung der Arbeit auf der Grundlage solcher Wirksozietäten: Die oft bemühte Zuhandenheit von Heideggers Hammer wird ergänzt um interaktiv, weil gemeinschaftlich zu betreibende Werkzeuge wie im Fall von Wilhelm Dilthey und einer von ihm ins Feld geführten Säge – einer zweigriffigen Baumsäge. Diese verkörpert im Gegensatz zum Hammer das Wesen der partnerschaftlichen Handarbeit so sehr, dass sie vor Kirchen und Standesämtern bei frisch Vermählten ausgesprochen symbolstiftend zum Einsatz gelangt und daher als Modellversuch zur Bestimmung der Bipersonalität gelten kann. Das Holzsägen gewinnt Modellcharakter und wird ausführlich

29 Ennenbach 1991, v. a. 61 f.
30 Weizsäcker 1997a, 54.
31 Christian/Haas 1949, 8.

einer physiologischen Analyse unterzogen, „um Einblick zu gewinnen in den Ablauf der beiderseitigen Motorik, in die beiderseits gemachten Wahrnehmungen und die gemeinsam erzielte Leistung.“[32] Von Weizsäcker attestiert dem Gemeinschaftssägen nichts weniger als den Status einer Urszene. „Diesmal hat die Experimentalanalyse der Willkürbewegung einen Fall getroffen, der als Urszene, besser als Darstellung einer Urszene im sozialen Arbeitsleben genommen werden kann.“[33] Damit war die weitere Karriere der Urszene und ihrem Werkzeug vorgezeichnet. Die Säge wird über solche Verwendungen im Brauchtum zu einem Ding von epistemologischem Belang. Im Umfeld prominenter Lehrer-Schüler-Verhältnisse sind Martin Heidegger und Hans-Georg Gadamer in Todtnauberg mit ihr zugange.[34] Und in Experimentalanordnungen wurde das unscheinbare Werkzeug seiner schieren und alltagstauglichen Pragmatik beraubt, um als Modell zu dienen und die fraglichen Aspekte der Bipersonalität besonders gut, weil in idealisierter Form, nachstellen zu können.[35]

All das erlaubt es Christian und Haas, etwas zu behaupten, das jenseits der Grenzen einer vergegenständlichenden Psychologie liegt und dennoch einen phänomenologischen Tatbestand darstellt, der nachstellbar, präzisierbar und damit eben auch in Zahlenform anschreibbar ist. Als Effekt solcher Untersuchungen tritt eine Relativität der Personenverhältnisse zu Tage, die in der Bipersonalität den Versuch ihrer Theoretisierung findet:

> Echte Bipersonalität bedeutet so freispielende Koreflexivität der Partner im Umgang miteinander. Da aber jeder Partner sich selbstständig erlebt (und keineswegs als Doppelgänger des Andern), nichtsdestoweniger jeder sich immer in Rücksicht auf den Andern bestimmt, so sind Sinn und Verhalten jedes Partners notwendig doppeldeutig.[36]

Die so behauptete Doppeldeutigkeit der Person führt zu Umschichtungen im Verhältnis von *alter* und *ego*, wie sie von den Sozialtheorien im Allgemeinen verhandelt werden. Nur mit dem Unterschied, dass die abstrakte Befundlage der Philosophie im Modellmenschenversuch des gemeinsamen Sägens auf eine Weise geerdet ist, die zugleich den Anschluss an das physiologische Paradigma der Messbarkeit erlaubt: In der Anschrift von Kurven und Diagrammen dürfen die Doppeldeutigkeit von Personenverhältnissen und die korrelativ zusammenspielenden Kräfte eindeutig werden.

---

32 Christian/Haas 1949, 9.
33 Weizsäcker 1986, 249.
34 Vgl. zu diesem Bild Orange 2014.
35 Dornberg 2013a; 2013b.
36 Christian/Haas 1949, 18.

> So ergeben sich unvereinbare Gegensätze: Einerseits abstrakte ‚Individuen' (und deren Mehrheitsbestimmung ‚Gesellschaft') und konkrete ‚Person' (mit der qualitativen Steigerung ‚Gemeinschaft'). In diesem Zusammenhang müssen jene metaphysischen Irrtümer im einzelnen zur Sprache kommen, die das Verständnis des personalen Daseins hauptsächlich verhindert haben: Das sind die Lehren von der Identität der Person, der Autonomie der Person; der Existenz in Raum und Zeit; und die numerische Bestimmtheit der Person.[37]

Im Zuge dieser Umschichtung wird eine veränderte Semantik in der Rede über den Menschen möglich: eine Semantik, in der Wendigkeit und Verschieblichkeit über das Beharren auf Identität herrschen und auch als erkenntnistheoretische Größen zu Buche schlagen.[38] Die Relativität der Personenstände erscheint in der Erfahrung gemeinsam verrichteter Arbeit als Programm. In Mechanogrammen, also im Aufschreibesystem der alten für die Arbeit zuständigen Wissenschaften, hinterlässt sie ihre – objektiv-objektivierbaren – Spuren. Was da in der Kasuistik eines Menschenversuchs stattfindet, beschreibt von Weizsäcker in seiner Abhandlung „Zum Begriffe der Arbeit" systematisch. Am Beispiel der Zusammenarbeit wird das Versagen fester Grenzen sichtbar – diesmal versehen mit der explizierten Option auf eine dritte Person: „Man kann auch sagen, daß aus zwei Personen durch Verschmelzung eine einzige dritte geworden sei."[39]

4 Das Zusammenspiel unterschiedlicher Seinsarten

Der auf theoretischer Ebene immer noch umstrittene Ort des Dritten scheint in bestimmten Bereichen der Phänomene längst eingenommen. Damit einher gehen Strategien, für das in Frage stehende Außerkraftsetzen bestehender Grenzen nicht nur experimentelle Nachstellungen, sondern auch eigene Begriffe, Bilder und Veranschaulichungsstrategien zu finden. Positionen dieses Dritten, wie sie von Weizsäcker, ausgehend von der Urszene des Sägens, erwägt, sind etwa sehr detailliert von der Biologie beschrieben worden. So gelangt der Niederländer Frederik J. J. Buytendijk, selbst Gewährsmann sowohl der Philosophischen Anthropologie als auch der Gestaltkreislehre und selbstredend vertraut mit der Kybernetik, anlässlich der Beschreibung eines Tierkampfes zwischen Mungo und Kobra zu Einschätzungen, die eben auch das Tier von seiner Identität lösen und zu

37 Christian/Haas 1949, 28.
38 Weizsäcker 1997a, 58.
39 Weizsäcker 1986, 249.

einer neuen organischen Einheit, zu einem Dritten, verschmelzen lassen.[40] Der Kampf wird als ästhetisches Geschehen, weil als Tanz, beschreibbar und erlaubt damit Anschlüsse an Gemengelagen intuitiven Handelns, die in Kleists Abhandlung „Über das Marionettentheater" eine ihrer zentralen Formulierungen erfahren haben und die nicht zufällig selbst zum Anlass experimenteller Überprüfung wurden.[41] Für die Erklärung dessen, was an Interaktion zwischen den Tieren zu beobachten ist, sind gängige Schemata, wie etwa das von Reiz und Reaktion, unzureichend.[42] Im Zuge dieser und ähnlicher Umstellungen kann Buytendijk das Tier gar zum „phantasierenden Automaten" erklären, eine Formel, die gängige Unterscheidungsbemühungen zwischen den Seinsarten schlicht annulliert und die das Alteritätspotential des Tieres zumindest erahnen lässt.[43]

Was bei aller Kasuistik zu Tage tritt, ist dem Grundanliegen bei von Weizsäcker analog. Die Relativität, die sehr gezielt der modernen Physik entnommen wird, schlägt auf die Versuche und auf deren Aktanten durch. Der Menschenversuch, wie ihn die „neu aufgeschlagenen Blätter der Forschung" sichtbar werden lassen, löst seinen Gegenstandsbereich damit nicht ein, sondern auf. An kaum einem anderen Ort des modernen Denkens wird so greifbar, dass der Versuch und dass all die Versuchsreihen, die dem Menschen gelten, seinen hochgradig labilen, um nicht zu sagen seinen relativen Status zu Tage fördern. Was auf diese Weise denk- und erfahrbar wird, sind Formen der Alterität – einer Alterität, die jenseits der Identität von Subjekten liegt und die zu neuen Formen der Theoriebildung aufruft. Disziplinen wie eine „selbständige Medizinische Soziologie, Soziopathologie, ferner eine eigene Arbeitspathologie oder Sozialphysiologie"[44] sind damit möglich geworden – wie es bei Christian und Haas heißt und wie es bei Buytendijk um eine „physiologische Anthropologie"[45] ergänzt wird. Und sie sind möglich geworden durch eine Offenheit gegenüber technischen Nachstellungen und ihren Medien. Die Geschichte endet allerdings nicht mit dem virtuellen Sägen, sondern sie geht weiter und sie begibt sich dazu auf den technischen Stand der Dinge: Dieses Aufgreifen medientechnischer Möglichkeiten findet sein vielleicht griffigstes Bild in der Verwendung von Computern und dort wiederum, wo es um die Einführung der Tele- und Biometrie geht, wie sie in Heidelberg prominent

40 Dabei wird die Nähe zu Paul Christian, Viktor von Weizsäcker u. a. von Buytendijk (1957, 3 ff.) explizit betont.

41 Buytendijk/Christian/Plügge 1963.

42 Buytendijk/Plessner 1935. Eine alternative Beschreibung des Tierkampfes liefert Norbert Wiener (1968).

43 Buytendijk 1938, v. a. 135; siehe dazu auch Rieger 2006.

44 Christian/Haas 1949, 8.

45 Buytendijk 1967.

betrieben wurde.[46] Mit ihr verlässt das Experiment das Labor und öffnet sich praktisch jenem Leben, dessen technische Möglichkeiten ganz eigene Reflexionen über Handlung und Stellenwert der Beteiligten zur Folge haben. Roboter, die gemeinsam mit Menschen Arbeit verrichten und deren Steuerungsalgorithmen darauf konditioniert sind, Fehlleistungen des Menschen auszugleichen, die sich ihm gegenüber anthropophil gebaren und Rücksicht auf ihn nehmen, stellen die Medienanthropologie vor eigene Herausforderungen.[47] Aus den ob ihres vermeintlichen Spezialanliegens wenig beachteten Anordnungen zur Bipersonalität an der Heidelberger Universitätsnervenklinik sind Arbeitsverbünde hervorgegangen, die nicht zuletzt eigene Wissensformen über das Zusammenspiel unterschiedlicher Seinsarten in ihrem Gefolge haben.[48] Selbst eine eigene Ethik hat sich Bahn gebrochen.[49] Nicht mehr nur Effizienz, sondern Akzeptanz und Sicherheit in der Kollaboration gilt es auf diese Weise umzusetzen.[50] Und auch die Schauplätze haben sich gewandelt. Es sind nicht mehr die wenig beachteten Labors mit spezialistisch anmutenden Experimentalanordnungen, sondern es sind die Fertigungsstätten einer Welt, die gerade im Prozess der Arbeit ihren vielleicht radikalsten Wandel vollzieht. Wie immer man diesen Prozess beschreiben und bewerten will: Der Körper, dessen Verlust im Zuge der Virtualisierung gerne als ausgemachte Sache gilt, wird dabei immer seine Rolle gespielt haben.

Literatur

Anderson, Michael/Susan Leigh Anderson (Hgg.) (2011): *Machine ethics*, Cambridge.

Auersperg, Alfred Prinz/Albrecht Derwort/Martin Schrenck (1960): „Beitrag zur Psychophysiologie der intentionalen Blickbewegung“, in: *Der Nervenarzt* 37 (6): 241–253.

Beer, Theodor/Albrecht Bethe/Jakob von Uexküll (1980): „Vorschläge zu einer objektivierenden Nomenklatur“, in: Jakob von Uexküll, *Kompositionslehre der Natur. Biologie als undogmatische Wissenschaft. Ausgewählte Schriften*, hg. und eingeleitet von T. von Uexküll, Frankfurt am Main, 92–100.

Bilz, Rudolf (1973): „Vorwort“, in: Jakob von Uexküll, *Theoretische Biologie*, Frankfurt am Main.

46 Meyer 2014.

47 Das war Gegenstand eines gemeinsam mit Michael Andreas und Dawid Kasprowicz veranstalteten Workshops, der am 29.01.2015 unter dem Titel „Unterwachen und Schlafen. Anthropophile Medien nach dem Interface“ am MECS in Lüneburg stattfand. Ferner sei auf die in Entstehung befindliche Dissertation von Dawid Kasprowicz mit dem Titel „Der Körper auf Tauchstation: Zu einer Wissensgeschichte der Immersion“ verwiesen.

48 Braun-Thürmann 2004.

49 Siehe dazu stellvertretend Anderson/Anderson 2011 und Lin/Abney/Bekey 2012.

50 Haddadin/Albu-Schaffer/Hirzinger 2009.

Braun-Thürmann, Holger (2004): „Agenten im Cyberspace. Soziologische Theorieperspektiven auf die Interaktionen virtueller Kreaturen“, in: U. Thiedecke (Hg.), *Zur Beschreibung der Sozialität mit unterschiedlichen Seinsarten*, Wiesbaden, 70–96.
Breyer, Thiemo (2015): *Verkörperte Intersubjektivität und Empathie. Philosophisch-anthropologische Untersuchungen*, Frankfurt am Main.
Brock, Friedrich/Jakob von Uexküll (1980): „Vorschläge zu einer subjektbezogenen Nomenklatur in der Biologie“, in: Jakob von Uexküll, *Kompositionslehre der Natur. Biologie als undogmatische Wissenschaft. Ausgewählte Schriften*, hg. und eingeleitet von T. von Uexküll, Frankfurt am Main, 129–142.
Bühler, Benjamin (2004): *Lebende Körper. Biologisches und anthropologisches Wissen bei Rilke, Döblin und Jünger*, Würzburg.
Buethe, Friedrich (1946): *Untersuchungen über phänomenale Identität*, Diss. Erlangen 1946.
Buytendijk, Frederik J. J. (1938): *Wege zum Verständnis der Tiere*, Zürich/Leipzig.
Buytendijk, Frederik J. J. (1957): „Das Menschliche der menschlichen Bewegung“, in: *Der Nervenarzt* 28 (1): 1–7.
Buytendijk, Frederik J. J. (1967): *Prolegomena einer anthropologischen Physiologie*, Salzburg.
Buytendijk, Frederik J. J./Paul Christian/Herbert Plügge (1963): *Über die menschliche Bewegung als Einheit von Natur und Geist*, Beiträge zur Lehre und Forschung der Leibeserziehung 14, Schorndorf bei Stuttgart.
Buytendijk, Frederik J. J./Helmuth Plessner (1935): „Die physiologische Erklärung des Verhaltens. Eine Kritik an der Theorie Pawlows“, in: *Acta Biotheoretica* 1: 151–172.
Christian, Paul (1948a): *Die Willkürbewegung im Umgang mit beweglichen Mechanismen*, Berlin/Heidelberg.
Christian, Paul (1948b): *Vom Wertbewußtsein im Tun. Ein Beitrag zur Psychophysik der Willkürbewegung*, Stuttgart.
Christian, Paul/Renate Haas (1949): *Wesen und Formen der Bipersonalität. Grundlagen für eine medizinische Soziologie*, Stuttgart.
Dornberg, Martin (2013a): „Die zweigriffige Baumsäge. Überlegungen zu Zwischenleiblichkeit, Umweltbezogenheit und Überpersonalität“, in: T. Breyer (Hg.), *Grenzen der Empathie. Philosophische, psychologische und anthropologische Perspektiven*, Paderborn, 239–259.
Dornberg, Martin (2013b): „Dritte Körper. Leib und Bedeutungskonstitution in Psychosomatik und Phänomenologie“, in: A. Böhler/C. Herzog/A. Pechriggl (Hgg.), *Korporale Performanz. Zur bedeutungsgenerierenden Dimension des Leibes*, Bielefeld, 103–122.
Eich, Wolfgang (Hg.) (2014): *Bipersonalität, Psychophysiologie und anthropologische Medizin. Paul Christian zum 100. Geburtstag*, Würzburg.
Ennenbach, Wilfried (1991[2]): *Bild und Mitbewegung*, Köln.
Ferro, Antonio (2003): *Das bipersonale Feld. Konstruktivismus und Feldtheorie in der Kinderanalyse*, Gießen.
Gehlen, Arnold (1997[13]): *Der Mensch. Seine Natur und seine Stellung in der Welt*, Wiesbaden.
Gunga, Hanns-Christian (1989): *Leben und Werk des Berliner Physiologen Nathan Zuntz (1847–1920) unter besonderer Berücksichtigung seiner Bedeutung für die Frühgeschichte der Höhenphysiologie und Luftfahrtmedizin*, Husum.
Haddadin, Sami/Alin Albu-Schaffer/Gerd Hirzinger (2009): „Requirements for safe robots: Measurements, analysis and new insights“, in: *The International Journal of Robotics Research* 28 (11–12): 1507–1527.

Kittler, Friedrich (2003): „Der Mensch, ein betrunkener Dorfmusikant“, in: R. Lachmann/S. Rieger (Hgg.), *Text und Wissen. Technologische und anthropologische Aspekte*, Tübingen, 45–72.
Klinger, Lothar (1986): „Einführung in die Gestaltkreisexperimente“, in: T. Henkelmann (Hg.), *Viktor von Weizsäcker (1886–1957). Materialien zu Leben und Werk*, Berlin/Heidelberg/New York/Tokyo, 178–189.
Lewin, Kurt (1920): *Die Sozialisierung des Taylorsystems. Eine grundsätzliche Untersuchung zur Arbeits- und Berufspsychologie*, Berlin.
Lin, Patrick/Keith Abney/George A. Bekey (2012): *Robot ethics: The ethical and social implications of robotics*, Cambridge.
Meyer, Horst (2014): „Das psychophysiologische Labor. Vegetative und zentralnervöse Regelungs-, Stress- und Methodenforschung“, in: W. Eich (Hg.), *Bipersonalität, Psychophysiologie und anthropologische Medizin. Paul Christian zum 100. Geburtstag*, Würzburg, 67–78.
Orange, Donna M. (2014): „Bipersonalität und Intersubjektivität in der Psychotherapie. Ein dialogischer Ansatz“, in: W. Eich (Hg.), *Bipersonalität, Psychophysiologie und anthropologische Medizin. Paul Christian zum 100. Geburtstag*, Würzburg, 229–241.
Rieger, Stefan (2001): *Die Individualität der Medien. Eine Geschichte der Wissenschaften vom Menschen*, Frankfurt am Main.
Rieger, Stefan (2003): *Kybernetische Anthropologie. Eine Geschichte der Virtualität*, Frankfurt am Main.
Rieger, Stefan (2006): „Bär“, in: Benjamin Bühler/Stefan Rieger, *Vom Übertier. Ein Bestiarium des Wissens*, Frankfurt am Main, 35–46.
Rieger, Stefan (2008): „Formen des Lebens. Messungen am Inkommensurablen“, in: C. Welsh/S. Willer (Hgg.), *Interesse für bedingtes Wissen. Wechselbeziehungen zwischen den Wissenskulturen*, Paderborn/München, 69–85.
Rieger, Stefan (2009): „‚Bipersonalität‘. Menschenversuche an den Rändern des Sozialen“, in: B. Grieseke/M. Krause/N. Pethes/K. Sabisch (Hgg.), *Kulturgeschichte des Menschenversuchs im 20. Jahrhundert*, Frankfurt am Main, 181–198.
Salisbury, Kenneth/Francois Conti/Federico Barbagli (2004): „Haptic rendering: Introductory concepts“, in: *IEEE Computer Graphics and Applications* 4 (2): 24–32.
Sarasin, Philipp/Jakob Tanner (Hgg.) (1998): *Physiologie und industrielle Gesellschaft. Studien zur Verwissenschaftlichung des Körpers im 19. und 20. Jahrhundert*, Frankfurt am Main.
Weizsäcker, Viktor von (1986): „Zum Begriffe der Arbeit“ [1948], in: V. von Weizsäcker, *Soziale Krankheit und soziale Gesundung. Soziale Medizin*, Gesammelte Schriften Bd. 8, Frankfurt am Main, 222–267.
Weizsäcker, Viktor von (1990): „Die Analyse pathologischer Bewegungen“ [1926], in: V. von Weizsäcker, *Wahrnehmen und Bewegen. Die Tätigkeit des Nervensystems*, Gesammelte Schriften Bd. 3, Frankfurt am Main, 429–439.
Weizsäcker, Viktor von (1997a): „Der Gestaltkreis, dargestellt als psychophysiologische Analyse des optischen Drehversuchs“ [1933], in: V. von Weizsäcker, *Der Gestaltkreis. Theorie der Einheit von Wahrnehmen und Bewegen*, Gesammelte Schriften Bd. 4, Frankfurt am Main, 23–61.
Weizsäcker, Viktor von (1997b): „Zum Begriffswandel der Biologie“ [1935], in: V. von Weizsäcker, *Der Gestaltkreis. Theorie der Einheit von Wahrnehmen und Bewegen*, Gesammelte Schriften Bd. 4, Frankfurt am Main, 63–70.

Weizsäcker, Viktor von (1997c): „Der Gestaltkreis. Theorie der Einheit von Wahrnehmen und Bewegen“ [1940], in: V. von Weizsäcker, *Der Gestaltkreis. Theorie der Einheit von Wahrnehmen und Bewegen*, Gesammelte Schriften Bd. 4, Frankfurt am Main, 83–337.

Wiener, Norbert (1968): *Regelung und Nachrichtenübertragung in Lebewesen und Maschine*, Reinbek bei Hamburg.

Zuntz, Nathan (1890): „Ueber die Leistungen der menschlichen Muskulatur als Arbeitsmaschine“, in: *Naturwissenschaftliche Rundschau* 5: 337–341.

Zuntz, Nathan (1902): „Der Mensch als calorische Maschine und der zweite Hauptsatz“, in: *Physikalische Zeitschrift*: 184 f.

3 Evolution und Menschheitsentwicklung

Shumon T. Hussain und Thiemo Breyer

Menschwerdung, Verkörperung und Empathie

Perspektiven im Schnittfeld von Anthropologie und Paläolitharchäologie

Abstract: Recent attempts to reconstruct how cultural cognition has emerged and evolved frequently rely on a „techno-genetic" (and at times even „techno-centric") logic. Instrumental intelligence, reflected in the production and utilization of task-specific tools, such as knapped bifaces, is considered a key motor for the development of cultural cognition. The presumption is that technological evolution parallels cognitive evolution in significant ways. Technical instruments produced by extinct hominins and early humans – most importantly, ancient stone artefacts – are therefore examined in order to map out the socio-cognitive preconditions of their manufacture and by extension the cognitive capacity of their producers. The aim of this chapter is to move beyond this one-sided conception and to extend the focus again on the social and aesthetic dimensions of the human-world interface. We show that embodiment and empathy are key concepts for understanding the evident „trans"-instrumental links between Paleolithic foraging groups, animals, and other aspects of their physical environment, including the possibility that inanimate objects were experienced as intentional agents. By drawing on examples from recent hunter-gatherer ethnography, we defend the general thesis that Pleistocene lifeworlds were likely anchored in relational ontologies, implying a considerable extension of the „space of empathy" and the integration of non-human entities into the field of social relations. For this reason, it is imperative also to consider human-world relations which are „more than instrumental," if we wish to develop plausible scenarios for the development of exceptional cognitive capacities in the human lineage.

Archäologen versuchen, aus den ihnen zugänglichen materiellen Überresten vergangener Phasen der Menschheitsgeschichte „ein Maximum an Informationen über ihren ursprünglichen kulturellen und lebensweltlichen Kontext herauszuholen".[1] Eine solche Rekonstruktion wird umso schwieriger, je weiter entfernt der entsprechende soziokulturelle Kontext und die von ihm produzierten Artefakte

1 Assmann 2015, 101.

DOI 10.1515/9783110528626-009

oder Einschreibungen in die natürliche Umwelt vom heutigen Standpunkt aus sind. Diese Distanz ist dabei nicht nur zeitlich bestimmt, sondern auch kognitiv: Es geht um die Verstehbarkeit von Lebensäußerungen in materieller Form. Die lebensweltliche Dimension dieser Erschließung im archäologischen Interpretationszusammenhang zielt auf die Alltagswelt derjenigen Menschen, deren Hinterlassenschaften (ob intentional abgelegt oder nicht) für die Wissenschaft interessant, relevant und irgendwie einholbar sind.

Im sozialphänomenologischen Sinne umfasst die *Lebenswelt* „sowohl die kulturelle Sinnschicht, die physische Objekte erst zu Gegenständen der naiven Erfahrung macht, als auch die alltägliche Sozialwelt“.[2] In dieser Erfahrungsschicht sind die Materialität der Dinge und die Sozialität der Relationen, in denen ein Subjekt mit anderen Subjekten, mit Tieren und mit der Natur steht, von vornherein und unhinterfragt verschränkt. Eine Auflösung dieser Verschränkungsstruktur ist erst durch Reflexion auf die Alltagswelt möglich, die entweder vorwissenschaftlich-doxisch verlaufen kann oder aber im Modus wissenschaftlich-methodischen Befragens und Experimentierens. Eine für die Archäologie und Paläoanthropologie interessante Frage betrifft seit jeher die kognitiven Vermögen und die möglichen reflexiven Einschlüsse, die korrelativ zu den Relikten unserer entfernten menschlichen Vorfahren hergeleitet werden können. Was sagen uns die in ihnen konservierten Verfahrensweisen über die Technizität lebensweltlicher Vollzüge, über das Verhältnis des Menschen zur Materialität, aber auch zu anderen Lebensformen, die dann beispielsweise in Ornamenten und Figurinen dargestellt werden? Was lässt sich anhand solcher Formungen und Artikulationen über den symbolischen und pragmatischen Weltbezug der Herstellenden aussagen?

Neuere Ansätze in Materialitäts- und Verkörperungstheorien – die in unterschiedlichen Wissenschaftsbereichen zuweilen im Rahmen von Paradigmenverschiebungen wie dem „ontological“, dem „corporeal“, dem „material“ oder dem „animal turn“ thematisiert werden – stellen zentrale Annahmen über Zusammenhänge des Seienden und die Verortung des Menschen und seiner Sozietäten in Frage. Auf dem Prüfstand steht die Objektivität der Beschreibung von Welt und die Allgemeingültigkeit gängiger Weisen ihrer wissenschaftlich-analytischen Zergliederung, die sich sowohl in elementaren Prinzipien der Klassifikation als auch in grundlegender Kategorienbildung ausdrückt. In einer erweiterten anthropologischen Perspektive, die durch Kulturvergleich und paläoanthropologische Zeitschnitte räumlich und zeitlich ausgreift, erweist sich unser moderner szientistischer Weltzugang mit seiner Trennung zwischen Subjekt und Objekt dabei

2 Schütz/Luckmann 2003, 53.

weitgehend als Spezialfall oder gar „Sonderweg".[3] Dichotomisierungen wie diejenigen von Mensch und Tier, Mensch und Ding oder Belebtem und Unbelebtem werden in dieser erweiterten Perspektive zugunsten der erheblichen Bandbreite an Möglichkeiten, wie diese Schnittstellen konkret ausgehandelt und bestimmt werden können, relativiert. Der jeweilige Zugang zur Welt mitsamt seinen epistemologischen und ontologischen Implikationen, den Menschen in spezifischen phylogenetischen, soziogenetischen und geographischen Kontexten entwickeln und anwenden, beeinflusst erheblich mit, welchen Platz jene Entitäten, die *wir* als „Menschen", „Tiere", „Dinge" und „Landschaften" bestimmen, im erlebten Weltgeschehen *anderer* einnehmen können. Gerade dort, wo soziale Räume durchlässig und besonders inklusiv verfasst sind,[4] wenn also beispielsweise keine Ausgrenzung des „Tierischen" oder des „Unbelebten" aus dem Bereich menschlicher Relevanz- und Handlungsvollzüge stattfindet, können Verkörperung und Empathie – wie sich im Folgenden zeigen soll – als Katalysatoren dieser Inklusion gedacht werden.

Im vorliegenden Beitrag konzentrieren wir uns auf paläolithische Menschen und deren materielle und soziale Beziehungen zur eiszeitlichen Tier- und Umwelt, die sich teils dramatisch von unserer heutigen unterscheiden. Diese Disparität lässt bereits ein grundsätzlich anderes „In-der-Welt-Sein" vermuten, das mit einer fremdartigen ontologischen Architektur einhergehen sollte. Archäologische Relikte erlauben einen mittelbaren Zugriff auf mögliche kognitive Korrelate des technischen und ästhetischen Handelns dieser Menschen, die uns auch Aufschluss über elementare Strukturen ihres Erlebens und Verstehens geben können. Letztere geben sich in Wildbeutergruppen häufig durch einen *animistischen Weltbezug* und eine *relationalistische Ontologie* zu erkennen.[5] Bereits für sich

3 Descola 2010; Olsen 2013; Kohn 2013; Hussain/Floss 2015.

4 Hiermit ist freilich nicht gemeint, dass Steinzeitkulturen explizite Konzeptualisierungen davon, was „Raum" bedeutet, hervorgebracht haben und diese uns unmittelbar zugänglich wären. Wenn wir aus heutiger Sicht als Wissenschaftler eine mögliche „Konzeption" vermuten, dann können wir jedoch sagen, dass ein Konzept, das wir auf der Basis unseres Wissens über Steinzeitkulturen entwickeln würden, ein „inklusives" wäre. Eine solche Re-Konzeptualisierung besitzt für die hier vorgeschlagene erweiterte anthropologische Perspektive einen im positiven Sinne verfremdenden und heuristischen Wert.

5 Gegenüber einer *substanzialistischen* Ontologie, die den Eigenständigkeits- und Abgeschlossenheitsaspekt postulierter Entitäten betont, wäre eine relationalistische Ontologie eine solche, die den Aspekt der Eingebundenheit von Entitäten in Beziehungen und Wechselwirkungen mit anderen Entitäten hervorhebt. Damit ist freilich weder behauptet, dass Substanzen in keinerlei Beziehung zueinander stehen, noch, dass Relata gänzlich ephemer sind. In beiden idealtypisch differenzierten Ontologien sind Strukturen aus Verbindenden und Verbundenen denkbar, nur ist der Fokus der ontologischen Betrachtung jeweils unterschiedlich gelegt.

genommen wären solche Konstellationen spannende Forschungsfelder: Wie ergeben sich derartige Weltbezüge aus den praxeologischen Voraussetzungen sowie aus den symbolischen Dispositionen dieser Sozietäten? Besonders interessant ist aber nicht zuletzt die Frage nach dem Artikulationszusammenhang bestimmter Verkörperungs- und Empathieformen auf der einen und solchen Ontologiestrukturen auf der anderen Seite. Diese Frage scheint uns für eine interdisziplinäre Anthropologie besonders zielführend zu sein, da sie die soziokulturelle Plastizität körperlicher, technischer und kognitiver Vermögen ins Zentrum rückt und so die Perspektive auf eine fruchtbare Integration von Archäologie, Anthropologie, Philosophie und Kognitionswissenschaft eröffnet. Der vorliegende Beitrag will einen ersten Schritt in diese Richtung wagen. Einige Grundüberlegungen seien daher vorab bereits angedeutet.

Verkörperung ist ein Konzept, das sich in besonderem Maße für eine spatiotemporal vergleichende Untersuchung soziokultureller Praktiken, lebensweltlicher Äußerungsformen und Konzeptualisierungen eignet, da sich mit seiner Hilfe die Verhältnisbestimmungen zwischen Menschen, anderen Lebewesen und der (Um-)Welt auf plastische Weise nachvollziehen lassen. Nicht nur sind zahlreiche Praktiken unmittelbare Körperpraktiken, die an den Körpern der Ausführenden sowie in der materiellen Welt, in die sie ausgreifen und die sie modifizieren, Spuren hinterlassen. Darüber hinaus sind die „Körpergrenzen" und die damit verbundenen Ausdehnungsbereiche von Intentionalität aufschlussreich, wenn es darum geht, ontologische Verhältnisbestimmungen zu nicht-menschlichen Körpern und Akteuren zu erschließen. Die in den vergangenen Jahrzehnten kontrovers diskutierten Problemfelder des verkörperten und ausgedehnten Geistes (*embodied* und *extended mind*)[6] können auf diese Weise anhand paläolithischer Lebenswelten aktualisiert werden, die umgekehrt als eindrucksvolle Beispiele für die Grundthesen dieser Theorien fungieren können.

Empathie kann als weiterer Schlüssel zur Erfahrungswelt vergangener soziokultureller Gebilde dienen, und zwar in einem zweifachen Sinne. Zum einen bedarf es stets der empathischen Anstrengung des Wissenschaftlers, sich imaginativ in die lebensweltlichen Kontexte der eiszeitlichen Menschen hineinzuversetzen, sowie einer methodischen Reflexion auf die Grenzen eines solchen transpositorischen Verfahrens, in welches notwendigerweise zahlreiche subjektive Faktoren einfließen. Zum anderen kann aber auch gefragt werden, welche empathischen Leistungen bei den Mitgliedern der untersuchten Sozietäten vorausgesetzt werden müssen, damit bestimmte Praktiken und Interaktionen mit nicht-menschlichen Entitäten im Rahmen unserer wissenschaftlichen *Re*kon-

---

6 Varela/Thompson/Rosch 1991; Clark/Chalmers 1998; Clark 2008; Menary 2010.

zeptualisierungen überhaupt einen Sinn ergeben. Wenn wir Empathie in einem weiten Sinne als die Erfahrung eines „anderen Geistes“, einer fremden Bewusstseinsaktivität oder der Agentivität bestimmter Entitäten verstehen,[7] dann fragt sich unmittelbar, was das Andere und Fremde jeweils ist und wie dasjenige verfasst ist, mit dem wir einen empathischen Kontakt aufzubauen in der Lage sind.

Was an den ursprünglichen Formulierungen der Verkörperungs- und Ausdehnungsthese so befremdlich anmutete – dass sich nämlich Geist und Kognition über Gehirn, Schädel und Gesamtorganismus bis in die räumliche Umgebung hinein erstrecken und dass die Grenzen unseres empfindenden *Leibes* nicht deckungsgleich sind mit den Grenzen unseres physischen *Körpers* –, erscheint vor dem Hintergrund der in diesem Beitrag rekonstruierten altsteinzeitlichen Lebenswelten überhaupt nicht erstaunlich, sondern geradezu als „Normalzustand“. Der philosophisch-szientifische Dualismus von Körper und Welt, eigener und fremder Subjektivität, erscheint so als menschheits- und bewusstseinsgeschichtlich äußerst junge Erfindung. Empathie scheint nämlich im Rahmen einer relationalistischen Ontologie nicht nur mit dem Menschlichen, sondern auch mit dem Animalischen und Materiellen bis hin zum Geographischen und Klimatischen möglich. Gängige definitorische Engführungen des Empathiebegriffs, die methodischen Reduktionismen im Dienste der empirischen und experimentellen Operationalisierbarkeit anheimfallen, müssen aus dieser Perspektive relativiert und wieder erweitert werden.

Ferner können wir *Animismus* in einem allgemeinen Sinne als Bezugssystem verstehen, in dem alles weltlich Hervortretende als (potentiell) beseelt erscheint und damit über eine innere (autonome) Eigendynamik und Agentivität verfügt, wodurch der Mensch sich gleichzeitig als mehr oder weniger gleichberechtigter Teil eines intentionalen Gesamtzusammenhangs erlebt. Empathie ist in einem solchen Kontext keinesfalls nur ein Akt der Zuschreibung von menschlichen Eigenschaften an nicht-menschliche Entitäten, sondern die *Erfahrung* einer über unterschiedliche Seinsbereiche und Entitäten verteilten Intentionalität und Agentivität.

---

7 Zahavi/Overgaard 2014, 5: „experience of the minded life of others“.

1 Nicht-menschliche Lebewesen

1.1 Die Schnittstelle von Mensch und Tier

Die Mensch-Tier-Beziehung ist so alt wie die Menschheit selbst.[8] Der paläolithische Mensch, der als hochmobiler Wildbeuter durch die eiszeitlichen Steppenlandschaften Eurasiens zieht, lebt und interagiert mit Tieren im Alltagsrhythmus. In keiner Epoche der Menschheitsgeschichte ist die Bindung an Klima- und Naturraum für alle Mitglieder der Population wohl so weitreichend wie in der Altsteinzeit. Nur selten wird dabei bedacht, dass diese aus heutiger wissenschaftlicher Perspektive verobjektivierend („etisch") rekonstruierbare Kopplung von Mensch und Umwelt auch erhebliche Konsequenzen für die spezifische Erlebnisweise („emisch") dieser Gruppen vermuten lässt. Das spezifische Repertoire an Pflanzen und Tieren, das diese ökoklimatischen Konstellationen begleitet, ist für mobile Wildbeuter nicht nur allgegenwärtig und bestimmt damit deren Lebenswelt mit, sondern ist ferner durch eine *hohe Proximität* zum menschlichen Aktivitätsradius gekennzeichnet. Diese Proximität ist ein zentrales Merkmal pleistozäner Mensch-Umwelt-Beziehungen, die wiederum auf bestimmte Bedingungen der Mensch-Tier-Interaktion verweist. Menschliche Gruppen, die in eine von anderen Entitäten und Akteuren dominierte Welt „geworfen" sind, erleben sich selbst in diesem Gefüge anders als wir uns heute in unseren häufig distanzierten und vielfach medialisierten Verhältnissen zur natürlichen Umwelt und zu anderen Lebewesen. Tiere werden demnach im pleistozänen Kontext wohl viel eher als gleichwertige „Mitbewohner" der Landschaft wahrgenommen, wodurch sich eine ontologisch verstandene Relationalität des Weltbezugs viel symmetrischer und radikaler manifestiert. Damit verbunden ist die Erlebnisqualität einer inhärent aktiven und belebten Umwelt, die von nicht-menschlichen Mächten durchzogen ist.[9]

Eine Möglichkeit, diese Interaktionsbedingungen schlaglichtartig zu beleuchten, ergibt sich, wenn das Problem des Aktanten-Status in erweiterter anthropologischer Perspektive in den Blick genommen wird. Die Zuschreibung von Agentivität (oder sogar Personalität) an nicht-menschliche Entitäten unterliegt erheblicher interkultureller Variabilität und spiegelt die Flexibilität der Mensch-Tier-Schnittstelle innerhalb des Wildbeuterspektrums über prähistorische und historische Zeiten bis heute wider.[10] Diese Flexibilität fußt in spezifischen rela-

8 Mithen 1999; Shipman 2010; Hussain/Floss 2015.

9 Ogden/Hall/Tanita 2013.

10 Descola 2010; Santos-Granero 2012.

tionalen Dispositiven des Weltzugangs[11] und kann gleichsam als Voraussetzung *und* Resultat einer „Dezentralisierung des Menschen" verstanden werden.[12] Bereits Claude Lévi-Strauss hat in einem wichtigen Beitrag zur Totemismus-Debatte darauf hingewiesen, dass Tiere besonders „good to think" sind.[13] Für Wildbeuter, deren Aktivitätsraum eng mit dem ihrer tierlichen Nachbarn verschränkt ist, stellen diese einen wichtigen lebensweltlichen Bezugspunkt dar, der als Spiegel dienen kann, um das eigene Sein besser einzuordnen, oder der schlichtweg die soziale Signifikanz der Mensch-Tier-Beziehung immer wieder vor Augen führt.

Werden die Erfahrung und die Erscheinungsweise von Tieren nicht durch Dualität und Fremdheit beherrscht, so sind auch die Möglichkeiten der Bezugnahme zu ihnen und zu ihrem natürlichen Umfeld entsprechend anders strukturiert. Die Sozialisierung des tierischen Verhaltensrepertoires ist dann stärker an das „Denken mit Tieren" gekoppelt. Wenn Tiere – wovon wir in unserer spekulativen Rekonstruktion ausgehen – mit Attributen im lebensweltlichen Horizont erscheinen, die sich nicht als exklusiv menschlich *oder* tierlich bestimmen lassen, und Tiere durchaus als soziale Agenten mit genuiner Intentionalität, Subjektivität, Individualität und Handlungsfähigkeit aufgefasst werden,[14] dann erschließt sich ein „Empathieraum", der nicht auf menschliche Artgenossen beschränkt ist.[15] Die Inklusivität des sozialen Raums, die in den Bedingungen der Mensch-Tier-Interaktion im Wildbeuter-Kontext begründet liegt, ermöglicht dann auch eine in-

11 Hill 2012; Porr 2015.

12 Wilcock/Brierley/Howitt 2013; Locke 2013.

13 Lévi-Strauss 2007.

14 An dieser Stelle sei darauf hingewiesen, dass die Würdigung von Tieren als quasi-menschliche Akteure einen objektivierbaren Erfahrungsbezug hat. Die Ökologie und Ethologie bestimmter Tiere verweist nämlich auf unveräußerliche Eigenschaften. Eine emische Perspektive legt zudem die Auslegung beobachtbaren Verhaltens im Spiegel des eigenen Seins nahe, eine Konstellation, die in die anthropomorphe Beschreibung tierischer Eigenschaften mündet (Kellert 1993; Batt 2009). Aus dieser Perspektive kann also von einer sozio-ökologischen Dispositivlogik gesprochen werden, wenn im Wildbeuterkontext von „Tier-Personen" die Rede ist (Hussain/Floss 2015).

15 Einer der beiden Autoren hat dieses menschheitsgeschichtliche Datum als „Globalisierung der Empathie" charakterisiert und mögliche Genesebedingungen und Konsequenzen erörtert (Hussain 2013, bes. 84–88). Auch Steven Mithen spricht von „kognitiver Fluidität", die es Hominiden ab einem gewissen Punkt ermöglicht haben muss, zuvor isolierte „kognitive Module" zu reintegrieren und dabei Informationen aus verschiedenen „kognitiven Archiven" zu kombinieren (Mithen 1999). Diese kognitive Revolution wird für Mithen exemplarisch durch die Verschmelzung von Mensch („soziale Intelligenz") und Tier („naturhistorische Intelligenz") in „Mischwesen" innerhalb der jungpaläolithischen Kunst markiert (Mithen 1996). Mithens Entwurf ist jedoch vor allem deshalb zu kritisieren, weil er implizit von einer „von Natur aus" gewordenen dualen Weltstruktur mit entsprechenden „natural kinds" ausgeht – eine Annahme, die sich in erweiterter anthropologischer Perspektive als äußerst problematisch erweist.

klusive verkörperte Teilhabe. Ein derartiger Weltzugang bringt deshalb ein aus unserer heutigen Sicht radikal anders konfiguriertes Bezugssystem „Körper-Geist" mit sich und eröffnet damit neue Betrachtungsperspektiven auf die Menschwerdung[16] und die Evolution integrierter sozio-ökologischer Systeme.[17]

1.2 Die kognitive Dimension von Körperornamenten

Was ein „Denken mit und durch Tiere" konkret bedeuten und welche materiellen Formen dieser Modus der Interaktion annehmen kann, zeigt sich insbesondere, wenn Techniken der Körperornamentierung und deren soziokulturelle Eingebundenheit bei Wildbeutern näher beleuchtet werden. Der Brückenschlag zwischen soziogenetischer Gegenwart und phylogenetischer Tiefenvergangenheit bietet sich dabei an – sowohl in konfrontativer als auch in komparativer Hinsicht, wie an den folgenden Fällen illustriert werden soll.

Die Yup'ik Nordwestamerikas und Nordostsibiriens, die zu den Inuit-Gruppen des zirkumpolaren Pazifikraums gehören,[18] sind ein hervorragendes Beispiel für die besondere Bedeutung einer Verschränkung von Kognition, Materialität und Mensch-Tier-Beziehungen in vielen Jäger-Sammler-Gesellschaften.[19] Die Yup'ik stellen ein reiches Ensemble an Körperornamenten (Anhänger, Ketten und Amulette) her, die in direktem Bezug zur Fauna ihres Lebensraums stehen.[20] Diese Objekte werden als persönliche Ornamente direkt am Körper, meist in aufgehängter oder aufgenähter Form, getragen und sind entweder aus Tieren hergestellt oder stellen die Tiere selbst dar. Es besteht also entweder ein Rohmaterial- oder ein Darstellungsbezug zwischen bestimmten Tieren der Yup'ik-Lebenswelt und deren Körperornamenten. Die repräsentierten Tiere sind ferner einer Selektion unterworfen, denn thematisiert werden nur diejenigen, die eine interaktionale bzw. soziale Signifikanz für die Yup'ik haben.[21] Insofern wäre es irreführend, diese Objekte lediglich auf ihre Schmuckfunktion zu reduzieren. Da sie eine intime Beziehung erkennbar machen, müssen sie wohl eher als Mittler zwischen Tier und Mensch verstanden werden. Durch die Applikation der Objekte können die the-

16 Hussain 2013; Breyer/Hussain 2014.
17 Siehe dazu auch Hussain 2015.
18 Burch 1971; Fienup-Riordan 1994; Fienup-Riordan 2005.
19 Hill 2011.
20 Hill 2012.
21 Hill 2011; Hill 2013.

matisierten Tiere entweder physisch und geistig evoziert und beschworen[22] oder aber deren Eigenschaften und Fähigkeiten für den Träger nutzbar gemacht werden. Dieser Zusammenhang impliziert einen doppelten Verkörperungsaspekt: Ornamente verkörpern qua ihrer Materialität (und des materialinhärenten Tierbezugs) ein spezifisches Tier und erlauben qua Körperapplikation gleichzeitig den Übergang dieser „Tierverkörperung" auf den Menschen. Die Transposition von Tierganzheiten oder Tieraspekten über Trägermedien auf den Menschen (der letztlich auch ein solches Medium ist) kann entsprechend als doppelte oder *verkörperte Verkörperung* verstanden werden. Das im Ornament verkörperte Animalische wird von dem seinerseits verkörperten Menschen durch Anbringung am Körper erneut verkörpert. Das Tragen persönlicher Ornamente ist folglich ein Akt, der die physische und kognitive Proximität von Mensch und Tier sowie die Verschränkung von menschlichem und tierlichem Seinsbereich deutlich werden lässt.

Der Gedanke, dass in Materialität gegossene Kulturpraktiken Einblicke in die Weltbezüge und latenten Kognitionsstrukturen längst vergangener Gesellschaften gewähren können, ist nicht neu.[23] Besonders spannend und bisher nur selten thematisiert ist aber die Frage nach der Schnittstelle von Mensch und natürlicher Umwelt in den frühen Jäger-Sammler-Kulturen der jungpaläolithischen Steppengebiete Eurasiens. Das hat zum einen damit zu tun, dass dort zum ersten Mal systematisch Tiere in der materiellen Kultur dargestellt werden. Zum anderen stellt sich dort aber auch die Frage, warum vor diesem Zeitraum, der im Westen Eurasiens zwischen 50 und 40 ka BP (tausend Jahre vor heute) einsetzt, kaum Hinweise auf eine materielle Abarbeitung am Mensch-Welt-Bezug vorliegen (Abb. 1). Wenn ein strukturlogischer Zusammenhang zwischen bestimmten sozialen Organisationsformen, Seinsweisen und Weltbezügen, Möglichkeiten und Grenzen verteilter Kognition, der Architektur des Empathieraums und bestimmten Materialitätsformationen besteht, dann ist die Bedeutung dieser menschheitsgeschichtlichen Schwelle kaum zu überschätzen.

Die archäologischen Hinterlassenschaften der südwestdeutschen Regionalausprägung des frühen eurasischen Jungpaläolithikums erweisen sich in dieser Hinsicht als bemerkenswert. Das Aurignacien der Schwäbischen Alb (ca. 42–30 ka BP), wie diese Raum-Zeit-Einheit auch genannt wird, imponiert durch sein vielfältiges Repertoire an organischen Artefakten und persönlichen Ornamen-

22 Diese Evozierung/Evokation deckt alle Grade der tierischen Ko-Präsenz ab; sie reicht von der physischen Gegenwart bis hin zur Anwesenheit von Teilaspekten des entsprechenden Tieres, beispielsweise der Gegenwart seines *inua* – seiner „Persönlichkeit" (siehe Hill 2012).
23 Mithen 1996; David 2006; Gosden 2008.

ten,[24] die genau wie bei den zirkumpolaren Yuk'ip-Gruppen aus Tieren hergestellt sind und/oder diese figurativ darstellen (Abb. 2).[25] Grundsätzlich zerfallen die Ornamente zunächst in zwei größere Kategorien: Es handelt sich entweder um perforierte Teile von Tieren (überwiegend Tierzähne) oder um vollständig formüberarbeitete Stücke (hauptsächlich aus Mammutelfenbein), die als Perlen, Anhänger und Figurinen vorliegen. Für durchlochte Tierzähne, Perlen und Anhänger ist über die Untersuchung von Abriebspuren mittlerweile auch nachgewiesen, dass sie meist wohl auf die Kleidung aufgenäht oder direkt am Körper getragen wurden.[26] Auch einige Elfenbeinfigurinen verweisen auf ehemals vorhandene Ösen.

Zwei Beobachtungen sind für die Betrachtung der Mensch-Tier-Schnittstelle in diesen Wildbeutergruppen zentral. Erstens gibt es eine übergeordnete Auswahl bestimmter Tiere, die als „Rohmaterial" für die Artefakte dienen. Im Fall der Zähne handelt es sich um größere Säugetiere, vor allem um Fuchs, Bär, Mammut und – seltener – Höhlenlöwe. Im Fall der formüberarbeiteten Figurinen und persönlichen Ornamente wird fast ausschließlich Mammutelfenbein verwendet.[27] Das legt nahe, dass die Assoziation von Ornament und Tier bzw. Figur und Tier keine beliebige ist. Die Proximität von Tier und Mensch, die durch den performativen Akt des Tragens dieser Objekte am Körper hergestellt und aufrechterhalten wird, wobei der menschliche Körper um Aspekte des Tieres gleichsam *erweitert* wird, unterstreicht die Bedeutung der Mensch-Tier-Bezüge, die in diesen Objekten manifest wird. Zweitens scheinen gerade jene Tiere besonders häufig dargestellt zu werden, deren Ökologie und Verhaltensbiologie eine natürliche Signifikanz und Relevanz für den Menschen vermuten lässt – Tiere, die Wildbeutern in den eiszeitlichen

---

24 Hahn 1986; Floss 2007; Conard/Bolus/Dutkiewicz/Wolf 2015.

25 Im Anschluss an Darwin und Freud schlägt Winfried Menninghaus vor, die „Enthaarung" des Menschen, die ihn erst zum „nackten Affen" macht, als menschheitsgeschichtliches Schlüsseldatum zu verstehen (Menninghaus 2013). Der menschliche Körper ist so gesehen das erste Ornament, eine Art Ganzkörperornament mit sexueller Konnotation, das eine Logik der Negativität in sich birgt. Diese erlaubt die künstliche und kulturtechnische Substitution des schützenden Haarkleids durch Kleidung und öffnet damit den Raum für Moden, aber auch für – und das ist entscheidender – ein körperinhärentes Spannungsfeld zwischen Sichtbarkeit und Unsichtbarkeit. Die Ornamentik des nackten Körpers motiviert bestimmte Imaginationen, weil das Verhüllte stets mitgedacht wird bzw. werden kann. Der entstehende Imaginationsraum ist kulturbildend und weist dem Körperlichen eine zentrale kognitive Funktion zu. Das Hervortreten von „persönlichen Ornamenten" und „Körperschmuck" ist ein wichtiges Datum in der Menschheitsgeschichte, weil die Zwischenweltlogik menschlicher Körperlichkeit durch sie radikalisiert wird (Eibl 2009). Die Verhüllung des Körpers erzeugt eine materielle Zwischenwelt, die als Medium des menschlichen Weltbezugs hervortritt und die Doppelkonstitution des Leibkörpers gleichsam zuspitzt.

26 Wolf 2015.

27 White 2007.

Steppenlandschaften Südwestdeutschlands auf besondere Weise begegnen und deshalb zur kulturtechnischen Verarbeitung motivieren.[28] Ein einschlägiges Beispiel für ein derart signifikantes Tier ist das Wollhaarmammut (*Mammuthus primigenius*), das in den fast baumlosen Flachebenen der „Mammutsteppe" über eine enorme visuelle und ökologische Prominenz verfügt. Es ist ferner davon auszugehen, dass diese Tiere, genau wie rezente Elefanten, in saisonalen und klimatischen Rhythmen in Gruppen durch die Landschaft zogen und über ein komplexes Sozialverhalten verfügten,[29] was ihre räumliche und soziale Präsenz ebenso wie den Eindruck einer gewissen Affinität zum Menschen verstärkt haben dürfte.

Dabei ist interessant, dass das Mammut im Aurignacien des Schwäbischen Jura in den Faunenresten zwar überrepräsentiert ist,[30] bisher aber nur wenige direkte Hinweise für eine subsistenzorientierte Ausbeutung dieser Tiere vorliegen.[31] Im Gegenteil deutet vieles darauf hin, dass ein Großteil der Mammutknochen und des Mammutelfenbeins in der Umgebung der Siedlungsplätze aufgesammelt und anschließend in diese verbracht wurde.[32] Einer der Autoren hat jüngst vorgeschlagen, diesen Befund im Zusammenhang mit möglichen Jagdtabus zu diskutieren[33] – eine Interpretation, die die soziale Signifikanz des Mammuts im Aurignacien unterstreicht und ganz im Sinne von Lévi-Strauss ein Interaktionssystem markiert, in dem diese Tiere als „good to think" und eben nicht als „good to eat" repräsentiert werden. Zwei Argumente stützen die Annahme einer prominenten sozialen Rolle der Mammuts im Schwäbischen Aurignacien. Erstens sind sie die am häufigsten vorkommende Tierart im gesamten Artikulationsfeld, das wir heute als ästhetische Produktion bezeichnen würden. Sie werden dabei erstaunlich individuell und idiosynkratisch dargestellt.[34] Zweitens deutet die Verhaltensmatrix von Elefanten und ihre Rolle als „Ökosystemingenieure"[35] auf eine Verschränkung des Aktivitätsraums von Mensch und Mammut hin. So legen Mammutgruppen Wasserlöcher an, erweitern Flussläufe und erhöhen damit deren Zugänglichkeit, graben Salzvorkommen frei, hinterlassen natürliche „Elfenbein-

28 Hussain/Floss 2015; Hahn 1986.
29 Hofreiter/Lister 1999.
30 Conard/Münzel 2004.
31 Niven 2006.
32 Steguweit 2015.
33 Hussain/Floss 2015.
34 Floss 2007.
35 Haynes 2006.

depots“ in der Landschaft und erzeugen im Rahmen des Verzehrs von Sträuchern und kleinen Bäumen „Holzstreuungen“.[36]

All diese Aktivitäten erzeugen Affordanzen, die menschlichen Jägern und Sammlern helfen, erfolgreich in diesen Landschaften zu operieren. Die Schnittstelle Mammut-Mensch ist in der Mammutsteppe deshalb dafür prädisponiert, *koadaptiv* zu sein. Wildbeuter müssen „mit Mammuts denken“, um durch sie geschaffene Affordanzen nutzbar zu machen, und gehen deshalb natürliche Bindungen mit den Tieren ein. Nimmt man die spezifischen Bedingungen der Mensch-Mammut-Interaktion in solchen Kontexten ernst und gleicht sie mit den Bezügen ab, die in die Materialität des Schwäbischen Aurignacien eingeschrieben sind, ergibt sich das Bild einer intimen und sozial bedeutsamen Mensch-Tier-Relation, die die Alltagspraxis sowie die „Glaubenswelt“ jener Menschen durchzogen haben muss. Die soziale Natur der Wechselbeziehungen erlaubt den Umgang mit diesen Tieren als Akteure,[37] ermöglicht Empathie und die Erweiterung des Kognitionsraums, der die Tiere selbst ebenso wie materielle „Brückenobjekte“ einschließt.

Diese Konfiguration kann als typische Matrix einer relational-animistischen Ontologie gedeutet werden. Ebenso wie bei den Yup'ik würde hier der doppelte Tierbezug auf den Modus einer „verkörperten Verkörperung“ sowie auf die Fluidität und Transponierbarkeit menschlicher und tierlicher Attribute verweisen – eine Unschärfe der Grenzen des sozialen Feldes, die sich nicht zuletzt durch die Darstellung liminaler Wesen Ausdruck verleiht, wie sie paradigmatisch in Form des aurignacienzeitlichen „Löwenmenschen“ vom Hohlenstein-Stadel vorliegt (Abb. 3).[38] Diese Beispiele zeigen, dass schon die frühesten materiellen Belege einer Aushandlung der Mensch-Tier-Schnittstelle in der Menschheitsgeschichte unsere heutige Konzeption der Grenzen räumlicher und sozialer Felder herausfordert.

Insgesamt ist festzuhalten, dass relationale Ontologien und ihre spezifischen Weltbezüge die Grenzen des Kognitionsraums und damit Formen erweiterter, verteilter und verkörperter Kognition mitbestimmen. Solche Strukturen sind wiederum gekoppelt mit den Möglichkeiten eines empathischen Zugangs zu nichtmenschlichen Entitäten. Praxeologisch könnte man sagen, dass die Interaktionen mit den Tieren die Bedingungen dafür liefern, dass bestimmte auf sie bezogene Kognitionen und Empathieformen überhaupt entstehen. Die Ontologie ist dann selbst als Resultat bestimmter lebensweltlicher Praxen zu sehen und existiert nicht unabhängig von ihnen. Damit ergibt sich die Perspektive einer starken so-

36 Haynes 2013.
37 Sensu Whatmore 2006.
38 Kind/Ebinger-Rist/Wolf/Beutelsbacher/Wehrberger 2014.

ziokulturellen Formatierung menschlicher Kognitions- und Empathiekapazitäten, die die fundamentale Plastizität des menschlichen Geistes auf eine neue Basis stellt. Umgekehrt könnte auch gesagt werden, dass Empathie als Stabilisator von Interaktionsbeziehungen im inklusiven sozialen Feld fungiert, zu dessen diversen (gerade auch nicht-menschlichen und unbelebten) Elementen ein elementarer Zugang besteht. Bestimmte Formen des Weltbezugs, der verteilten und verkörperten Kognition sowie von Empathie sind demgemäß *zirkulär gekoppelt* und können nur bedingt isoliert voneinander bestimmt werden.

Bei der Empathie mit nicht-menschlichen Entitäten stellt sich die Frage, ob in solchen Fällen immer schon von einem bipolaren Beziehungsgeflecht gesprochen werden muss – von einer *Konvergenz* menschlicher Erlebnishorizonte und tierlichen Verhaltensanlagen.[39] An diesem Punkt könnte es sich als lohnend erweisen, einen Blick auf neuere Erkenntnisse der Verhaltens- und Kognitionsforschung zu werfen, die in den letzten Jahren Hinweise dafür liefern konnte, dass viele Tiere über komplexe kognitive Fähigkeiten verfügen, die zuvor als exklusiv menschlich galten.[40] Das betrifft auch den Bereich der sozialen Kognition, die vor allem bei den Hundeartigen,[41] aber auch bei Menschenaffen und einigen Neuweltaffen,[42] bei Krähenvögeln,[43] Elefanten[44] und Walartigen[45] menschenähnliche Formen annehmen kann.[46] Es ist bemerkenswert, dass gerade solche Tiere sich, kulturvergleichend und (menschheits-) geschichtlich betrachtet, als prominente Interaktionspartner erweisen und deshalb immer wieder kulturtechnisch verarbeitet

---

39 Matthew Betts, Mari Hardenberg und Ian Stirling konnten am Beispiel von Polarbärschnitzereien der Paläo-Inuit Dorsets jüngst aufzeigen, wie stark die Ökologie der Bären und deren Darstellung miteinander verzahnt sind. Die Autoren nennen diese Schnittstelle von Natur und Kultur eine „symbolische Ökologie" (Betts/Hardenberg/Stirling 2015).

40 Gould 2004. Auf dem Prüfstand steht hier die Bezeichnung „kognitiv" im Unterschied zu „angeboren". Die Frage ist nämlich, inwiefern kognitiv reguliertes Verhalten und genetisch verankerte bzw. instinktgesteuerte Verhaltensprogramme analytisch sauber getrennt werden können. Eine Tendenz aktueller Forschungen im Bereich der biologischen Anthropologie und der Human-Animal-Studies besteht jedenfalls darin, die kognitive Einzigartigkeit des Menschen entweder einzuschränken oder aber ihm bedeutsame und bis dato weitgehend unterschätzte angeborene Verhaltenskomponenten zuzuschreiben. Die aus wissenschaftlicher Perspektive bestimmbare Distanz zwischen Menschen und Tieren scheint sich in diesem Diskursfeld nicht nur in phylogenetischer, sondern auch in kognitiver Hinsicht durch zahlreiche neuere Experimente und Studien zu verringern.

41 Kaminski/Marshall-Pescini 2014.

42 Barrett/Heinzi 2005.

43 Emery/Clayton 2004.

44 Bradshaw 2009.

45 Yamagiwa/Karczmarski 2014.

46 Zentall/Wasserman 2012, 803–878.

werden. Tiere mit sozialkognitiven Fähigkeiten erscheinen dem Menschen offenbar als besonders relevant für seinen eigenen Lebensvollzug. Insofern lässt sich mit gebührender Vorsicht vielleicht sagen, dass empathische Anlagen bei Tieren, die zumindest indirekt über deren Verhalten erschlossen werden können, eine natürliche Proximität zum Menschen herstellen oder eine solche zumindest begünstigen – und damit ein „Denken mit Tieren“ erheblich vereinfachen.

2 Landschaften

Relationale Weltbezüge treten auch in Signaturen des menschlichen Landschaftsbezugs zutage und können archäologisch über die „architektonische Gestaltung“ und die Nutzung des Raums fassbar gemacht werden.[47] Diese Nutzung schlägt sich in der Beziehung zwischen materiellen Hinterlassenschaften und einzelnen Landschaftseinheiten und Raumdaten nieder.[48] Leitend ist auch hier die Frage, inwiefern Landschaften so etwas wie kognitive und empathische Resonanzkörper bzw. -räume sind und eine erlebbare lebendige Eigenständigkeit aufweisen, die dazu motiviert, „mit und durch Landschaften zu denken“. Das Verhältnis von Konzepten der Raumnutzung und -bearbeitung einerseits zu Parametern des „Verhaltens“ von Landschaftskörpern andererseits kann deshalb als Ausgangspunkt dienen, um den Zusammenhang von Raumkognition, Materialität und Ontologie zu erörtern. Auch in diesem Bereich zeigt sich in erweiterter anthropologischer Perspektive die Teilhabe des Naturräumlichen am sozialen Feld vieler Wildbeutergesellschaften.

2.1 Die Schnittstelle von Mensch und Fluss

Flüsse sind herausragende Landschaftselemente, die durch räumliche Prominenz ebenso wie durch ihren Affordanzcharakter bestechen.[49] Außerdem weisen viele Fließgewässer kraft ihrer Dynamik und ihrer auf die nähere Umgebung ausgreifenden Wirkung, beispielsweise in der Form periodischer Überschwemmungen, eine natürliche Lebendigkeit auf, die Menschen, die in Flussnähe leben, am eigenen Leib erfahren. Diese Matrix aus räumlichen Signifikanzen ist im hochglazialen Umweltkontext besonders wirkmächtig, da Flussläufe in baumreduzierten

47 Wilcock/Brierley/Howitt 2013; McNiven 2004; David 2006; Herva/Ylimaunu 2014.
48 Ashmore/Knapp 1999; Oetelaar/Oetelaar 2007.
49 Hussain/Floss 2014; Hussain 2015.

Landschaften weithin sichtbar sind und zudem durch klimagekoppelte Prozesse oft eine hohe Wandelbarkeit aufweisen. Menschen, deren Weltbezug durch Proximität zu umgebenden Raumelementen gekennzeichnet ist, erleben große Flusssysteme deshalb häufig als zentrale Faktoren ihrer eigenen räumlichen Präsenz.[50]

Unterschiedliche Studien zeigen, dass Flüsse und deren Eigenschaften häufig tief in soziokulturellen Narrativen verankert sind und dass ihre physiographischen und fluvialen Eigenheiten in engem Zusammenhang mit den Modalitäten ihrer kulturellen Bearbeitung stehen.[51] Flusssysteme sind Landschaftselemente, die ihre Umgebung maßgeblich mitgestalten, etwa durch die Kanalisierung größerskaliger Sedimentations- und Erosionsprozesse – in dieser Hinsicht ist ihre Wirkung nicht fundamental von derjenigen der bereits thematisierten Mammuts und Elefanten verschieden, die als „keystone species" einen ebenfalls nachhaltigen ökologischen Effekt haben.[52] Flüsse und Wasser allgemein sind demgemäß häufig zentrale Faktoren, wenn es um die Erforschung symbolischer Ordnungen menschlicher Gesellschaften geht.[53] Bevor wir vor diesem Hintergrund auf spezifische Ausformungen der Mensch-Fluss-Beziehung im jungpaläolithischen Wildbeuterkontext eingehen, soll zunächst ethnographisch deutlich gemacht werden, was eine von Menschen erlebte Eigenaktivität und Lebendigkeit von Flüssen in der Praxis bedeuten kann.

Das Beispiel der australischen Yorta Yorta Aborigines Nordwest-Victorias zeigt, wie intim und existenziell die Schnittstelle Mensch-Fluss in konkreten soziokulturellen Kontexten erlebt werden kann[54] und dass die in einem wissenschaftlich geprägten Weltbild so signifikante Unterscheidung von Belebtem und Unbelebtem in vielen menschlichen Gemeinschaften keine oder eine wesentlich geringere Bedeutung hat.[55] Die Yorta Yorta leben in einer Flusslandschaft, die biophysisch ein fluviales Netzwerk mit hoher Interkonnektivität bereitstellt. Der Murray-Fluss ist das Herz dieser Verbindungen und erzeugt durch sein breites und

50 Vermeersch/Van Neer 2015.

51 Wilcock/Brierley/Howitt 2013; Wendel 2014; Wilson/Walter/Waterhouse 2015. Die Verschränkung von hydrologischen und kulturellen Flusseigenschaften hat zu vereinzelten Aufrufen zur Begründung eines eigenen Untersuchungsgebietes unter dem Titel „Ethnohydrologie", „Kulturhydrologie" oder „Soziohydrologie" geführt. Auch einer der beiden Autoren hat erst kürzlich im Zusammenhang paläolithischer Jäger-Sammler-Mobilitäten darauf hingewiesen, wie fruchtbar eine Konvergenzperspektive auf Natur- und Kulturraum für die Erörterung der Rolle von Flüssen im menschlichen Raumverhalten sein kann (Hussain 2015).

52 Haynes 2013.

53 Edgeworth 2011; Strang 2004; Oestigaard 2009.

54 Wilcock 2011.

55 Ingold 2000.

ausgreifendes Mehrkanalsystem größere Sumpf- und Feuchtgebiete zwischen weitgehend bewaldeten Arealen (Abb. 4). Dieses ausladende und aufgefächerte Flusssystem mit vergleichsweise geringer Fließgeschwindigkeit ist also durch geomorphologische Eigenschaften gekennzeichnet, die den Zugang zu ihm vergleichsweise einfach machen. Der Fluss tritt außerdem regelmäßig über die Ufer und wird entsprechend von größeren lateralen Schwemmfächern umgeben.[56] All diese Faktoren bestimmen mit, wie der Fluss und seine Funktion in der Landschaft erlebt werden und wie Mensch und Fluss letztlich interagieren. Das Flussprofil entspricht dabei einem aktiven und dominanten Wasserkörper mit geringem Relief. Diese Konfiguration begünstigt ein positives Fluss*bild* und eine intime Fluss*bindung*, die sich auch in den Erzählungen und Weltanschauungen der dort lebenden Menschengruppen wiederfinden lassen.[57] Insofern ist die Beziehung zwischen dem Murray-Fluss und den Yorta Yorta Aborigines ein gutes Beispiel für die *Konvergenz von natürlicher Landschaftsverfasstheit und soziokulturellem Landschaftsbezug*.

Die Yorta Yorta definieren sich selbst als „Fluss-Menschen" und nehmen die Landschaft als eine verkörperte Einheit aus verbundenen Wassereinheiten wahr. Die Landschaft wird demgemäß als eine stets veränderliche und *lebendige Ganzheit* konzipiert. Die organismische Metapher unterstreicht diesen Punkt: Yorta Yorta sehen die fluvialen Landschaftselemente als „Teile von uns – sie sind unsere Nieren. Die Engstellen – die andere ‚Abschnürungen' nennen – sind wie unser zentrales Nervensystem, und wir sind ein Teil von alldem".[58] Die Landschaft ist sprichwörtlich ein Landschafts*körper* mit unterschiedlichen Organen und die Yorta Yorta verstehen sich als *Teil* dieses vernetzten Körpersystems. Umgekehrt lässt sich damit auch sagen, dass diese Menschen keine Grenze zwischen ihrer eigenen Leiblichkeit und der Körperlichkeit der sie umgebenden Landschaft ziehen. Mit anderen Worten etablieren die Yorta Yorta ein Verhältnis zu ihrer Umwelt, in dem sie sich selbst als „die Organe einer einzigen Zwischenleiblichkeit"[59] erleben, wie man im Ausgang von Merleau-Ponty – der diese Art der Interkonnektivität freilich an der zwischenmenschlichen Sphäre expliziert – sagen könnte.

Die Landschaft und ihre Konstitutivelemente werden als Erweiterungen des menschlichen „Resonanzkörpers" erfahren und sind damit Teile des natürlichen und sozialen Selbst der Yorta Yorta. Veränderungen in der Landschaft betreffen sie

56 Rutherfurd/Kenyon 2005.
57 Wilcock/Brierley/Howitt 2013.
58 Lee Joachim, zitiert nach Wilcock/Brierley/Howitt 2013, 581 (Übers. STH).
59 Merleau-Ponty 2007, 246.

auf intime Weise: Flüsse werden als Blut des Körpersystems verstanden und wenn der Fluss blutet, dann blutet auch die betroffene Menschengruppe, weil der Fluss ein Teil ihrer körperlich-räumlichen Präsenz ist.[60] Die Yorta Yorta verorten sich entsprechend in der Welt, indem sie ganz allgemein „mit und durch die Landschaft" und speziell „mit und durch den Murray-Fluss" denken. Wenn der Fluss seine Gestalt verändert und beispielsweise über die Ufer tritt, dann ist das verhaltensrelevant und beeinflusst die Formatierung ebenso wie das Timing von Ritualen und Bräuchen, aber auch die Art und Weise wie die Yorta Yorta ihre Umwelt nutzen.

Das Wasser verbindet die Yorta Yorta ferner mit ihren Ahnen und wird als „lebendig" und „atmend" beschrieben.[61] Insofern kann letztlich festgehalten werden, dass Mensch und Raum hier als maximal verschränkt gedacht werden müssen und die Interaktion von Mensch und Fluss eine reziproke und mit sozialer Bedeutung hochgradig aufgeladene ist.[62] Die natürliche Umwelt wird hierbei als mit Agentivität und Intentionalität ausgestattet erlebt, wodurch die Grenze zwischen Ego und Alter verschwommen bleibt und sich Modelle der sozial und räumlich verteilten Kognition zur Beschreibung von Interaktionen besser eignen als Modelle der Auftrennung von Subjekt und Objekt.

Aufgrund ihrer ökologischen Wirkmächtigkeit und landschaftlichen Prominenz sowie durch ihre erfahrbare Eigentätigkeit sind große Flusssysteme – wie nun deutlich geworden sein sollte – geeignete Kandidaten für eine diachrone Analyse der Schnittstelle von Mensch und Landschaft.[63] Wenn der Fluss auch während der letzten großen Eiszeit weitgehend als autonomer und empfindungsfähiger Akteur erlebt wurde, dann müsste sich das in den archäologischen Signaturen menschlicher Artikulation von Beziehungen zu Flüssen aufzeigen lassen. Gleichzeitig ist davon auszugehen, dass sich historisch spezifische soziokulturelle Rahmungen in einer Vielzahl unterschiedlicher Interaktionsmodalitäten ausdrücken. Interessant ist deshalb, dass auf einem übergeordneten Beobachtungsniveau vieles für eine *Konvergenz* von biophysisch-ökologischen

---

60 Wilcock 2011; Wilcock/Brierley/Howitt 2013.

61 Wilcock/Brierley/Howitt 2013, 584.

62 Diese Perspektive ist nicht zuletzt für nachhaltige Umwelt- und Landschaftserhaltungsprogramme von aktueller (politischer) Bedeutung. Erst kürzlich hat die Regierung Neuseelands – auf einen Antrag der Whanganui iwi Maori reagierend – dem Whanganui-Fluss den Status eines rechtlich anerkannten Wesens zugesprochen. Der Whanganui ist damit einer der ersten Flüsse der Welt, dessen besondere Signifikanz offiziell anerkannt worden ist (Salmond 2014).

63 Zur inhärenten Agentivität (*agency*) von Flüssen siehe Edgeworth 2014; Strang 2014.

Flussparametern und soziokulturellem Kontext der in den entsprechenden Landschaften lebenden jungpaläolithischen Wildbeutergesellschaften spricht.[64]

Flüsse und ihre Eigenheiten werden nicht nur soziokulturell aufgenommen, sondern gleichzeitig *positiv* in die Raumordnung integriert. Sie avancieren damit zu wichtigen räumlichen Konstituenten übergreifender soziohistorischer Konstellationen. Eine derartige Annäherung von Mensch und Fluss würde auf einen inhärent *ko-adaptiven* Vorgang verweisen – ein Vorgang, der eine von den Menschen als symmetrisch aufgefasste Mensch-Fluss-Beziehung in diesen Kontexten plausibel erscheinen lässt. Zwei Fallbeispiele aus dem mittel- und westeuropäischen Jungpaläolithikum (ca. 50 – 10 ka BP) sollen ein solches Beziehungsgeflecht illustrieren.

Die beiden Fallbeispiele werden im Folgenden zusammen behandelt, da sich so Strukturähnlichkeiten aufzeigen lassen, die für die Mensch-Fluss-Interaktion im europäischen Jungpaläolithikum bedeutend sind. Große Flusssysteme sind sowohl im Aurignacien (ca. 50 – 30 ka BP) als auch im Magdalénien (ca. 15 – 10 ka BP) wichtige Katalysatoren für Mobilität und den Transfer von Objekten, Techniken und Ideen.[65] In beiden Abschnitten der frühen Menschheitsgeschichte lässt sich eine starke Korrelation zwischen Siedlungsplätzen und Flussnähe feststellen.[66] Im Magdalénien geht der Flussbezug sogar soweit, dass in einigen Regionen vor allem die größeren und reicheren Fundplätze mit „mobiler Kunst“, Feuerstellen und anderen „Installationen“ besonders nahe an Flüssen liegen.[67] In beiden Fällen lässt sich außerdem zeigen, dass die materielle Kultur entlang großer Flussschneisen häufig sehr ähnlich ist und dadurch regelrechte Traditionsräume mit einem Fokus auf Flüssen erkennbar werden. Ein gutes Beispiel liefert der Obere Donauraum im Magdalénien, wo eine spezielle Form rot gepunkteter Felsgesteine sowohl in Fundstellen der Schwäbischen Alb als auch in jenen der Fränkischen Alb, knapp 200 km flussabwärts, nachgewiesen werden konnten.[68] Transfervektoren für exotische Steinrohmaterialien, beispielsweise für verschiedene Plattenhornsteinvarietäten, verlaufen parallel zur Donau und verstärken damit die Interkonnektivität beider Regionen im Magdalénien.[69] Für das Aurignacien lässt sich das Beispiel der Vézère anführen. Im Vézère-Tal reiht sich

64 Hussain/Floss 2014; Hussain 2015.
65 Floss 2000.
66 Djindjian/Kozlowski/Otte 1999; Maier 2012.
67 Weniger 1987.
68 Huber/Floss 2014; Conard/Bolus/Dutkiewicz/Wolf 2015.
69 Floss 1994.

eine ganze Reihe von Fundstellen aneinander, die allesamt durch ähnlich gravierte Felsblöcke und Felsüberhänge gekennzeichnet sind.[70]

Sowohl das Aurignacien als auch das Magdalénien zeichnen sich demnach durch die Nutzung großer Flussläufe als natürliche Verbindungslinien aus, die den Raum erschließen und dabei gleichzeitig Siedlungsregionen zueinander in Beziehung setzen. Für den ersteren Zeithorizont kann zusätzlich angeführt werden, dass der Belegungsnachweis für das Aurignacien entlang der großen Flüsse relativ zeitgleich einsetzt und nur geringe West-Ost-Gradienten erkennen lässt – das gilt insbesondere für die Donau.[71] Dieser Sachverhalt kann als Hinweis für eine schnelle Expansion aurignacienzeitlicher Populationen gelten. Zentral ist aber, dass die relativ ähnlichen Makro-Signaturen der Aurignacien- und Magdalénien-Raumordnungen von vergleichbaren biophysischen Flusscharakteristika ebenso wie von ähnlichen soziohistorischen Rahmenkonstellationen unterfüttert werden. In beiden Fällen kann von einem Kolonisationsszenario gesprochen werden. Während es im Aurignacien um die erstmalige Erschließung und Besiedlung Westeurasiens durch anatomisch moderne Menschen (*Homo sapiens*) geht,[72] ist das Magdalénien mit der Wiederaufsiedlung Mitteleuropas nach dem Zurückweichen menschlicher Gruppen in der Hochphase des Letzten Glazialen Maximums (ca. 22–18 ka BP) verknüpft.[73] Beide Kontexte können also als Expansionskontexte beschrieben werden, in denen physiographisches und ökologisches Landschaftswissen stark limitiert sind.[74] Dort kommen vor allem mobilitätsunterstützende Affordanzstrukturen und Korridorfunktionen von Flussläufen den Anforderungen des soziohistorischen Kontexts zugute. Das Konzept „Flüsse als natürliche Wege" drängt sich deshalb geradezu auf und wird durch die spezifische biophysische Erscheinung der Flussformationen, die teils klimagekoppelt ist, verstärkt.[75]

Umwelt- und Landschaftsrekonstruktionen aus beiden Phasen lassen – etwa für die Donau – erkennen, dass Flüsse in die Umgebung ausgreifen, ausfächernde und mehrkanalige Systeme ausbilden und mit relativ niedriger Fließgeschwindigkeit durch die Landschaft strömen. Die vorangegangenen Kaltphasen haben zudem Lössstäube akkumuliert, das Landschaftsrelief stark reduziert und so breite Talbereiche geschaffen. Außerdem ist der Baumbestand – auch entlang der

70 White/Mensan/Bourrillon/Cretin/Higham/Clark/Sisk/Tartar/Gardère/Goldberg/Pelegrin/Valladas/Tisnérat-Laborde/Sanoit/Chambellan/Chiotti 2012.

71 Higham/Basell/Jacobi/Wood/Bronk Ramsey/Conard 2012.

72 Mellars 2006; Hublin 2015.

73 Terberger/Street 2002.

74 Sensu Rockman 2003.

75 Mol/Vandenberghe/Kasse 2000.

Flussauen – zu dieser Zeit stark reduziert[76] und Flusssysteme sind in glaziale Tundra-Steppenlandschaften eingebettet.[77] Das erhöht die Sichtbarkeit, Zugänglichkeit und Prominenz von Flusssystemen und motiviert zum „Denken und Mitbewegen mit Flüssen". Große Flusssysteme können aus dieser Perspektive als aktive Partner für die Erschließung neuer Siedlungsgebiete verstanden werden.[78] Damit kann sowohl im Aurignacien als auch im Magdalénien von einer Raumordnung gesprochen werden, die das natürliche Flusspotential und den soziokulturellen Hintergrund integriert. Es erscheint plausibel, dass diesem Raumordnungsprofil eine relativ symmetrische Mensch-Fluss-Interaktionsdynamik zugrunde liegt.

Insgesamt zeigt sich in erweiterter anthropologischer Perspektive damit erneut in vielen Wildbeuterkontexten die soziale Bedeutung der Landschaft und ihrer einzelnen Konstitutivelemente sowie eine in Bedingungen und Strukturen erlebnismäßig zugängliche Lebendigkeit und Agentivität einiger dieser Elemente. Ähnlich wie schon im Zusammenhang der Mensch-Tier-Schnittstelle stellt sich deshalb auch hier die Frage, wie die Offenheit des sozialen Interaktionsfeldes für Unbelebtes, für Landschaftselemente und bisweilen sogar für Landschaftsganzheiten in Bezug auf den Empathieraum einzuschätzen ist. Der Anwendungsbereich von Empathie scheint dort jedenfalls erheblich erweitert zu sein. Die Behauptung, dass Empathie nur mit Menschen möglich sei, fußt letztlich auf der kulturell kontingenten Dichotomisierung von Menschen und Nicht-Menschen bzw. darüber hinaus von Lebendigem und Nicht-Lebendigem – eine ontologische Einteilung, die in der lebensweltlichen Praxis der zuvor untersuchten Gesellschaften wohl nur geringe Gültigkeit beanspruchen kann.

2.2 Die Schnittstelle von Mensch, Fels und Höhle

Als letzte Diskursebene soll nun skizziert werden, welche Aspekte einer „empathischen Positionalität"[79] des Menschen sich an der Schnittstelle zum anorgani-

76 Riehl/Marinova/Deckers/Malina/Conard 2014; Heiri/Koinig/Spötl/Barrett/Brauer/Drescher-Schneider/Gaar/Ivy-Ochs/Kerschner/Luetscher/Moran/Nicolussi/Preusser/Schmidt/Schoenreich/Schwörer/Sprafke/Terhorst/Tinner 2014.

77 Lóczy 2007; Miklós/Neppel 2010; Nigst/Haesaerts/Damblon/Frank-Fellner/Mallol/Viola/Götzinger/Niven/Trnka/Hublin 2014.

78 Hussain 2015.

79 Diese Charakterisierung, die sich bewusst an Helmuth Plessners Begriff der „exzentrischen Positionalität" anlehnt, ist kürzlich von einem der beiden Autoren vorgeschlagen worden, um die unhintergehbare empathische Qualität des menschlichen Weltbezugs zu bestimmen – ein Welt-

schen geophysischen Substrat der Landschaft, zum Felsgestein und seinen Derivaten, möglicherweise aufzeigen lassen, wenn die Frage nach der perzeptuellen, ontologischen und sozialkognitiven Dimension jungpaläolithischer Fels- und Höhlenkunst gestellt wird.[80] Damit rücken auch die Beziehungen zwischen Mensch und Fels bzw. Mensch und Höhle ins Blickfeld – Beziehungen, deren motivationale Rolle für diese älteste „ästhetische" Artikulationsform des Menschen (ca. 40 – 10 ka BP) nur allzu leicht unterschätzt wird.[81] Mit dem Übergang zum europäischen Jungpaläolithikum und dem Auftreten des *Homo sapiens* (ca. 50 – 40 ka BP) kann vor allem in Westeuropa erstmalig von einer „invasiven Fabrikation" des soziokulturellen Raums gesprochen werden.[82] Höhlenkörper und Felsvorsprünge werden in größerem Umfang manipuliert und dekoriert, mit teils erheblichen Konsequenzen für die visuelle Qualität der jeweiligen Landschaftsganzheiten. Damit erreicht die materiell nachvollziehbare Interaktion von Mensch und Landschaft ihren vorläufigen menschheitsgeschichtlichen Höhepunkt.

Das archäologische Archiv des südwestfranzösischen Vézère-Tals (Castel Merle), das bei Limeuil direkt an das System der Dordogne anschließt, liefert ein gutes Beispiel. Schon für das frühe Jungpaläolithikum (Aurignacien) lassen sich dort eine ganze Reihe von Fundplätzen – darunter durchaus bekannte Stationen wie La Ferrassie, Castanet, Cellier und Blanchard – an und unter Felsdächern (Abris) nachweisen, die eine systematische und umfassende Praxis der Felsgravur dokumentieren.[83] Ein Großteil der exponierten Felsvorsprünge dieser Fundstellen ist von aurignacienzeitlichen Menschen mit einfachen Linien, aber auch mit Vulvendarstellungen und einzelnen figurativen Motiven regelrecht überzogen worden.[84] Auf einigen dieser Felsfragmente, die vereinzelt noch in pleistozäner Zeit von den Felswänden abgeplatzt sind und heute deshalb in archäologische Schichtzusammenhänge eingebettet angetroffen werden können, lassen sich Farbreste nachweisen, die darauf hindeuten, dass diese Felsvorsprünge – gut

---

bezug, der sich wesentlich durch die Anwendungsoffenheit von Empathie kennzeichnen lässt (Hussain 2013, 54 f.).

80 Vgl. zur jungpaläolithischen Fels- und Höhlenkunst grundlegend Leroi-Gourhan 1971; Bahn/Vertut 1998.

81 Lewis-Williams 2002; Pastoors/Weniger 2011; Pettitt/Maximiano Castillejo/Arias/Ontañón Peredo/Harrison 2014.

82 Michelle Langley hat diesen Vorgang als „Sozialisierung der Landschaft" bezeichnet und als entscheidende Signatur modern-menschlichen Verhaltens herausgestellt (Langley 2013).

83 Leroi-Gourhan 1971, 118, 248, 263; White/Mensan/Bourrillon/Cretin/Higham/Clark/Sisk/Tartar/Gardère/Goldberg/Pelegrin/Valladas/Tisnérat-Laborde/Sanoit/Chambellan/Chiotti 2012.

84 White/Bourrillon 2015, 76.

sichtbar in der Landschaft – einst farbenprächtig verziert gewesen sein müssen.[85] Da die meisten dieser Fundstellen sich in unmittelbarer Nachbarschaft zueinander befinden, kann von einer „enkulturierten Landschaft" gesprochen werden. Das biophysische Substrat wird erstmals nachhaltig verändert und die Landschaft avanciert damit zum gestalteten Raum und schließlich zur *Kulturlandschaft*.[86]

Dass gravierte und bemalte Felsformationen einst große Teile des gesamten Verbreitungsgebiets der damals lebenden Wildbeutergruppen geprägt haben müssen, deutet sich aufgrund der erst kürzlich gemachten Entdeckung einer Felskunstlandschaft im Tal der Côa im heutigen Portugal an.[87] Neuere Funde erhärten, dass die großflächige menschliche Gestaltung des Côa-Tals keinesfalls eine Ausnahme, sondern vielmehr nur den kleineren Teil eines umfassenderen Phänomens darstellt.[88] Die Art und Weise *wie* und vor allem *wo* die eiszeitlichen Ritzungen und Gravuren in Foz Côa angebracht wurden, legt eine aktiv zu nennende Rolle des physischen Landschaftssubstrats bei der Genese dieser „Kunstäußerungen" nahe. Es handelt sich bei diesem Talabschnitt nämlich auch geomorphologisch um einen besonderen Ort. Lateral zum Flussverlauf faltet sich die Landschaft geradezu auf und hinterlässt dadurch schräg und teils fast senkrecht stehende Felsabschnitte und -platten (Abb. 5).[89] Diese herausstehenden Felsformationen sind spätestens seit dem Solutréen (ca. 22–17 ka BP) fast flächendeckend mit Felskunst überzogen worden. Die hochspezifische Konfiguration von Landschaftselementen kann deshalb als Affordanz und motivationaler Hintergrund für die Herausbildung dieser Form der Raumgestaltung und -konstruktion verstanden werden. Eine sich im Angesicht animistischer Weltbezüge und einer grundsätzlichen Offenheit des sozialen Feldes für das Unbelebte aufdrängende Interpretation stellt diese Gemengelage in einen Gesamtzusammenhang der Reziprozität. Die Anmutungen der Lebendigkeit in der Landschaft schaffen demnach besondere Orte,[90] die durch ihre erlebte Aktivität und Signifikanz zu kulturtechnischer Bearbeitung auffordern.

---

85 White/Mensan/Bourrillon/Cretin/Higham/Clark/Sisk/Tartar/Gardère/Goldberg/Pelegrin/Valladas/Tisnérat-Laborde/Sanoit/Chambellan/Chiotti 2012.

86 Der Begriff des „gestalteten Raums" ist hier abstrakt gehalten – eher im Sinne einer allgemeinen Raumsoziologie und weniger im Sinne einer speziellen Architektursoziologie (Dünne/Günzel 2006; Günzel 2009).

87 Baptista/Gomes 1995; Zilhão 1997; Zilhão/Aubry/Carvalho/Baptista/Gomes/Meireles 1997.

88 Alcolea González/de Balbín Behrmann 2007; Aubry/Luís 2012.

89 Aubry/Luís/Dimuccio 2012.

90 Zum Begriff und zur Bedeutung „natürlicher Orte" („natural places") für die Ausbildung und Ausgestaltung einer „Raumarchitektur" in frühen menschlichen Gesellschaften siehe Bradley 2000. Zum Verhältnis von Raum und Felskunst siehe außerdem Bradley 2009.

Diese Perspektive wird durch einige Eigenheiten der franko-kantabrischen Höhlenkunst des westeuropäischen Jungpaläolithikums plausibilisiert. Der Modus der Raumkonstruktion, der dort erkennbar wird, ermöglicht die Herausarbeitung von weiterführenden Hypothesen zum psychologischen Hintergrund dieses menschheitsgeschichtlich situierten „Kunstschaffens". Die Höhlenkunst Frankokantabriens ist eine in den Höhlenkörper eingebettete Praxis (*embedded art*), die die Grenzen beider Bereiche (Höhle und Artefakt) verschwimmen lässt. Darstellung und Höhlenkörper verschmelzen an einigen Stellen geradezu, es besteht also ein enger Zusammenhang zwischen der natürlichen Morphologie und Oberflächenbeschaffenheit der manipulierten Felswände und der auf ihnen angebrachten Ritzungen, Zeichnungen, Gravuren und Malereien.[91] Besonders interessant ist die Tatsache, dass ein zwar unterdeterminierter, aber überzufälliger Form- und Ähnlichkeitsbezug zwischen bestimmten Tieren, deren typischen Silhouetten und natürlichen Felskonturen bzw. -oberflächen zu bestehen scheint. Mit anderen Worten: Bestimmte Formen und Gestalten der natürlichen Felsoberflächen scheinen bestimmte Tierformen schon vorwegzunehmen (Abb. 6). Bestimmte Tiere erscheinen so als bereits im Höhlenkörper angelegt. Ein Aspekt der franko-kantabrischen Höhlenkunst kann deshalb als die Hervorhebung und Weiterbildung des natürlich schon Vorhandenen charakterisiert werden.

Diese Interpretation geht von einem gewissen „Sehen-in" (*seeing-in*) aus, d. h. hier von einem Wahrnehmen bestimmter Tiere in bestimmten materiellen Formationen.[92] Wenn bestimmte Tiererscheinungen bereits dem Höhlenkörper inhärieren, drängt sich der Gedanke auf, dass hier eine essentialistische Trennung von toter Höhle und lebendigen Tieren unangemessen ist. Der Höhlenkörper ist potentiell genauso von Lebendigkeit durchdrungen wie es Mensch und Tier sind. Gleichzeitig legen schon die spezifischen Bedingungen des In-der-Höhle-Seins – zumal viele Bildfelder tief im Innern dieser Höhlen angebracht sind – ein spezifisches Höhlenerleben nahe,[93] im Rahmen dessen die Zuschreibung von Aktivität und Wandelbarkeit geradezu natürlich evoziert wird. Eiszeitliche Menschen, die mit Fackeln und Öllampen[94] – mit also nur mäßig wirkungsvoller Beleuchtung – in die Höhlen eindrangen, fanden eine Szenerie aus flackerndem Licht, dynamischen Schattenwürfen und allerlei ungewohnten Geräuschen, Gerüchen und visuellen Eindrücken vor. In vielen Höhlen herrschen zudem einzigartige mikroklimatische Bedingungen, die mit dem Vordringen in tiefere und entlegenere Höhlenbereiche zunehmend extremer werden können. Das Erlebnis eines „Höh-

91 Bosinksi 2009, 36 ff.; Pettitt/Maximiano Castillejo/Arias/Ontañón Peredo/Harrison 2014.
92 Wollheim 1988, 47.
93 Dazu ausführlich Pastoors/Weniger 2011.
94 De Beaune/White 1993.

lenspaziergangs“ ist deshalb alles andere als eine Begegnung mit statischer Materie. Die Wahrnehmungsqualität von dunklen Höhlen unter eiszeitlichen Bedingungen befördert vielmehr eine Sicht auf das Höhleninnere als einen sich stetig verändernden, aktiven und teils lebendigen liminalen Raum. Dass Konfigurationen in der Höhlenwand sich zuweilen auch als Tier zeigen, erscheint aus dieser Perspektive nicht sonderlich überraschend.

Treffen die hier angestellten Überlegungen zu, so zeigt sich in den Modalitäten der Eingebundenheit vieler Motive in den Höhlenkörper ein relationaler Weltzugang der eiszeitlichen Produzenten, in dem die Höhle als Resonanzkörper fungiert und damit „im Denken mit und durch den Höhlenkörper“ zur Interaktion – in diesem Fall in „künstlerisch“ artikulierender Form – motiviert. Das verkörperte Kunstschaffen (*embodied art*) der jungpaläolithischen Kulturen weist die Höhle als empathisch signifikant und die *Interaktion* von Mensch und Höhle als kunstkonstitutiv aus (Abb. 7).[95]

An dem genannten Beispiel wird deutlich, dass allein die biophysische Verfasstheit einer Höhle Menschen bereits in Imaginations- und Verweisungszusammenhänge verwickeln kann, die nicht zuletzt auch aus den jeweiligen Weltanschauungen hervorgehen. Es wäre hierbei verkürzt, die Konstitutionshoheit von Form- und Gestaltentitäten in und am Höhlenkörper einzig der Höhle selbst zuzuschreiben. Die Erfahrung eines belebten Höhlenkörpers geht aus der dynamisch-wechselseitigen Interaktion von Mensch und Höhle hervor. Aktivität bzw. Agentivität ist dabei am ehesten als ein verteiltes Phänomen zu beschreiben, das das gesamte Netz der materiellen, sozialen und kognitiven „Verstrickung“ von Mensch und Höhle durchzieht.[96]

Das spezifische Sehen-in, das mit dieser Verstrickung korreliert und die physischen Konturen und Formen als etwas indexikalisch Bedeutsames ausweist, kann dabei im Anschluss an Theoretiker wie Theodor Lipps als Vorgang der *Einfühlung*[97] charakterisiert werden.[98] Auch wenn Lipps’ Konzeption in der heutigen Empathieforschung vielfach kritisiert wird, eröffnet sie einen interessanten Blick auf die Rolle von Empathie als *Modus des Erkennens*.[99] Diese Position ist

---

95 Ein gutes Beispiel für die „Konstitutivgewalt“ des Höhlenkörpers ist das Pferdepanneau in der Grotte Chauvet (Ardèche, Südfrankreich). Die Pferde sind dort teils als tränkend dargestellt, und zwar genau an einer Stelle, wo Wasser in die Höhle eindringt und sich gesammelt hat. Siehe zur Kunst der Grotte Chauvet/Brunel/Deschamps/Hillaire 1995.

96 In einer kritischen Diskussion „symmetrischer Archäologien“ hat John Barrett kürzlich auf das Problem der Lokalisierung von Agentivität aufmerksam gemacht (Barrett 2014).

97 Lipps 1913; Jahoda 2005.

98 Lipps 1903.

99 Vgl. dazu auch die Ausführungen von Currie 2011, 83; siehe außerdem Matravers 2011.

nicht grundsätzlich verschieden von Gregory Curries Vorschlag, Empathie mit Objekten als „imaginative Exploration" zu verstehen.[100] Beide stimmen darin überein, dass das Entdecken von unbelebten Entitäten und das Sich-zu-ihnen-in-Beziehung-Setzen ein empathisches Moment beinhalten, das diese Vorgänge mitkonstituiert. Für Lipps kann die ästhetische Qualität eines Kunstgegenstands erst durch ein Sich-Hineinfühlen erfasst und gleichzeitig konstruiert werden. Solch eine Einfühlung macht das den physischen Entitäten Implizite, das in ihnen Angelegte, erst kognitiv zugänglich. Lipps versucht, den ko-konstitutiven Vorgang aus empathischem Bezug des Empathisierungssubjekts und empathischer Resonanz des Empathisierungsobjekts,[101] der spezifische (ästhetische) Erfahrungsqualitäten in der physischen Welt erst erkennbar macht, als eine „Beseelung" des Unbelebten zu fassen.[102]

Für die zuvor betrachteten Wildbeuter müsste man vor dem Hintergrund ihrer technischen Praxen wohl sagen, dass ein derartiger Empathievorgang keine hinzukommende Beseelung eines sonst Unbeseelten wäre, sondern dass Beseeltheit im Rahmen ihres animistischen Weltbezugs und ihrer relationalen Ontologie eine Eigenschaft ist, die Naturphänomenen „immer schon" zukommt und die deshalb in der Welt verteilt ist.[103] Die konzeptuelle Unterscheidung in Beseeltes und Unbeseeltes wäre sodann eine reflexiv-retrospektive Transzendierung des ursprünglichen Verweisungszusammenhangs, die sich für unser modernes wissenschaftliches Verständnis zwar anbietet, aber im lebensweltlichen Kontext der thematisierten Kulturen wenn überhaupt nur eine untergeordnete Rolle gespielt haben dürfte. Empathie ist dort, wie wir zu zeigen versucht haben, ein viel globaleres Phänomen, das über den Bereich des Menschlichen oftmals weit

100 Currie 2011, 87.

101 Der Lipps'sche Akt der Subjekt-Projektion in den Gegenstand der Einfühlung, der in dieser Konzeption mitschwingt, ist häufig kritisiert worden. Vgl. beispielsweise Currie 2011, 85.

102 Lipps 1900, 416.

103 Vgl. David Mialls Diskussion von Empathie als wichtiger Voraussetzung für die „Konstruktion fiktionaler Welten" in literarischen Kontexten. Miall notiert, dass Empathie „als Teil der animistischen Konzeption der von uns bewohnten Welt verstanden werden kann, in der ein wesentlicher Zweck literarischer Erfahrung (zumindest zu vormodernen Zeiten) in der Evozierung eines Gefühls für diese animistische Dimension besteht". Miall schließt seine Diskussion fiktionaler Empathie mit den Worten: „Das zeigt, dass wir – zumindest prinzipiell – über die Fähigkeit verfügen, jene Entitäten, Objekte und Ereignisse, die wir wahrnehmen, auf bestimmte Weisen intern zu inszenieren [engl. enact], die unsere motorischen und anderen körperlichen Systeme aktivieren" (Miall 2011, 295 [Übers. STH]). Das Beispiel fiktionaler Empathie scheint in besonderer Weise zu illustrieren, welche Rolle das Empathische bei der Eröffnung imaginativer Räume spielen kann – eine katalysatorische Funktion, die nicht zuletzt auch in phylo- und soziogenetischer Perspektive näher zu untersuchen wäre.

hinausweist. Die Höhlenwelt besitzt, so könnte man mit Ernst Cassirer sagen, „symbolische Prägnanz“[104], d. h. sie ist mit Sinnhaftigkeit imprägniert und die mit ihr interagierenden Menschen greifen die in den natürlichen Formen gegebenen Verweisungen auf und heben sie zusätzlich hervor oder vervollständigen sie zu ganzheitlichen Gestalten.[105] Die natürlichen Formungen aus Fels bilden „ästhetische Affordanzen“, die in kulturellen Artikulationen aus- und weitergeformt werden.

3 Resümee

Anhand unterschiedlicher Schnittstellen kultureller menschlicher Aktivität haben wir in den vorausgegangenen Abschnitten versucht, die Verschränkung der materiellen und sozialen Dimension der paläolithischen Lebenswelt ein Stück weit zu erhellen. Der wissenschaftliche Weg, den wir versucht haben einzuschlagen, besteht in der Einnahme einer erweiterten anthropologischen Perspektive, die raumzeitlich vergleichend angelegt wird und die Strukturiertheit solcher Ontologien, die von der unseren möglicherweise stark abweichen, in den Fokus der Betrachtung rückt. Spezifische Praxen der Verkörperung ermöglichen einen Zugang zu dem seinerseits empathisch-imaginativ erschließbaren Empathieraum, der sich über den Menschen als mögliches Objekt der Einfühlungsbewegung hinaus auf nicht-menschliche Akteure wie Tiere, aber auch naturräumliche Phänomene wie Höhlen, Flüsse und ganze Landschaften erstreckt. Im Rahmen eines animistischen Weltbezugs und einer relationalistischen Ontologie, die wir aus anthropologischer und archäologischer Sicht unterstellen, herrscht eine ursprüngliche Ununterschiedenheit von Konzepten, die in einem modernen wissenschaftlichen Weltbild häufig als dichotome Attributpaare auftreten (wie z. B. belebt/unbelebt, menschlich/nicht-menschlich, subjektiv/objektiv oder materiell/geistig). So lässt sich eine verteilte Agentivität *re*konzeptualisieren, die mit bestimmten Formen der Interaktion mit der Umwelt einhergeht, wie wir sie exemplarisch vorgeführt haben.

---

104 Cassirer 2010, 231.
105 Vgl. die Überlegungen von Murray Smith zum Zusammenhang von Empathie und „ausgedehntem Geist“ (Smith 2011, 102, 109). Nach Smith synchronisiert Empathie Welt und Subjekt und unterstützt damit grundsätzlich das „Denken mit der Welt“ und den imaginativen Raum, der sich um Welthaftes entfalten kann. Empathie avanciert damit zu einem „scaffolding mechanism“ für ein imaginatives In-der-Welt-Sein.

Literatur

Alcolea González, José J./Rodrigo de Balbín Behrmann (2007): „Le gisement ruprestre de Siega Verde, Salamanque. Une vision de synthèse“, in: *L'anthropologie* 111: 501 – 548.

Ashmore, Wendy/A. Bernard Knapp (1999): *Archaeologies of landscape*, Oxford.

Assmann, Jan (2015): „Die Aura der Dinge. Lektüren einer altägyptischen Fayence-Schale“, in: H.-P. Hahn (Hg.), *Vom Eigensinn der Dinge. Für eine neue Perspektive auf die Welt des Materiellen*, Berlin, 101 – 126.

Aubry, Thierry/Luís Luís (2012): „Umwelt und sozialer Kontext der paläolithischen Freilandkunst im Côa-Tal (Portugal)“, in: O. Dally/S. Moraw/H. Ziemssen (Hgg.), *Bild – Raum – Handlung. Perspektiven der Archäologie*, Berlin/Boston, 69 – 103.

Aubry, Thierry/Luís Luís/Luca Antonio Dimuccio (2012): „Nature vs. culture: Present-day spatial distribution and preservation of open-air rock art in the Côa and Duoro River valleys (Portugal)“, in: *Journal of Archaeological Science* 39 (4): 848 – 866.

Bahn, Paul G./Jean Vertut (1998): *Images of the Ice Age*, London.

Baptista, António M./Mário V. Gomes (1995): „Art rupreste do vale do Côa“, in: *Trabalhos de Antropologia e Etnologia* 35: 234 – 385.

Barrett, John C. (2014): „The material constitution of humanness“, in: *Archaeological Dialogues* 21 (1): 65 – 74.

Barrett, Louise/Peter Heinzi (2005): „The social nature of primate cognition“, in: *Proceedings of the Royal Society of London* B 272: 1865 – 1875.

Batt, Sarah (2009): „Human attitudes towards animals in relation to species similarity to humans: A multivariate approach“, in: *Bioscience Horizons* 2 (2): 180 – 190.

Betts, Matthew/Mari Hardenberg/Ian Stirling (2015): „How animals create human history: Relational ecology and the dorset-polar bear connection“, in: *American Antiquity* 80 (1): 89 – 112.

Bosinski, Gerhard (2009): „Das Bild in der Altsteinzeit“, in: K. Sachs-Hombach (Hg.), *Bildtheorien. Anthropologische und kulturelle Grundlagen des Visualistic Turn*, Frankfurt am Main, 31 – 73.

Bradley, Richard (2000): *An archaeology of natural places*, London.

Bradley, Richard (2009): *Image and audience: Rethinking prehistoric art*, New York.

Bradshaw, Gay A. (2009): *Elephants on the edge: What animals teach us about humanity*, New Haven.

Breyer, Thiemo/Shumon T. Hussain (2014): „Empathie“, in: G. Jüttemann (Hg.), *Entwicklungen der Menschheit. Humanwissenschaften in der Perspektive der Integration*, Lengerich, 257 – 266.

Burch, Ernest S. Jr. (1971): „The nonempirical environment of the arctic Alaskan Eskimos“, in: *Southwestern Journal of Anthropology* 27 (2): 148 – 165.

Cassirer, Ernst (2010): *Philosophie der symbolischen Formen. Dritter Teil: Phänomenologie der Erkenntnis*, Hamburg.

Chauvet, Jean-Marie/Éliette Brunel Deschamps/Christian Hillaire (1995): *Grotte Chauvet. Altsteinzeitliche Höhlenkunst im Tal der Ardèche*, Sigmaringen.

Clark, Andy (2008): *Supersizing the mind: Embodiment, action, and cognitive extension*, Oxford.

Clark, Andy/David Chalmers (1998): „The extended mind“, in: *Analysis* 58: 10 – 23.

Conard, Nicholas J./Susanne Münzel (2004): „Change and continuity in subsistence during the Middle to Upper Palaeolithic in the Ach Valley of Swabia (south-west Germany)“, in: *International Journal of Osteoarchaeology* 14: 225 – 243.
Conard, Nicholas J./Michael Bolus/Ewa Dutkiewicz/Sibylle Wolf (2015): *Eiszeitarchäologie auf der Schwäbischen Alb. Die Fundstellen im Ach- und Lonetal und in ihrer Umgebung*, Tübingen Publications in Prehistory, Tübingen.
Currie, Gregory (2011): „Empathy for objects“, in: A. Coplan/P. Goldie (Hgg.), *Empathy: Philosophical and psychological perspectives*, Oxford/New York, 83 – 95.
David, Bruno (2006): „Archaeology and the dreaming: Towards and archaeology of ontology“, in: I. Lilley (Hg.), *Archaeology of Oceania: Australia and the Pacific Islands*, Malden, 48 – 68.
De Beaune, Sophie A./Randall White (1993): „Ice Age lamps: The invention of fat-burning lamps toward the end of the Ice Age helped to transform European culture: It coincided with several other major technological advances“, in: *Scientific American* (March): 108 – 113.
Descola, Philippe (2010): *L'écologie des autres. L'anthropologie et la question de la nature*, Versailles.
Djindjian, François/Janusz Kozlowski/Marcel Otte (1999): *Le Paléolithique supérieur en Europe*, Paris.
Dünne, Jörg/Stephan Günzel (Hgg.) (2006): *Raumtheorie. Grundlagentexte aus Philosophie und Kulturwissenschaften*, Frankfurt am Main.
Edgeworth, Matt (2011): *Fluid pasts: Archaeology of flow*, London.
Edgeworth, Matt (2014): „On the agency of rivers“, in: *Archaeological Dialogues* 21 (2): 157 – 159.
Eibl, Karl (2009): *Kultur als Zwischenwelt. Eine evolutionsbiologische Perspektive*, Frankfurt am Main.
Emery, Nathan J./Nicola S. Clayton (2004): „The mentality of crows: Convergent evolution of intelligence in corvids and apes“, in: *Science* 306: 1903 – 1907.
Fienup-Riordan, Ann (1994): *Boundaries and passages: Rule and ritual in Yup'ik Eskimo oral tradition*, Norman.
Fienup-Riordan, Ann (2005): *Ciuliamata, Akluit/Things of our ancestors: Yup'ik elders explore the Jacobson Collection at the Ethnologisches Museum Berlin*, Seattle.
Floss, Harald (1994): *Rohmaterialversorgung im Paläolithikum des Mittelrheingebietes*, Monographien des Römisch Germanischen Zentralmuseums 21, Bonn.
Floss, Harald (2000): „Le couloir Rhin-Saône-Rhône – axe de communication au tardiglaciaire?“, in: C. Cupillard/A. Richard (Hgg.), *Les derniers chasseurs-cueilleurs d'Europe occidentale (13000 – 5500 av. J. C.). Actes du Colloque de Besançon, 23.–25. octobre 1998*, Besançon, 313 – 321.
Floss, Harald (2007): „Die Kleinkunst des Aurignacien auf der Schwäbischen Alb und ihre Stellung in der paläolithischen Kunst“, in: H. Floss/N. Rouquerol (Hgg.), *Das Aurignacien und die Anfänge der Kunst in Europa*, Aurignac, 295 – 316.
Gosden, Chris (2008): „Social ontologies“, in: *Philosophical Transactions of the Royal Society of London* B 363: 2003 – 2010.
Gould, James L. (2004): „Animal cognition“, in: *Current Biology* 14 (10): R375.
Günzel, Stephan (2009): *Raumwissenschaften*, Frankfurt am Main.

Hahn, Joachim (1986): *Kraft und Aggression. Die Botschaft der Eiszeitkunst im Aurignacien Süddeutschlands?*, Tübingen.

Haynes, Gary (2006): „Mammoth landscapes: Good country for hunter-gatherers", in: *Quaternary International* 142/143: 20–29.

Haynes, Gary (2013): „Elephants (and extinct relatives) as earth-movers and ecosystem engineers", in: *Geomorphology* 157/158: 99–107.

Heiri, Oliver/Karin A. Koinig/Christoph Spötl/Sam Barrett/Achim Brauer/Ruth Drescher-Schneider/Dorian Gaar/Susan Ivy-Ochs/Hanns Kerschner/Marc Luetscher/Andrew Moran/Kurt Nicolussi/Frank Preusser/Roland Schmidt/Philippe Schoenreich/Christoph Schwörer/Tobias Sprafke/Birgit Terhorst/Willy Tinner (2014): „Palaeoclimate records 60–8 ka in the Austrian and Swiss Alps and their forelands", in: *Quaternary Science Reviews* 106: 186–205.

Herva, Vesa-Pekka/Timo Ylimaunu (2014): „Coastal cosmologies: Long-term perspectives on the perception and understanding of dynamic coastal landscapes in the Northern Baltic Sea region", in: *Time and Mind: The Journal of Archaeology, Consciousness and Culture* 7 (2): 183–202.

Higham, Thomas/Laura Basell/Roger Jacobi/Rachel Wood/Christopher Bronk Ramsey/Nicholas J. Conard (2012): „Testing models for the beginnings of the Aurignacian and the advent of figurative art and music: The radiocarbon chronology of Geißenklösterle", in: *Journal of Human Evolution* 62 (6): 664–676.

Hill, Erica (2011): „Animals as agents: Hunting rituals and relational ontologies in prehistoric Alaska and Chukotka", in: *Cambridge Archaeological Journal* 21 (3): 407–426.

Hill, Erica (2012): „The nonempirical past: Enculturated landscapes and other-than-human persons in Southwest Alaska", in: *Arctic Anthropology* 49 (2): 41–57.

Hill, Erica (2013): „Archaeology and animal persons: Toward a prehistory of human-animal relations", in: *Environment and Society: Advances in Research* 4: 117–136.

Hofreiter, Michael/Adrian Lister (1999): „Mammoths", in: *Current Biology* 9 (9): R347.

Huber, Nadine/Harald Floss (2014): „Bemalte Steine aus dem Magdalénien der Klausenhöhlen bei Essing (Bayern)", in: *Mitteilungen der Gesellschaft für Urgeschichte* 23: 103–119.

Hublin, Jean-Jacques (2015): „The modern human colonization of Western Eurasia: When and where?", in: *Quarternary Science Reviews* 118: 194–210.

Hussain, Shumon T. (2013): *Homo empathicus – Versuch einer Evolutionären Anthropologie der Empathie. Implikationen für die anthropologische Bestimmung des modernen Menschen und das Verschwinden letzter Neandertaler*, Bonn.

Hussain, Shumon T. (2015): „Mensch, Fluss und Raum. Überlegungen zur ökokulturellen Rolle großer Flusssysteme im europäischen Jungpaläolithikum", in: *Archäologisches Korrespondenzblatt* 45 (4): 439–458.

Hussain, Shumon T./Harald Floss (2014): „The role of river courses in organizing the cultural space of the Upper Paleolithic: Examples from the Rhine, Rhône, Danube and Garonne", in: M. Otte/F. Le Brun-Ricalens (Hgg.), *Modes de contacts et de déplacement au paléolithique eurasiatique*, Liège/Betrange, 307–330.

Hussain, Shumon T./Harald Floss (2015): „Regional ontologies in the Early Upper Palaeolithic: The place of mammoth and cave lion in the ‚belief world' (Glaubenswelt) of the Swabian Aurignacian", in: P. Bueno-Ramírez/P. G. Bahn (Hgg.), *Prehistoric art as prehistoric culture: Studies in Honour of Professor Rodrigo de Balbín-Behrmann*, Oxford, 45–58.

Ingold, Tim (2000): *The Perception of the environment: Essays on livelihood, dwelling and skill*, London/New York.
Jahoda, Gustav (2005): „Theodor Lipps and the shift from ‚sympathy' to ‚empathy'", in: *Journal of the History of the Behavioral Sciences* 41 (2): 151 – 163.
Kaminski, Juliane/Sarah Marshall-Pescini (2014): *The social dog: Behaviour and cognition*, London.
Kellert, Stephen R. (1993): „Values and perception of invertebrates", in: *Conservation Biology* 7 (4): 845 – 855.
Kind, Claus-Joachim/Nicole Ebinger-Rist/Sibylle Wolf/Thomas Beutelsbacher/Kurt Wehrberger (2014): „The smile of the lion man: Recent excavations in Stadel Cave (Baden-Württemberg, south-western Germany) and the restauration of the famous Upper Palaeolithic figurine", in: *Quartär* 61: 129 – 145.
Kohn, Eduardo (2013): *How forests think: Toward an anthropology beyond the human*, Berkeley.
Langley, Michelle C. (2013): „Storied landscapes makes us (modern) human: Landscape socialisation in the Palaeolithic and consequences for the archaeological record", in: *Journal of Anthropological Archaeology* 32: 614 – 629.
Leroi-Gourhan, André (1971): *Prähistorische Kunst*, Paris.
Lévi-Strauss, Claude (2007): „The totemic illusion", in: L. Kalof/A. Fitzgerald (Hgg.), *The animals reader: The essential classic and contemporary writings*, London, 262 – 269.
Lewis-Williams, J. David (2002): *The mind in the cave: Consciousness and the origins of art*, London.
Lipps, Theodor (1900): „Ästhetische Einfühlung", in: *Zeitschrift für Psychologie und Physiologie der Sinnesorgane* 22: 415 – 450.
Lipps, Theodor (1903): „Einfühlung, innere Nachahmung und Organempfindungen", in: *Archiv für gesamte Psychologie* 1: 185 – 204.
Lipps, Theodor (1913): „Zur Einfühlung", in: *Psychologische Untersuchungen* 383: 111 – 491.
Locke, Piers (2013): „Explorations in ethnoelephantology: Social, historical, and ecological intersections between Asian elephants and humans", in: *Environment and Society: Advances in Research* 4: 79 – 97.
Lóczy, Dénes (2007): „The Danube: Morphology, evolution and environmental issues", in: A. Gupta (Hg.), *Large Rivers: Geomorphology and management*, Chichester, 235 – 260.
Maier, Andreas (2012): „The Central European Magdalenian: Regional diversity and internal variability", unveröffentlichte Doktorarbeit, Universität zu Köln.
Matravers, Derek (2011): „Empathy as a route to knowledge", in: A. Coplan/P. Goldie (Hgg.), *Empathy: Philosophical and psychological perspectives*, Oxford/New York, 19 – 30.
McNiven, Ian J. (2004): „Saltwater people: Spiritscapes, maritime rituals and the archaeology of Australian indigenous seascapes", in: *World Archaeology* 35 (3): 329 – 349.
Mellars, Paul A. (2006): „Going east: New genetic and archaeological perspectives on the modern human colonization of Eurasia", in: *Science* 313: 796 – 800.
Menary, Richard (2010): „Introduction to the special isssue on 4E cognition", in: *Phenomenology and the Cognitive Sciences* 9 (4): 459 – 463.
Menninghaus, Winfried (2013): „Nackte Haut, Imagination und Geheimnis. Menschliche Schönheit in evolutionärer Perspektive", in: L. Russo/S. Tedesco (Hgg.), *Sull'Emozione*, Palermo, 67 – 77.

Merleau-Ponty, Maurice (2007): „Der Philosoph und sein Schatten“, in: Maurice Merleau-Ponty, *Zeichen*, Hamburg, 233–264.
Miall, David S. (2011): „Enacting the other: Towards an aesthetics of feeling in literary reading“, in: E. Schellekens/P. Goldie (Hgg.), *The aesthetic mind: Philosophy & psychology*, Oxford/New York, 286–298.
Miklós, Domokos/Ferenc Neppel (2010): „Palaeogeography of the Danube and its catchment“, in: M. Brilly (Hg.), *Hydrological processes of the Danube river basin: Perspectives from the Danubian countries*, Dordrecht, 79–124.
Mithen, Steven (1996): *The prehistory of the mind: A search for the origins of art, science, and religion*, London.
Mithen, Steven (1999): „The hunter-gatherer prehistory of human-animal interactions“, in: *Anthrozoos* 12 (4): 195–204.
Mol, Joanne/Jef Vandenberghe/C. Kees Kasse (2000): „River response to variations of periglacial climate in mid-latitude Europe“, in: *Geomorphology* 33: 131–148.
Nigst, Philip R./Paul Haesaerts/Freddy Damblon/Christa Frank-Fellner/Carolina Mallol/Bence Viola/Michael Götzinger/Laura Niven/Gerhard Trnka/Jean-Jacques Hublin (2014): „Early modern human settlement of Europe north of the Alps occurred 43,500 years ago in a cold steppe-type environment“, in: *National Academy of Sciences of the United States of America* 111 (40): 14394–14399.
Niven, Laura (2006): *The Palaeolithic occupation of Vogelherd Cave: Implications for the subsistence behavior of late Neanderthals and early modern humans*, Tübingen.
Oestigaard, Terje (Hg.) (2009): *Water, culture and identity: Comparing past and present traditions in the Nile basin region*, Bergen.
Oetelaar, Gerald A./D. Joy Oetellar (2007): „The new ecology and landscape archaeology: Incorporating the anthropogenic factor in models of settlement systems in the Canadian prairie ecozone“, in: *Canadian Journal of Archaeology* 31 (3): 65–92.
Ogden, Laura A./Billy Hall/Kimiko Tanita (2013): „Animals, plants, people, and things: A review of multispecies ethnography“, in: *Environment and Society: Advances in Research* 4: 5–24.
Olsen, Bjornar (2013): *In defense of things: Archaeology and the ontology of objects*, Lanham.
Pastoors, Andreas/Gerd-Christian Weniger (2011): „Cave art in context: Methods for the analysis of the spatial organization of cave sites“, in: *Journal of Archaeological Research* 19: 377–400.
Pettitt, Paul/Alfredo Maximiano Castillejo/Pablo Arias/Roberto Ontañón Peredo/Rebecca Harrison (2014): „New views on old hands: The context of stencils in El Castillo and La Garma Caves (Cantabria, Spain)“, in: *Antiquity* 88: 47–63.
Porr, Martin (2015): „Beyond animality and humaniy: Landscape, metaphor and identity in the Early Upper Palaeolithic of Central Europe“, in: F. Coward/R. Hosfield/M. Pope/F. Wenban-Smith (Hgg.), *Settlement, society and cognition in human evolution: Landscapes in mind*, Cambridge, 54–74.
Riehl, Simone/Elena Marinova/Katleen Deckers/Maria Malina/Nicholas J. Conard (2014): „Plant use and local vegetation patterns during the second half of the Late Pleistocene in southwestern Germany“, in: *Archaeological and Anthropological Sciences* 7 (2): 151–167.
Rockman, Marcy (2003): „Knowledge and learning in the archaeology of colonization“, in: M. Rockman/J. Steele (Hgg.), *Colonization of unfamiliar landscapes: The archaeology of adaptation*, London/New York, 3–24.

Rutherfurd, Ian D./Christine Kenyon (2005): „Geomorphology of the Barmah-Millewa Forest“, in: *Proceedings of the Royal Society of Victoria* 117: 23 – 40.
Salmond, Anne (2014): „Tears of Rangi: Water, power, people in New Zealand“, in: *HAU: Journal of Ethnographic Theory* 4 (3): 285 – 309.
Santos-Granero, Fernando (2012): „Beinghood and people-making in native Amazonia“, in: *HAU: Journal of Ethnographic Theory* 2 (1): 181 – 211.
Schütz, Alfred/Thomas Luckmann (2003): *Strukturen der Lebenswelt*, Konstanz.
Shipman, Pat (2010): „The animal connection and human evolution“, in: *Current Anthropology* 51 (4): 519 – 538.
Smith, Murray (2011): „Empathy, expansionism, and the extended mind“, in: A. Coplan/P. Goldie (Hgg.), *Empathy: Philosophical and psychological perspectives*, Oxford/New York, 99 – 117.
Steguweit, Leif (2015): „Rotten ivory as raw material source in European Upper Paleolithic“, in: *Quaternary International* 361: 313 – 318.
Strang, Veronica (2004): *The meaning of water*, Oxford.
Strang, Veronica (2014): „Fluid consistencies: Material relationality in human engagements with water“, in: *Archaeological Dialogues* 21 (2): 133 – 150.
Terberger, Thomas/Martin Street (2002): „Hiatus or continuity? New results for the question of pleniglacial settlement in Central Europe“, in: *Antiquity* 76: 691 – 698.
Varela, Francisco J./Evan Thompson/Eleanor Rosch (1991): *The embodied mind: Cognitive science and human experience*, Cambridge, MA.
Vermeersch, Pierre M./Wim Van Neer (2015): „Nile behaviour and Late Palaeolithic humans in Upper Egypt during the Late Pleistocene“, in: *Quaternary Science Reviews* 130: 155 – 167.
Wendel, Kendra L. (2014): *Lifeblood of the earth: Nuwuvi (Southern Paiute) hydrological knowledge and perceptions of restoration in two Southern Nevada protected areas*, unveröffentlichte Ph.D.-Dissertation, Portland.
Weniger, Gerd-Christian (1987): „Magdalenian settlement pattern and subsistence in Central Europe: The Southwestern and Central German cases“, in: O. Soffer (Hg.), *The Pleistocene old world: Regional perspectives*, New York/London, 201 – 216.
Whatmore, Sarah (2006): „Materialist returns: Practising cultural geography in and for a more-than-human world“, in: *Cultural Geographies* 13: 600 – 613.
White, Randall (2007): „Systems of personal ornamentation in the Early Upper Palaeolithic: Methodological challenges and new observations“, in: P. A. Mellars/K. Boyle/O. Bar-Yosef/C. Stringer (Hgg.), *Rethinking the human revolution: New behavioural and biological perspectives on the origin and dispersal of modern humans*, Cambridge, 287 – 302.
White, Randall/Raphaëlle Bourrillon (2015): „Aurignacian graphic and plastic expression in Southwest France: Context, dating and inter-regional comparisions“, in: Hugo-Obermaier-Gesellschaft (Hg.), *Tagungsband zur 57. Jahrestagung*, Erlangen, 76.
White, Randall/Romain Mensan/Raphaëlle Bourrillon/Catherine Cretin/Thomas F. G. Higham/Amy E. Clark/Matthew L. Sisk/Elise Tartar/Philippe Gardère/Paul Goldberg/Jacques Pelegrin/Hélène Valladas/Nadine Tisnérat-Laborde/Jacques de Sanoit/Dominique Chambellan/Laurent Chiotti (2012): „Context and dating of Aurignacian vulvar representations from Abri Castanet, France“, in: *Proceedings of the National Academy of Sciences of the United States of America* 109 (22): 8450 – 8455.

Wilcock, Deirdre (2011): *Living landscapes: ‚Ethnogeomorphology' as an ethical frame of communication in environmental decision-making*, unveröffentlichte Ph.D.-Dissertation, New York.
Wilcock, Deirdre/Gary Brierley/Richard Howitt (2013): „Ethnogeomorphology", in: *Progress in Physical Geography* 37 (5): 573–600.
Wilson, Nicole J./M. Todd Walter/Jon Waterhouse (2015): „Indigenous knowledge of hydrological change in the Yukon River basin: A case study of Ruby, Alaska", in: *Arctic* 68 (1): 93–106.
Wolf, Sibylle (2015): *Schmuckstücke: Die Elfenbeinbearbeitung im Schwäbischen Aurignacien*, Tübingen.
Wollheim, Richard (1988): *Painting as an art*, Princeton.
Yamagiwa, Juichi/Leszek Karczmarski (Hgg.) (2014): *Primates and cetaceans: Field research and conservation of complex mammalian societies*, Tokio.
Zahavi, Dan/Søren Overgaard (2014): „Empathy without isomorphism: A phenomenological account", in: J. Decety (Hg.), *Empathy: From bench to bedside*, Cambridge, MA, 3–20.
Zentall, Thomas R./Edward A. Wasserman (Hgg.) (2012): *The Oxford handbook of comparative cognition*, Oxford/New York.
Zilhão, João (1997): *Arte rupreste e préhistoria do vale do Côa*, Lissabon.
Zilhão, João/Thierry Aubry/António F. Carvalho/António M. Baptista/Mário V. Gomes/José Meireles (1997): „The rock art of the Côa Valley (Portugal) and its archaeological context: First results of current research", in: *Journal of European Archaeology* 5 (1): 7–49.

Abbildungen

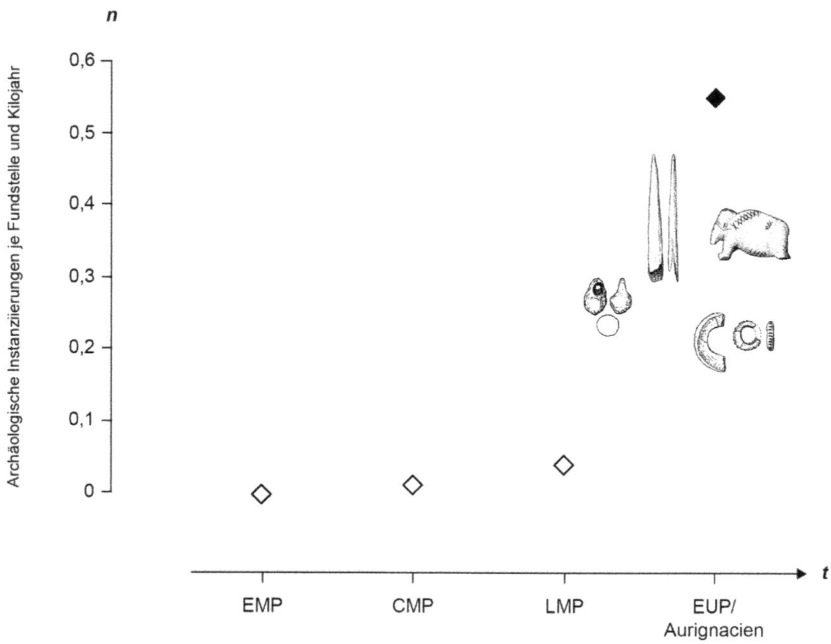

Abb. 1: Häufigkeit archäologischer Instanzen soziokultureller Komplexität (vor allem organische Artefakte mit Tierbezug) für die idealtypische Fundstelle mit 1000 Jahren Laufzeit ihrer chronologischen Einheit (angegebene Werte sind entsprechend normalisiert). Häufigkeiten bilden nur das qualitative Vorkommen der für die Frage nach soziokultureller Komplexität diskutierten Kategorien materieller Kultur ab, nicht aber die Häufigkeit der Instanziierung dieser Kategorien. EMP: Frühes Mittelpaläolithikum; CMP: Klassisches Mittelpaläolithikum; LMP: Spätes Mittelpaläolithikum; EUP/Aurignacien: Frühes Jungpaläolithikum (verknüpft mit dem anatomisch modernen Menschen).

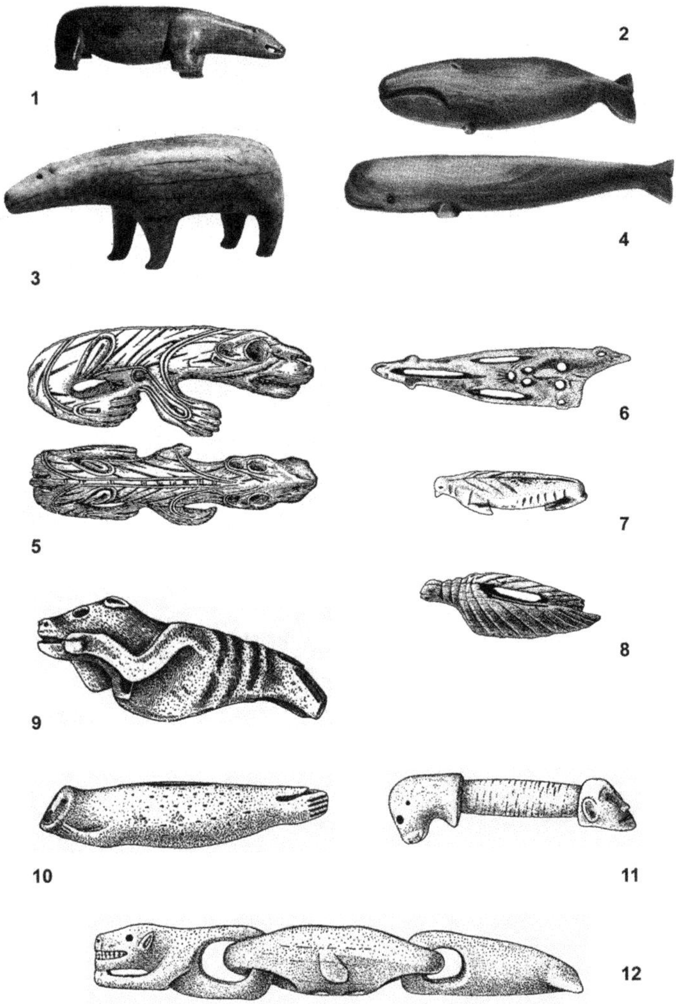

Abb. 2: Tierdarstellungen von Wildbeutergruppen Nordwestamerikas und Ostsibiriens aus organischem (tierischem) Material. 1: Eisbär aus Elfenbein (Ostsibirien); 2: Grönlandwal aus Elfenbein (Alaska); 3: Eisbär aus Elfenbein (Dorset); 4: Beluga aus Elfenbein (Alaska); 5: Junges Walross aus Elfenbein mit Skelettornamentierung (Point Hope/Alaska); 6: Stilisierter Bär, der invertiert als menschliches Gesicht erscheint (Dorset); 7: Walross mit gravierten Linien, die als Skelettmarkierungen gedeutet werden (Dorset/Igloolik); 8: Falke mit graviertem Gesicht einer Frau (Dorset); 9: Komposit-Tier aus Elfenbein (Cape Darby); 10: Meerjungfrau-ähnliche Kreatur aus Elfenbein (Sledge Island); 11: Elfenbeingriff mit Robbenkopf und Meerjungfrau-Wesen (Sledge Island); 12: Elfenbeingriff mit Komposit-Tier (Sledge Island).

Abb. 3: Figurinen und Schmuckstücke aus dem Frühen Jungpaläolithikum (Aurignacien) der Schwäbischen Alb (Südwestdeutschland). 1: Elfenbeinmammut aus dem Vogelherd; 2: Mammutgravur aus dem Vogelherd; 3: Elfenbeinmammut aus dem Vogelherd; 4: Elfenbeinmammut aus dem Vogelherd; 5: Elfenbeinmammut aus dem Geißenklösterle; 6: Elfenbeinmammut aus dem Vogelherd; 7: Löwenmensch aus dem Hohlenstein-Stadel; 8: Elfenbeinlöwe aus dem Vogelherd; 9: Elfenbeinlöwe aus dem Vogelherd; 10: Löwenmensch-Idol aus dem Geißenklösterle; 11: Diverse Elfenbeinperlen aus Hohle Fels und Vogelherd; 12: Kleiner Löwemensch aus dem Hohle Fels. Fotos: J. Lipták, H. Jensen und S. Wolf, © Universität Tübingen und Ulmer Museum. Mit freundlicher Genehmigung von Harald Floss und Kurt Wehrberger.

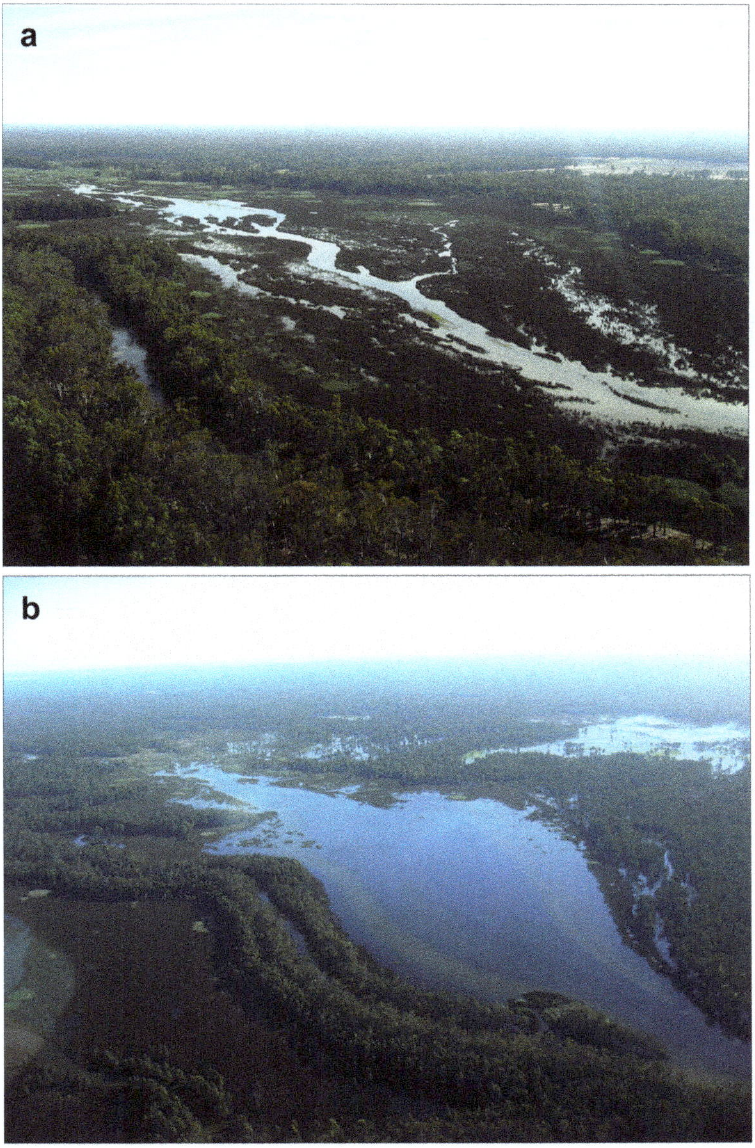

Abb. 4: Luftaufnahmen des Murray-Flusses und seines Einzugsgebiets (Südostaustralien), die den Fluss in reduzierter, dem Flussbett folgender Gestalt (a) und in über die Ufer tretender Gestalt zeigen (b). Die Bilder zeigen die Interkonnektivität von Hauptfluss, Nebenläufen und Marsch- und Sumpflandschaft einerseits sowie die landschaftsgestaltende und -dominierende Kraft des Murray-Flusses andererseits. Fotos: Paul O'Connor. Mit freundlicher Genehmigung von Paul O'Connor, Department for Sustainability and Environment, Victoria.

Abb. 5: Jungpaläolithische Felsgravierungen im Côa-Tal (Foz-Côa, Portugal). Die gravierten Platten sind durch geologische Prozesse aufgerichtet worden und flankieren den Côa-Fluss in prominenter Weise. Fotos: Pedro Guimarâes. Mit freundlicher Genehmigung von Pedro Guimarâes.

Abb. 6: „Eingebettete" Höhlenbilder aus dem Jungpaläolithikum Franko-Kantabriens. Links oben: Wisent-Malereien an der Deckenwand von Altamira (die Darstellungen orientieren sich in Lage und Größe an den natürlichen Wölbungen der Höhle); links unten: schwarzfigurige Cerviden-Darstellungen aus Chimeneas; rechts oben und unten: schematische Fratzen von Menschen, die meist als „Masken" angesprochen werden und in der Regel nur aus wenigen Punkten und Linien bestehen (die Gesichter entstehen erst durch die Assoziation dieser Linien und Punkte mit den natürlichen Konturen der Felswände, und die resultierenden „Masken" sind deshalb umgekehrt auch meist auf besonders prominenten und markanten Felsformationen anzutreffen). Foto: Heinrich Wendel. © Wendel-Kollektion, Neanderthal Museum Mettmann.

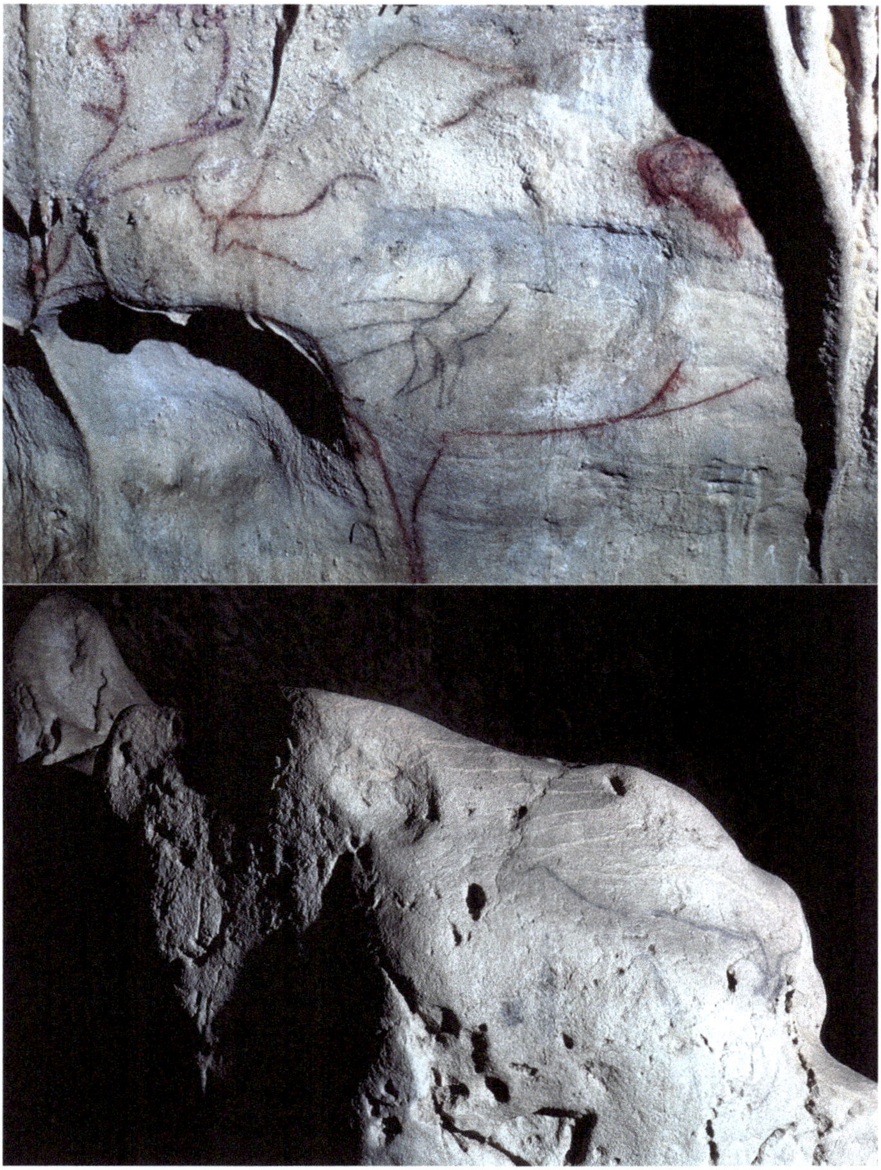

Abb. 7: „Eingebettete" Höhlenbilder aus dem Jungpaläolithikum Franko-Kantabriens. Oben: Ausschnitt aus dem Bildfeld des Riesenhirschs in Cougnac (das Tier wird einerseits von natürlichen Felskonturen begrenzt, andererseits definiert eine solche sogar die Halslinie des Riesenhirschs). Unten: schwarzfigurige Bison-Zeichnung aus Ekain, die geradezu an der natürlichen Felskante „aufgehängt" zu sein scheint. Fotos: Heinrich Wendel. © Wendel-Kollektion, Neanderthal Museum Mettmann.

Miriam Noël Haidle, Duilio Garofoli, Sebastian Scheiffele und Regine Elisabeth Stolarczyk

Die Entstehung einer Figurine?

Material Engagement und verkörperte Kognition als Ausgangspunkt einer Entwicklungsgeschichte symbolischen Verhaltens

Abstract: Circa 280,000 years ago, a human picked up a piece of scoria on the Golan Heights in the Levant. To our modern mind, well-trained in perceiving figures in non-figurative contexts, this object's natural form roughly resembles part of a human female body. The individual took a stone tool and scratched along natural lines, thus accentuating the human-like appearance. Based on depictions in cognigrams, in this paper we compare several reconstructions of the sequence of perceptions and actions that might have led to the figurine of Berekhat Ram. The reconstructions are discussed with special regard to material engagement and embodied cognition in the developmental process. The piece, unique in its time period, is a product of a human performance with physical, cognitive, and behavioral aspects. As such, it is set within the frame of the EECC (Evolution and Expansion of Cultural Capacities) model and examined regarding the interplay of evolutionary-biological, historical-social, and ontogenetic-individual dimensions of development.

Vor 250 – 280.000 Jahren bemerkte ein menschliches Individuum auf den Golanhöhen bei Berekhat Ram einen Brocken vulkanischer Schlacke, der einer menschlichen Gestalt ähnelt (Abb. 1).[1] Das Individuum war wahrscheinlich ein Nachfahre von *Homo heidelbergensis*, ausgestattet mit einem großen Gehirn von mehr als 1000 cm^3,[2] Händen, die mit Werkzeugen umgehen konnten,[3] und einem Lautbildungsapparat ganz ähnlich dem heutigen Menschen.[4] Zeitgenossen jagten mit hölzernen Speeren,[5] nutzten zumindest gelegentlich Feuer[6] und stellten ver-

1 Goren-Inbar 1986.
2 Rightmire 2013.
3 Ward/Tocheri/Plavcan/Brown/Manthi 2014.
4 Martínez/Arsuaga/Quam/Carretero/Gracia/Rodríguez 2008.
5 Thieme 1997.
6 Roebroeks/Villa 2011; Sandgathe/Dibble/Goldberg/McPherron/TurqNiven/Hodgkins 2011.

DOI 10.1515/9783110528626-010

schiedene Werkzeuge her mit unterschiedlichen traditionellen Techniken,[7] die sie von Generation zu Generation weitergaben. Zu dieser Zeit wurden soziale Systeme generell noch nicht durch symbolische Werkzeuge unterstützt. Dann griff ein neugieriges Individuum nach einem Stück vulkanischer Schlacke, das – zumindest unseren modernen, an Figurensehen gewöhnten Geist – grob an eine menschliche Frau mit Kopf, Armen, Brüsten, Bauch und Rücken erinnert. Das Individuum nahm ein Steingerät, fuhr die natürlichen Vertiefungen entlang der ‚Nackenlinie' und der ‚Arme' nach[8] und hob damit die Ähnlichkeit hervor. Ob und wann das Individuum die besondere Form des Stückes wahrnahm, ist unklar. War diese individuelle Umbildung und mögliche Erfassung der Ähnlichkeit der Anbruch einer der wichtigsten menschlichen Entwicklungen, des symbolischen Verhaltens?

Im Rahmen der nachfolgenden Arbeit soll auf verschiedenen Ebenen untersucht werden, inwieweit das Artefakt von Berekhat Ram eine qualitative Neuerung darstellt: in der Komplexität des Verhaltens, in der Herausbildung einer neuen Bedeutungskategorie eines materiellen Symbolismus sowie in neuen kognitiven Fähigkeiten. Abschließend soll beurteilt werden, welche Veränderungen in den verschiedenen Entwicklungsdimensionen, ob evolutionär-biologisch, historisch-sozial oder ontogenetisch-individuell, am besten die Entstehung der Figurine erklären. Mit Hilfe von Kognigrammen wird eine Reihe von möglichen Rekonstruktionen des dem Artefakt zugrunde liegenden Geschehens verglichen, deren Plausibilität unter Berücksichtigung der Bedingungen (*Conditional approach*)[9] bewertet werden soll. Dies geschieht mit einem minimalistischen Ansatz, wobei die Erfordernisse der Rekonstruktionen für das Berekhat Ram-Artefakt dem Verhaltensrepertoire gegenübergestellt werden, das für ungefähr zeitgleiche Kontexte rekonstruiert wurde. Damit folgen wir dem kürzlich vorgeschlagenen holistischen Ansatz[10] in der kognitiven Archäologie.

1 Was geschah in Berekhat Ram? Identifikation neuartiger Verhaltenskomponenten

In einem ersten Analyseabschnitt müssen Fakten und darauf aufbauende Interpretationsschritte unterschieden werden.[11] Gegenstand dieser Untersuchung ist

7 Goren-Inbar 1985.
8 d'Errico/Nowell 2000.
9 Abramiuk 2012; Bell 1994; Wynn/Coolidge 2009.
10 Garofoli/Haidle 2014; Garofoli 2017.
11 Haidle 2014a.

Abb. 1. Das Schlackestück von Berekhat Ram mit Gravierungen entlang der Nacken- und Armlinien (Photo: Francesco d'Errico & April Nowell).

ein Stück Schlacke, genauer gesagt, ein Ergussgestein vulkanischen Ursprungs mit vesikulärer Oberflächentextur, aus dem archäologischen Kontext einer Acheuléen-zeitlichen Fundstelle.[12] Die Form des Steins erinnert einige Forscher an eine menschliche Frauengestalt (Interpretation 1).[13] Auf seiner Oberfläche wurden mögliche Modifikationsspuren identifiziert,[14] die als – wahrscheinlich mit Hilfe eines Steinwerkzeugs – intentionell hergestellt interpretiert wurden (Interpretation 2).[15] Aus diesen Details lassen sich verschiedene Auslegungen ableiten (Interpretationen 3), die sich am besten durch eine systematische Kodierung in Kognigrammen vergleichen lassen[16].

12 Goren-Inbar 1985.
13 Goren-Inbar 1986; Goren-Inbar/Peltz 1995; Marshack 1997.
14 Für eine alternative Erklärung siehe Pelcin 1994.
15 d'Errico/Nowell 2000.
16 Haidle 2012; Haidle 2014a.

Kognigramme basieren auf dem Konzept von *chaînes opératiores*, beleuchten darüber hinaus aber auch rekonstruierte Elemente aus Wahrnehmungs- und Handlungsprozessen, wie zum Beispiel aktive und passive Aufmerksamkeitsschwerpunkte (Fokusse), Problem- und Bedürfniswahrnehmungen, die diese Aufmerksamkeitsfokusse eröffnen, Handlungsschritte innerhalb der Fokusse sowie Effekte, die Fokusse auf andere Fokusse ausüben können (Abb. 2). Der Vergleich der verschiedenen Handlungsrekonstruktionen in kodierter Form ermöglicht es, die Unterschiede zwischen ihnen deutlich zu machen. Für alle hier vorgestellten Fälle wird das am Modifikationsprozess beteiligte und nicht weiter definierte Steinwerkzeug als vorhanden angenommen. Dessen Herstellung stellt einen eigenen Vorgang dar, der in die Modifikationsprozesse des Schlackestückes, die hier von Belang sind, nicht eingeschlossen ist.

In der ersten Rekonstruktion (Abb. 3a) des Berekhat Ram-Falles wird angenommen, dass das Individuum keine besondere Absicht verfolgte, sondern allein aus der unbewussten Beschäftigung der Hände heraus damit begann, das Schlackestück mit einem unspezifischen Steinwerkzeug zu bearbeiten (vergleichbar mit modernen Zeichnungen, die beim Warten am Telefonhörer entstehen[17]). Dieses manipulative Verhalten resultierte in einer positiven Stimulation des Subjekts, was ihm/ihr eine unbeabsichtigte Befriedigung verschaffte. Das Schlackestück bedingte durch seine materiellen Eigenschaften das Verhalten des hominiden Agenten und verleitete ihn/sie dazu, Muster entlang natürlich vorhandener Linien nachzuziehen, ohne besondere Absicht und ohne dabei zu irgendeinem Zeitpunkt auf die Ähnlichkeit mit einer menschlichen Gestalt aufmerksam zu werden. Bei späteren Gelegenheiten könnte das Subjekt dann bewusst angestrebt haben, eine solche unerwartet wahrgenommene Befriedigung im Ritzen eines Steins zu reproduzieren, wie es in den folgenden Beispielen vorausgesetzt wird.

In einer zweiten Rekonstruktion (Abb. 3b) gehen die Handlungen im Großen und Ganzen von unspezifischen Intentionen aus. Dabei wird angenommen, dass das Subjekt zu Anfang beabsichtigte, irgendein Schlackestück mit einem nicht weiter definierten Steinwerkzeug zu bearbeiten. Wir können davon ausgehen, dass das Subjekt schon in der Vergangenheit Vergnügen dabei empfand (vgl. das erste Szenario, Abb. 3a). Also zielte er/sie darauf ab, diese Erfahrung zu wiederholen. Das Individuum suchte nach einem geeigneten Stein und wählte einen aus; daraufhin begann er/sie damit, das Stück entlang von natürlich gegebenen Zonen und Linien zu modifizieren und empfand dabei Befriedigung (4 in Abb. 3b). Erst während des Modifikationsvorgangs bemerkte das Individuum die Ähnlichkeit mit

17 Coolidge/Wynn 2011.

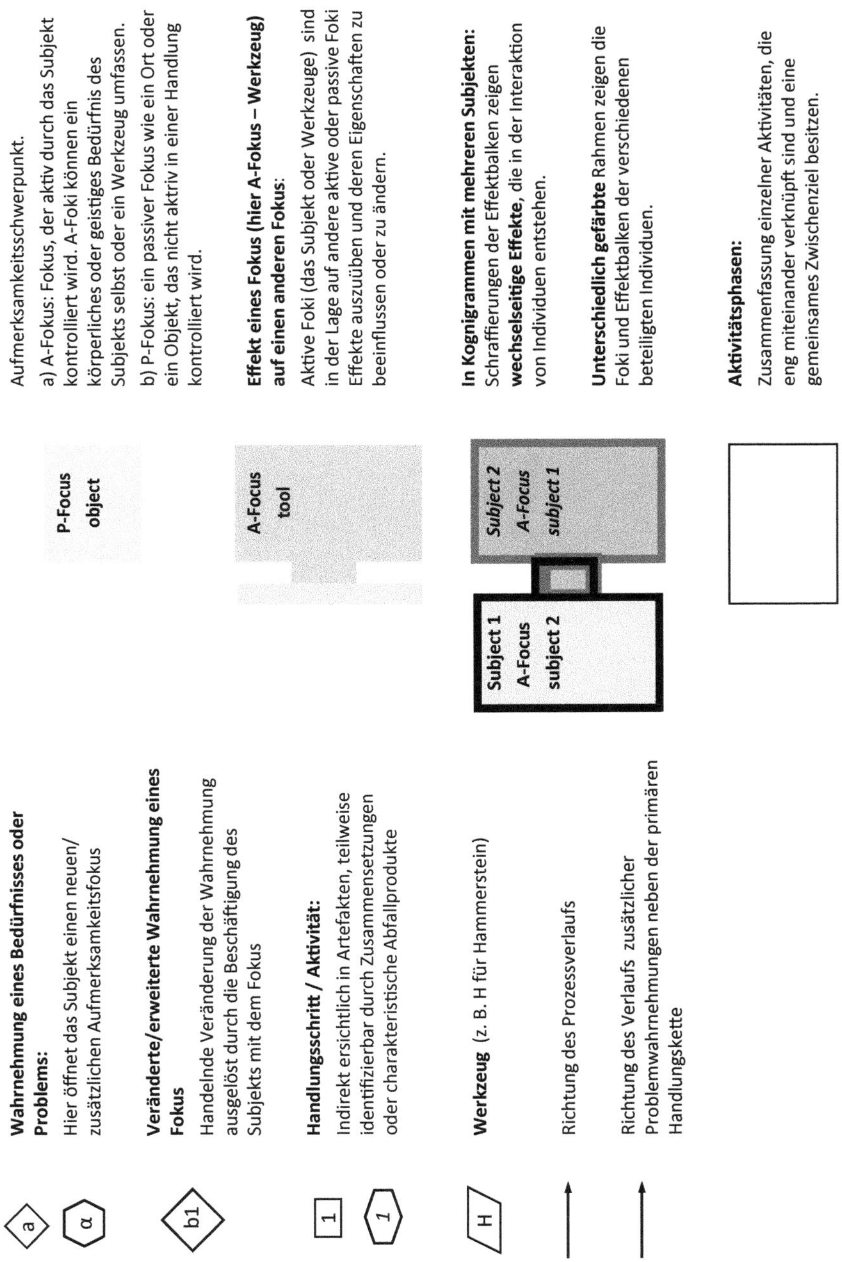

Abb. 2. Elemente von Kognigrammen.

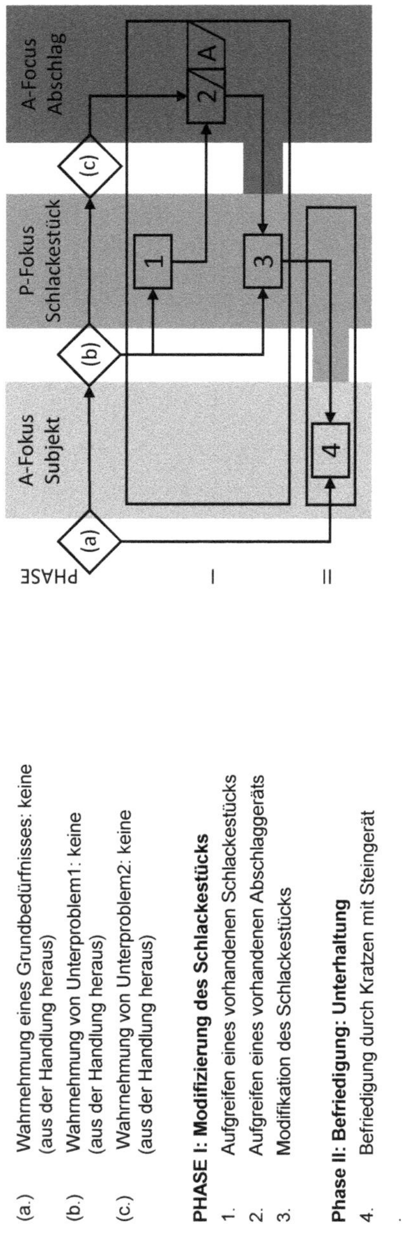

Abb. 3a. Kognigramme der verschiedenen Rekonstruktionen von Wahrnehmungs-Handlungs-Prozessen, die zum Berekhat Ram-Stück mit Gravierungen geführt haben könnten: Version A.

einer menschlichen Gestalt (b1 in Abb. 3b) und fand Gefallen an der Wahrnehmung (6 in Abb. 3b) eines solch außergewöhnlichen Gegenstandes (a' in Abb. 3b). Auf lange Sicht konnte diese zweite Phase des Nachsinnens über den modifizierten Stein und des Auskostens des Resultats von der anfänglichen Modifikation entkoppelt und als eigenständiges Performanzmodul wiederholt werden.

Ein drittes Szenario (Abb. 3c) unterscheidet sich vom letzteren durch das Ziel, das zu Anfang des Prozesses gesetzt wurde, und durch die daraus resultierenden Konsequenzen. Es ist aus zwei Modulen zusammengesetzt. Zu Beginn des ersten Moduls verspürte das Subjekt keine Absicht irgendetwas zu modifizieren, sondern schaute sich Schlackestücke ohne besondere Intention an (a in Abb. 3c). Erst während er/sie das fragliche Stück visuell erkundete, bemerkte er/sie zufällig die Ähnlichkeit mit einer menschlichen Gestalt (b1 in Abb. 3c). Auf dieser Grundlage entwickelte das Subjekt eine neue Intention, diese Ähnlichkeit weiter hervorzuheben (a' in Abb. 3c), wobei ein zweites Performanzmodul initiiert wurde. Infolgedessen nahm das Subjekt das Bedürfnis wahr, ein Steinwerkzeug zur Hand zu nehmen (c in Abb. 3c), um die neu entstandene Absicht am Schlackestück zu verwirklichen.

Die vierte Rekonstruktion (Abb. 3d) geht davon aus, dass das Subjekt von Beginn an die spezifische Intention hegte, einem Schlackestück mit einem unbestimmten Steinwerkzeug ein menschliches Erscheinungsbild zu geben. Das Individuum sah sich nach einem geeigneten Stein um und wählte diesen hinsichtlich einer adäquaten, wahrscheinlich als menschenähnlich wahrgenommenen Form aus (b1 in Abb. 3d). Die Modifikation bestimmter Bereiche und Linien wurde dann entsprechend der schon zu Anfang vorhandenen Intention vorgenommen.

Jede der vier dargestellten Rekonstruktionen ist auf die individuelle Ebene beschränkt; die Beteiligung anderer Menschen wurde bislang nicht in Betracht gezogen, weder bei der Wahrnehmung der Ähnlichkeit noch während des Modifikationsprozesses oder später bei der Würdigung des Ergebnisses. Die fünfte Rekonstruktion (Abb. 3e) unterscheidet sich in diesem Aspekt von der zweiten. Nachdem das Subjekt die Ähnlichkeit mit einer menschlichen Gestalt bemerkt hatte, entwickelte er/sie die neue Intention (a'' in Abb. 3e), diese Erfahrung mit einem anderen Individuum zu teilen und eröffnete dabei ein neues Performanzmodul mit einem weiteren Aufmerksamkeitsfokus (Subjekt 2 in Abb. 3e). Während Subjekt 1 das modifizierte Schlackestück hielt und sich Subjekt 2 näherte (Wahrnehmung d, respektive Handlungsschritt 6 in Abb. 3e), aktivierte es dieses zweite Individuum mitsamt dessen eigener Intentionalität. In der Perspektive von Subjekt 2 eröffnete sich die Wahrnehmung, dass sich eine unklare, die eigenen Handlungen unterbrechende Situation anbahnte (α in Abb. 3e), gefolgt von der Wahrnehmung (Eröffnung des Fokus), dass Subjekt 1 sich näherte (β in Abb. 3e). Als Subjekt 1 das intersubjektive Engagement begann, indem er/sie auf irgendeine Art und Weise das Stück Schlacke als Aufmerksamkeitsschwerpunkt einführte (7 in Abb. 3e), trat Subjekt 2 diesem intersubjektiven System bei. Es verliefen nun

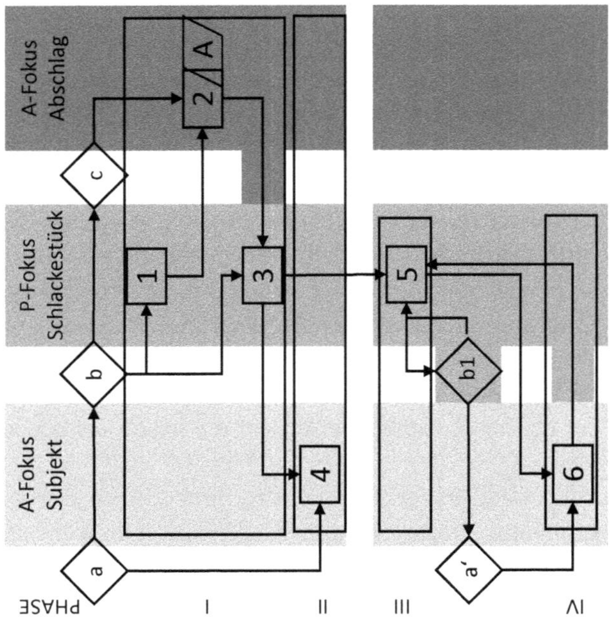

a. Wahrnehmung eines Grundbedürfnisses: Unterhaltung durch Modifikation eines Objekts
b. Wahrnehmung von Unterproblem 1: passendes Objekt nötig
c. Wahrnehmung von Unterproblem 2: Abschlaggerät für Modifikation nötig

PHASE I: Modifizierung eines Schlackestücks
1. Aufgreifen eines vorhandenen Schlackestücks
2. Aufgreifen eines vorhandenen Abschlaggeräts
3. Modifikation des Schlackestücks

Phase II: Befriedigung: Unterhaltung
4. Befriedigung durch Kratzen mit Steingerät

Phase III: Detaillierte Betrachtung des modifizierten Stücks
5. Detaillierte Betrachtung des modifizierten Stücks

b1. Erweiterte Wahrnehmung des Schlackestücks mit menschenähnlicher Gestalt
a'. Wahrnehmung eines Grundbedürfnisses: Erfahrung eines besonderen Artefakts

PHASE IV: Befriedigung des Bedürfnisses a': Erfahrung eines besonderen Artefakts
6. Bedürfnis befriedigt: Wertschätzung des Erfahrens eines besonderen Artefakts

Rekursion ist möglich zwischen Schritt 5 und 6.

Abb. 3b. Kognigramme der verschiedenen Rekonstruktionen von Wahrnehmungs-Handlungs-Prozessen, die zum Berekhat Ram-Stück mit Gravierungen geführt haben könnten: Version B.

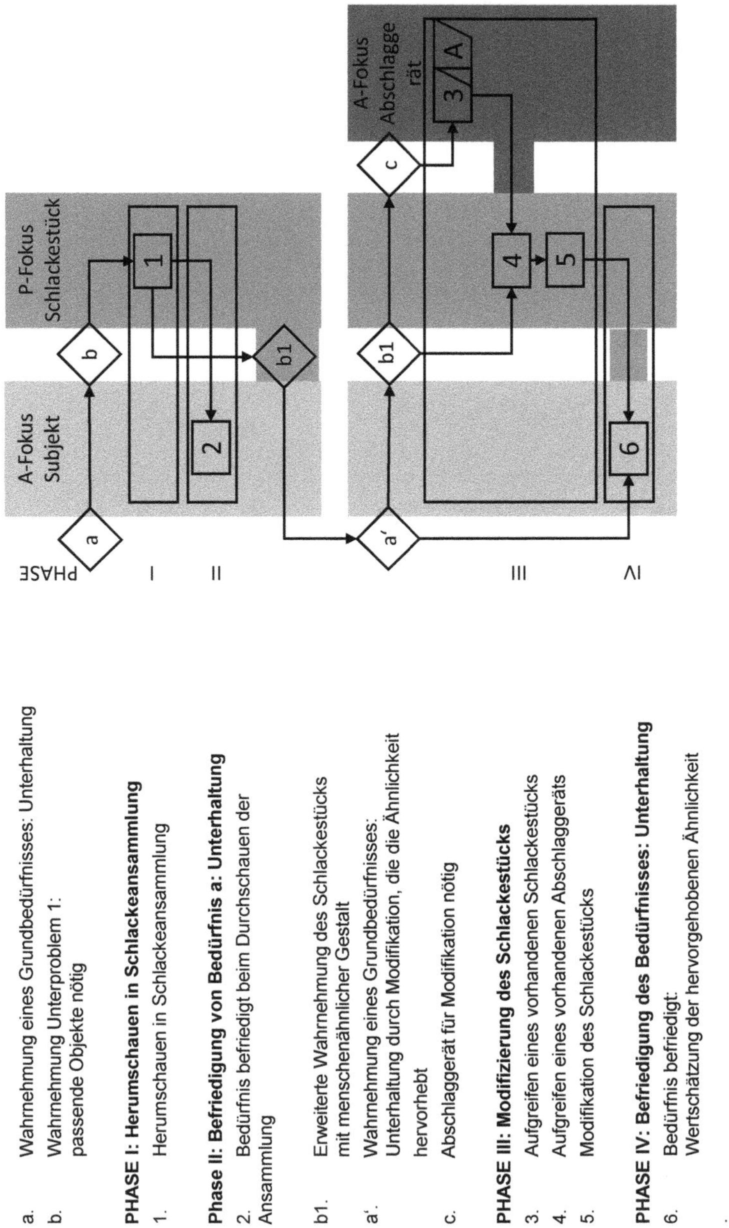

Abb. 3c. Kognigramme der verschiedenen Rekonstruktionen von Wahrnehmungs-Handlungs-Prozessen, die zum Berekhat Ram-Stück mit Gravierungen geführt haben könnten: Version C.

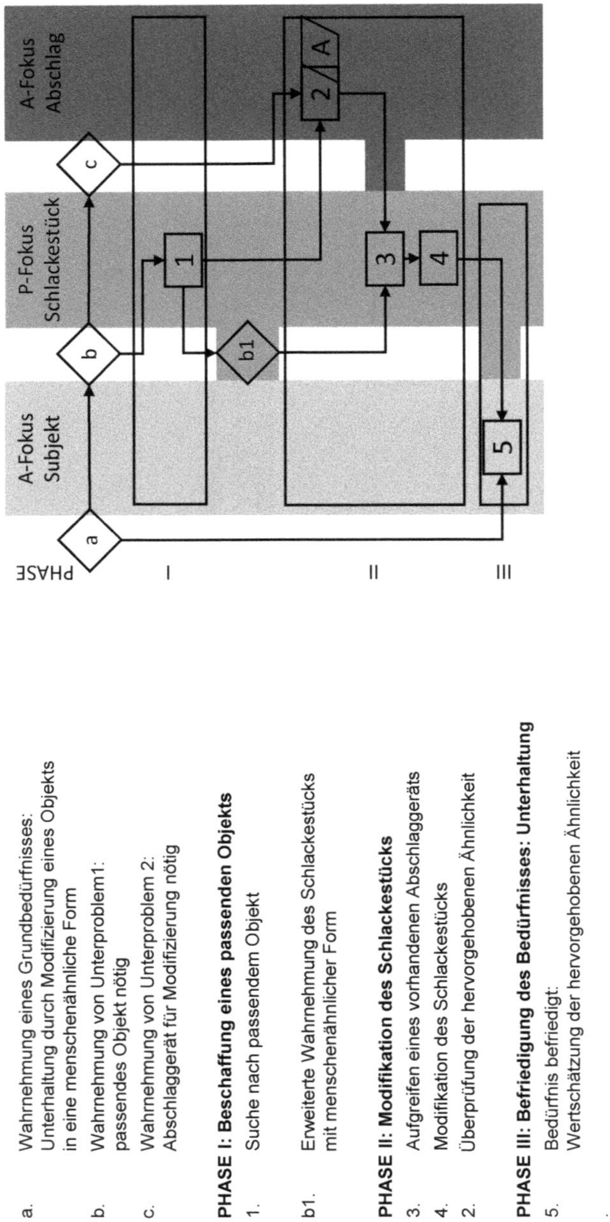

Abb. 3d. Kognigramme der verschiedenen Rekonstruktionen von Wahrnehmungs-Handlungs-Prozessen, die zum Berekhat Ram-Stück mit Gravierungen geführt haben könnten: Version D.

zwei miteinander verbundene Handlungsketten parallel, wobei die beiden Subjekte zur selben Zeit und mit voneinander abhängigen Effekten/Rückmeldungen aufeinander einwirkten. Subjekt 1 zeigte das modifizierte Stück, und Subjekt 2 begutachtete dieses (8/*2* in Abb. 3e), wobei die Wahrnehmung einer menschenähnlichen Form ausgelöst wurde (*3* in Abb. 3e). Aus diesem Moment gemeinsamer Aufmerksamkeit entstand ein Erlebnis gemeinsamer Intentionalität.[18] Die Subjekte bestätigten sich gegenseitig die Wahrnehmung der Ähnlichkeit beziehungsweise die Wertschätzung der geteilten Einsicht (*4*/9 in Fig. 3e), was zu gegenseitiger Befriedigung führte. In künftigen Situationen konnte dieses Modul – wie schon das zweite in Abb. 2b – vom ursprünglichen Modifikationsmodul entkoppelt und als unabhängige Performanzeinheit im Kontext des Teilens der Wertschätzung des Schlackestücks oder irgendeines anderen anregenden Dinges wiederholt werden. Darüber hinaus konnte eine intersubjektive Bedeutungsbestimmung auch ohne eine spezifische Intention von Subjekt 1 entstehen, indem dieses lediglich durch Zufall auf Subjekt 2 traf und auf irgendeine von diesem ausgehende Stimulation reagierte.

Allerdings wurde bislang weder aus dem archäologischen Fundzusammenhang von Berekhat Ram noch von irgendeiner anderen quasi-gleichzeitigen Fundstelle der Levante ein Hinweis darauf publiziert, dass dieser Prozess von damaligen Hominiden in einem ähnlichen Kontext wiederholt oder weitergeführt worden wäre. Das Stück vulkanischer Schlacke und die Modifikation desselben (oder von Teilen davon) wurde entweder nicht in eine soziale Interaktion der Acheuléen-Gruppe eingebunden oder dies hatte schlicht keine weitere Auswirkung. Eine solche Interpretation könnte aber durch den Mangel an Hinweisen aufgrund der begrenzten Erhaltung altpaläolithischer Überlieferungen verzerrt sein.

Bei der Abwägung dieser fünf Rekonstruktionen kann die Beurteilung eines tatsächlichen Novums durch das Berekhat Ram-Geschehen mithilfe einer Methode vorgenommen werden, die ursprünglich für die Analyse von Neuerungen im Werkzeuggebrauch eingeführt wurde.[19] Das Material, das im Verlauf des Problemlösungsprozesses verwendet wurde, scheint eine Neuerung zu sein; es gibt keine weiteren Hinweise auf modifizierte Schlackestücke. Die Form des Stückes, und damit die des Endproduktes, war von der Natur vorgegeben und stellt keine Neuerung dar. Die Funktion des Endproduktes ist unklar und wahrscheinlich keine Neuerung. Nichtsdestotrotz könnte die Funktion des Modifikationsprozesses selbst, eine natürlich gegebene Form hervorzuheben – gesetzt den Fall, dass

18 Tomasello/Rakoczy 2003.
19 Haidle/Bräuer 2011.

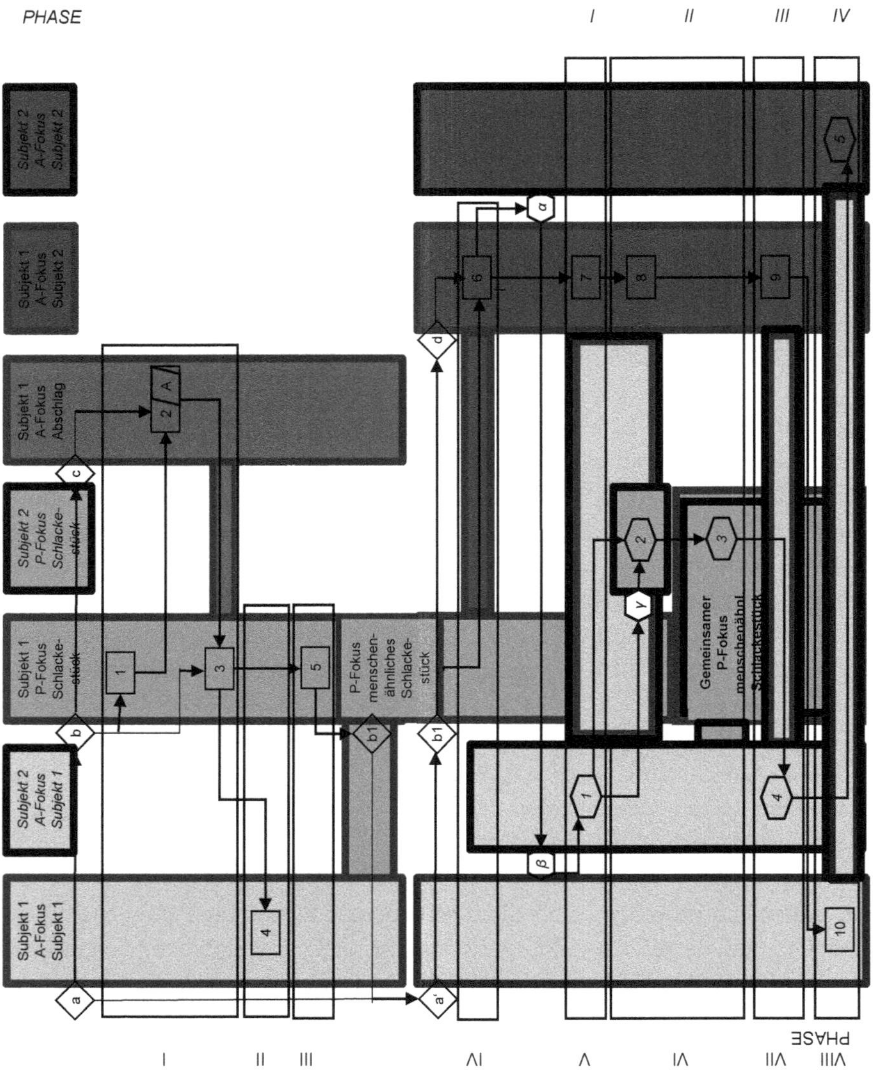
PHASE
I
II
III
IV
Subjekt 2 A-Fokus Subjekt 2
Subjekt 1 A-Fokus Subjekt 2
Subjekt 1 A-Fokus Abschlag
Subjekt 2 P-Fokus Schlacke-stück
Subjekt 1 P-Fokus Schlacke-stück
Subjekt 2 A-Fokus Subjekt 1
Subjekt 1 A-Fokus Subjekt 1
P-Fokus menschen-ähnliches Schlacke-stück
Gemeinsamer P-Fokus menschenähnl Schlackestück
PHASE
I
II
III
IV
V
VI
VII
VIII

SUBJEKT 1

a. Wahrnehmung eines Grundbedürfnisses: Unterhaltung durch Modifizierung eines Objekts
b. Wahrnehmung von Unterproblem 1: passendes Objekt nötig
c. Wahrnehmung von Unterproblem 2: Abschlaggerät für Modifizierung nötig

Phase I: Modifizierung eines Schlackestücks
1. Aufgreifen eines vorhandenen Schlackestücks
2. Aufgreifen eines vorhandenen Abschlaggeräts
3. Modifikation des Schlackestücks

Phase II: Befriedigung eines Bedürfnisses a: Unterhaltung
4. Befriedigung durch Kratzen mit Steingerät

Phase II: Detaillierte Betrachtung des modifizierten Stücks
5. Detaillierte Betrachtung des modifizierten Schlackestücks

b1. Erweiterte Wahrnehmung des Schlackestücks mit menschenähnlicher Form
a''. Wahrnehmung eines Grundbedürfnisses: Teilen der Beobachtung
d. Wahrnehmung von Unterproblem 3: anderes Subjekt nötig

Phase IV: Suche nach anderem Subjekt um Beobachtung zu teilen
6. Annäherung an anderes Subjekt

Phase V: Teilen des Anlasses der Intervention
7. Erklärung des Anliegens für Subjekt 2

Phase VI: Einem anderen Subjekt das modifizierte Stück zeigen
8. Subjekt 2 das modifizierte Stück zeigen

Phase VII: Kommunizieren von geteiltem Verständnis
9. Kommunizieren der Wertschätzung von geteiltem Verständnis

Phase VIII. Befriedigung des Bedürfnisses a'': Teilen der Beobachtung
10. Bedürfnis befriedigt durch Teilen der Beobachtung und positive Rückmeldung

SUBJEKT 2

α. Wahrnehmung eines Grundbedürfnisses: Geteiltes Verständnis der Intervention
β. Wahrnehmung von Unterproblem 1: Identifizierung der Intervention von Subjekt 1

Phase I: Identifizierung des Anlasses der Intervention
1. Anhören des Anliegens von Subjekt 1

γ. Wahrnehmung von Unterproblem 2: Identifizierung des bezeichneten Stückes

Phase II: Identifizierung der zu teilenden Absichten
2. Betrachtung des modifizierten Schlackestücks
3. Erkennen einer menschenähnlichen Form (geteilte Intentionalität/Wandel des Fokus Schlackestück zu gemeinsamem Fokus Schlackestück mit menschenähnlicher Form)

Phase III. Kommunizieren des Verständnisses der Intervention
4. Kommunizieren des Verständnisses der Ähnlichkeit (durch Wort, Geste, Blick)

Phase IV. Befriedigung des Bedürfnisses: Geteiltes Verständnis der Intervention
5. Bedürfnis befriedigt durch geteiltes Verständnis/Wertschätzung der Ähnlichkeit

Abb. 3e. Kognigramme der verschiedenen Rekonstruktionen von Wahrnehmungs-Handlungs-Prozessen, die zum Berekhat Ram-Stück mit Gravierungen geführt haben könnten: Version E.

dies zielgerichtet geschah –, möglicherweise eine Neuerung darstellen. Die Herstellungstechnologie, das einfache Entlangritzen mit einem Steinwerkzeug, ist eine Variation des geläufigen Schneideverfahrens. Im Hinblick auf diese Neuerungen unterscheiden sich die fünf Rekonstruktionen nicht voneinander. Die ersten vier Rekonstruktionen (Abb. 3a-d) zeigen auch keine Neuerung bezüglich der Technologie des Gebrauchs, wenn man davon ausgeht, dass nur irgendwie die Hände beschäftigt wurden. Die Möglichkeit einer neuen Gebrauchsform in der intersubjektiven Konstruktion von Wissen, wie in der fünften Rekonstruktion (Abb. 3e) dargestellt, besteht, kann aber nicht belegt werden: Das modifizierte Stück könnte, wie viele andere Objekte auch, in sozialen Interaktionen verwendet worden sein, doch sein Gebrauch in einer Episode gemeinsamer Intentionalität ist nicht nachweisbar.

Weitere Unterschiede zwischen den Rekonstruktionen können in der Art und dem Verlauf von Wahrnehmungen, in den darauffolgenden Aktionen sowie den unterschiedlichen Perspektiven, die das Subjekt einnimmt, festgestellt werden. Es könnte demnach eine Neuerung vorliegen in a) der Wahrnehmung der figürlichen Ähnlichkeit und damit ein Wandel der Perspektive des Subjekts auf das Schlackestück, b) der anfänglichen oder in einem Folgemodul entwickelten Absicht, die natürlich vorliegende figürliche Ähnlichkeit zu verstärken, c) der Verwendung von Schlacke als neuartigem Rohmaterial und/oder d) der geteilten Wahrnehmung des ikonischen Gehalts des Objektes in einem intersubjektiven Prozess als ein Beispiel geteilter Intentionalität[20]. Obwohl der Berekhat Ram-Fall also für die Wahrnehmung spezieller Eigenschaften eines natürlichen Objektes und auch für die Akzentuierung einiger davon spricht, stellt er keinen echten Fall einer symbolischen Schöpfung dar. Tatsächlich wurde das Artefakt nicht hergestellt und verwendet, wann immer es angebracht war, sondern sein Einsatz war durch natürliche Gegebenheiten bedingt. Es mag möglicherweise eine gewisse ikonische Konnotation bestanden haben; dass ihm deswegen allerdings eine willkürliche symbolische Bedeutung beigemessen wurde, ist unwahrscheinlich.[21] In den folgenden Abschnitten soll genauer auf die Beziehung zwischen Symbolik und dem Stück aus Berekhat Ram eingegangen werden.

20 Iliopoulos 2016.
21 Haidle 2014b.

2 Körper, Geist, Verhalten, spezifische Umwelt? Zur Identifikation von Entwicklungsprozessen

Nachdem mögliche Neuerungen, die dem Modifikationsprozess des Schlackestücks von Berekhat Ram zugrunde liegen, identifiziert wurden, stellt sich nun die Frage, wie Neuerungen innerhalb von Performanzen, d. h. innerhalb von dynamischen Lebensäußerungen realisiert werden. Als Grundhypothese wird angenommen, dass alle Arten organismischer Performanz in wechselseitiger Abhängigkeit stehende Aspekte von Körper, Geist und Verhalten besitzen, die nicht unabhängig voneinander verstanden werden können (Abb. 4). Es existiert kein Geist ohne Körper und Verhalten, kein ausführender Körper ohne wenigstens ein Minimum an Geist und Verhalten, kein Verhalten ohne Körper und ein Mindestmaß an Geist. Körper, Geist und Verhalten sind nicht statisch, sondern entwickeln sich in Interaktion miteinander und mit ihrer spezifischen Umwelt fortwährend weiter.

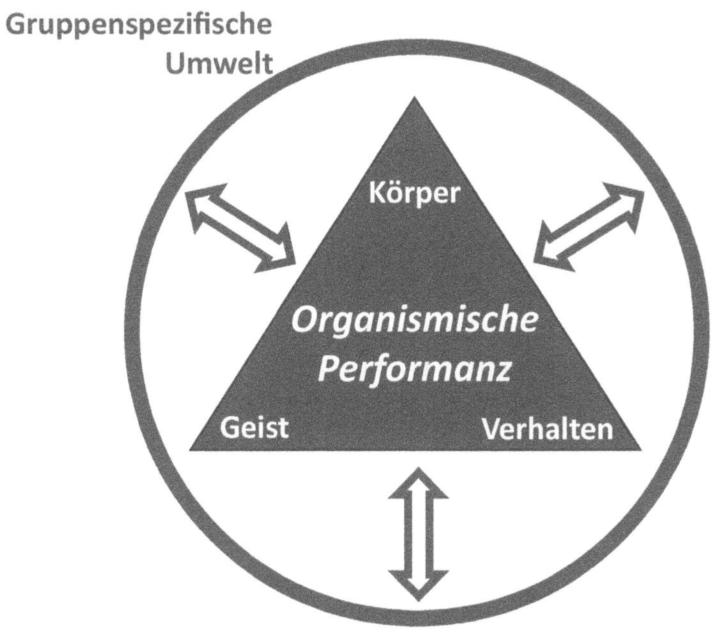

Abb. 4. Elemente organismischer Performanzen in Wechselwirkung mit der spezifischen Umwelt.

Der Körper eines Organismus mit seinen spezifischen sensomotorischen Kapazitäten ist grundlegend für den Geist[22] und die Bandbreite möglicher Verhaltensweisen. Der Körper bestimmt zwar weder Geist noch Verhalten, gibt aber Möglichkeiten und Grenzen für Erfahrungen vor. Das Verhalten eines Organismus, die Handlungen und Unterlassungen im Umgang mit spezifischen Umweltbedingungen und die daraus erwachsenden Erfahrungen formen seinen Geist und Körper. Die Untersuchung von Sportaufgaben zeigt, dass Geist und Bewegung wechselseitig miteinander verknüpft sind.[23] Verhalten wie Muskel- oder Gedächtnistraining kann durch die Intensivierung bestimmter Gewohnheiten bestehende körperliche und geistige Aspekte verstärken. Verhalten kann auch Strukturveränderungen in Körper und Geist anstoßen: Die Knochenstruktur wird z. B. laufend an Bewegungen, besondere wiederkehrende Haltungen, Ernährung und als Reaktion auf Krankheiten angepasst.[24] Die Plastizität des Gehirns als Reaktion auf Verhalten[25] befähigt Menschen sowohl sich von schweren Schlaganfällen zu erholen[26] als auch Anforderungen zu meistern, wie sie an Londoner Taxifahrer gestellt werden.[27] Zurückliegende Verhaltensweisen und Erfahrungen verändern Bewertung und Reaktion in bestehenden Situationen, und eine Verhaltensänderung kann den mentalen Zustand verändern.[28] Die mentalen Aspekte eines Organismus formen Körper und Verhalten. Sie können einen Organismus dazu motivieren, eine Aktivität auszuführen oder sie zu blockieren; sie können ein phylogenetisches Programm (z. B. Fortbewegung) an situationsbedingte Notwendigkeiten oder Möglichkeiten anpassen (z. B. Rennen oder Schlendern). Das gesamte Feld der psychosomatischen Medizin basiert auf den Einflüssen des Geistes auf den Körper.[29]

Entsprechend den körperlichen und Verhaltensaspekten sind auch die Elemente und Eigenschaften des Geistes nicht von Geburt an unveränderlich, sondern entwickeln sich in/durch/mit sich wandelnden Verhaltensäußerungen, in/durch/mit sich wandelnden Verkörperungen und in Interaktionen mit der spezifischen Umwelt.[30] Diese spezifische Umwelt umfasst soziale, materielle und

---

22 Gallagher 2005.
23 Raab/de Oliveira/Heinen 2009.
24 Villotte/Knüsel 2013; Peeters/Lips/Brown 2014; Tan/Macdonald/Kim/Nettlefold/Gabel/Ashe/McKay 2014.
25 Jäncke 2009; Herholz/Zatorre 2012.
26 Caria/Weber/Brötz/Ramos/Ticini/Gharabaghi/Braun/Birbaumer 2011.
27 Woollett/Maguire 2011.
28 Hofmann/Asnaani/Vonk/Sawyer/Fang 2012.
29 Luban-Plozza/Pöldinger/Kröger 1992.
30 Krueger 2013; Siegel 2015.

weitere Parameter, die durch Artgenossen sowie andere natürliche und künstliche, materielle und immaterielle Agenten und Objekte bestimmt werden. Die Zusammensetzung aus Agenten und Objekten kann variieren; Beziehungen zu ihnen mögen sich verändern; und auch die Zeitspanne, in der Beziehungen wirksam sind, kann sich in Vergangenheit und Zukunft unterscheiden[31]. Die spezifische Umwelt nimmt Einfluss auf das individuelle Verhalten, indem sie für Aktivitäten Grenzen setzt und Möglichkeiten anbietet, indem sie das Individuum vor Probleme stellt oder ihm Ansätze für Lösungswege eröffnet, indem sie Kontinuität zulässt oder Wandel erfordert. Gleichermaßen formen Performanzen die spezifische Umwelt, indem sie neue Agenten/Objekte hervorbringen oder alte verändern, indem neue Beziehungen geschaffen oder alte modifiziert werden und indem die sonst übliche Zeittiefe verringert oder erweitert wird. Das *Engagement* mit der Umwelt beschränkt sich nicht auf Verhaltensaspekte in Performanzen, sondern nimmt gleichzeitig Einfluss auf die fortlaufende Herausbildung physischer und kognitiver Aspekte.[32]

Die verschiedenen, oben vorgestellten Rekonstruktionen von Performanzen – um auf den Berekhat Ram-Fall zurückzukommen – repräsentieren mehrere Szenarien eines Hominid-Artefakt-*Engagements*, einer Performanzverknüpfung von menschlichem Individuum und Artefakt, die durch das Zusammenspiel von Körper, Geist, Verhalten und Umwelt charakterisiert sind. Die körperlichen Aspekte der Performanzen bleiben für alle oben angegebenen Rekonstruktionen bestehen: Es handelt sich um einen homininen Körper eines Nachfahren von *Homo heidelbergensis* mit Händen, die auf den Gebrauch von Schneidwerkzeugen trainiert sind, und mit perzeptiven Fähigkeiten, die es ermöglichen, die menschenähnliche Gestalt in einem Schlackestück wahrzunehmen. Die spezifische Umwelt ist in den ersten vier Rekonstruktionen weitgehend dieselbe: Ein Schauplatz mit Artgenossen, mit vulkanischen Schlackestücken als potenziell manipulierbaren Objekten und mit als Erweiterung des Körpers verwendbaren Schneidewerkzeugen, die es dem Individuum gestatten, die Objekte zu manipulieren. Auch die Zeittiefe, in der sich die Performanz abspielt, ist im Wesentlichen gleich. Was sich in den Rekonstruktionen aber verändert, sind die Beziehungen: Die Beziehung zwischen dem Individuum als Subjekt, dem Schlackestück samt der wahrgenommenen oder nicht wahrgenommenen Ähnlichkeit mit einer menschlichen Gestalt als Objekt sowie dem Werkzeug mit der Funktion, den Stein irgendwie in kontrollierter Weise zu bearbeiten, um die Ähnlichkeit weiter hervorzuheben. In der fünften Rekonstruktion erhält außerdem die Beziehung zu

31 Haidle/Bolus/Collard/Conard/Garofoli/Lombard/Nowell/Tennie/Whiten 2015.
32 Malafouris 2013.

einem Artgenossen Bedeutung (Subjekt 2), der als Kommunikationspartner in Erscheinung tritt. Die Verschiedenartigkeit der Beziehungen ist durch Unterschiede in Aspekten des Geistes und des Verhaltens während der Performanz und ihrer zeitlichen Koordinierung bedingt.

3 Kognitive Voraussetzungen

Die erste Rekonstruktion (Abb. 3a) schildert ein Verhalten, das die Umwelt verändert, mit dem aber keine unmittelbare Veränderung der Wahrnehmung einhergeht und keine neuen Bedeutungszusammenhänge im Verhalten umgesetzt, also *enacted* werden.

In der zweiten Rekonstruktion (Abb. 3b) wird durch *Material engagement* – das Verhalten, an natürlichen Linien entlang zu kratzen – ein Wandel in der Wahrnehmung hervorgerufen. Das Subjekt führt eine Reihe Erkenntnis generierender Handlungen[33] an dem Schlackestück aus. Diese zielen nicht auf ein vorher festgelegtes praktisches Resultat ab, sondern werden ausgeführt, um materielle Eigenschaften und Handlungsmöglichkeiten, sogenannte *Affordances*,[34] zu entdecken, die sich erst während des Handelns am Schlackestück mit einem Werkzeug ergeben. Durch seine natürlichen Anlagen kann der Stein das Subjekt dazu bringen, bestimmte Handlungsmuster zu favorisieren (er übt also *Material agency* aus)[35]. Als Ergebnis dieses *Material engagement*-Prozesses ist es möglich, dass ein Schlackestück, das in seiner Erscheinung einigen Merkmalen des weiblichen Körpers gleicht, eine intuitive Resonanz[36] auslösen kann, die auf denselben Aspekten der Wahrnehmung beruht, wie sie beispielsweise von der Hüfte oder von den Brüsten einer Frau hervorgerufen werden.

In der dritten Rekonstruktion (Abb. 3c) unternimmt das Subjekt lediglich eine visuell-räumliche Erkundung der Schlacke, was zu einer Wahrnehmung von Ähnlichkeiten mit dem weiblichen Körper führt. Die hier vorliegende *Education of attention* (Ausbildung der Aufmerksamkeit)[37] wird also durch eine visuelle Analyse herbeigeführt und nicht durch die Veränderung des Objekts mit einem Werkzeug. Die Modifikation wird erst begonnen, nachdem eine Ähnlichkeit mit dem weiblichen Körper wahrgenommen wurde.

---

33 Kirsh/Maglio 2010.

34 Chemero 2003.

35 Malafouris 2008.

36 Garofoli 2015.

37 Vgl. Haidle 2016.

In der vierten Rekonstruktion (Abb. 3d) wird die außergewöhnliche Performanz mental angestoßen. Auf der Suche nach einem modifizierbaren Objekt begegnet das Subjekt der Umgebung mit einer Reihe von vorausgehenden Absichten.[38] Er/sie ist demnach nicht einfach nur bereit dazu, in einer bestimmten Art und Weise in der Umgebung zu agieren, sondern er/sie hat einen detaillierten inneren Plan, wie er/sie das Bedürfnis (Unterhaltung) stillen kann, indem er/sie eine mentale Vorlage auf ein geeignetes Objekt überträgt. Eine solche vorausgehende Intentionalität bedingt, dass dem Subjekt entweder eine sehr spezifische Kategorie von „Dingen, deren Form in die eines menschlichen Körpers verwandelt werden kann" oder die noch abstraktere Kategorie von „Dingen, die in die Form eines menschlichen Körpers verwandelt werden können" vorliegt. Daraufhin sucht sich der Agent ein Stück Schlacke, welches einer dieser beiden Kategorien entspricht, und setzt seinen mentalen Plan schlussendlich in einer Reihe von Aktionen innerhalb seiner Umwelt um.

Die fünfte Rekonstruktion (Abb. 3e) fügt dem zweiten Szenario von *Material engagement*, das eine Veränderung der Wahrnehmung im Laufe der Modifikation der Umwelt hervorruft, durch *Social engagement* eine weitere Veränderung der Umwelt hinzu (den momentanen Aufmerksamkeitsstatus von Subjekt 2), die wiederum durch das Verhalten von Subjekt 2 den Aufmerksamkeitsstatus von Subjekt 1 beeinflusst.

Folgt man einem *Conditional approach* (auf Bedingungen gründenden Ansatz) in der Kognitiven Archäologie, stechen die Rekonstruktionen 1 und 2 als die minimalistischsten heraus. Anders als die Rekonstruktionen 3 und 4 erfordern sie nicht die Annahme eines speziellen Bewusstseinszustandes – der ikonischen Beziehung zwischen Dingen oder eines *Mental template*, einer geistigen Vorlage –, bevor die Verhaltensweise des Kratzens mit dem Werkzeug einsetzt.

Rekonstruktion 3 nimmt an, dass dem Subjekt zufällig eine visuell-räumliche Invarianz zwischen den Merkmalen des Schlackestücks und denen einer weiblichen Gestalt auffällt. Dieses Szenario setzt allerdings voraus, dass das Subjekt ohne Ausbildung der Wahrnehmung unmittelbar dazu imstande ist, Figuren in Gegenständen zu erkennen. Darüber hinaus wird dabei als gegeben erachtet, dass das Subjekt über ein angeborenes Wissen darüber verfügt, wie die ikonische Ähnlichkeit eines Schlackestückes mit Hilfe von animierten Agenten maximiert werden kann, sofern dieses Wissen nicht aus anderen Erfahrungen bei der Werkzeugherstellung abgeleitet wurde.

Rekonstruktion 4 ist sogar noch mentalistischer, da sie voraussetzt, dass ein naives Individuum (von dem wir ausgehen) aus dem Blauen heraus ein *Mental*

---

38 Malafouris 2013.

template einer menschlichen Figur entwickelt, das auf ein Schlackestück übertragen werden soll. Dies impliziert einen massiven Aufwand an Informationsverarbeitung im Hinblick auf die vorausgehende Konstruktion eines inneren Plans, der sich aus mehreren Stadien mentaler Repräsentation zusammenfügt und schließlich in der Umwelt durch die Umwandlung mentaler Prozesse in Verhaltensweisen realisiert wird. Eine mentalistische Erklärung wie diese basiert auf dem kartesianischen Dualismus, demzufolge der Geist als unabhängig vom Körper und der materiellen Welt zu verstehen ist. Darüber hinaus erliegt sie dem *Representational fallacy*,[39] aufgrund dessen die Materialität von Artefakten bei der Hervorbringung von Bedeutung vollständig übersehen wird, wohingegen die Idee akzeptiert wird, dass Artefakte auf dieselbe Art und Weise wie Worte mit Bedeutung durchtränkt seien. Insbesondere ist Rekonstruktion 4 jedoch mit dem Problem konfrontiert, den Ursprung der im Geiste des Herstellers verinnerlichten Kategorien zu erklären, die schon vor seinem/ihrem *Engagement* mit der Welt bestanden haben müssen. Dabei besteht die Gefahr, wieder eine metaphysische Haltung zu einer vorausgehenden Selektion von dem Menschen innewohnenden Homunkuli oder Homunkulus-ähnlichen Strukturen einzunehmen, die in der Lage sind, spezifische Inhalte der Umgebung wie die ikonische Ähnlichkeit zwischen Steinen und menschlichen Körpermerkmalen aufzuspüren.

Wenn wir hingegen davon ausgehen, dass wir es mit einem hinsichtlich der Identifikation ikonischer Ähnlichkeit untrainierten Geist zu tun haben, sollte es plausibler erscheinen, eine auf *Material engagement* beruhende Perspektive einzunehmen. Bedeutung entsteht demzufolge vielmehr graduell aus der verkörperten Aktivität eines Subjekts mit einem und durch einen Gegenstand, statt abrupt beim ersten Zusammentreffen als Ergebnis eines besonderen evolutionären Programms entdeckt zu werden. Dieser Argumentationskette folgend, die sich zudem auf das Fehlen von Hinweisen auf weitere ikonische Wahrnehmungen in dieser Zeit stützt, und in Kombination mit philosophischen Aspekten hinsichtlich vorausgehender Intentionalität und diese bedingender *Mental templates* werden die Rekonstruktionen 3 und 4 für den Berekhat Ram-Fall verworfen.[40]

Dies beeinflusst die Bewertung der zuvor herausgearbeiteten potenziellen Neuerungen. Die Wahrnehmung der figurativen Ähnlichkeit war wahrscheinlich keine initiale, sondern eine den Prozess begleitende Neuerung. Die Verstärkung einer von den physischen Eigenschaften des Steins und von den Merkmalen eines weiblichen Körpers natürlich vorgegebenen ikonischen Basis als Funktion des Modifikationsprozesses entwickelte sich wahrscheinlich ebenfalls lediglich als

39 Malafouris 2013.
40 Garofoli/Haidle 2014.

eine Folge von *Material engagement.*[41] Die potenziellen Neuerungen hinsichtlich der Rohmaterialnutzung und der gemeinsamen Wahrnehmung einer ikonischen Grundlage als ein Beispiel geteilter Intentionalität sind davon nicht betroffen. Jedoch implizieren die kognitiven Fähigkeiten, die gewöhnlich der Konstruktion von symbolischen Artefakten zugeschrieben werden, eine Verknüpfung eines Objekts mit einem abstrakten Standard sowie das mentalistische Teilen dieses Konzepts durch eine *Theory of mind*[42], was durch die Möglichkeit linguistischer Metarepräsentationen ergänzt wird. Es besteht jedoch durchaus Anlass skeptisch zu sein, dass auch nur eine dieser Fähigkeiten zwingend des Erfassens gemeinsamer Bezugspunkte zwischen dem modifizierten Schlackestück und dem weiblichen Körper bedarf. Selbst wenn die beiden Subjekte sich die Ähnlichkeit gegenseitig bestätigten, könnten sie einander dieses wechselseitige Verständnis kommuniziert haben, indem sie gegenüber dem Objekt verkörperte Emotionen zeigten, gekoppelt mit dem Wort für „Frau", das sie gewöhnlich in der nicht symbolischen Welt als Index für eine echte Frau verwendet hätten.

Dieser Grad an linguistischer Kompetenz belegt jedoch nicht zwingend Fähigkeiten, die bei der Herausbildung einer meta-linguistischen *Theory of mind* beteiligt sind, wie z. B. eingebettete Konstruktionen der Form „Ich weiß, dass er/sie weiß, dass die Figur auf das Konzept Frau verweist". Daraus ergibt sich, dass sogar das Akzeptieren von Rekonstruktion 5 als ein tatsächliches Ereignis intersubjektiven Gewahrseins von Ähnlichkeit nicht ausreicht, um dem Artefakt von Berekhat Ram Symbolismus zuzusprechen.

4 In welcher Entwicklungsdimension? Identifikation von Erfindungen oder Innovationen

In seiner grundlegenden Abhandlung über *The anatomy of innovation* unterscheidet Colin Renfrew eine Erfindung, „the discovery or achievement of a new process or form", klar von einer Innovation, „the widespread adoption of a new process or form".[43] Während Erfindungen grundsätzlich von Individuen, möglicherweise in Zusammenarbeit mit weiteren Gruppenmitgliedern, ausgehen, erfolgen Innovationen auf einer bedeutend umfangreicheren sozialen Skala. Es ist

41 Iliopoulos 2016.
42 Henshilwood/Dubreuil 2011.
43 Renfrew 1978, 89.

möglich, dass Erfindungen nur ein einziges Mal Anwendung finden; Innovationen hingegen sind auf die beständige Weitergabe von Informationen innerhalb einer Gemeinschaft angewiesen. Darüber hinaus kann die Beständigkeit von Innovationen mit der aktiven Gestaltung von Lernumgebungen in Beziehung gesetzt werden, insbesondere mit Schüler-Lehrer-Verhältnissen, die eine Überlieferung der Innovation selbst zum Ziel haben.[44] Erfindungen sind mehr oder weniger Ereignisse, die das Ergebnis einer Auseinandersetzung mit einer Problemstellung und deren Lösung repräsentieren können. Innovationen hingegen sind Prozesse: Die neuen Praktiken benötigen Zeit, um sich von den Erfindern zu Innovatoren und frühen Anwendern zu verbreiten, bis sie schließlich die frühe und späte Mehrheit und die Nachzügler erreichen. Erfindungen ergeben sich oft zufällig aus einer besonderen Situation heraus. Innovationen müssen sich in einem breiten Kontext vielfältiger, sich häufig wandelnder Interessen, begünstigender Bedingungen und Hürden etablieren.[45] Erfindungen sind die Saat für Innovationen; ob diese aufkeimt, hängt von anderen Bedingungen ab als denen, die während ihrer ursprünglichen Erschaffung vorlagen.

Erfindungen und Innovationen sind Primärfaktoren bei zwei Entwicklungsdimensionen kultureller Performanzen. Das EECC-Modell der Evolution und Erweiterung kultureller Kapazitäten betont, dass kulturelle Performanzen im Gegensatz zu anderen organismischen Performanzen drei Entwicklungsdimensionen besitzen (Abb. 5).[46] Neben einer evolutionär-biologischen und einer ontogenetisch-individuellen Dimension, die in allen Formen organismischer Performanzen wirken, ist eine zusätzliche historisch-soziale Entwicklungsdimension für kulturelle Performanzen kennzeichnend. Kulturelle Performanzen repräsentieren die tatsächliche Palette an Attributen mit historisch-sozialen Entwicklungsaspekten, einschließlich aller Tätigkeiten und Sitten und ihrer materiellen und begrifflichen Manifestationen. Sie lassen sich in allen Verhaltensbereichen wie etwa Ernährung, Nahrungsbeschaffung, Kommunikation, sozialer Organisation oder in Siedlungsmustern beobachten und können sich in materiellen Erzeugnissen manifestieren.

Die *evolutionär-biologische Dimension* wirkt durch Möglichkeiten und Beschränkungen, die durch Gene und Genexpression festgelegt sind und sich in anatomischen und physiologischen Standards einer Gruppe von Organismen ausdrücken. Entwicklungen in dieser Dimension ermöglichen oder behindern eine Performanz, indem sie sich entweder direkt auf ihr Entstehen auswirken (so

---

44 Sterelny 2012.
45 Rogers 1995.
46 Haidle/Bolus/Collard/Conard/Garofoli/Lombard/Nowell/Tennie/Whiten 2015.

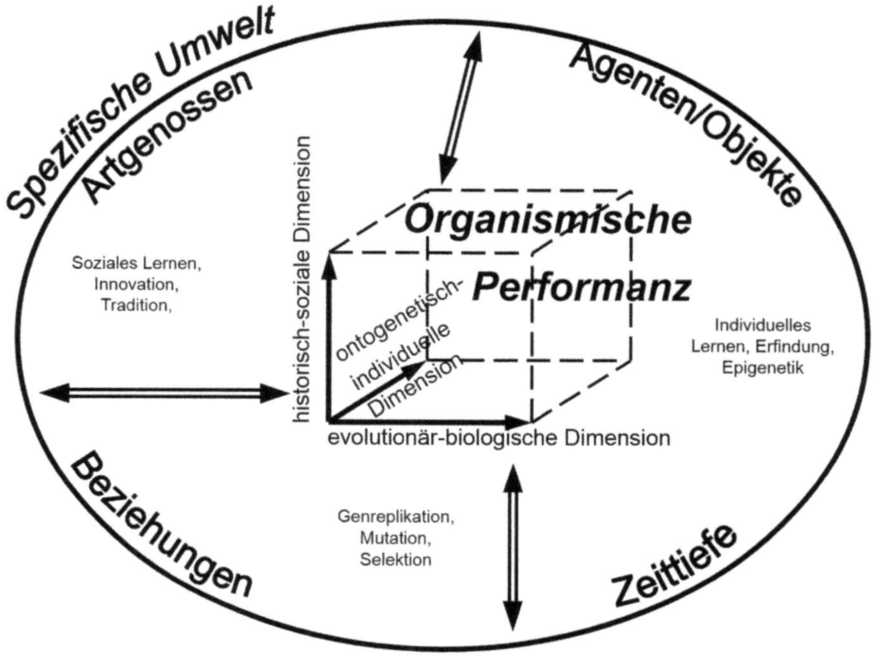

Abb. 5. Drei Entwicklungsdimensionen kultureller Performanzen (nach Haidle et al. 2015, 46, Fig. 1).

wie die Aktivierung eines bestimmten Gens oder einer Ansammlung von Genen die Ausprägung eines bestimmten Merkmals beeinflusst) oder indem sie indirekt den Rahmen für Entwicklungen einschränken – zum Beispiel über den Spielraum an Möglichkeiten für ein Verhalten, bestimmt durch die Struktur des Nervensystems und des Gehirns, die Sinneswahrnehmung, generelle motorische und Artikulationsfähigkeiten, das Gedächtnissystem, die Sozialform und die Fähigkeiten zu kommunizieren, zu planen und nachzudenken. Die evolutionär-biologische Dimension wirkt sich auf den grundlegenden Verlauf der *Life history* aus sowie auf das physiologisch-kognitive Potenzial wahrzunehmen, kreativ zu sein, zu lernen, zu erinnern und sich auszudrücken. Kontinuität oder Wandel in dieser Dimension unterliegen evolutionären Mechanismen wie der Replikation von DNA, Mutation und Variation in der Selektion.

Die *ontogenetisch-individuelle Dimension* bezieht sich auf individuelle Handlungsfähigkeit im Umgang mit der Umwelt und betrifft das Potenzial und die Einschränkungen eines individuellen Organismus, die sich anhand von individuellen Talenten oder Unvermögen, dem individuellen sozialen Umfeld und der im Verlauf der Lebensgeschichte gesammelten körperlichen, geistigen und emotionalen Erfahrungen ergeben. Faktoren wie Affordanzen, unterstützende Bedingungen oder Entbehrungen, Krankheit, günstiges Timing oder traumatische Unglücksfälle beeinflussen die Mechanismen des Wandels, die hier greifen: individuelles Lernen, persönliche Erfindungen und Epigenetik, „factors that influence gene expression without modifying the DNA sequence“[47].[48]

Die evolutionär-biologische Dimension stellt eine Art phylogenetisches Gerüst für Performanzen bereit (eine Fledermaus kann fliegen und Echoortung verwenden, ein Mensch nicht); in der ontogenetisch-individuellen Dimension werden Performanzen fortgeführt, verbessert oder angepasst. Dies geschieht auf der Grundlage von positiven, neutralen oder negativen Signalen, die individuell aus vorausgegangenen Performanzen oder von aktuellen Umweltfaktoren gewonnen wurden. Die *historisch-soziale Entwicklungsdimension* verengt und erweitert gleichzeitig den Pfad individueller Handlungsfähigkeit. Historisch und sozial gesammelte Hinweise eröffnen potenzielle Szenarien oder bilden Beschränkungen. Das Set aus historisch erworbenem Wissen und Fähigkeiten, Bräuchen, Ansichten und Meinungen stellt eine Verhaltensgrundlage dar, die von den Erfahrungen anderer Gruppenmitglieder herrührt. Einerseits führen alltägliche Performanzen von Gruppenmitgliedern mit Expertenwissen Verhaltensmöglichkeiten vor, auch wenn das Individuum augenblicklich nicht mit dieser besonderen Problemstellung konfrontiert ist; sie bieten ein Gerüst zum Erlernen von Verhalten. Das naive Individuum wird dadurch zu Performanzen angeregt und kann den Kostenaufwand beim Erwerb von Verhaltensweisen sowie das Risiko zu scheitern verringern. Mit einer historisch-sozialen Entwicklungsdimension können sich neue individuelle Performanzen, d. h. Erfindungen, leichter in Gruppen verbreiten und so zu Innovationen werden. Andererseits behindern starke historisch-soziale Traditionen performative Abweichungen durch eine Steigerung der Gruppenkonformität. Der soziale Zugang zum kulturellen Set beeinflusst die Möglichkeiten eines Individuums, von den Erfahrungen anderer Gruppenmitglieder zu profitieren. Die Arten und der Umfang der Speicherung, Überlieferung, Umsetzung und Transformation des historisch-sozialen Sets fördern oder hemmen die Entfaltung kultureller Performanzen. Kulturelles Verhalten gründet auf Faktoren, die sich durch evolutionär-biologische Prozesse herausgebildet haben, und es wird auf individuelle Art und Weise erlernt und ausgeübt. Durch das Verhalten der sozialen Gruppe(n), der ein Individuum angehört, wird jedoch auch ein Lernpfad geebnet. Der Weg sozialen Lernens ist bestimmt durch die gegenläufigen Entwicklungs-

47 Ledón-Rettig/Richards/Martin 2013, 311.
48 Kanherkar/Bhatia-Dey/Csoka 2014.

mechanismen von Traditionen und Innovationen; er wird ausgeformt und beschritten innerhalb eines historischen Zeitrahmens.[49]

Betrachtet man nun wieder den Berekhat Ram-Fall, so erfordert die neue Performanz keinerlei Veränderungen der evolutionär-biologischen Basis irgendwelcher körperlicher, geistiger oder Verhaltensaspekte. Die grundlegenden Fähigkeiten, Gemeinsamkeiten von Formen wahrzunehmen und diese Ähnlichkeiten zu verstärken, sind gegeben. So ist es bei Prozessen der Werkzeugherstellung erforderlich, ein geeignetes Rohmaterialstück z. B. in Form eines geraden Baumstämmchens mit entsprechenden Dimensionen zu identifizieren, um daraus einen Speer herauszuarbeiten.[50] Selbst wenn das Schlackestück zur intersubjektiven Bedeutungsbestimmung gedient haben mag, haben sich die evolutionär-biologischen Grundlagen dafür schon früher entwickelt. Dass die gut dokumentierte Ausformung symmetrischer Faustkeile aus der Tradition des Acheuléen das Ergebnis ständiger Neuerfindung durch isolierte, talentierte Individuen darstellen soll, ist nicht plausibel.[51] Wenn also Lernnischen für die Weitergabe derartiger Technologien bestanden haben, waren die Grundlagen für gemeinsame Aufmerksamkeit gegenüber Objekten schon bei diesen Hominiden vorhanden. Auch die historisch-soziale Dimension ist nicht erweitert: Die Grundprinzipien für die Herstellung und Verwendung von Werkzeugen und für den Umgang mit sozialen Beziehungen bleiben über Generationen davor und danach dieselben. Weder können Veränderungseffekte noch die Herausbildung neuer Traditionen beobachtet werden; die Berekhat Ram-Performanz ist ein Einzelereignis (soweit dies zum jetzigen Zeitpunkt im archäologischen Befund feststellbar ist). Das manipulierte Schlackestück ist eine Manifestation von individueller Wahrnehmung und Verhalten ohne erkennbare Auswirkung auf nachfolgende Performanzen der Gruppe.

Obwohl die Modifikation die spezifische Lernumgebung der Artgenossen änderte, wurde keine der möglichen Neuerungen wie die Wahrnehmung der figurativen Ähnlichkeit, die Hervorhebung einer natürlich vorhandenen ikonischen Form, die Verwendung von neuartigem Rohmaterial oder der Einsatz eines Objektes in einem Kommunikationsprozess von anderen Gruppenmitgliedern aufgegriffen und wiederholt. Die Neuerungen blieben individuelle Erfindungen und verbreiteten sich nicht als Innovationen. Somit sehen wir die Berekhat-Ram-Performanz als eine individuelle Performanz, die in eine spezifische Umwelt mit aus historisch-sozialem Kontext abgeleiteten Elementen eingebettet ist, die jedoch

49 Sterelny 2012.
50 Garofoli 2015.
51 Roche 2005.

nicht im engeren Sinne als kulturelle Performanz zu verstehen ist. Sie zeigt den typischen Fall von Performanzen, die sich in der ontogenetisch-individuellen Dimension entwickeln, ohne auf die Gruppenebene transferiert zu werden oder irgendeinen historisch-sozialen Einfluss zu nehmen. Solche Fälle treten täglich auf, sind aber selten im archäologischen Befund sichtbar.[52] Es soll in diesem Zusammenhang nicht unerwähnt bleiben, dass die Einbettung eines Artefakts in ein bestehendes System aus Traditionen und sozial geteilten Werten, in dem dieses Artefakt Bedeutung zu erlangen vermag, von einigen Autoren als eine entscheidende Voraussetzung betrachtet wird, die Existenz symbolischer Praktiken im archäologischen Befund belegen zu können.[53]

Es stellt sich daher die Frage: Bezeugt die Veränderung natürlich gegebener Merkmale und die mögliche Wahrnehmung einer Ähnlichkeit mit einer menschlichen Gestalt am Schlackestück von Berekhat Ram den Anbruch einer der bedeutendsten menschlichen Innovationen – des symbolischen Verhaltens? Nein, höchstwahrscheinlich nicht. Aber es könnte ein Gerüst für die Herausbildung der Fähigkeiten dargestellt haben, die das Aufkommen von Symbolismus auf lange Sicht begünstigten.

Danksagung: Die Erörterung der Identifizierung von Innovationen in archäologischem Kontext wurde von der Deutschen Forschungsgemeinschaft im Rahmen des Projekts HA 2744 – 9 „Qualitative und quantitative Unterschiede des Innovationsverhaltens im Paläolithikum am Beispiel von Middle Stone Age-Technokomplexen des südlichen Afrika“ gefördert.

Literatur

Abramiuk, Marc A. (2012): *The foundations of cognitive archaeology*, Cambridge, MA.

Bell, James A. (1994): *Reconstructing prehistory: Scientific method and archaeology*, Philadelphia.

Caria, Andrea/Cornelia Weber/Doris Brötz/Ander Ramos/Luca F. Ticini/Alireza Gharabaghi/Christoph Braun/Niels Birbaumer (2011): „Chronic stroke recovery after combined BCI training and physiotherapy: A case report“, in: *Psychophysiology* 48 (4): 578 – 582.

Chemero, Anthony (2003): „An outline of a theory of affordances“, in: *Ecological Psychology* 15: 181 – 195.

52 Hovers/Belfer-Cohen 2006.

53 Henshilwood/Dubreuil 2011; Kuhn/Stiner 2007a; Kuhn/Stiner 2007b.

Coolidge, Frederick L./Thomas Wynn (2011): „Comment to Henshilwood C.S. & Dubreuil B. ‚The Still Bay and Howiesons Poort, 77 – 59 ka: Symbolic material culture and the evolution of the mind during the African Middle Stone Age'", in: *Current Anthropology* 52: 380 – 382.

d'Errico, Francesco/April Nowell (2000): „A new look at the Berekhat Ram figurine: Implications for the origins of symbolism", in: *Cambridge Archaeological Journal* 10: 123 – 167.

Gallagher, Shaun (2005): *How the body shapes the mind*, Oxford.

Garofoli, Duilio (2015): „A radical embodied approach to Lower Paleolithic spear-making", in: *Journal of Mind and Behavior* 36: 1 – 26.

Garofoli, Duilio (2017): „Holistic mapping: Towards an epistemological foundation for evolutionary cognitive archaeology", in: *Journal of Archaeological Method and Theory*, DOI 10.1007/s10816 – 016 – 9308 – 9.

Garofoli, Duilio/Miriam Noël Haidle (2014): „Epistemological problems in cognitive archaeology: An anti-relativistic agenda towards methodological uniformity", in: *Journal of Anthropological Sciences* 92: 7 – 41.

Goren-Inbar, Naama (1985): „The lithic assemblages of Berekhat Ram Acheulean site, Golan Heights", in: *Paléorient* 11: 7 – 28.

Goren-Inbar, Naama (1986): „A figurine from the Acheulean site of Berekhat Ram", in: *Mitekufat Haeven* 19: 7 – 12.

Goren-Inbar, Naama/S. Peltz (1995): „Additional remarks on the Berekhat Ram figurine", in: *Rock Art Research* 12: 131 – 132.

Haidle, Miriam Noël (2012): *How to think tools? A comparison of cognitive aspects in tool behavior of animals and during human evolution*, Cognitive Perspectives in Tool Behaviour Vol. 1, Tübingen.

Haidle, Miriam Noël (2014a): „Building a bridge – an archaeologist's perspective on the evolution of causal cognition", in: *Frontiers in Psychology* 5: 1472.

Haidle, Miriam Noël (2014b): „Examining the evolution of artistic capacities: Searching for mushrooms?", in: C. Sütterlin/W. Schiefenhövel/C. Lehmann/J. Forster/G. Apfelauer (Hgg.), *Art as behaviour. An ethological approach to visual and verbal art, music and architecture*, Oldenburg, 237 – 251.

Haidle, Miriam Noël (2016): „Wahrnehmung will gelernt sein – ein Prozess zwischen Organismus und Umwelt in verschiedenen Entwicklungsdimensionen", in: G. Hartung/M. Herrgen (Hgg.), *Wahrnehmung*, Wiesbaden, 79 – 90.

Haidle, Miriam Noël/Michael Bolus/Mark Collard/Nicholas J. Conard/Duilio Garofoli/Marlize Lombard/April Nowell/Claudio Tennie/Andrew Whiten (2015): „The nature of culture: An eight-grade model for the evolution and expansion of cultural capacities in hominins and other animals", in: *Journal of Anthropological Sciences* 93: 43 – 70.

Haidle, Miriam Noël/Jürgen Bräuer (2011): „From brainwave to tradition: How to detect innovations in tool behavior", in: *PaleoAnthropology* 9: 144 – 153.

Henshilwood, Christopher S./Benoît Dubreuil (2011): „The Still Bay and Howiesons Poort, 77 – 59 ka: Symbolic material culture and the evolution of the mind during the African Middle Stone Age", in: *Current Anthropology* 52: 361 – 400.

Herholz, Sibylle C./Robert J. Zatorre (2012): „Musical training as a framework for brain plasticity: Behavior, function, and structure", in: *Neuron* 76 (3): 486 – 502.

Hofmann, Sefan G./Anu Asnaani/Imke J. Vonk/Alice T. Sawyer/Angela Fang (2012): „The efficacy of cognitive behavioral therapy: A review of meta-analyses“, in: *Cognitive Therapy and Research* 36: 427 – 440.
Hovers, Erela/Anna Belfer-Cohen (2006): „‚Now you see it, now you don’t‘: Modern human behavior in the Middle Paleolithic“, in: E. Hovers/S. Kuhn (Hgg.), *Transitions before the transition: Evolution and stability in the Middle Palaeolithic and the Middle Stone Age*, New York, 295 – 304.
Iliopoulos, Antonis (2016): „The material dimensions of signification: Rethinking the nature and emergence of semiosis in the debate on human origins“, in: *Quaternary International* 405: 111 – 124.
Jäncke, Lutz (2009): „The plastic human brain“, in: *Restorative Neurology and Neuroscience* 27: 521 – 538.
Kanherkar, Riya R./Naina Bhatia-Dey/Antonei B. Csoka (2014): „Epigenetics across the human lifespan“, in: *Frontiers in Cell and Developmental Biology* 2: 49.
Kirsh, David/Paul Maglio (2010): „On distinguishing epistemic from pragmatic action“, in: *Cognitive Science* 18: 513 – 549.
Krueger, Joel (2013): „Ontogenesis of the socially extended mind“, in: *Cognitive Systems Research* 25: 40 – 46.
Kuhn, Steven L./Mary C. Stiner (2007a): „Body ornamentation as information technology: Towards an understanding of the significance of early beads“, in: P. Mellars/K. Boyle/O. Bar-Yosef/C. Stringer (Hgg.), *Rethinking the human revolution*, Cambridge, 45 – 54.
Kuhn, Steven L./Mary C. Stiner (2007b): „Paleolithic ornaments: Implications for cognition, demography and identity“, in: *Diogenes* 54: 40 – 48.
Ledón-Rettig, Chris C./Christina L. Richards/Lynn B. Martin (2013): „Epigenetics for behavioral ecologists“, in: *Behavioral Ecology* 24: 311 – 324.
Malafouris, Lambros (2008): „At the potter’s wheel: An argument for material agency“, in: C. Knappett/L. Malafouris (Hgg.), *Material agency: Towards a non-anthropocentric approach*, New York, 19 – 36.
Malafouris, Lambros (2013): *How things shape the mind. A theory of material engagement*, Cambridge, MA/London.
Marshack, Alexander (1997): „The Berekhat Ram figurine: A late Acheulian carving from the Middle East“, in: *Antiquity* 71: 327 – 337.
Martínez, Ignacio/Juan L. Arsuaga/Rolf Quam/José M. Carretero/Ane Gracia/Laura Rodríguez (2008): „Human hyoid bones from the middle Pleistocene site of the Sima de los Huesos (Sierra de Atapuerca, Spain)“, in: *Journal of Human Evolution* 54: 118 – 124.
Peeters, Geeske/Paul Lips/Wendy J. Brown (2014): „Changes in physical functioning over 6 years in older women: Effects of sitting time and physical activity“, in: *European Journal of Ageing* 11 (3): 205 – 212.
Pelcin, Andrew (1994): „A geological explanation for the Berekhat Ram figurine“, in: *Current Anthropology* 35: 674 – 675.
Raab, Markus/Rita F. de Oliveira/Thomas Heinen (2009): „How do people perceive and generate options?“, in: *Progress in Brain Research* 174: 49 – 59.
Renfrew, Colin (1978): „The anatomy of innovation“, in: D. Green/C. Haselgrove/M. Spriggs (Hgg.), *Social organization and settlement: Contributions from anthropology, archaeology, and geography*, BAR International Series 47, Oxford, 89 – 117.

Rightmire, G. Philip (2013): „Homo erectus and Middle Pleistocene hominins: Brain size, skull form, and species recognition“, in: *Journal of Human Evolution* 65: 223–252.

Roche, Hélène (2005): „From simple flaking to shaping: Stone knapping evolution among early hominins“, in: V. Roux/B. Brill (Hgg.), *Stone knapping: The necessary conditions for a uniquely hominin behaviour*, Cambridge, 35–48.

Roebroeks, Will/Paola Villa (2011): „On the earliest evidence for habitual use of fire in Europe“, in: *Proceedings of the National Academy of Sciences* 10: 5209–5214.

Rogers, Everett M. (1995): *Diffusion of innovations*, New York.

Sandgathe, Dennis M./Harold L. Dibble/Paul Goldberg/Shannon P. McPherron/Alain Turq/Laura Niven/Jamie Hodgkins (2011): „Timing of the appearance of habitual fire use“, in: *Proceedings of the National Academy of Sciences* 108: E298.

Siegel, Daniel J. (2015): *The developing mind: How relationships and the brain interact to shape who we are*, New York/London.

Sterelny, Kim (2012): *The evolved apprentice: How evolution made humans unique*, Cambridge, MA.

Tan, Vina P. S./Heather M. Macdonald/SoJung Kim/Lindsay Nettlefold/Leigh Gabel/Maureen C. Ashe/Heather A. McKay (2014): „Influence of physical activity on bone strength in children and adolescents: A systematic review and narrative synthesis“, in: *Journal of Bone and Mineral Research* 29 (10): 2161–2181.

Thieme, Hartmut (1997): „Lower palaeolithic hunting spears from Germany“, in: *Nature* 385: 807–810.

Tomasello, Michael/Hannes Rakoczy (2003): „What makes human cognition unique? From individual to shared to collective intentionality“, in: *Mind and Language* 18: 121–147.

Villotte, Sébastian/Christopher J. Knüsel (2013): „Understanding entheseal changes: Definition and life course changes“, in: *International Journal of Osteoarchaeology* 23 (2): 135–146.

Ward, Carol V./Matt W. Tocheri/J. Michael Plavcan/Francis H. Brown/Fredrick K. Manthi (2014): „Early Pleistocene third metacarpal from Kenya and the evolution of modern human-like hand morphology“, in: *Proceedings of the National Academy of Sciences* 111: 121–124.

Woollett, Katherine/Eleanor A. Maguire (2011): „Acquiring ‚the knowledge‘ of London's layout drives structural brain changes“, in: *Current Biology* 21 (24): 2109–2114.

Wynn, Thomas/Frederick L. Coolidge (2009): „Implications of a strict standard for recognizing modern cognition in prehistory“, in: S. de Beaune/F. L. Coolidge/T. Wynn (Hgg.), *Cognitive archaeology and human evolution*, Cambridge, 117–128.

Martin Dornberg

Mitgeteilte und parasitäre Emergenz

Zwei Modelle verkörpernder Evolution

Abstract: In this article, I will examine two models for understanding evolutionary processes as they are used in the context of two specific research fields and associated concepts. The first area of research is the experimental system of the „two-handed trim saw" and the related philosophical-artistic research cycle of „intercorporeal splits." The corresponding model of evolution in this case is the model of communicative emergence. The second area of research is the phenomenon of the parasitic/parasite and the corresponding model is „parasitic evolution." In the first case – communicative emergence – the focus is on interactive learning, bottom-up and top-down processes, and appreciable emergence and feedback logic. In the second case, however, the focus is more on rhizomatic processes, processes of one-sided „grafting," and primarily non-linear complexity. Coevolution is understood in this case as a side-by-side and mutually-interrelated relationship where randomness, the processes of dying, and the irretrievable loss of possibilities play a stronger role.

Im Folgenden sollen einige Überlegungen zum Phänomen evolutionärer Veränderungen aus Sicht von Anthropologie, Philosophie, Psychosomatik und künstlerischer Forschung vorgetragen werden. Im Ausgang von zwei spezifischen Begriffs- und Forschungsfeldern – dem „Experimentalsystem"[1] der „zweigriffigen Baumsäge"[2] und dem damit in Verbindung stehenden künstlerischen Forschungszyklus „Intercorporeal Splits"[3] einerseits und dem Phänomen des „Pa-

1 Experimentalsysteme sind im Sinne Hans-Jörg Rheinbergers unterschiedlich dimensionierte, materialisierte Versuchsanordnungen, welche dazu geeignet sind, wissenschaftliche Fragen weiterzutreiben, Fragen und Antworten zu schaffen sowie wissenschaftliche Theorie und Praxis voranzubringen (Rheinberger 2001). Dabei sind Theorie und Praxis, institutionelle und technische Aktanten und Forschung(sergebnisse) eng voneinander abhängig. Experimentalsysteme dürfen laut Rheinberger nicht zu eng, aber auch nicht zu weit sein und dürfen, ja müssen manchmal, „unmögliche" Fragen stellen, um (neue) Antworten hervorzubringen. Die Baumsägeexperimente stellen ein „typisches Experimentalsystem" dar (Rheinberger, persönliche Mitteilung).

2 Dornberg 2013.

3 Siehe die dazu erschienene Veröffentlichung Fetzner/Dornberg (2015) und www.metaspace.de/Main/Is. Der Text dieses Aufsatzes verdankt der Zusammenarbeit mit Daniel Fetzner „Alles".

DOI 10.1515/9783110528626-011

rasitären/des Parasiten“[4] andererseits – werden zwei unterschiedliche Modelle zum Verständnis evolutiver Prozesse skizziert.

Es sind dies: 1. das Modell *mitgeteilter Emergenz* und 2. das Modell der *Parasitierung*. Im ersten Fall geht es um mitgeteiltes Lernen, „Bottom-up-“ und „Top-down“-Prozesse, um spürbare Emergenz- und Rückkopplungslogiken. Im zweiten Fall hingegen geht es mehr um rhizomatische Prozesse, Prozesse einseitiger Aufpfropfung und vorrangig nicht-linearer Komplexität. Dort wird Koevolution mehr durch ein Neben- und Gegeneinander im Beieinander verstehbar und es spielen der Zufall, das Getrenntsein sowie Prozesse des Absterbens bzw. des unwiederbringlichen Verlusts von Möglichkeiten eine stärkere Rolle.

In den folgenden Überlegungen sollen zudem Elemente einer transdisziplinären Methodik skizziert werden, in denen Verbindungen zwischen Theorieentwicklung und Praxis/Experiment einerseits und zwischen verschiedenen Wissenschaftsbereichen andererseits herausgearbeitet werden: zwischen Natur- und Geisteswissenschaften bzw. zwischen Wissenschaft, Philosophie und Kunst. Etwa wenn Begriffe/Erfahrungen von Emergenz oder des Parasitären in Form von „travelling concepts“[5] unterschiedliche Wissensdisziplinen durch Querverbindungen und Wechselwirkungen transdisziplinär bereichern oder wenn künstlerische oder medizinische Experimentalsysteme – wie das der „zweigriffigen Baumsäge“ oder Skype-Performances von Improvisationskünstlern – transdisziplinär ausgewertet werden und für verschiedene Wissenskulturen Folgewirkungen zeitigen.

1 Die Baumsägeexperimente und der Forschungszyklus „Intercorporeal splits“

Im Folgenden sollen zuerst diejenigen Experimentalsysteme und Projekte kurz vorgestellt werden, die unseren Aufsatz praktisch begleiten werden: die Baumsägeexperimente aus der Psychosomatik der Heidelberger Schule um Viktor von Weizsäcker und das künstlerische Forschungsprojekt *Intercorporeal Splits*.

Experimente zur interpersonellen Zweierbeziehung, die im Kontext der von Weizsäcker begründeten Gestaltkreistheorie[6] entstanden sind, haben am Uni-

4 Serres 1987 und unser (Daniel Fetzner/Martin Dornberg) neues Projekt *BUZZ-parasitäre Ökologien*, www.metaspace.de/Dokumentation/Buzz.
5 Knapp 2005; Neumann 2012.
6 Weizsäcker 1973.

versitätsklinikum Heidelberg eine lange Tradition in Forschung und Lehre.[7] So entwickelten dort der Neurologe Paul Christian und die Sozialarbeiterin Renate Haas das *Modell der zweigriffigen Baumsäge* zur experimentellen Überprüfung der Merkmale dyadischer Beziehungsstrukturen, die sie als *Bipersonalität* bezeichneten.[8] Die Ergebnisse der Untersuchungen waren beschreibend und lieferten unter anderem die Konzepte der *Selbstverborgenheit im Tun* und des *Handgemenges* und bereicherten auch die neurologisch-rehabilitationsmedizinische Grundlagenforschung.

Zwei Personen arbeiten an einer zweigriffigen Baumsäge. Ihre Bewegungen werden von einer Apparatur registriert, und das subjektive Erleben der Beteiligten wird laufend abgefragt, aber auch die quantitative Leistung wird erfasst: Form, Richtung, Größe, Dauer der Bewegungen der Sägestange, die von den Partnern aufgewendeten Kräfte bzw. Arbeit sowie deren jeweilige Selbst- und Fremdwahrnehmung. Aus diesen Experimenten können eine Fülle von Schlussfolgerungen über gelingende Interaktionen aufeinander bezogener Menschen und auch über aufeinander bezogene Lebensprozesse abgeleitet werden. Sie zeigen, dass Leistungen (wie das Baumsägen) durch gelingende Abstimmungsprozesse untereinander entstehen: zwischen den beteiligten Akteuren und durch die Art der Aufgabe. Rückmeldeprozesse finden bei allen Beteiligten gleichzeitig durch den Gesamtprozess, die beteiligten Aktanten (z. B. Holz/Säge/Erkrankungen der Beteiligten) sowie die realisierten Leistungen statt. Die einzelnen Individuen, ihre Körper und Aktionen, verschmelzen mit dem Gesamtgeschehen und der Leistung zu einem neuen „überpersonalen"[9] Ganzen: zu einer Art Gesamtkörper, den wir in Anlehnung an eine Formulierung Klaus Theweleits „dritter Körper" nennen können.[10]

Die Experimente mit der zweigriffigen Baumsäge wurden auch mit körperlich erkrankten Patienten durchgeführt. Besonders überraschend waren dabei die Experimente, die das gemeinsame Handeln von einem Gesunden mit einem motorisch gestörten Partner etwa mit extrapyramidaler Bewegungsstörung/Morbus Parkinson untersuchten:

> Der gesunde Partner im Sägeversuch setzt nicht um jeden Preis sein bzw. das normale Verhalten durch, sondern opfert spontan die normale Arbeitsform zugunsten einer anderen. Meist übernimmt er spontan einige Glieder des Arbeitsvorgangs und überlässt dem Kranken die „einfacheren" Glieder. So zieht z. B. der extrapyramidal Bewegungsgestörte [d. h. der

7 Vgl. dazu auch die Beiträge von Jacobi und Rieger in diesem Band.

8 Christian/Haas 1949 und Dornberg 2013.

9 Christian/Haas 1949, 7.

10 Theweleit 2007.

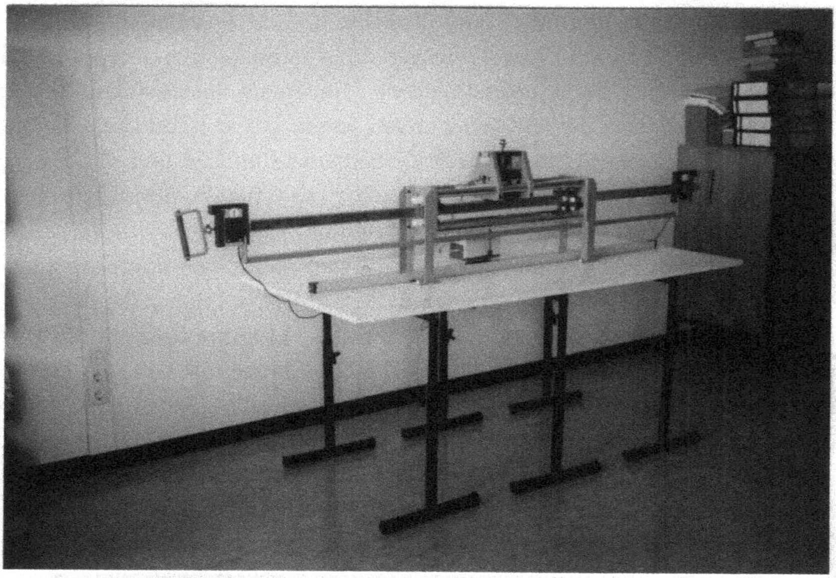

Abb. 1. Heidelberger Modell des Experimentalsystems „zweigriffige Baumsäge"

> Mensch mit Morbus Parkinson, M.D.] bei einer rhythmisch alternierenden Arbeit das Arbeitsobjekt nur taktmäßig an sich und überlässt dem Gesunden Lenkung und Rückführung, oder er übernimmt nur die Abbremsung an den Wendepunkten und überlässt alles andere dem gesunden Partner. Die Arbeitsform wird so weniger nuancenreich und in gewissem Sinne auch primitiver, aber der Arbeitsbezug blieb erhalten.[11]

Die Experimente zum Sägevorgang mit Gesunden und Kranken zeigen, dass sich Gesunde und Kranke in der Zusammenarbeit so aufeinander einzustellen vermögen, dass im Zusammenspiel die pathologische Funktion bestmöglich ausgeglichen wird und dadurch fast eine normale Leistungsfähigkeit wie bei zwei gesunden Sägepartnern erreicht werden kann: „Dass der Gesunde nicht durch zusätzlichen Arbeitsaufwand die Störung überbrückt, sondern sie eher durch Umformung annihiliert."[12] Diese Erfahrungen wurden v. a. in der Rehabilitation

11 Christian 1989, 265 f.

12 Christian/Haas 1949, 33. Diese Ergebnisse haben für Christian und Haas auch Konsequenzen für den Krankheitsbegriff: Krankheit und Gesundheit sind, wertet man die Experimente an der zweigriffigen Baumsäge aus, nur unter Einbezug des Umfeldes erfassbar; diese Begriffe machen nur Sinn, wenn man in der Betrachtung über das einzelne Individuum hinausgeht und seine überpersonalen Bezüge berücksichtigt: „Der Kranke ist nur in dem Maße krank, in dem er der

neurologisch Erkrankter wirksam, aber auch für die Aus- und Weiterbildung von Medizinstudenten und Ärzten. Das Modell der zweigriffigen Baumsäge stellt nämlich eine innovative Möglichkeit dar, die Zweierbeziehung als Grundlage ärztlicher Kommunikation und der ärztlichen Tätigkeit systematisch zu reflektieren und die dazu gehörigen Wahrnehmungs- und Interaktionsvorgänge kognitiv und emotional erlebbar zu machen. Durch die zeitgleiche Erhebung von nicht wahrnehmbaren physiologischen Reaktionen und subjektiver Wahrnehmung wird eine Situation geschaffen, in der das Interaktionsgeschehen in besonderer Weise multimodal erfahrbar und komplexe Vorgänge polysystemisch beschreibbar werden. Für die weitgehend naturwissenschaftlich geprägten Studenten und Ärzte wird so ein Kontakt mit ergänzenden qualitativen Methoden in einem Rahmen ermöglicht, der Bedeutung und Nutzen solcher „weicher“ Daten und die Entstehung interaktioneller und verkörpernder Emergenz im medizinischen Kontext direkt veranschaulicht.[13]

Das Projekt *Intercorporeal Splits* besteht aus drei Skype-Performances mit dazugehörigen Ausstellungen.[14] Es handelt sich jeweils um multimediale Performances, die zwischen Musikern bzw. zwischen Musikern und Tänzern und/oder Schauspielern stattfinden, welche miteinander via Internet/Skype improvisieren und miteinander sowie mit den jeweiligen stadträumlichen Umgebungen interagieren. Die translokale Improvisation „Voice via Violin“ (2010/11) generiert drittkörperliche Erfahrungen zweier Musiker von digitaler Zwischenleiblichkeit. Hier interagiert ein Geiger auf einem Eselskarren in einem Kairoer Armenviertel mit einem Stimmkünstler in der Freiburger Gallerie T66. „Peau/Pli“ (2012) will mit Mitteln des Tanzes und signalverstärkender Elektroden Realitätsverschiebungen, Transitionen und Fluktuationen zwischen verschiedenen stadträumlichen Situationen auf- und entfalten. Dabei rezitiert ein Schauspieler Texte des Philosophen Gilles Deleuze[15] und des Psychosomatikers Didier Anzieu[16], während er durch Elektroden und via Skype mit einem Tänzer verbunden ist, welcher sich in einem aufgeblasenen durchsichtigen Plastikball durch die Straßen des Freiburger Stadtteils Haslach bewegt. „Embedded Phase Delay“ (2012/13) ist schließlich eine

---

Zuwendung seiner Mitmenschen ermangelt. Was ihm fehlt, ist nicht nur, was ihm mangelt, sondern auch was die Anderen ihm versagen. Der Begriff ‚Krankheit‘ ist in dieser Sicht kein individueller, sondern ein sozialanthropologischer“ (Christian 1989, 266).

13 Das Sägen mit der zweigriffigen Baumsäge ist auch heute fester Bestandteil meiner Aus- und Weiterbildungskurse für Ärzte und Psychologen im Bereich Psychosomatik und Psychotherapie.

14 Fetzner/Dornberg 2015 und www.metaspace.de/Main/Is.

15 Deleuze 2000.

16 Anzieu 1996.

Performance zu dem Helmholtz-Phänomen der „fehlenden Halbsekunde“[17] zwischen einem Tänzer, einem Tablaspieler und einem Musiker, der mithilfe seines elektronischen Equipments die von den anderen Schauplätzen eingehenden Töne überarbeitet und neu formiert zurückspielt. Hierbei interagieren drei Beteiligte via Skype miteinander an drei unterschiedlichen Orten: der Tänzer in einem Freiburger Medienmarkt, der Tablaspieler von einem indischen Insektenlabor aus und der elektronische Musiker in der Kammerbühne des Freiburger Theaters. Alle drei Performances waren einerseits künstlerisch eigenständig (vor Publikum), stellten aber zugleich Teile eines übergeordneten transdisziplinären Forschungsprojekts zu Phänomenen medial vermittelter „Zwischenleiblichkeit“[18] und der Etablierung „überpersonaler Entitäten“ im Sinne von Christian und Haas und „dritter Körper“ im Sinne von Theweleit dar.[19] In diesem Rahmen haben wir uns in den letzten Jahren kontinuierlich mit den Baumsägeexperimenten weiter beschäftigt,[20] auch bei Planung und Durchführung von *Intercorporeal Splits*. Beide Ansätze werden uns im Fortgang dieses Artikels weiter begleiten.

2 Aspekte von Embodiment/Verkörperung – eine Skizze

Im Umfeld moderner Verkörperungsdebatten kann man vier unterschiedliche theoretisch-praktische Bezugsebenen unterscheiden, die jeweils wissenschaftlich, philosophisch und künstlerisch – theoretisch und praktisch – bearbeitet werden können: Embodiment, Embeddedness, Enaction und Extendedness.[21] Diese vier Unterbereiche von Embodiment sind auch für die Konzeptualisierung evolutionärer Prozesse von hohem analytischem Nutzen. Sie werden im Folgenden erläutert und unter Bezug auf die Baumsägeexperimente und den künstlerischen Performancezyklus *Intercorporeal Splits* ausgewertet. Sie können einen konzeptionellen Rahmen für Verständnis und Erforschung der Bereiche Embodiment und Evolution und von deren Wechselverhältnis schaffen.

---

17 Schmidgen 2009.

18 Der Begriff verdankt sich dem Phänomenologen Merleau-Ponty (Merleau-Ponty 1986; Merleau-Ponty 1966/2003).

19 Fetzner/Dornberg 2015 und www.metaspace.de/Main/Is.

20 Siehe hierzu etwa folgende Vorträge: Dornberg/Fetzner (2016): „Die zweigriffige Baumsäge. Ein biokybernetisch-medienökologisches Experimentalsystem“, am 26.2.2016, Universität Konstanz, und Dornberg (2016): „Macht nutzen-Macht denken“, am 23.4.2016, Tagung „Macht“ Fritz Thyssen Stiftung u. a., Leipzig.

21 Fingerhut/Hufendiek/Wild 2013.

Abb. 2. Peau/Pli (2012), Skypeperformance zu *Haut-Ich* (Anzieu) und *Falte* (Deleuze)

2.1 Embodiment/Verkörperung im engeren Sinn

Hierbei bestimmt das jeweilige Verhalten des Körpers die Dimensionen des Wahrnehmens, Erlebens und der Kognition. Wenn in unserer Kultur das Drücken auf eine Tischplatte („von sich weg") dazu führt, bestimmte Dinge oder Vorschläge eher abzulehnen, das Ziehen der Tischplatte („auf mich zu") hingegen dazu, bestimmte Dinge oder Vorschläge eher anzunehmen oder positiv zu bewerten, dann gibt es keinen körper- und bewegungsfreien Raum von Wahrnehmung, Kognition und Bewertung, sondern der Körper und seine Bewegungen bestimmen das Erleben und Verhalten des Menschen auf tiefgreifende Weise mit.[22]

Embodiment-Theorien behaupten nicht nur, dass Bewusstsein/Mind und Körper/„Body" miteinander verwoben sind und psychophysisch und physiopsychisch miteinander in Wechselwirkung stehen, sondern darüber hinaus, dass „Bottom-up"-Prozesse im Gegensatz zu „Top-down"-Prozessen häufig quantitativ und qualitativ unterschätzt werden und unterbewertet sind. Für eine Analyse dieser „Bottom-up"-Prozesse fehlen jedoch zum jetzigen Zeitpunkt oft geeignete

22 Tschacher/Bergomi 2012.

Verfahren und Methoden, die über stark parzellierte Mikroanalysen hinaus größere Zusammenhänge erfassen können. Dieses Problem ist insbesondere in der modernen Psychosomatik diskutiert, aber noch nicht befriedigend gelöst worden.[23] Transdisziplinäre Methoden und Forschungsprojekte, die die Bedeutung von Embodiment z. B. über den Begriff des Körpergedächtnisses oder der „musikalischen" Wechselwirkungen zwischen Interaktionspartnern (wie zwischen Mutter und Kind, zwischen Patient und Therapeut) erfassen, versuchen hier Brücken zu schlagen.[24]

Die Baumsägeexperimente von Christian und Haas und die von Daniel Fetzner und mir in Zusammenarbeit mit verschiedenen Improvisationskünstlern in den Jahren 2010 – 2013 durchgeführten drei künstlerischen Skype-Performances beforschen diese Zusammenhänge sowohl praktisch als auch theoretisch.[25] Sie stellen Experimentalsysteme im Sinne Rheinbergers dar, welche im Fall der Baumsägeexperimente zuerst einmal medizinische, aber dort sowie im Fall der Skype-Performances weitergehende und für verschiedenste Wissensgebiete interessante theoretische und praktische Fragen aufwerfen. Sie machen diese Fragen zudem transmedial und transdisziplinär erleb- und beobachtbar – nicht zuletzt, um einen Beitrag zur Kartographie für die Embodimentforschung zu generieren. Folgende Fragen wurden im Zusammenhang mit unseren Skype-Performances und den Baumsägeexperimenten untersucht: Wie entstehen „Zwischenleiblichkeiten" und „überpersonale Einheiten" zwischen den Partnern eines Baumsägeexperiments, zwischen Arzt und Patient sowie zwischen z. B. zwei oder drei Improvisationskünstlern? Wie verändern sich dabei Körper (Physiologie), Erleben und Verhalten? Welche materiellen, umwelt-, ziel- und prozessbezogenen Aktanten werden dabei „inkorporiert"? Etwa die Säge, die Instrumente der Künstler, der Baumstamm, die Atmosphäre einer Stadt – vergleichbar der Inkorporation von Spazierstock und Boden bei Merleau-Ponty?[26] Und: Wie lässt sich eine solche Forschung „operationalisieren" – phänomenologisch, physiologisch, technisch? Wie können Emergenzen in diesen systemischen, aktantenübergreifenden Prozessen beforschbar gemacht werden? Und: Sind diese Phänomene für die Analyse evolutionärer Prozesse im Bereich menschlicher Entwicklung, aber ggf. sogar für die biologischer Evolution von Nutzen? Sowohl die Baumsägeexperimente als auch die Performances von *Intercorporeal Splits* zeigen, dass sich dort Prozesse *gemeinsamer Verkörperung* und *mitgeteilter Emergenz* aufweisen und detailliert untersuchen lassen.

23 Uexküll/Wesiak 1998.
24 Stern 2010.
25 Fetzner/Dornberg 2015.
26 Merleau-Ponty 1966/2003.

2.2 Embeddedness/Einbettung

Der zweite Aspekt moderner Embodiment–Theorien betont die Einbettung menschlicher und nichtmenschlicher Lebewesen in ihre jeweilige Umwelt bzw. die Entstehung neuer Umweltbildungen.[27] Kognition, Emotion und Verhalten von Lebewesen konstituieren sich nur in Verhältnisbildungen und verkörpernden Einbettungen in innere und äußere Milieus und Umwelten. Auf jeder Ebene bestimmen deren „Affordances“[28] phylogenetisch und ontogenetisch das jeweilige Wahrnehmen und Bewegen der sich in die jeweiligen Umwelten einbettenden Akteure. Die Werke Jakob und Thure von Uexkülls, die Gestaltkreistheorie Viktor von Weizsäckers und die Phänomenologien von Maurice Merleau-Ponty und Bernhard Waldenfels sind hier wegweisend. Sie schaffen Ansätze, die nicht nur philosophisch oder erfahrungsbezogen relevant sind, sondern auch für künstlerische, psychosomatisch-praktische, aber auch für grundlagenwissenschaftliche und anwendungsbezogene naturwissenschaftliche Fragen im Bereich von Physiologie, Medizin, Medien und Psychosomatik wichtig werden.

Auch hier stellte sich im Zusammenhang mit unseren Improvisationsexperimenten eine Fülle von Fragen: In welche Umwelten betten sich die drei Performances bzw. die jeweiligen Beteiligten der Baumsäge-Experimente ein, welche Umweltbezüge (be-)nutzen sie, welche neuen Umwelten schaffen sie? Welche Medien werden genutzt und welche geschaffen? Wie stabil und verlässlich erweisen sich neue Umwelt- und Verkörperungsformationen? Durch welche Körpergedächtnissysteme und durch welche Verzahnungen mit der jeweiligen Umwelt werden diese neuen Umwelten stabilisiert – auf interner Ebene (bei den jeweilig direkt Beteiligten), aber auch auf externer Ebene (bei anderen Beteiligten/der Ebene der Umwelt)? Solche Fragen sind auch für Psychosomatik und Psychotherapie hoch relevant; beforschen sie doch funktionellere (salutogenetischere) und dysfunktionellere (pathogenetischere) Umweltbildungen von Kindheit an. Dabei sind Bezüge zwischen Ontogenese und Phylogenese vielfach belegt: Evolution, Verkörperungs- und Umweltbildungen sind beim Menschen, aber auch bei anderen Lebewesen, auf verschiedenster Ebene miteinander verzahnt.[29] Gemeinsame Umweltbildungen und einbettende Verkörperungen liegen auch bei den Baumsägeexperimenten und den Performances von *Intercorporeal Splits* vor.

27 Uexküll 1973.
28 Gibson 1983.
29 Fuchs 2009; Uexküll/Wesiak 1998.

Abb. 3. Voice via Violin (2011), Medienökologisches Embedding auf einem Pickup-Truck in Kairo

2.3 Enaction/Emergenz/Interaktion

Der dritte Aspekt moderner Embodiment-Theorien beforscht und betont den enaktiven, interaktionellen Charakter von Mind (Bewusstsein, Leben) und prinzipiell jeder Umweltbildung bei Lebewesen. Nur durch Wechselwirkung, gegenseitige Assimilation und Adaptation, Abgrenzung nach außen und Kohärenzerzeugung nach innen, können lebendige Systeme eine homöostatische Stabilität und Emergenz gewinnen und damit Neues erzeugen.[30] Dieser Aspekt betrifft, wie beispielsweise biologische oder auch soziologische Systemtheorien betonen, die verschiedenen Aspekte von Kognition, Emotion und Verhalten. Perzeption ist auch Aktion, wie z. B. Alva Noë ausführt,[31] und jede Perzeption generiert Folgewirkungen sowohl innerhalb des eigenen Systems als auch nach außen zu anderen Systemen (Kognition, Emotion, Verhalten). Enaktion ist – ebenso wie Umweltbildung – für biologisches Leben schon von der Ebene des Einzellers bis hin zu kulturellen komplexen Systemen beim Menschen und eben deren Evolution

30 Thompson 2007.
31 Noë 2006.

insgesamt absolut zentral, wie z.B. Thompson[32] und Varela[33] herausarbeiten. Enaktion ist auch zentraler Wirkmechanismus des Baumsägegeschehens oder z.B. musikalischer Improvisationen.

2.4 Extended Mind/entäußertes bzw. entäußerndes Bewusstsein

Der vierte Aspekt moderner Embodiment-Theorien befasst sich mit der Tatsache, dass das Bewusstsein (Geist/Kognition, aber auch z.B. Emotionen) nicht nur innerlich (im Gehirn, im Bewusstsein, im Ich) prozessiert und sich konstituiert, sondern auch im Außen. Auf einer banal anmutenden Ebene werden hier beispielweise Höhlenmalereien, Tagebücher, Archive und Zettelkästen als Formen „erweiterten Geistes" genannt.[34] Komplizierter wird die Verflechtung von Denken und Daten mit elektronischen Medien oder anderen medialen Gedächtnis- und Aufzeichnungssystemen.[35] All diese externen Aktanten schaffen für den Geist und das Bewusstsein materielle und immaterielle Erweiterungs-, aber auch Veränderungsformen. Wird die Fülle medialer Differenzen bedacht, so generiert die Externalisierung von Geist/Mind/Bewusstsein beispielsweise durch Diagramme, Tafelbilder, digital-mediale, aber auch durch imaginative performative Verfahren völlig neue Möglichkeiten. Ein Bild sagt nicht primär *mehr* als tausend Worte, sondern schafft *neben und für Worte* völlig andere Dimensionen, die diese tausend Worte in einem neuen Licht erscheinen lassen.

In diesem Zusammenhang stellen die 3 Teilprojekte von *Intercorporeal Splits*, aber auch die Baumsägeexperimente, jeweils Formen von „Exposition"[36] dar, die Body und Mind auf andere Weise „ausdehnen" – und dadurch geistig und körperlich anders wahrnehmbar, bewusst und anders spürbar werden lassen. Durch die Schaffung neuer „Perzepte und Affekte"[37] in diesen vier Situationen werden neue Formen von Mind/Geist, aber auch neue Formen von Ausdehnung/Veräußerlichung von Realität bzw. Kunst geschaffen. Dabei vervielfältigen sich über

---

32 Thompson 2007; Deleuze 2000.

33 Varela 1997.

34 Clark/Chalmers 1998.

35 Marshall McLuhan spricht bereits 1967 nicht nur von Medien als „Erweiterungen des Zentralen Nervensystems", sondern auch von einer dann möglichen „Kannibalisierung" durch die dadurch geschaffene neue mediale Umwelt. Der erste Aspekt betont positiv-leistungsbezogene Folgen, der zweite „parasitäre".

36 Nancy 2003.

37 Deleuze/Guattari 1996.

transmediale Bezüge – über De- und Reterritorialisierungen – sowohl die „ausgedehnten" („extended") Bezüge als auch die weniger ausgedehnten, „inneren" Anteile der Beteiligten, welche mit Prozessen der Kognition und der Bewusstseinsbildung zu tun haben. Ähnliche Prozesse von „extended mind" können für die Evolution biologischen Lebens insgesamt angenommen werden, wie u. A. die Funktionskreismodelle von v. Uexküll zeigen.

Abb. 4. Embedded Phase Delay (2013). Extended Mind/Improvisation zwischen dem Tänzer Graham Smith im Media Markt und dem Tablaspieler Amjad Khan in Bangalore

Die vier Ebenen von „Verkörperung" – Embodiment, Embeddedness, Enaction und Extendedness/extended Mind – weisen untereinander eine Fülle von Verschränkungen und Querbezügen auf, die sowohl auf theoretischer Ebene als auch im praktischen Einzelfall aufgewiesen bzw. analysiert werden können. Als Phänomene haben sie alle zumindest potentiell eine emergenz- und ziel- bzw. leistungsorientierte Seite. Evolutionäre Veränderungen finden *durch* diese 4 Bereiche und *in ihnen* statt; dies betrifft die menschliche Evolution auf jeden Fall, aber wahrscheinlich auch jede Form biologischer Evolution. Durch Verkörperungs-, Umwelt-, Enactions- oder Außenweltvariablen kann es allerdings immer wieder auch zu möglicherweise massiven Passungseinbußen, zu Störungen und zu „parasitären" Entwicklungen kommen (s.u. Abschnitt 4.).

3 Zwischenleiblichkeit, die „zweigriffige Baumsäge“ und die Evolution vom Typ mitgeteilter Emergenz

3.1 Die zweigriffige Baumsäge, die Logik mitgeteilter Emergenz und 5 Modelle „ausgedehnter Evolution“ (extended evolution)

Wie führen nun die in den Baumsägeexperimenten und den Skype-Performances gewonnenen Erfahrungen und Begriffe weiter? Uns hat im Zusammenhang damit das Konzept und Phänomen des Körpers/Leibes und der so genannten „Zwischenleiblichkeit“ (intercorporealité) beschäftigt. Es wurde von Maurice Merleau-Ponty in seiner *Phänomenologie der Wahrnehmung* entwickelt und in *Das Sichtbare und das Unsichtbare* weiter ausgearbeitet.[38] Es ist heute einer der Zentralbegriffe phänomenologischer Forschung, insbesondere in Grenzbereichen zu Psychosomatik und Kognitionswissenschaft.[39]

Das Phänomen der Zwischenleiblichkeit haben wir vor allem anhand der Auseinandersetzung mit den oben schon dargestellten Baumsägeexperimenten einerseits und den Skype-Performances andererseits beforscht, in denen die einzelnen Individuen, ihre Körper und Aktionen, mit dem Gesamtgeschehen und der Leistung zu einem neuen Ganzen verschmelzen. Dabei ist das Neue, Emergente und das, was die Interaktion fundiert und motiviert, der Prozess der Leistungsherstellung bzw. der Prozess der Interaktion und deren spezifische Rückkopplungs- und Rückmeldekomponenten selbst. Dieser Prozess und dessen prozedurales Gelingen sind leib-körperlich sowie durch den Charakter der jeweils interagierenden Medien bestimmt. Dieses Neue ist zudem nicht oder nicht komplett vorherbestimmt und zeigt in Teilen oder als Ganzes absolut neue Eigenschaften. Damit ist Leiblichkeit immer polysystemisch in verschiedene körperliche, soziale, mediale und technische Umwelten eingebettet und nur über die Herstellung überpersonaler, komplexer Handlungskörper angemessen zu verstehen. Es entstehen neue Formen emergenter Körperlichkeit, die von uns und von Klaus Theweleit so genannten „dritten Körper“[40]. Diese Art von „Symbiogenese“[41] hat eine spezifische Struktur, in welcher Aktivität und Passivität miteinander

38 Merleau-Ponty 1986.
39 Fuchs 2009.
40 Theweleit 2007.
41 Margulis 2010.

verschmelzen, wofür Victor von Weizsäcker den Begriff des „Pathischen“[42] geprägt hat. Dieses Pathische ermöglicht Emergenz und symbiotiforme Qualitäten, hat aber auch einen je eigenen „Entzugs-, Diastase- und Differenzcharakter“[43]. Immer wieder entzieht es sich uns.

Ähnliche Gedanken, wie sie sich aus den Baumsägeexperimenten entwickeln lassen, werden zurzeit auch in kognitionswissenschaftlichen Forschungen zur sozialen Kognition und in der Entwicklungspsychologie diskutiert, wobei uns insbesondere die Forschungen im Umkreis des Heidelberger Psychiaters und Philosophen Thomas Fuchs stark beeinflusst haben. Fuchs und De Jaegher gehen bei der Formierung sozialer Kognition von der Interaktion und Koordination zweier verkörperter Handelnder aus bzw. von Prozessen gegenseitiger Verkörperung und Zwischenleiblichkeit innerhalb derer „the lived bodies of both participants extend and form a common intercorporality“[44]. Sie betonen, dass dieser Prozess gegenseitiger Verkörperung nicht nur die beiden Körper und Bewusstseine der Interaktionspartner miteinander verschränke, sondern auch spezifische größere Einheiten mit der Umwelt bilde: „Incorporation is not restricted to that which is near the skin, however – the lived body extends to whatever object it is interacting with“.[45]

Ähnlich wie der Blinde mit seinem Blindenstock seinen Körper in die Umwelt hinein verlängert, dieser zum Beziehungs- oder Tastorgan wird, und der Blinde nicht mehr weiß, wo sein Körper bzw. der Stock aufhört und die Umwelt beginnt, verlagert sich die Umwelt und die Fähigkeit zu handeln und Wahrnehmungsorgane auszubilden ihrerseits über den Blindenstock, die Luft, über Geräusche und Anderes in den Organismus des Blinden hinein.[46] Ähnliche Prozesse finden sich – so Fuchs und De Jaegher – auch im Sport, z. B. beim Tennisspiel.[47] So entstehen Prozesse gemeinsamer Verkörperung/gemeinsamen Embodiments bzw. eines „extended body“[48].

Fuchs und De Jaegher arbeiten in ihrem Artikel, bezogen auf die von ihnen gesuchte „operative Intentionalität“, Aspekte „bipersonaler“ oder „trilogischer“ Verkörperungsformen heraus, zum Teil mit anderer Terminologie, aber mit ähnlicher Stoßrichtung wie bei Christian und Haas.[49]

42 Weizsäcker 1956.
43 Waldenfels 2002.
44 Fuchs/De Jaegher 2009, 465.
45 Fuchs/De Jaegher 2009, 473.
46 Fuchs/De Jaegher 2009, 472.
47 Fuchs/De Jaegher 2009, 474.
48 Froese/Fuchs 2012.
49 Christian/Haas 1949.

1. Die Prozesslogik wird zur Quelle der operativen Intentionalität beider Partner.
2. Sie kann nicht nur einem Partner zugeschrieben werden, sondern muss Wert-, Ziel-, Umwelt- und je spezifische Prozessvariablen und deren Bedeutung miteinbeziehen.
3. Die sich entwickelnden Fähigkeiten von „Merken“ und „Wirken“ sind körperlich/verkörpernd und jeweils auf den Anderen sowie auf die spezifischen Prozess- und Umweltvariablen bezogen.
4. Die Prozesslogik bekommt eine neue, emergente Qualität, welche sich beiden Interaktionspartnern kognitiv, emotiv und körperlich mitteilt und ihnen (dadurch auch) operativ besser zur Verfügung steht. Hier ist eine spezifische Medialität in und durch die gegenseitige Bezogenheit und deren spezifische Rückmeldungsqualitäten impliziert. Man kann hier auch von „medialer Teilhabe“[50] sprechen.

Die von Fuchs und De Jaegher sowie von Christian und Haas herausgearbeiteten Merkmale *mitgeteilter Emergenz*, von Rückmeldungs- und Teilhabe-bezogener Evolution im Bereich menschlicher Interaktion und Entwicklung lassen sich, so meine These, auf andere Lebens- bzw. Forschungsbereiche übertragen, natürlich mit Einschränkungen und mit jeweils unterschiedlichen Spezifika. Dabei lassen sich idealtypisch folgende Bereiche mitgeteilter und ausgedehnter Emergenz (*extended evolution*) unterscheiden:
1. Verkörperte Intersubjektivität (inkl. „Interaffektivität“ [51]) – *extended body*[52];
2. Verkörperter, ausgedehnter und relationaler Charakter von „In-der-Welt-Sein“ und Bewusstsein/Seele/Geist – *extended mind*;
3. Verkörperter, ausgedehnter und relationaler Charakter allen „Lebens“, aller Lebewesen – *extended life*;
4. Verkörperter, ausgedehnter und relationaler Charakter von Medien – *extended media*;
5. Verkörperter, ausgedehnter und relationaler Charakter des Heilens/Heils – *extended healing*.

„Extended life“, „extended media“ und „extended healing“ sind dabei begriffliche Neuschöpfungen des Autors, welche die Theorien des „extended mind“ und des „extended body“ weiterzuentwickeln suchen. Im Folgenden werden die fünf ge-

50 So die mit uns kooperierende, von der DFG geförderte Forschergruppe „Mediale Teilhabe“; vgl. http://mediaandparticipation.com.

51 Fuchs/Koch 2014, 112.

52 Fuchs/Koch 2014, 51.

nannten Bereiche dieser „ausgedehnten Evolution/extended Evolution“ kurz erläutert.

3.2 Verkörperte Intersubjektivität („Interaffektivität“/extended body)

Forschungen zu den Phänomenen primärer und sekundärer Intersubjektivität im Bereich von Kognitionswissenschaft, Entwicklungspsychologie und Phänomenologie haben, wie schon oben (unter 3.1.) angedeutet, deren evolutiven Emergenzcharakter herausgearbeitet. So sprechen etwa Gallagher und Hutto von Situationen primärer Intersubjektivität, gegenseitiger direkter körperlicher und enaktiver Bezugnahme, die koevolutiv emergente Qualitäten generieren:

> In most intersubjective situations, that is, in situations of social interaction, we have a direct perceptual understanding of another person's intentions because their intentions are explicitly expressed in their embodied actions and their expressive behaviors. This understanding does not require us to postulate or infer a belief or a desire hidden away in the other person's mind. What we might reflectively or abstractly call their belief or desire is expressed directly in their actions and behaviors.[53]

Thomas Fuchs spricht im Zusammenhang der emergenten Qualitäten im Bereich der Intersubjektivität und in Bezug auf (mit-)geteilte Affektivität auch von „Interaffektivität“[54] und, ähnlich wie unsere Arbeitsgruppe, von der Entstehung eines *dritten Körpers*, eines *extended body:* „Each of the agent's intra-bodily dynamics is extended by the other agent's intra-bodily dynamics by means of the inter-bodily dynamics of their interaction process“.[55]

Im Ausgang von diesen Dynamiken lassen sich, so Fuchs, auch höherstufige Prozesse sozialer Bezugnahme und Kognition aus ihrer intersubjektiven Genese heraus verstehen, nämlich die Phänomene der Objektgenese („Joint attention“ und „Objekt triangulation“), triadisch-interpersonaler Interaktionen („Interpersonal triangulation“) wie auch die Entwicklung einer intra- und interpersonellen Metaperspektive („Self-other-metaperspective“) oder Phänomene der Sprachentwicklung.[56] Alle 5 Phänomene – Objektgenese/Joint Attention, triadisch-interpersonelle Interaktion, intra- und interpersonelle Metaperspektive/Self-other Metaperspektive sowie die Sprachentwicklung – benötigen zu ihrer Entwicklung

53 Gallagher/Hutto 2008, 28.
54 Fuchs/Koch 2014; Theweleit 2007.
55 Froese/Fuchs 2012, 231.
56 Fuchs 2013; siehe auch den Beitrag von Thomas Fuchs in diesem Band.

komplexe sich mitteilende, eigenlogische und überpersonale „dritte" Wesenheiten. Diese schaffen mit den beteiligten Handlungspartnern bzw. den Objekten der Welt emergente Wirklichkeiten, welche auf die Beteiligten rückwirken und welche evolutiv Formen gemeinsamer interaktioneller, kognitiver, medialer und körperlicher Teilhabe bilden.

3.3 Zum verkörperten, ausgedehnten und relationalen Charakter von „In-der-Welt-Sein" und Bewusstsein/Seele/Geist („extended mind")

Bewusstsein/Mind hat „ausgedehnte" Qualitäten und verschränkt sich mit Außenweltlichkeit. Dieser Aspekt wird insbesondere von Theorien des „Extended mind"-Ansatzes und der Phänomenologie betont. Dabei treten spezifische emergente Qualitäten von Bewusstsein/Mind in der Auseinandersetzung mit der Objektwelt auf. Bewusstsein verschränkt sich evolutionär mit der Dingwelt, mit Einbettungs- und Verkörperungsprozessen. Thinking ist/wird „thinging"[57]. Auch in der Phänomenologie, insbesondere in der Spätphilosophie Merleau-Pontys, wird die Philosophie der Zwischenleiblichkeit phänomenologisch in Hinsicht auf den anderen Menschen, aber auch die Dinge weiterentwickelt. Beim späten Merleau-Ponty werden der Leib und das Bewusstsein als ein verkörperlichtes, „zweiblättriges Wesen"[58] verstanden, welches mich nicht nur mit dem anderen Menschen, sondern auch mit der Materialität der Dinge und der Welt verbindet. Der von Merleau-Ponty in diesem Zusammenhang verwandte Begriff des „Chiasmus" bezeichnet genau die *Überkreuzung*, durch die sich Mensch/Bewusstsein, anderer Mensch und Ding/Welt verflechten, demselben Sein angehörend:

> Diese Vermittlung durch Umkehrung und dieses Chiasma bewirken, daß es nicht einfach eine Antithese Für-sich Für-Andere gibt, daß es ein Sein gibt, das alles dies in sich enthält, zunächst als sinnliches Sein und dann als Sein ohne Einschränkung [...]. Das Chiasma ist nicht nur Austausch Ich-Anderer [...], es ist auch Austausch zwischen mir und der Welt [...]: was als Ding beginnt, endet als Bewusstsein des Dinges, was als „Bewusstseinszustand" beginnt, endet als Ding.[59]

Mitgeteilte Emergenz bezieht also Umwelt- und Dingaspekte verkörpernd und einbettend ein und vollzieht sich mit und über diese als *extended*.

57 Malafouris 2014.
58 Merleau-Ponty 1986.
59 Merleau-Ponty 1986, 274.

3.4 Zum verkörperten, ausgedehnten und relationalen Charakter allen „Lebens“ bzw. aller Lebewesen („extended life“)

Jakob von Uexküll sieht jedes Lebewesen als streng umweltbezogen an.[60] In diesem Zusammenhang prägt von Uexküll den Begriff des „Funktionskreises“:

> Jedes Tier ist ein Subjekt, das dank seiner ihm eigentümlichen Bauart aus den allgemeinen Wirkungen der Außenwelt bestimmte Reize auswählt, auf die es in bestimmter Weise antwortet. Diese Antworten bestehen wiederum in bestimmten Wirkungen auf die Außenwelt, und diese beeinflussen ihrerseits die Reize. Dadurch entsteht ein in sich geschlossener Kreislauf, den man den Funktionskreis des Tieres nennen kann.[61]

Jakob von Uexküll spricht in diesem Zusammenhang von Merk- und Wirkorganen, die jeweils spezifisch das Zusammenspiel zwischen Organismus und Umwelt beschreiben. Das Leben der Zecke beispielsweise lässt sich durch 3 Merk-Male und drei Wirk-Male bzw. durch 3 aufeinander planmäßig abgestimmte Funktionskreise recht genau beschreiben.[62] Das Wirk-Mal der Wunde der Zecke ist allgemein bekannt, aber erst das Auffinden der Merk-Male der Buttersäure und der Wärme kann das Bild der Zecke und ihrer Beziehungen zu ihrer Umwelt vollenden. Wenn man sich vorstellt,

> dass ein Subjekt durch mehrere Funktionskreise an das gleiche oder an verschiedene Objekte gebunden ist, so erhält man einen Einblick in den ersten Fundamentalsatz der Umweltlehre: Alle Tiersubjekte sind mit der gleichen Vollkommenheit in ihre Umwelten eingepasst. Dem einfachen Tier entspricht eine einfache Umwelt, dem vielgestaltigen eine ebenso reichgegliederte Umwelt.[63]

Über die Etablierung von Funktionskreisen entstehen also Koevolutionen zwischen Lebewesen und ihrer unbelebten und belebten Umwelt, Emergenz: „musikalische“ oder überindividuelle Muster, welche von v. Uexküll als abgestimmte,

---

60 Uexküll 1973; Uexküll 1980; Uexküll/Kriszat 1983.

61 Uexküll 1973, 150; Froese/Fuchs 2012.

62 „Die Hautdrüsen des Säugetiers bilden die Merkmalsträger des ersten Kreises, denn der Reiz der Buttersäure löst im Merkorgan spezifische Merkzeichen aus, die als Geruchsmerkmal herausverlegt werden. Dies [...] ruft [...] im Wirkorgan entsprechende Impulse hervor, die das Loslassen der Beine und das Herabfallen hervorrufen. Die herabfallende Zecke erteilt den getroffenen Haaren des Säugetiers das Wirkmal des Anstoßens, das nun seinerseits ein Tastmerkmal auslöst, wodurch das Geruchsmerkmal der Buttersäure ausgelöscht wird. Das neue Merkmal löst ein Herumlaufen aus, bis es auf der ersten haarfreien Hautstelle durch das Merkmal Wärme abgelöst wird, worauf das Einbohren beginnt“ (Uexküll/Kriszat 1983, 12).

63 Uexküll/Kriszat 1983, 11.

„symphonische" Muster beschrieben werden. Evolution, Embodiment, Enaktion und Embeddedness verschränken sich. Dabei oszilliert die Umweltlehre Jakob von Uexkülls zwischen einem empirisch-materialistischen-konstruktivistischen („parasitären") Pol einerseits, in der Wirkmale Merkmale „auslöschen"[64] und zugrunde richten, und einem interaktionell-umweltbezogenen-naturphilosophischen Pol andererseits, in der Lebewesen und Umwelten gemäß einer „Kompositionslehre der Natur"[65] aufeinander abgestimmt sind und sich einander mitteilen. Sie sind „miteinander komponiert", „in einem allumfassenden Plan geborgen",[66] weil sie sich evolutionär miteinander entwickelt haben und aufeinander verweisen, wie Flosse und Wasser, Biene und Blütenrüssel. Werden diese gegenseitigen Bezüge, die Melodien bzw. die „Symphonie", von mindestens einem oder gar beiden Interaktionspartnern auch mit-gefühlt, mit-bestimmbar, aktiv mitkomponiert bzw. -komponierbar, so liegt eine spezielle Form höherstufiger Evolution, von *(mit-)geteilter Emergenz* vor. Ähnliche Gedanken entwickelt Thompson.[67] Koevolutionen zwischen Lebewesen bzw. zwischen Lebewesen und deren Umwelten als enaktiver, verkörpernder Prozess vollziehen sich mutmaßlich also immer über mehr oder weniger höherstufige Formen von Rückkopplung, Mitteilung und Bildung gemeinsamer „dritter Körper", wie es oben – auf einer ganz anderen Ebene – auch für die Baumsägeexperimente und bei den Skype-Performances gezeigt wurde.

3.5 Zum verkörperten, ausgedehnten und relationalen Charakter von Medien („extended media")

Nach Georg Christoph Tholen lassen sich begriffsgeschichtlich verschiedene Bedeutungen von Medium, Medien und Medialität herausarbeiten.[68] Medien sind Mittel der Vermittlung und Weitergabe von Bedeutung, Informationen und Bot-

---

64 „Bildlich gesprochen greift jedes Tiersubjekt mit zwei Gliedern einer Zange sein Objekt an – einem Merk- und einem Wirkgliede. Mit einem Glied erteilt es dem Objekt ein Merkmal mit dem anderen ein Wirkmal. Dadurch werden bestimmte Eigenschaften des Objekts zu Merkmalträgern und andere zu Wirkmalträgern. Da alle Eigenschaften eines Objekts durch den Bau des Objekts miteinander verbunden sind, müssen die vom Wirkmal getroffenen Eigenschaften durch das Objekt hindurch ihren Einfluss auf die das Merkmal tragenden Eigenschaften ausüben und auch auf dieses selbst verändernd einwirken. Dies drückt man am besten kurz so aus: das Wirkmal löscht das Merkmal aus" (Uexküll/Kriszat 1983, 12f.).

65 Uexküll 1980, 140ff.

66 Uexküll 1980, 168.

67 Thompson 2007.

68 Tholen 2005.

schaften zwischen Sendern und Empfängern. Darüber hinaus sind Medien in ihrer spezifischen medienbezogenen Eigendynamik zu sehen, „nicht als passives Werkzeug oder Instrument, sondern als konstruktive Aktivität eines ‚Dazwischen'".[69] Damit bilden Medien eigene Bedeutungen und Räume aus und eröffnen ein eigenes Spektrum von Bezügen, aber auch von Differenzen. Hierbei wird ein einfacherer Medienbegriff (der etwa einfache Schriftzeichen umfasst) hin zu einem komplexeren erweitert, bei dem Medien zunehmend eine ihnen je eigene, spezifische inszenatorische oder performative Kraft entfalten.

Wenn davon gesprochen wird, dass Interaktionsprozesse, wie z. B. das Sägen an der zweigriffigen Baumsäge, oder Aktionsprozesse höherer Ordnung und Komplexität, wie z. B. die Sprache, eine eigene Medialität entfalten, wird darauf Bezug genommen, dass die überpersonalen Einheiten von Wahrnehmen, Fühlen und Denken durch und während ihrer Performierung spezifische Rückkopplungs- und Rückmeldephänomene und eigene emergente mediale „Darstellungs-" und Überformungsprozesse sowie Phänomene „medialer Teilhabe" generieren. Der Punkt, auf den es Christian und Haas, aber auch Medienforschern wie Tholen ankommt, ist der, dass sich der überpersonale Charakter interaktioneller Prozesse von diesen Bezugnahmen und deren Selbstreferenzialitäten zu differenzieren beginnt. Er löst sich von diesen teilweise ab, und diese neuen, abgelösten, in Teilen völlig differenten Prozesse greifen dann in die „vorherigen" Bezugnahmeprozesse ein und gestalten diese evolutionär mit.

Der Raum dieser Bezogenheit und Medialität, und dies ist bei der Analyse moderner Medienkunst besonders wichtig, ist aber nicht nur von rückkopplungsbezogenen Koevolutionen, sondern auch und je spezifisch von Differenz durchtränkt. Dabei kommt es zur „Verfilzung"[70] verschiedener Räume und Zwischenleiblichkeiten, zur Verfilzung zwischen einem eher zwischenleiblich-interaktionellen, rückmeldungsbezogenen Pol einerseits und einem differenzerzeugenden medialen, technischen oder materialen, möglicherweise „parasitären" Pol andererseits. Beide tragen zu Verkörperungs- und Umweltbildungen bei. Der Prozess der Verfilzung zwischen zwischenleiblich-interaktionellem Raum und dem Raum differenzgenerierender Künstlichkeit und Drittheit entfaltet eigene Dynamiken, generiert eigene Fähigkeiten von „Wahrnehmen" und „Bewegen", von Perzeption und Affektion.[71]

---

69 Tholen 2005, 151.
70 Böhme 2010, 54.
71 Deleuze/Guattari 1996, 191 ff.

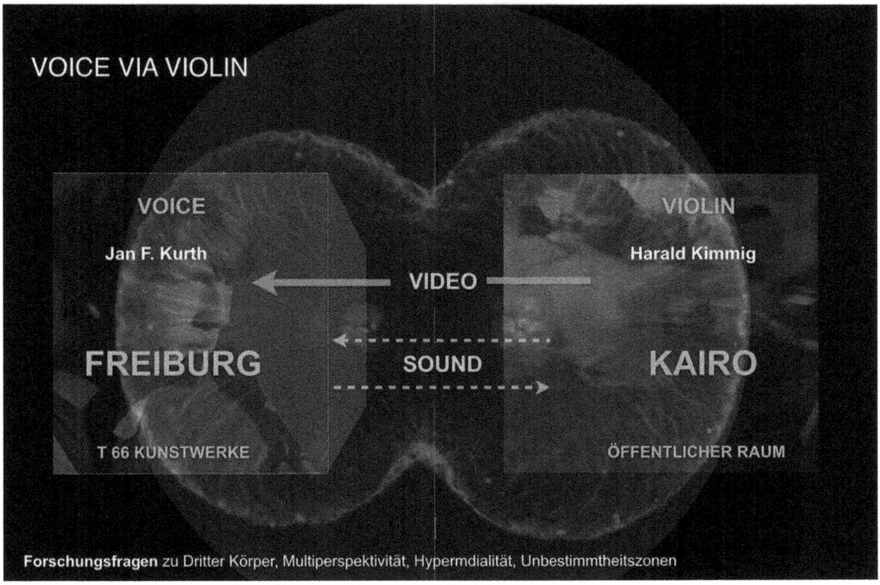

Abb. 5. Voice Via Violin (2011), Schaubild zu Zwischenleiblichkeit und extended mediality

3.6 Zum verkörperten, ausgedehnten und relationalen Charakter des Heil(en)s („extended healing/wholesomeness")

Über das inzwischen wissenschaftlich in der Schulmedizin gut operationalisierte Salutogenesekonzept Antonovskys[72] lassen sich die Erfahrungen aus den Baumsägeexperimenten und den Skype-Performances gut mit Forschungen heutiger Psychosomatik und wissenschaftlicher Psychologie verbinden. Durch die Entstehung höherstufiger „drittkörperlicher" Entitäten werden nämlich psychosomatische und somatopsychische Kohärenzphänomene generiert, welche nicht nur im Sinne der Entwicklungspsychologie (s. 3.2./3.3.) entwicklungsförderlich sind, sondern auch gesundheitsförderlich und für die Entstehung von Gesundheit und Krankheit von höchster medizinischer Relevanz. Sie sind *salutogenetisch* hoch wirksam.

In Übereinstimmung mit den drei zentralen Komponenten von Antonovskys „Kohärenzgefühl/Sense of Coherence" werden durch die Entstehung überpersonaler Handlungskörper im funktionalen Fall

72 Antonovsky 1984.

1. gegenseitiges Verstehen („comprehensibility") und Empathie gefördert,
2. gemeinsame wie auch individuelle Handhabbarkeit („manageability") hergestellt oder optimiert und zugleich
3. geteilte wie individuell perzipierbare Erfahrungen von Sinnhaftigkeit („meaningfulness") generiert.

Die Baumsägeexperimente können wichtige Hinweise geben, wie funktionale oder aber dysfunktionale Muster im Bereich der Intersubjektivität, aber auch von Entwicklungspsychologie und Psychosomatik/Psychotherapie zu verstehen und zu konzeptualisieren sind. Zugleich machen sie besser verstehbar, welche Faktoren dazu beitragen, Muster gelingender Intersubjektivität, Empathie und seelisch-körperlicher Gesundheit entstehen zu lassen. Sie zeigen Muster auf, wie Entwicklung einerseits und Gesundheit/Heilung andererseits durch funktionale Formen „überpersonaler" Einheiten und rückgekoppelter mitgeteilter Emergenz entstehen.[73] Dabei lassen sich auch Bezüge zu religiöser Erfahrung von Ganzheit, Heil und Heilung, zu Theologie und Pastoralwissenschaft ziehen.[74]

Zusammenfassend lässt sich also sagen, dass evolutionäre Muster *mitgeteilter Emergenz*, also vom Emergenzrückmeldungs- und Drittkörpertyp, wie sie im Experimentalsystem der zweigriffigen Baumsäge und bei unseren Skype-Performances aufzuweisen sind, tendenziell für mehrere Bereiche von Evolution mögliche Analyse- und Verstehensprinzipien darstellen: für die zwischenmenschliche Interaktion, für den Bereich verkörperten/ausgedehnten Bewusstseins (*extended mind*) bzw. des „In der Welt Seins" des Menschen insgesamt, für den Bereich des Lebens bzw. der Evolution überhaupt (*extended life*), für den Bereich der Medialität (*extended media*) sowie auch den Bereich von Heilung und Gesundheit betreffend (*extended healing/resilience*).

---

73 Die Experimente zum Sägevorgang mit Gesunden und Kranken zeigen, so Christian und Haas, dass sich Gesunde und Kranke in der Zusammenarbeit so aufeinander einzustellen vermögen, dass im Zusammenspiel die pathologische Funktionen (beim Kranken) bestmöglich ausgeglichen werden und dadurch fast eine normale Leistungsfähigkeit wie bei zwei gesunden Sägepartnern erreicht werden kann. Die Baumsägeexperimente postulieren also einen überpersonalen Charakter von Gesundheit und Krankheit und nehmen viele Ergebnisse der Salutogeneseforschung vorweg.

74 Dornberg 2014b.

4 Der Parasit und die Logik parasitär-einseitiger Emergenz

Störungen sind für jede Form von Kommunikation, Interaktion, Zwischenleiblichkeit und chiastischer Verbindung zur Welt unhintergehbar und konstitutiv. In Theorien der Improvisation, der Entwicklungspsychologie und der Psychotherapie avancieren sie sogar zu einem zentralen Entwicklungskonzept; etwa wenn die Prozesse zwischen Mutter und Säugling oder Therapeut und Patient als ein Oszillieren zwischen Passungsverlust/Störung und Passungswiederaufnahme beschrieben werden.[75]

Bernhard Waldenfels hat für die Phänomenologie, z. B. ausgehend von den Werken Merleau-Pontys, Levinas' und Derridas, den Aspekt von „Diastase und Differenz" in seinem gesamten Oeuvre stark betont. Jedes „Zwischen" beinhalte „Prozesse der Scheidung, die dem Abschied, der Abgeschiedenheit und dem Verscheiden" verwandt seien.[76] Ausgehend u. a. von diesen Überlegungen haben die Projekte künstlerisch-philosophischer Forschung von Daniel Fetzner und mir sich dem Begriff des „Parasiten" und dem Werk von Michel Serres angenähert, in dem das Konzept der Störung zentral ist.[77] Serres entwickelt seine „Parasitologie der Störung" anhand einer Analyse des Phänomens des Lärms, der stört und zugleich produktiv ist, Ordnungen stürzt und neue schafft:

> Der Lärm bringt ein neues System hervor, eine Ordnung von höherer Komplexität, als eine einfache Kette sie hat. Auf den ersten Blick führt dieser Parasit eine Unterbrechung herbei, doch auf den zweiten bringt er eine Konsolidierung. Er gewöhnt die Ratte an die Stadt, er immunisiert sie. Die Stadt macht Lärm, aber der Lärm macht die Stadt.[78]

Störungen stören, führen aber auch zu Gegenmaßnahmen und neuen Leistungen. Man könnte von einem Zusammenwirken von Parasitologie und Immunologie, von Störung und Emergenz sprechen. Bei Michel Serres wird das Gefüge von Immunologie und Parasitologie durch ein eigenes Konzept des „Dritten" ergänzt, das für unsere Projekte (die ja stark an Drittkörperlichkeit orientiert sind und diese be-

---

75 Stern 1998; Stern 2010; Stern et al. 2010.

76 Waldenfels 2002, 175.

77 Serres 1981/1987. Im Rahmen dieser Entwicklung wurde von Daniel Fetzner und mir der Projektzyklus „Buzz. Parasitäre Ökologien" begonnen, der zwei künstlerisch-transdisziplinäre Interventionen umfasst – in einem südindischen Insektenlabor (Bangalore 2014) und in der Freiburger Galerie T 66 (Mai 2015); vgl. http://www.metaspace.de/Dokumentation/Buzz.

78 Serres 1981/1987, 29.

forschen) weitere Verstehens- und Vervielfältigungsmöglichkeiten bereitstellt. Nicht die Beziehung Sender-Empfänger, die Dyade und rückkopplungsbezogene Emergenz sind hier fundamental, sondern diejenige von Interferenz/Korrespondenz und Rauschen: das ständig mögliche „andere Dritte", die ständige Möglichkeit von Störung, Durchkreuzung, der Unterbrechung von Rückkopplung und Beeinflussung: „Das Hintergrundrauschen ist der Grund des Seins, das Parasitentum ist der Grund der Beziehung".[79]

Der Lärm, das Rauschen, Störungen, Ausbeutung, Macht und Gewalt, das Empirische und dessen Differenzcharakter bedrohen oder beeinflussen – so Serres – jede Form von Leben, von der Ebene des Einzellers bis hin zur Politik. Das Parasitäre bzw. – positiver gewendet – die Figur Wirt/Gast und die Frage nach der Ökologie/Bewirtung/Wirtschaftlichkeit werden für ihn zu einer ubiquitären epistemologischen und ontologisch/faktischen Figur, welche transdisziplinär das Verständnis einer Vielzahl möglicher Phänomene vertieft:

> Der Austausch ist weder die Hauptsache noch ursprünglich noch fundamental [...]. Das Verhältnis des einfachen, nicht umkehrbaren Pfeils, der nur eine Richtung und kein Zurück kennt, dieses Verhältnis tritt an die Stelle des Austauschs. Der Mensch ist des Menschen Laus. Und so ist auch der Mensch des Menschen Wirt.[80]

Der Parasit, das ist einerseits die Laus, der Bandwurm oder der Pilz – der Parasit im biologischen Sinn (1). Der Parasit ist zugleich „ein Gast, der die Gastfreundschaft mißbraucht", der Schmarotzer: ein Parasit sozialer oder politischer Art (2). Schließlich ist der Parasit die Störung (*frz. parasite*) einer Nachricht, das Rauschen im Kanal (3): „Parasit im Sinne der Physik, der Akustik oder Informatik, im Sinne von Ordnung und Unordnung, eine neue und, das ist wichtig, kontrapunktische Stimme."[81]

Serres bezieht auch die Geschichte von Wissenschaft, Kunst und Technik auf parasitäre Verhältnisse (4). Die Wissenschaft z. B. findet zu ihren Tatsachen durch planmäßige Beobachtung und systematisches Experimentieren. So das immer noch gewohnte Bild. Aber was sind Experiment und Beobachtung, so Serres, anderes als auch parasitäre Aktivitäten? In diesem Sinne können auch Experimente und Beobachtungen als parasitäre Praktiken gelten: „Das Experiment bringt ein Rauschen in die Nachrichten der Black-box, ein Störgeräusch. Man greift nicht ein, ohne zu stören. Das Experiment gewinnt und erschleicht Informationen

79 Serres 1981/1987, 83.
80 Serres 1981/1987, 14.
81 Serres 1981/1987, 14.

aus der Black-box, es schmarotzt an ihr."[82] Die Figur des Parasiten ist also ein verschiedene Wissensgebiete verbindendes, reisendes („travelling") Konzept.[83] Es betrifft biologische, politische, kommunikative, künstlerische und wissenschaftlich-epistemische Prozesse, teilweise in vergleichbarer Form. Spätestens an diesem Punkt stellt sich die Frage, ob die parasitären Verhältnisse nur „der pathologische Auswuchs irgendeines Gebietes [sind] oder ganz einfach das System selbst"[84].

Das Parasitäre wird also als lebendiges Konzept verstanden, welches Dimensionen wie Austausch, Existenz, Leben, Wissenschaft, Denken und Kunst besser zu verstehen hilft. Der Parasit und seine Logiken stehen dabei für einen anderen, „dissoziierenderen", weniger rückkoppelnden, zweiten Typ von Evolution. Bei den künstlerischen Projekten von *Intercorporeal Splits* dominierte zunächst ein von den Baumsägeexperimenten stark beeinflusster, interaktionell dyadisch-dual anmutender enaktivistischer Ansatz (zwei Künstler interagieren miteinander). Bei diesem waren Phänomene von Zwischenleiblichkeit, Bipersonalität, Drittkörperlichkeit und sich mitteilender Emergenz, von Partizipation und Gelingen bestimmend. Phänomene von Störung, Hybridität, medialer Differenz, von Zufall und Materialität ließen uns diesen Ansatz um eine störungsorientierte Perspektive unter dem Signum des *Parasitären* und darauf bezogene künstlerisch-philosophische Projekte erweitern. Hierbei wurde die gelingens-, teilhabe- oder rückmeldungsorientierte Sichtweise, die im Bereich von Medizin, Psychotherapie und Medienpraxis unverzichtbar ist, um eine differenzorientierte Perspektive erweitert, welche sich mit den Bereichen unwiederbringlichen Verlusts, radikaler Brüche, der Störung und des Unendlich-Nicht-Berührbaren befasst. Emergenz, Kohärenz,[85] Konsistenz[86] wurden begrifflich, aber auch praktisch ergänzt, ersetzt, konterkariert durch Aspekte von Störung, Verlust, Dehiszenz/Riss und Trauma/Gewalt.[87] Der „Kohärentismus" musste durch einen „Traumatismus" erweitert bzw. kritisiert werden, die Gelingensorientierung durch Elemente einer Parasitologie. Beide Perspektiven stellen paradigmatisch unterschiedliche Modelle evolutionärer Veränderungen dar. Aus der Auseinandersetzung mit dem transdisziplinären Kontext unserer früheren und unserer späteren Projekte erwuchs auch die diesen Aufsatz leitende Hypothese, zwei idealtypisch verschiedene Typen von Evolution bzw. von evolutionärer Emergenzbildung zu unterscheiden:

82 Serres 1981/1987, 14.
83 Knapp 2005; Neumann 2012.
84 Serres 1981/1987.
85 Antonovsky 1984.
86 Grawe 2004.
87 Dornberg 2008; Dornberg 2010, 8–37.

eine ziel-, teilhabe- und rückmeldungsorientiertere erste und eine parasitäre/störungsorientiertere und einseitigere, diffusere zweite. Eine klare Trennung zwischen beiden Typen lässt sich allerdings nicht vornehmen: Sie sind immer miteinander vermischt.

5 Zusammenfassung und Ausblick

Im Ausgang von den Experimentalsystemen der zweigriffigen Baumsäge, den Skype-Performances von *Intercorporeal Splits* und dem Phänomen des Parasitären/des Parasiten lassen sich idealtypisch zwei gegenläufige Richtungen evolutionärer Entwicklungen unterscheiden, die untereinander jedoch immer Wechselbezüge aufweisen:

1. das Modell rückmeldungs- und teilhabeorientierter, mitgeteilter Emergenz bzw. das Modell „dritter Körper" und
2. das Modell der Parasitierung, das man auch als „teil-abduktives Modell"[88] bezeichnen kann.

Im ersten Fall geht es um z.T. gemeinsames Lernen, „Bottom-up-" und „Top-down"-Prozesse, um (mit-)geteilte Emergenz- und Rückmeldungslogiken. Im zweiten Fall hingegen geht es mehr um einseitig-rhizomatische Prozesse, Prozesse von Aufpfropfung und vorrangig nicht-linearer Komplexität. Hier wird Koevolution dann mehr durch ein Neben- und Gegeneinander, als durch ein gemeinsames und sich implizit oder explizit mitteilendes Miteinander verstehbar. Bei Modell 2 spielen der Zufall, das Getrenntsein sowie Prozesse des Inkorporiert- und Infiziert-Werdens, funktionalerer oder dysfunktionalerer Wirt-Gast Verhältnisse, einseitiger Beeinflussung sowie des Absterbens bzw. des unwiederbringlichen Verlusts von Möglichkeiten eine deutlich stärkere Rolle. Da beide Prozesstypen miteinander verflochten sind, sprechen wir auch von „parasitären Ökologien"[89].

---

88 Charles Sanders Peirce (1976) entwarf eine dreistufige Erkenntnislogik von Abduktion, Deduktion und Induktion. In diesem Sinne wird in der ersten Stufe des wissenschaftlichen Erkenntnisprozesses eine Hypothese mittels Abduktion gefunden. In der zweiten Stufe werden Vorhersagen aus der Hypothese abgeleitet: Deduktion. In der dritten Stufe wird nach Fakten gesucht, welche die Vorannahmen „verifizieren": Induktion. Sollten sich die Fakten nicht finden lassen, beginnt der Prozess von Neuem, und dies wiederholt sich so oft, bis die „passenden" Fakten erreicht sind. Der Begriff Abduktion/abduktive Logik wird von mir hier – teilweise sinnverändert – in einen anderen Realitätsbereich, die Evolution, übertragen.

89 Vgl. unser gleichlautendes Projekt im Mai 2016: www.t66-kulturwerk.de/t66-kulturwerk/downloads/buzz_zeitung.pdf.

Das zweite Modell, das Modell der Parasitierung, soll kurz abschließend am Ansatz der Biologin und Paläontologin Lynn Margulis ein Stück weiter skizziert werden.[90] Biologische Evolution vollzieht sich – so Margulis – nicht nur durch die Entwicklung homöostatischer Systeme oder durch Mutation. Nicht nur durch letztere komme es zu Variationen, welche dann, wenn alles passt, selektiert und zu neuen Arten stabilisiert werden, sondern für Margulis im Regelfall durch Einverleibung und Parasitierung. Alles Leben, jede Spezies ist durchdrungen von Symbionten und Parasiten, die (Erb-)Bestandteile miteinander und ihren Wirten austauschen, ganz ohne Rücksicht auf mögliche Folgen.

Im Falle von Bakterien, mit denen sich Margulis primär beschäftigt, die in jedem höheren Organismus nachweisbar und sehr reisefreudig sind, könne man – so Margulis – noch nicht einmal von einer spezifischen Art sprechen: „Bacteria have no species“[91]. Vor der Entstehung der Arten, aber auch später, existiere Leben als schrankenloser Austausch genetischer Informationen: „Symbiotic interaction is the stuff of life“[92]. Distinkte Arten lassen sich für Margulis erst dann ausmachen, wenn sich – via Verkörperung, Einbettung, Enaction, aber eben auch durch parasitäre, einseitige und für die Betroffenen „unsichtbare“ Einverleibungen – nachhaltige symbiotische Verhältnisse etabliert haben. Dabei verschwimmen die klaren Grenzen zwischen Symbiose und Parasitismus. Mutation oder rückmeldungsbezogene Kompetenz (evolutionäres Modell 1) seien für diese Symbiogenesen – so Margulis – häufig gar nicht notwendig, sondern nur ein oft einseitiger „exchange of parts“[93], also Parasitierungen (evolutionäres Modell 2). Dabei kann die jeweilige Spezies auch und oft unbemerkt Teile der materiellen oder der belebten Umwelt (z. B. anderer Spezies) sich inkorporieren bzw. nutzen. Damit unterhält Biologie intensive Beziehungen auch zu Chemie und Physik und deren materialen Logiken: „the book of life [...] is written in the language of carbon chemistry“.[94]

Diese nicht zwingend durch rückgekoppelte und einander mitgeteilte Emergenz bestimmte evolutionäre Logik ist mit dem Bild des Symbiontischen, welches immer parasitär sein oder werden kann, einer Logik einseitigen Aufpfropfens und des Rhizomatischen anders beschreibbar als mit dem mehr gelingensorientierten Bild eines gemeinsamen und geteilten „dritten Körpers“. Letzteres ist für die Passung zwischen Patient und Arzt, Kind und Mutter und z. B. für die Entstehung der Sprache zentral; wir haben es oben über die Baumsägeexperimente und un-

---

90 Margulis 1999; Margulis 2010.
91 Margulis 1999, 6; Fuchs 2009.
92 Margulis 1999, 98.
93 Margulis 1999, 72.
94 Margulis 1999, 85.

sere Skype-Performances eingeführt. Aber auch deren rückgekoppelte Emergenzen und „dritte Körper" profitieren immer wieder vom Abduktiven, von Abweichungen, Überkreuzungen, Zufällen und Störungen – wie anhand konkreter Auswertungen dieser Experimentalsysteme oder z. B. des Verhältnisses von Sprache und Sprachevolution oder von Sprache und Lyrik gezeigt werden könnte. Das Abduktive, Parasitäre stellt allerdings immer auch ein Moment von Gefahr dar. Das Oszillieren zwischen Chance, Zufall, Möglichkeit einerseits und Gefahr/möglicher Zerstörung/Tod andererseits kennzeichnet so das parasitäre Element der Evolution, welches im Modell 2 ansatzhaft skizziert wurde.[95]

> Gegeben seien also zwei Stationen und ein Kanal, der beide verbindet. Der Parasit, der sich dem Fluss der Relation aufpfropft, ist in der Position des Dritten. Bislang reichte dieses Schema aus; doch nun wechseln wir die Positionen. Wer zuvor Gast war, wird nun zum Unterbrecher; was Rauschen war, wird zum Gesprächspartner, was zum Kanal gehörte wird nun Hindernis und umgekehrt. [...] Und damit wechselt der Parasit seinen Platz [...]. Der Dritte wird zum Zweiten, der Zweite wird zum Dritten, das System oszilliert, sein Aufbau verändert sich.[96]

Bei Serres steht der Parasit als „travelling concept" also für unterschiedliche Positionen des „Dritten" – auf den Ebenen biologischer, kultureller und wissenschaftlicher Evolution. Einmal für Figuren rückgekoppelter und mitgeteilter Emergenz/Drittheit, zum anderen für einseitige und parasitär abduktive evolutionäre Prozesse. Je nach Beeinflussungslage, je nach empirischem Verlauf der Evolution, ihrer Wirts- und Gastverhältnisse, sowie von deren Unterbrechungen und Störungen kann die Position des Dritten/des Parasiten stetig wechseln. Von funktional zu dysfunktional, von gelingensförderlich zu störend oder aber kreativ. Dem muss ein Denken dieser Komplexitäten und der Evolution gewachsen sein.[97]

95 Dies wahrzunehmen hat auch Folgen für Ökologie und Politik.

96 Beide Modelle der Evolution, die sich mitteilende Gelingensorientierung (Emergenz 1) und das unterbrechende Parasitäre (welches auch Emergenzen zeitigt, aber anders, = Emergenz 2), lassen sich durch andere Mischungsverhältnisse des Empirischen und des Transzendentalen kennzeichnen (vgl. hierzu Foucault 1971). Das Parasitäre ist in der Tendenz (je nach Faktum/Fakten) „empirischer", „quantitativer" als die Emergenz 1 (Serres 1981/1987, 84).

97 Zur Entwicklung der künstlerisch-philosophischen Projekte von Daniel Fetzner und mir siehe Dornberg/Fetzner 2017.

Literatur

Antonovsky, Aaron (1984): *Salutogenese. Zur Entmystifizierung der Gesundheit*, Tübingen.
Anzieu, Didier (1996): *Das Haut-Ich*, Frankfurt am Main.
Böhme, Gernot (2010): „Der Raum leiblicher Anwesenheit und der Raum als Medium von Darstellung", in: J. Hasse/R. J. Kozljanic (Hgg.), *Gelebter, erfahrener und erinnerter Raum*, München, 47–58.
Christian, Paul (1989): *Anthropologische Medizin. Theoretische Pathologie und Klinik psychosomatischer Krankheitsbilder*, Heidelberg.
Christian, Paul/Renate Haas (1949): *Wesen und Formen der Bipersonalität*, Stuttgart.
Clark, Andy/David Chalmers (1998): „The extended mind", in: *Analysis* 58 (1): 7–19.
Deleuze, Gilles (2000): *Die Falte. Leibniz und der Barock*, Frankfurt am Main.
Deleuze, Gilles/Félix Guattari (1996): *Was ist Philosophie?*, Frankfurt am Main.
Dornberg, Martin (2008): „Trauma und Verwundbarkeit bei E. Levinas und in der Traumatherapie", in: *Psychologik 3. Jahrbuch für Psychologie und Philosophie*, Freiburg, 195–212.
Dornberg, Martin (2010): „Geschlecht und Gewalt. Einige Anmerkungen aus philosophischer und psychologischer Sicht", in: S. Bach (Hg.), *Gewalt, Geschlecht, Fiktion. Gewaltdiskurse und Gender-Problematik in zeitgenössischen englischsprachigen Romanen, Dramen und Filmen*, Trier, 8–37.
Dornberg, Martin (2013): „Die zweigriffige Baumsäge. Überlegungen zu Zwischenleiblichkeit, Umweltbezogenheit und Überpersonalität", in: T. Breyer (Hg.), *Grenzen der Empathie. Philosophische, psychologische und anthropologische Perspektiven*, Paderborn, 239–259.
Dornberg, Martin (2014a): „Dritte Körper. Leib und Bedeutungskonstitution in Psychosomatik und Phänomenologie", in: A. Böhler/C. Herzog/A. Pechriggl (Hgg.), *Korporale Performanz. Zur bedeutungsgenerierenden Dimension des Leibes*, Bielefeld, 107–127.
Dornberg, Martin (2014b): „Dritte Körper und die Erfahrung des Heil(en)s", Vortrag an der Universität Mannheim auf der Veranstaltung: *Body and Religion – Körpererfahrung und Religion*, Veranstalter: Theologisches Institut Universität Mannheim und Evangelische Akademie Baden, Mannheim, 06. 04. 2014. Unveröffentlichtes Manuskript.
Dornberg, Martin (2016): „Macht nutzen – Macht denken", Vortrag auf der Tagung *Macht*, Fritz Thyssen Stiftung, 23. 04. 2016. Unveröffentlichtes Manuskript.
Dornberg, Martin /Fetzner, Daniel (2016): „Die zweigriffige Baumsäge. Ein biokybernetisch-medienökologisches Experimentalsystem", Vortrag an der Universität Konstanz, 26. 02. 2016. Unveröffentlichtes Manuskript.
Dornberg, Martin/Fetzner, Daniel (2017): „Experimentelle Taktilität. Zur medienökologischen Erforschung von Zwischenkörpern", in: K. Harrasser (Hg.), Auf Tuchfühlung: Eine Wissensgeschichte des Tastsinns (Schauplätze der Evidenz), Frankfurt, 39–63.
Fetzner, Daniel/Martin Dornberg (2014): *Buzz. Parasitäre Ökologien* http://www.metaspace.de/Dokumentation/Buzz
Fetzner, Daniel/Martin Dornberg (2015): *Intercorporeal Splits. Künstlerische Forschung zur Medialität von Stimme, Haut und Rhythmus*, Leipzig.
Fingerhut, Joerg/Rebekka Hufendiek/Markus Wild (Hgg.) (2013): *Philosophie der Verkörperung. Grundlagentexte zu einer aktuellen Diskussion*, Berlin/Boston.

Foucault, Michel (1971): *Die Ordnung der Dinge: Eine Archäologie der Humanwissenschaften*, Frankfurt am Main.
Froese, Tom/Thomas Fuchs (2012): „The extended body: A case study in the phenomenology of social interaction“, in: *Phenomenology and the Cognitive Sciences* 11 (2): 205 – 235.
Fuchs, Thomas (2009): *Das Gehirn als Beziehungsorgan*, Stuttgart.
Fuchs, Thomas (2013): „The phenomenology and development of social perspectives“, in: *Phenomenology and the Cognitive Sciences* 12 (4): 655 – 683.
Fuchs, Thomas/Hanne De Jaegher (2009): „Enactive intersubjectivity: Participatory sense-making and mutual incorporation“, in: *Phenomenology and the Cognitive Sciences* 8 (4): 465 – 486.
Fuchs, Thomas/Sabine C. Koch (2014): „Embodied affectivity: On moving and being moved“, in: *Frontiers in Psychology* 5: Article 508.
Gallagher, Shaun/Daniel D. Hutto (2008): „Understanding others through primary interaction and narrative practice“, in: J. Zlatev/T. P. Racine/C. Sinha/E. Itkonen (Hgg.), *The shared mind: Perspectives on intersubjectivity*, Amsterdam, 17 – 38.
Gibson, James (1983): *The ecological approach to visual perception*, Hillsdale.
Grawe, Klaus (2004): *Neuropsychotherapie*, Göttingen.
Knapp, Gudrun-Axeli (2005): „Traveling Theories. Anmerkungen zur neueren Diskussion über ‚Race, Class, and Gender'“, in: *Österreichische Zeitschrift für Geschichtswissenschaften* 16 (1): 88 – 110.
Malafouris, Lambros (2014): „Creative thinging: The feeling of and for clay“, in: *Pragmatics & Cognition* 22 (1): 140 – 158.
Margulis, Lynn (1999): *Symbiotic planet: A new look at Evolution*, New York.
Margulis, Lynn (2010): „Symbiogenesis: A new principle of rediscovery of Boris M. Kozo-Polansky (1890 – 1957)“, in: *Paleontological Journal* 12: 1525 – 1539.
McLuhan, Marshall (1967): *Hot and Cool*, New York.
Merleau-Ponty, Maurice (1986): *Das Sichtbare und das Unsichtbare*, München.
Merleau-Ponty, Maurice (2003): *Phänomenologie der Wahrnehmung* [1966], Zürich.
Nancy, Jean-Luc (2003): *Corpus*, Berlin.
Neumann, Birgit (Hg.) (2012): *Travelling concepts for the study of culture*, Berlin.
Noë, Alva (2004): *Action in perception*, Cambridge.
Peirce, Charles Sanders (1976): *Schriften zum Pragmatismus und Pragmatizismus*, Frankfurt am Main.
Rheinberger, Hans-Jörg (2001): *Experimentalsysteme und epistemische Dinge. Eine Geschichte der Proteinsynthese im Reagenzglas*, Göttingen.
Schmidgen, Henning (2009): *Die Helmholtz-Kurven*, Berlin.
Serres, Michel (1987): *Der Parasit* [1981], Frankfurt am Main.
Stern, Daniel N. (1998): *Die Lebenserfahrungen des Säuglings*, Stuttgart.
Stern, Daniel N. (2010): *Der Gegenwartsmoment: Veränderungsprozesse in Psychoanalyse, Psychotherapie und Alltag*, Stuttgart.
Stern, Daniel N./The Boston Change Process Study Group (2010): *Veränderungsprozesse. Ein integratives Paradigma*, Stuttgart.
Theweleit, Klaus (2007): *Übertragung, Gegenübertragung, Dritter Körper: Zur Gehirnveränderung durch neue Medien*, Köln.
Tholen, Georg C. (2005): „Medium/Medien“, in: A. Roesler/B. Stiegler (Hgg.), *Grundbegriffe der Medientheorie*, Tübingen, 150 – 172.

Thompson, Evan (2007): *Mind in life: Biology, phenomenology, and the sciences of mind*, Cambridge, MA.
Tschacher, Wolfgang/Claudia Bergomi (Hgg.) (2012): *The implications of embodiment: Cognition and communication*, Exeter.
Uexküll, Jakob von (1973): *Theoretische Biologie*, Frankfurt am Main.
Uexküll, Jakob von (1980): *Kompositionslehre der Natur. Biologie als undogmatische Naturwissenschaft*, Frankfurt/Berlin/Wien.
Uexküll, Jakob von/Georg Kriszat (1983): *Streifzüge durch die Umwelt von Tieren und Menschen*, Frankfurt am Main.
Uexküll, Thure von/Wolfgang Wesiak (1998): *Theorie der Humanmedizin*, München/Wien/Baltimore.
Varela, Francisco (1997): *Principles of biological autonomy*, New York.
Waldenfels, Bernhard (2002): *Bruchlinien der Erfahrung*, Frankfurt am Main.
Weizsäcker, Viktor von (1956): *Pathosophie*, Göttingen.
Weizsäcker, Viktor von (1973): *Der Gestaltkreis. Theorie der Einheit von Wahrnehmen und Bewegen* [1940], Frankfurt am Main.

Alexander Maßmann

Auf der Grenze

Ein Dialog zwischen Evan Thompsons Enaktivismus und der theologischen Lehre von der Schöpfung

Abstract: Evan Thompson's philosophical concept of enactivism offers a fruitful opportunity to bring Christian theology, biology, and philosophy into a dialogue centered around the concept of the organism and self-organizing systems. Thompson contends that mental life is intimately involved in an organismic self-organization that cannot be reduced to a purely material dynamic such as gene expression and selection. While enactivism is typically conceived of in a naturalistic way, it can serve as a bridge for dialogue involving theology as well. In contrast to traditional notions of God's work of creation as a unilateral establishment of a dependent creaturely realm, an increasing number of theologians highlight the concept of self-organization. While creatures participate in the act of creation, God establishes boundaries that work as a fruitful, productive interface between chaos and order.

While this scenario draws on Thompson's depiction of life as autopoietic, his enactivism tends to consider organisms simply as active rather than as both active and passive. How does this relate to the importance of genetics and natural selection in evolution? Engaging such „mechanistic" factors as well, theologians can both make sense of the risk inherent in creation and explore the systemic logic of organismic self-organization, drawing on traditional theological concepts such as the doctrine of the Holy Spirit.

In einer frühen Vorlesung in Heidelberg (1919/20) entfaltet Viktor von Weizsäcker seine Naturphilosophie anhand des ersten Schöpfungsberichtes der Genesis. Er schildert den Fortgang der Wissenschaften von der mechanistischen Physik hin zu einer mechanistischen Biologie und einer reduktionistischen „Psychophysik".[1] Die Natur werde zunehmend – und wissenschaftlich mit Recht – entgottet, entgeistigt und, durch Reduktion auf Quantifizierbares, der spezifischen Qualitäten beraubt.[2] Doch diesem Zugriff entziehe sich das Phänomen des Lebens.

1 von Weizsäcker 1963, 76.
2 von Weizsäcker 1963, 39.

DOI 10.1515/9783110528626-012

Den tieferen Sinn der Entgöttlichung und Entgeistigung sieht von Weizsäcker in einem prominenten Motiv der Schöpfungsgeschichte angelegt: „Mit *trennender* Gebärde greift der Schöpfer ins Weltall [...] er schied vom Lichte die Finsternis [...] damit entsteht unsere Welt, nämlich eine Welt der Geschiedenheiten, der Gegensätze".[3] Gott schließe sich von der Schöpfung aus, und die mechanistische Wissenschaft buchstabiere das nach. Das nennt von Weizsäcker zwar legitim, doch zugleich hält er die Reduktion des Lebens auf den Mechanismus für absurd. Einerseits meint er: „Natur ist an sich ungeistig".[4] Andererseits stellt er fest, wie der Schöpfer laut dem Schöpfungsbericht bei der Erschaffung der Lebewesen ein „mittelbares Verfahren"[5] verwende und die Natur selbst das Leben hervorbringen lasse. Die Lebewesen bringen wiederum einander hervor. Laut dem biblischen Text herrschen hier „Selbststeuerungen" und „Selbsterzeugung".[6] Während Wissenschaft im Sinne linearer Kausalität denke, sind hier „Ursache und Wirkung identisch".[7] Hier weist der junge Dozent vage auf jüngere Theorien der Selbstorganisation voraus.

Im Rahmen dieses Aufsatzes interessiert an von Weizsäckers Vorlesung vor allem, wie sie in tendenziell holistischen Konzepten eine Brücke zwischen dem gegenwärtigen Wissenschaftsdiskurs und weisheitlich-religiösen Traditionen des Altertums identifiziert. Manche theologische Ansätze in der Schöpfungslehre sehen auch heute in der geschöpflichen „Selbsterzeugung" und „Selbststeuerung" gerade eine Pointe des göttlichen Schöpfungswerkes. Darüber hinaus spielt von Weizsäcker solche Konzepte nicht einfach gegen die klassische reduktionistische Wissenschaftstradition aus, die er ebenfalls hochschätzt.

Damit entsteht die Frage, wie das Phänomen des Organismus wissenschaftlich zu bewerten ist. In dem Diskurs, der Kognition im Rahmen des Verkörperungsparadigmas thematisiert, steht er im Zentrum. Die darwinistische Tradition denkt stärker mechanistisch und erklärt weniger die Evolution von Intelligenz, als dass sie sie umschreibt: Aufgrund der natürlichen Selektion sind Lebewesen mit geringeren kognitiven Fähigkeiten in zukünftigen Populationen wahrscheinlich unterrepräsentiert.[8] Die radikale Zuspitzung dieses mechanistischen Ansatzes vertritt der Genzentrismus, der die Entstehung von Intelligenz der Expression von Genen zuschreibt, die besser adaptierte Phänotypen hervorbringen. Im Gen-

3 von Weizsäcker 1963, 13 f.
4 von Weizsäcker 1963, 15.
5 von Weizsäcker 1963, 59.
6 von Weizsäcker 1963, 61.
7 von Weizsäcker 1963, 61.
8 So schon der programmatische Titel von Charles Darwin, *The origin of species by means of natural selection. Or the preservation of favoured races in the struggle for life* (Darwin 1859/2009).

zentrismus sieht wiederum der Wissenschaftsphilosoph Evan Thompson, ein Protagonist des Verkörperungsdiskurses, eine enge Parallele zu der kognitionswissenschaftlichen Position, die er gerade überwinden will.[9] Da der menschliche Geist laut Thompson im Vollzug organismischen Lebens emergiert, spricht er von einem enaktiven Ansatz. Die Kognitionswissenschaft des späten 20. Jahrhunderts dagegen vergleicht menschliche Hirnzellen mit einer Computerhardware, auf der aufsetzend eine Software Symbolverarbeitung leistet.[10] Dieser Dualismus entspreche im Genzentrismus dem distanzierten, instrumentalisierenden Verhältnis, in dem Gene vermeintlich zu ihrem Vehikel-Organismus stehen. In beiden Fällen werde Information reifiziert, und das denkende Subjekt bzw. das letztinstanzliche Gen gleiche einem Homunkulus, von dem unklar bleibt, welche Bedingungen sein Operieren ermöglichen. Der Genzentrismus wie der Kognitivismus vertreten einen unreflektierten Leib-Seele-Dualismus.[11] Demgegenüber arbeitet Thompson an einem Paradigma einer „enaktiven Evolution".[12]

Im Zentrum dessen steht der autopoietische Organismus, der sich nicht nur selbst organisiert, sondern sich auch kognitiv verhält. Thompson argumentiert, dass dieses Konzept von entscheidender Bedeutung für das Verkörperungsparadigma ist. Deshalb wird sich dieser Aufsatz eingehender mit Thompsons Theorie autopoietischer Systeme auseinandersetzen. Diese Theorie soll hier zudem ins Gespräch mit theologischen Denkfiguren gebracht werden. M. E. hilft Thompsons systemisches Denken, Gottes schöpferisches Werk als solches besser zu erfassen. Dabei bietet es sich an, Parallelen in der Theorie autopoietischer Systeme und der Rede von der schöpferischen Tätigkeit des Heiligen Geistes näher zu betrachten.

1 Evan Thompson: Autopoiesis und Teleologie

Bei von Weizsäcker konstituiert die „Selbsterzeugung" der Lebewesen noch einen eigenartigen Fall, der sich mit der klassischen Wissenschaft nicht recht fassen lässt. Der Wissenschaftsphilosoph Evan Thompson rückt sie mit der Theorie autopoietischer Systeme dagegen in das Zentrum seiner Überlegungen. Dabei geht es ihm um eine Konstellation von Elementen, die sich wechselseitig beeinflussen und als größere Einheit die Bedingungen ihrer Reproduktion herstellen. Der paradigmatische Fall ist die Zelle: Zellmembran und zellulärer Stoffwechsel konstituieren einander wechselseitig. Die wesentlichen Stoffwechselvorgänge werden in

9 Thompson 2010, 173 f.
10 Thompson 2010, 4–8, 13–15.
11 Thompson 2010, 187.
12 So z. B. Thompson 2010, 192.

der Zelle selbst geleistet (organisatorische Schließung). So stammen alle systemrelevanten Produkte aus dem System selbst – sofern sie nicht von der Umwelt auf invariante Weise bereitgestellt werden –, um ohne wesentliche Verluste dort zu verbleiben (systemische Schließung).

Da sich diese Systeme kontingent, aber nach ihrer eigenen Systemdynamik konsistent zu ihrer Umwelt verhalten, schreibt der enaktive Zugang ihnen elementare Kognition zu. Damit ist ein Verhalten gemäß einer Norm gemeint, die der Organismus selbst generiert und durch die er sich in einer bestimmten Umwelt erhält.[13] Dieses Verhalten ist ein wesentlicher Aspekt seiner physischen Organisation. Es konstituiert „Bedeutung" für den Organismus. Physische Organisation ist somit das Äußere der Kognition, und Kognition ist das Innere der physischen Organisation.

Thompson illustriert das anhand des Beispiels des Bakteriums *Escherichia coli*, das sich anscheinend ziellos innerhalb seines Milieus bewegt.[14] Sobald Proteinkanäle an der Zellmembran jedoch auf einen bestimmten Nährstoff stoßen, bewegt das Bakterium seine Geißel so, dass es gegen den Nährstoffgradienten schwimmt. Dieses Verhalten ist die Konsequenz der physischen Struktur des Bakteriums. Es kommt zu einer konsistenten, vorhersagbaren Form der strukturellen Kopplung zwischen dem System und seiner Umwelt, in der für das Bakterium „Bedeutung" entsteht. Gemäß diesem paradigmatischen Fall ist Kognition nicht Theorie und Betrachtung, sondern kompetentes Verhalten in der Selbsterhaltung. Bedeutung ist ferner nichts Allgemeines, Kontext-unabhängiges, sondern wird vom Bakterium mitkonstituiert, da sein Stoffwechsel auf einen bestimmten Nährstoff zugeschnitten ist. Der Zuckergradient existiert unabhängig vom Verhalten des Bakteriums, nicht aber als Nährstoffgradient. Bedeutung ist also eine kontextabhängige, aber erwartbare Form der Kopplung des Systems mit seiner Umwelt. Es handelt sich nicht um eine Dynamik, die sich immer schon mit naturgesetzlicher Notwendigkeit aus den gegebenen chemischen Verhältnissen ergibt. Denn die Organisation des Bakteriums ist nicht einfach Resultat von Naturgesetzen, sondern eine historisch kontingente Tradition. In der Autopoiesis instanziiert sich diese kontingente Konstellation kontinuierlich. Das Verhalten des Bakteriums konstituiert somit ein „Selbst".[15] Kognition ist das Innere der physischen Organisation und ihrer Aktivität, die mit zunehmender Komplexität des zentralen Nervensystems thematisch wird.

13 Thompson 2010, 159.
14 Thompson 2010, 74 f.
15 Thompson 2010, 75.

Der Organisation einer Zelle ähnlich sind nach Thompson auch Konstellationen, die mehrere Organismen umfassen. Bakterienkolonien oder Insektenpopulationen sind verschiedentlich als autonomes System organisiert, wobei etwa soziale Marker ein Äquivalent zur begrenzenden Membran bilden.[16] Demnach wären sie sogar als autopoietische Systeme oder Superorganismen zu bezeichnen. Doch Thompson ist zurückhaltend bei ihrer Einschätzung als Lebewesen. Dieselbe Frage stellt sich bei Ökosystemen, die Thompson nicht diskutiert. Sie zeichnen sich ebenfalls durch systemische und organisatorische Schließung sowohl in ihrem Energiekreislauf als auch ihrem Nährstoffkreislauf aus. In beiden Hinsichten sind Pflanzen von entscheidender Bedeutung, da sie Sonnenenergie durch Photosynthese speichern und Nährstoffe aus dem Boden binden.[17] Eine typische Eigenschaft von Ökosystemen ist zudem ihre Selbstregulierung.[18] Eine typische Kompromittierung der Systemgrenze findet allerdings verstärkt durch menschliche Einführung von invasiven Spezies statt.

Eine noch weitere Einstellung des Fokus rückt die Erde als Ganzes in den Blick.[19] Im Unterschied zu rein instrumentell zu gebrauchenden Systemen bezeichnet Thompson auch sie als „autonomes System".[20] Ob es sich sogar um ein autopoietisches System handelt, hänge davon ab, ob die Erde ein Äquivalent zur Zellmembran besitzt, das in Wechselbeziehung mit dem Stoffwechselsystem steht. Könnte also die Biosphäre insgesamt als ein Lebewesen zu bezeichnen sein? Im Sinne dessen spricht Thompson sich immerhin gegen die Ansicht aus, dass Fortpflanzung und DNA-Replikation Bedingungen seien, von Leben zu sprechen. Im Unterschied zur Fortpflanzung sei Selbstherstellung, Autopoiesis, die entscheidende Voraussetzung.[21] Angesichts von minimalen autopoietischen Systemen fragt er allerdings, ob Autopoiesis allein bereits Kognition gewährleiste.

16 Den Ameisenhügel hält Thompson für ein autonomes, aber nicht autopoietisches System (Thompson 2010, 44). Allerdings prägt die Gesamtfunktionsweise der Population durchaus die Anatomie und das Verhalten der konstituierenden Organismen, und tatsächlich sorgt das Verhalten der einzelnen Ameisen für eine systemische Schließung. Im Falle der Bakterienkolonie referiert Thompson immerhin Argumente für die Bezeichnung als Superorganismus, wobei bezeichnenderweise genetische Aspekte eine prominente Rolle spielen (Thompson 2010, 119).

17 Dickinson/Murphy 2007, 15–17, Kap. 3 (Energiekreislauf), Kap. 4 (Nährstoffkreislauf).

18 Vgl. etwa das Demostat-Modell zur Regulierung der Populationsdichte (Dickinson/Murphy 2007, 39). Angesichts von Störungen des Bodens wie Erosion, Brand, Grasen oder starker Begehung treten spezialisierte Pflanzen, die sog. Ruderalvegetation, verstärkt auf, womit sich der Boden oft regenerieren kann (Dickinson/Murphy 2007, 92 f.).

19 Etwa Skinner/Murck (2011, IIIf): Das System Erde umfasst „Geosphere, Hydrosphere, Atmosphere, Biosphere, and Anthroposphere".

20 Thompson 2010, 122.

21 So Thompson 2010, 44: „Autopoiesis [...] provides the core ‚biologic' of all life on earth".

Letztlich enthält er sich des Urteils und stellt fest, dass alle bekannten Lebewesen autopoietisch organisiert und kognitiv sind, ob zur Entstehung von Kognition nun Autopoiesis hinreichend ist oder nicht.[22]

Bei den minimalen künstlichen autopoietischen Systemen, die er diskutiert,[23] dürfte kognitives Verhalten allerdings nicht im eigentlichen Sinn gegeben sein – höchstens in dem trivialen Sinn, dass eine Membran Reagenten daran hindert, aus dem System zu diffundieren. Für die Entstehung echten kognitiven Verhaltens, mit dem etwa *E. coli* aktiv zu der eigenen Nährstoffversorgung beiträgt, ist m. E. dagegen ein sukzessives, wagenheberartiges Anwachsen von funktionalen, kognitiven Strukturen vonnöten, wie es in der Evolution von Generation zu Generation geschieht. Dazu bedarf es allerdings der Fortpflanzung sowie der variierenden Vererbung von solcher Information, in deren Expression der Tochterorganismus seine Selbstorganisation auf Formen beschränkt, die dem Vorfahren ähnlich sind. Angesichts vielfacher Vererbungsprozesse[24] wäre DNA-kodierte Information hier nicht einmal der einzige geeignete Kandidat. Zwar ist der unwahrscheinliche Fall nicht ganz auszuschließen, dass sich neue, nicht reproduktive, autopoietische Formen aktiv kognitiv verhalten. Doch die Evolution macht kognitives Verhalten plausibel, indem es sich hier über Generationen hinweg konserviert, diversifiziert und sich je neu adaptiert.[25] Das macht es also sinnvoll, dass etwa der Wissenschaftsphilosoph Georg Toepfer nicht nur Organisation und Selbstregulierung für Kennzeichen des Lebens hält – diese Voraussetzungen sind ebenfalls mit der Autopoiesis gegeben –, sondern auch die Evolution.[26] Damit umfasst der Begriff des Lebens Autopoiesis und kognitives Verhalten, wobei jedoch kontinuierliches,

---

22 Thompson 2010, 124–126, 127.

23 Thompson 2010, 107–116. Laut Thompson sei das „tesselation automaton" nicht vollkommen autopoietisch, da es den Katalysator nicht selbst produziert (110). Doch die Membran hält ihn im System, und auch andere autopoietische Systeme synthetisieren nicht alle systemrelevanten Reagenten selbst. Bei Mizellen und Vesikeln fehle die Wechselwirkung zwischen Metabolismus und Membran (116). Doch im Inneren der Membran wird der Baustein der Membran aus einem Nährstoff generiert und kann nicht herausdiffundieren.

24 Thompson 2010, 177 f. Außerdem haben sog. maternale Effekte einen prägenden Einfluss auf den Tochterorganismus.

25 Im Fall von Superorganismen liegt zwar auf der Makro-Ebene keine DNA-Kodierung vor, doch variierende Vererbung kann etwa durch Lernen stattfinden. Die konstituierenden Elemente des Superorganismus weisen ihrerseits jedoch wiederum DNA-Vererbung auf.

26 Toepfer 2005, 168. Dabei bezeichnet Toepfer das System als lebendig, das sich in der Fortpflanzung erhält und in der Evolution transformiert (168 f.). Doch da das nicht vom einzelnen Organismus als „token" gilt, wäre Leben demnach nicht dem einzelnen Organismus, sondern nur der weiteren Abstammungslinie zuzuschreiben. M. E. reicht es jedoch aus, dass sich der Organismus aufgrund seiner Struktur aktiv kognitiv verhält. Evolution ist eine Bedingung, aber nicht die Wirklichkeit dessen.

diversifiziertes und je neu adaptiertes kognitives Verhalten allein durch Autopoiesis unwahrscheinlich ist. Wenn auch eine Ameisenpopulation durchaus organismische Züge hat, ist doch insgesamt Zurückhaltung geboten in der Frage, ob größere systemische Zusammenhänge insgesamt lebendig sind; Autopoiesis, systemische und organisatorische Schließung allein dürften als Kennzeichen des Lebendigen nicht hinreichen.

Obwohl Thompson m.E. die Bedeutung der Evolution für den Begriff des Lebens nicht hinreichend würdigt, ist ihm dennoch darin zuzustimmen, dass Leben nicht aus linearer Kausalität allein zu erklären ist, auch nicht durch die „Bottom-up"-Prozesse von genetischer Variation und natürlicher Selektion. Die Ansicht des Genzentrismus, dass die zufällig zustande gekommenen Gene derjenigen Organismen, die in der Vergangenheit dem Selektionsdruck standgehalten haben, lediglich mit leichter Variation reproduziert, in neue Phänotypen umgesetzt und nun erneut dem rigorosen Test der Selektion unterworfen werden – dass also die Organisation teils in linearer Kausalität von der Vergangenheit vorgegeben wird und sich teils dem Effekt der anderen Organismen verdankt –, lehnt Thompson ab. Zur Gen-Translation bedarf es eines kompetenten Organismus, der seinerseits nicht auf genetische Instruktionen reduziert werden kann. Im strengen Sinne gibt es keine genetische Festverdrahtung. Die DNA veranlasst nicht ihre eigene Translation in Proteine, sondern ist dazu auf andere Prozeduren angewiesen. Der genetische Code, also das genetische Wörterbuch, das bestimmte Aminosäuren bestimmten Basen-Tripletts zuordnet, ist selbst ein emergentes Produkt der Evolution und variiert in Einzelfällen.[27] Verschiedentlich liegen zu einem Gen zudem alternative sog. Spleiß-Varianten vor. Damit wird, je nach Erfordernissen der Adaptivität, dasselbe Gen aufgrund alternativer Leseweisen in sehr unterschiedliche Proteine – bisweilen viele tausend – übersetzt.[28] Die Regelung alternativer „Leseregeln" ist aber nicht ihrerseits genetisch hartcodiert.

Dass lebendige Organismen komplexere selbstregulierende Systeme sind, illustriert der Systembiologe Denis Noble anhand der Expression bestimmter Gene, die eine bedeutende Rolle in der Entstehung von Natriumkanälen der Zellen spielen. Hier zeigt sich, dass der Organismus sowohl einer „Bottom-up"- als auch einer „Top-down"-Logik folgt. Zunächst ist die Übertragungsgeschwindigkeit der Nervenzellen auf weite Strecken proportional zur Anzahl der Natriumkanäle.[29] Ab einem gewissen Schwellwert jedoch resultiert eine höhere Expression des ent-

---

27 Smith/Szathmáry 1995.

28 Noble 2008, 8, 30: Das *Dscam*-Gen der Fruchtfliege kann in 38 000 alternative Proteine übersetzt werden.

29 Noble 2008, 46 f.

sprechenden Gens bei gleichbleibender Inanspruchnahme der Nerven in abnehmenden Übertragungsgeschwindigkeiten. In diesem Fall justiert der Organismus nach und drosselt die Genexpression. Eine verstärkte Inanspruchnahme bestimmter Nervenzellen jedoch sorgt wiederum für eine erhöhte Expressionsrate. Hier ist entscheidend, dass es keinen hartcodierten „Bottom-up"-Mechanismus gibt, der die primäre Genexpression oder ihre Nachjustierung regelt.[30] Die Expressionsraten ergeben sich aus dem komplexeren Zusammenspiel anderer Teile des Organismus.[31]

Entsprechend würde eine lineare, primär genetische Erklärung der Evolution den Organismus laut Thompson zu passiv denken. Stattdessen sei der Organismus „ein aktiver Protagonist, ein Subjekt der Evolution".[32] Seine Selbstorganisation sei ein je neues, relativ freies Ereignis, in dem der Organismus weder einen vorgegebenen noch einen zufälligen Weg beschreitet, sondern selbst einen Weg anlegt, indem er ihn zuerst beschreitet[33] – allerdings so, dass das inhärente Ziel eines überlebensfähigen Organismus nicht verfehlt wird. Analog verhält es sich mit der menschlichen Kognition, in der der Organismus selbst aktiv ist und das Hirn nicht wie ein Computer heteronom einem Input-output-Schema folgt. Da zudem schon die ersten Organismen selbstorganisierte Systeme waren, auf die die natürliche Selektion ihrerseits erst zurückzuführen ist, wird Adaptivität laut Thompson nicht erst im Laufe der Evolution hergestellt, sondern ist immer schon gegeben.[34]

2 Die Grenze als eine Kategorie der Schöpfungstheologie

Indem Thompson von der wechselseitigen Konstitution der Systemgrenze und des Stoffwechsels spricht, fasst er die „Selbsterzeugung" und „Selbststeuerung" der Organismen spezifischer als von Weizsäcker das ein Jahrhundert zuvor tat, als er in der Auslegung des ersten biblischen Schöpfungsberichts nicht auf zellbiologische Befunde, sondern lediglich auf das vage biblische Motiv des „Hervorbringens" verwies. Zudem versteht Thompson seine Sicht auf die Natur ausdrücklich im naturalistischen Sinn. Von Weizsäcker stellt dagegen die

30 Noble 2008, 51–54.

31 Noble 2008, 60: Die Regulierung des Herzschlags ist ebenfalls „a systems property" bzw. „emergent".

32 Thompson 2010, 203.

33 Thompson 2010, 180.

34 Thompson 2010, 159, 205.

Selbstorganisation gerade in der naturphilosophischen Auslegung des ersten biblischen Schöpfungsberichtes, Genesis 1, in den Vordergrund. Das ist im Blick auf den biblischen Text kein Zufall. In einer theologischen Interpretation biblischer Schöpfungstexte bezeichnet z. B. Michael Welker gerade die Eigenaktivität der Geschöpfe im Hervorbringen und Gestalten der geschöpflichen Wirklichkeit als charakteristisch für das göttliche Erschaffen.[35] In der mythologischen Redeweise des ersten Schöpfungsberichtes bringt etwa die Erde selbst Pflanzen hervor, und ein wiederkehrendes Motiv ist zugleich die eigenständige Reproduktion der jeweiligen Art. In Entsprechung dazu lässt sich auch die Selbstorganisation von Ökosystemen als typisches Resultat des göttlichen Erschaffens deuten. In der theologischen Lehre von der Schöpfung greift auch Niels Henrik Gregersen diesen Gedanken auf, den er mit dem Autopoiesis-Konzept von Maturana und Varela erfasst: „God is creative by supporting and stimulating autopoietic processes."[36] Das ist aber nicht als Variante des „Intelligent Design" misszuverstehen, das einen *deus ex machina* für die sonst scheinbar unlösbare Frage parat hat, wie es zur biologischen Selbstorganisation komme. Der Schöpfungsglaube sieht seine Rechtfertigung nicht darin, dass er weltliche Prozesse erklären würde, die sonst nicht erklärbar scheinen, sondern illustriert mit der Autopoiesis, was mit Schöpfung gemeint ist.[37]

Zur schöpfungstheologischen Bedeutung der Autopoiesis passt, dass etwa im Schöpfungsbericht Gen 1 das Konzept der Grenze prominent ist, wie von Weizsäcker hervorhebt. Dort ist das „Scheiden" eine der charakteristischen Tätigkeiten, die Gen 1 vom Schöpfer, aber auch von Geschöpfen aussagt. Auch dann, wenn das Verb nicht explizit auftritt, werden in einzelnen Schöpfungswerken jeweils charakteristische Grenzen hergestellt: zwischen Tag und Nacht, der Feste und dem Urwasser, der Erde und dem Meer, den Landtieren, die Blätter und Kräuter fressen, und den Menschen, die sich laut dem Mythos zunächst von Früchten ernähren.

Der Theologe Christian Link betont in seiner Schöpfungslehre, dass die Vorstellung der „Grenze" in biblischen Schöpfungstraditionen durchaus realitätsnah ist. Bei von Weizsäcker konstituiert das Scheiden nun die Fremdheit der mechanistischen Natur gegenüber dem Schöpfer, steht dann aber wiederum im Kontrast zur göttlichen Anordnung, die Lebewesen sollen sich selbst herstellen. Damit versteht von Weizsäcker das Scheiden aber im Sinne einer absoluten Grenze. Es

---

35 Welker 1995, 24 f.

36 Gregersen 1998, 334.

37 Das Anthropische Prinzip etwa, das Anlass zu Erwägungen über einen göttlichen Schöpfer geben kann, beschreibt Christian Link (2012, 133) mit den Worten Bernulf Kanitscheiders als „Platzhalter für einen [noch] zu entdeckenden Mechanismus" (Klammer von Link; Kanitscheider 1991, 280).

liegt jedoch nahe, das „Scheiden" in Gen 1 als Etablieren einer Relation innerhalb der Welt zu interpretieren.[38] Verschiedene biblische Schöpfungstraditionen, auch altorientalische Texte jenseits des jüdisch-christlichen Kanons,[39] weisen eine beachtliche Sensibilität dafür auf, dass das ordnende Wirken des Schöpfers chaotische Elemente gerade nicht ausschließt. Das geschöpfliche Leben hängt einerseits davon ab, dass die Grenze zwischen Ordnung und Chaos nicht kollabiert, andererseits wird sie gerade nicht als rigide dargestellt. Trotz der Trennung bleibt der eine Bereich auf den anderen angewiesen, auch wenn es dabei zu zerstörerischen Wirkungen kommen kann.

Auch im biologischen Organismus konstituiert die Zellwand so eine durchlässige Grenze zwischen Ordnung und Chaos. In ihrem Inneren herrscht nicht sterile Ordnung, doch die Organisation der Zelle bildet ein Kriterium, anhand dessen die Umwelt als zu unstet für Leben gelten müsste, gäbe es nicht die Zellwand. So interpretiert Link den Gedanken der „Grenze" in den biblischen Schöpfungstraditionen im Sinne einer konstitutiven Bedeutung für das Leben.

> Schaffen [...] heißt *Grenzen* setzen und dadurch definierte Verhältnisse und Beziehungen stiften, die, wie uns inzwischen auch die Naturwissenschaft belehrt, der Grund dafür sind, dass sich das Leben durch Auswahl und Entscheidung von *Möglichkeiten* entwickelt [...] Bis hin zur Zellteilung ist das kreatürliche Sein ein ständiges Scheiden und Unterscheiden und daraufhin ein ständig neues Zusammentreten.[40]

Das lässt sich z. B. an drei prominenten Schöpfungsüberlieferungen skizzenhaft veranschaulichen. Diese Texte sind typischerweise mythologischer Art, also gewiss cum grano salis zu verstehen, doch in der ihnen eigenen Logik verarbeiten sie grundlegende Erfahrungen des Lebens. So begegnet hier das Konzept der Grenze, aber selbstverständlich nicht in einem präzise geklärten biologischen oder systemtheoretischen Sinn. Im mythologischen Weltbild des ersten Schöpfungsberichtes etwa spart eine „Feste" inmitten der omnipräsenten Urfluten einen Lebensraum von Himmel und Erde aus, doch die Grenze ist nicht absolut, und das Wasser ist sowohl Bedingung als auch Bedrohung des Lebens.

Auch im sog. zweiten Schöpfungsbericht (Gen 2,4–25) kommt es zu einer signifikanten Grenzziehung, die für das so Eingegrenzte wie für das Ausgegrenzte grundlegende Bedeutung stiftet. Der Mensch, zunächst nur ein Einzelwesen,

---

38 Vgl. auch die Hervorhebung des Scheidens bei Welker (1995, 22f.), das dort zwar keineswegs mechanistisch verstanden wird, nun aber spezifischer gefasst werden soll.

39 Jürgen Ebach vergleicht etwa die Geschichte von Noah, dem Überlebenden eines Einbruchs des Chaos in das Schöpfungswerk, theologisch mit altorientalischen Vorläufer-Erzählungen (Ebach 2001).

40 Link 2012, 63.

findet unter den anderen Lebewesen kein ihm entsprechendes Gegenüber. Erst später tritt zum Mann die Frau hinzu. Diese Beziehung ist für das Menschenbild des Textes fundamental. Doch der Mensch wird erst zu dem Wesen, das seinesgleichen sucht, indem er die anderen Lebewesen benennt, „de-finiert" und ausgrenzt.

Ein anderer alttestamentlicher Schöpfungstext, Psalm 104, der vielfache Parallelen zum ägyptischen Sonnenhymnus des Echnaton aufweist,[41] beschreibt den Wechsel von Tag und Nacht als wohlgeordnetes Arrangement, das den nachtaktiven, chaotischen Teil der Schöpfung von der Tagseite der menschlichen Kultur trennt (Ps 104,19 – 23).[42] Obwohl der Hymnus insgesamt darauf bedacht ist, ein harmonisches Gefüge zu präsentieren, wird zugleich deutlich, dass der Unterschied von Tag und Nacht Ordnung und Chaos nicht absolut trennt. Die jungen Löwen schreien erst nachts nach Beute, wenn die Menschen die Arbeit im Freien beendet haben, doch zugleich sind Menschen nachts besonders wehrlos. Ferner ist die chaotische Seite der Natur einerseits Bedrohung, aber auch die Bedingung dafür, dass der Mensch unter harter Arbeit Kulturgüter hervorbringen kann.

Auf ähnliche Phänomene, in denen die Wirklichkeit in komplementären Funktionen wahrgenommen wird, lenkt auch Michael Welker die Aufmerksamkeit. Er definiert Gottes schöpferisches Wirken als Etablieren von Beziehungen, in denen verschiedene Sphären der Wirklichkeit wechselseitig zu ihrer Lebendigkeit und charakteristischen Qualität beitragen.[43] Innerhalb dieses lebensfördernden Zusammenhanges vollzieht sich die typisch geschöpfliche Eigenaktivität. Welker hebt – an anderer Stelle – wiederum hervor, dass biblische Schöpfungstraditionen durchaus auch den Aspekt der Gefährdung und Lebensminderung umfassen.[44] In dem vorliegenden Beitrag ist der Gesichtspunkt der Gefährdung bereits implizit angeklungen, als von der Evolution – und implizit von der natürlichen Selektion –, als dem Prozess die Rede war, der kognitives Verhalten wahrscheinlich macht. Autopoiesis ist nicht nur konstitutiv für die Aktivität eines Organismus, etwa eines Pflanzenfressers. Eine Pflanze würde zudem nicht gefressen, wenn sie nicht Photosynthese betreiben und Glucose synthetisieren würde, was Teil ihrer autopoietischen Organisation ist. Und nur da die Zellmembran eine geordnete Gen-

41 Beyerlin 1975, 43 – 46.
42 Vgl. etwa Ps 104,20: In der Nacht kommen die Bewohner des Waldes, einer lebensbedrohlichen Sphäre, hervor (Riede 2011).
43 Das erläutert Welker anhand der ersten beiden „Schöpfungsberichte" (Gen 1 – 2,4; 2,4 – 25). Typisch ist dabei etwa das Verhältnis von „Himmel und Erde", wobei das Verständnis des Himmels stärker kulturell gesättigt ist, als es etwa astronomische Theorien allein nahelegen (Welker 1995, 26 – 28).
44 Welker 1993, 163, ähnlich 243.

Replikation ermöglicht, wird der Organismus erst zum typischen Wirt eines Virus. So sind Lebensgefährdung und -steigerung beiderseits Aspekte des gleichen systemischen Phänomens. Die Zellmembran ermöglicht eine Insel relativer Ordnung; insofern bildet sie eine Grenze zwischen Ordnung und Chaos, die der Ort ist, an dem Leben entsteht, zugleich aber auch bedroht wird. Anhand der systemtheoretischen Betrachtung biologischer Phänomene wird in der Schöpfungstheologie deutlich, dass Schöpfung keineswegs nur mit Lebenssteigerung zu verbinden ist.

Das bedeutet allerdings nicht, dass sich Tod und Leben in Gottes schöpferischem Wirken die Waage halten. Zunächst bilden die ambivalenten Relationen der Organismen als solche zwar noch kein lebendiges, autopoietisches System; dazu ist eine organisatorische und systemische Schließung nötig. Diese Relationen sind jedoch Teil des autonomen bzw. autopoietischen Ökosystems. Zwar geraten auch Ökosysteme als Ganze in Gefahr, doch in einem intakten Ökosystem ist die Lebensgefährdung, z. B. in der Räuber-Beute-Beziehung, i. d. R. Teil der Selbstorganisation des Lebens, die weiteres Leben in umso höherem Maße ermöglicht. Dagegen bedeutet etwa das Aussterben von großen Raubtieren eine schwere Schädigung eines Ökosystems, die auch andere Lebewesen in Mitleidenschaft zieht.[45] Eine solche Gefährdung des Ökosystems ist wiederum eine Gefährdung von Gottes schöpferischem Wirken selbst.

Das ist offensichtlich im Fall des Menschen besonders relevant. Intelligenz und Plastizität des Verhaltens ermöglichte dem Menschen im Vergleich mit anderen Spezies eine auffallend zügige Evolution. Das bedeutet zugleich, dass die schnelle menschliche Evolution anderen Spezies im Ökosystem äußerst wenig Zeit zur Koevolution bot. Am ehesten war das beim Menschen noch auf dem afrikanischen Kontinent der Fall, der länger als andere Gegenden Ort der menschlichen Evolution war. Das hat zumindest zur Folge, dass Afrika der letzte Kontinent ist, auf dem Menschen die großen Landsäugetiere noch nicht ausgerottet haben.[46] Wie E. O. Wilson erläutert, stellen die sozialen Insekten ein markantes Gegenbeispiel dar:

> Overall, the pace of evolution of ants and termites was slow enough to be balanced by counterevolution in the rest of life. As a result, these insects were not able to tear down the

---

45 Milman 2014.

46 Das gilt für zahlreiche Spezies, die vor ca. 11 000 Jahren ausstarben: Wollnashorn, Höhlenbär, Auerochs, Riesenhirsch, Höhlenhyäne, Mastodon, Mammut, Camelops und viele andere (Kolbert 2014, 224 f.). Eine Ausnahme bildet die Koevolution durch Domestikation der großen Säugetiere besonders in Eurasien. Die These vom Zusammenhang von Ausrottung und mangelnder Koevolution stammt u. a. von Diamond (1999, 43).

> rest of the terrestrial biosphere by force of numbers, but became vital elements of it. The ecosystems they dominate today are not only sustainable but dependent on them.
>
> In sharp contrast, human beings of the single species *Homo sapiens* emerged in the last several hundred thousand years and spread around the world only during the last sixty thousand years. There was not time for us to coevolve with the rest of the biosphere. Other species were not prepared for the onslaught. This shortfall soon had dire consequences for the rest of life.[47]

Schöpfung ist also die Formung eines solchen interdependenten Lebenszusammenhangs, innerhalb dessen die Gefährdung von Leben zugleich wiederum systemisch lebenssteigernd wirkt, der aber gegen fundamentale Bedrohungen nicht immun ist. So schließt Schöpfung auch ein Risiko für Gottes schöpferisches Wirken selbst ein.[48]

3 Mechanistische Faktoren in der enaktiven Evolution

Auf dem bedrohlichen Aspekt in der Natur liegt wiederum in Thompsons Sicht der Autopoiesis keineswegs der Akzent; er hebt die lebensermöglichende Seite in der Aktivität des Organismus hervor. Demgegenüber unterstreicht der Darwinismus mit der natürlichen Selektion besonders ein passives Element. Thompson hebt gegen den Genzentrismus zu Recht hervor, dass natürliche Selektion die Selbstorganisation des Organismus bereits voraussetzt.[49] So nennt er Selbstorganisation und natürliche Selektion komplementär.[50] Dazu passt allerdings nicht, dass er den Organismus als einen „aktive[n] Protagonist[en], ein Subjekt der Evolution“ be-

---

47 Wilson 2012, 14 f.; Sanders/van Veen 2011, 569. Ameisen verbessern die Bodenqualität und wirken als Destruenten. In größerer Anzahl macht ihr Verhalten als Räuber diesen Effekt zwar wett, doch sie tragen außerdem deutlich zur CO2-Bindung bei der Verwitterung bestimmter Gesteinsarten bei: Dorn (2014) nennt Ameisen „one of the most powerful biotic weathering agents“.
48 So z. B. Pannenberg 1993, 690.
49 Darin kann sich seine Kritik am Konzept der natürlichen Selektion aber nicht erschöpfen. Er richtet sich gegen den Adaptationismus, der den Anschein des Designs vorrangig durch natürliche Selektion erklärt (Thompson 2010, 202). Er nennt auch Simon Conway Morris einen Adaptationisten (217). Diese Charakterisierung ist zwar zutreffend, doch kritisiert auch Conway Morris den Genzentrismus scharf. Conway Morris' vielfach belegtes Argument, dass „design constraints“ – Vorentscheidungen im Bauplan, die neue Entwicklungsmöglichkeiten erschweren – selbstverständlich, angesichts vielfacher konvergenter Anpassungsleistungen aber wenig signifikant sind (Conway Morris 2005, z. B. Kap. 11), diskutiert Thompson nicht.
50 Thompson 2010, 215.

trachtet,[51] anstatt dem Organismus Aktivität *und* Passivität zuzusprechen. Er spricht sich beiläufig dafür aus, statt von natürlicher Selektion von „dynamischer Stabilisierung" zu sprechen, womit freilich die zerstörerische oder zumindest privative Dimension nicht mehr zum Ausdruck kommt.[52] Das Aussterben von Spezies erwähnt er nicht. Der Organismus gewinne seine Anpassung an die Umwelt nicht erst angesichts der natürlichen Selektion, sondern sei immer schon adaptiert.[53]

So überrascht es nicht, dass Thompson in der Diskussion der Bedeutung der natürlichen Selektion auf seine Diskussion von Kants Auffassung der Teleologie als einer regulativen Idee verweist.[54] Thompson hebt Kants Hinweis hervor, dass der hoch spezialisierte Bauplan eines Vogels abgesehen von teleologischen Denkformen kontingent, ja geradezu willkürlich und unwahrscheinlich wirken muss – es habe sich „die Natur, als bloßer Mechanism betrachtet, auf tausendfache Art [...] anders bilden können, ohne gerade auf die Einheit nach einem solchen Prinzip zu stoßen"[55]. Kant selbst, der diese Überlegungen 70 Jahre vor Darwins *Origin of Species* veröffentlichte, wollte daraus nicht schlussfolgern, dass die Natur sich tatsächlich intentional organisiere; die Teleologie war für ihn keine konstitutive, sondern eine regulative Idee. Er blieb dem mechanistischen Wissenschaftsideal Newtons verpflichtet und vertrat weder eine natürliche Theologie, die vom Anschein des Designs auf einen transzendenten Designer schließt, noch

51 Thompson 2010, 203.
52 Thompson 2010, 208.
53 Thompson 2010, 159, 205. Dagegen ist etwa das Szenario denkbar, dass die Fitness einer Spezies in einer sich wandelnden Umwelt abnimmt und sie seltener wird, sich dann jedoch eine Adaptation einstellt und sich der Bestand erholt. Den Aspekt wachsender oder abnehmender Bedrohung drückt etwa die Metapher des Wettrüstens für die natürliche Selektion aus, die Thompson ablehnt (205). In der Tat ließ das Wettrüsten im Kalten Krieg es gerade nicht zu einer direkten Konfrontation der Supermächte kommen, dagegen aber zu Stellvertreterkriegen. Außerdem kann Adaptation durchaus auch kooperative Züge annehmen. Sofern die natürliche Selektion durch Adaptation eines Raubtieres oder im Wettbewerb um Ressourcen aber bedrohliche Züge annimmt, ist die Metapher teilweise passend.
54 Thompson 2010, 211, 129–40.
55 Kant 1790/2009, 262. Genau betrachtet, richtet sich Kant gegen die Betrachtung der Natur „als bloßer Mechanism" (262). Das Argument der konvergenten Evolution des Fliegens ist wiederum nicht als vollständig mechanistisch zu verstehen, da sich die natürliche Selektion auf autopoietische Systeme richtet. Doch die vermeintlich geringe Wahrscheinlichkeit einer detaillierten anatomischen Struktur spricht ihrerseits nicht für eine Teleologie im Gegensatz zum Mechanismus; vielmehr entstehen die vielen mehr oder weniger vogelartigen Baupläne autopoietischer Systeme durch variierende Vererbung innerhalb ihrer Abstammungslinie und natürliche Selektion.

einen Vitalismus, noch eine pantheistische, der Natur inhärente Tendenz zum organischen Leben.

Im Unterschied zu Kant vertritt Thompson die Teleologie durchaus als konstitutive Idee, da das mechanistische Paradigma seine exklusive Geltung in der Physik eingebüßt hat und sich Prozesse der Selbstorganisation als elementar erwiesen haben. Diese Überlegungen sind zwar signifikant und keineswegs inkonsistent. Doch im Zusammenhang mit Kants Überlegungen zum Bauplan eines Vogels alternative darwinistische Erklärungen nicht einmal zu erwähnen, bedeutet, die bestrittene Alleingeltung des linearen mechanistischen Paradigmas zu invertieren und nun exklusive Geltung für zirkuläre Prozesse der Selbstorganisation zu reklamieren. Dagegen wäre es durchaus sinnvoll, lineare und zirkuläre Prozesse zu vereinbaren.

Für ein relatives Recht der mechanistischen Aspekte im darwinistischen Schema spricht etwa, dass auch in der Ontogenese, auf die Thompson das Augenmerk besonders richtet, Selektion stattfindet, wenn ein Embryo im Mutterleib abgestoßen wird. Selbst wenn die adaptierten Organismen sich selbst organisieren, gilt das auch für die weniger gut adaptierten, und auf sie richtet sich die natürliche Selektion. Ein wesentlicher Einwand gegen den Anschein der vollkommenen Kontingenz des Organismus, der den Anschein einer *immanent*-teleologischen Organisation erweckt, besteht jedoch darin, dass sich die phylogenetische Evolution des Fliegens mit Flügelschlag in Stufen rekonstruieren lässt. Vorläuferformen von Flügeln und Federn dürften der Thermoregulation, der sexuellen Selektion, dem Bergauflaufen oder auch dem Gleitflug gedient haben.[56] So lässt sich der Gleitflug bei 60 gegenwärtigen Spezies beobachten und ist im Laufe der Evolution mindestens 30 Mal unabhängig von anderen Spezies entstanden.[57] Zwar evolviert bei weitem nicht jeder Gleitflieger zum flügelschlagenden Flieger, aber flügelschlagende Flieger haben gleitfliegende Vorfahren; das legen Fossilien sowie detaillierte anatomische Beobachtungen – etwa ein „Flügelschlagen" zu Beginn der Gleitphase – nahe. Die energieintensivere Variante des Fliegens ent-

56 Zimmer 2011.

57 Conway Morris 2015, 189f.: unter den heutigen Gleitern z.B. bei fliegenden Fischen, bei Kalmaren, einer Ameisenart (193), unter Reptilien beim Gemeinen Flugdrachen, dem Gecko und der Holaspis-Eidechse, bei zwei Froscharten und bei sechs Säugetieren (aber auch bei einigen Samen im Pflanzenreich). Der Gleitflug evolvierte sechs Mal konvergent unter rezenten Säugetieren. Die Flügelstruktur der Vögel wiederum wurde nun bereits für die frühe Kreidezeit nachgewiesen (Navalón/Marugán-Lobón/Chiappe/Sanz/Buscalioni 2015).

stand zuerst unter Insekten, dann bei Sauriern und Vögeln – hier drei Mal konvergent – und schließlich unter den Säugetieren bei Fledertieren.[58]

Die stufenweise Evolution des Fliegens ließe sich u.U. auch erklären, wenn die natürliche Selektion eine vernachlässigbare Rolle spielen würde, etwa dadurch, dass die strukturelle Integration des gesamten Organismus Innovationen einzelner Bestandteile morphodynamisch limitiert. Thompson bevorzugt diesen Erklärungsansatz. Die neo-darwinistische Synthese wiederum identifiziert das ultimate Objekt der Selektion mit dem Genom, doch Thompson hebt an Genen gerade nicht hervor, dass sie mit einem bestimmten Phänotyp eng korrelieren, an dem die Selektion zunächst ansetzt. Nur an einer Stelle vermerkt er, inwiefern DNA die Entwicklungsmöglichkeiten eines Organismus auf bestimmte Optionen eingrenzt und somit zu einer bestimmten Gestalt des Organismus beiträgt. Dabei handelt es sich um die „robuste Flexibilität", die Regulatorgene mit der Spezifikation einer allgemeineren Organisation ermöglichen.[59] Thompson sieht die Funktion der Gene demnach besonders darin, dass sie die Zugehörigkeit des Organismus zu einem Stamm spezifizieren, etwa dem der Gliederfüßer (der artenreichste Stamm, der u.a. die Insekten einschließt) oder der Chordatiere (Wirbel- und Schädeltiere). Innerhalb des Grundrisses, den der grobe „phylotypische" Bauplan definiert, erlauben Regulatorgene jedoch größere Flexibilität. Das passt zu Thompsons Insistieren auf der Freiheit des Organismus gegenüber vererbter Information, laut der die Entwicklung des Organismus keineswegs genetisch determiniert sei. Thompson stellt allerdings nicht in Rechnung, dass das Genom konsistent nicht nur mit der Zugehörigkeit zu einem bestimmten Stamm, sondern auch mit einer bestimmten Spezies und gar mit spezifischen Phänotypen wie Trisomie 21, Sichelzellen-Anämie, Tay-Sachs, Mukoviszidose, Hämophilie, aber auch z.B. der Laktose-Toleranz korreliert.[60] Doch auch dieses Phänomen ist nicht insgesamt mit genetischer Determination gleichzusetzen. Wenn Gene die Ontogenese in bestimmten Hinsichten deutlich in bestimmte Bahnen lenken, kann die Entwicklung des Organismus in anderer Hinsicht dennoch Umwelteinflüsse reflektieren. Auch können Gene Umfang, Bedingungen und Eigenart beeinflussen, mit der sich Umwelteinflüsse auf den Organismus auswirken. Wenn der Einfluss der Gene auf

---

58 Thompsons wichtigster Einwand gegen den Adaptationismus ist sein Hinweis, dass zahlreiche vermeintlich konvergente Beispiele der Evolution des Auges hinfällig sind, da sie auf dem gemeinsamen Gen *Pax-6* basieren und nicht unabhängig voneinander entstanden sind. Conway Morris entschärft dieses Argument (2015, 99 f.; siehe auch Conway Morris 2005, 193, 240 f.).

59 Thompson 2010, 194–201.

60 Die Beispiele stammen von Wilson (1992, 79) und Tishkoff/Reed/Ranciaro/Voight/Babbitt/Silverman/Powell/Mortensen/Hirbo/Osman/Ibrahim/Omar/Lema/Nyambo/Ghori/Bumpstead/Pritchard/Wray/Deloukas (2007), wären aber vielfältig erweiterbar.

den Phänotyp jedoch über die Flexibilität von Regulatorgenen hinausgeht, zugleich jedoch Auswirkungen hat, die keineswegs stets adaptiv sind, liegt ein entscheidender Beitrag der Selektion zur Phylogenese nahe, in dem der Organismus keineswegs nur, aber durchaus auch passiv zu denken ist. In der Entstehung menschlichen Denkens wiederum gibt es eine durchaus nuancierte Entsprechung zur Bedeutung der Selektion in der Evolution – beide Bereiche sieht Thompson ja in Entsprechung, entweder in der Computer-Metapher oder aber im enaktiven Paradigma. So vertritt Terrence Deacon die Ansicht, dass der Fitnessvorteil menschlicher Sprache einen Selektionsprozess ausgelöst hat, mit dem der Spracherwerb immer früher begonnen hat, da gerade das kindliche Gehirn immer besser darin wurde, grammatikalische Grobstrukturen zu erfassen, die hinderlichen Sonderfälle der Grammatik aber auszublenden.[61]

Diese Hervorhebung der Selektion läuft nicht auf eine mechanistische Betrachtung der Evolution hinaus. Auch sollte die Autopoiesis des Organismus nicht auf eine selbstständige Interpretation der ererbten Information beschränkt werden. Denn es bleibt darüber hinaus die unabdingbare Voraussetzung der Evolution eines neuen Organs, dass die Spezies im Laufe der Phylogenese in lebendiger Spontaneität eine neue Verhaltensökologie entwickelt, so dass das Flügelschlagen nicht bloß zufällig bleibt. Dass eine Spezies zum Gleitflug und schließlich zum Flügelschlag übergeht, beruht nicht darauf, dass ein genetisches Verhaltensprogramm im Gleichschritt mit den anatomischen Bedingungen mutiert. Dagegen ist die Steuerung auch des Verhaltens durch die DNA bislang ein Postulat des Genzentrismus geblieben, das ebenso wenig plausibel erscheint wie eine alternativlose, direkte mechanistische Umsetzung der DNA in einen organischen Phänotyp in einer rein instrumentellen Zelle. Innovatives Verhalten lässt sich auch bei Tieren nicht auf einen Algorithmus reduzieren.[62] Auch hier wird die Computer-Metapher gesprengt, mit der der Genzentrismus die Evolution des Verhaltens plausibel machen möchte.

4 Schöpfungstheologie und Pneumatologie

Das Phänomen der Selbstorganisation, die kognitives Verhalten und neue Verhaltensformen hervorbringt, ist auch der Ansatzpunkt für eine spezifischere Beschreibung der Schöpfungstheologie. In einem Abschnitt, der nähere Aussagen

---

61 Deacon 1997, 136 f.; zu anspruchsvolleren Selektionsprozessen siehe Deacon 1997, 349–352.
62 Neben klassischen Beispielen wie den Japanmakaken auf Kojima, die ihre Süßkartoffeln im Meer waschen, ist etwa bemerkenswert, wie ein Orang-Utan Wasser verwendet, um eine Nuss zu ergattern (Mendes/Hanus/Call 2007; vgl. auch Gregg 2013).

über Gott als Schöpfer erwägt, fragt Link, wie sich Schöpfung „im Medium der Welt verwirklichen“ kann. „Denn wie kommt es, dass sie sich von Tag zu Tag allen Gefährdungen zum Trotz erneuert?“[63] In der Tat verbinden jüdisch-christliche Traditionen den Heiligen Geist verschiedentlich mit dem Schöpferwirken Gottes.[64] Indem Link die Frage der Selbsterhaltung im Rahmen der Pneumatologie aufwirft, legt er es nahe, die Lehre vom Heiligen Geist ins Gespräch mit der Theorie autopoietischer Systeme zu bringen. Gewiss verstehen sowohl Kant als auch Thompson Selbstorganisation und Autopoiesis naturalistisch, und die schöpfungstheologische Interpretation dessen ist nicht im Sinne eines „Intelligent Design“-Arguments zu verstehen. Vielmehr kann das systemische Paradigma der Biologie zur Erläuterung beitragen, was die theologische Tradition mit dem Begriff der Schöpfung meint. So macht Link den Vorschlag,

> dass Gott selbst – nicht durch übernatürliche Eingriffe, sondern durch die Einwohnung seines Geistes und dadurch durch die „immanente“ Öffnung neuer Möglichkeiten – an ihrem [der Schöpfung] Werden teilnimmt und so die Dynamik ihrer Evolution „von innen her“ bestimmt.[65]

Die theologische Rede vom Geist Gottes ist somit nicht im Gegensatz zur Dimension des Leiblichen zu denken. „Nicht etwas [rein] Geistliches, Spirituelles, sondern die Erfahrung des Leibes, der Bedürftigkeit des somatischen Lebens, hat das Reden vom Geist geprägt.“[66] Die Dimension des Leiblichen ist aber eng mit Fragen systemischer Organisation verknüpft. Biblische Traditionen machen diesen Aspekt des Geistwirkens deutlicher, wenn sie von sozialen Systemen sprechen. So stellt der Apostel Paulus das Wirken des Geistes in der Gemeinde mit dem Bild eines biologischen Systems, des Leibes, dar. Er sieht das Werk des Geistes darin, dass Gemeindeglieder einander mit vielfältigen Begabungen stärken und inspirieren, anstatt in Konkurrenz zueinander zu treten (1 Kor 12).[67] Auf ähnliche Weise schildert ein prophetischer Text, Joel 3,1–5, das Resultat des Geistwirkens als Teilnahme benachteiligter Gruppen am gesellschaftlichen Leben. Dabei sollen aber Vielfalt und Differenzen erhalten bleiben, anstatt dass Partizipation mit Uniformität erkauft wird.[68] Die Vereinbarung von Individualität und sozialer In-

63 Link 2012, 308.
64 Link 2012, 308–311 (z. B. Gen 1; Ps 104). Siehe ferner Edwards 2004.
65 Link 2012, 314.
66 Link 2012, 309; ähnlich auch Welker 1993, 157.
67 Den Zusammenhang der Leib-Metapher für die Gemeinde mit dem Schöpfungswerk legt etwa auch die Passage Kol 1,15–20 nahe. Die Metapher stammt aus der paganen Betrachtung des Kosmos als Leib.
68 Welker 1993, 163.

tegration hat auch Paul Tillich als ein Merkmal des Geistwirkens festgehalten.[69] Wie in einem autonomen biologischen System sind auch hier die konstituierenden Glieder verschiedenartig, aber wechselseitig aufeinander angewiesen. Die Gefahr der Manipulation und des Machtmissbrauchs besteht freilich auch in einem solchen System; sie dürfte vermutlich umso subtilere Formen annehmen.

Die Kontinuität zwischen ökologischer und sozialer Organisation im Wirken des Geistes macht auch Welker deutlich, wenn er vom Geist geprägte Sozialformen mit dem ökologischen Bild einer „wohlgedeihende[n] Vegetation“ beschreibt.[70] Damit wird jedoch nicht etwa ein ökologisches Klischee gegen komplexere systemische Formen ausgespielt,[71] denn Leben lebt „prinzipiell auf Kosten anderen Lebens“[72]. Das widerspricht einer Naturromantik in theologischer und ökologischer Spielart. Biologische Systeme schließen lebensbedrohliche Aspekte nicht aus. Dabei handelt es sich um ein anspruchsvolleres Konzept als das eines biologischen Superorganismus, etwa einer Ameisenpopulation. Für sie ist es charakteristisch, dass Ameisen sich ohne weiteres „opfern“ und in ihrem Verhalten die Selbsterhaltung untergraben zugunsten der gesamten Kolonie. Ohnehin gibt es bei ihnen, wie z.B. auch bei Wespen und Bienen, nur wenige stereotype Unterschiede zwischen bestimmten Kasten, die zudem nicht genetisch, sondern durch den Einfluss der gesamten Population realisiert werden. Insofern wird dort der Superorganismus nicht durch einzelne autopoietische Systeme konstituiert. Deutlicher ist noch in der Organisation vieler Zellen zu einem Vielzeller, dass sich die größere Einheit gegen den systemischen Charakter der konstituierenden Elemente durchsetzt; Kooperation wird obligat. Im menschlichen sozialen System ist dagegen der Zusammenhalt wesentlich prekärer, da individuelle Differenzen vergleichsweise stark ausgeprägt sind und durch das Wirken des Geistes gerade nicht nivelliert werden. Die Pneumatologie spürt hier z. B. der Frage nach, wie sich Selbstbezüglichkeit und Funktionalität in einem höherstufigen System wechselseitig stärken.

---

69 Tillich 1978, 45f., 301–303.

70 Welker 1993, 163 (im Original kursiv).

71 Zwar keineswegs zur Naturromantik, doch zu einer einseitigen „Bottom up“-Perspektive auf die Ökologie neigt etwa das Lehrbuch Dickinson/Murphy 2007. Es konzentriert sich auf Pflanzen, betrachtet aber zu wenig die konstruktive Rolle von („top down“-) Selektionsfaktoren, etwa von Pflanzenfressern, die dem Ökosystem Kohlendioxid zur Verfügung stellen, oder von Fleischfressern, die eine Überweidung verhindern.

72 Welker 1993, 163, ähnlich 243.

5 Fazit

In seinem bedeutenden Werk *Mind in Life* stellt der Wissenschaftsphilosoph Evan Thompson den Organismus als ein autopoietisches System dar, das sich aktiv selbst organisiert und seine Adaptivität selbst aufrechterhält. Den Genzentrismus sieht er dagegen in Geistesverwandtschaft zum Kognitivismus, der menschliches Denken als ein Operieren einer Software auf einer Hardware betrachtet. Hier wie dort wird der Organismus im Wesentlichen in linearer Kausalität passiv gedacht. In der Tat bedarf es zur physischen Organisation und zum adaptiven Verhalten bereits des kompetenten Organismus, der in seiner Entwicklung einen Weg erst bahnt, indem er ihn begeht. Obwohl eine weitgehende Determination des Organismus durch Genom und Umwelt damit auszuschließen ist, scheint Thompson jedoch die Rolle der natürlichen Selektion und genetischer Limitierungen der Entwicklungsmöglichkeiten des Organismus zu gering zu veranschlagen.

Das Konzept der Autopoiesis ist wiederum, dieser Kritik ungeachtet, zurecht in der Theologie herangezogen worden, um Gottes schöpferisches Wirken im Unterschied zu einem göttlichen Unilateralismus zu beschreiben. Dabei erscheinen nicht nur die einzelnen Geschöpfe als schöpferisch. Die Kategorie eines autonomen bzw. autopoietischen Systems eignet sich auch als ein Modell, mit dem sich die vielfachen geschöpflichen Wechselwirkungen im größeren Maßstab beschreiben lassen, in der biblische Traditionen Sphären der Wirklichkeit begriffen sehen. Bemerkenswert ist dabei ebenfalls, dass die systemische Selbstorganisation in der Biologie zugleich Bedingung zahlreicher Gefährdungen des Organismus ist. Was ein systemisches Modell in der Schöpfungstheologie gegenüber bisherigen theologischen Beschreibungen leistet, ist somit die Integration sowohl von lebensförderlichen Aspekten von Gottes schöpferischem Handeln als auch von Bedrohungen und Gefährdungen der Schöpfung. Schöpfung bewegt sich *inhärent* auf der labilen Grenze von Ordnung und Chaos.

Die spezifische Wirkweise des Schöpfers besteht dabei nicht in einer materialen Ergänzung des geschöpflichen Zusammenhangs oder einer supranaturalen Intervention, sondern in der „Einwohnung seines Geistes und dadurch durch die ‚immanente‘ Öffnung neuer Möglichkeiten“[73]. Dieselbe Wirkweise des Geistes, in der Differenzen lebenssteigernd wirken und bestimmte Arten der Selbstbezüglichkeit das höherstufige System beleben, die jedoch vor spezifischen Risiken nicht gefeit ist, reflektieren andere biblische Traditionen im Blick auf Fragen sozialer Organisation.

73 Link 2012, 314.

Literatur

Beyerlin, Walter (1975): *Religionsgeschichtliches Textbuch zum Alten Testament*, Göttingen.
Conway Morris, Simon (2005): *Life's solution: Inevitable humans in a lonely universe*, Cambridge, MA.
Conway Morris, Simon (2015): *The runes of evolution: How the universe became self-aware*, West Conshohocken.
Darwin, Charles (2009): *The origin of species by means of natural selection: Or the preservation of favoured races in the struggle for life* [1859], Cambridge, UK/New York.
Deacon, Terrence (1997): *The symbolic species: The co-evolution of language and the human brain*, London.
Diamond, Jared (1999): *Guns, germs and steel: The fates of human societies*, London/New York.
Dickinson, Gordon/Kevin J. Murphy (2007^2): *Ecosystems*, Abingdon/New York.
Dorn, Ronald I. (2014): „Ants as a powerful biotic agent of olivine and plagioclase dissolution", in: *Geology* 42: 771–774.
Ebach, Jürgen (2001): *Noah. Die Geschichte eines Überlebenden*, Leipzig.
Edwards, Denis (2004): *Breath of life: A theology of the creator spirit*, Maryknoll.
Gregersen, Niels Henrik (1998): „The idea of creation and the theory of autopoietic processes", in: *Zygon: Journal of Religion & Science* 33: 333–367.
Gregg, Justin (2013): *Are dolphins really smart? The mammal behind the myth*, Oxford.
Kanitscheider, Bernulf (1991^2): *Kosmologie. Geschichte und Systematik in philosophischer Perspektive*, Stuttgart.
Kant, Immanuel (2009): *Kritik der Urteilskraft* [1790], Hamburg.
Kolbert, Elizabeth (2014): *The sixth extinction: An unnatural history*, London.
Link, Christian (2012): *Schöpfung. Ein theologischer Entwurf im Gegenüber von Naturwissenschaft und Ökologie*, Neukirchen-Vluyn.
Mendes, Natacha/Daniel Hanus/Josep Call (2007): „Raising the level: Orangutans use water as a tool", in: *Biology Letters* 3 (5): 453–455.
Milman, Oliver (2014): „Rapid loss of top predators ‚a major environmental threat'", in: *The Guardian* 10th January 2014 (Online-Artikel). http://tinyurl.com/nseoa8u (aufgerufen am 20.1.2017).
Navalón, Guillermo/Jesús Marugán-Lobón/Luis M. Chiappe/José Luis Sanz/Ángela D. Buscalioni (2015): „Soft-tissue and dermal arrangement in the wing of an early cretaceous bird: Implications for the evolution of avian flight", in: *Scientific Reports* 5: Article 14864.
Noble, Denis (2008): *The music of life: Biology beyond genes*, Oxford/New York.
Pannenberg, Wolfhart (1993): *Systematische Theologie, Bd. 3*, Göttingen.
Riede, Peter (2011): „Wald/Forstwirtschaft", in: S. Alkier (Hg.), *Das wissenschaftliche Bibellexikon im Internet. Neutestamentlicher Teil*, Stuttgart. http://www.bibelwissenschaft.de/stichwort/34515 (aufgerufen am 20.1.2017).
Sanders, Dirk/Frank F. J. van Veen (2011): „Ecosystem engineering and predation: The multi-trophic impact of two ant species", in: *Journal of Animal Ecology* 80: 569–576.
Skinner, Brian J./Barbara W. Murck (2011^3): *Blue planet: An introduction to earth system science*, Hoboken.
Smith, John Maynard/Eörs Szathmáry (1995): *The major transitions in evolution*, Oxford/New York.

Thompson, Evan (2010): *Mind in life: Biology, phenomenology, and the sciences of mind*, Cambridge, MA/London.
Tillich, Paul (1978²): *Systematische Theologie, Bd. 3*, Stuttgart.
Tishkoff, Sarah A./Floyd A. Reed/Alessia Ranciaro/Benjamin F. Voight/Courtney C. Babbitt/Jesse S. Silverman/Kweli Powell/Holly M. Mortensen/Jibril B. Hirbo/Maha Osman/Muntaser Ibrahim/Sabah A. Omar/Godfrey Lema/Thomas B. Nyambo/Jilur Ghori/Suzannah Bumpstead/Jonathan K. Pritchard/Gregory A. Wray/Panos Deloukas (2007): „Convergent adaptation of human lactase persistence in Africa and Europe“, in: *Nature Genetics* 39: 31–40.
Toepfer, Georg (2005) „Der Begriff des Lebens“, in: U. Krohs/G. Toepfer (Hgg.), *Philosophie der Biologie. Eine Einführung*, Frankfurt am Main, 157–174.
von Weizsäcker, Viktor (1963⁶): *Am Anfang schuf Gott Himmel und Erde. Grundfragen der Naturphilosophie*, Kleine Vandenhoeck-Reihe 37, Göttingen.
Welker, Michael (1993²): *Gottes Geist. Theologie des Heiligen Geistes*, Neukirchen-Vluyn.
Welker, Michael (1995): *Schöpfung und Wirklichkeit*, Neukirchen-Vluyn.
Wilson, Edward O. (1992): *The diversity of life*, Cambridge, MA.
Wilson, Edward O. (2012): *The social conquest of the earth*, New York.
Zimmer, Carl (2011): „The long curious extravagant evolution of feathers“, in: *National Geographic* 219 (2): 32–57.

4 Verkörperung und Anthropologie

Gregor Etzelmüller

Inkarnierte Geschöpfe

Theologische Anstöße zu einer Anthropologie der Verkörperung

Abstract: With embodied cognitive science and the philosophy of embodiment, theological anthropology has gained two valuable dialogue partners who can help theology understand its own anthropological traditions better. The Old and the New Testaments conceive of the human being as embodied and embedded. Because Christianity understands the Son of God becoming human as a becoming flesh, the core of its beliefs is fundamentally anti-dualistic. As corporeal beings, however, humans are in danger of basing their actions solely on nature and thus have the tendency to radical self-assertion at the expense of others, submitting to sin.

Yet biblically speaking the body is not viewed simply as a creature subject to sin, but valued as being conducive to life as sôma psychikon. In using this expression, Paul is not only thinking of the deep interrelation of subjectivity and the body, but also that of the body and its environment. Even the overcoming of sin in the so-called new creation is consummated according to Paul in the concrete and bodily ways that community is lived out and performed. Paul's highly successful „transvaluation of all values" (Friedrich Nietzsche) begins with altered bodily practices.

Phänomenologie, Pragmatismus und Embodied Cognitive Science haben einen Sachverhalt neu in den Blick gerückt, dessen wir uns auch in vorwissenschaftlicher Erfahrung bewusst sind, nämlich „dass wir inkarnierte Geschöpfe sind – Wesen aus Fleisch und Blut".[1] Die Formulierung verweist auf die Nähe dieser Einsicht zu einem zentralen theologischen Topos, nämlich dem der Inkarnation. Entsprechend schreiben Wolfgang Tschacher und Maja Storch: „Embodiment ist ein Anglizismus, für den es keinen geeigneten deutschen Fachbegriff gibt. ‚Inkarnation' ist als Terminus bereits permanent an die Theologie vergeben."[2] In der Tat verdeutlicht die Inkarnation, die Menschwerdung des Gottessohnes, die radikale Verkörperung der menschlichen Existenz.

1 Fuchs 2013, 142.
2 Tschacher/Storch 2010, 163.

DOI 10.1515/9783110528626-013

1 Inkarnation und Fleischlichkeit

Wenn die Menschwerdung im Johannesevangelium als Fleischwerdung konzipiert wird (vgl. Joh 1,14: „Und das Wort ward Fleisch"), dann ist impliziert, dass der Mensch Fleisch, *sarx*, ist. Der Mensch ist ein fleischliches Wesen. Damit ist dem Christentum im Kern seines Bekenntnisses ein antidualistischer Zug eingeschrieben.

Gegenüber einer möglichen dualistischen Lesart des Textes hat die kirchliche Tradition herausgestellt, dass Fleisch im Sinne von Joh 1,14 den ganzen Menschen bezeichne, also nicht nur Körper und Seele, sondern auch die Vernunft des Menschen umfasse.[3] Konsequent verwarf die Alte Kirche deshalb die Lehre des Apollinaris von Laodicea, der behauptet hatte, dass der Logos wohl Fleisch und Seele, aber nicht den *nous* des Menschen angenommen habe.[4] Demgegenüber betonten die Konzilien: Der Mensch als ganzer ist Fleisch; auch die Vernunft, der Geist, das, was den Menschen als Person ausmacht, ist verkörpert.

Der Begriff der Verkörperung führt – wie auch der der Inkarnation – schnell zu einem Missverständnis.[5] Verkörperung könnte bedeuten, dass etwas primär Körperloses sekundär verkörpert wird. Mit dem Begriff der Verkörperung soll aber gerade das Gegenteil zum Ausdruck gebracht werden: Das Sekundäre ist das Primäre, der menschliche Geist ist immer schon verkörpert. Die Trennung von Leib und Geist ist demnach eine sekundäre Abstraktion. Dieses Verständnis der Verkörperung wird auch durch den theologischen Begriff der Inkarnation gestützt: Denn Inkarnation bedeutet nicht, dass ein zunächst fleischloser Gott Fleisch wird, sondern dass der, der im Anfang bei Gott war, der menschgewordene Gottessohn ist, dass Gott also kein anderer ist als der, als der er in Jesus Christus gegenwärtig ist und erscheint.

Diese Einsicht ist bereits dem Prolog des Johannesevangeliums eingeschrieben: Der, von dem es heißt, er sei im Anfang bei Gott gewesen (V. 2), ist der ge-

3 Beutel 1991, 427: „Allenthalben wird die Vokabel ‚caro' als der – hebraisierende – Inbegriff des ‚totus homo' gedeutet"; als Belege führt Beutel Augustin, Rupert von Deutz, Meister Eckhart, Thomas von Aquin, Luther, Erasmus, Zwingli und Calvin an.

4 Mühlenberg 1999, 54 f.

5 Zurecht betont Stoellger 2016, 291: Die „Theoriemetapher als Figur des Dritten gegenüber Dualisierungen zu begreifen, ist keineswegs selbstverständlich. Ist doch das gängige Vorverständnis von Verkörperung gerade von der Vorstellung bestimmt, etwas zuvor Körperloses wie eine ‚Idee' werde sekundär verkörpert. Damit würde die Verkörperung genau das wiederholen und bestätigen, was sie als Problem zu überwinden suchen sollte: den Dual von körperlosen Ideen (oder Seelen, Göttern, Geistern etc.) und deren körperlicher Gestalt".

schichtliche Christus,[6] von dem Johannes der Täufer bekennt: „Dieser war es, von dem ich gesagt habe: Nach mir wird kommen, der vor mir gewesen ist; denn er war eher als ich." Soll heißen: Der fleischgewordene Logos, Jesus, war, bevor Johannes geboren wurde. Deshalb kommt nach dem Johannesevangelium auch Abraham schon von Jesus her: „Ehe Abraham wurde, war ich" (Joh 8,58). Jesus war aber vor Johannes und vor Abraham, weil er schon im Anfang bei Gott war.[7] Insofern ist das *verbum incarnandum* Gottes erstes Wort, der verkörperte Logos also primär.[8] Eben deshalb ist keine abstrakte Gottesidee, sondern der fleischgewordene Gottessohn, Ausgangspunkt aller christlichen Theologie.

In der Inkarnation erkennen wir Gott als immer schon in Jesus Christus verkörpert und den Menschen als verkörpertes, fleischliches Wesen.[9] Ein zentrales Symbol der die Geschichte des Abendlandes prägenden religiösen Überlieferungen stützt also die Wahrnehmung des Menschen als eines verkörperten, fleischlichen Wesens.

Wie aber ist *sarx* (Fleisch) biblisch-theologisch konnotiert? Was bedeutet die Aussage, dass der Mensch Fleisch ist? Als fleischliches Wesen ist der Mensch biblisch gedacht von Gott unterschieden. „Der biblische Begriff des Fleisches [hebräisch: bāśār; griechisch: *sarx*] wird an keiner Stelle auf Gott selbst bezogen. Die Bibel kennt – bei aller Vielfalt an Anthropomorphismen – kein ‚Gottesfleisch'".[10] Als von Gott unterschieden ist der Mensch als fleischliches Wesen aber zugleich mit den Tieren verbunden. Das Fleisch von Tieren (vgl. Ex 22,20) und das Fleisch von Menschen (vgl. Ex 20,32) wird mit demselben Begriff bezeichnet (vgl. Gen 6,12f.17; 1. Kor 15,39).[11] Wenn der Mensch als Fleisch bezeichnet wird, wird er

6 Wengst 2005, 68.

7 Barth 1942, 105f. Barth folgert daraus: „Jesus Christus ist Gottes ewiges Wort, Gottes ewiger Beschluß, Gottes ewiger Anfang allem dem gegenüber, was außer Gott wirklich ist." (106).

8 Stoellger spricht deshalb von Christus als „absoluter Verkörperung" Gottes: „Nicht erst abgeleitet und sekundär ‚wird etwas verkörpert', das eigentlich körperlos ist, sondern nur in und als diese Verkörperung ist, was darin real gegenwärtig ist" (Stoellger 2016, 309).

9 Dadurch rücken Gott und Fleisch auf eine Art und Weise zusammen, die einer jeden vermeintlich christlichen Leibfeindlichkeit widerspricht. Der Leib ist nichts, das der Mensch um Gottes willen zu verachten und zu verwerfen hätte, sondern dazu bestimmt, Ort der Offenbarung Gottes zu werden (das zu zeigen ist die Absicht des jüngsten Buches des Neutestamentlers Luke Timothy Johnson: „The human body is the preeminent arena for God's revelation in the world, the medium through which God's Holy Spirit is most clearly expressed", Johnson 2015, 1). Das gilt nicht nur im Blick auf Jesus Christus und die Kirche als seinen Leib, sondern auch im Blick auf die individuellen Leiber (vgl. 1. Kor 6,19) – und trotz der Gefährdung des Fleisches, die Paulus deutlich erkennt und benennt (siehe dazu unten 2.), auch für das sterbliche Fleisch: Dieses kann und soll nach 2. Kor 3,3 und 4,11 zum Ort der Epiphanie Christi werden (vgl. Theißen 2007, 89f.).

10 Frettlöh 2006, 190; so auch Bratsiotis 1973, 864.

11 Sand 1992, 549.

als ein animalisches Wesen beschrieben, d.h. seine Kontinuität zum tierischen Leben herausgestellt. Diese enge Bezogenheit bringt der Schöpfungsbericht in Gen 1 dadurch zum Ausdruck, dass er Gott Landtiere und Menschen am selben Tag erschaffen lässt (vgl. Gen 1,24–31).

Die durch den Begriff des Fleisches angezeigte Verbundenheit von Tieren und Menschen spiegelt sich auch im Begriff des Lebewesens, der biblisch auf Tiere und Menschen bezogen wird: Sowohl die Tiere (vgl. Gen 1,20.24) als auch die Menschen (vgl. Gen 2,7; 1. Kor 15,45) werden – sowohl im Hebräischen als auch in der Septuaginta jeweils mit derselben Begrifflichkeit – als „lebendige Wesen" bezeichnet. Am sechsten Schöpfungstag spricht Gott: „Die Erde bringe hervor lebendiges Getier (BHS: næpæš ḥajjāh; LXX: psychēn zōsan)" (Gen 1,24). Man kann interpretieren: Wenn Menschen und Tiere gemeinsam als Fleisch bezeichnet werden, dann ist nicht einfach ihre Materialität im Blick, sondern eine lebendige Materialität. Entsprechend bezeichnet Paulus auch das lebendige Herz im Gegensatz zum versteinerten Herzen als fleischliches Herz (2. Kor 3,3). „Das lebendige Fleisch ist Opposition zum toten Stein."[12] Fleischlichkeit steht also für Lebendigkeit.

Dass Pflanzen und Bäume dagegen nicht „als Lebewesen" wahrgenommen werden,[13] verweist darauf, dass die biblischen Texte in großer Nähe zum gesunden Menschenverstand Lebendigkeit im Sinne von Selbstbewegung verstehen. Auch Kinder unterscheiden Lebendiges von Nicht-Lebendigem durch die wahrgenommene Fähigkeit der Selbstbewegung.[14] Aufgrund der Selbstbewegung lassen sich lebendige Wesen als psychische verstehen. Denn sich selbst bewegende Wesen werden nicht einfach von außen bewegt, sondern bewegen sich selbst und erfahren sich zugleich als selbst bewegt, sie sind sich in der Bewegung zugleich Subjekt und Objekt.[15] Insofern ist in jeder Selbstbewegung Subjektivität „anwe-

---

12 Theißen 2007, 90.

13 Löning/Zenger 1997, 144.

14 Höhl/Pauen 2013, 142 ff.; ferner Krüger 2013, 40: „Lebendiges verhält ‚sich', obgleich es auch dafür anorganischer Körper bleibt. Diese Reflexion ‚sich' markiert eine qualitative Spezifik, die das Lebendige vom Anorganischen abhebt und zugleich zu Fehlprojektionen einlädt, weil die Rückbezüglichkeit, die es im lebendigen Verhalten gibt, nach dem Modell des Selbstbewusstseins missverstanden werden könnte. Das Selbstbewusstsein ist nur eine Möglichkeit von vielen, Rekursivität im Lebendigen auszubilden".

15 Merleau-Ponty 1945/1966, 119: „Ich bewege äußere Gegenstände mit Hilfe meines eigenen Leibes, der sie an einem Ort erfasst, um sie an einen anderen zu versetzen. Doch ihn selbst bewege ich unmittelbar, ich finde ihn nicht an einem Punkte des objektiven Raumes vor und führe ihn zu einem anderen hin, ich muß ihn nicht erst suchen, er ist schon bei mir – und ich muß ihn selbst nicht zum Ziel der Bewegung erst hinführen, er berührt es von Anbeginn, und er selbst ist es, der sich ihm entgegenwirft".

send und wirksam [...]. Das Lebewesen zeigt sich somit in allen seinen Lebensäußerungen als zugleich physisch und psychisch“[16], als *sōma psychikon*, wie Paulus schreibt, als psychosomatische Einheit.[17]

Fleisch bezeichnet also die animalische Materialität des ganzen Menschen, der aber als solcher Subjektivität eingeschrieben ist.

Als fleischliches Wesen ist der Mensch ein endliches Wesen. Der biblische Begriff des Fleisches bezeichnet deshalb „nicht nur die Geschöpfe in ihrer natürlichen Körperlichkeit, sondern [...] betont besonders die Schwachheit und Gefährdung des irdischen Leibes und Lebens, seine Unzulänglichkeit und Endlichkeit, seine Sterblichkeit und Vergänglichkeit“.[18] Markanten Ausdruck findet diese Einsicht beim Propheten Jesaja: „Alles Fleisch ist Gras, und alles, was gut ist daran, ist wie die Blume auf dem Feld. Das Gras vertrocknet, die Blume verwelkt, wenn der Atem des HERRN darüberweht.“ (Jes 40,6 f.). „Diese Aussage aus Jesaja 40,6 f. beeindruckt die biblischen Autoren so sehr, dass sie wiederholt zitiert wird (Ps 90,5 f.; Jak 1,10; 1 Petr 1,23 f.).“[19] Auch Paulus betont die radikale Vergänglichkeit von Fleisch und Blut. An die Gemeinde in Korinth schreibt er, „dass Fleisch und Blut das Reich Gottes nicht ererben können, auch wird das Verwesliche nicht erben die Unverweslichkeit“ (1. Kor 15,50).

Dass das Wort Fleisch wurde, heißt demnach, dass es in eine endliche Existenz eintritt. Endlichkeit darf dabei nicht einfach mit Vergänglichkeit identifiziert werden: Als endliches Wesen ist der Mensch nicht nur vergänglich, sondern auch verletzlich, an seine jeweilige Raum-Zeit-Stelle gebunden[20] und (auch deshalb) in seinen Erkenntnismöglichkeiten begrenzt.[21]

---

16 Fuchs 2013, 120. Merleau-Ponty spricht von der „Erfahrung des In–seins meines Bewusstseins in seinem Leib und in seiner Welt“, die mich den Leib, auch den des anderen, als „von Bewusstsein bewohnt“ wahrnehmen lasse (Merleau-Ponty 1945/1966, 402).

17 Lebendiges lässt sich nur psychosomatisch begreifen. Zurecht betont Krüger 2013, 39 f.: „Um Zugang zu der ‚Spezifik von Lebendigem‘ im Unterschied zum Anorganischen zu gewinnen, muss, so die bahnbrechende Einsicht von Scheler, die dualistische Trennung, das Phänomen sei entweder physisch oder psychisch, außer Kraft gesetzt werden. Vielmehr gelte es zu respektieren, dass sich das Ganze von Lebendigem nur zeige, wenn es sich sowohl als Physis als auch als Psyche (im weitesten Sinne!) entfalten könne“; so auch Merleau-Ponty 1945/1966, 102 ff.

18 Frettlöh 2006, 190.

19 Welker 2016, 319.

20 Wir können zwar gedanklich unsere leibliche Situiertheit in Raum und Zeit transzendieren, doch wo immer uns unsere Gedanken (und auch die Träume des Nachts) hin entführen, wir wachen am Morgen wieder da auf, wo wir unseren Leib abends abgelegt haben.

21 Der Leib „als Mittel unserer Kommunikation mit der Welt“ (Merleau-Ponty 1945/1966, 117) ermöglicht nicht nur, sondern prägt auch unsere Weltwahrnehmung (vgl. 401). Diese leibliche Prägung läuft immer mit, weshalb meine Weltwahrnehmung immer eine spezifisch perspektivierte ist. Wir können zwar auch dank zwischenleiblicher Resonanz gemeinsame Wahrnehmungen

Dass der Mensch Fleisch ist, verweist also zugleich auf die spezifische Leistungsfähigkeit menschlicher Existenz, nämlich die Befähigung zur Selbstbewegung und damit zu einer in Grenzen selbstbestimmten Existenz, und auf die Grenzen menschlicher Existenz. Der fleischliche Körper, der Leibkörper (im Sinne des *body schemas* Gallaghers[22]) ermöglicht und begrenzt zugleich menschliches Handeln. Indem die angeführten biblischen Überlieferungen dabei zugleich die Kontinuität zum tierischen Leben herausstellen, werden sie anschlussfähig an die moderne Einsicht in die „evolutionäre Kontinuität", in der alles menschliche

---

bilden, doch bleiben auch diese immer durch eine spezifische Situation der Zwischenleiblichkeit geprägt (406). Wo wir Leibern begegnen, die anders strukturiert sind als die der Menschen, enden auch die Möglichkeiten gemeinsamer Wahrnehmung. Wir können nicht wissen – wie Thomas Nagel in seinem berühmten Aufsatz gezeigt hat –, „wie es für eine Fledermaus ist, eine Fledermaus zu sein" (Nagel 1984, 188). Unsere Weltwahrnehmung bleibt immer durch unseren Leib, auch durch die spezifische Zwischenleiblichkeit, in der wir leben, geprägt und begrenzt.

22 Mit dem Begriff des „body schema" beschreibt Shaun Gallagher das Vermögen und die Grenzen des menschlichen Organismus, sich als handelnder Körper in der Welt zu orientieren. Nach Gallagher müssen wir nicht nur Leib (als den je eigenen Körper in erstpersonaler Wahrnehmung) und Körper (als Objekt naturwissenschaftlicher Forschung) unterscheiden, sondern von beidem noch einmal „the body as it operates outside the subject's conscious awareness, although still having an effect on the subject's experience" (Gallagher 2013, 32). Gallagher hat vorgeschlagen, für diese grundlegende Dimension des Leibes den Begriff *body schema* (Körperschema) zu verwenden: „a body schema operates in a *close to automatic* way. I do not mean by this that its operations are a matter of reflex. Movements controlled by a body schema can be precisely shaped by the intentional experience or goal-directed behavior of the subject. If I reach for a glass of water with the intention of drinking from it, my hand, completely outside my awareness, shapes itself in a precise way for picking up the glass. It takes on a certain form in conformity with my intentions" (26; vgl. Gallagher 2013, 24–34; ferner die Darstellung bei Jung 2009, 300, der vom „handelnden Körper" spricht). Im Körperschema verbinden sich automatische, weitgehend unbewusste und nicht bewusst kontrollierte Prozesse mit den Intentionen eines Subjekts. Dass sein Körper in den meisten Lebenssituationen zielsicher die Führung übernimmt, erlebt der Mensch dabei nicht als Einschränkung seiner Freiheit, sondern als deren Ermöglichung. Umgekehrt wird gerade das Versagen des Körperschemas als Einschränkung der Freiheit erfahren, etwa, um im Bilde zu bleiben, wenn ich trinken möchte, meine Hand aber nicht in der Lage ist, ein Glas zu greifen. In solchen Situationen besteht zwar (gelegentlich) die Möglichkeit, fehlende Automatismen durch bewusst gesteuerte Körperprozesse zu ersetzen, doch geht dies in der Regel mit einer Verlangsamung der Prozesse einher.

Das Körperschema als eine die Differenz von Körper und Leib unterlaufende Einheit ist sowohl vom Leib als auch vom Körper zu unterscheiden, geht also weder in der je eigenen Wahrnehmung meines Leibes (nach Gallagher: dem *body image*) noch in einer naturwissenschaftlich objektivierenden (nämlich von den Intentionen des Subjekts absehenden) Beschreibung auf.

Leben steht.[23] Sie fordern dabei zugleich dazu heraus, nach (zumindest Vorformen von) Subjektivität auch auf der Ebene tierischen Lebens zu fragen.[24]

Die Einsicht in die Animalität und Endlichkeit menschlicher Existenz muss keineswegs als Kränkung erfahren werden.[25] Faktisch aber fühlt sich der Mensch durch die Einsicht in seine Animalität und Endlichkeit gekränkt.[26] Der Mensch will nicht sein, was er ist – und ist deshalb für das Versprechen der Sünde, mehr aus ihm zu machen, als er ist, anfällig.

2 Zum Verhältnis von Fleisch und Sünde

Der biblische Begriff des Fleisches lässt sich ohne Rekurs auf den Begriff der Sünde nicht hinreichend verstehen. Der Leibkörper ist nach den biblischen Überlieferungen nicht nur den ihm durch seine Endlichkeit gesetzten Grenzen ausgesetzt, sondern begegnet an dieser Grenze der Macht der Sünde, der er erliegt. Doch der Begriff der Sünde, der in der Spätmoderne auf die „zarteste Versuchung, seit es Schokolade gibt", reduziert wird, ist weithin verloren gegangen. Die Theologie hat zu diesem Verlust beigetragen, indem sie den Begriff der Sünde

---

23 Zum Begriff siehe Jung 2009, der betont, dass der Mensch auch in seiner Besonderheit „über das konstitutive Prinzip der Verkörperung in die evolutionäre Kontinuität eingebunden" bleibt (19); siehe ausführlich 370–414; ferner Welsch 2012, 84–90.

24 Die Einsicht in die evolutionäre Kontinuität, in der auch die geistigen Vermögen des Menschen stehen, lässt auch die Geistigkeit des verkörperten Lebens auf allen Ebenen erkennen. „In observing other creatures struggling to continue their existence – starting with bacteria that actively swim away from a chemical repellent – we can, through the evidence of our own experience and the Darwinian evidence of the continuity of life, view inwardness and purposiveness as proper to living being." (Thompson 2010, 163). Dass mentales Leben verkörpert ist, verweist eben nicht nur darauf, „daß der Geist noch in seiner höchsten Reichweite Teil des Organischen bleibt", sondern gibt auch zu bedenken, „daß das Organische schon in seinen niedersten Gebilden das Geistige vorbildet" (Jonas 1997, 15). Zur biologischen Suche nach Vorformen von Entscheidungsfreiheit im Tierreich, selbst bei Fruchtfliegen, siehe die folgenden Arbeiten Martin Heisenbergs: Heisenberg 1983; 1985; 1997; 2002.

Der biblische Befund ist ambivalent: Einerseits stehen im Alten Testament den etwas mehr als 800 Stellen, die vom menschlichen Herzen reden, nur fünf Stellen gegenüber, in denen die Begriffe *lēb/lēbāb* auf Tiere bezogen werden (Wolff 1973/2010, 75). Die mit dem Herzen verbundene Innerlichkeit scheint demnach den Tieren weithin nicht zuzukommen. Zum anderen wird aber den Tieren explizit ein Gottesbewusstsein zugesprochen (vgl. Hi 12,7–10; Jes 1,3). In der berühmten Erzählung von Bileams Eselin (Num 22,22–35) ist das Tier „im Erkennen des Numinosen [dem Seher Bileam sogar] überlegen" (Riede 2002, 23).

25 Vgl. Welsch 2012, 103 ff.

26 Freud 1917/1972, 283 f.

derart von allen weltlichen Phänomenen differenziert hat, dass nicht mehr deutlich wurde, welche Phänomenzusammenhänge er eigentlich bezeichnet. Dabei lässt sich Sünde – im Anschluss an Paulus – nachvollziehbar und realistisch als „ein Lebens- und Kommunikationszusammenhang" beschreiben, der beharrlich Vertrauen erschüttert, Lieblosigkeit generiert und Hoffnung raubt. „Sünde ist der durch die Kommunikation von Unversöhntheit, Hoffnungslosigkeit und Lieblosigkeit etablierte Kommunikations- und Lebenszusammenhang, der sich mittels dieser Medien am Leben erhält, fortsetzt und stärkt."[27] Auch dieser Lebens- und Kommunikationszusammenhang ist als ein verkörperter zu denken. Er verkörpert sich in großen Taten von Brutalität und Machtmissbrauch, aber auch in den kleinen Gesten des Misstrauens, der fehlenden Aufmerksamkeit und der Resignation. Zum Erhalt dieses Kommunikationszusammenhanges tragen Menschen willentlich und unwillentlich, bewusst und unbewusst bei.

Nach Paulus ist der Mensch als fleischliches, d.h. als animalisches und endliches Wesen nicht nur durch diesen Lebens- und Kommunikationszusammenhang der Sünde bedroht, sondern diesem immer schon verfallen. Deshalb verwendet Paulus den Begriff *sarx*, obwohl er ihn, etwa zur Bezeichnung des menschlichen Leibes (1. Kor 6,6; 2. Kor 12,7; vgl. 7,5; Eph 5,31) und des Fleisches, an dem die Beschneidung vorgenommen wird (Gal 6,12 f.; Phil 3,3 f.; Röm 2,28)[28], auch in einem neutralen Sinn gebrauchen kann, im Römerbrief zur Bezeichnung des der Sünde verfallenen Menschen: „ich aber bin fleischlich, unter die Sünde verkauft" (Röm 7,14; vgl. 7,5.18.25; 8,5–8).

Warum aber verfällt der fleischliche Mensch diesem Kommunikationszusammenhang der Sünde? Der Neutestamentler Michael Wolter kommentiert: In Röm 7 „kleidet Paulus den Zwang zum Sündigen in die Metapher vom ‚Fleisch': Weil der Mensch ‚fleischlich' ist, ist er ‚unter die Sünde verkauft'. Gemeint sind damit natürlich nicht die sog. ‚Sünden des Fleisches'. Paulus verwendet die Kategorie vielmehr als Metapher für die *Unausweichlichkeit* des Sündigens: Wie keine menschliche Existenz ohne ‚Fleisch' denkbar ist, so ist auch keine menschliche Existenz ohne Sünde denkbar, und darum gehört die Sünde so notwendig zum menschlichen Leben dazu wie das Fleisch."[29]

Doch es ist nicht nur die Universalität des Fleisches, die das Fleisch zum Metaphernspender für die Universalität der Sünde prädestiniert. Paulus sieht m. E. vielmehr einen realen Zusammenhang zwischen der fleischlichen Verfasstheit des

27 Brandt 1997, 30.
28 Sand 1992, 550 f.
29 Wolter 2011, 370 f.

Menschen und seiner Verfallenheit an die Sünde. Denn die Sünde schließt an die fleischliche Konstitution des Menschen an.

Im Galaterbrief erinnert Paulus die Gemeindeglieder daran, dass sie durch Christus aus ihrer alten, dem Tode zuarbeitenden Lebensweise befreit seien – und ermahnt sie deshalb, sich nicht länger an den Begierden des Fleisches zu orientieren. Orientierung am Fleisch heißt dabei für Paulus, sich an dem zu orientieren, was der Mensch im Tierreich wahrnimmt: nämlich am Fressen- und Gefressen-Werden. „Wenn ihr euch aber untereinander beißt und fresst, so seht zu, dass ihr nicht einer vom andern aufgefressen werdet" (Gal 5,15). Gemäß dem Fleisch zu leben, bezeichnet also eine Existenzweise, in der der Mensch der Tendenz seiner biologischen Existenzform verfällt, die auf Selbstbehauptung und Selbstdurchsetzung zielt. „Das aus dem Fleisch stammende Verhalten ist der Kampf um Lebenschancen".[30] In diesem Sinne kann man die Begierden des Fleisches als „the sin of asserting oneself and one's group at the expense of others" verstehen.[31]

Bedenkt man die durch den biblischen Begriff des Fleisches ausgedrückte enge Zusammengehörigkeit von Tieren und Menschen, überrascht es keineswegs, dass sich der Mensch an dem orientiert, was er in seiner Umwelt beobachtet. Bedenkt man zudem die evolutionstheoretische Einsicht, dass das Verhalten von Säugetieren nicht nur des Menschen Umgebung prägt, sondern auch in seine evolutionäre Vorgeschichte gehört[32], dann lässt sich sagen: Dem menschlichen Fleisch hat sich auch die Evolutionsgeschichte der Gewalt eingeschrieben. „Zur Natur des Menschen gehören Motive wie Raublust, Herrschaftstrieb und Rache, die uns zu Gewalt drängen."[33] Dem natürlichen Leben des Menschen, seinem evolutionär gewordenen Körper, ist eine Tendenz eingeschrieben, seine eigenen Interessen – einschließlich der Interessen der Gruppe, der er angehört – auf Kosten anderer – durchaus auch mit Gewalt – durchzusetzen.

Insofern kann die Sünde an die animalische Natur des Menschen anschließen. Wer aber das Leben als Kampf um die besten Ressourcen lebt und versteht, der wird nach Paulus in diesem Kampf umkommen. „Wer auf sein Fleisch sät, der wird von dem Fleisch das Verderben ernten" (Gal 6,8). Wer der Tendenz seiner biologischen Existenzform, die auf Selbstbehauptung und Selbstdurchsetzung zielt, verfällt, erliegt am Ende definitiv dem Tod.

---

30 Theißen 2007, 98; vgl. ders. 1984, 167–170.

31 Jewett 2010, 33.

32 Als verkörperte Wesen haben wir „den Gang der Evolution in uns" (Welsch 2012, 84).

33 Pinker 2011, 713; siehe auch Wrangham/Peterson 1996; Nell 2006. Zur Nähe von Evolutionärer Psychologie und theologischem Sündendiskurs vgl. Peters 2008, 35–37, und Etzelmüller 2014, 114–118.

Eine Grundform der Gewalt kann mit Hilfe des Verkörperungsparadigmas noch genauer bestimmt werden. Michael Tomasello hat auf die Bedeutung des „Imitationslernens [...] für die spezifisch menschliche Form kultureller Evolution" aufmerksam gemacht.[34] Voraussetzung der Imitation ist die Fähigkeit gemeinsamer Aufmerksamkeit, d. h. die verkörperte Fähigkeit, dem Blick eines anderen zu folgen und so zu erkennen, was dieser will.[35] Genau dadurch wird die Nachahmung zielgerichteter Handlungen möglich. Das Nachahmen des anderen, der als intentionaler Akteur verstanden wird, steht am Anfang der menschlichen Kulturentwicklung. Auch ontogenetisch werden Kinder durch diesen Prozess in die menschliche Kultur eingeführt.

Auf die Ambivalenz dieses Prozesses hat – auch im Anschluss an biblische Überlieferungen – René Girard aufmerksam gemacht. Die Nachahmung des anderen lässt mich begehren, was dieser begehrt[36] – und wird so zum Ursprung der Gewalt. „Wenn die Menschen von Natur aus dazu neigen, das zu begehren, was ihre Nächsten besitzen oder vielleicht auch nur begehren, dann herrscht innerhalb menschlicher Gesellschaften ein ausgesprochener Hang zu Rivalitätskonflikten."[37] Die damit verbundene Gewalt einzuhegen, ist eine zentrale Aufgabe des Rechts. Die biblischen Rechtsüberlieferungen haben die Bedeutung des „mimetischen Begehrens" für die Gewaltentwicklung scharf wahrgenommen. Deshalb lautet das letzte der zehn Gebote: „Du sollst nicht begehren deines Nächsten Haus. Du sollst nicht begehren deines Nächsten Frau, Knecht, Magd, Rind, Esel noch alles, was dein Nächster hat." (Ex 20,17; vgl. Dtn 5,21). Auch Paulus sieht im Römerbrief das ganze alttestamentliche Gesetz in diesem Gebot „Du sollst nicht begehren!" zusammengefasst (vgl. Röm 7,7).[38] Bedenkt man den alttestamentlichen Hintergrund, so gilt: „it is not desire as such that is forbidden, but coveting what belongs to others".[39]

Das die menschliche Kultur überhaupt erst ermöglichende Imitationslernen[40] ist also zugleich Quelle von Gewalt. Möglichkeit und Ambivalenz menschlicher Kulturentwicklung ergeben sich beide zugleich aus derselben Grundfähigkeit des Menschen, nämlich dem Imitationslernen. Was die besonderen Kulturfähigkeiten

34 Tomasello 2006, 50; vgl. 56.
35 Tomasello 2006, 84
36 Girard 2008, 24; zu Girard vgl. instruktiv Janowski 2004.
37 Girard 2008, 23.
38 Dazu Wolter 2014, 430 f.
39 Jewett 2007, 449.
40 Nach Höhl/Pauen schafft die „früh vorhandene Fähigkeit des Säuglings, durch Beobachtung zu lernen und Handlungen zu imitieren, [...] die Möglichkeit zur Übertragung kulturellen Wissens" (2013, 150).

des Menschen begründet, begründet zugleich die kontinuierliche Gefährdung aller menschlichen Kulturformen (einschließlich des Rechts und der Religion), zu Agenten der Gewalt zu werden.

Auch Paulus weiß, dass wir nicht unmittelbar unseren natürlichen Bedürfnissen ausgeliefert sind, sondern diesen in einer kulturell geformten und gezähmten Gestalt begegnen. Doch gerade auch das Vertrauen auf die Kulturleistungen der Menschheit wird von Paulus erschüttert: Im Blick auf seine eigene Vergangenheit, in der er die christlichen Gemeinden verfolgt hat, musste Paulus erkennen, dass er, obwohl er der Gerechtigkeit Gottes gemäß zu leben meinte, dem Tod gedient hat. Paulus schreibt, er sei „nach dem Eifer ein Verfolger der Gemeinde, nach der Gerechtigkeit, die das Gesetz fordert, untadelig gewesen" (Phil 3,6). In seiner Existenz vereinigte sich ein Verhalten, das man intersubjektiv als gerecht beurteilen konnte, mit leidenschaftlicher Gewalt gegen Außenstehende. Diese Verbindung von Solidarität nach innen und Gewalt nach außen ist evolutionstheoretisch durchaus als erfolgreiche Adaption anzusehen, sie bleibt aber dem Gesetz der Selektion verpflichtet.[41] Eben deshalb kann Paulus nicht nur natürliche Verhaltenstendenzen als fleischlich bezeichnen, sondern jegliche Form von Gerechtigkeit, die mit Gewalt gegenüber anderen einhergeht. Wie Paulus am eigenen Leib erfahren musste, bleiben auch unsere größten kulturellen Errungenschaften durch die Macht der Sünde gefährdet: Auch die menschliche Kultur (einschließlich der Religion) ist gleichsam fleischlich verfasst.[42]

Der Kommunikationszusammenhang der Sünde macht sich die fleischliche Verfasstheit des Menschen zunutze. Als endliches Wesen ist der Mensch vergänglich und in seinen Erkenntnismöglichkeiten begrenzt. Die Sünde schließt zum einen an das Wissen des Menschen um seine Endlichkeit an und nutzt zum anderen die Grenzen der menschlichen Erkenntnismöglichkeiten.

Die Erkenntnis der eigenen Endlichkeit macht den Menschen für die Sünde anfällig. „Dort, wo sich die Schattenseiten geschöpflichen Lebens, die Schwächen irdischer Existenzweise vorrangig zeigen, wo die Bedürftigkeit am deutlichsten erfahren wird, erhöht sich die Attraktivität jener Versuchungen, die den Menschen verlocken, wie Gott und folglich nicht länger menschlich sein zu wollen. Darum

---

41 Vgl. Theißen 1984, 191–193.

42 Diese Einsicht lässt sich auch kreuzestheologisch rekonstruieren. Das Kreuz offenbart, dass auch die lebensdienlichen Kulturformen des Rechts, der Religion und der öffentlichen Meinung anstatt dem Leben dem Tod dienen können – und das gerade auch dort, wo man sich über die Systemgrenzen (von Recht, Politik, Militär, Bildung, Religion und öffentlicher Meinung) hinweg der Angemessenheit des jeweiligen Handelns vergewissert (Welker 2012, 174 f.; 286 f.).

übt die Sünde gerade auf [den um seine Endlichkeit wissenden Menschen] einen besonderen Reiz aus".[43]

Angesichts der Erkenntnis der eigenen Endlichkeit suchen Menschen ihr Leben auf Kosten anderer zu sichern, gegebenenfalls ihr Leben durch Gewaltanwendung zu optimieren. Das verdeutlicht bereits die erste biblische Erzählung, in der das Wort Sünde begegnet, die Erzählung vom Brudermord Kains. Kain fürchtet, hinter seinen Lebensmöglichkeiten zurückzubleiben, konkret: nicht genug Aufmerksamkeit Gottes zu erhalten, und versucht deshalb durch Gewalt seine Lebensmöglichkeiten zu steigern. Dieser Zusammenhang lässt sich im interdisziplinären Dialog genauer beschreiben. Sozialwissenschaftlich lässt sich argumentieren: „Wenn Güter ungleich verteilt sind und die Personen am unteren Ende der Skala der Ressourcen-Verteilung das Gefühl haben, dass sie durch rücksichtsloses oder gefährliches Verhalten nicht viel aufs Spiel setzen würden, erscheinen ihnen Eskalationstaktiken des sozialen Wettbewerbs bis hin zur Gewalttätigkeit attraktiv."[44] Wo gesellschaftliche Ungleichheit herrscht, korreliert eine geringe Lebenserwartung signifikant mit einer hohen Tötungsrate.[45] Dieser Zusammenhang erscheint in evolutionstheoretischer Sicht durchaus verständlich. Denn Lebewesen, die eine geringere Überlebenswahrscheinlichkeit haben, zeigen eine höhere Risikobereitschaft. Sie haben weniger zu verlieren und suchen deshalb eher die direkte Auseinandersetzung.

Doch der Kommunikationszusammenhang der Sünde schließt nicht nur an das Wissen des Menschen um seine Endlichkeit an, sondern macht sich auch die Tatsache zunutze, dass der Mensch als verkörpertes Wesen an eine bestimmte Raum-Zeit-Stelle gebunden ist und sich die Welt allein von diesem Ort her erschließt. Die biblische Urgeschichte sieht das Problem des menschlichen Wissens um Gut und Böse darin, dass der Mensch, der immer nur aus seiner (möglicherweise auch aus einer kollektiven, möglicherweise gar einer Menschheits-) Perspektive urteilen kann, dieses Urteil absolut setzt und deshalb zu Wirklichkeitsverzerrungen und Ideologisierungen tendiert. Das Problem ist nicht, dass der Mensch um Gut und Böse weiß, sondern in seiner Isolierung von Gott „nur noch aus sich selbst, aus seinem Wissen um Gut und Böse" heraus lebt.[46]

43 Frettlöh 2006, 190.
44 Daly/Wilson 2002, 718.
45 Wilson/Daly 1997; zur Diskussion auch Wahl 2009, 121–126.
46 So Dietrich Bonhoeffer in seiner Auslegung von Gen 3 in Bonhoeffer 1933/2002, 86. In der Tat betont Gen 3,22 gerade „das Faktum der Vereinzelung und Isolation Adams", dass Adam „ein einzelner, ein ächad" geworden ist. Adam folgt „nur noch seinen eigenen Perspektiven auf das nur noch ihm Lebensförderliche und Lebensabträgliche" (Welker 1995, 114).

Nicht die mit der Verkörperung gegebene Perspektivität als solche ist das Problem, sondern deren Absolutsetzung durch die Sünde. Zum Brudermord kommt es, weil Kain nur wahrnimmt, was ihm passiert, nämlich dass Gott sein Opfer nicht ansieht, sich aber nicht mit Abel darüber freut, dass Gott dessen Opfer gnädig ansieht. Bedenkt man, dass Abel für die Hirten, Kain aber für die Ackerbauern steht, wird deutlich, dass der biblische Text nicht nur für die Isolation einzelner, sondern auch für die Vereinzelung ganzer Gruppen und die Absolutsetzung von Gruppeninteressen sensibilisieren will. Adam kann dabei sogar für die ganze Menschheit stehen: Die Paradieserzählung sensibilisiert dann für die Gefahr, dass die Menschheit möglicherweise über alle Differenzen hinweg gemeinsame Perspektiven entwickelt, darüber aber die Beschränktheit auch dieser Perspektiven aus dem Blick verliert. Auch dort, wo die Menschheit sich einig ist, was dem Leben dient, bleibt sie einer bestimmten Perspektive verpflichtet – und kann deshalb lebensabträglich wirken.

Des Menschen Körper, der nur mit und von anderen her leben kann, von Mitmenschen, aber auch von Mitgeschöpfen, biblisch eben auch von Gott her, könnte den Menschen entgegen seiner Tendenz zur Absolutsetzung seiner eigenen Perspektive daran erinnern, dass der Mensch auch in seinen Urteilen auf den Ein- und Widerspruch anderer angewiesen ist. Sofern sein Körper ihn auch an seine Geschöpflichkeit erinnert, erinnert er ihn zugleich an die Notwendigkeit, sich für Gottes Ein- und Widerspruch offen zu halten – gerade auch dort, wo sich die Menschheit kollektiv die Angemessenheit ihres Handelns bestätigt.

Weil Paulus die fleischliche Existenz des Menschen als immer schon der Sünde verfallene Existenz denkt, wäre die johanneische Aussage: „Das Wort ward Fleisch" bei ihm kaum oder nur als Grenzaussage möglich. Am nächsten kommt der johanneischen Aussage die Formulierung des Paulus in Röm 8,3, dass der Sohn Gottes „in der Ähnlichkeit des sündigen Fleisches"[47] erschienen sei. Christus tritt zwar in den Machtbereich der Sünde ein und ist als fleischliches Wesen durch die Sünde wie alle anderen Menschen gefährdet, aber als der Gottessohn verfällt er dieser Gefährdung nicht. In ihm erscheint ein fleischliches Leben, das nicht nach dem Tod trachtet, sondern nach Liebe und Frieden, das nicht in Feindschaft gegen Gott gelebt wird, sondern das Gott gefällt (vgl. Röm 8,6 – 8).[48] Genau dadurch aber

47 Übersetzung nach Wolter 2014, 469.

48 Dazu Jewett 2007, 484: „If ‚sinful flesh' is understood as the perverse quest for honor that poisons every human endeavor, it is clear that Christ entered fully and without reservation into that social arena with all its evil consequences, at the cost of his own life. His extraordinary exhibition and proclamation of a noncompetitive lifestyle in the awareness that the Abba's love filled all need for honor and set him free for generous love provoked the opposition that led to his

hat Christus, folgt man der paulinischen Theologie, die „Sünde im Fleisch gerichtet“ (Röm 8,3). Durch seine Existenz hat Christus die Behauptung, dass der Mensch als fleischliches Wesen notwendig Sünder sein muss, der Unwahrheit überführt.[49] Dass Jesus Christus „in der Gestalt des sündigen Fleisches“ seine Gottessohnschaft bewährte, indem er darauf verzichtete, seine eigenen Lebensinteressen auf Kosten anderer durchzusetzen, und sich stattdessen an Gottes Willen, der auf Liebe und Frieden zielt, orientierte, zeigt, dass der Mensch in seinem Fleisch zwar für die Sünde anfällig ist, ihr aber nicht notwendig verfallen muss. Die scheinbar universale Verknüpfung von Fleisch und Sünde wird hier gesprengt.

Soll heißen: Dass der Mensch der Sünde verfällt, ist zwar aufgrund seiner fleischlichen Natur wahrscheinlich und erwartbar[50], aber keineswegs zwingend. Genau dafür steht biblisch die Differenz zwischen Paulus und Johannes ein: Wer vom inkarnierten Logos aus denkt, versteht die fleischliche Existenz des Menschen zwar als animalische und endliche, aber keineswegs als eine zur Sünde bestimmte. Nach dem Johannesevangelium „bestimmt das Fleisch den Menschen nicht als einen der Sünde verhafteten Menschen“.[51] Demgegenüber geht Paulus im Römerbrief von einer (zwar im Licht des Christusgeschehens gedeuteten, aber dennoch) eigenen und verallgemeinerten Erfahrung aus. Im Blick auf den Menschen, wie wir ihn kennen, behauptet Paulus, dass der Mensch als fleischliches Wesen immer schon der Sünde verfallen ist. Deshalb bezeichnet der Begriff *sarx* bei Paulus anders als bei Johannes den der Macht der Sünde verfallenen Menschen.[52]

Gerade angesichts dieser Wahrnehmung kann der christliche Glaube vor Zynismus und Resignation bewahren: Die Wahrnehmung des Lebens als Kampf kann zynisch affirmiert werden. Man habe sich auf die Gegebenheiten einzustellen und entsprechend zu handeln. Demgegenüber erinnert der christliche Glaube an den wirklichen Menschen, an Jesus Christus, der die scheinbare Identität von

---

crucifixion. Christ's life and death ‚condemned sin in the flesh‘ by exposing the hostility against God entailed in the quest for honor on the basis of competitive achievement“.

49 Deshalb ist eine exklusive Deutung von Röm 8,3 auf den „Sühnetod Christi“, wie sie mit vielen anderen Auslegern auch von Ulrich Wilckens vertreten wird (Wilckens 2003, 124), keineswegs zwingend. Sie verstellt vielmehr, dass bereits der irdische Christus in seiner Hingabe an die Menschen die Sünde gerichtet hat, indem er unter den Bedingungen der der Sünde verfallenen Welt ein Leben gelebt hat, das sich nicht an der Sünde, sondern an Gottes Gerechtigkeit orientiert hat (Berger 1995, 532f.).

50 Deshalb sind die besten Dogmatiker in der Regel der Lehre vom Supralapsarismus gefolgt, der zufolge Gott schon vor der Erschaffung der Welt den Sündenfall des Menschen vorhergesehen hat.

51 Sand 1992, 554.

52 Sand 1992, 552.

Fleisch und Sünde durchbrochen hat. Im Blick auf Jesus Christus bekennen Christinnen und Christen die auch in ihrem eigenen Leben wahrgenommene Identität von fleischlichem und der Sünde verfallenem Leben als Schuld. Im Blick auf Jesus Christus realisieren sie, dass sie hinter dem von Gott intendierten Leben für seine Schöpfung zurückbleiben.

Dass wir Sünder sind und bleiben, kann freilich auch in Resignation und Traurigkeit führen. Demgegenüber erinnert der christliche Glaube daran, dass sich Gott in Jesus Christus mit dem menschlichen Fleisch verbündet hat – und es deshalb keine letzte Gottlosigkeit des Menschen gibt.[53] Ernster als ihre eigene Sünde nehmen Christinnen und Christen die Verheißung Gottes, im Leben allen menschlichen Fleisches rettend präsent zu sein.[54]

3 Paulinische Psychosomatik

Weil Paulus das Fleisch als immer schon der Sünde verfallenes begreift, zugleich aber Gott nicht als Schöpfer der Sünde versteht, bezeichnet er den geschaffenen Menschen im Anschluss an die Septuaginta als *psychē zōsa* (1. Kor 15,45) – und dessen Körperleib als *sōma psychikon* (1. Kor 15,44). Die johanneische Aussage: „Das Wort ward Fleisch“ hätte Paulus wohl mit „Das Wort ward lebendiger/psy-

53 Das ist der Grundgedanke der theologischen Anthropologie Karl Barths: Weil wir es in dem Menschen Jesus Christus mit Gott zu tun haben, alle Menschen aber de facto Mitmenschen Jesu Christi sind, deshalb heißt Menschsein „grundlegend und umfassend: mit Gott zusammen sein“ (Barth 1948, 161). Eben deshalb aber gelte: „Gottlosigkeit ist infolgedessen keine Möglichkeit, sondern die ontologische Unmöglichkeit des Menschseins. Der Mensch ist nicht ohne, sondern mit Gott. Wir sagen damit selbstverständlich nicht, daß es kein gottloses Menschsein gibt. Es geschieht, es gibt ja zweifellos die Sünde. Aber eben die Sünde ist keine Möglichkeit, sondern die ontologische Unmöglichkeit des Menschseins. Wir sind mit Jesus, wir sind also mit Gott zusammen. Das bedeutet, daß unser Sein die Sünde nicht ein, sondern ausschließt“ (162). Das aber ist eine Erkenntnis, die wir uns ausgehend von unserer Selbst- und Weltbetrachtung nicht selbst zusprechen können.

54 Es ist das Privileg der Theologie, etwas über den Menschen und zum Menschen sagen zu können, das ihm keine andere Wissenschaft sagen kann. Theologie denkt der Botschaft des Evangeliums nach, dass Gott in Jesus Christus die menschliche Natur, d. h. die Menschheit, angenommen hat und deshalb auch ich mit Leib und Seele zu Jesus Christus gehöre. Wer das gehört und verstanden hat – aber wer hat das je gehört und verstanden? –, der kann getrost leben und sterben. Es ist das Privileg der Theologie, etwas – und zwar nicht irgendetwas, sondern etwas Bestimmtes – sagen zu können, das einen Menschen getrost leben und sterben lässt. Dabei hat Trost nichts mit Vertröstung zu tun. Im Lichte dieses Trostes, also dort, wo man sich nicht mehr vertrösten muss, kann man die Welt wahrnehmen, so wie sie ist. Aber das ist immer erst das zweite Thema der Theologie, ihr erstes ist das Evangelium, ist der Trost.

chischer Leib" übersetzt. Während der Begriff des Fleisches die Animalität und Endlichkeit des Menschen in den Blick rückt, fokussiert der Begriff des lebendigen Leibes auf die Leistungsfähigkeit des animalischen und endlichen Körpers.

Diesem *sōma psychikon* stellt Paulus ein zukünftiges *sōma pneumatikon* gegenüber, eine geistlich-leibliche Existenz, die nicht mehr wie „Fleisch und Blut" (1. Kor 15,50) der Vergänglichkeit anheimfällt, sondern ewig bleibt. Obwohl die einzelnen Gläubigen nach Paulus noch nicht im *sōma pneumatikon* leben[55], haben sie schon gegenwärtig an einem geistigen Leib Anteil: nämlich am Leib der Gemeinde bzw. dem Leib Christi.[56] „Denn wir sind durch *einen* Geist alle zu *einem* Leib getauft" (1.Kor 12,13). Zwar leben die einzelnen Gläubigen nach Paulus individuell noch in ihrem *sōma psychikon*, aber als Gemeinde bilden sie schon gegenwärtig ein *sōma pneumatikon*.

Für die Verhältnisbestimmung von *sōma psychikon* und *sōma pneumatikon* ist nun entscheidend, dass der natürliche Leib zum Gleichnis für die Gemeinde werden kann. In diesem Sinn gilt: Schon der natürliche Leib ist für den pneumatischen Leib gleichnisfähig. Als Gleichnisspender taugt er dort, wo man die polyphone Struktur schon des natürlichen Leibes wahrnimmt. Das Bild des Leibes dient bei Paulus gerade nicht einer einfachen Hierarchisierung von Kopf und Gliedern (oder auch Magen und Gliedern), sondern der Darstellung des Zusammenspiels der unterschiedlichen Glieder, wobei auf die scheinbar geringsten die größte Rücksicht genommen wird (vgl. 1. Kor 12,24 f.).[57]

Paulus versteht also schon den natürlichen Leib nicht als ein monohierarchisches Gebilde, sondern als Netzwerk verschiedener Glieder, als Netzwerk differenter Akteure.[58] Die verschiedenen Glieder werden als „Aktionsträger des Leibes" gedacht.[59]

---

55 Nach Paulus prägt der Geist Christi zwar auch schon die Leiber der Glaubenden, sodass Paulus diese als „Tempel des Heiligen Geistes" bezeichnen (1. Kor 6,19) und davon sprechen kann, dass die Leiber der Glaubenden schon gegenwärtig vom Geist Christi verwandelt werden (2. Kor 3,18), aber es bleibt eine Differenz zum eschatologischen *sōma pneumatikon* (1. Kor 15,46), d. h. der leiblich-menschlichen Seinsweise, die vollkommen der Wirklichkeit Gottes entspricht.

56 Tronier 2001, 193.

57 Wolter 2007, 292 ff.

58 Welker 2013, 72: „Der Leib beeindruckt durch das organismische Zusammenspiel einer begrenzten Vielzahl von Gliedern. Er wird deshalb für Paulus zu einem idealen Bild von Gemeinde und Kirche: ein polyphones Zusammenspiel der Glieder zur wechselseitigen Stärkung und Erbauung, nicht durch monohierarchische Machtformen, sondern nur durch wechselnde funktionale Vor- und Überordnungen strukturiert".

59 Wilckens 2003, 67. Das gilt nach Paulus auch im Blick auf den der Sünde verfallenen Leib: Die Sünde wirkt nicht einfach durch den Leib, sondern „in unseren Gliedern" (Röm 7,5).

Das Bild vom menschlichen Leib ist immer auch ein politisches Bild: Die Antike beschreibt den Staat, Paulus die Gemeinde als Leib. Deshalb wirkt sich das Verständnis des menschlichen Leibes auf die Gestaltung politischer Verhältnisse aus. Man muss deshalb stets kritisch die wechselseitige Prägung politischer Überzeugungen und Verhältnisse einerseits und der Bilder des menschlichen Leibes andererseits in den Blick nehmen. In der Tat lässt sich zeigen, wie in der Geschichte politische Überzeugungen und medizinische Beschreibungen des menschlichen Körpers einander beeinflusst haben.[60] Darüber hinaus wird man aber fragen müssen, ob alle möglichen Körperbilder, die in der Menschheitsgeschichte durchgespielt worden sind, im Blick auf den menschlichen Leib wirklich zutreffen. Oder lassen sich möglicherweise vom Leib her bestimmte Körperbilder und ihre politischen Implikationen radikal in Frage stellen? Zugespitzt gefragt: Gibt es eine medizinische Kritik politischer Verhältnisse?[61] Paulus jedenfalls sieht sowohl den menschlichen Leib als auch die ideale christliche Gemeinde durch das egalitäre Zusammenspiel differenter Glieder (Gerechtigkeit) und Rücksichtnahme auf die vermeintlich Schwächsten (Barmherzigkeit) charakterisiert. „Gott hat den Leib zusammengefügt und dem geringeren Glied höhere Ehre gegeben, damit im Leib keine Spaltung sei, sondern die Glieder in gleicher Weise füreinander sorgen. Und wenn *ein* Glied leidet, so leiden alle Glieder mit, und wenn *ein* Glied geehrt wird, so freuen sich alle Glieder mit“ (1. Kor 12,24–26).

Von Paulus her müsste man fragen, ob der Aufbau unseres natürlichen Leibes nicht gerechter und barmherziger ist als es unsere sozialen Gemeinschaftsformen sind. Zumindest verweist Paulus die Gemeinde in Korinth auf den menschlichen Leib, um darzulegen, wie die Glieder in der Gemeinde miteinander umgehen sollen. Das Bild des Leibes dient gerade nicht der Bestätigung bestehender Hierarchien, sondern ihrer kritischen Transformation.

Versteht man mit Paulus den Leib als einen Zusammenhang unterschiedlicher Aktionsträger, der sich gerade an den schwächsten Gliedern orientiert, erhellen sich auch die paulinischen Ausführungen zum unwürdigen Essen des Abend-

---

60 Das zeigt auf eindrucksvolle Weise Unschuld 2003.

61 Man könnte argumentieren: Weil Krankheit immer auch eine soziale Dimension hat, hat die Medizin auch eine prophetisch-kritische Aufgabe. Wo Menschen aufgrund sozialer, kultureller und systemischer Konstellationen erkranken, muss der die Medizin leitende „Wille zur Gesundheit eines Jeden [...] also auch die Gestalt des Willens zur Besserung, zur Hebung, vielleicht zur radikalen Umgestaltung der allgemeinen Lebensbedingungen Aller – wenn es nicht anders geht: des Willens zu einer ganz neuen, ganz anderen, bessere Lebensbedingungen für Alle garantierenden Gesellschaftsordnung – annehmen. Wo die Einen krank werden müssen, da können auch die Anderen nicht mit gutem Gewissen gesund sein wollen“ (Barth 1951, 413; dazu Etzelmüller 2009, 456–464).

mahls, die uns heute nur noch schwer nachvollziehbar sind und aufgrund ihrer Wirkungsgeschichte zu den problematischsten Partien der biblischen Überlieferungen gehören. „Denn wer so isst und trinkt, dass er den Leib[62] nicht achtet, der isst und trinkt sich selber zum Gericht. Darum sind auch viele Schwache und Kranke unter euch, und nicht wenige sind entschlafen" (1. Kor 11,29 f.). Man kann interpretieren: Der Leib macht in seinen – psychischen und physischen[63] – Krankheiten darauf aufmerksam, dass in der Gemeinde Leben verfehlt wird. Der Leib zeigt (aufgrund seiner internen, an Barmherzigkeit orientierten Gerechtigkeit?) eine hohe Sensibilität für lebensabträgliche Formen sozialen Zusammenlebens. Dabei ist von Bedeutung, dass nicht nur (und nicht einmal vorrangig) die eigentlichen Übeltäter erkranken. Denn die sog. Unwürdigen sind „offenkundig sehr munter physisch am Leben geblieben".[64] Die Leiber reagieren also unterschiedlich auf die Missstände in der Gemeinde. Dass manche an diesen erkranken, zeigt aber, dass für Paulus der Leib nicht nur eine psycho-somatische Einheit, ein *sōma psychikon*, darstellt, sondern als solches immer auch eine sozio-psychosomatische Einheit. Paulus denkt nicht nur die Innigkeit von Subjektivität und Körper, sondern auch die von Leib und Umwelt. Insofern kann man Paulus als Vordenker des Verkörperungsparadigmas verstehen, das in den (freilich noch dualistisch klingenden) Worten John Haugelands besagt: Der Geist ist „nicht nur zufällig, sondern innig an einen Körper gebunden und innig in seine Welt eingebettet."[65]

Liest man die Anweisung des Paulus, den Leib zu achten, auf dem Hintergrund antiker Diätetik, dann verdeutlicht dieser Text zudem die Weisheit des Leibes. Indem der Leib in die Krankheit flüchtet, macht er darauf aufmerksam, dass Leben verfehlt wird, und eröffnet so die Möglichkeit einer Veränderung.[66]

---

62 Die Lutherbibel übersetzt einer breiten Texttradition folgend: den Leib des Herrn. Doch lässt der Text ursprünglich offen, welcher Leib gemeint ist: der Leib der Gemeinde, der Leib Christi als Leib der Gemeinde, der Leib Christi als Gabe des Abendmahls, der eigene Leib.

63 Zur Deutung der Begrifflichkeit in ihrem Kontext siehe Weissenrieder 2008, 258 – 262.

64 Bornkamm 1959, 170.

65 Haugeland 2013, 143.

66 Diese „Weisheit des Leibes" müsste man genauer entfalten. Sie wird verstellt, wenn man mit einer einfachen Unterscheidung von Körper (als Objekt der Naturwissenschaften) und Leib (als dem von uns selbst erlebten Körper) arbeitet. Zumindest müsste man mit Gallagher Körper, Leib und Körperschema, d.h., „the body as it operates outside the subject's conscious awareness, although still having an effect on the subject's experience" (Gallagher 2013, 32) unterscheiden. Die „Weisheit des Leibes" demonstrieren m. E. auch die Libet-Experimente (Libet 1985; Libet/Gleason/Wright/Pearl 1983), insofern sie zeigen, dass unser Leib (i. S. des Körperschemas) uns eine Fülle von Entscheidungen abnimmt, die nicht bewusst getroffen werden müssen, weil sie entweder

Dabei kann die Möglichkeit der Veränderung nur ergriffen werden, wenn das Handeln des Leibes gedeutet wird. Um im Diskurs des Lebens mitzusprechen, braucht der Leib einen Dolmetscher. Im Fall der Gemeinde zu Korinth ist es Paulus, der gleichsam wie ein guter Arzt der Gemeinde übersetzt, was der Leib in den auftretenden Krankheiten zu sagen hat. Deshalb kann und muss immer kritisch gefragt werden, von woher solche Deutungen ausgesprochen werden. Das schließt aber nicht aus, dass im Kampf der Deutungen der Leib selbst mitspricht. Der Leib selbst legt sich quer.

Mit seinem Verständnis des menschlichen Leibes zum einen als nicht-hierarchischem Formzusammenhang differenter Aktionszentren[67], zum anderen als sozio-psycho-somatischer Einheit steht Paulus deutlich in der Tradition der alttestamentlichen Wahrnehmung des Menschen.

4 Exkurs: Anthropologie des Alten Testamentes

Bereits die (im Alten Testament freilich nur an drei Stellen, nämlich in Gen 1,26–28; 5,1–3 und 9,4–6 begegnende) Auffassung des Menschen als Ebenbild Gottes verweist, sofern man die Aussage konsequent in ihrem altorientalischen Kontext versteht, auf die Körperlichkeit des Menschen. „Mit dem Ausdruck ‚Bild' (*zælæm*) verbindet sich die konkrete Vorstellung von einer Statue bzw. Stelenplastik, die in den altorientalischen Großreichen meist für herrschende Großkönige oder in den Tempelanlagen für wichtige Gottheiten stehen, um stellvertretend ihre herrschaftliche Real-Präsenz in der Provinz bzw. im Heiligtum zu verkörpern und sichtbar zu machen".[68] Die konsequente Historisierung des Textes erschließt also eine in der reichhaltigen Wirkungsgeschichte desselben verlorengegangene Bedeutung. Der Mensch ist gerade in seiner leiblichen Gestalthaftigkeit Ebenbild Gottes. Der altorientalisch-hebräische Begriff für Bild verweist gerade auf die Gestalthaftigkeit, insofern er keine Ikone, sondern „handwerklich gemachte, in der Regel dreidimensionale Bilder" bezeichnet.[69]

---

routinisiert sind (wie das Schalten beim Autofahren) oder banal (wie die willkürlichen Körperbewegung in den Libet-Experimenten).

67 Neben den Gliedern begegnen bei Paulus weitere Aktionszentren, nämlich: Herz, Gewissen, Vernunft und (menschlicher) Geist.

68 So (im Anschluss an Keel/Schroer 2008 und Janowski 2008) Hardmeier/Ott 2015, 126.

69 Wagner 2016, 132.

Der Mensch repräsentiert Gott freilich als „lebendige Statue“[70], der in seine Umwelt eingebettet diese im leiblichen Umgang mit ihr gestalten soll. Die Einbettung des Menschen in seine Umwelt verdeutlicht der priesterliche Schöpfungsbericht, indem er Gott zunächst die Lebensräume schaffen lässt, die dann mit den Tieren (einschließlich des Menschen) gefüllt werden. Indem der Text die Güte der Erde festhält (vgl. Gen 1,13), verdeutlicht er: Der Mensch ist in eine lebensförderliche Umgebung eingebettet. Zugleich soll der Mensch diese Umgebung gestalten und formen. Die Menschen „sollen herrschen über die Fische des Meers und über die Vögel des Himmels, über das Vieh und über die ganze Erde und über alle Kriechtiere, die sich auf der Erde regen.“ (Gen 1,26). Um diese Herrschaft zu erläutern, verwendet die Priesterschrift in den Versen 26 und 28 „zwei selten auftretende Bildausdrücke“, nämlich die Verben *rdh* und *kbš*, deren Grundbedeutung die „des ‚Tretens‘ bzw. ‚auf etwas Tretens‘“ ist.[71] Man kann interpretieren: Der Mensch soll sich seine Umwelt „im tätigen Umgang“ mit ihr, wörtlich: indem er sie unter seine Füße nimmt, erschließen. Das In-Gebrauch-Nehmen seiner Umwelt durch den Menschen ist also hoch realistisch als ein verkörpertes Geschehen erfasst. Im leiblichen Umgang mit seiner Welt soll der Mensch Gott in seiner Schöpfung so repräsentieren, dass Recht und Gerechtigkeit in Gottes Schöpfung verwirklicht werden.

Doch nicht nur die priesterliche Schöpfungsgeschichte versteht den Menschen als verkörpertes Wesen, das in seine Umwelt eingebettet ist und diese gestalten soll. Der großen Mehrheit der alttestamentlichen Überlieferungen sind entscheidende anthropologische Einsichten der Philosophie der Verkörperung und der Embodied Cognitive Science vertraut.

Zur Wiederentdeckung dieses Sachverhalts hat insbesondere die Anthropologie des Heidelberger Alttestamentlers Hans Walter Wolff von 1973 beigetragen. Entgegen der Tendenz, das Alte Testament im Horizont einer Dichotomie von Leib und Seele zu lesen, hat Wolff methodisch vorbildlich den vermeintlichen Seelenbegriff des Alten Testamentes, *næpæš*, aus dessen sprachlichen Kontexten heraus rekonstruiert. Die *næpæš* meint in den alttestamentlichen Texten „Schlund, Rachen, Kehle“.[72] So heißt es etwa in Jes 5,14: „Die Unterwelt reißt ihre næpæš auf, sperrt auf ihr Maul ohne Maß.“[73] Die *næpæš* ist „das Organ der vitalen Bedürfnisse, ohne deren Stillung der Mensch nicht weiterleben kann“.[74] Als sol-

70 Janowski 2008. Eine Statue, die zwar einen Körper hat, aber unfähig ist, diesen zu gebrauchen, ist biblisch ein Götze – und insofern ein Gräuel (so Ps 115,5–7; dazu Schroer/Staubli 2005, 23).

71 Wagner 2016, 138 f.; ebenso Hardmeier/Ott 2015, 137.

72 Wolff 1973/2010, 34.

73 Wolff 1973/2010, 34.

74 Wolff 1973/2010, 44.

ches ist sie aber kein „im Unterschied zum leibliche(n) Leben unzerstörbarer Daseinskern [...], der auch getrennt von ihm existieren könnte".[75] Der hebräische Begriff bezeichnet „den bedürftigen, nach Leben trachtenden und insofern lebendigen Menschen", er erfasst den Menschen „in seiner Bedürftigkeit und Begehrlichkeit", aber auch in seiner emotionalen „Erregbarkeit und Verletzlichkeit", als pathisches Wesen, als psychosomatische Einheit. Dem Begriff eigne das „Bedeutungselement des Vitalen, das auch dem Tier zukommt".[76] Der Mensch ist fleischlich; der hebräische Begriff für Fleisch, *bāśār*, kann deshalb im Parallelismus das Personalpronomen vertreten.[77]

Konsequent werden deshalb im Alten Testament die emotionalen und kognitiven Funktionen keinem vom Leib losgelösten Aktionszentrum des Menschen zugeschrieben, sondern als verkörperte Funktionen verstanden.[78] In Psalm 84,3 wird die Sehnsucht dem Rachen bzw. der Kehle zugeschrieben, die Freude dem Herzen und dem Fleisch[79]: „Gesehnt und sogar verzehrt hat sich mein Rachen (bzw. meine Kehle) nach den Vorhöfen JHWHs, mein Herz und mein Fleisch freuen sich in dem lebendigen Gott." Bedenkt man, dass der hebräische Begriff *lēb/lēbāb* (Herz) nicht nur für das Organ selbst, sondern auch für den gesamten „‚Brustkorb' oder unspezifisch das ‚Leibesinnere'" stehen kann,[80] kann man interpretieren: Der Beter spürt seine Freude körperlich. Sein Leib lässt ihn erfahren, wie er sich fühlt.[81] „Als der Prophet Jeremia nahendes Kriegsgeschrei vernimmt, erleidet er einen Herzanfall und stöhnt: ‚Mein Inneres, mein Inneres! Ich winde mich. Wände meines Herzens. Es tobt in mir mein Herz. Ich kann nicht stillhalten.' (Jer 4,19)".[82]

Doch nicht nur emotionale, auch kognitive Prozesse werden als verkörpert wahrgenommen. In den Proverbien heißt es: „Des Klugen Herz sucht Erkenntnis" (Prov 15,14) und: „Das Herz des Weisen macht seinen Mund klug" (Prov 16,23).

Dabei kommt dem Herzen im Alten Testament zwar eine besondere Stellung zu,[83] doch liegt keineswegs die Vorstellung eines monohierarchischen Aufbaus

75 Wolff 1973/2010, 47.
76 Wolff 1973/2010, 54; siehe auch Janowski 2016.
77 So etwa in Ps 119,120; dazu Wolff 1973/2010, 60.
78 Zur Verkörperung von Emotionen im Alten Testament siehe Smith 2009, der die These vertritt: Die „Israeliten assoziierten Emotionen mit den inneren Organen, in denen sie die Gefühle physisch zu spüren meinten" (176).
79 Zur physisch erlebten Freude im Alten Testament siehe Albert 2015.
80 Janowski 2015, 10.
81 Das betont auch Johnson 2015, 82: „We can become aware of our convictions and desires because of the place in which our body has put us"; 137.
82 Schroer/Staubli 2005, 33 f.
83 Janowski 2015.

des menschlichen Körpers vor.[84] Zum einen können in unterschiedlichen Situationen unterschiedliche Organe in den Vordergrund treten, so z. B. in Gewissens- und Beziehungskonflikten vor allem die Nieren,[85] zum anderen können sich die verschiedenen Organe wechselseitig vertreten.[86]

Der Mensch wird dabei nicht als ein in sich abgeschlossenes Wesen, sondern als bis in sein Innerstes (Herz, Nieren) hinein als für andere offen verstanden. Emotionale und kognitive Fähigkeiten sind nämlich nicht nur in Körperorganen verortet, sondern werden intersubjektiv geprägt: „Mein Sohn, ist dein Herz weise, freut sich auch mein Herz, es jubeln meine Nieren, wenn deine Lippen reden, was recht ist" (Prov 23,16). In dieser Offenheit gründet auch die besondere Verletzlichkeit des Menschen: „Getrübt von Kummer ist mein Auge; matt geworden wegen all meiner Bedränger" (Ps 55,8).

Auffällig ist dabei, dass der Begriff „Leib" in der hebräischen Fassung des Alten Testamentes überhaupt nicht vorkommt.[87] Verkörperung wird hier derart konkret gedacht, dass selbst der Leibbegriff als Abstraktionsbegriff erscheint, der deshalb nicht gedacht werden kann. Elementare leibliche Vollzüge und Bedürfnisse wie Essen und Atmen, aber auch emotionale und kognitive Fähigkeiten werden nicht dem Leib zugeschrieben, sondern einzelnen Körperorganen,[88] die dann freilich pars pro toto für den ganzen Menschen stehen.[89]

5 Neuschöpfung als leiblich initiierter Transformationsprozess sozialer Ordnung

Gegenüber einer bestimmten Tendenz kirchlicher Verkündigung, die das Verfallensein an die Macht der Sünde nur als individuelles Problem thematisiert, ist zu

84 Di Vito 1999, 229; Wagner 2009, 198.
85 Kegler 1992, 33–37.
86 Siehe nur den oben zitierten Vers Ps 84,3; dazu Wolff 1973/2010, 29 f.; Di Vito 1999, 227.
87 Krieg 1983, 9.
88 Di Vito 2009, 226: Der „biblische Mensch präsentiert sich uns eher in Einzelteilen denn in seiner Gesamtheit." Eine graphische Darstellung der alttestamentlichen Zuordnung von Körperorganen und -funktionen findet sich bei Schroer/Staubli 2005, III–IV.
89 Janowski 2005, 148 f.: „Wenn etwa Körperorgane wie das ‚Herz' und die ‚Nieren' mit emotionalen oder kognitiven Vorgängen wie ‚Freude' oder ‚Jubel' verbunden werden (vgl. Ps 16,7–9; Prov 23,16 u. ö.) und umgekehrt soziale oder psychische Konflikte wie ‚Anfeindung' oder ‚Verbitterung' bestimmte Körperorgane wie das ‚Herz' und die ‚Nieren' in Mitleidenschaft ziehen (vgl. Ps 73,21 u. ö.), dann ist der Mensch als ganzer, d. h. hinsichtlich seiner somatischen und psychischen/kognitiven Funktionen im Blick".

erkennen: Auch religiöse Traditionen können der Tendenz zur vorbehaltlosen Selbstdurchsetzung der eigenen Interessen verfallen – und tun dies de facto auch. Paulus selbst stand dieser Sachverhalt angesichts seiner eigenen Vergangenheit vor Augen: Gerade im Eifer für Gott und seine Gerechtigkeit wurde er zum Verfolger Andersgläubiger. Nicht die Tradition als solche befreit also den Menschen von seiner evolutionär ererbten Tendenz zur Selbstdurchsetzung. Damit ein Mensch seine Verwandten- und Gruppenbindungen überwindet, muss er von der Tradition vielmehr so ergriffen werden, dass er von ihr grundlegend verändert wird.[90] In christlich-theologischer Begrifflichkeit fasst man diesen Prozess als Neuschöpfung des Menschen durch den Geist Jesu Christi.[91]

Die durch die Verkündigung zum Glauben Gekommenen lassen sich sodann taufen. In einem am Leib vollzogenen Ritual wird der Beginn eines neuen Lebens inszeniert. Die Getauften sind der Welt, ihren Herkunftsordnungen, gestorben und leben nun in einer neuen Gemeinschaft. Sie treten „in einen liminalen Status der *communitas*, in dem die sozialen Spielregeln der alltäglichen *societas* außer Kraft gesetzt" sind.[92] Indem die Getauften „Christus ‚anziehen' (Gal 3,27), werden sie mit ihrer ganzen Existenz in die Heilssphäre Christi inkorporiert. Als performativer Akt setzt die Taufe diesen Wandel effektiv ins Werk".[93] Bisher handlungsorientierende Unterscheidungen zwischen Juden und Heiden, Freien und Sklaven sowie Männern und Frauen werden zugunsten einer Orientierung an den Nöten und Begabungen des konkreten einzelnen Menschen aufgehoben (vgl. Gal 3,28).

Von Bedeutung ist dabei, dass sich die gängigen handlungsorientierenden Unterscheidungen auch den Körpern eingeschrieben haben. Man bedenke, wie die Differenzmarker des Frühjudentums – Beschneidung, Speisegebote und Festkalender – das leibliche Leben prägen und sich im Fall der Beschneidung dem Leib einschneiden. Im Blick auf die Differenz von Sklaven und Freien sowie Männern und Frauen ist die soziale Prägung des Körpers im Anschluss an Pierre Bourdieu in den letzten Jahren verstärkt beschrieben worden. Die Soziologie des Körpers hält fest: „Dem Körper sieht man seine Prägung durch die soziale Klasse, aus der er stammt, an. Bis in die kleinsten Gesten hinein verrät der Körper die Herkunft seines Trägers".[94] Im Blick auf die in Christus aufgehobene Geschlechterdifferenz

---

90 Theißen 1984, 186.
91 Eben deshalb darf die Neuschöpfung durch Gottes Geist nicht nur als Begründung einer neuen Kultur verstanden werden. Das von Christus ausgehende neue Gesamtleben muss seine Lebendigkeit vielmehr darin erweisen, dass es sich gegen seine Instrumentalisierung durch einzelne Menschen und Gruppen, aber auch durch ganze Kulturen selbstkritisch durchsetzt.
92 Theißen 2016, 362.
93 Heß 2005, 311.
94 So, im Anschluss an Pierre Bourdieu 1987, Schroer 2005, 37.

gilt: „It is not the biological body that produces, and is the basis of, gender identity but rather it is the gender order that leads to the feminization and masculinization of bodies, persons, behavioral codes, postures, corporeal experiences, schemes of perception, emotions, and sensations."[95] Wenn man bedenkt, wie sich das Soziale verkörpert und den Leibern einschreibt, wird deutlich, dass auch die Transformation des Sozialen leiblich initiiert werden muss. Genau das leistet im Urchristentum die Taufe: Die Initiation in die neue Gemeinschaft und damit die Überwindung der alltäglichen Spielregeln des Sozialen wird leiblich vollzogen. Durch die Taufe werden die Leiber der Getauften zum Tempel des Heiligen Geistes (1. Kor 6,19), d.h. zum Ort der Gegenwart Gottes für andere. Die Leiber und das leibliche Handeln wirken so an Aufbau, Erhalt und Ausstrahlung der christlichen Gemeinden mit.

Dabei macht sich der Aufbau dieser neuen Menschheitsgemeinschaft elementare leibliche Vollzüge des Menschen zunutze. Das Lukasevangelium und die Apostelgeschichte verdeutlichen, wie die Jesusbewegung die antike Welt infrage stellt und verändert, indem in ihr Menschen miteinander zu essen und zu trinken beginnen, die sozial oder auch kulturell bisher voneinander geschieden waren.[96] In den paulinischen Gemeinden dient die Nahrungsaufnahme im Abendmahl dem Aufbau einer solidarischen Gemeinschaft. Durch das gemeinsame Essen entsteht ein Lebenszusammenhang, der dem Gesetz der Selektion widersprechend sich an denen orientiert, „die uns die schwächsten zu sein scheinen" (1 Kor 12,22).[97]

Dass das konkrete leibliche Handeln für die Gestalt der Gemeinde nicht folgenlos ist, verdeutlicht die bereits thematisierte Abendmahlsvermahnung des Paulus in 1. Kor 11. Die Reichen in der Gemeinde verspeisen beim Abendmahl ihre eigenen Speisen und beschämen damit die, die nichts haben. Dass sie sich damit an der Einheit der Gemeinde vergehen, wie Paulus ihnen vorwirft, hätten die Starken und Reichen wohl bestritten. Mit ihrer vermutlichen Unterstellung, dass jede Einheit auch Differenzen und Hierarchien einschließt, ohne durch diese gefährdet zu werden, setzen sie in der Gemeinde die Maßstäbe der römischen Antike fort.[98] Damit wird deutlich: Gesellschaftliche Veränderungen setzen ver-

95 So, im Anschluss an Bourdieu 2001, Karle 2014, 339.

96 Von den urchristlichen Gemeinden lässt sich im Blick auf die Gegenwart lernen, dass auch die Überwindung von Fremdenfeindlichkeit leiblich initiiert werden muss: Fremdenfeindlichkeit wird nur durch Begegnung überwunden. Dabei dürfte wie in der Antike dem gemeinsamen Essen eine besondere Bedeutung zukommen. Wenn man das erkennt, überrascht nicht, warum Xenophobie oftmals dort stark ausgeprägt ist, wo es keine konkreten Begegnungen gibt.

97 Auf den antiselektionistischen Grundzug der biblisch-urchristlichen Ethik hat wiederholt Gerd Theißen aufmerksam gemacht; grundlegend Theißen 1984 und jüngstens Theißen 2014, 431ff.

98 So Martin 1995, 163–197.

änderte Praxis, ein verändertes leibliches Handeln voraus. Das leibliche Handeln wirkt an der Transformation der gesellschaftlichen Kommunikation mit.

Die Bedeutung des Leibes für die Transformation gesellschaftlicher Prozesse zeigt sich im Abendmahl schließlich darin, dass in seinem Zentrum der gekreuzigte Christus, genauer: der Leib des gekreuzigten Christus steht. Die Versammlung zum Herrenmahl dient dem Gedächtnis und der Verkündigung des Todes Jesu (vgl. 1. Kor 11,24–26). Indem die Gemeinde den von den Römern Gekreuzigten erinnert, als Lebendigen bekennt und als Kommenden erwartet (vgl. 1. Kor 11,26), wird zugleich die Macht des römischen Reichs sowohl in ihrer Lebensfeindlichkeit als auch in ihrer Vergänglichkeit entlarvt. „Die schlichte Tatsache, dass Menschen einen Gekreuzigten durch ihre gemeinsame Mahlzeit in ihre Mitte stellen, bedeutet in dieser Zeit schon, diese Gewalt als Unrecht zu benennen und ihr Ende vorauszunehmen."[99]

Damit wird deutlich, wie der Leib des gekreuzigten Christus Interaktionsordnungen nachhaltig transformiert. In der Gemeinde werden Menschen von dem im gekreuzigten Christus verkörperten Leiden Gottes an dieser Welt leiblich affiziert und gewinnen dadurch eine neue Perspektive auf ihre Umwelt.[100] Die leiblich vermittelte Anteilhabe an Gottes Leiden an der Welt schafft – mit Paulus gesprochen – eine Traurigkeit, die Umkehr wirkt (vgl. 2. Kor 7,10).

Im Blick auf die urchristlichen Gemeinden lässt sich begründet sagen: Die sich in ihnen vollziehende „Transformation sozialer Ordnung wird leiblich initiiert und körperlich ausgeführt."[101] Man erkennt nicht nur, wie das Christentum Körper konstruiert und sich durch entsprechende Körpervollzüge erhält, man erkennt auch, wie das leibliche Handeln die neue Gemeinschaft mitkonstituiert.

Will man die paulinischen Einsichten in eine nicht-religiöse Sprache übersetzen – wobei wie jede Übersetzung auch diese etwas verliert –, muss man zunächst realisieren, dass sie auf der Ebene der Kulturanthropologie zu verorten sind. Paulus sieht die Gefahr, dass nicht nur einzelne Individuen, sondern auch kulturelle Größen wie Recht und Religion der evolutionär vererbten Tendenz zur vorbehaltlosen Durchsetzung der eigenen Interessen verfallen. Recht und Religion können zudem das Problem der mimetischen Gewalt so lösen, dass sie diese kollektiv auf andere ableiten. Diese Einsichten sollten das naive Vertrauen auf

99 Bieler/Schottroff 2007, 90.

100 Die Bedeutung des leiblich-affektiven „Betroffenseins von sozialen Missständen, Ungerechtigkeiten, Benachteiligungen, Unsicherheiten und Ähnlichem" für soziale Transformationsprozesse betont auch Gugutzer: „Am Beginn eines Transformationsprozesses sozialer Ordnung steht mit anderen Worten ein spürbarer innerer Widerstand gegenüber den strukturellen Gegebenheiten" (Gugutzer 2012, 56 f.).

101 Gugutzer 2012, 90.

Staatlichkeit, Recht und Vernunft, auf die etwa Steven Pinker den von ihm behaupteten Rückgang von Gewalt in der Geschichte zurückführt[104], irritieren. Auch jene sozialen Formen, die Gewalt einhegen sollen, wie Staat, Recht, Politik und Religion, bedürfen der permanenten Kritik – und eines kritischen Gegenübers. Ein solches kritisches Gegenüber bilden in spätmodernen Gesellschaften etwa zivilgesellschaftliche Assoziationen.

Dabei lassen sich noch im Blick auf diese spätmodernen Kontexte von den paulinischen Gemeinden entscheidende Einsichten gewinnen. In den Gemeinden verkörpert sich der Geist Jesu Christi nämlich auf zweifache Weise: Zum einen verkörpert sich der Geist Jesu Christi im Leib Christi, d. h. in der Gemeinde. Die Gemeinden aber verkörpern sich zum anderen wiederum in konkreten leiblichen Vollzügen gelebter Gemeinschaft. Die urchristlichen Gemeinden operieren körpernah, sie konstituieren sich durch gemeinsame Mahlzeiten. Die so erfolgreiche paulinische „Umwertung aller Werte" (Friedrich Nietzsche[105]) beginnt mit einer veränderten leiblichen Praxis.

Dieser doppelte Rückbezug des Geistes auf den Leib der Gemeinde und ihr leibliches Handeln verweist auf die besondere Bedeutung der Interaktion, d. h. der Kommunikation unter Anwesenden, für eine lebensdienliche Gestaltung gesellschaftlicher Prozesse und Ordnungen. Denn „Interaktion erzeugt eine authentische Öffentlichkeit".[106] Verkörperte Intersubjektivität ist deshalb nicht nur der Ursprung der menschlichen Kulturentwicklung und ontogenetisch das Eintrittstor eines jeden Neugeborenen in die menschliche Kultur, sondern zugleich eine notwendige, wenn auch nicht hinreichende Voraussetzung für eine lebensförderliche Gestaltung kultureller Prozesse. Deshalb greifen soziale Systeme wie Recht, Religion, Wissenschaft und Bildung beständig auf die Kommunikationsform der Interaktion zurück – und deshalb braucht es im Interesse der Kritik der sozialen Systeme nicht nur deren Beobachtung durch die Medien, sondern zugleich authentischer Öffentlichkeiten, wie sie die Kommunikation unter Anwesenden erzeugt.[107]

---

104 Siehe Pinker 2011, 66 ff. (Staatlichkeit), 562 ff. (Recht), 953 ff. (Vernunft).

105 Nietzsche 1886/1993, 267 (I/7).

106 Dinkel 2000, 120.

107 Die Differenz der theologischen Wahrnehmung gegenüber dieser säkularisierenden Übersetzung besteht in der kritischen Haltung auch den authentischen Öffentlichkeiten gegenüber. Auch das kritische Gegenüber von systemischen Formen und zivilgesellschaftlichen Assoziationen bleibt durch die Macht der Sünde gefährdet. Das bringen die Darstellungen des zur Kreuzigung führenden Prozesses Jesu dadurch zum Ausdruck, dass Jesus nicht nur im Namen der Systeme und von den Eliten verurteilt wird, sondern auch von dem ganzen versammelten Volk (so Mk 15,13 f. parr).

In den urchristlichen Gemeinden lässt sich ein vom Leib des auferstandenen Gekreuzigten ausgehender, leiblich vermittelter Transformationsprozess sozialer Ordnung zugunsten des Aufbaus von Vertrauen, Liebe und Hoffnung erkennen. Alle menschlichen Bemühungen – innerhalb und außerhalb von Religionen und Kirchen –, diesen Transformationsprozess zu fördern, bleiben freilich durch die Tendenz zur eigenen Selbstdurchsetzung gefährdet. Der christliche Glaube richtet seine Hoffnung deshalb darauf, dass der Geist Gottes der menschlichen Schwachheit aufhilft und menschliche Leiber zu seinem Tempel baut, das heißt zu Orten, von denen Gerechtigkeit, Barmherzigkeit und Wahrheit ausstrahlt.

Literatur

Albert, Christine (2015): *Lebensfreude und Gottesjubel. Studien zu physisch erlebter Freude in den Psalmen*, WMANT 142, Neukirchen.

Barth, Karl (1942): *Die Kirchliche Dogmatik II/2*, Zollikon-Zürich.

Barth, Karl (1948): *Kirchliche Dogmatik III/2*, Zollikon-Zürich.

Barth, Karl (1951): *Kirchliche Dogmatik III/4*, Zollikon-Zürich.

Berger, Klaus (1995[2]): *Theologiegeschichte des Urchristentums. Theologie des Neuen Testaments*, Tübingen/Basel.

Beutel, Albrecht (1991): *In dem Anfang war das Wort. Studien zu Luthers Sprachverständnis*, HUTh 27, Tübingen.

Bieler, Andrea/Luise Schottroff (2007): *Das Abendmahl. Essen, um zu leben*, Gütersloh.

Bonhoeffer, Dietrich (2002[2]): *Schöpfung und Fall* [1933], DBW 3, Gütersloh.

Bornkamm, Günter (1959): „Herrenmahl und Kirche bei Paulus“, in: G. Bornkamm, *Studien zu Antike und Urchristentum. Gesammelte Aufsätze. Band II*, BEvTh 28, München, 138–176.

Bourdieu, Pierre (1987): *Die feinen Unterschiede. Kritik der gesellschaftlichen Urteilskraft*, Frankfurt/Main.

Bourdieu, Pierre (2001): *Male domination*, Cambridge.

Brandt, Sigrid (1997): „Sünde. Ein Definitionsversuch“, in: S. Brandt/M. Welker/K. Berger (Hgg.), *Sünde. Ein unverständlich gewordenes Thema*, Neukirchen, 14–34.

Bratsiotis, Nikolaus Pan (1973): „Art. bsr“, in: *ThWAT I*, Stuttgart u. a., 850–867.

Daly, Martin/Margo Wilson (2002): „Tödliche evolutionäre Gewalt aus Sicht der Evolutionspsychologie“, in: W. Heitmeyer/J. Hagen (Hgg.), *Internationales Handbuch der Gewaltforschung*, Wiesbaden, 709–734.

Di Vito, Robert A. (1999): „Old Testament anthropology and the construction of personal identity“, in: *Catholic Biblical Quarterly* 61: 217–238.

Di Vito, Robert A. (2009): „Alttestamentliche Anthropologie und die Konstruktion personaler Identität“, in: B. Janowski/K. Liss (Hgg.), *Der Mensch im Alten Israel. Neue Forschungen zur alttestamentlichen Anthropologie*, HBS 59, Freiburg u. a., 213–241.

Dinkel, Christoph (2000): *Was nützt der Gottesdienst? Eine funktionale Theorie des evangelischen Gottesdienstes*, PThK 2, Gütersloh.

Etzelmüller, Gregor (2009): „Christentum als Religion der Heilung. Zur Verhältnisbestimmung von moderner Theologie und Krankenbehandlung“, in: G. Thomas/I. Karle (Hgg.),

Krankheitsdeutung in der postsäkularen Gesellschaft. Theologische Ansätze im interdisziplinären Gespräch, Stuttgart, 448 – 464.

Etzelmüller, Gregor (2013): „Evolution und Neuschöpfung im Heiligen Geist. Annäherung an eine Verhältnisbestimmung im Anschluss an Paulus und Schleiermacher", in: G. Etzelmüller/H. Springhart (Hgg.), *Gottes Geist und menschlicher Geist*, Leipzig, 149 – 160.

Etzelmüller, Gregor (2014): „The Evolution of Sin", in: *Religion & Theology* 21: 107 – 124.

Etzelmüller, Gregor (2016): „Verkörperung als Paradigma theologischer Anthropologie", in: G. Etzelmüller/A. Weissenrieder (Hgg.), *Verkörperung als Paradigma theologischer Anthropologie,* TBT 172, Berlin/Boston, 289 – 316.

Frettlöh, Magdalena L. (2006): „‚Gott ist im Fleische …'. Die Inkarnation Gottes in ihrer leibeigenen Dimension beim Wort genommen", in: J. Ebach (Hg.), *„Dies ist mein Leib". Leibliches, Leibeigenes und Leibhaftiges bei Gott und den Menschen,* Jabboq 6, Gütersloh, 186 – 229.

Freud, Sigmund (1972): *Vorlesungen zur Einführung in die Psychoanalyse* [1917], Studienausgabe. Band 1, Frankfurt.

Fuchs, Thomas (2013⁴): *Das Gehirn – ein Beziehungsorgan. Eine phänomenologisch-ökologische Konzeption*, Stuttgart.

Girard, René (2008): *Ich sah den Satan vom Himmel fallen wie einen Blitz. Eine kritische Apologie des Christentums*, Frankfurt.

Glancy, Jennifer (2010): *Corporal knowledge. Early christian bodies*, Oxford.

Gugutzer, Robert (2012): *Verkörperungen des Sozialen. Neophänomenologische Grundlagen und soziologische Analysen*, Bielefeld.

Hardmeier, Christof/Konrad Ott (2015): *Naturethik und biblische Schöpfungserzählung. Ein diskurstheoretischer und narrativ-hermeneutischer Brückenschlag*, Stuttgart.

Haugeland, John (2013): „Der verkörperte und eingebettete Geist", in: J. Fingerhut/R. Hufendiek/M. Wild (Hgg.), *Philosophie der Verkörperung. Grundlagentexte zu einer aktuellen Debatte*, stw 2060, Berlin, 105 – 143.

Heisenberg, Martin (1983): „Initiale Aktivität und Willkürverhalten bei Tieren", in: *Naturwissenschaften* 70: 70 – 78.

Heisenberg, Martin (1985): „Freiheit aus der Sicht der Verhaltensforschung", in: G. Becker/H. Becker/L. Huber (Hgg.), *Ordnung und Unordnung. Hartmut von Hentig zum 23. September 1985*, Weinheim/Basel, 74 – 82.

Heisenberg, Martin (1997): „Das Gehirn des Menschen aus biologischer Sicht", in: H. Meier/D. Ploog (Hgg.), *Der Mensch und sein Gehirn. Die Folgen der Evolution*, München, 157 – 186.

Heisenberg, Martin (2002): „Freiheit als Eigenschaft des Verhaltens", in: *Nova Acta Leopoldina NF* 86: 79 – 95.

Heß, Ruth (2005): „‚Es ist noch nicht erschienen, was wir sein werden.' Biblisch-(de) konstruktivistische Anstöße zu einer entdualisierten Eschatologie der Geschlechterdifferenz", in: R. Heß/M. Leiner (Hgg.), *Alles in allem. Eschatologische Anstöße. J. Christine Janowski zum 60. Geburtstag*, Neukirchen, 291 – 323.

Höhl, Stefanie/Sabine Pauen (2013): „Evolutionäre Ansätze zum Wissenserwerb", in: T. Breyer/G. Etzelmüller/T. Fuchs/G. Schwarzkopf (Hgg.), *Interdisziplinäre Anthropologie. Leib, Geist, Kultur,* Schriften des Marsilius-Kollegs 10, Heidelberg, 139 – 167.

Janowski, Bernd (2005): „Der Mensch im Alten Israel. Grundfragen alttestamentlicher Anthropologie", in: *Zeitschrift für Theologie und Kirche* 102: 143 – 175.

Janowski, Bernd (2008): „Die lebendige Statue Gottes. Zur Anthropologie der priesterlichen Urgeschichte“, in: B. Janowski, *Die Welt als Schöpfung. Beiträge zur Theologie des Alten Testaments 4*, Neukirchen, 140 – 171.

Janowski, Bernd (2015): „Das Herz – ein Beziehungsorgan. Zum Personverständnis des Alten Testaments“, in: B. Janowski/C. Schwöbel (Hgg.), *Dimensionen der Leiblichkeit. Theologische Zugänge*, Theologie Interdisziplinär 16, Neukirchen, 1 – 45.

Janowski, Bernd (2016): „Die lebendige næpæš. Das Alte Testament und die Frage nach der ‚Seele‘“, in: G. Etzelmüller/A. Weissenrieder (Hgg.), *Verkörperung als Paradigma theologischer Anthropologie*, TBT 172, Berlin/Boston, 51 – 94.

Janowski, J. Christine (2004): „Cur deus homo crucifixus. Zu René Girards kritischer Apologie des Christentums“, in: I. Dalferth/H.-P. Großhans (Hgg.), *Denkwürdiges Geheimnis. Beiträge zur Gotteslehre. Festschrift für Eberhard Jüngel zum 70. Geburtstag*, Tübingen, 259 – 290.

Jewett, Robert (2007): *Romans: A commentary*, Hermeneia, Minneapolis.

Jewett, Robert (2010): „The anthropological implications of the revelation of wrath in romans“, in: K. Ehrensperger/J. B. Tucker (Hgg.), *Reading Paul in context: Explorations in identity formation. Essays in honour of William S. Campbell*, London, 24 – 38.

Johnson, Luke Timothy (2015): *The revelatory body: Theology as inductive art*, Grand Rapids/Cambridge.

Jonas, Hans (1997): *Das Prinzip Leben. Ansätze zu einer philosophischen Biologie*, stw 2698, Frankfurt.

Jung, Matthias (2009): *Der bewusste Ausdruck. Anthropologie der Artikulation*, Humanprojekt 4, Berlin/New York.

Karle, Isolde (2014): „Beyond distinct gender identities: The social construction of the human body“, in: M. Welker (Hg.), *The depth of the human person: A multidisciplinary approach*, Grand Rapids/Cambridge, 333 – 350.

Keel, Othmar/Silvia Schroer (2008²): *Schöpfung. Biblische Theologie im Kontext altorientalischer Religionen*, Göttingen/Freiburg.

Kegler, Jürgen (1992): „Beobachtungen zur Körpererfahrung in der Hebräischen Bibel“, in: F. Crüsemann/C. Hardmeier/R. Kessler (Hgg.), *Was ist der Mensch ...? Beiträge zur Anthropologie des Alten Testaments. Hans Walter Wolff zum 80. Geburtstag*, München, 28 – 41.

Krieg, Matthias (1983): „Leiblichkeit im Alten Testament“, in: ders./H. Weder, *Leiblichkeit*, ThSt 128, Zürich.

Krüger, Hans-Peter (2013): „Embodiment und embedding in der personalen Lebensführung. Aus Sicht der Philosophischen Anthropologie“, in: T. Breyer/G. Etzelmüller/T. Fuchs/G. Schwarzkopf (Hgg.), *Interdisziplinäre Anthropologie. Leib, Geist, Kultur*, Schriften des Marsilius-Kollegs 10, Heidelberg, 35 – 63.

Libet, Benjamin/Curtis A. Gleason/Elwood W. Wright/Dennis K. Pearl (1983): „Time of conscious intention to act in relation to onset of cerebral activities (readiness-potential). The unconscious initiation of a freely voluntary act“, in: *Brain* 106: 623 – 642.

Libet, Benjamin (1985): „Unconscious cerebral initiative and the role of conscious will in voluntary action“, in: *The Behavioral and Brain Sciences* VIII: 529 – 539.

Löning, Karl/Erich Zenger (1997): *Als Anfang schuf Gott. Biblische Schöpfungstheologie*, Düsseldorf.

Martin, Dale B. (1995): *The Corinthian body*, New Heaven/London.

Merleau-Ponty, Maurice (1966): *Phänomenologie der Wahrnehmung* [1945], Phänomenologisch-psychologische Forschungen 7, Berlin.
Mühlenberg, Eckhart (1969): *Apollinaris von Laodicea,* FKDG 23, Göttingen.
Nagel, Thomas (1984): „Wie ist es, eine Fledermaus zu sein?", in: T. Nagel, *Über das Leben, die Seele und den Tod*, Philosophie. Grundlegung und Analyse 3, Königstein/Ts., 185–199.
Nell, Victor (2006): „Cruelty's rewards: The gratification of perpetrators and spectators", in: *Behavioral and Brain Sciences* 29: 211–257.
Nietzsche, Friedrich (1993[3]): „Zur Genealogie der Moral" [1886], in: F. Nietzsche, *Jenseits von Gut und Böse/Zur Genealogie der Moral,* Kritische Studienausgabe 5, München/Berlin/New York, 245–412.
Peters, Ted (2008): The Evolution of Evil, in: G. L. Bennett/M. J. Hewlett/T. Peters/R. J. Russell (Hgg.), *The Evolution of Evil,* Religion, Theologie und Naturwissenschaft 8, Göttingen, 20–52.
Pinker, Steven (2011): *Gewalt. Eine neue Geschichte der Menschheit*, Frankfurt am Main.
Riede, Peter (2002): *Im Spiegel der Tiere. Studien zum Verhältnis von Mensch und Tier im alten Israel*, OBO 187, Freiburg/Göttingen.
Sand, Alexander (1992): „Art. sarx", in: *EWNT III2*, Stuttgart u. a., 549–557.
Schroer, Markus (2005): „Zur Soziologie des Körpers", in: M. Schroer (Hg.), *Soziologie des Körpers*, stw 1740, Frankfurt, 7–47.
Schroer, Silvia/Thomas Staubli (2005[2]): *Die Körpersymbolik der Bibel*, Darmstadt.
Smith, Mark S. (2009): „Herz und Innereien in israelitischen Gefühlsäußerungen. Notizen aus der Anthropologie und Psychobiologie", in: A. Wagner (Hg.), *Anthropologische Aufbrüche. Alttestamentliche und interdisziplinäre Zugänge*, FRLANT 232, Göttingen, 171–181.
Staats, Reinhart (1999[2]): *Das Glaubensbekenntnis von Nizäa-Konstantinopel. Historische und Theologische Grundlagen*, Darmstadt.
Stoellger, Philipp (2016): „Vom dreifaltigen Sinn der Verkörperung – im Blick auf die Medienkörper des Geistes", in: G. Etzelmüller/A. Weissenrieder (Hgg.), *Verkörperung als Paradigma theologischer Anthropologie*, TBT 172, Berlin/Boston, 289–316.
Theißen, Gerd (1984): *Biblischer Glaube in evolutionärer Sicht*, München.
Theißen, Gerd (2007): *Erleben und Verhalten der ersten Christen. Eine Psychologie des Urchristentums*, Gütersloh.
Theißen, Gerd (2014): *Polyphones Verstehen. Entwürfe zur Bibelhermeneutik,* Beiträge zum Verstehen der Bibel 23, Münster.
Theißen, Gerd (2016): „Verkörperung als Botschaft. Transformative Religion und Theologie im Urchristentum", in: G. Etzelmüller/A. Weissenrieder (Hgg.), *Verkörperung als Paradigma theologischer Anthropologie*, TBT 172, Berlin/Boston, 159–181.
Thompson, Evan (2010): *Mind in life: Biology, phenomenology, and the sciences of mind*, Cambridge, MA/London.
Thyen, Hartwig (2005): *Das Johannesevangelium*, HNT 6, Tübingen.
Tomasello, Michael (2006): *Die kulturelle Entwicklung des menschlichen Denkens*, stw 1827, Frankfurt.
Tronier, Henrik (2001): „The corinthian correspondence between philosophical idealism and apocalypticism", in: T. Engberg-Perdersen (Hg.), *Paul beyond the judaism/hellenism divide*, Louisville, 176–196.

Tschacher, Wolfgang/Maja Storch (2010): „Embodiment und Körperpsychotherapie“, in: A. Künzler/C. Böttcher/R. Hartmann/M.-H. Nussbaum (Hgg.), *Körperzentrierte Psychotherapie im Dialog. Grundlagen, Anwendungen, Integration. Der IKP-Ansatz von Yvonne Maurer*, Heidelberg, 161–175.
Unschuld, Paul (2003): *Was ist Medizin? Westliche und östliche Wege der Heilkunst*, München.
Wagner, Andreas (2009): „Wider die Reduktion des Lebendigen. Über das Verhältnis der sog. Anthropologischen Grundbegriffe und die Unmöglichkeit, mit ihnen die alttestamentliche Menschenvorstellung zu fassen“, in: A. Wagner (Hg.), *Anthropologische Aufbrüche. Alttestamentliche und interdisziplinäre Zugänge*, FRLANT 232, Göttingen, 183–199.
Wagner, Andreas (2016): „Verkörpertes Herrschen. Zum Gebrauch von ‚treten‘/‚herrschen‘ in Gen 1,26–28“, in: G. Etzelmüller/A. Weissenrieder (Hgg.), *Verkörperung als Paradigma theologischer Anthropologie*, TBT 172, Berlin/Boston, 127–141.
Wahl, Klaus (2009): *Aggression und Gewalt. Ein biologischer, psychologischer und sozialwissenschaftlicher Überblick*, Heidelberg.
Weissenrieder, Annette (2008) „‚Darum sind viele körperlich und seelisch Kranke unter euch‘ (1 Kor 11,29 ff). Die korinthischen Überlegungen zum Abendmahl im Spiegel antiker Diätetik und der Patristik“, in: J. Hartenstein/S. Petersen/A. Standhartinger (Hgg.), *„Eine gewöhnliche und harmlose Speise“? Von den Entwicklungen frühchristlicher Abendmahlstraditionen*, Gütersloh, 239–268.
Welker, Michael (1992): Das Reich Gottes, in: *Evangelische Theologie* 52: 497–512.
Welker, Michael (1995): *Schöpfung und Wirklichkeit*, NBST 13, Neukirchen.
Welker, Michael (2012): *Gottes Offenbarung. Christologie*, Neukirchen.
Welker, Michael (2013): „Was ist ein ‚geistiger Leib‘?“, in: T. Breyer/G. Etzelmüller/T. Fuchs/G. Schwarzkopf (Hgg.), *Interdisziplinäre Anthropologie. Leib, Geist, Kultur*, Schriften des Marsilius-Kollegs 10, Heidelberg, 65–83.
Welker, Michael (2016): „Was kann theologische Rede von Inkarnation und Auferstehung zur Anthropologie beitragen?“, in: G. Etzelmüller/A. Weissenrieder (Hgg.), *Verkörperung als Paradigma theologischer Anthropologie*, TBT 172, Berlin/Boston, 317–325.
Welsch, Wolfgang (2012): *Mensch und Welt. Eine evolutionäre Perspektive der Philosophie*, München.
Wengst, Klaus (2004[2]): *Das Johannesevangelium. 1. Teilband. Kapitel 1–10*, ThKNT 4/1, Stuttgart.
Wilckens, Ulrich (2003[4]): *Der Brief an die Römer. 2. Teilband. Röm 6–11*, EKK VI/2, Düsseldorf u. a..
Wilson, Margo/Martin Daly (1997): „Life expectancy, economic inequality, homicide, and reproductive timing in Chicago neighbourhoods“, in: *British Medical Journal* 314: 1271–1274.
Wolff, Hans Walter (2010): *Anthropologie des Alten Testaments* [1973]. Mit zwei Anhängen neu herausgegeben von B. Janowski, Gütersloh.
Wolter, Michael (2014): *Der Brief an die Römer. Teilband 1. Röm 1–8*, EKK VI/1, Neukirchen/Ostfildern.
Wolter, Michael (2011): *Paulus. Ein Grundriss seiner Theologie*, Neukirchen.
Wrangham, Richard/Dale Peterson (1996): *Demonic males: Apes and the origins of human violence*, Boston/New York.

Wolfgang Tschacher

Verkörperte Kommunikation – eine theoretische Grundlage für Psychotherapie

Abstract: According to the philosophy of science, the development of scientific fields may be described using a series of paradigms, i.e., theoretical frameworks that shape the (often tacit) assumptions of researchers and practitioners in that field. In the academic psychology of the past century, two paradigms have been especially influential: behaviorism (1920–1960) and cognitivism (1960s to the present). Behaviorism is the program of reducing psychological processes to behavioral processes, which are objectively observable in principle. Cognitivism has abandoned this strict anti-mentalistic stance by accepting mental processes; the mind is conceptualized by the representation and processing of information closely akin to the „physical symbol systems hypothesis" of artificial intelligence. This cognitivist paradigm has increasingly come under criticism, however, because it neglects emotions and, especially, the bodily basis of mental functioning. The novel framework of embodied cognition departs from the 'computer metaphor' of mind, and additionally suggests that social interaction is less an exchange of informational messages than a self-organizing process within a complex system. The resonance of interacting individuals – in their embodied communication – can be studied empirically by nonverbal and physiological synchrony. The embodiment approach may be based on dynamic systems theory and synergetics, where synchronization phenomena are pivotal. The implications of this paradigmatic shift are discussed for psychotherapy. In the article, I propose that the common factors of therapeutic effectiveness must be complemented by including embodied factors as well. The resulting anthropology acknowledges the duality of mind and body, suggesting they are complementary aspects of psychotherapy and psychology in general.

Aus Sicht des Wissenschaftstheoretikers Thomas Kuhn entwickeln sich Wissenschaften sprunghaft.[1] Auf lange Phasen der gemeinsamen Arbeit und Diskussion auf einer stabilen theoretischen Grundlage (einem „Paradigma") komme es zu einer „Revolution" innerhalb einer wissenschaftlichen Disziplin, durch die sich ihre normalwissenschaftliche Basis abrupt ändert. Auch in der akademischen Psychologie lassen sich solche Phasen der Theoriebildung ausmachen. Oft ist es

1 Kuhn 1967.

DOI 10.1515/9783110528626-014

eine unmittelbar plausibel erscheinende Annahme, die als Grundlage und Theoriekern eines psychologischen Paradigmas dient. Zwei Paradigmen der Psychologie, der Behaviorismus (etwa 1920 – 1960) und der Kognitivismus (etwa 1960 bis in die Gegenwart), sollen hier als Beispiele genannt werden, da beide für die heutige Diskussion in der klinischen Psychologie und Psychologie allgemein nach wie vor relevant sind. Der Ansatz der verkörperten Kommunikation, den ich im Folgenden vertreten will, soll im Kontrast zur behavioralen und kognitiven Theorie entwickelt werden.

Der Theoriekern des Behaviorismus bestand in der Annahme eines von außen, aus einer Dritte-Person-Perspektive, vollständig definierbaren Lernmechanismus von Reiz und Reaktion. Wenn man unter „Naturalisierung" die Erklärung durch und Reduktion auf naturwissenschaftliche und materielle Prozesse versteht, wurden alle der introspektiven Erste-Person-Perspektive zugänglichen psychischen Prozesse durch diesen allein auf objektiven Verhaltensbeobachtungen basierenden Lernmechanismus naturalisiert, oder sie wurden als mentalistisch und damit als unvereinbar mit der paradigmatischen Grundlage (weg-)erklärt. Soziale Prozesse, z. B. Kommunikation, stellen dabei für den Behaviorismus keine grundsätzlich andere Form von Reizen oder Reaktionen dar, denn der Theoriekern des Behaviorismus ist unmittelbar anschlussfähig an (objektive) soziale Stimuli und beobachtbares soziales Verhalten als dessen Folge.

Auf die behavioristische Phase der Psychologie folgte ab den 1960er Jahren das kognitive Paradigma. Die im Behaviorismus vorher propagierte Verbannung mentalistischer Konzepte wurde für das Konzept der Kognition (aber etwa nicht für Emotionen) aufgehoben, insofern als Kognition im Rahmen des Informationsbegriffs definiert werden konnte.[2] Wegen der raschen technologischen Fortschritte im Bereich der elektronischen Datenverarbeitung dieser Zeit schien es möglich, Kognition unter Umgehung intentionalistischer Sprache und semantischer Bedeutungszuweisung als Informationsverarbeitungsprozess zu verstehen und eventuell sogar intelligentes kognitives Verhalten computational zu operationalisieren (es entwickelte sich als neue Disziplin die Künstliche-Intelligenz-Forschung). Die kognitivistische Computermetapher der Psyche war entstanden. Die Erweiterung dieses Kognitionsparadigmas der Psychologie auf den Bereich der sozialen Interaktion konnte auf eine Kommunikationstheorie zurückgreifen, die sich im Bereich der Nachrichtentechnik bereits etabliert hatte.[3] Menschliche Kommunikation wird darin als Austausch von Nachrichten konzeptualisiert. Eine Nachricht ist ein Informationspaket, das von einem Sender über einen Kommu-

2 Miller/Galanter/Pribram 1960.
3 Shannon/Weaver 1949.

nikationskanal an einen Empfänger übermittelt wird. Diese Nachrichtentheorie wurde für die psychologische und pädagogische Praxis vielfach ausdifferenziert und weiterentwickelt.[4]

Die beiden Paradigmen des Behaviorismus und Kognitivismus haben die Psychologie über viele Jahrzehnte hinweg geprägt. In Bezug auf die Anwendung in Kommunikation und Psychotherapie entwickelte man auf ihrer Grundlage zunächst die Verhaltenstherapie und daraufhin die kognitiv-behaviorale Psychotherapie, die als paradigmentreue Therapieansätze jeweils umfangreich wissenschaftlich untersucht sind. Der gemeinsame Nenner verhaltenstherapeutischer und kognitiv-behavioraler Verfahren ist der Bezug auf lerntheoretische Grundlagen und auf beobachtbares Verhalten. Psychische Störungen gelten als Folgen dysfunktionaler Lernprozesse und können durch korrektive Lernerfahrungen therapiert werden. Pragmatische Problemlösung und klare Fokussierung auf die präsentierte Symptomatik stehen im Vordergrund insbesondere der Verhaltenstherapie, mit dem Ziel der Modifikation des problematischen Verhaltens. Die Qualität der therapeutischen Beziehung und andere allgemeine Wirkfaktoren werden gegenüber den symptombezogenen Therapietechniken als sekundär angesehen. Die kognitiv-behaviorale Psychotherapie hat sich dagegen zu einer integrativen Behandlungsform weiterentwickelt, die als „dritte Welle der Verhaltenstherapie" in großem Umfang auch Elemente anderer, ursprünglich abgelehnter Psychotherapieschulen übernommen hat, wie etwa die schematherapeutischen Ansätze aus der psychoanalytischen Psychotherapie und Achtsamkeitstechniken aus der humanistischen Psychotherapie. Hinsichtlich der aktuellen Grundsatzdiskussion in der Psychotherapieforschung – ob die (empirisch erwiesene) Wirksamkeit von Psychotherapie auf schulenübergreifenden allgemeinen Wirkfaktoren oder auf spezifischen Interventionen beruhe – vertreten sowohl die Verhaltenstherapie wie auch, in abgeschwächter Form, die kognitiv-behaviorale Psychotherapie die Seite der spezifischen Wirkweise.[5] Therapietechniken werden in der Regel je spezifisch für einzelne psychische Störungen und Symptome entwickelt.

Die Kritik am Behaviorismus ist bereits historisch: So war die faktisch durchgängige Intentionalität der Sprache kaum mit Reiz-Reaktions-Abfolgen oder Skinner'schem operanten Konditionieren darstellbar; ganzheitliche Wahrnehmungsleistungen, die in der dem Behaviorismus vorangegangenen Gestaltpsychologie grundlegend waren, sind ebenfalls schlecht mit behavioristischen Vor-

4 Schulz von Thun 1981.
5 Pfammatter/Tschacher 2012.

stellungen vereinbar.[6] Die Kritik am Kognitivismus in der Psychologie richtet sich gegen seine einseitige Betonung der Kognition, die die emotionale Seite des Menschen ausklammert und das Denken von der Körperlichkeit abspaltet.[7] Das offensichtlichste Defizit beider Paradigmen besteht aber darin, dass weder die Denkfigur von Psyche als offenem oder verdecktem Verhalten (Behaviorismus) noch von Psyche als Informationsrepräsentation und -verarbeitung (Kognitivismus) den phänomenologischen Aspekt des Erlebens zulässt. Beide Paradigmen der Psychologie sind in ihrem ursprünglichen Entwurf reduktionistisch und suchen mentale Prozesse zu naturalisieren. Diese Naturalisierung ist beim Behaviorismus reduktiv, da jegliche Aussage über mentale Prozesse sich definitionsgemäß außerhalb der wissenschaftlichen Psychologie befindet. Im Kognitivismus wird kognitiv-mentales „Verhalten" im Sinne der „physical symbol systems hypothesis"[8] zugelassen, da das Verarbeiten von Symbolen notwendig und hinreichend für intelligente Kognition sei. Symbole können in unterschiedlichen materiellen Substraten kodiert sein, d. h. Kognition wird durch ein materielles Symbolsystem naturalisiert. Insofern das materielle Symbolsystem eine Art von Computer ist, liefert die *physical symbol systems hypothesis* die Naturalisierungsgrundlage der Künstlichen-Intelligenz-Forschung. Vertreter der Neurowissenschaften gehen in der Regel vom Gehirn als einem solchen materiellen Symbolsystem aus. Aus Sicht der Philosophie des Geistes steckt aber ein ungelöstes Problem, eine Erklärungslücke, im Konzept des „Symbols": Es soll ja eben gemäß der *physical symbol systems hypothesis* keine Bedeutung in sich tragen, sondern nur (als digitale Zeichenfolge oder als neuronales Entladungsmuster) für etwas anderes stehen. Es bleibt damit ungeklärt, wie Manipulationen von bedeutungsfreien symbolischen Zeichen Bedeutung und „Intelligenz" beschreiben oder gar erzeugen können, die doch den Zeichen selbst abgeht. Wie kann aus dem Verhältnis von Mikroebene (Zeichen) und Makroebene (Symbolmanipulation) Bedeutung emergieren?

Eine schlüssige psychologische Theorie größerer Reichweite, die bedeutungsvolles psychisches Geschehen und menschliche Interaktion in allen ihren Aspekten erfasst und spezifisch auch für psychotherapeutische Interaktion aufschlüsselt, fehlte jedoch über lange Zeit. In diesem Kapitel soll nun vertreten werden, dass es möglich ist, diese Probleme der psychologischen Theoriegrundlage im Rahmen einer weitergefassten Metatheorie aufzuheben. Diese Metatheorie der Verkörperung von Kognition und Kommunikation sollte in der Lage

6 Chomsky 1959.
7 Ciompi 1982; Tschacher/Bergomi 2011.
8 Newell 1980.

sein, die Einseitigkeiten der behavioristischen und kognitivistischen Ansätze zu vermeiden und sie um die in beiden Ansätzen fehlenden Phänomenbereiche zu ergänzen. Abschließend soll diskutiert werden, welche Implikationen sich insbesondere für psychotherapeutische Anwendungen ergeben und welche empirischen Belege inzwischen vorliegen.

1 Drei Gruppen von Wissenschaften

Die Wissenschaften insgesamt werden oft in drei Gruppen eingeteilt: die Naturwissenschaften, die Geisteswissenschaften und die Strukturwissenschaften.[9] Die Disziplinen Physik, Kunstgeschichte und Mathematik sind gute Beispiele für Einzelwissenschaften der genannten drei Gruppen. Man kann davon ausgehen, dass die verschiedenen Wissenschaften sich durch Methodik, Gegenstandsbereich und Epistemologie unterscheiden und definieren lassen.[10]

Naturwissenschaften verwenden in der Regel experimentelle Versuchspläne. Die Ergebnisse naturwissenschaftlicher Tests sind idealerweise nicht beobachterabhängig (mithin objektiv), und die Tests selbst beliebig oft wiederholbar. Naturwissenschaften versuchen also zu *erklären*, weshalb Vorgänge (immer) in bestimmter Weise ablaufen.

Ganz anders verhält es sich bei den Gegenständen der Geisteswissenschaften: Sie unterliegen dem Interpretationsvermögen des Forschers, dessen Ziel das *Verstehen* eines unter Umständen nur einmalig auftretenden Phänomens ist. Die hermeneutische Einzelfallanalyse ist daher häufig die naheliegende Methode. Damit ist geisteswissenschaftliche Forschung von vornherein vom Forscher abhängig und insofern nicht-objektiv.

Die Strukturwissenschaften wiederum sind von den Natur- und Geisteswissenschaften zu unterscheiden, weil sie keinen in der Welt vorfindbaren Gegenstand haben. Die Mathematik definiert axiomatisch Gegenstände wie etwa die (ganzen, natürlichen, rationalen, komplexen...) Zahlen, um daraufhin Operationen (Methoden, Rechenarten) auf der Basis dieser Gegenstände zu erlauben. Um Gesetze und Regelmäßigkeiten bei solchen Operationen zu belegen, ist das Prinzip des Beweises (die Rückführung einer gefundenen oder vermuteten Regelmäßigkeit auf die zugrundeliegenden Axiome) zulässig. An die Stelle des inferenzstatistisch ausgewerteten Experiments oder der hermeneutischen Analyse tritt damit in Strukturwissenschaften der deduktive Beweis.

---

9 Küppers 2000.
10 Engelen/Fleischhack/Galizia 2010.

2 Strukturwissenschaft und Psychologie

Ich möchte im Folgenden vertreten, dass es sinnvoll ist, den Theoriekern der verkörperten Kommunikation in den Strukturwissenschaften zu suchen. Die bisherigen Paradigmen, die als Grundlage für die Psychologie herangezogen wurden, kamen aus unterschiedlichen Bereichen. Dilthey hatte noch angenommen, die Psychologie sei eigentlich Paradebeispiel einer geisteswissenschaftlichen Disziplin – die tatsächliche Entwicklung der Disziplin ging jedoch in eine naturwissenschaftliche Richtung.[11] Der Behaviorismus war geprägt von physiologischen Reiz-Reaktionszusammenhängen, war aber mit der Annahme einer „black box" mit inputs und outputs auch kompatibel mit (strukturwissenschaftlichen) Konzepten der Kybernetik. Mit der kognitiven Wende der Psychologie verschoben sich Prioritäten innerhalb der akademischen Psychologie hin zum Informationsverarbeitungsparadigma, also zur Strukturwissenschaft der Informatik. Der kognitive Ansatz ist in den vergangenen Jahren seinerseits häufig verbunden worden mit der Hirnforschung, also dem naturwissenschaftlichen Feld der Neurobiologie.

Eine Strukturwissenschaft, die für die Psychologie von besonderem Interesse ist, ist nach meiner Ansicht die Systemtheorie und, in der Anwendung auf komplexe Systeme, die Synergetik bzw. Selbstorganisationstheorie.[12] Die Synergetik befasst sich mit Phänomenen der spontanen Musterbildung in Systemen unterschiedlicher Art. Gemeinsam gilt für selbstorganisierende Systeme, dass sie umweltoffen sind, also in einen Kontext eingebettet sind, von dem aus Flüsse von freier Energie auf das System einwirken, die in der Synergetik als „Kontrollparameter" bezeichnet werden. Selbstorganisierende Systeme sind sogenannte Nichtgleichgewichtssysteme, insofern als sie von ihrer Umwelt (unspezifisch) angetrieben werden, um daraus (spezifische) Muster herzustellen. Ausführlich modelliert wurden Selbstorganisationsprozesse in physikalischen Systemen (Hakens erste Anwendung betraf das Laserlicht), in chemischen Systemen (Ilya Prigogine behandelte dissipative Musterbildung in chemischen Reaktionen), in der biologischen Bewegungskoordination[13] und in Gestaltbildungen der Wahrnehmung und Kognition.[14] In allen Beispielen von Selbstorganisation kann man zwei Systemebenen unterscheiden: eine mikroskopische Ebene mit der vollen Komplexität aller Komponenten eines Systems und ihrer jeweiligen kleinteiligen

---

11 Dilthey 1894/2005; Tschacher/Bischkopf/Tröndle 2011.
12 Haken 1990; Tschacher 1997.
13 Haken/Kelso/Bunz 1985.
14 Haken/Stadler 1990.

Korrelationen sowie eine daraus emergierende makroskopische Ebene mit Korrelationen großer Reichweite, also den entstehenden Makro-Mustern. Synergetik befasst sich deshalb stets mit Mehrebenensystemen. Die Makro-Muster der „oberen“ Systemebene sind in der Regel stabile Zustände, in der Sprache der Systemtheorie Attraktoren.[15]

Die Strukturwissenschaft Synergetik besitzt großes Potenzial, psychologische Sachverhalte zu modellieren. So ist die hochgradige Koordination zahlreicher Teilaspekte charakteristisch für Handlungen und Bewegungsabläufe, für die Wahrnehmung von Gestalten und für geordnete Denk- und Problemlösungsvorgänge in der Psychologie. In praktisch allen psychologischen Anwendungsbereichen steht in Frage, wie sich die vielen möglichen Elemente des psychischen (kognitiven und behavioralen) Systems koordinieren, um adaptiv und zeitstabil zu Mustern des Denkens und Verhaltens zu finden. Es erscheint daher attraktiv, eine strukturelle Selbstorganisationstheorie als paradigmatische Grundlage für psychologische Prozesse insgesamt zu verwenden. Entsprechende Ideen werden seit einiger Zeit vorgebracht.[16]

Welche Folgerungen lassen sich hieraus für die Prozesse im Zusammenhang mit sozialer, zum Beispiel psychotherapeutischer Kommunikation ziehen? Aus der Sicht der Selbstorganisationstheorie ist soziale Interaktion ein systemisch-emergentes Geschehen, denn es ist durch Kommunikation ein Mehrebenensystem entstanden, dessen Mikroebene die (vielen) Zustände und Eigenschaften der kommunizierenden Individuen umfasst, woraus sich ein neues soziales System, also eine Makroebene, formiert. Da die ursprünglichen individuellen Teilsysteme bereits komplexe Systeme sind und weil die motivationalen Bedingungen, unter denen der Zusammenschluss zum Interaktionssystem erfolgt, eine antreibende Wirkung entfalten, entwickeln sich stabile interaktionelle Muster. Daraus folgt unmittelbar, dass die entstehenden Muster nicht solche sind, die individueller, linearer Kontrolle unterstehen würden. Das Selbstorganisationsszenario ist daher nicht vereinbar mit Sender-Empfängertheorien als Modellen für Kommunikation und Interaktion: Interaktion und „Nachrichten“ entstehen emergent im neu formierten sozialen System. Kommunikation kann am besten verstanden werden als eine Form von Synchronie zwischen den Interaktanten, also als ein Phänomen der Selbstorganisation. „Synchronie“ bedeutet ja zeitlich koordiniertes Verhalten von Interaktanten (bzw. ihrer Zustände und Eigenschaften), ist also gleichbedeutend mit dem selbstorganisierten Entstehen eines Makro-Musters im sozialen System.

---

15 Tschacher 1997.

16 Niedersen/Pohlmann 1991; Tschacher/Schiepek/Brunner 1992; Grawe 1998; Haken/Schiepek 2006; Guastello/Koopmans/Pincus 2009; Storch/Tschacher 2016.

Solche Synchronien in sozialen Systemen wurden empirisch auf verschiedenen Ebenen nachgewiesen, wie im nächsten Abschnitt weiter ausgeführt wird.

Eine zweite Erweiterung entsteht durch die Verkörperung psychischer Systeme, entsprechend des seit mehreren Jahren in der Psychologie diskutierten Embodimentansatzes.[17] Die Einzelsysteme, die in Interaktion geraten, sind daher nicht allein durch ihre kognitiven Prozesse zu beschreiben. Auch wenn wir die psychologischen Aspekte der sozialen Systembildung in den Vordergrund stellen (und nicht die soziologischen, ethischen, neurobiologischen etc.) ist klar, dass es sich nicht allein um kognitive Informationsverarbeitungsprozesse handelt, die bei Interaktionen verkoppelt werden. Es ist ja die gesamte Person betroffen: neben der Kognition auch ihr subjektives Erleben und ihr motorisches Verhalten. Emotionen spielen zudem offensichtlich eine große Rolle – Emotionen sind definitionsgemäß triadisch aus Erleben, Verhalten und körperlich-physiologischen Bestandteilen zusammengesetzt und schon von daher prinzipiell verkörperte Variablen.[18] Von der Verkörperung der Emotion zu sprechen, ist daher im Grunde ein Pleonasmus. Keinesfalls aber ist denkbar, dass Emotionen mit den Begriffen der Symbolmanipulation, von der die *physical symbol systems hypothesis* ausgeht, beschrieben werden können. Emotionen sind eben nicht bedeutungsfreie Zeichenfolgen, die etwas repräsentieren, sondern ihnen ist Bedeutung inhärent. Daraus folgt insgesamt, dass die in der Psychologie seit den 1960er Jahren vorherrschende Computermetapher des Geistes auch hinsichtlich der Verkörperung unzureichend geeignet ist, die vielfältigen und komplexen Vorgänge von sozialer Interaktion abzubilden. In der Literatur zum Embodiment wird häufig von Bidirektionalität gesprochen: Der Körper drückt einerseits Zustände und Prozesse des Geistes aus (durch Verhalten, Körpersprache etc.); der Geist seinerseits ist aber zugleich durch Körperzustände und -prozesse moduliert. In systemischer Begrifflichkeit ist also der Geist in den Körper eingebettet und umgekehrt.

3 Empirische Belege für verkörperte Systeme in der Interaktion

Gemäß der Theorie verkörperter Systeme ist Kommunikation im Kern nicht der Austausch von bits und bytes an Informationen, sondern wird geprägt von pausenloser und bidirektionaler nonverbaler Kommunikation. Damit betreten wir den Bereich der „Embodied Communication", die das Sender-Empfänger-Modell der

17 Fuchs 2012; Storch/Cantieni/Hüther/Tschacher 2010.
18 Birbaumer/Schmidt 2002.

Kommunikation in Frage stellt.[19] Die zentrale empirische Hypothese zur verkörperten Kommunikation ist, dass es zwischen interagierenden Personen zu Formen der nonverbalen Synchronie und Resonanz kommt. Diese Synchronie kann sich in unbewusst korrelierten Körperbewegungen, aber auch in der Angleichung von Stimmmelodie und -klang oder Anpassungen bei der Wortwahl in gesprochener Sprache ausdrücken. Empirische Nachweise bestehen zur nonverbalen Synchronie (Korrelation der Bewegungen interagierender Personen), paraverbalen Synchronie (Angleichung der Stimmhöhe zweier Sprecher) und zunehmend auch physiologischen Synchronie (Synchronisierung beispielsweise der elektrodermalen Reaktionen).[20]

Hohe Bewegungssynchronie war in einer kürzlich durchgeführten Studie mit positivem Affekt der an mündlichen Konversationen beteiligten Personen assoziiert.[21] Es ist ein Befund zahlreicher weiterer sozialpsychologischer Experimente der vergangenen beiden Jahrzehnte, dass körperlich-motorische Angleichung mit prosozialen Effekten einhergeht.[22] Synchronie konnte auch im Kontext kognitiv-behavioraler Psychotherapie nachgewiesen werden. In einer frühen Studie überprüften wir, ob sich verbale Aussagen von Therapeuten und Patienten im Zuge der Therapien einander annähern, wie das der Hypothese einer fortschreitenden Selbstorganisation der Therapiesysteme entspräche.[23] In der Tat ergab sich ein entsprechender „Ordnungseffekt“, der auch positiv mit dem Erfolg der jeweiligen Therapie korrelierte. Wenn Menschen im therapeutischen Setting miteinander interagieren, synchronisieren sie sich darüber hinaus auf einer nonverbalen körperlichen Ebene, ein Befund der sowohl die Selbstorganisationshypothese als auch die Hypothese der Verkörperung bekräftigt.[24] Das Ausmaß nonverbaler Synchronie war dabei assoziiert mit der therapeutischen Allianz und den sozialen Einstellungen und Problemen der Patienten. Patienten mit sicherem Bindungsstil synchronisierten sich stärker mit ihren Therapeuten als unsicher gebundene Patienten.

Angesichts der genannten Belege kann man folgern, dass Embodiment in der Form von nonverbaler Synchronie in psychotherapeutischer Interaktion eine bedeutende Rolle spielt. Dies gilt offensichtlich auch dann, wenn es sich nicht um Körperpsychotherapien handelt. Allerdings scheinen gewisse körperbasierte Therapieformen spezifische Wirksamkeit bei der Behandlung psychotischer Ne-

19 Storch/Tschacher 2016.
20 Siehe als aktuelle Überblicksdarstellung Koole/Tschacher 2016.
21 Tschacher/Rees/Ramseyer 2014.
22 Chartrand/Bargh 1999.
23 Tschacher/Grawe 1996.
24 Ramseyer/Tschacher 2011; Ramseyer/Tschacher 2016.

gativ-Symptome zu haben.[25] Erste Belege wurden zudem dafür gefunden, dass sich die Synchronisation zwischen Mitgliedern eines Therapiesystems auch auf ihre physiologische Koordination erstreckt, gemessen etwa über die elektrodermale Aktivität des sympathischen Nervensystems bei Teilnehmern an familientherapeutischen Interaktionen.[26]

4 Techniken und allgemeine Wirkfaktoren der Psychotherapie

Die Wirksamkeit von Psychotherapie insgesamt gilt als empirisch solide belegt. Anders als noch zu Beginn der systematischen Psychotherapieforschung in den 1970er Jahren ist dies heute eine allgemein geteilte Auffassung. Dagegen wird die Frage, wodurch diese Wirkung erzielt wird, kontrovers diskutiert.[27] Die Kontroverse besteht in unterschiedlichen Interpretationen der heterogenen Ergebnisse der vergleichenden Psychotherapieforschung. Die eine Seite geht von unterschiedlicher Wirksamkeit der verschiedenen Psychotherapieverfahren und -techniken aus, weshalb zur Behandlung spezifischer psychischer Störungen nur spezifische, empirisch fundierte Verfahren eingesetzt werden sollten.[28] Ein Beispiel für eine solche Technik ist die Reizexposition aus der behavioristischen Verhaltenstherapie, die als spezifisch wirksam für die Behandlung von Angst- und Zwangsstörungen gilt.

Auf der anderen Seite stehen die Befürworter des sogenannten „Dodo-Bird-Verdikts" der Psychotherapieforschung.[29] Für sie steht fest, dass unterschiedliche Psychotherapiemethoden im Wesentlichen gleich wirksam sind. Verantwortlich dafür seien die allgemeinen Wirkfaktoren („common factors"), die jedem Psychotherapieprozess inhärent sind und daher in allen Formen von Psychotherapie zum Tragen kommen.[30] Tatsächlich erklären allgemeine Wirkfaktoren insgesamt einen erheblichen Anteil der Erfolgsvarianz von Psychotherapie, wenn umfangreiche Metaanalysen ausgewertet werden. Allgemeine Wirkfaktoren sind beispielsweise eine ausgeprägte therapeutische Allianz und die Aktivierung von Ressourcen des Patienten.[31]

---

25 Röhricht/Priebe 2006; siehe auch Martin/Koch/Hirjak/Fuchs 2016.
26 Karvonen/Kykyri/Kaartinen/Penttonen/Seikkula 2016.
27 Beutler 1995; Laska/Gurman/Wampold 2014.
28 Chambless/Ollendick 2001.
29 Luborsky/Rosenthal/Diguer/Andrusyna/Berman/Levit/Seligman/Krause 2002.
30 Wampold 2010.
31 Grawe 1998; Jorgensen 2004.

Es ist naheliegend, die kontroverse Debatte der Psychotherapieforschung dadurch zu beheben, indem man beiden Seiten Recht gibt, da sowohl die Vertreter der spezifischen als auch der unspezifischen Wirkungsweise empirische Befunde anführen können.[32] Das ist teilweise bereits geschehen, wenn auch mit bisher unklaren Ergebnissen. Castonguay und Beutler etwa suchten nach Prinzipien therapeutischer Veränderung und betrachteten den Zusammenhang zwischen Therapieallianz und Therapietechniken.[33] Auch rückten die Zusammenhänge von Techniken mit weiteren allgemeinen Wirkfaktoren wie der Vermittlung korrektiver Erfahrungen oder der Problemeinsicht des Patienten in den Fokus.[34]

Das kürzlich initiierte Taxonomie-Projekt basiert auf der Einschätzung von Psychotherapieexperten im Rahmen einer Umfrage.[35] Erfragt wurden die genauen Zusammenhänge zwischen spezifischen Therapietechniken (hier wurden die typischen Techniken der wichtigsten Psychotherapieschulen vorgeschlagen) und allgemeinen Wirkfaktoren (die gemäß einer Literaturanalyse meistgenannten common factors wurden aufgelistet). Das Ziel war die konzeptuelle Klärung der bislang nicht klar bestimmten allgemeinen Wirkfaktoren. Im Taxonomie-Projekt wurden die von den Experten eingeschätzten Zusammenhänge zwischen einzelnen allgemeinen Wirkfaktoren und spezifischen Therapietechniken im Detail analysiert und dargestellt.[36] Es zeigten sich aber auch, ein unerwarteter Befund, mit den Wirkfaktorengruppen negativ korrelierte Techniken. Gerade körperorientierte Therapietechniken wie die progressive Muskelentspannung oder das Biofeedbacktraining wurden gar als die Umsetzung der untersuchten Wirkfaktoren behindernde Techniken eingestuft. Dies steht im Widerspruch zur nachgewiesenen Wirksamkeit körperorientierter Therapietechniken und der wachsenden Bedeutung des Aspekts von „Embodiment" in der Psychotherapie. Solche Befunde müssen als Indiz dafür gewertet werden, dass die bisher in der Literatur beschriebenen allgemeinen Wirkfaktoren nicht das ganze Spektrum therapeutischer Wirkprozesse abdecken. Körperliche Variablen sind offensichtlich noch nicht in den etablierten Wirkfaktoren der heutigen Psychotherapieforschung angekommen.

32 Pfammatter/Tschacher 2012.
33 Castonguay/Beutler 2006.
34 Castonguay/Hill 2012.
35 Tschacher/Junghans/Pfammatter 2014.
36 Tschacher/Junghans/Pfammatter 2014; Pfammatter/Tschacher 2016.

5 Diskussion

Die Paradigmen des Behaviorismus und des Kognitivismus in der Psychologie stellten auf ihre je eigene Weise eine drastische Verengung des Gegenstandsbereichs dar, der psychische Prozesse ausmacht. Viele Aspekte psychischen Geschehens gerieten damit außerhalb des Horizonts der Forschung – lieferte im einen Paradigma allein das (körperliche) Verhalten akzeptable Daten, so lag im anderen Paradigma sowohl die objektive als auch die erlebte Körperlichkeit außerhalb der Aufmerksamkeit. Die darin zum Ausdruck kommende Anthropologie der Psychologie kann nur als defizitär bezeichnet werden.

Durch die in diesem Kapitel geforderte Inanspruchnahme einer umfassenderen strukturellen Wissenschaft, der Theorie dynamischer Systeme und der Synergetik, wird erstmals eine neutrale, aber hoch ausdifferenzierte wissenschaftliche Basis angeboten, von der aus alle Aspekte psychischer Prozesse modelliert werden können. Insbesondere ist ein für die Psychologie essentielles Phänomen, das der Gestaltbildung durch Selbstorganisation, wieder an eine zentrale Stelle der psychologischen Phänomenologie gerückt.[37] Die Gestaltpsychologie war bereits in den Jahrzehnten vor dem zweiten Weltkrieg die bedeutendste Grundlagentheorie, wenn nicht sogar das damals gültige Paradigma der akademischen Psychologie. Diese Entwicklung ist wohl hauptsächlich aus fachfremden, welthistorischen Gründen unterbrochen worden und hat die akademische Psychologie über viele Jahrzehnte unnötig reduziert und einseitiger werden lassen.

Um die anwendungsbezogenen Folgerungen aus dem hier vertretenen Ansatz der verkörperten Kommunikation zusammenzufassen: In der sozialen, also auch der therapeutischen Interaktion entsteht eine neue, sozial geteilte Realität durch Selbstorganisation, nicht durch das Verschicken und Empfangen von Nachrichten. Diese soziale Selbstorganisation wird erfahrbar (und wissenschaftlich zugänglich) als Synchronie auf verschiedenen Ebenen. Solche Synchronien sind nicht linear kontrollier- und manipulierbar; eine indirekte Einflussnahme scheint aber möglich durch die Beeinflussung der Randbedingungen (in der Synergetik: Kontrollparameter) der Interaktion. Um diese Aspekte in der derzeitigen empirischen Psychotherapieforschung zu würdigen und die Verkörperung von Kognition und Kommunikation zu berücksichtigen, ist eine Erweiterung des derzeitigen Kanons der Wirkfaktoren um verkörperte Wirkfaktoren erforderlich.

Meine Ausführungen unterliegen verschiedenen Einschränkungen. Zum einen mag man in Zusammenhang mit der Psychologiegeschichte überhaupt daran

37 Tschacher 1997.

zweifeln, ob die Psychologie sich bereits im Stadium einer paradigmatischen Wissenschaft befindet. In der Tat existieren besonders in den klinisch-psychologischen Anwendungen zahlreiche Schulen (etwa die psychoanalytischen, konstruktivistischen und humanistischen Ansätze) parallel zu den an den Universitäten mehrheitlich vertretenen kognitiv-behavioral-neurobiologischen Richtungen. Die Psychologie insgesamt ist also vielfältiger und präparadigmatischer als die akademische Psychologie. Ich habe mich hier in der Regel auf die universitäre, akademische Psychologie bezogen.

Zum andern kann hinterfragt werden, ob nicht in der Bidirektionalität des Embodimentansatzes ein Psyche-Körper-Dualismus zum Tragen kommt, der doch verschiedentlich als cartesianisch und damit überholt angesehen wird. Ich persönlich teile allerdings die strikte Ablehnung jeglicher Form von Dualismus durchaus nicht – die Erfahrung eines inneren Selbst und eines äußeren Körpers erscheint mir als eine anthropologische Grunderfahrung, die nicht zwanghaft auf eine der beiden Perspektiven (in der Gegenwart typischerweise auf Neurobiologie) reduziert werden muss.[38]

Für das Tolerieren dualer Aspekte sprechen mehrere Argumente. So gibt es Phänomene der Quantenphysik, die durch eine Komplementarität beschrieben werden müssen: Licht kann sich, je nach Versuchsanordnung, wie eine Welle oder wie ein Teilchen verhalten. Keine dieser sich eigentlich ausschließenden Beschreibungsweisen kann aber auf die andere reduziert werden. Wolfgang Pauli und Carl-Gustav Jung wandten dieses Komplementaritätsprinzip auf die psychophysische Leib-Seele-Problematik an. Zahlreiche Vertreter der aktuellen Philosophie des Geistes favorisieren in ähnlicher Weise durchaus nicht eine naturalisierende Lösung des Leib-Seele-Problems, sondern diskutieren duale Aspekte in dieser Frage.[39] Im Pauli-Jung-Dialog sind Geist und Körper komplementäre Aspekte, die erst durch Dekomposition einer ganzheitlichen, selbst aber unzugänglichen Welt („unus mundus“) entstehen. Manche der von Atmanspacher beschriebenen Lösungen erscheinen gut vereinbar mit der von mir vorgeschlagenen strukturwissenschaftlichen Grundlage der Psychologie, die die Systemwissenschaft und Synergetik bieten.[40]

Aus dieser Sichtweise ist also der Rückbezug von Geist auf Synergetik nicht als Naturalisierungsversuch zu deuten, da die Synergetik nicht als Natur-, sondern als Strukturwissenschaft zu verstehen ist.[41] Wenn man traditionell davon ausgeht,

---

38 Tretter/Kotchoubey/Braun/Buchheim/Draguhn/Fuchs/Hasler/Hastedt/van Hemmen/Northoff/Rentschler/Schleim/Sellmaier/Stompe/Tschacher 2014.

39 Atmanspacher 2014; Chalmers 1995.

40 Atmanspacher 2014.

41 Kriz/Tschacher 2013.

dass mentale Prozesse durch Intentionalität und Qualia charakterisiert sind, erscheint zwar die Intentionalität durch synergetische *materielle* Prozesse naturalisierbar, die Qualia jedoch nicht.[42] Daher scheitert das Projekt der Naturalisierung, auch wenn man selbstorganisierende Systeme der „Natur" (wie das komplexe dynamische System Gehirn) berücksichtigt. Die plausibelste philosophische Position erscheint mir deshalb, die Dualität (bzw. Komplementarität) von Geist und Materie hinzunehmen und allenfalls auf einer anderen, strukturellen Ebene aufzuheben. Sowohl die fortwährende Bildung von Prozessgestalten im Bewusstsein als auch die Nichtgleichgewichtsdynamik komplexer materieller Systeme wären dann zwar strukturell verwandt, könnten aber nicht aufeinander reduziert werden.

Literatur

Atmanspacher, Harald (2014): „20th century versions of dual-aspect thinking", in: *Mind and Matter* 12: 245–288.

Beutler, Larry E. (1995): „Common factors and specific effects", in: *Clinical Psychology. Science and Practice* 2: 79–82.

Birbaumer, Niels/Robert Franz Schmidt (2002): *Biologische Psychologie*, Berlin.

Castonguay, Louis G./Larry E. Beutler (2006): „Principles of therapeutic change: A task force on participants, relationships, and techniques factors", in: *Journal of Clinical Psychology* 62: 631–638.

Castonguay, Louis G./Clara Hill (2012): „Corrective experiences in psychotherapy: An introduction", in: L. G. Castonguay/C. E. Hill (Hgg.), *Transformation in psychotherapy: Corrective experiences across cognitive behavioral, humanistic, and psychodynamic approaches*, Washington, 3–9.

Chalmers, David (1995): „Facing up to the problem of consciousness", in: *Journal of Consciousness Studies* 2: 200–219.

Chambless, Dianne L./Thomas H. Ollendick (2001): „Empirically supported psychological interventions: Controversies and evidence", in: *Annual Review of Psychology* 52: 685–716.

Chartrand, Tanya L./John A. Bargh (1999): „The chameleon effect: The perception-behavior link and social interaction", in: *Journal of Personality and Social Psychology* 76: 893–910.

Chomsky, Noam (1959): „Verbal behavior, by B. F. Skinner", in: *Language* 35: 26–58.

Ciompi, Luc (1982): *Affektlogik*, Stuttgart.

Dilthey, Wilhelm (2005): *Psychologie als Erfahrungswissenschaft. Zweiter Teil. Manuskripte zur Genese der deskriptiven Psychologie (ca. 1860–1895)*, Gesammelte Schriften 22, Göttingen.

42 Tschacher/Haken 2007; Haken/Tschacher 2010.

Engelen, Eva Maria/Christian Fleischhack/Giovanni Galizia (Hgg.) (2010): *Heureka – Evidenzkriterien in den Wissenschaften. Ein Kompendium für den interdisziplinären Gebrauch*, Heidelberg.
Fuchs, Thomas (2012[4]): *Das Gehirn – ein Beziehungsorgan. Eine phänomenologisch-ökologische Konzeption*, Stuttgart.
Grawe, Klaus (1998): *Psychologische Therapie*, Göttingen.
Guastello, Stephen/Matthijs Koopmans/David Pincus (Hgg.) (2009): *Chaos and complexity in psychology: The theory of nonlinear dynamical systems*, Cambridge.
Haken, Hermann (1990): *Synergetik – eine Einführung. Nichtgleichgewichts-Phasenübergänge und Selbstorganisation in Physik, Chemie und Biologie*, Berlin.
Haken, Hermann/J. A. Scott Kelso/Herbert Bunz (1985): „A theoretical model of phase transitions in human hand movements", in: *Biological Cybernetics* 51: 347–356.
Haken, Hermann/Günther Schiepek (2006): *Synergetik in der Psychologie. Selbstorganisation verstehen und gestalten*, Göttingen.
Haken, Hermann/Michael Stadler (Hgg.) (1990): *Synergetics of cognition*, Berlin.
Haken, Hermann/Wolfgang Tschacher (2010): „A theoretical model of intentionality with an application to neural dynamics", in: *Mind and Matter* 8: 7–18.
Jorgensen, Carsten René (2004): „Active ingredients in individual psychotherapy: Searching for common factors", in: *Psychoanalytic Psychology* 21: 516–540.
Karvonen, Anu/Virpi-Liisa Kykyri/Jukka Kaartinen/Markku Penttonen/Jaakko Seikkula (2016): „Sympathetic nervous system synchrony in couple therapy", in: *Journal of Marital and Family Therapy* 42: 383–395.
Koole, Sander L./Wolfgang Tschacher (2016): „Synchrony in psychotherapy: A review and an integrative framework for the therapeutic alliance", in: *Frontiers in Psychology* 7: 862.
Kriz, Jürgen/Wolfgang Tschacher (2013): „Systemtheorie als Strukturwissenschaft. Vermittlerin zwischen Praxis und Forschung", in: *Familiendynamik* 38: 12–21.
Kuhn, Thomas S. (1967): *Die Struktur wissenschaftlicher Revolutionen*, Frankfurt/Main.
Küppers, Bernd-Olaf (2000): „Die Strukturwissenschaften als Bindeglied zwischen Natur- und Geisteswissenschaften", in: B-O. Küppers (Hgg.), *Die Einheit der Wirklichkeit. Zum Wissenschaftsverständnis der Gegenwart*, München, 89–105.
Laska, Kevin M./Alan S. Gurman/Bruce E. Wampold (2014): „Expanding the lens of evidence-based practice in psychotherapy: A common factors perspective", in: *Psychotherapy* 51: 467–481.
Luborsky, Lester/Robert Rosenthal/Louis Diguer/Tomasz P. Andrusyna/Jeffrey S. Berman/Jill T. Levitt/David A. Seligman/Elisabeth D. Krause (2002): „The Dodo Bird verdict is alive and well – mostly", in: *Clinical Psychology. Science and Practice* 9: 2–12.
Martin, Lily A.L./Sabine C. Koch/Dusan Hirjak/Thomas Fuchs (2016): „Overcoming disembodiment: The effect of movement therapy on negative symptoms in schizophrenia – a multicenter randomized controlled trial", in: *Frontiers in Psychology* 7: 483.
Miller, George A./Eugene Galanter/Karl H. Pribram (1960): *Plans and the structure of behavior*, New York.
Newell, Allen (1980): „Physical symbol systems", in: *Cognitive Science* 4: 135–183.
Niedersen, Uwe/Ludwig Pohlmann (Hgg.) (1991): *Der Mensch in Ordnung und Chaos*, Jahrbuch Selbstorganisation, Berlin.

Pfammatter, Mario/Wolfgang Tschacher (2012): „Wirkfaktoren der Psychotherapie – eine Übersicht und Standortbestimmung“, in: *Zeitschrift für Psychiatrie, Psychologie und Psychotherapie* 60: 1–10.
Pfammatter, Mario/Wolfgang Tschacher (2016): „Klassen allgemeiner Wirkfaktoren der Psychotherapie und ihr Zusammenhang mit Therapietechniken“, in: *Zeitschrift für Klinische Psychologie und Psychotherapie* 45: 1–13.
Ramseyer, Fabian/Wolfgang Tschacher (2011): „Nonverbal synchrony in psychotherapy: Coordinated body-movement reflects relationship quality and outcome“, in: *Journal of Consulting and Clinical Psychology* 79: 284–295.
Ramseyer, Fabian/Wolfgang Tschacher (2016): „Movement coordination in psychotherapy: Synchrony of hand movements is associated with session outcome. A single-case study“, in: *Nonlinear Dynamics, Psychology, and Life Sciences* 20: 145–166.
Röhricht, Frank/Stefan Priebe (2006): „Effect of body-oriented psychological therapy on negative symptoms in schizophrenia: A randomized controlled trial“, in: *Psychological Medicine* 36: 669–678.
Schulz von Thun, Friedemann (1981): *Miteinander reden. Störungen und Klärungen*, Reinbek.
Shannon, Claude/Warren Weaver (1949): *The mathematical theory of communication*, Champaign, IL.
Storch, Maja/Benita Cantieni/Gerald Hüther/Wolfgang Tschacher (2010[2]): *Embodiment. Die Wechselwirkung von Körper und Psyche verstehen und nutzen*, Bern.
Storch, Maja/Wolfgang Tschacher (2016[2]): *Embodied Communication. Kommunikation beginnt im Körper, nicht im Kopf*, Bern.
Tretter, Felix/Boris Kotchoubey/Hans A. Braun/Thomas Buchheim/Andreas Draguhn/Thomas Fuchs/Felix Hasler/Heiner Hastedt/J. Leo van Hemmen/Georg Northoff/Ingo Rentschler/Stephan Schleim/Stephan Sellmaier/Thomas Stompe/Wolfgang Tschacher (2014): „Memorandum ‚Reflexive Neurowissenschaft‘“, in: *Psychologie heute* 10 (online unter https://www.psychologie-heute.de/home/lesenswert/memorandum-reflexive-neurowissenschaft).
Tschacher, Wolfgang (1997): *Prozessgestalten. Die Anwendung der Selbstorganisationstheorie und der Theorie dynamischer Systeme auf Probleme der Psychologie*, Göttingen.
Tschacher, Wolfgang/Claudia Bergomi (Hgg.) (2011): *The implications of embodiment: Cognition and communication*, Exeter.
Tschacher, Wolfgang/Jeannette Bischkopf/Martin Tröndle (2011): „Zwei Kulturen des Wissenschaftssystems?“, in: E. J. Brunner/W. Tschacher/K. Kenklies (Hgg.), *Selbstorganisation von Wissenschaft*, Jena, 53–73.
Tschacher, Wolfgang/Klaus Grawe (1996): „Selbstorganisation in Therapieprozessen – Die Hypothese und empirische Prüfung der ‚Reduktion von Freiheitsgraden‘ bei der Entstehung von Therapiesystemen“, in: *Zeitschrift für Klinische Psychologie* 25: 55–60.
Tschacher, Wolfgang/Hermann Haken (2007): „Intentionality in non-equilibrium systems? The functional aspects of self-organized pattern formation“, in: *New Ideas in Psychology* 25: 1–15.
Tschacher, Wolfgang/Uli M. Junghan/Mario Pfammatter (2014): „Towards a taxonomy of common factors in psychotherapy: Results of an expert survey“, in: *Clinical Psychology & Psychotherapy* 21: 82–96.

Tschacher, Wolfgang/Georg Mikis Rees/Fabian Ramseyer (2014): „Nonverbal synchrony and affect in dyadic interactions“, in: *Frontiers in Psychology* 5: 13 – 23.

Tschacher, Wolfgang/Günter Schiepek/Ewald Johannes Brunner (Hgg.) (1992): *Self-Organization and clinical psychology: Empirical approaches to synergetics in psychology*, Berlin.

Wampold, Bruce E. (2010[2]): „The research evidence for the common factors models: A historically situated perspective“, in: B. L. Duncan/S. D. Miller/B. E. Wampold/M. A. Hubble (Hgg.), *The heart and soul of change: Delivering what works in therapy*, Washington, 49 – 81.

Andreas Draguhn

Die Relevanz des Biologischen

Verkörperung als Leitmotiv eines Dialogs zwischen Neurowissenschaft und Pädagogik

Abstract: Learning and memory are major areas of research in modern neurobiology. Progress in this field has led to promises of a new scientific foundation for pedagogics. Many experts in psychology and education, however, have not embraced this input from the natural sciences, and the dialogue has been much less fruitful than anticipated. In this article, we discuss two possible reasons for this failure which may provide new perspectives on a more productive interaction between disciplines. First, we state that causal biological explanations of complex mental phenomena are rare and far from complete. The complexity of living organisms, the simplicity of model systems, and the multi-level nature of causal interactions set limits on the explanatory power of neurobiological explanations. Second, both neurobiology and pedagogics tend to reduce their respective phenomena to information processing or mental operations, respectively. Both approaches neglect the embodiment of processes, and therefore miss the chance to integrate all relevant biological boundary conditions of learning. Taking these limitations into account, we suggest a series of potential contributions from neurobiology to pedagogics and – most importantly – from pedagogics to neurobiology. Neurobiology and pedagogics have much to offer for each other, provided that they reflect on their limitations and specific differences.

„Neurodidaktik" ist eine der vielen Spielarten, in denen die moderne Neurobiologie ihren Geltungs- und Gestaltungsanspruch für weite Bereiche der gesellschaftlichen Praxis formuliert. Der programmatische Terminus wurde in den 1980er Jahren von dem Mathematikdidaktiker Gerhard Preiß geprägt und besagt, dass Pädagogik und Didaktik von den zunehmenden Kenntnissen über das Gehirn profitieren können und sollen. In den angesprochenen Fachgebieten reichen die Reaktionen von emphatischer Aufnahme der naturwissenschaftlichen Fundierung bis zu vehementer Ablehnung des Dominanzgehabes einer experimentellen Disziplin, die mit ihren reduktionistischen Modellsystemen zur konkreten Lern- und Lehrpraxis nichts Relevantes beitragen könne. Insgesamt ist der Dialog zwischen Neurowissenschaft und Pädagogik bisher weitgehend unfruchtbar geblieben – weder haben sich Fragestellungen der Pädagogik als Forschungsgegenstände der Hirnforschung etabliert, noch sind Kenntnisse der Neurobiologie

DOI 10.1515/9783110528626-015

wesentlich in die Curricula von Pädagogik oder Fachdidaktik eingegangen. Dies ist umso erstaunlicher, als Lernen und Plastizität des Nervensystems zu den wichtigsten Themen der Hirnforschung zählen, an denen weltweit intensiv gearbeitet wird. Welche Hindernisse stehen also der Integration neurowissenschaftlicher Erkenntnisse in die Theorien der Pädagogik und der Anwendung von neuronal inspirierten Techniken in der Didaktik entgegen?

Der vorliegende Beitrag versucht, die Schwierigkeiten des interdisziplinären Dialogs zu benennen und Schnittstellen zu identifizieren, an denen beide Disziplinen wechselseitig voneinander lernen und profitieren können. Dies impliziert, dass nicht nur die Pädagogik die Erkenntnisse der Hirnforschung rezipiert, sondern dass auch ein Transfer in umgekehrter Richtung stattfinden kann und sollte. Diese Symmetrie ist geeignet, Abwehrhaltungen gegenüber Dominanzansprüchen zu vermindern, die der im Terminus „Neurodidaktik" suggerierte einseitige Transfer von Expertise aus der Neurobiologie in Richtung Didaktik geweckt hat. Ausgangspunkt der Betrachtung sind zwei Überlegungen zu Geltungsansprüchen und Beschreibungssprache neurowissenschaftlicher Lernforschung. Erstens soll untersucht werden, ob sich komplexe Vollzüge wie Lernen überhaupt aus elementaren Vorgängen auf niedrigeren Systemebenen rekonstruieren lassen. Hier werden die Limitierungen, aber auch das Potential neurowissenschaftlicher Beiträge zu Fragestellungen von gesellschaftlicher Relevanz deutlich. Zweitens soll die Hypothese vertreten werden, dass die Neurobiologie selbst einer rationalistisch geprägten Einengung ihrer Perspektive unterliegt, die dazu tendiert, das Gehirn auf eine informationsverarbeitende Maschine zu reduzieren. In dieser Verengung steckt eine Ausblendung von Körperlichkeit, die zu einer einseitig rational geprägten Perspektive auf Lernen und Gedächtnisbildung geführt hat – möglicherweise parallel zu einer Überbetonung des Rationalen in der Pädagogik. Aus der Betrachtung dieses gemeinsamen Neglects ergeben sich interessante Perspektiven für einen Dialog im Sinne der Verkörperung (Embodiment).

1 Ansprüche und Grenzen der neurowissenschaftlichen Lernforschung

„Learning and Memory" ist nicht nur der Titel einer neurowissenschaftlichen Fachzeitschrift, sondern eines der Leitmotive moderner neurobiologischer Forschung. Die biomedizinische Literaturdatenbank Pubmed liefert zu den Stichworten „Learning" oder „Memory" in Kombination mit „Brain" oder „Neuron" oder „nervous" über 191.000 Fachartikel mit jährlichen Zuwachsraten von deutlich über 10.000 Beiträgen.[1] Es handelt sich also offenbar um ein hochaktives Forschungsgebiet, von dem man zahlreiche Impulse für angrenzende Wissenschaften oder praktische Anwendungen erwarten darf. Bei genauerer Betrachtung lösen sich die Begriffe „Learning" und „Memory" allerdings in zahlreiche äußerst kleinteilige Forschungsgegenstände auf, die überwiegend von der menschlichen Lebenswirklichkeit des Lernens und Erinnerns, also von relevanten Situationen im Sinne der Pädagogik, weit entfernt sind. Tatsächlich werden „Lernen" und „Gedächtnisbildung" häufig als Oberbegriffe für sämtliche Anpassungsprozesse des Nervensystems verwendet, insbesondere auch auf der Ebene von Synapsen, Nervenzellen oder lokalen neuronalen Netzwerken. Dazu gehört zum Beispiel die Abschwächung eines Schutzreflexes bei Meeresschnecken, die wiederholt einem mechanischen Reiz ausgesetzt wurden.[2] „Lernen" wird hier also in einem weit elementareren Sinn verstanden als in der Pädagogik und sollte vielleicht spezifischer als erfahrungsabhängige Plastizität bezeichnet werden.

Interessant ist, dass die zellulären Mechanismen elementarer, adaptiver Prozesse auch bei höherstufigen Phänomenen wie dem Erlernen von Inhalten oder räumlichen Konstellationen eine Rolle spielen. Im angesprochenen Beispiel der Meeresschnecke spielt der intrazelluläre Botenstoff cAMP eine Schlüsselrolle bei Änderungen der Reflexintensität. Dasselbe Molekül ist auch an echten Lernvorgängen bei Mäusen beteiligt, z. B. bei der Bildung räumlicher Erinnerungen.[3] Solche Übertragungen von einfachen auf komplexe Modelle bieten prinzipiell Chancen, elementare Mechanismen des Lernens bei Menschen zu identifizieren und therapeutisch zu nutzen. Der österreichisch-amerikanische Neurowissenschaftler Eric Kandel, der für die Entdeckung der molekularen Plastizitätsvorgänge in Aplysia im Jahr 2000 den Nobelpreis erhielt, hat eine Firma gegründet, um durch pharmakologische Eingriffe in die cAMP-vermittelte Plastizität beim Menschen Krankheiten des Gedächtnisses zu behandeln. Ähnliche Strategien werden für weitere Mechanismen synaptischer Plastizität verfolgt, zum Beispiel für die so genannte Langzeitpotenzierung. Diese langanhaltende, aktivitätsabhängige Verstärkung synaptischer Kopplung ist seit den 1970er Jahren bekannt, und das entsprechende experimentelle Paradigma wurde zu einer regelrechten Ikone der zellulären Plastizitätsforschung. Viele molekulare Mechanismen der Langzeitpotenzierung sind inzwischen bekannt, auch wenn die Bedeutung des Mechanismus für „eigentlich" kognitiv relevante Lernvorgänge bisher noch wenig verstanden ist. Dennoch zeigt sich, dass eine gezielte pharmakologische Modulation der betei-

1 https://www.ncbi.nlm.nih.gov/pubmed (aufgerufen am 14.12.2016).
2 Kandel 2000.
3 Viosca/Malleret/Bourtchouladze/Benito/Vronskava/Kandel/Barco 2009.

ligten Moleküle den Effekt psychotherapeutischer Behandlungen verstärken kann, also einen Einfluss auf erlernte Verhaltensänderungen hat.[4] Dabei ist keineswegs eine geschlossene Kausalkette von der molekularen bis zur behavioralen oder kognitiven Ebene darstellbar.[5] Die Erkenntnisse an reduzierten Modellen erlauben vielmehr ein „educated guessing" für Interventionen auf höheren, nicht mehr im mechanistischen Detail verständlichen Systemebenen.[6] Die Übertragbarkeit der Ergebnisse zwischen verschiedenen Spezies weist auf eine starke evolutive Konservierung der Mechanismen hin, die von der molekularen Biologie auch tatsächlich bestätigt wird. Dennoch sollten die vereinzelten erfolgreichen Anwendungen der molekularen Plastizitätsforschung nicht darüber hinwegtäuschen, dass wir von einem vollständigen molekular-zellulären Verständnis verhaltensrelevanter Mechanismen im Sinne einer Aufwärtskausalität weit entfernt sind. Es scheint sogar unklar, ob und in welchem Sinn solche Vollständigkeit je erreicht werden kann. Trotz vielfach offensiv vorgetragener neurobiologischer Erklärungsansprüche ist zu bezweifeln, dass komplette „bottom-up" Ansätze für systembiologische Fragestellungen gelingen oder überhaupt nur sinnvoll formuliert werden können. Die Verschiedenheit von Beschreibungssprachen, Voraussetzungen und Methoden verschiedener Disziplinen lässt die Vision einer umfassenden Synthese von Hirnforschung, Pädagogik, Computerwissenschaften und Psychologie als – vielleicht gar nicht wünschenswerte – Utopie erscheinen.[7]

Neurobiologische Lernforschung basiert also auf besonders einfachen Modellsystemen, vom Kiemenschutzreflex der Meeresschnecke bis zu einfachen räumlichen Lernaufgaben von Nagern. Dies hat seitens der Pädagogik zu der Kritik geführt, neurobiologische Ergebnisse seien aufgrund der starken Reduktion von Komplexität nicht auf reale Lebenssituationen, etwa im Klassenzimmer, übertragbar.[8] Die oben dargestellten Überlegungen sind dem gegenüber differenzierter: Erkenntnisse aus reduzierten Modellen scheinen sehr wohl relevant und gelegentlich sogar direkt auf komplexe Szenarien anwendbar zu sein. Sie können aber nicht den Anspruch erheben, eben diese komplexen Situationen vollständig auf Elementarprozesse reduziert zu haben. Vielmehr sind die biologischen Grundlagen wertvolle Quellen gerichteter und informierter Intuition, wobei sie eher als Metaphern denn als Erklärung von Mechanismen verstanden werden können. Die Neurobiologie sollte den Einwand ernst nehmen, dass viele ihrer

---

4 Otto/Kredlow/Smits/Hofmann/Tolin/de Kleine/van Minnen/Evins/Pollack 2016.
5 Mitchell 2009.
6 Craver 2009.
7 Meltzoff/Kuhl/Movellan/Sejnowski 2009.
8 Borck 2006.

Ansätze auf die experimentelle und quantitative Aussagekraft des Experiments hin optimiert sind und nicht auf alltäglich relevante Lernsituationen.

Das Defizit an Komplexität der Modelle – und damit an lebensweltlicher Relevanz – stellt eine Herausforderung dar, der sich die Neurowissenschaften zunehmend stellen, zum Beispiel durch den Einsatz virtueller Realität, der es erlaubt, hochpräzise Messungen in (zumindest simulierten) komplexen Situationen durchzuführen.[9] Pädagogik und Didaktik könnten hier wesentliche Impulse geben, indem sie wesentliche Charakteristika ihrer Szenarien herausarbeiten und als Aufgabe an die Neurobiologie formulieren. Umgekehrt weisen die oben genannten Beispiele darauf hin, dass das Verständnis „echter" Lernsituationen eben auch von Versuchen an reduzierten Modellsystemen profitieren kann.

2 Der Neglect des Organischen in der Neurobiologie

Neben experimentalwissenschaftliche Begrenzungen treten möglicherweise konzeptuelle Beschränkungen neurobiologischer Zugänge, die in der Ideengeschichte der Hirnforschung liegen. Die Beschreibungssprache der Neurobiologie weist eine stark rationalistische Prägung auf, die wichtige Aspekte des Organischen ausblendet. Neurobiologische Ansätze implizieren in vieler Hinsicht das Idealbild eines körperlosen, der biologischen Bedingtheit weitgehend enthobenen Gehirns. Diese Tendenz wird durch die Anwendung informationstheoretischer Ansätze und den Gebrauch von Computermetaphorik gefördert, ohne dass diese sprachlichen und inhaltlichen Tendenzen in Fachkreisen kritisch hinterfragt würden. Wir neigen also, so die These, zu einer Algorithmisierung neuronaler Vorgänge, die einseitig Aspekte der Informationsverarbeitung betont, aber unserer biologischen Konstitution und Körperlichkeit insgesamt nicht gerecht wird. Falls dieser Neglect korrekt diagnostiziert ist, erschwert er die Anwendung neurobiologischer Ergebnisse auf die konkrete Lebenswelt und steht einem fruchtbaren Dialog mit anderen Humanwissenschaften und der gesellschaftlichen Praxis im Wege.

Hirnforschung („*neuroscience*", Neurobiologie) lässt sich als Versuch definieren, Mechanismen zu identifizieren, mittels derer das Nervensystem und die Sinnesorgane Bewegung, Denken, Wahrnehmen, Erinnern, Fühlen, also Kognition und Verhalten, ermöglichen. Oft haben neurobiologische Erklärungen den Charakter einer Rückführung auf „tiefere" Ebenen – ein zelluläres Phänomen wird

9 Aronov/Tank 2014.

durch molekulare Mechanismen erklärt, eine kognitive Leistung durch Identifizierung der beteiligten Netzwerke und ihrer Aktivitätsmuster usw.[10] Dabei impliziert der Begriff „Rückführen“ eine Aufwärtskausalität, nach der „höhere“ (komplexe) Phänomene aus einfacheren Elementen und deren Interaktion resultieren. Interessant ist, dass die graphische Dokumentation neuronaler Mechanismen oft Schaltplänen oder Blaupausen von komplizierten Maschinen gleicht. Vorherrschende Forschungsstrategie der kognitiven Hirnforschung ist in dieser Denkweise die Rekonstruktion des Gehirns oder seiner Teile als informationsverarbeitende Maschinen.[11] In der Metaphorik der Computertechnik erscheint das Gehirn als eine besonders komplexe *hardware*, die Möglichkeiten und Grenzen seiner Leistungen definiert. Die *software* wird in diesem Bild durch Lernen erworben und ermöglicht die Anpassung an Umweltbedingungen und Kultur. Diese Sichtweise hat sich als sehr effektiv erwiesen, wenn es darum geht, definierte kognitive Leistungen auf neuronale Strukturen und Funktionen zurückzuführen. Dies gilt ganz besonders für den Ausfall kognitiver Leistungen, die auf die Störung oder den Verlust notwendiger Bedingungen hinweisen. Läsionen bestimmter Kerngebiete verursachen spezifische kognitive Defizite, die – im Umkehrschluss – den essentiellen Beitrag der entsprechenden Netzwerke zur ausgefallenen Funktion beweisen.[12] Diese klinisch wichtige und logisch stringente Argumentation blendet aber aus, dass Lebensvollzüge wie Sehen, Bewegen, Nachdenken oder Fühlen nicht vollständig in der Algorithmik einzelner Informationsverarbeitungsprozesse aufgehen, sondern hoch integrierte Handlungen darstellen, bei denen Sensorik und Motorik, Motivation und Aufmerksamkeit, Angeborenes und Erlerntes, physikalische Randbedingungen, Umwelteinflüsse, erlernte soziale Regeln und vieles mehr zusammenspielen – kurz: Das Gehirn ist in seiner gesamten Beziehung zu Organismus und Umwelt beteiligt, ebenso wie Organismus und Umwelt in ihrer Beziehung zum Gehirn.[13] Entsprechend vieldimensional sind auch die Kausalbeziehungen zwischen den verschiedenen Elementen – die Struktur des Auges und der zugehörigen neuronalen Netzwerke setzen Randbedingungen für die visuelle Wahrnehmung, ebenso wie die Wahrnehmung (als aktive Handlung) den Signalfluss vom Auge zum Gehirn bestimmt.

Alles oben Gesagte gehört zum Kanon der Neurophysiologie. Dennoch ist die Tendenz zur Isolation des Kognitiven von seinen biologischen Wurzeln allenthalben spürbar. So beschreiben die sinnesphysiologischen Lehrbuchkapitel das

---

10 Craver 2009.
11 Janich 2009.
12 Damasio/Grabowski/Frank/Galaburda/Damasio 1994; Sacks 2009.
13 Fuchs 2012.

Sehen typischerweise als eine aufwärts gerichtete Extraktion immer komplexerer Informationen. Besonders instruktiv sind die schematischen Abbildungen, die diese Logik als Informationsfluss mit Pfeilen von „niederen" zu „höheren" Hirnkernen aufgreifen.[14] Diese Reduktion auf informationsverarbeitende Prozesse des Gehirns wirkt besonders dort deplatziert, wo es um das originär Nicht-Algorithmische, Irrationale und Unmittelbare geht, um Gefühle. Wir können scheinbar gar nicht sinnvoll über Gefühle reden, ohne das Subjektive des Erlebens, Erleidens oder Fühlens mitzudenken. Neurobiologisch können wir aber lediglich fragen, in welchem Kerngebiet mittels welcher Nervenzellen und Transmitter die neuronalen Korrelate von Emotionen zu suchen sind. Das erlebte Gefühl wird dabei naturgemäß nicht thematisiert – hier stoßen wir sogar an eine prinzipielle Grenze der Naturwissenschaft: Sie kann das Gemeinsame eines Phänomenbereichs herausarbeiten, sie kann aber das innere Erleben, also die Subjektivität der Ich-Perspektive, nicht erreichen. Dies gilt im Übrigen auch für Tiere, denen wir aufgrund zahlreicher neurobiologischer Parallelen zum Menschen Subjektivität kaum absprechen können, ohne aber ihr Erleben je nachzuvollziehen.[15]

Die Algorithmierung des Geistes durch die Neurowissenschaft vollzieht sich auch auf der Ebene des Sozialen, wo die Ambivalenz von explanatorischer Kraft und epistemologischer Begrenztheit des naturwissenschaftlichen Zugangs besonders problematisch scheint. Unser Verhalten gegenüber Mitmenschen wird in der Sprache der kognitiven Hirnforschung zur „*social cognition*", und diese kann ebenso wie das Sehen, Fühlen und Bewegen besonderen Hirnarealen zugeordnet werden.[16] Solche Erkenntnisse legen neurobiologische Entwürfe von Ethiken nahe, wie sie trotz des kategorialen Übergriffs vom Sein auf das Sollen immer wieder vorgeschlagen werden.[17] Tatsächlich wäre ein Beitrag der Neurobiologie zur *conditio humana* in aristotelischer Tradition wichtig. Dazu gehört aber eine Verständigung über die Geltungsbereiche deklarativer und normativer Sätze und deren Zusammenhang.

Das Ideal vom Menschen als „animal rationale" hat also deutliche Spuren in der Sprache der Neurobiologie hinterlassen. Sie bestätigen und konsolidieren ein anthropozentrisches Menschenbild, das uns aus dem Reich der Tiere heraushebt und dabei die Fähigkeit zur Vernunft betont. Die rationalistische Perspektive auf das Gehirn stilisiert spezifische Hirnareale des Menschen (besonders den präfrontalen Neocortex) zu zentralen Geistes- oder Kontrollinstanzen, die damit zu-

---

14 Bear/Connors/Paradiso 2007, 333.
15 Nagel 1974; de Waal 2011.
16 Frith/Frith 2007.
17 Casebeer 2003.

gleich ihren Charakter als Organ weitgehend verlieren.[18] So entsteht eine merkwürdige Parallele der biologischen Hirnforschung zur gesellschaftlich weit verbreiteten Abwehr unserer physisch-biologischen Wurzeln – es ist nicht schicklich, den Menschen als Säugetier zu verstehen. Dies hat, neben vielen anderen, Charles Darwin in den Reaktionen auf die Evolutionstheorie erfahren müssen. Dass die Neuro-Biologie (!) ähnliche Tendenzen zu einer Unterdrückung des Organischen aufweist, darf als Ironie der Geschichte bewertet werden. Es zeigt zugleich, wie tief das Sprachspiel der Naturwissenschaft in überlieferten Traditionen ganz anderer Wissensbereiche verankert ist.

Die Entkörperlichung des Geistigen hat eine lange Tradition in der europäischen Geistesgeschichte, und es ist daher nicht verwunderlich, dass sich diese Denkweise auch in der Neurobiologie spiegelt. Es scheint ein lohnendes Programm, entsprechende Verengungen in Sprache und Praxis der Hirnforschung aufzuspüren und die Konsequenzen zu untersuchen. Auf dieser selbstkritischen Reflexion könnte ein Dialog der Hirnforschung mit anderen Disziplinen aufbauen, bei dem die reflexartigen Abgrenzungsrituale zwischen Geistes- und Naturwissenschaften unterbleiben. Am Anfang dieses Prozesses steht jedenfalls die Erkenntnis, dass das Gehirn ein Organ ist.[19] Je mehr wir über seine biologischen Eigenschaften lernen, desto weniger werden wir in Theorie und Praxis an den Verkürzungen und Widersprüchen eines künstlich entkörperlichten Geistes festhalten.

3 Der Neglect des Organischen in der Pädagogik

Ein korrespondierender, hier nur angedeuteter Gedanke ist, dass die Pädagogik das Organische des Lernenden möglicherweise ebenfalls weitgehend ausblendet. Er sei hier lediglich als Hypothese angedeutet, deren Überprüfung und Ausformung weitere Arbeiten erfordert. Die historischen Wurzeln der Pädagogik in der Philosophie, die neuzeitlichen Vorstellungen vom Kind als tabula rasa bei Locke und Rousseau und spätere konstruktivistische und normative Strömungen der Pädagogik weisen eine Tendenz auf, die Faktizität des Biologischen zu negieren oder gar aktiv zu bekämpfen. Sie stammen sämtlich aus idealistischen und rationalistischen Traditionen wie der Grundlegung der modernen Pädagogik im 19. Jahrhundert, die als Versuche der Domestizierung wilder, tierischer und damit unkultivierter Impulse des Kindes gelesen werden können. Reformpädagogische

18 Wise 2008.
19 Thompson/Varela 2001.

Ansätze, die Körperlichkeit ernst nehmen, basieren überwiegend nicht auf einem naturwissenschaftlichen Verständnis des Köpers, sondern auf kritisch-konstruktivistischen Ansätzen (Beispiel Gender Studies) oder außerwissenschaftlichen Wurzeln (Beispiel Waldorfpädagogik). Empirische Methoden der modernen Pädagogik und Didaktik wurzeln überwiegend in Lernpsychologie und Sozialwissenschaften, also in Ansätzen, die sich genuin oberhalb der Komplexitätsebene neurobiologischer Prozesse verorten.

So wie die Neurowissenschaften der Gefahr ausgesetzt sind, unterkomplexe Antworten auf Szenarien des realen Lebens zu geben, so ist die Systemebene der Pädagogik möglicherweise in mancher Hinsicht überkomplex und blendet einfache „Tatsachen des Lebens" aus. Würde pädagogische oder didaktische Forschung bemerken, wenn unterschiedliche Lernerfolge von Schülern schlicht mit dem Eiweißgehalt der Nahrung korrelieren? Prinzipiell steht solchen Erkenntnissen nichts entgegen, und tatsächlich gibt es ernährungsbezogene Studien an Schülern.[20] Es ist allerdings zu bezweifeln, dass solche Denk- und Forschungsansätze hinreichend im Fokus pädagogischer und didaktischer Aufmerksamkeit stehen.

4 Möglichkeiten des Dialogs

Aus dem Gesagten ergeben sich mehrere Randbedingungen für einen interdisziplinären Dialog zwischen Neurobiologie und Pädagogik. Erstens sollten Neurobiologen ihren Erklärungs- und Geltungsanspruch bezüglich gesellschaftlich relevanter Themen sorgfältig reflektieren und öffentlich zur Diskussion stellen. Dabei wäre es hilfreich, nach Maß und Gefahren von Reduktion zu fragen, rationalistische Verengungen und informationstheoretische Metaphern kritisch zu untersuchen und schließlich die Gewichtung genuin organismischer Bezüge des Gehirns zu erhöhen.

Die Pädagogik sollte anerkennen, dass es jenseits wissenschaftspolitischer Verteilungskämpfe tatsächlich relevante Erkenntnisse der Neurobiologie gibt, die zu nutzen sinnvoll und ethisch geboten ist. Sie könnte ihrerseits selbstbewusst genug sein, der Neurobiologie Hausaufgaben zu stellen, die dort wiederum deutlich innovatives Potential hätten.

Konkret kann die Neurobiologie Beiträge auf verschiedenen Ebenen und Problemfeldern leisten:

20 Lam/Lawlis 2016.

N1: Sie kann entwicklungsbiologische Randbedingungen nachweisen und Verfahren zur Erweiterung einengender (pathologischer) Bedingungen entwickeln.

N2: Sie kann Effekte nicht primär neuronaler biologischer Vorgänge auf das Gehirn und damit auf die kognitive, emotionale und soziale Entwicklung aufweisen, zum Beispiel von Ernährung, Schlaf-Wach-Rhythmus und Hormonen.

N3: Sie kann sensorische und motorische Randbedingungen des Lernens analysieren und – zusammen mit Pädagogen – an der Nutzung sensomotorischer Rückkopplungsschleifen als Lernverstärker arbeiten.

N4: Sie kann als Entwicklungsneurologie und -psychiatrie diagnostische Maßnahmen neurobiologisch begleiten, wo immer korrigierend in Biographien eingegriffen wird.

N5: Schließlich kann sie alle reformpädagogischen Maßnahmen mit einer neuro- und entwicklungsbiologischen Risikoabschätzung begleiten.

Umgekehrt könnten Pädagogik und Didaktik starken Einfluss auf die Neurobiologie nehmen – dieser Aspekt wird in Diskussionen über Neurodidaktik fast durchgehend vernachlässigt. Konkrete Impulse sind:

P1: Die Bereitstellung von Daten zu interindividueller Varianz von Lernstrategien, die zur Hypothesenbildung über biologische versus kulturelle Randbedingungen des Lernens von großem Wert sind.

P2: Ebenso wäre die Bereitstellung von Erkenntnissen über interkulturelle Varianz von Lernstrategien von großem Interesse.

P3: Hilfreich wäre eine systematische, im Dialog mit Neurobiologen konzipierte empirische Erfassung lernfördernder oder -hinderlicher Faktoren.

P4: Wichtig wäre schließlich die Erfassung biologischer Einflussfaktoren wie z. B. Hormonen auf das Lernen, die relevante neurobiologische Forschung stimulieren könnte.

Schließlich gibt es genuin interdisziplinäre Aufgaben, bei denen sich beide Ansätze unmittelbar ergänzen. Dazu zählen:

I1 der Umgang mit Techniken des „Neuroenhancement";

I2 der reflektierte Vergleich der jeweiligen Beschreibungssprachen im Hinblick auf Unterschiede und gemeinsame ideengeschichtliche Wurzeln;

I3 eine Verständigung über Autoritätsfragen, wobei wissenschaftstheoretische, -soziologische und -politische Aspekte zu berücksichtigen sind.

Auf dieser Basis wäre ein Dialog auf Augenhöhe denkbar, der überhaupt erst sichtbar machen würde, welche Bereicherung die Pädagogik für die Neurobiologie und die Neurobiologie für die Pädagogik darstellen kann.

Literatur

Aronov, Dmitriy/David W. Tank (2014): „Engagement of neural circuits underlying 2D spatial navigation in a rodent virtual reality system“, in: *Neuron* 84: 442–456.

Bear, Mark F./Barry W. Connors/Michael A. Paradiso (2007[3]): *Neuroscience: Exploring the brain*, Baltimore/Philadelphia.

Borck, Cornelius (2006): „Lässt sich vom Gehirn das Lernen lernen? Wissenschaftshistorische Anmerkungen zur Anziehungskraft der modernen Hirnforschung“, in: *Zeitschrift für Erziehungswissenschaft* Beiheft 5: 87–100.

Casebeer, William (2003): *Natural ethical facts: Evolution, connectionism, and moral cognition*, Cambridge, MA.

Craver, Carl F. (2009): *Explaining the brain: Mechanisms and the mosaic unity of neuroscience*, Oxford.

Damasio, Hanna/Thomas Grabowski/Randall Frank/Albert M. Galaburda/Antonio R. Damasio (1994): „The return of Phineas Gage: Clues about the brain from the skull of a famous patient“, in: *Science* 264: 1102–1105.

De Waal, Frans B. M. (2011): „What is an animal emotion?“, in: *Annals of the New York Academy of Science* 1224: 191–206.

Frith, Chris D./Uta Frith (2007): „Social cognition in humans“, in: *Current Biology* 17: 724–732.

Fuchs, Thomas (2012): *Das Gehirn – ein Beziehungsorgan: Eine phänomenologisch-ökologische Konzeption*, Stuttgart.

Janich, Peter (2009): *Kein neues Menschenbild – Zur Sprache der Hirnforschung*, Berlin.

Kandel, Eric R. (2000): *The molecular biology of memory storage: A dialogue between genes and synapses. The Nobel Lecture*, http://nobelprize.org/nobel_prizes/medicine/laureates/2000/kandel-lecture.pdf

Lam, Long Fung/Tanya R. Lawlis (2016): „Feeding the brain—The effects of micronutrient interventions on cognitive performance among school-aged children: A systematic review of randomized controlled trials“, in: *Clinical Nutrition* June 23. DOI: 10.1016/j.clnu.2016.06.013.

Meltzoff, Andrew N./Patricia K. Kuhl/Javier Movellan/Terence J. Sejnowski (2009): „Foundations for a new science of learning“, in: *Science* 235: 284–288.

Mitchell, Sandra D. (2009): *Unsimple truths: Science, complexity, and policy*, Chicago.

Nagel, Thomas (1974): „What is it like to be a bat?“, in: *The Philosophical Review* 4: 435–450.

Otto, Michael W./M. Alexandra Kredlow/Jasper A. J. Smits/Stefan G. Hofmann/David F. Tolin/Rianne A. de Kleine/Agnes van Minnen/A. Eden Evins/Mark H. Pollack (2016): „Enhancement of psychosocial treatment with D-Cycloserine: Models, modulators and future directions“, in: *Biological Psychiatry* 80: 274–283.

Sacks, Oliver (2009): *Der Mann, der seine Frau mit einem Hut verwechselte*, Reinbek.

Thompson, Evan/Francisco J. Varela (2001): „Radical embodiment: Neural dynamics and consciousness“, in: *Trends in Cognitive Sciences* 5: 418–425.

Viosca José/Gaël Malleret/Rusiko Bourtchouladze/Eva Benito/Svetlana Vronskava/Eric R. Kandel/Angel Barco (2009): „Chronic enhancement of CREB activity in the hippocampus interferes with the retrieval of spatial information“, in: *Learning & Memory* 16: 198–209.

Wise, Steven P. (2008): „Forward frontal fields: Phylogeny and fundamental function“, in: *Trends in Neurosciences* 12: 599–608.

Internetquellen

Pubmed (US National Library of Medicine/National Institutes of Health). https://www.ncbi.nlm.nih.gov/pubmed (aufgerufen am 14. 12. 2016).

Magnus Schlette

Kann man „schreckliche menschliche Leidenschaften“ sehen?

Der Ausdruck der Wahrnehmung und die anthropologische Aussagekraft der Kunst

Abstract: Human sense perception has a special meaning for anthropological research because it bears witness to the inextricable entanglement of body, mind, and world. Perception situates an individual in his immediate environment while allowing him a genuine awareness of his being in the world. The essay explores the potential of visual arts to enlarge our knowledge about the key role perception plays for the awareness of our entanglement with the world. It proceeds by presenting Vincent van Gogh's *Night Café* as a paradigm case for the argument that *art can make us see how we make the world visible* through our acts of perception. It thereby puts forward a phenomenological approach to image theory as against a semiotic approach. The point of the argument is to mobilize the study of art for defending a perceptivist account of our meaning-laden interrelations as embodied beings with the world we live in. Art is a fundamental source for the philosophical study of embodiment.

Im September 1888 berichtet Vincent van Gogh seinem Bruder Theo brieflich über die Arbeit an einem neuen Gemälde, das später große Berühmtheit erlangen wird, vielleicht deshalb, weil es zu seinen unheimlichsten Werken zählt. Sein kurzer und bündiger Titel: *Nachtcafé*.

Es stellt einen Caféhaussalon zu später Stunde dar: Holzdielen schimmern im gelben Licht der vier Lampen, die von einer grün gestrichenen Decke hängen; in der Mitte des Raums ein Billard, rundherum an den holzgetäfelten und darüber rot tapezierten Wänden Tische und Stühle; in der vom Betrachter des Bildes aus gesehen rückwärtigen Wand ein Durchlass in einen weiteren Raum, rechts davon eine Art Anrichte mit einem blühenden Blumenstrauß, umstellt von einem Heer aus Flaschen, vermutlich den Alkoholika, die auch hier und da neben leeren und halb gefüllten Gläsern auf den bereits verwaisten Tischen stehen. Kaum noch Kundschaft: im Hintergrund ein Paar im *tête-à-tête*; links davor ist ein Gast mit hochgezogenen Schultern in fast kauernder Haltung über die Tischplatte gebeugt, im rechten Mittelgrund zwei weitere Gestalten an einem anderen Tisch, ebenfalls in geduckter Haltung; rechts vom Billard vor einem der leeren Tische steht ein Mann in weißem Anzug. Ist es der Wirt? Er erwidert jedenfalls als einziger den

DOI 10.1515/9783110528626-016

Abb. 1: Das Nachtcafé (Vincent van Gogh), Quelle: Yale University Art Gallery

Blick des Betrachters und erzeugt die Anmutung, dieser habe den Raum eben gerade betreten.

Auffällig ist das Bild, wenigstens zunächst, nicht wegen seines Interieurs, sondern wegen des drastischen Kolorits, auf das sich nun auch die Worte des Malers an seinen Bruder richten. Er habe versucht, so Vincent gegenüber Theo van Gogh,

> mit Rot und Grün die schrecklichen menschlichen Leidenschaften auszudrücken. Der Raum ist blutrot und mattgelb, ein grünes Billard in der Mitte, vier zitronengelbe Lampen mit orangefarbenen und grünen Strahlenkreisen. Überall ist Kampf und Antithese: in den verschiedensten Grüns und Rots, in den kleinen Figuren der schlafenden Nachtbummler, in dem leeren, trübseligen Raum, im Violett und Blau. Das Blutrot und das Gelbgrün des Billards kontrastieren mit dem zarten Louis-XV-Grün der Theke, auf der ein rosa Blumenstrauß steht. Die weiße Kleidung des Wirts, der in einer Ecke dieses Backofens wacht, wird zitronengelb, blaßgrün und leuchtend.[1]

1 Van Gogh 1965 ff., Nr. 533; zitiert nach Gage 1994, 205.

Ich möchte im Folgenden ausgehend von van Goghs Gemälde eine Antwort auf die Frage erproben, welche Bedeutung die Wahrnehmung für das Wirklichkeitsverständnis des Menschen besitzt. Dafür wähle ich den *prima facie* ungewöhnlichen Ausgangspunkt einer Auseinandersetzung mit einem Gemälde deshalb, weil es zu den Potentialen bildender Kunst zählt, die Bezeugung des In-der-Welt-Seins im Ereignis der Sinneswahrnehmung ästhetisch evozieren und thematisieren zu können. Genau aufgrund dieser Eigenschaft wird nämlich die Kunst zu einem einschlägigen Forschungsgegenstand einer Anthropologie, die mit der „embodied cognitive science“ die Prämisse teilt, dass die spezifische Geistigkeit und Kulturfähigkeit des Menschen, inklusive der künstlerischen Ausdrucksformen, in Strukturen der Leiblichkeit begründet liegen, die sich evolutionär herausgebildet haben.[2] Was Kunst zur anthropologischen Grundlagenreflexion beitragen kann, insbesondere im Horizont einer Anthropologie der Verkörperung, erschließt sich einer philosophischen Reflexion, die auf die Plausibilisierung ihrer Argumentation durch die Kunstwerke selbst angewiesen ist – so befinden sich Werkbetrachtung und Theoriebildung in einem hermeneutischen Zirkel, an dessen Anfang die sinnliche Gewissheit des einzelnen Werks steht. Mit ihr werde ich daher auch beginnen, und zwar am Beispiel des *Nachtcafés* von van Gogh. Denn das *Nachtcafé* zählt zu den markantesten derjenigen Werke, die das Zeugnis menschlicher Wahrnehmung für die Eigenart des In-der-Welt-Seins künstlerisch sinnfällig machen.

Wenn ich jemandem sagte, ich hätte van Goghs Bild neulich im Museum angesehen, und mein Gesprächspartner würde erwidern, er kenne es nicht, ich solle es ihm doch einmal *beschreiben*, dann wäre es außerordentlich ungewöhnlich und in dieser Situation geradezu pragmatisch *falsch*, wenn ich nun zuerst ausführlich über den *Bildträger* spräche, also über die Textur der Leinwand, über die Farbsubstanzen und ihre Mischung, den Auftrag der Farben auf die Leinwand usw. Billigerweise könnte er von mir erwarten, dass ich das *Bildobjekt* beschreibe, in diesem Fall das auch durch den Titel bezeichnete Interieur des Cafés, und dass ich dann schildere, wie dieses Interieur auf mich gewirkt hat. Die Eigentümlichkeit des Schankraums, die ihn von beliebigen anderen Bildern dieses Genres unterscheidet, würde ich in Begriffen ihrer Wirkung auf mich als Betrachter ausdrücken; ich würde vielleicht von dem ‚lastenden' Gewicht der grünen Decke sprechen, dem ‚beengenden' Rot der Wände, der monumentalen, alles verdrängenden und Schatten werfenden Gewichtigkeit des Billards, von dem ‚beißenden' Gelb der Dielen, von der Anmutung eines Sogs in den Raum hinein, der den Betrachter erfasst wie den Besucher des Cafés zu mitternächtlicher Stunde, ohne

2 Dazu Breyer/Etzelmüller/Micali/Schlette/Schwarzkopf 2013.

dass doch die Sogwirkung von dem Vorschein einer Attraktion ausginge; kein Glück, keine Erfüllung verspreche der Raum dem Eintretenden, so würde ich vielleicht fortfahren, die Anziehungskraft des obszön-körperlichen Spieltisches und des sich nahezu exhibitionierenden Durchgangs in das Separee sei kalt, von einer geradezu plastischen Faktizität ohne jede verborgene Bedeutung, ohne Geheimnis. Es sei dies nicht allein ein Ort bar jeden Geheimnisses, er sei vielmehr die allbekannte, die immer wieder angesteuerte letzte, allerletzte Station nächtlicher Bummelei, ein Ort, dem die Bestätigung eingeschrieben ist, dass an ihm dieser Tag wie jeder Tag unwiderruflich endet, dass in ihn alles einmündet. Und dort, so würde ich den Eindruck möglicherweise abrunden, den das Bild auf mich gemacht hat, erwarte den Eintretenden im Blick des Wirtes die letzte Bestätigung, dass mit seiner Einkehr alles beim Alten bleibe; der Blick des Wirtes empfange den, der zu dieser Stunde *immer* kommt. Was jetzt noch folge, sei das langsame Verdämmern über den Flaschen.

Während ich so mich bemüht hätte, meinem Gesprächspartner nahezubringen, was man auf dem Bild sieht, wäre ich also unmerklich von einer bloßen Bestandsaufnahme des Interieurs zu einer Schilderung der Wirkungen übergegangen, die das Gesehene auf mich ausgeübt hat, und schließlich wäre mir zusehends auch noch die Differenz zwischen dem Bewirkenden und seiner Wirkung entglitten, oder besser: ich hätte sie als eine künstliche Unterscheidung preisgegeben, und zwar im intuitiven Vertrauen darauf, dass die vermeintlich subjektive Wirkung auf mich auch dem anderen, jedem anderen Betrachter dieses Bildes ansinnbar sei – denn nur deshalb wäre es mir doch überhaupt in den Sinn gekommen, dem anderen meine Eindrücke zu schildern. Ich hätte mich ihm gegenüber auf diese Weise in der festen Überzeugung ausgesprochen, ein treuer Informant zu sein, der ihm gute Gründe gibt, die Ausstellung zu besuchen und sich das Bild auch anzuschauen; ich hätte in der festen Überzeugung gesprochen, dass man tatsächlich *sehen* kann, was mich so ergriffen hat. Dabei hätte meine Schilderung eine Reihe von Fragen aufgeworfen, an denen ich mich im Folgenden abarbeiten möchte. Die Kernfrage meiner Überlegungen lautet, ob van Goghs *Nachtcafé* ein Nachtcafé in Arles nachbildet.

Ein Grund, warum uns das Bild anzieht, könnte nämlich schlicht und einfach darin bestehen, dass es sich als Darstellung davon anzubieten scheint, wie etwas aussieht, von dem wir annehmen, dass es irgendwo in der Welt existiert oder existiert hat und das wir deshalb dort sehen könnten oder hätten sehen können. So nähern wir uns Bildern zumindest in unserer natürlichen Einstellung, bevor wir lernen, dass man sie auch anders sehen kann. Was uns anregt, ist zunächst und für viele Menschen vielleicht ausschließlich in einem ganz konkreten Sinn die Welthaltigkeit vieler Bilder. Sie machen uns Sachen vorstellig, die sie selbst nicht sind,[3] sie heben dem Betrachter Abwesendes in die „artifizielle Präsenz"[4] reiner Sichtbarkeit, und dieses Abwesende, so insinuiert uns die Oszillation dieser Bilder zwischen Präsenz und Absenz, gibt es irgendwo anders oder hat es dort gegeben. Und darum suggerieren sie, dass sie das Ganze, das abwesend ist, durch die artifizielle Präsenz reiner Sichtbarkeit vertreten und also zumindest partiell vergegenwärtigen. Die partielle Vergegenwärtigung des Abwesenden bedeutet seine Vergegenwärtigung *als* eines Abwesenden– gleichsam wie eine Grußbotschaft aus der Ferne. Deshalb auch können ungeübte Betrachter solcher Bilder irritiert oder sogar verärgert werden, die der Erwartung, dass sich in ihnen Abwesendes vergegenwärtige, nicht entgegenkommen. Das ist im Werk van Goghs nicht unbedingt der Fall. Seine Bilder verschließen sich der besagten, natürlichen Einstellung nicht, obwohl diese Einstellung ihnen, wie wir sehen werden, nicht ganz angemessen ist.

Es gehört zur Grammatik des Begriffs der Abwesenheit, dass das als abwesend Bezeichnete prinzipiell anwesend sein könnte, und von einem Abwesenden, das zur artifiziellen Präsenz reiner Sichtbarkeit gebracht werden kann, gilt, dass seine vollständige Anwesenheit mindestens auch implizieren würde, wahrgenommen werden zu können. Gibt es nach bestem Wissen des Betrachters keinen außerkünstlerischen Gegenstand, der es rechtfertigen würde, den Darstellungsinhalt des Bildes als Präsentierung dieses anderswo Vorfindlichen im Medium reiner Sichtbarkeit zu sehen – so bleibt doch die *Anmutung*, das Bild mache im Hier und Jetzt vorstellig, was irgendwo in der Welt gleichzeitig existiert oder vormals existiert hat. Das gilt genauso von dem Bildnis eines Einhorns wie von dem Bildnis eines Menschen, der niemals gelebt hat. Das Phantastische und Nichtwirkliche gibt sich uns mit einer durch die artifizielle Präsenz reiner Sichtbarkeit evozierten Wirklichkeitsanmutung. All dies gilt auch für van Goghs *Nachtcafé*. Wenn wir auf das Bild blicken, schauen wir in ein Interieur, das unmissverständliche Züge einer Bar oder eines Cafés besitzt, und unwillkürlich sehen wir das Bild so an, als ob es einen raumzeitlich instanziierten Ort im Medium der reinen Sichtbarkeit nachbilde, der tatsächlich anderswo besichtigt werden kann oder doch konnte: einen real vorhandenen oder einen vorhanden gewesenen Ort.[5]

Van Goghs *Nachtcafé* macht uns diese natürliche oder basale, jedenfalls referentielle Einstellung den Bildern gegenüber freilich nicht so leicht wie zum

3 Husserl 1980, 18.
4 So der Titel eines thematisch einschlägigen Bandes von Lambert Wiesing: Wiesing 2005.
5 Dazu müssen wir nicht einmal den Titel des Bildes kennen, der diesen Eindruck noch verstärkt, oder über zusätzliche Informationen verfügen wie derjenigen, van Gogh habe tatsächlich zur Anfertigung seines Gemäldes mehrere Nächte hinter einer Staffelei in einem Café verbracht, noch dazu in Arles, in einem Café, das heute noch besucht werden kann.

Beispiel eine Photographie. Denn dass ein Gemälde oder ein beliebiges anderes Bild uns einlädt, es als Nachbild eines Abwesenden anzusehen, beruht auf der unterstellten Ähnlichkeit zwischen dem Bildobjekt und dem Bildsujet, die es im Zweifelsfalle gestatten würde, das Sujet in der Wirklichkeit wiederzufinden und das Bildobjekt als Denotation dieses Sujets zu verifizieren.[6] Bilder malen sich nicht von selbst, und wenn das Bildobjekt eines Gemäldes einen Gegenstand soll denotieren können, dann muss der Maler diesen Gegenstand oder wenigstens als ähnlich verbürgte Zeugnisse dieses Gegenstandes vorher gesehen haben. Es ist die dem Maler des Bildes und dessen Betrachtern gemeinsame Wahrnehmungsbeziehung zur Welt, die es gestattet, das Bildobjekt eines Gemäldes als ein artifiziell Anwesendes anzusehen, das auf ein abwesendes Vorfindliches Bezug nimmt.[7] Wir könnten den Begriff des Nachbildes nicht einmal denken, wenn wir nicht zugleich auch ein Kriterium dafür anzugeben wüssten, dass ein bestimmtes Bildobjekt als Nachbild von Vorfindlichem angesehen werden kann. Dieses Kriterium ist die uns gemeinsame Zugänglichkeit des vermeintlich nachgebildeten Gegenstandes durch unsere *cum grano salis* verlässliche Wahrnehmung. Die stillschweigende Erwartung desjenigen, der ein Bild als Nachbild betrachtet, lautet, dass er das Abwesende, das im Bildobjekt zur artifiziellen Präsenz gelangt, grundsätzlich aufsuchen und anschauen *könnte* (oder hätte können), und dass er dann im Großen und Ganzen das Gleiche sähe (oder gesehen hätte), was der Maler sah, als er sich seines Sujets anschaulich versicherte.

Gegen die Betrachtung von van Goghs *Nachtcafé* als Nachbild eines Nachtcafés sprechen nun die üblichen Monita, die Kinder häufig bei der Betrachtung von Kunstbildern äußern: die Linien seien ja ganz krumm, die Farben würden nicht passen, es sei überhaupt verwunderlich, dass der Maler als großer Künstler gelte. Auch van Gogh könnte man vorhalten, er habe mit den Farben doch wohl ein bisschen dick aufgetragen und sei recht schlampig mit den Gesetzen perspektivischer Linienführung umgegangen. Will man dem Maler keinen Dilettantismus unterstellen, scheint unter der Prämisse, dass das Bildobjekt ein außerkünstlerisch Seiendes nachbilden soll, nur der Ausweg zu bleiben, das Werk als Experiment der Abweichung von einer getreuen Nachbildung des Vorbildes zu verstehen. Unter der getreuesten Nachbildung des Vorbildes würden viele Menschen vermutlich eine Photographie verstehen, der wiederum das photorealistische Kunstbild am nächsten kommt.

---

6 Wiesing 2005, 50.

7 Der Begriff des Vorfindlichen bezeichnet hier und im Folgenden Gegenstände von der Seinsart dessen, was man an einem Ort suchen und finden kann, was also räumlich lokalisiert und physisch realisiert ist.

Aber welchen Grund sollte das Experiment der Abweichung von einer getreuen Nachbildung haben? Vielleicht einen formalistischen, nämlich die Spielerei mit den Komplementärfarben oder der psychologischen Farbwirkung oder dem Aufbau von Farbfeldern und -kontrasten. Dagegen spricht freilich die *apparition* des Kunstwerks, die ich in meiner anfänglichen Schilderung dessen, was man auf dem Bild sehen kann, implizit in Anspruch genommen habe: die Erscheinung einer flüchtigen Ganzheit, in der sich die Teile so stimmig zueinander verhalten, dass sie sich erst dem nachgeordneten analytischen Blick als Teile einer anspruchsvollen Komposition erschließen. Aus dieser Ganzheit lassen sich nicht beliebige Teile einfach herauslösen und durch andere substituieren. Wollte man dem Künstler tatsächlich das Experiment der Abweichung von der getreuen Nachbildung unterstellen, dann müsste man zumindest konzedieren, dass auch diese Abweichung Methode hat und dass diese Methode offensichtlich beabsichtigt, mehr zu vergegenwärtigen als das vermeintlich denotierte Nachtcafé in Arles.

Einen Hinweis auf diesen denkbaren Mehrwert gibt van Gogh in seinem Brief an den Bruder, indem er sagt, er habe versucht, „mit Rot und Grün die schrecklichen menschlichen Leidenschaften auszudrücken“[8]. Merke: „*auszudrücken*“ schreibt van Gogh, nicht ‚nachzubilden'. Es wäre auch ganz unverständlich, wie schreckliche menschliche Leidenschaften sollten nachgebildet werden können, noch dazu unter Beachtung einer grundsätzlichen Ähnlichkeit zwischen Vor- und Nachbild. Wenn also schreckliche menschliche Leidenschaften nicht nachgebildet, aber ausgedrückt werden können, dann wäre es möglich, das Gemälde als Nachbild zu sehen, dessen Abweichung von der Treue gegenüber dem Vorbild im Ganzen stimmig und in seiner Stimmigkeit beabsichtigt worden ist, um darüber hinaus auch noch etwas auszudrücken, das nicht nachbildbar ist.

Der erste Kandidat dafür, wie man sich den bildlichen Ausdruck schrecklicher menschlicher Leidenschaften gedanklich zurechtlegen kann, ist die Semiose. Es liegt nahe, z. B. das Rot der Tapete auf van Goghs Bild als arbiträres, aber kulturgeschichtlich konventionalisiertes Zeichen für eine oder mehrere schreckliche menschliche Leidenschaften zu lesen. Wo dieses Rot auftritt, außerdem noch im Zusammenhang mit dem Zitronengelb, ob nun bei van Gogh oder anderswo, wissen wir demzufolge: aha, schreckliche menschliche Leidenschaften. So ähnlich verfährt Friedrich Dürrenmatt in seinem Theaterstück *Besuch der alten Dame*, wo er die bösen Mittäter einer Dorfgemeinschaft, die sich gegen einen unter ihnen zusammenrottet, mit gelben Schuhen auftreten lässt. Im Laufe des Stückes werden es immer mehr, die sich gegen den einen wenden, und wenn sie plötzlich mit

8 Van Gogh 1965 ff., Nr. 533; zitiert nach Gage 1994, 205.

gelben Schuhen auf die Bühne treten, weiß der Zuschauer schon, woher der Wind weht. Man könnte diese Deutung dadurch zusätzlich zu plausibilisieren versuchen, dass man unterstellt, die Konventionalisierung der Bezeichnungsrelation führe dazu, dass die von dem Begriff schrecklicher menschlicher Leidenschaften ausgelösten Assoziationen gewissermaßen auf die Farben abfärben, die diese Eigenschaften bezeichnen sollen. Demnach würde zum Beispiel ein bestimmter Rot-Ton oder Gelb-Rot-Kontrast aggressiv auf uns wirken, weil wir wüssten, dass wir es jetzt mit schrecklichen menschlichen Leidenschaften zu tun bekommen.[9]

Aber ist das wirklich plausibel? Vergegenwärtigen wir uns noch einmal den Gang der bisherigen Argumentation. Ich hatte anfangs die Situation fingiert, einem Gesprächspartner zu schildern, was man auf van Goghs Bild sieht, das der andere selbst nicht kennt. Die Pointe dieser Konstruktion war es, unser normalsprachliches Verständnis davon zu evozieren, was wir in erster Linie tun, wenn wir uns mit Kunstbildern beschäftigen: dass wir sie nämlich betrachten und dass wir dabei etwas anderes sehen als bloße Farben und Formen. Im Anschluss daran hatte ich dann eine für die Argumentation wichtige Weichenstellung vorgenommen, als ich mich zur Bestimmung dessen, was man auf einem Bild sieht, für einen wahrnehmungstheoretischen Bildbegriff entschied: Bilder, so hatte ich in Anlehnung an Edmund Husserl formuliert, machen Sachen vorstellig, die sie selbst nicht sind, und dann in Anlehnung an Lambert Wiesing von einer artifiziellen Präsenz des Abwesenden im Medium reiner Sichtbarkeit gesprochen. Das bedeutete implizit auch eine Zurückweisung des zeichentheoretischen Ansatzes in der Philosophie des Bildes, wie er paradigmatisch von Nelson Goodman entwickelt worden ist.[10] Der Grund dieser Option bestand ganz einfach darin, dass sie unserem normalsprachlichen Verständnis dessen viel besser gerecht wird, was geschieht, wenn wir ein Bild betrachten. Es lag dann zunächst, dass wir das Abwesende, das im Bild zu einer artifiziellen Präsenz gelangt, als irgendwo vorfindliches Abwesendes sehen – *irgendwo* vorfindlich, bloß *nicht* am Ort des Bildes. Für Ernst Gombrich ist die Bemühung, Abwesendes und als solches Entzogenes

---

9 In dieser Weise könnte man etwa auch die Erhabenheit des Ultramarin deuten, das wegen der Kostbarkeit der Pigmente, die aus Lapislazuli gewonnen wurden, in der Renaissance fast ausschließlich für die Gewandungen der Heiligen Jungfrau Verwendung fand. In späteren Zeiten habe man das Ultramarin dann für andere erhabene Gegenstände verwenden können, weil die Farbe durch ihren eingeführten Gebrauch mit einer Wirkung belehnt worden sei, die ihr intrinsisch nicht zukomme; siehe dazu Gage 1999, 52.

10 ... und wie er unter anderem auch von Lambert Wiesing kritisiert worden ist (siehe Wiesing 2005, 34). Eine andere, eher kantianisch geprägte Kritikstrategie verfolgt Brandt 1996, 186 ff. Die folgende Kritik am semiotischen oder zeichentheoretischen Ansatz beschränkt sich auf Goodmans Version. Eine generelle Kritik der Semiotik ist nicht beabsichtigt. So lassen sich die folgenden Ausführungen auch ohne weiteres mit einer Semiotik Peirce'scher Provenienz vereinbaren.

durch seine bildhafte Vergegenwärtigung verfügbar zu machen, der ursprüngliche Impuls der bildnerischen Gestaltung, welche die Höhlenmalerei noch mit den ästhetisch ausgeklügelten Elaboraten der Ateliermalerei verbinde.[11] Dieser Gedanke ist also jedenfalls nicht *prima facie* abseitig.

Doch nun soll der zeichentheoretische Ansatz durch die Hintertür und als eine Art Ergänzungsargument wieder eingeführt werden, um das Nachbildungsargument gegen einen offensichtlichen Einwand zu stabilisieren. Im Großen und Ganzen sollen wir es damit zu tun haben, dass ein Bildobjekt ein Bildsujet mittels einer mehr oder weniger prägnanten Ähnlichkeit denotiert, und nur die Abweichungen von der Treue zum Vorbild sollen auf das Konto einer *nicht* über Ähnlichkeit regulierten Semiose gehen, die arbiträr und konventionell festlegt, wie die über das schlicht Vorfindliche hinausgehenden „schrecklichen menschlichen Leidenschaften“ bezeichnet werden – nämlich durch indexikalischen Verweis oder symbolische Bedeutung. Allerdings ist das vermeintliche Ergänzungsargument in Wirklichkeit ein trojanisches Pferd, das zur Entwertung des wahrnehmungstheoretischen Ansatzes führen würde, wenn man es konsequent anwendete. Denn wo verläuft die genaue Grenze zwischen dem Abstrakten und dem Konkreten? Am Ende müssten wir alles Sichtbare semiotisch erklären. Mit dem Bildobjekt würde uns auch die Ähnlichkeitsbeziehung zwischen Objekt und Sujet zu nichts zerrinnen und wir hätten am Ende nichts mehr in der Hand gegen Nelson Goodmans verblüffende Bemerkung, ein Gemälde des Schlosses Marlborough von Constable sei jedem beliebigen anderen Bild ähnlicher als dem denotierten Gebäude.[12]

Indessen beruht das besagte semiotische Ergänzungsargument – wie der zeichentheoretische Ansatz im Ganzen – auf Voraussetzungen, die sowohl wahrnehmungstheoretisch als auch normalsprachlich unplausibel sind. Die Behauptung, dass nur ein Teil unserer Bildbetrachtung recht verstanden ein Lesen von Zeichen sei, das uns, wie dann ergänzt werden muss, nur nicht als solches bewusst werde, ist nicht plausibler als die Behauptung, das Betrachten eines Bildes sei *in Gänze* nichts anderes als ein Lesen. Das aber ist die semiotische These.[13] Sie widerspricht gleichermaßen dem normalsprachlichen wie dem phänomenologischen Befund, dass wir ein Nachtcafé ebenso sehen, wenn wir vor ihm stehen wie wenn wir betrachtend vor der Darstellung eines Nachtcafés auf einem Gemälde stehen. Im letzteren Fall ist das Café nur artifiziell, in reiner Sichtbarkeit, präsent: wir können es nicht umgehen und nicht in es eintreten, sondern es bloß

11 Gombrich o. J.
12 Goodman 1995, 16; zur Kritik dieser Position Brandt 1999, 194 ff.
13 Goodman 1995, 25; vgl. dazu Lambert Wiesings Kritik am Interpretationismus in Wiesing 2015, 40 ff.

sehen; es altert auch nicht und wird auch nicht nass, wenn das Dach des Museums über dem Bild undicht ist.[14] Sollte die semiotische These richtig einfangen, was bei der Bildbetrachtung passiert, dann müssten wir daher konsequenterweise auch sagen, dass nicht nur das Betrachten von Bildern sondern jegliches Sehen ein Lesen sei. Dann aber würden unnötiger- und vor allem verwirrenderweise Unterscheidungen preisgegeben, mit denen uns die Alltagssprache versorgt, um der Differenz gerecht zu werden zwischen dem, was wir *gewöhnlich* unter dem *Sehen* verstehen, und dem, was wir *gewöhnlich* unter dem *Lesen* verstehen.

Können wir die „schrecklichen menschlichen Leidenschaften" dann vielleicht doch auf dem Bild van Goghs sehen? Bedeutet ‚ausdrücken' etwas anderes als ‚bezeichnen'? Für das Hybrid aus Nachbildung und etwas anderem, das nun kein zeichenhaftes Bezugnehmen mehr sein soll, gibt es noch eine zweite, wahrnehmungstheoretisch einleuchtende Variante, die im Falle unseres Bildes von van Gogh sogar biographische Anhaltspunkte für sich hat. Die Abweichung von der allenfalls photorealistisch erzielbaren Treue zum Vorbild gehe im Nachbild auf das Konto der Idiosynkrasien des Malers, der wegen seiner Überempfindlichkeit die Welt verzerrt wahrnehme, was nun im Nachbild des verzerrt wahrgenommenen Sujets unwillkürlich zum Ausdruck gelange. Der ältere Cézanne, so berichtet Merleau-Ponty, habe sich wiederholt gefragt, „ob das Neue an seiner Malerei nicht bloß die Folge einer Sehstörung sei, ob sein ganzes Leben nicht auf einer zufälligen Eigenschaft seines Körpers beruhe"[15].

Dieser Zweifel hätte auch van Gogh beunruhigen können. Der österreichische Arzt Anton Neumayr hat unter Berufung auf weitere medizinische Autoritäten an die Möglichkeit einer neurophysiologischen Erklärung des Kolorits von van Goghs Bildern erinnert. Der Maler litt unter Schläfenlappenepilepsie, einer Krankheit, die zur damaligen Zeit in Frankreich übrigens durch die Einnahme eines Aufgusses von Blättern der Digitalis purpurea behandelt worden sei; eine Überdosierung dieses Tees führe zu halluzinogenen Effekten; ein weiteres Symptom sei die als Xanthopsie bezeichnete Gelbtönung aller Wahrnehmungen. Auf den beiden Porträts, die van Gogh 1890 von seinem behandelnden Arzt gemalt habe, sei jeweils eine Digitalis-Pflanze identifiziert worden. Demnach liege es also nahe, dass auch van Gogh dieser Behandlung unterzogen worden ist. Es sei nun durchaus möglich, dass er in seinen Bildern Wahrnehmungsstörungen, sei es durch die einen epileptischen Anfall ankündigende (epileptische) Aura, sei es durch die

14 In diesem Sinne ist für Wiesing die Präsenz des fraglichen Gegenstandes eben artifiziell (Wiesing 2005, 31, dort mit ausdrücklichem Bezug auf Husserl; 76 u.ö.).
15 Merleau-Ponty 1945/2003, 3.

Nebenwirkungen (einer Überdosierung) der die Epilepsie bekämpfenden Medikamente, wiedergegeben habe.[16]

Es gibt allerdings auch eine viel einfachere, sinnesphysiologische Erklärung. Das Bild insinuiert, ein später Gast sei aus der Dunkelheit der Straße in den durch das Licht illuminierten Raum getreten. Die Haltung des Wirts, der den Blick des Eintretenden zu erwidern scheint, unterstützt diese Deutung. Da sich die menschlichen Pupillen aber erst langsam auf plötzliche Lichtwechsel einstellen, ist es nur natürlich, dass die Farben im ersten Augenblick die Anmutung einer irrealen Strahlkraft haben. Das ist besonders dann der Fall, wenn nicht das damals noch übliche Gaslicht, sondern elektrisches Licht den Raum erleuchtet. Van Gogh könnte diesen ersten Augenblick des Eintretens festgehalten haben. – Aber wie immer es sich mit der neurophysiologischen oder der sinnesphysiologischen Erklärung verhält, keine von ihnen wird der von van Gogh bekundeten Absicht gerecht, er habe die „schrecklichen menschlichen Leidenschaften“ ausdrücken wollen.

Es liegt daher nahe, den Ausdruck der „schrecklichen menschlichen Leidenschaften“ als absichtliche Abkehr von einer Darstellung zu verstehen, die dazu einlädt, das Bild als Nachbild eines Nachtcafés zu sehen. Vielleicht sollte man van Goghs Gemälde als Nachbildung nicht eines französischen Cafés, sondern der Wahrnehmung eines solchen Cafés sehen, einer Wahrnehmung, die durch „schreckliche menschliche Leidenschaften“ gleichsam idiosynkratisch imprägniert ist. Es wäre in der Tat der Ausdruck eines Wahrnehmungsfehlers, einer Sehstörung. Sie wäre aber nicht ohne weiteres van Gogh anzulasten und sie wäre auch nicht das Symptom einer Intoxikation des *Malers*, sondern eine Eigenschaft des *Wahrnehmungssubjekts*, dessen Blick van Gogh in diesem Bild malerisch evoziert. Die Schweizer Psychoanalytikerin Marguerite Sechehaye hat unter dem Titel *Tagebuch einer Schizophrenen* Notate der Selbstbeobachtung einer Psychotikerin veröffentlicht, die in beklemmender Weise vergegenwärtigen, wie tief psychische Befindlichkeiten die Wahrnehmung imprägnieren können.[17] Van Gogh hätte dieser Deutungsoption zufolge die Wahrnehmungsperspektive und den Wahrnehmungsinhalt eines Nachtbummlers mit „schrecklichen menschlichen Leidenschaften“ nachgebildet, eines Umgetriebenen, der den Ort seines Begehrens überreizt wahrnimmt, dem sich im Glutrot der Tapete, in der aufdringlichen Breitbeinigkeit des Billards, die er nicht übersehen kann, und in der Anmutung einer Abschüssigkeit des Raumes seine innere Befindlichkeit *widerspiegelt*.

16 Neumayr 1996, 334–341; dazu auch Roth 2012, 10.
17 Sechehaye 1973.

Ähnliche Verformungen der Dingwahrnehmung berichtete auch die Patientin der Schweizer Psychoanalytikerin.

Aber was sollen wir uns unter der Nachbildung einer Wahrnehmung vorstellen? Ich hatte eingangs behauptet, das maßgebliche Kriterium dafür, sinnvollerweise davon sprechen zu können, dass das Bildobjekt als das Nachbild eines zwar Abwesenden, aber doch anderswo Vorfindlichen gesehen wird, sei die prinzipielle Zugänglichkeit des Vorfindlichen durch die Wahrnehmung des Malers und die Wahrnehmung der Betrachter seines Bildes. Etwas, das nicht in dieser Weise (intersubjektiv) zugänglich ist, kann man auch nicht im Medium reiner Sichtbarkeit nachbilden wollen. Dann aber kann man es auch nicht als Nachbild sehen wollen. Es ist aus begrifflichen Gründen unmöglich, die menschliche Wahrnehmung nachzubilden und als Nachbild zu sehen, weil Wahrnehmungen nicht allgemein zugänglich sind. Allgemein zugänglich sind allenfalls neuronale Erregungsmuster, die dem Wahrnehmungsereignis material korrelieren. Wenn wir behaupten, dass sich in einem Bild eine Wahrnehmung ausdrückt, können wir den Ausdrucksbegriff nicht mehr so verstehen, dass mit ihm eine Nachbildungstätigkeit bezeichnet wird und wir können ihn auch nicht so verstehen, dass das Produkt der Ausdruckstätigkeit als Nachbild gesehen werden kann.

Nun hängt das ganze Malheur unserer irritierten Selbstverständigung darüber, was genau wir sehen, wenn wir van Goghs *Nachtcafé* betrachten, damit zusammen, dass wir uns von dem Maler haben soufflieren lassen, das Bild drücke „schreckliche menschliche Leidenschaften" aus. Vielleicht sollten wir einfach solche Erläuterungen aus dem *off* des Bildes ignorieren und uns nicht damit abmühen, erklären zu wollen, wie „schreckliche menschliche Leidenschaften" durch ein Bild anders als durch eine semiotische Verweisungsfunktion vergegenwärtigt werden können. Aber so einfach ist das nicht. Der Ausdruck dient mir als Bezeichnung für etwas, von dem wir sagen würden, es sei wirklich, aber nicht vorfindlich wie es physische, räumlich lokalisierte Gegenstände sind, und daher *grundsätzlich nicht vorfindbar.* Wollen wir konzedieren, dass van Goghs Gemälde die Wahrnehmung eines Nachtcafés vergegenwärtigt, und zwar nicht nur beiläufig das auch noch, sondern wollen wir zugestehen, dass die Evokation einer Wahrnehmung das primäre Ansinnen des Bildes ist, dann müssen wir uns von der Erwartung verabschieden, wir könnten dieses Bild als Nachbild von etwas sehen, das von der Art des Vorfindbaren ist. Aber wie rechtfertigen wir die Behauptung, das Bild drücke eine Wahrnehmung aus? Die bündige Antwort lautet: Durch die Art und Weise, wie wir normalsprachlich gestaltrichtig einem Dritten schildern, was wir gesehen haben, als wir das Bild betrachteten. Das bringt mich erneut zum Anfang meiner Überlegungen zurück, zu meiner fingierten Mitteilung an einen Gesprächspartner, was ihn erwarte, wenn er das Museum besucht, um sich das Bild anzusehen. Ich hatte es ja nicht bei einer Beschreibung des Bildinhaltes belassen, sondern hatte versucht, einen Eindruck von der Bildwirkung zu vermitteln und war in meinen Formulierungen dazu übergegangen, diese Wirkungen als phänomenale Eigenschaften des Bildobjektes selbst darzustellen. Meinem Selbstverständnis nach handelt es sich bei diesen Wirkungen nicht um kontingente psychische Reaktionen, die mit der affektiven Verfassung meiner Person zu tun haben; ich würde eher sagen, dass es sich um Wirkungen einer wenigstens dem Anspruch nach gestaltrichtigen Wahrnehmung von Qualitäten handelt, die ein im Bild dargestelltes nächtliches Wahrnehmungsereignis charakterisieren.

Diese Qualitäten werden im Bild durch die Darstellung des Nachtcafés *als eines Wahrgenommenen* zum Ausdruck gebracht. Das Bild lädt uns nicht dazu ein, als Nachbild eines Nachtcafés in Südfrankreich gesehen zu werden, sondern als *Ausdrucksgestalt* der *Wahrnehmung* eines Nachtcafés, und wir folgen dieser Einladung dann, wenn wir das Interieur des Cafés als ein Wahrgenommenes sehen und im Ereignis *unserer* Wahrnehmung, der Wahrnehmung der Bildbetrachter, die in der Darstellung des Interieurs zugleich ausgedrückte Wahrnehmung des Nachtbummlers vergegenwärtigen. Nun sind wir uns offensichtlich bei Betrachtung des Bildes der Vergegenwärtigung der Nachtbummlerwahrnehmung auch *als* einer Vergegenwärtigung bewusst, mit anderen Worten: wir sind uns stets mitbewusst, dass der Nachtbummler nicht gerade irgendwie in uns gefahren ist und jetzt durch uns das Café seines Begehrens sieht. Wir verwechseln nicht die Wahrnehmung eines bildlichen Wahrnehmungsausdrucks mit einer Aktualisierung der bildlich ausgedrückten Wahrnehmung. Dafür gibt es einen wahrnehmungsintrinsischen Grund, dass nämlich das durch den Nachtbummler Wahrgenommene uns als *real Abwesendes* im Modus reiner Sichtbarkeit präsent ist. Ebenso wenig wie wir versucht wären, uns auf ein dargestelltes Pferd zu setzen, würden wir bei der Betrachtung des *Nachtcafés* darüber in Irritation geraten, wer jetzt was wahrnimmt.

Man mag meine Schilderung des Bildes nicht teilen, aber das ist mir hier nicht wichtig: es geht nicht um eine kunstwissenschaftliche Bildanalyse. Wichtig ist mir ausschließlich, dass – welche Schilderung auch immer man für angemessen hält – es in ihr *erstens* um das geht, was man sieht, wenn man van Goghs Bild betrachtet und das Gesehene sich *zweitens* nicht auf das Vorfindliche reduzieren lässt, weil es *drittens* ein Wahrgenommenes ist, das als solches grundsätzlich nicht vorfindbar ist. Wenn es stimmt, dass wir uns auf irgendeine Schilderung des Gesehenen vom *Typ* dessen einigen können, was ich zu Beginn meiner Ausführungen präsentiert habe, dann haben wir damit konzediert, dass wir, die Betrachter des Bildes, Nicht-Vorfindbares sehen können. Wir haben konzediert, dass wir *sehen* können, was van Gogh meint, wenn er sagt, er habe die „schrecklichen menschlichen Leidenschaften" ausdrücken wollen. In anderen Worten: Wir haben zugestanden, dass nicht nur der bildnerische Ausdruck einer von „schrecklichen menschlichen

Leidenschaften“ imprägnierten Wahrnehmung allgemein sichtbar, sondern darüber hinaus Nicht-Vorfindbares ein Bildobjekt sein kann. Aber: Lässt sich in diesem Fall überhaupt noch sinnvoll von einer artifiziellen Präsenz sprechen? Diese Kategorie scheint gar nicht zu dem Gedanken zu passen, das Bild vergegenwärtige ein Wahrgenommenes *als solches.*[18] Sie ergibt Sinn, wenn es um die Vergegenwärtigung dinglicher, vorfindbarer Gegenstände geht. Solche Gegenstände können ohne weiteres bei realer Abwesenheit zugleich artifiziell präsent sein. Wenn wir aber auch dem Wahrgenommenen als solchem seine artifizielle Präsenz im bzw. als Bild zubilligen, dann scheint das einzuschließen, dass auch die Wahrnehmung des Wahrgenommenen im Bild zugleich real abwesend und artifiziell präsent ist. Was sollte das sinnvollerweise heißen können?

In Wirklichkeit ist der Gedanke der artifiziellen Präsenz eines Wahrgenommenen nicht so problematisch wie er vielleicht zunächst wirkt. Er betont lediglich diejenigen Eigenschaften des Wahrnehmungsgegenstandes, die so beschaffen sind, dass sie unter geeigneten Umständen in einer bestimmten Weise erscheinen.[19] Das sich aus einer Reihe solcher Eigenschaften ergebende ‚Erscheinungsbild‘ besteht aus phänomenalen Qualitäten, denen der Status einer gleichsam ‚positionalen‘ Objektivität zukommt. Die Beschaffenheit eines jeden Gegenstandes ist positional objektiv, der nicht ohne Bezugnahme auf seine phänomenalen Qualitäten hinreichend bestimmt werden kann. Das ist aber bei nahezu allen Gegenständen unserer alltäglichen und gewöhnlichen Erfahrung der Fall, auf die wir uns unter Verwendung singulärer Termini beziehen, allerdings in mehr oder weniger großem Umfang. Dazu zählen neben dinglichen Gegenständen wie Stühlen und Tischen auch Ensembles von Gegenständen wie zum Beispiel das Interieur eines Nachtcafés, das aus einem strukturierten Gestaltzusammenhang zwischen einem Raum und den sich darin befindlichen Dingen und Menschen besteht. Es gibt keinen Grund, die phänomenalen Qualitäten eines solchen Ortes auf die klassischen sekundären Qualitäten wie zum Beispiel die Farben der Tapeten, den Geruch ‚aus der Küche‘ oder die ‚dicke Luft‘ im Schankraum zu beschränken. Schon Geruch und Stickigkeit qualifizieren den Ort gesamthaft und nicht Einzelnes an ihm. Allerdings kann das ‚Erscheinungsbild‘ eines Ortes übersummenhaft aus den phänomenalen Qualitäten der einzelnen Gegenstände bestehen, die ihn ‚möblieren‘. Auch seine beispielsweise heitere oder düstere Physiognomie kann Gegenstand der Wahrnehmung sein. Je weiter sich der Begriff des Phänomenalen dem Bereich des Atmosphärischen, der Stimmungen, insge-

18 Für diesen wichtigen Einwand danke ich Christian Tewes.

19 Vgl. für diesen Absatz McDowell 2009, 179 – 230; zum Begriff der positionalen Objektivität siehe auch Sen 2010, 155 – 164.

samt dem öffnet, was der Phänomenologe Hermann Schmitz als „Halb-Dinge“ bezeichnet,[20] als desto empfänglicher muss die Wahrnehmung für dasjenige verstanden werden, was das Vorfindbare überschreitet. Das gilt auch, und zwar in besonderem Maße für das Bildobjekt von van Goghs *Nachtcafé*.

Das Bild insinuiert, dass die „schrecklichen menschlichen Leidenschaften“ zur Welt gehören. Es wäre grundsätzlich möglich, dass die im Bild zum Ausdruck gebrachte Wahrnehmung für schreckliche menschliche Leidenschaften *empfänglich* ist, die in der Welt sind. Darunter müssen wir uns dann vorstellen, dass bestimmte Orte von einer Beschaffenheit sind, derzufolge sie in einer Weise erscheinen, die von geeigneten Betrachtern, vorzugsweise Nachtbummlern, als eine Szenerie schrecklicher menschlicher Leidenschaften erlebt wird. Das Bild lädt uns ein, uns in die Wahrnehmungsperspektive eines Nachtbummlers zu versetzen, und das Kriterium dafür, ob uns das gelingt, wäre die Evidenz der Verkörperung „schrecklicher menschlicher Leidenschaften“ in der Physiognomie des nächtlichen Orts. Van Goghs Empfänglichkeit für diese Evidenz mochte einen pathogenen Ursprung haben, sie war aber nicht pathologisch, denn ihr Ausdruck ist als gestaltrichtig ansinnbar. Er ermöglicht dem Betrachter eine Erkenntnis über die Evidenzverdichtung der Sichtbarkeit „schrecklicher menschlicher Leidenschaften“ in der intrinsischen Wechselbeziehung von Perspektivität und Objektivität der Wahrnehmung. Durch die Möglichkeit der ästhetischen Perspektivenübernahme öffnen sich die Augen des Betrachters auf eine nicht auf Vorfindlichkeiten reduzierbare Wirklichkeit.

Die Perspektivität der Wahrnehmung ist eine bestimmte Weise, Nicht-Vorfindliches zu sehen, die der Maler durch die Gesamteigentümlichkeit des Bildobjektes zum Ausdruck bringt. Seine Eigenart verdankt sich einer Teil-Ganzes-Relation, die Gottfried Boehm als ikonische Differenz im Verhältnis der Bilder „zwischen ihrer sichtbaren Totalität und dem Reichtum ihrer dargestellten Vielfalt“ bezeichnet hat.[21] Ein anderes Wort dafür ist der Begriff des Stils.[22] Wir können sagen, der Stil eines Bildes bringe die Sichtweise des Wahrnehmenden zum Ausdruck. Dass Wahrnehmungen nicht nachgebildet, sondern nur ausgedrückt werden können, beruht darauf, so hatte ich behauptet, dass sie nicht irgendwo da sind, wo man sie ansehen und mit ihrem Nachbild vergleichen kann. Das gilt für den Maler, der eine Wahrnehmung ausdrückt, nicht minder als für den Betrachter seiner Bilder. Daraus folgt nun auch, dass der Stil eines Bildes, das eine Wahrnehmung ausdrückt, auf einer schöpferischen Tätigkeit beruht. Um diese

20 Schmitz 2010, 145 – 163.
21 Boehm 2006, 30.
22 Wiesing 2000, 15 ff.

schöpferische, damit auch nicht vollständig vorhersehbare und planbare Eigenschaft des Wahrnehmungsausdrucks von anderen Arten des menschlichen und nichtmenschlichen Ausdrucksverhaltens zu unterscheiden, möchte ich von der Artikulation der Wahrnehmung sprechen. Das Bild artikuliert eine Wahrnehmung, indem es die Wechselwirkung zwischen der Rezeptivität des Schauens und der Spontaneität des Malens in die gegliederte Struktur des Bildträgers übersetzt.[23] Diese Übersetzungsleistung verdankt sich einer gestaltsicheren Intuition des gelungenen Passungsverhältnisses zwischen Rezeptivität und Spontaneität (manche würden sagen: dem *Genie*), die als solche, als Intuition, reflexiv unhintergehbar und deren Gestaltbildungsprozess daher nicht antizipierbar ist. Die bildnerische Artikulation einer Wahrnehmung ist stilistisch gestaltrichtig dann, wenn es ihr gelingt, eine bestimmte Empfänglichkeit für Nicht-Vorfindliches im Medium reiner Sichtbarkeit anzusinnen (d. h. im Falle van Goghs: uns durch die *apparition* des Kunstwerks für den Augenblick, im Nu, in Nachtbummler zu verwandeln: eine, mit Danto, ‚transfiguration of the common place' und des *common man*).

Durch ihre bildnerische Artikulation erfährt die Wahrnehmung also eine *ergebnisoffene*, unvorhersehbare, daher wesentlich stets überraschende Prägnanzbildung ihres Gehalts und damit auch derjenigen Seite der Welt, die sich in einer spezifischen Wahrnehmungssituation und von einem bestimmten Standpunkt aus dem Wahrnehmenden eröffnet. Diese Ergebnisoffenheit kehrt in der Bemühung des Betrachters wieder, sich dessen sprachlich zu versichern, was er gesehen hat, und sie potenziert sich sogar noch durch die Überführung der semantischen Unbestimmtheit des Bildes in die Eindeutigkeit der propositional strukturierten Rede *über* das Bild. Ihre Aussage kann immer nur vorläufig sein. Diese Vorläufigkeit im Vollzug der Rede zu berücksichtigen, ist das illokutionäre Merkmal der Schilderung, die das Nicht-Vorfindliche des Gesehenen narrativ einzukreisen versucht. Die Schilderung ist eine Narrativierung des Gesehenen auf Widerruf, die sich daran abarbeitet, dass der Wirklichkeitskern dessen, was das Bild ausdrückt, durch die Rede von den „schrecklichen menschlichen Leidenschaften" in unfreiwillig karikaturhafter Weise simplifiziert wird. Van Gogh war kein Dichter, mit seiner Formulierung ist im Grunde nichts gesagt; am Ende kommt vielleicht sogar noch jemand auf den Gedanken, eine Tabelle dieser Eigenschaften anzulegen und die Referenz der Begriffe auf das Sichtbare einzeln nachweisen zu wollen. Einer solchen Bedeutungsrelation nach Maßgabe einer Notationsbeziehung entzieht

23 Der hier vorgeschlagene Begriff der Wahrnehmungsartikulation entspricht also in Grundzügen dem, was Konrad Fiedler in seiner kunstphilosophischen Aneignung der Sprachphilosophie Wilhelm von Humboldts als die Ausdrucksbewegung der Realisierung reiner Sichtbarkeit durch die Tätigkeit des Künstlers bezeichnet (Boehm 1991, VI–XXII).

sich das Bild, weil das Wesentliche, das in ihm gesehen werden kann, nicht vorfindlich ist. Andererseits ist die Zurückweisung simplifizierender Vereindeutigungen durch propositionale Rede kein Freibrief für die Beliebigkeit der Interpretation. Sie besagt lediglich eine Absage an das sprachanalytische Prinzip der Ausdrückbarkeit, demzufolge man prinzipiell alles, was man meinen, auch sagen kann.[24] Demgegenüber ist auf der zumindest partiellen Inkommensurabilität der Ausdrucksmedien zu bestehen, in denen artikuliert werden kann, was man meint (zum Beispiel *sieht*). Die besagte, partielle Inkommensurabilität (eine nur partielle, denn wir treffen ja Aussagen über Kunstwerke) von Kunst und aussagender Rede bedeutet keine Beliebigkeit der Kunst, sondern ihre Negativität.[25]

Abschließend kehre ich zu meiner anfangs formulierten Erwartung zurück, Kunst könne einen wichtigen Beitrag liefern, um sich in einer anthropologisch einschlägigen Weise Klarheit über die Bedeutung der Wahrnehmung für das Wirklichkeitsverständnis des Menschen zu verschaffen. Mit Bezug auf van Goghs *Nachtcafé* sehe ich zumindest einen ganz wesentlichen Beitrag darin, die Verkörperung von Sinn in dem durch Wahrnehmung vermittelten Weltverhältnis des Menschen auf drei unterschiedlichen, aber zusammenhängenden Ebenen ästhetisch zu thematisieren. Ich will das im Ausgang von van Goghs summarischer Rede von den „schrecklichen menschlichen Leidenschaften“ pointieren:

Das Bild zeigt *erstens:* Es gibt Böses in der Welt, nicht nur in den Köpfen. Was van Gogh mit den „schrecklichen menschlichen Leidenschaften“ andeutet, gehört zur Sinnstruktur der intersubjektiv geteilten Welt. Das Sujet des Bildes ist ein Raum, der als ein Ort der „schrecklichen menschlichen Leidenschaften“ qualifiziert ist. Das Interieur und die Haltung der Gäste sind Ausdrucksgestalten einer Atmosphäre, die Ort und Zeit zu einer Situation ‚schrecklicher menschlicher Leidenschaftlichkeit’ macht. Und wie der Charakter eines gespenstischen Ortes nicht zwangsläufig durch die Angst verursacht sein muss, die an ihm empfunden wird, sondern diese genauso gut erst aufgrund seiner Eigenart *bewirken* kann, die dann eben durch die Angst hindurch *erfasst* wird, ist nun auch das, was der Bildbetrachter durch die Augen des das Nachtcafé betretenden Gastes sieht, der in dessen Wahrnehmung erfasste Sinn eben dieser Situation ‚schrecklicher menschlicher Leidenschaftlichkeit’, die ihn im Schankraum erwartet. Was van Gogh künstlerisch kommuniziert, hat Maurice Merleau-Ponty als eine Grundbestimmung von Wahrnehmung überhaupt ausgewiesen: „Wahrnehmen im vollsten Sinne des Wortes [...]“, so betont er in seiner *Phénoménologie de la Perception*,

24 Searle 1983, 34 ff.

25 Mit dem bekannten, viel- und auch hier zitierten Diktum Adornos: „Deshalb bedarf Kunst der Philosophie, die sie interpretiert, um zu sagen, was sie nicht sagen kann, während es doch nur von Kunst gesagt werden kann, indem sie es nicht sagt“ (Adorno 1973, 113).

einem Standardwerk philosophischer Wahrnehmungsforschung, „ist [...] Erfassen eines jedem Urteil zuvor dem Sinnlichen eigenen Sinnes“[26], eines Sinnes, der „im sinnlichen Anblick einer Landschaft, eines Gegenstandes, eines Körpers [...] dieses Seiende dazu [bestimmt], ‚froh‘ oder ‚traurig‘, ‚lebhaft‘ oder ‚eintönig‘, ‚elegant‘ oder ‚grob‘ auszusehen“[27].

Das Bild zeigt daher *zweitens:* Die Atmosphäre des Ortes ergreift den Eintretenden und lässt ihn nicht mehr los. Unglücklicherweise sind besonders diejenigen mit der größten ästhetischen Empfänglichkeit für sie begabt, die sich ihrer ‚Magie‘ am wenigsten entziehen können: die Trinker und Junkies, die Obsessiven, die *rain dogs.* Die zweite Verkörperungsebene der „schrecklichen menschlichen Leidenschaften“ ist demnach die *Resonanz* der Atmosphäre in der qualitativen Zuständlichkeit des Eintretenden, der die besagte Situation in ihrer Ambivalenz aus ‚schrecklicher‘ Anziehung und Abstoßung als trostlose Verheißung wahrnimmt. Diese Wahrnehmung ist bestimmt als eine leibhaftige Erlebnismannigfaltigkeit, zu der die den Eintretenden förmlich ins Innere hineinziehende Sogwirkung der Raumflucht ebenso gehört wie die Bedrängnis durch das raumgreifende Billard. Attraktion und Repulsion imprägnieren die Physiognomie des Ortes. Zwar erfährt der Betrachter des Bildes von seiner Atmosphäre wiederum nur etwas durch den Blick des Eintretenden, aber ihm wird das, was dessen Blick erfasst, als Wahrnehmung einer sich ihm wirklich darbietenden atmosphärischen Ganzheit angesonnen, nicht als Halluzination oder Idiosynkrasie. Die Wahrnehmung wird sinnfällig als das Ereignis einer intrinsischen Verschränkung von Geist, Leib und Welt, in der sich, nicht-vorfindlich und doch real, die „schrecklichen menschlichen Leidenschaften“ als der Sinn des Sinnlichen verkörpern. Es sei „eben dies das phänomenale Wesen des Wahrnehmungsaktes“, so wiederum Merleau-Ponty, „die Konstellation des Gegebenen mit dem es verbindenden Sinn in eins schöpferisch erst entstehen zu lassen: nicht bloß den Sinn zu entdecken, *den es hat*, sondern *ihm einen Sinn erst zu geben*“[28]. Mit anderen Worten: Die Wahrnehmung ist kein passives Erfassen und schon gar keine ‚Spiegelung‘ des Wahrgenommenen im Bewusstsein, sondern als re-aktiv sinnerfassend und -hervorbildend zugleich.

Das Bild zeigt schließlich und drittens: Die Kommunikation des Nicht-Vorfindlichen beruht auf der gestischen Artikulation des Wahrnehmungsereignisses in der Fabrikation des Bildes. So wird auf einer dritten Verkörperungsebene von Sinn die Vergegenwärtigung des nachtbummlerischen Blicks durch die künstle-

26 Merleau-Ponty 1966, 57.

27 Merleau-Ponty 1966, 44.

28 Merleau-Ponty 1966, 58.

rische Koordination von Auge und Hand realisiert. Dass es uns Betrachtern gelingt, das Nachtcafé mit dem Blick des Nachtbummlers zu sehen, verdanken wir dem Genie des Künstlers, dessen Wahrnehmungssituation als Einheit von Eindruck und Ausdruck im Kunstwerk zu evozieren. Konrad Fiedler hat das Spezifikum des Gesichtssinnes darin erkannt, dass sein sinnlicher Wirklichkeitsstoff zu einem Ausdruck seiner selbst entwickelt werden kann.[29] Es sei ein und derselbe Vorgang, schreibt er, „der, mit Empfindungen und Wahrnehmungen beginnend, sich schließlich in Ausdrucksbewegungen entfaltet, und man muß sich durchaus von der Auffassung losmachen, als ob zwei verschiedene Vorgänge statthätten, der eine, der mit der Entwickelung von Gesichtsvorstellungen schlösse, der andere, der mit dem Versuch, die innerlich vorhandenen Vorstellungen äußerlich nachzubilden, anfinge“[30]. Fiedler betont, dass die Darstellung eines Sichtbaren keine Nachbildung, sondern die Herausbildung seiner Eigenart durch die bildnerische Tätigkeit und mithin gleichsam die Vollendung seiner Erscheinung sei. „Selbst in der den Augenblick ihrer Entstehung nicht überlebenden Gebärde, in den elementarsten Versuchen einer bildnerisch darstellenden Tätigkeit tut die Hand nicht etwas, was das Auge schon getan hätte; es entsteht vielmehr etwas Neues, und die Hand nimmt die Weiterentwickelung dessen, was das Auge tut, gerade an dem Punkte auf und führt sie fort, wo das Auge selbst am Ende seines Tuns angelangt ist.“[31]

Was nun Fiedler zufolge bereits in jedem Menschen angelegt ist: die intrinsische Wechselbeziehung zwischen visueller Empfänglichkeit und gestischer Ausdrucksbewegung als Momenten der Wahrnehmung des Sichtbaren, gelangt in der Kunst zu kreativer Virtuosität.

> Indem der Künstler die Natur in einem gewissen Sinne zu erkennen, zu offenbaren scheint, erkennt und offenbart er nicht etwas, was unabhängig von seiner Tätigkeit ein Dasein hätte, vielmehr ist seine Tätigkeit eine durchaus hervorbringende, und unter künstlerischer Produktion im allgemeinen kann nichts anderes verstanden werden, als die in dem menschlichen Bewußtsein und für dasselbe sich vollziehende Hervorbringung der Welt ausschließlich in Rücksicht auf ihre sichtbare Erscheinung.[32]

Freilich verkompliziert sich die Lage, wenn wir zum Gegenstand künstlerischer Erkenntnis und Offenbarung auch das zählen, worauf sich van Gogh in dem Brief an seinen Bruder summarisch mit seiner Rede von den „schrecklichen menschlichen Leidenschaften“ bezogen hatte.

29 Fiedler 1991, 159.
30 Fiedler 1991, 164.
31 Fiedler 1991, 165.
32 Fiedler 1991, 34.

Kunst hat ihre Aufgabe dann nämlich darin, die erlebte Sinnhaftigkeit des Sichtbaren, hier: die ‚schreckliche menschliche Leidenschaftlichkeit' des von dem Nachtbummler im Widerstreit von Attraktion und Repulsion wahrgenommenen Interieurs als ihrerseits sichtbar zum Ausdruck zu bringen. Er muss wie ein Theaterschauspieler in die Rolle des Nachtbummlers schlüpfen, um aus dessen mimetisch anverwandelter Befindlichkeit heraus die sich seiner Individualität einzigartig erschließende Wirklichkeit eines Ortes trostloser Verheißung künstlerisch hervorzubilden. Die Bemühung um den Ausdruck der „schrecklichen menschlichen Leidenschaften" ist dabei im Übrigen nicht eine Frage geschmäcklerischer Präferenzen, sondern sie ist dem gesteigerten Bewährungsanspruch geschuldet, am vermeintlich Abseitigen, am Verdrängten und Verrufenen die Wirklichkeit des Nicht-Vorfindlichen zu evozieren. Der künstlerische Impetus kann sich dabei bis zur Wahlverwandtschaft steigern, sogar bis zur Identifikation mit der *Persona* des Nachtbummlers, die den Maler selbst in die Rolle des Außenseiters hineinziehen kann.

In jedem Fall ist seine Kunst eine unverzichtbare Inspirationsquelle anthropologischer Forschung, der sich am Gegenstand der menschlichen Sinneswahrnehmung die Verkörperung oder Verkörpertheit von Sinn durch die unlösliche Verschränkung von Geist, Leib und Welt bezeugt. Die Analyse des *Nachtcafés* sollte in diesem Zusammenhang dafür werben, dass anthropologische Forschung, die sich der Frage widmet, wie die Wahrnehmung den Menschen in der Welt situiert und ihm zugleich ein genuines Bewusstsein seines In-der-Welt-Seins ermöglicht, auf eine Auseinandersetzung mit dem Sinngehalt künstlerischer Werke verwiesen ist. Die Betonung liegt hier auf dem Anspruch einer ergebnisoffenen *Auseinandersetzung* mit Kunst. Die Werke würden durch eine bloß illustrative Heranziehung zu vorab in anderen wissenschaftlichen Disziplinen erhärteten Thesen verfehlt. Die Herausforderung besteht vielmehr darin, aus einer immanenten Analyse des jeweiligen Einzelfalls heraus Hypothesen über die condition humaine mit dem Anspruch der Strukturgeneralisierung zu bilden. Erst dann und auf dieser Grundlage stellt sich, wenn überhaupt, die Aufgabe einer Übersetzung der Ergebnisse in die jeweiligen Terminologien einer interdisziplinären Anthropologie. Meine Überlegungen machen bewusst Halt *vor* einer solchen Übersetzung. Sie beschränken sich auf den Aufweis der paradigmatischen Einschlägigkeit eines bestimmten Gemäldes für eine solche Übersetzungsarbeit. In dieser Einschlägigkeit besteht die anthropologische Relevanz der *prima facie* wissenschaftlich so abseitigen Herausforderung eines Malers, sich an dem gestaltrichtigen bildnerischen Ausdruck eines kurzen Augenblicks messen zu lassen, in dem ein Nachtbummler in ein Café tritt.[33]

Literatur

Adorno, Theodor Wiesengrund (1973): *Ästhetische Theorie*, Frankfurt am Main.

Boehm, Gottfried (1991): „Anschauung als Sprache“, in: C. Fiedler/G. Boehm (Hgg.), *Schriften zur Kunst, Band 1*, München, VI–XXII.

Boehm, Gottfried (2006$^{6)}$: „Die Wiederkehr der Bilder“, in: G. Boehm (Hg.), *Was ist ein Bild?*, München, 11–38.

Brandt, Reinhard (1996): *Die Wirklichkeit des Bildes*, München.

Brandt, Reinhard (1999): *Die Wirklichkeit des Bildes. Sehen und Erkennen – Vom Spiegel zum Kunstbild*, München/Wien.

Breyer, Thiemo/Gregor Etzelmüller/Stefano Micali/Magnus Schlette/Grit Schwarzkopf (2013): „Leib – Geist – Kultur. Ein Bericht über die jüngsten Forschungsaktivitäten zur Interdisziplinären Anthropologie an der Universität Heidelberg“, in: *Interdisziplinäre Anthropologie* 1: 138–146.

Fiedler, Konrad (1991): „Beurteilung von Werken der bildenden Kunst“, in: C. Fiedler/G. Boehm (Hgg.), *Schriften zur Kunst, Band 1*, München.

Fiedler, Konrad (1991): „Über den Ursprung der künstlerischen Tätigkeit“, in: C. Fiedler/G. Boehm (Hgg.), *Schriften zur Kunst, Band 1*, München, 159.

Gage, John (1994): *Kulturgeschichte der Farbe. Von der Antike bis zur Gegenwart*, Ravensburg.

Gage, John (1999): *Die Sprache der Farben. Bedeutungswandel der Farbe in der bildenden Kunst*, Ravensburg.

Gombrich, Sir Ernst (0000): *Geschichte der Kunst*, Köln/Berlin, o. J.

Goodman, Nelson (1995): *Sprachen der Kunst. Entwurf einer Symboltheorie*, Frankfurt am Main

Husserl, Edmund (1980): *Phantasie und Bildbewußtsein, Erinnerung. Zur Phänomenologie der anschaulichen Vergegenwärtigungen*, Hua XXIII, Den Haag.

McDowell, John (2009): *Wert und Wirklichkeit. Aufsätze zur Moralphilosophie*, Frankfurt am Main

Merleau-Ponty, Maurice (2003): „Der Zweifel Cézannes“ [1945], in: C. Bermes (Hg.), *Cézanne, Das Auge und der Geist. Philosophische Essays*, Hamburg, 3–21.

Merleau-Ponty, Maurice (1966): *Phänomenologie der Wahrnehmung*, Berlin.

Neumayr, Anton (1996): *Kunst & Medizin. Leonardo da Vinci – Francesco Goya – Vincent van Gogh*, Wien.

Roth, Gerhard (2012): *Portraits*, Frankfurt am Main.

Schmitz, Hermann (2010): *Jenseits des Naturalismus*, Freiburg.

Searle, John (1983): *Sprechakte. Ein sprachphilosophischer Essay*, Frankfurt am Main.

Sechehaye, Marguerite (1973): *Tagebuch einer Schizophrenen*, Frankfurt am Main.

Sen, Amartya (2010): *The idea of justice*, London.

33 Ich danke Lambert Wiesing und den Mitgliedern seines Forschungskolloquiums ebenso wie den Teilnehmern am Philosophischen Kolloquium der Bergischen Universität Wuppertal für die Diskussion früherer Fassungen dieses Aufsatzes.

Van Gogh, Vincent (1965 ff): *Sämtliche Briefe*, Berlin.
Wiesing, Lambert (2000): *Phänomene im Bild*, München.
Wiesing, Lambert (2005): *Artifizielle Präsenz. Studien zur Philosophie des Bildes*, Frankfurt am Main.
Wiesing, Lambert (2015): *Das Mich der Wahrnehmung*, Frankfurt am Main.

Liste der Autorinnen und Autoren

Matthias Baum ist Assistent am Lehrstuhl für Systematische Theologie/Ethik an der Universität Heidelberg. Er arbeitet an einer Dissertation zur Hermeneutik Gadamers.

Dr. Thiemo Breyer ist Juniorprofessor für Transformations of Knowledge an der a.r.t.e.s. Graduate School for the Humanities der Philosophischen Fakultät der Universität zu Köln.

Dr. Dr. Martin Dornberg ist Philosoph und Mediziner und leitet das Zentrum für Psychosomatik und Psychotherapie im Ärztehaus am St. Josefs Krankenhaus in Freiburg.

Dr. Andreas Draguhn ist Professor und Direktor am Institut für Physiologie und Pathophysiologie der Universität Heidelberg.

Dr. Gregor Etzelmüller ist Professor für Systematische Theologie an der Universität Osnabrück.

Dr. Dr. Thomas Fuchs ist Karl Jaspers-Professor für Philosophische Grundlagen der Psychiatrie und Psychotherapie und Leiter der Sektion „Phänomenologische Psychopathologie und Psychotherapie“.

Dr. Duilio Garofoli arbeitet als Postdoc in der Abt. Ältere Urgeschichte und Quartärökologie, Cognitive Archaeology Unit des Instituts für Ur- und Frühgeschichte und Archäologie des Mittelalters an der Eberhard Karls Universität Tübingen..

Dr. Miriam Noël Haidle ist Privatdozentin am Institut für Ur- und Frühgeschichte der Eberhard Karls Universität Tübingen und Leiterin Wisenschaftliche Koordinatorin der Forschungsstelle „The Role of Culture in Early Expansions of Humans“ (ROCEEH) der Heidelberger Akademie der Wissenschaften.

Dr. Stefanie Höhl ist Professorin für Entwicklungspsychologie an der Universität Wien und leitet eine Forschungsgruppe zur Entwicklung sozialer Kognition am Max-Planck-Institut für Kognitions- und Neurowissenschaften in Leipzig.

Shumon T. Hussain ist Doktorand an der Archäologischen Fakultät der Universität Leiden.

Rainer-M. E. Jacobi ist Physiker, Wissenschaftshistoriker und Philosoph und Vorsitzender der Viktor von Weizsäcker Gesellschaft.

Dr. Alexander Massmann forscht als Postdoc am Faraday Institute for Science and Religion in Cambridge (UK).

Dr. Katja Mombaur ist Professorin am Institut für Technische Informatik und am Interdisziplinären Zentrum für Wissenschaftliches Rechnen der Universität Heidelberg und Leiterin der Forschungsgruppe Optimierung in Robotik und Biomechanik und des Robotiklabors.

Dr. Stefan Rieger ist Professor für Mediengeschichte und Kommunikationstheorie an der Ruhr-Universität Bochum.

Dr. Christian Tewes ist Privatdozent für Theoretische Philosophie an der Friedrich Schiller Universität Jena und Koordinator und Projektleiter der Projektgruppe „Verkörperung als Paradigma einer evolutionären Kulturanthropologie" am Marsilius-Kolleg der Universität Heidelberg.

Dr. Magnus Schlette ist Privatdozent für Philosophie an der Universität Erfurt und Leiter des Arbeitsbereichs „Theologie und Naturwissenschaft" an der Forschungsstätte der Evangelischen Studiengemeinschaft Heidelberg (FEST).

Sebastian Scheiffele M.A. ist Doktorand und Mitarbeiter der DFG Forschergruppe 2237 „Words, Bones, Genes, Tools: Tracking Linguistic, Cultural and Biological Trajectories of the Human Past" an der Eberhard Karls Universität Tübingen.

Regine Stolarczyk M.A. ist Doktorandin und Mitarbeiterin der Abt. Ältere Urgeschichte und Quartärökologie, Cognitive Archaeology Unit des Instituts für Ur- und Frühgeschichte und Archäologie des Mittelalters an der Eberhard Karls Universität Tübingen.

Dr. Wolfgang Tschacher ist Professor für Psychologie an der Universitätsklinik für Psychiatrie und Psychotherapie Bern und leitet die dortige Sektion „Experimentelle Psychologie".

Sachindex

Namensindex

www.ingramcontent.com/pod-product-compliance
Ingram Content Group UK Ltd.
Pitfield, Milton Keynes, MK11 3LW, UK
UKHW022225051026
15624UKWH00002B/362

9 783110 527933